U0201975

ZHONGGUO SHESHI PUTAO
ZAIPEI LILUN YU SHIJIAN

中国设施葡萄栽培理论与实践

王海波　刘凤之　等著

中国农业出版社
北　京

院士题辞

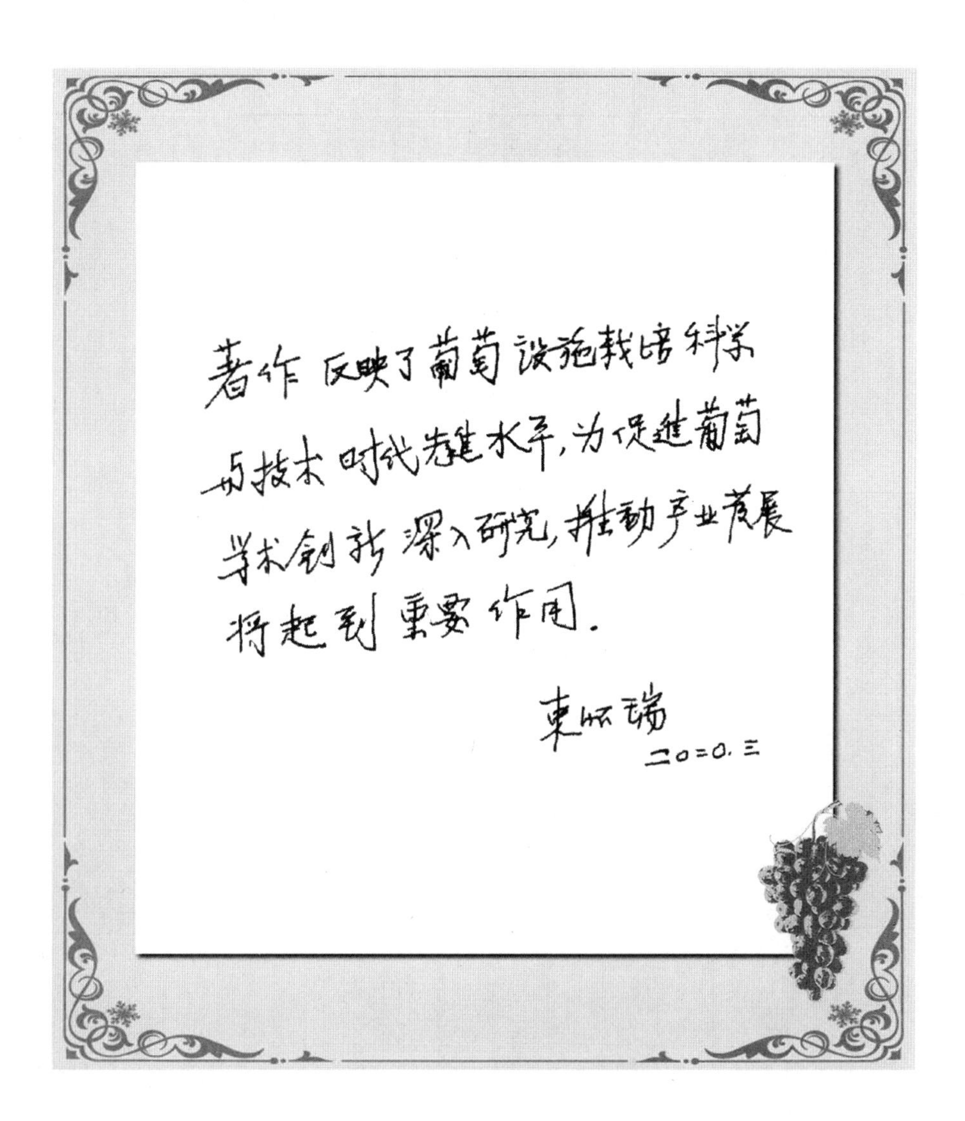
著作反映了葡萄设施栽培科学
与技术时代先进水平，为促进葡萄
学术创新深入研究，推动产业发展
将起到重要作用。

束怀瑞
二〇二〇.三

中国设施葡萄栽培

理论与实践

著者名单

王海波　刘凤之　王孝娣　史祥宾　束　靖

王小龙　冀晓昊　王宝亮　王志强　王莹莹

张艺灿　张克坤　韩　晓　王　帅　赵君全

丛　深　庞国成　谢计蒙

前 言

葡萄具有较高的营养价值，成熟的浆果中含有 15%～25%的葡萄糖、果糖和许多对人体有益的矿物质和维生素，其果皮中还含有抗癌活性物质——白藜芦醇，因此深受人们喜爱。据国家统计局统计资料显示，截至 2018 年底，我国葡萄栽培总面积为 72.5 万 hm^2，产量达 1 366万 t。我国从 2011 年起葡萄产量稳居世界首位，从 2014 年起葡萄栽培面积跃居世界第二位，已经成为世界葡萄生产大国。除常规的露天栽培外，利用保护设施栽培已成为葡萄生产的一个重要方式。

葡萄设施栽培作为葡萄栽培的特殊方式，是指在不适宜葡萄生长发育的季节或地区，在充分利用自然环境条件的基础上，利用温室、塑料大棚和避雨棚等保护设施改善或控制设施内的环境因子（包括光照、温度、湿度和二氧化碳浓度等），为葡萄的生长发育提供适宜的环境条件，进而达到葡萄生产目标的人工调节栽培模式，是一种资金、劳力和技术高度密集的产业。

葡萄设施栽培是依靠科技进步而形成的农业高新技术产业，是葡萄由传统栽培向现代化栽培发展的重要转折，是实现葡萄绿色、优质、安全、高效的有效途径之一。近三十多年来，随着人民生活水平的提高，葡萄节本、绿色、优质、高效、安全生产技术的发展，设施园艺资材的改进和果品淡季供应的高效益，使得我国葡萄设施栽培得到迅猛发展，产生了巨大的社会效益和经济效益，截至 2019 年，我国葡萄设施栽培面积已超过 20 万 hm^2，居世界第一位。

发展设施葡萄产业具有重大现实意义。一是可以扩大葡萄优良品种的栽培区域，延长葡萄鲜果供应期，调节市场淡季供应，实现葡萄鲜果的周年供应；二是有利于预防自然灾害和控制病虫害，生产安全、优质、高档果品；三是可以提高土地资源利用率、生产效率和劳动者素质，增加葡萄栽培的经济效益和社会效益。

设施葡萄栽培理论与实践是研究设施葡萄生长发育规律、产量和质量构成要素及其与环境条件相适应的调控途径，以理论和技术为指导，使设施葡萄获得高产、优质、低耗、高效。我国设施葡萄生产长期以来处于自然发展的状态，存在品种单一、适用品种缺乏、栽培模式落后、标准化程度低、肥水利用率低、果实成熟期集中和果品质量差等影响产业可持续发展的问题，导致设施葡萄果品出现结构性和季节性过剩，销售价格高的优质、高端、功能性果品缺乏，元旦至春节期间葡萄鲜果供应缺乏。

近年来，随着国家对设施农业的重视，一大批从事设施葡萄种植的科技人员深入设施葡萄生产基地，将现代科学技术与生产基地的实际经验相结合，研究建立了一套设施葡萄栽培的理论和技术体系。

本书由多年从事设施葡萄栽培的专家将科研、栽培心得与经验进行总结和整理编纂而成，对设施葡萄的栽培原理和栽培实践进行了详细地阐释。其创新与特色：一是建立了设施葡萄栽培的理论体系，从设施葡萄适宜品种与砧木的评价与选择、器官与生长、休眠特性、矿质营养与水分需求、花芽分化、光合特性、果实发育、叶片衰老、年生长发育周期、环境因子对设施葡萄生长发育的影响等全方面系统阐述了设施葡萄的栽培理论。二是全书汇集了栽培设施的设计与建造、设施葡萄的主要优良品种与砧木、高标准建园、整形修剪、土肥水管理、无土栽培、花果管理、环境调控、产期调控、叶片抗衰老、灾害防御与抗灾减灾等设施葡萄栽培的关键技术以及设施葡萄的周年管理历，可用于指导产区设施葡萄的栽培生产，为设施葡萄的绿色、节本、优质、高效栽培生产提供可靠的技术支持。

本书的读者群体主要为科研单位、高校和技术部门的专业技术人员以及产业决策者、部门管理者、产业经营者等。本书力求图文并茂、通俗易懂，可读性强；理论和技术体现科学性、规范性、可操作性和经济可行性；引用的数据和资料力求准确、可靠，体现科学性和规范性。由于编著人员较多，各位撰写者虽力求精益求精，但因水平有限，书中内容的疏漏、不足甚至错误在所难免，敬请读者不吝赐教，多提宝贵意见。

著　者

目 录

第一部分

设施葡萄的栽培理论

第一章 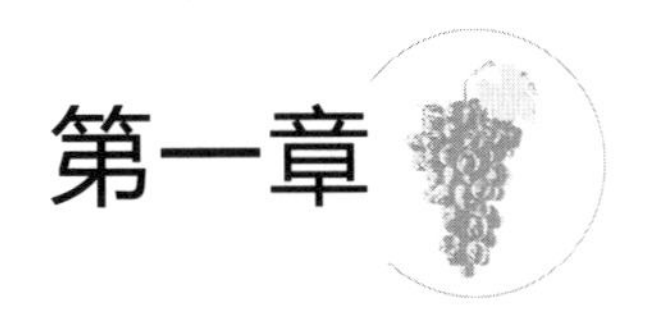

绪　　言

第一节　设施葡萄产业的发展历程

一、世界葡萄设施栽培发展历程

（一）起始阶段

果树设施栽培始于17世纪末的法国，当时主要是栽培柑橘等果树，以后逐步扩大到葡萄及其他树种。设施葡萄栽培最早始于中世纪的英国宫廷园艺。1882年（明治15年）日本开始葡萄小规模温室生产。

（二）规模化生产阶段

20世纪前半期，世界设施葡萄生产进入规模化发展阶段。西欧设施果树以葡萄为主，其中荷兰、比利时和意大利等国家设施葡萄栽培发展较快。至第二次世界大战前的1940年，荷兰大约有5 000个葡萄温室，占地860 hm^2，主要分布在海牙地区；比利时大约有3 500个葡萄温室，占地525 hm^2，主要分布在布鲁塞尔南郊；至20世纪80年代后期，意大利葡萄设施栽培面积已达7 000 hm^2。在亚洲，日本是设施葡萄栽培技术最发达的国家，从1882年开始到1982年，塑料大棚和温室葡萄总面积近4 000 hm^2，至1994年约7 000 hm^2，占葡萄种植总面积的30%左右，主要分布在北纬36°以南地区，其中以岛根、山梨、福冈等县较多。韩国设施栽培历史较短，自1980年开始实施果树设施栽培以来，至今设施葡萄栽培面积约为683.7 hm^2。另外，加拿大、英国、罗马尼亚、美国、西班牙和以色列等国家葡萄设施栽培也有一定的发展，但与其大面积的设施花卉、设施蔬菜比较起来，显得微不足道。

（三）产业化开发阶段

近二三十年来，发达国家的设施葡萄栽培发展迅速，葡萄生产进入产业化发展阶段，如荷兰和意大利等国的鲜食葡萄几乎都是设施生产。管理水平大为提高，特别是一些大型的栽培设施已实现了用计算机调控设施内的环境因素，进行自动化管理，并逐步做到葡萄生产机械化、工厂化，在保证葡萄果品质量的前提下，基本实现了鲜食葡萄的周年均衡供应。

在长期的设施葡萄产业发展中，国外已经形成系列配套的技术措施，有相应的专门从事设施葡萄的研发体系，其中包括从育种、苗木、栽培、植保、采后贮藏和包装、运输、专业市场的整套服务体系。根据市场需求和设施生态特点优选砧木和品种，具有配套的综合栽培管理体系和整体病虫害防治措施，利用不断更新的空间设计和材料技术，实现了绿色、优质、高效、安全的设施葡萄生产，以优秀的品质和低能耗实现设施葡萄的可持续和环境友好型生产。

二、我国葡萄设施栽培发展历程

（一）起步阶段（始于20世纪50年代初）

我国设施葡萄生产起步较晚，是从庭院中发展起来的，最早在辽宁、黑龙江、天津、北京和山东等地进行小规模试验研究，并获初步成功，但是规模化的生产栽培尚未发展起来。1979年，黑龙江省为了使巨峰葡萄能在当地安家落户，将巨峰葡萄栽在薄膜温室里获得成功，获得了较好的经济效益。1979—1985年，辽宁省先后利用地热加温的玻璃温室、塑料薄膜日光温室和塑料大棚等进行了葡萄设施栽培研究，同样获得良好的效果。另外，山东、河北、北京、浙江、上海等地也相继进行了葡萄设施栽培的试验研究，取得了初步成效，筛选出了一批适合设施栽培的优良早、中、晚熟葡萄品种，开始在生产上推广应用，获得了较好的社会效益和经济效益。

（二）完善阶段（20世纪90年代初至21世纪初）

20世纪90年代初，随着人民生活水平的提高与市场需求的扩大，设施葡萄栽培日趋兴起，成为葡萄栽培发展的新方向和新趋势。此后，由于密植早丰技术的发展、果品淡季供应的高额利润、保护地设施材料的改进以及环境控制技术的提高等因素，使得葡萄设施栽培在我国迅速发展，成为葡萄生产中不可替代的栽培形式，栽培技术不断改进，栽培体系逐步完善。

（三）稳定发展阶段（21世纪初至今）

21世纪初，我国设施葡萄栽培技术体系已经较为完善，栽培类型多样，进入稳定发展阶段。截至2016年底，全国葡萄设施栽培面积已超过20万hm^2，占栽培总面积的25%以上，主要集中在辽宁、山东、河北、湖南、湖北、江苏、上海、宁夏、浙江、广西、北京、内蒙古、新疆、陕西、山西、广西、甘肃等地；栽培类型涉及促早栽培、延迟栽培和避雨栽培等多种形式。

第二节　设施葡萄的栽培类型

设施葡萄栽培根据栽培目的的不同，大致可分为促早栽培、延迟栽培和避雨栽培三种类型。这些栽培类型各有特点，应根据区域生态、经济基础、市场需要及品种特性等加以灵活应用。但不管采用哪种设施栽培类型，都要在确保绿色、优质、高产的前提下，尽可能地减少建园成本，在栽培中尽可能节约能源，以实现节本高效栽培。

一、促早栽培

促早栽培是指利用塑料薄膜等透明覆盖材料的增温保温效果，辅以温湿度控制，创造葡萄生长发育的适宜条件，使其比露地提早萌芽、生长、发育，浆果提早成熟，实现淡季供应，提高葡萄栽培效益的一种栽培类型。根据催芽开始期和所采用设施的不同，通常将促早栽培分为冬促早栽培、春促早栽培和秋促早栽培三种栽培模式。

促早栽培模式在我国主要分布在辽宁、山东、河北、宁夏、广西、北京、内蒙古、新疆、陕西、山西、甘肃和江苏等地，分布范围广，栽培技术较为成功，亦是葡萄设施栽培的主要方向。截至目前，全国促早栽培面积超过 3 万 hm^2。

（一）冬促早栽培（Winter warming culture）（彩图 1－1）

利用温室和塑料大棚等保护设施的增温保温效果，于冬季开始升温催芽，辅以环境因子控制，使其冬芽比露地栽培提早萌发，进而使果实提前成熟。冬促早栽培模式常用日光温室作为栽培设施，根据各地气候条件和日光温室的保温能力确定是否需要进行加温。辽宁省一般于 12 月中旬至翌年 1 月上旬开始加温或升温，冬季 1 月中旬至 2 月上旬萌芽，3 月上旬至 3 月末开花，早中熟品种在 4 月下旬至 5 月下旬成熟，中晚熟品种在 6 月下旬至 7 月上旬左右成熟，比露地提前 60～130 d。若结合采用化学破眠剂（如石灰氮、单氰胺、破眠剂 1 号等），冬促早栽培开始加温或升温的时间还可提前15～20 d，而早中熟品种成熟期可提前到 3 月下旬至 4 月上旬。

（二）春促早栽培（Spring warming culture）（彩图 1－2）

利用日光温室和塑料大棚等保护设施的增温保温效果，于春季开始升温催芽，辅以环境因子控制，使其冬芽比露地栽培提早萌发，进而使果实提前成熟。春促早栽培模式常用塑料大棚作为栽培设施，由于没有加温和保温设备，所以开始升温时间相比冬促早栽培延后，一般延后 30～60 d。较温暖地区如山东省，一般于 2 月下旬至 3 月初开始升温，春季 3 月末至 4 月初萌芽，5 月初至 5 月中下旬开花，早中熟品种一般于 7 月中旬成熟，晚熟品种一般于 8 月中下旬左右成熟，比露地提前 20～30 d。较寒冷地区如黑龙江省，常有春季回寒冻害，催芽期更晚，一般于 4 月中旬左右开始升温，4 月下旬萌芽，5 月中旬开花，早熟品种在 8 月上中旬成熟，中晚熟品种在 9 月以后成熟。

（三）秋促早栽培（Autumn budding culture）（彩图 1－3）

通过栽培措施促使葡萄主梢或者夏芽副梢的冬芽提前于秋季萌发并形成花序，然后利用温室和塑料大棚等保护设施的增温保温效果，辅以环境因子控制，使果实成熟期提前到当年 12 月至翌年 3 月。秋促早栽培模式在日本和我国台湾地区开展较早，相关的研究和技术已经比较成熟。目前，我国大陆地区秋促早栽培以广西壮族自治区面积最大。

秋促早栽培模式的关键是掌握好诱发冬芽萌发的时期和技术，使浆果在预定的时期成熟，并达到预期产量和品质。葡萄虽然具有一年多次开花结果的习性，但一般情况下多数品种自然二次果不能满足人们对成熟期、产量和质量的要求，因此生产上多采用强迫主梢或副梢冬芽萌发形成二次果的技术进行促早栽培，关键技术及注意问题如下：

1. 诱发冬芽处理 为了避免超载影响枝蔓的成熟，诱发冬芽时以处理不超过 50%的新梢为限。

2. 短截时注意芽的状态 短截时注意剪口下的芽要饱满，并呈黄白色，才能萌发出较大的花序。变褐的芽不易萌发，新鲜带红的芽虽易萌发，但不易出现结果枝。

3. 短截时间 因生态区域不同而异，南方如广西等地以 8—9 月为宜，北方如山东、辽宁等地以花后 60～90 d 为宜。过早，花序发育小；过晚，萌芽率降低。

4. 老叶去留 在进行新梢短截逼迫冬芽萌发处理时，根据处理时期的早晚确定老叶的去留。处理时期早，冬芽呈黄白色时可保留老叶；如果处理时期晚，冬芽呈褐色时则需去除老叶，一般采用人工剪除或喷施化学药剂，如石灰氮上清液和浓尿素溶液去除老叶。

5. 促芽整齐萌发 在短截新梢逼迫冬芽萌发处理后，如剪口冬芽已经成熟变褐，为了保证冬芽萌芽率高且整齐，一般需对冬芽涂抹催芽剂（如大蒜汁、单氰胺、石灰氮、破眠剂 1 号），在傍晚空气湿度较高时处理最佳，处理时土壤最好能保持潮湿状态，如土壤干燥需立即灌溉，使空气相对湿度保持在 80%以上。

6. 人工补光 由于受短日照环境影响，葡萄新梢停长过早，新梢叶面积生长不足，并且相当部分的叶面积未能达到正常生理标准，光合作用效果差，妨碍果实继续膨大，严重影响果实产量和品质，所以必须进行人工补光。具体做法是：8 月底前后（辽宁兴城），日照时数小于 13.5 h 时开始，至果实收获时结束，每天下午于光照度低于 1 667 lx 时开启红色植物生长灯补光，至 24:00 关闭，即可有效克服短日照环境对葡萄生长发育造成的不良影响。一般在 1 000 m^2 大棚内设置 100 个左右的植物生长灯为宜，植物生长灯位于树体上方约 1 m 处。据测试结果可知，夜间设施内光照度在 20 lx 以上即可达到长日照标准。

7. 温度调控 12～18 ℃是诱导葡萄进入休眠的最适温度范围，如果设施内最低气温高于 18 ℃，则葡萄保持正常生长发育而不进入休眠。具体的温度调控标准是：从每年 9 月下旬（辽宁兴城）开始将夜间设施内温度提高到 18 ℃以上，到坐果膨大期的 10 月期间，设施内温度则要连续保持在 20 ℃左右，即使是在初冬的 11 月，夜间设施内温度亦应维持在 15 ℃以上，一方面可以避免葡萄被诱导进入休眠，另一方面还可以延缓叶片衰老和落叶；12 月收获时，为保证果实成熟，其室内温度至少应保持在 10 ℃上下。采收结束后，无须加温，以便加快叶落过程。

二、延迟栽培（彩图 1-4）

延迟栽培是指在春天气温回升时利用人工措施（如利用草帘覆盖、添加冰块、安装冷风机等）保持设施内的低温环境，使最高气温保持在生物学零度（葡萄生物学零度为 10 ℃）以下，延迟葡萄萌芽和开花，使浆果成熟期在常规季节之后，实现葡萄果品的淡季供应，提高葡萄经济效益的一种栽培类型。

延迟栽培成功的关键，一是春季萌芽延迟时间的长短。根据浆果计划收获期确定延迟时间的长短，一般情况下延迟时间越长越好，但随着延迟时间的延长，保持低温的成本显著增加。二是秋季避霜保温覆盖（一般于初霜前 10 d 左右覆膜避霜）后设施内的温湿度管理，此期温度不宜过高，一般白天不超过 20 ℃，晚间不低于 2 ℃即可；同时此期避免空气湿度过高，一般相对空气湿度保持在 60%左右为宜，通常采用覆盖地膜的措施降低设施内湿度。三是延长叶片寿命，延缓叶片衰老，保持葡萄的良好品质。

延迟栽培模式在我国主要集中在甘肃、河北、辽宁、江苏、内蒙古、青海和西藏等地，截至目前全国延迟栽培面积大约 300 hm²，以甘肃省面积最大，约占全国延迟栽培的90%以上。

三、避雨栽培（彩图 1-5）

避雨栽培是一种特殊的栽培形式，一般是通过避雨棚（将塑料薄膜覆盖在树冠顶部的一种简易设施）减少因雨水过多而带来的一系列栽培问题，是介于温室栽培和露地栽培之间的一种集约化栽培方式，以提高品质和扩大栽培区域及品种适应性为主要目的。

避雨栽培适合在南方多雨潮湿的生态条件下使用，以减少露地栽培中葡萄病虫害严重、产量低、品质差等弊端。近几年在我国北方葡萄种植中，为了解决部分地区露地栽培红地球等葡萄病虫害严重、产量低、品质差的问题，也进行了葡萄的避雨栽培。

葡萄的避雨栽培最初由日本西部的康拜尔早生等短梢修剪拱棚式栽培发展而来，具有减轻病害、提高坐果率、减少裂果、提高果品商品性等优点。目前，在高温高湿的日本、韩国以及我国台湾等葡萄产区已经形成比较完备的生产体系和较大的规模。用于葡萄避雨的设施很多，有常规的玻璃温室、大棚以及简单的避雨棚等，可依各地自然条件、经济技术状况和生产目的选择使用，其中避雨棚是最简单实用的方法，符合中国国情和社会经济技术情况，在日本和我国台湾等地区的葡萄生产中应用也最普遍。目前，上海、浙江、湖南、江苏及江西等广大南方产区利用避雨栽培成功栽培了南方难以露地栽培的优良欧亚种鲜食葡萄，生产出了优质果品，取得了良好经济效益。避雨栽培在我国南方多雨地区已经成为引种欧亚种葡萄的关键技术之一。

避雨覆盖的时间一般是在开花前覆盖，落叶后揭膜。最好采用抗高温高强度膜如EVA、PO膜等，可连续使用两年，而普通聚乙烯膜经高温暴晒后易老化，8—9 月遇台风易被撕裂，一般仅能有效覆盖 4 个月左右。棚架、篱架栽培葡萄均可进行避雨覆盖，在充分避雨前提下，覆盖面积越小越好，水平棚架最好采用波形覆盖，而篱架和宽顶立架，枝叶水平伸展一般在 1 m 以内，覆盖 1.4 m 的水平宽度即可。为了避免薄膜在架面上形成高温以损伤叶片，一般要求覆盖架底部离葡萄架面 20 cm，顶部离架面 90 cm，膜上要用压膜线紧扣或用尼龙绳压膜固定。

在避雨栽培中要注意以下管理要点：萌芽后至开花前为露地栽培期，适当的雨水淋洗，对防止长期覆盖所致的土壤盐渍化有益，此时须注意黑痘病对葡萄幼嫩组织的危害；覆盖后白粉病危害加重，虫害也有增加趋势。白粉病的防治主要抓好合理留梢和及时喷药两个环节，可在芽眼萌动期至绒球期喷施 3～5 波美度石硫合剂，落花后喷 0.1～0.3 波美度石硫合剂，秋季喷氟硅唑或 50%硫黄悬浮液；覆盖后土壤易干燥，要注意及时灌水。滴灌是避雨栽培最好的灌水方式。夏季如覆盖设施内出现 35 ℃以上的高温，须进行通风降温。

近几年我国长江以南地区以实现葡萄提早上市，降低病虫害，改善果实品质，增加栽培效益等为目的，将避雨栽培和促早栽培相结合衍生出一种新型避雨栽培模式，即促早-避雨栽培。该栽培方式是促早栽培和避雨栽培的集合，即“前期促早、后期避雨”的栽培模式，早春封闭式覆膜保温，实现促成的目标，进入初夏之后揭膜开棚，但仍保留顶膜避雨直至采收。目前在我国的北部夏季多雨地区也有应用。

避雨栽培模式主要集中在长江以南的湖南、广西、江苏、上海、湖北、浙江、广东和福建等夏季雨水较多的地区，目前全国避雨栽培面积超过 15 万 hm^2，是三种葡萄设施栽培形式中面积最大的形式。目前避雨栽培在我国北方的一些地区亦略有发展。

第三节　设施葡萄产业的发展趋势

近年来，随着科技进步以及能源危机的发生，世界设施葡萄生产出现了一些新趋势。

一、规模化程度迅速提高，栽培设施向大型化发展

大型栽培设施具有投资省、土地利用率高、设施内环境相对稳定、节能、便于作业和产业化生产等优点。设施葡萄发达国家选择在光热资源较为充足的地区，建立起大面积的大型栽培设施群，连片产业化生产，规模化程度大幅提高。例如，西班牙的阿尔梅利亚地区有面积 1.3 万 hm^2 的塑料温室群，占西班牙全国温室面积的 60%；意大利西西里岛上建造的塑料温室群，面积达 0.7 万 hm^2。

二、设施节能技术与新能源应用受到重视

近年来由于频频出现石油危机，国际市场石油价格猛涨，设施燃料费用大幅度增加。面对这一现实，设施生产大国都在积极寻求节能对策来降低设施生产的成本。主要是开发设施生产新能源如太阳能、风能和电能等，对设施生产提出了栽培技术、设施结构、环境管理三位一体的发展方针，以尽量减少能源消耗。

三、设施葡萄生产逐渐向日光充足且较温暖的地区转移

为了提高经济效益，进一步增强与露地生产的竞争力，发达国家在设施农业的布局上逐渐将重心从较寒冷多阴雨的地区向较温暖日光充足的地区转移，在较寒冷地区只保留冬季不加温的设施。

四、设施葡萄生产逐渐向发展中国家转移

20 世纪 90 年代前，世界设施葡萄主要集中在欧美一些农业发达的国家和地区，近年来逐渐转移到气候条件优越、土地资源丰富及劳动力廉价的国家和地区，特别是在一些发展中国家设施葡萄也开始起步，尤其中国发展最为迅速。截至目前中国设施葡萄栽培面积已居世界第一位。

五、设施葡萄生产逐渐向植物工厂发展

设施葡萄面积不断扩大，管理机械化、自动化程度逐渐提高，计算机智能化温室综合环境控制系统开始普及，技术先进的现代化设施成为葡萄生产的重要方式，形成设施设备制造、环境调控、生产资料为一体的多功能体系。设施栽培最为发达的日本、荷兰和比利时等国家，其设施的环境条件如温、湿、气、水等的调节已达到计算机全自动控制的现代化水平。

第四节 我国设施葡萄产业发展存在的问题

近年来，我国设施葡萄产业发展迅速，但与一些先进国家相比，还有较大差距，存在诸多问题，亟待解决。

一、缺乏设施栽培适用品种

目前我国设施葡萄生产所用品种基本上是从现有露地栽培品种中筛选的，盲目性大，对其设施栽培的适应性了解甚少，甚至有些品种不适合设施栽培，因此引进和选育葡萄设施栽培适用品种已成为当务之急。

二、栽培设施结构不合理

我国大多数设施葡萄生产设施除避雨棚外仍旧沿用蔬菜大棚的结构，以日光温室和塑料大棚为主，虽然结构简单、成本低、投资少、保温性能好，但存在明显的缺陷，如建造方位不合理、前屋面角和后坡仰角较小、墙体厚度不够、通风口设置不当、空间利用率低、光照不良且分布不均、操作费时费力、抵抗自然灾害的能力低。同时，目前生产中缺乏适宜设施葡萄生产使用的透光、保温、抗老化的设施专用棚膜，而且保温材料多为传统草苫，保温性能差、沉重、易造成棚膜破损。

三、果品质量差，产期过于集中

设施葡萄生产标准化程度总体仍较低，许多产区仍未建立统一规范的生产操作技术规程或产品标准，优质标准化栽培理念尚未在广大葡萄种植者中普及，存在盲目追求产量，直接导致葡萄成熟期延后、上色不均或不上色、含糖量不高、口味变淡等，致使产品质量参差不齐、市场竞争力差、售价低等问题突出。

我国设施葡萄生产主要以促早栽培和避雨栽培为主，产期过于集中，主要集中在5—10月成熟上市，元旦和春节期间成熟上市的新鲜葡萄缺乏。

四、化肥农药不合理及过量使用，葡萄产品质量安全隐患多

设施葡萄生产中，农药（包括植物生长调节剂）和化肥不合理使用现象非常突出，存在“三乱”问题：一是乱用化肥。为了追求高产，不计成本大量使用化肥，结果是土壤肥力、有机质下降，酸化、板结、盐渍化严重。二是乱用农药。没病不防和有病乱打药的问题较为普遍，“预防为主、综合防控、科学绿色防控”的理念没有得到很好执行。三是乱用激素。由于科技普及不够，消费群体不成熟，大家只盯着果个大、好看的外观品质，片面追求早上市卖个好价钱，普遍乱用激素，激素成了万能药，需要什么喷什么，致使果品质量安全得不到保证，极易造成部分地区葡萄农药、重金属污染和植物生长调节剂残留超标等安全隐患。

五、机械化水平低，工作效率差

目前在我国设施葡萄生产中自动控制设备不配套、机械化作业水平低、劳动强度大、工作环境差、劳动效率低，劳动效率仅为日本的1/5。设施生产装备是设施生产技术中的薄弱环节，对设施葡萄的进一步发展已经形成制约。目前虽然研发了一些设施生产装备，但这些装备在生产效率、适应性、作业性能、可靠性和使用寿命等方面仍存在一些亟待解决的问题。

六、产业化、组织化程度有待提高，品牌意识薄弱

设施葡萄生产高投入、高产出、高技术和高风险的特点，决定了其必须走产业化发展之路。然而，当前我国设施葡萄生产分布范围广而分散，规模化生产和集约化程度低，而且在实际操作中仅重视生产环节，对果品采后的分级、包装以及市场运作和品牌经营等不够重视，缺乏商品和品牌意识，还远没有形成产业化基础。龙头企业或专业合作社规模小、数量少、发挥作用小，市场竞争能力不足，龙头企业和农户尚未形成真正的利益共同体，对产业的带动能力不够。

七、现代技术推广体系急需完善和创新

现阶段我国农业科技推广体系已严重不适应我国发展现代农业的要求，基层科技队伍不稳定，人员数量下降，技术素质差，没有稳定充足的经费来源，严重影响了设施葡萄生产新技术的推广应用。

第五节　我国设施葡萄产业可持续发展的对策

我国设施葡萄产业发展的总体对策是依靠葡萄设施管理技术创新和新技术推广，实行规模化生产，大力提升我国设施葡萄的市场竞争力，促进农民增收，农业增效，实现我国由设施葡萄生产大国向产业强国转变。

一、致力于基础与应用基础研究及基础性工作，提高设施葡萄科技创新能力

基础性、应用基础性、跟踪性研究要按照“有所为、有所不为”原则，明确目标，突出重点。未来设施葡萄产业科技的发展迫切需要诸如遗传学、分子生物学、生态学、土壤学、矿质营养理论、生物材料工程、信息学等学科领域在理论上的重大突破和创新。今后要加大对设施葡萄产业重大基础理论研究的投入，力争在以生物技术、信息技术为主导的设施葡萄产业高新技术开发上取得重大突破。目前设施葡萄产业生物技术的首要任务是加大研究力度和深度，力争在光合作用机理、矿质营养生理、水分生理、生殖生理、品质发育生理、休眠生理、叶片衰老生理等领域取得重大突破，达到国际先进水平。同时加强设施葡萄品种种植区划、无病毒健康优质良种苗木繁育体系建设、设施葡萄园土壤肥力普查和设施葡萄果品安全普查等基础性工作。

二、致力于重大关键技术及高新技术的突破，提高设施葡萄产业竞争力

通过重大关键技术与高新技术的突破，提升我国设施葡萄产业科技的国际竞争力。力争在设施葡萄生物技术、设施葡萄信息技术、设施葡萄机械装备和农业新材料研制等高新技术领域获得重大突破。在资源高效利用、设施工厂化生产技术、肥水高效利用技术、品质调控技术和省力化栽培技术等重大关键技术领域取得重大成果和显著效益。同时要充分利用国际农业科技资源，加大设施葡萄先进技术的引进与吸收转化。

（一）开展生态农业和节水农业技术研究，发展可持续设施葡萄产业

可持续农业是指环境不退化，资源永续利用，技术上适当，经济上可行，不仅满足当代人们的生活需要，而且可以保证子孙后代生存与发展的需求。可持续农业是现阶段世界农业发展的一个重要趋势，我国设施葡萄产业科技的发展也必须紧跟世界农业科技的发展方向，努力开发优质、安全果品生产技术和环境保护技术，大力倡导生态农业，维护生态平衡，实现设施葡萄产业的可持续发展。要开展防治农业污染的示范工作，使农业面源污染和农业生态环境破坏得到减缓；开展灾害预测和防灾减灾技术研究，提高设施葡萄生产的抗逆能力；运用适当的经济、节本技术生产体系，积极为设施葡萄产业可持续发展提供配套技术，避免掠夺式开发；研究利用不同动植物之间和不同生物之间的作用规律，种养结合，变废为宝，实现自然资源多级转化和多层利用；研制和推广先进的土壤改良技术（主要包括研发土壤结构改良剂、盐碱地改良技术、酸化土壤改良技术、生草和土壤覆盖技术、土壤污染治理技术等），显著提高土壤肥力水平；研制和推广先进的节水灌溉技术，主要包括建立节水地面灌溉、微灌、喷灌的需水量预报模型，进行设施葡萄最佳灌溉时间和灌溉量的确定及预报方法研究，开发节水灌溉水肥耦合技术，适合我国国情的土壤墒情诊断技术，主栽品种的非充分灌溉技术和调亏灌溉技术，微灌、喷灌和低压输水管网系统的智能化设计软件等，提高灌溉水利用率；研制和推广先进的高效施肥技术，主要包括设施葡萄主栽砧木嫁接主栽品种的矿质营养吸收运转分配规律研究，不同土壤和有机肥的供肥规律及不同肥料利用率的研究，确定肥料配方，研制环境友好型控释肥料及设施葡萄专用肥等，提高肥料利用率；研制和推广新型生物可降解地膜，避免地膜对土地和环境产生危害；研制和推广环境友好型设施葡萄化控技术，主要是研制开发高效、低毒、环境友好型植物生长调节剂，如可生物降解的脱落酸、聚天门冬氨酸、壳聚糖、破眠剂等及其施用技术，对植物的生长、花芽分化、开花、果实成熟、衰老、休眠以及果实和枝叶的脱落等进行调控。

（二）开展有机农业和绿色农业技术研究，提高农产品品质

随着果品供应短缺时代的结束，人们对果品的需求已经发生了质的变化，对果品安全和多样化的需求不断提高。因此，进入新阶段的我国设施葡萄产业为了满足人们追求生活质量的消费需求，提高果品的经济效益，发展重点是提高果品质量，生产优质果品。一方面要加强质量安全技术的研究与推广，控制果业生产基地的外源污染和果业自身污染，解决农药残留超标和有毒有害物质问题，主要包括加强从农药、肥料的科学应用到土壤、水

源、生态的环境控制及种植制度改进等一系列重大关键技术研究；研发与推广高效、低毒、低残留农药、生物防治技术和综合防治技术；研究与推广配方施肥、平衡施肥技术，提高化肥利用效率。另一方面是加快设施葡萄生产技术规程和果品质量标准的研究制定，包括无公害葡萄、绿色食品及有机葡萄等从生产环境、生产过程到产品质量的指标化管理与资格认证等。此外，从保障无公害、绿色、有机生产管理角度，还需重视研制与开发新型的快速检测技术及设备。要把生产高质量的果品作为设施葡萄科研的主攻方向，创国际品牌，使设施葡萄产业走上精准化、规模化、专业化、机械化、科技化和环保型的现代农业之路。

（三）开展葡萄栽培新技术和新装备研究与开发，提高农业生产率

加强设施葡萄机械化生产配套机械设备及农艺措施研究；综合运用现代农业科学技术、计算机技术和材料科学等，建立技术密集型的工程化、自动化设施葡萄生产体系，实现人工创造环境、全过程自动化，发展设施葡萄工厂化生产；加强农业资源、生产资料、技术和产品市场、政策、气象等各方面专题性或综合性的农业数据库组建和研究，建立和开发设施葡萄产业信息网络系统、信息监测与速报系统、专家决策支持系统，实现设施葡萄产业的网络化、智能化以及农业资源共享，提高资源的利用率和农业生产效益，提升我国设施葡萄产业的国际竞争力。

1. 机械化生产技术 国内外实践表明，农机农艺有机融合是实现设施葡萄机械化生产的内在要求和必然选择，不仅关系到关键环节机械化的突破和先进适用农业技术的推广普及应用，也影响农机化的发展速度和质量。只有二者相互协调、有机结合，才能真正实现设施葡萄生产的机械化和现代化。发展我国设施葡萄机械化生产技术，要基于我国设施葡萄产业发展现状，坚持葡萄生产和机械化相结合的基本原则，系统全面地开展研究与示范推广工作。一方面将机械适应性作为设施葡萄育种和栽培技术研究的重要目标和考核指标，加快适于果园全程机械化生产配套农艺措施的研究与推广。还要基于我国设施葡萄产业特点，加快设施葡萄从种植到收获全程机械化生产过程中葡萄园专用机械设备的研发和推广，开发多功能、经济型机械装备与设施，如将精量喷雾技术、防飘技术、自动对靶技术、农药直接注入和自清洗技术、机电一体化技术等综合运用于研发低量、精喷洒和低污染的植保机械。另一方面加强农艺农机技术集成，针对重点薄弱环节，制定和完善不同区域设施葡萄主产区机械化生产技术的路线、模式和规范。同时借助计算机辅助决策技术、信息技术、自动化与智能控制技术等高新技术，实现农艺农机的有机融合，加快推动设施葡萄生产的规模化、专业化、标准化和信息化。

2. 工厂化生产技术 加强节能型日光温室和大型温室微气候与生态环境研究，制定我国温室等栽培设施的区域布局规划，并针对区域特点研究相应温室的结构形式和基本配置，以最大限度节约能源，降低温室运行成本，同时还需加强温室建筑材料和节能与能源多元化利用技术研究。加强自动控制技术与装备的研究：一是加强研究葡萄对环境（如光照、温度、湿度、二氧化碳浓度等）变化的反应，并建立其相应的定量数学模型，通过定量数学模型，进一步制定设施环境最有效的控制管理策略或方案；二是加强葡萄生长环境的机器识别与诊断研究，分为温室环境和土壤环境两大部分，其中温室环境信息主要包括温度、湿度、光照和二氧化碳浓度等的最高、最低值及其控制，而土壤环境信息包括无土栽培的pH、电导率、基质温度、土壤湿度等的采集与控制；三是加强葡萄生长状态的机器识别与诊断研究，通过机器判别葡萄生长的优劣、是否有病虫害、是否需要灌溉和施肥等；四是加强作物模拟技术的研究及葡萄生长要求的定量研究及检测，它是实现定量化和自动化控制管理的关键技术；五是加强机器自动判别选择运行的最优化条件研究，自动化判别使工作状态处于最佳，满足葡萄或农艺上的要求，要实现机器的自动判别，需加强专家智能决策技术和机器视觉技术等高新技术的研究。要加强设施农业配套机械设备的研究与开发。

3. 农业信息化技术 重视信息技术对传统农业进行根本性技术改造的良好前景并积极应用。以3S技术为基础的"精准农业"，正在美国、加拿大、英国、法国、澳大利亚等发达国家迅速扩大应用，并被认为是一项将改变21世纪农业面貌的关键技术。加强设施葡萄信息网络体系集成技术研究，主要包括农业基础信息系统自然资源环境和社会经济条件子系统、市场信息系统（农产品和生产资料的供求信息等）、科技信息系统（生产实用技术、先进新技术等信息）、信息网络集成技术（数据库、网络应用程序等）。加强农业智能决策技术研究，在现有农业专家系统的基础上，与决策支持系统相结合，通过农业信息网络实现农业的智能决策，主要包括农业专家系统技术、农业决策支持系统技术（农业信息数据库、决策模型库、友好人机界面技术的标准和实现技术）、神经网络系统在农业智能决策中实现技术、农业智能在线决策系统的集成技术。加强农业系统数字模拟技术研究，数字化经济和数字化生存是21世纪发展趋势，数字农业模拟系统将可以实现目前现实世界无法对农业开展的试验，系统的建立将为农业发展的宏观决策进行动态模拟，主要包括农业自然环境的数字化及其数据组织技术（数据结构、数据库）、农业生产和发展的社会经济信息的数字化技术（世界农业、国家和地区水平的数据库）、葡萄生长过程的数字模拟技术、农业数字神经网络建模技术（数字化农业基础的集成和反馈模拟的机制）、农业宏观发展的数字模拟综合集成系统。加强农业遥感信息采集分析技术的研究，可为农业发展决策、农业灾情监测、资源环境状态预测提供快速有效的信息，主要包括全国农业资源遥感动态监测系统与时间序列数据库、农情遥感信息综合分析系统、遥感作物监测与诊断应用基础研究、农业灾情监测预报系统技术等。加强精准农业关键技术研究及其相关产品的研发，精准农业的主要作用是降低施肥量，减少环境污染。通过引进国外主要设备，结合国情对配套的硬件和软件进行研究开发与集成组装，逐步建立起适合我国国情的"精准农业"示范工程体系。我国设施葡萄生产与国外有许多不同，不能照搬国外技术，必须开发适合我国国情的精准农业技术。在引进国外先进技术的同时，需对各种传感器和自动测试仪进行重点开发，同时研究3S集成技术，研究产量分布图自动生成系统、处方图读入系统、智能化诊断系统、自动选择调控化肥配比和农药用量及喷水量的监控系统等。

三、致力于科技成果的推广与转化，提高农业科技贡献率

加强农业生产一线科技力量，完善农业技术推广机构，逐步形成适合我国国情的推广队伍多元化、技术服务社会化、推广形式多样化的农业技术推广服务体系。加强国家葡萄产业技术研发中心与技术推广体系的有效对接，保证基层葡萄生产技术人员与时俱进，掌

握设施葡萄现代生产技术，加快设施葡萄新品种和新技术等信息的进村入户和推广，切实提高科技在设施葡萄产业和农村经济增长中的贡献率。建立知识产权交易和公共资讯平台及专业咨询系统，建立健全市场信息服务体系，建立国家级葡萄产业信息网，为设施葡萄产业提供全方位信息服务。引导和鼓励科技人员深入生产一线从事农业技术开发、技术咨询和服务活动。积极扶持发展农村各类专业技术协会和合作社及民营企业进行农业技术推广服务。积极发展设施葡萄标准化生产示范基地，使其成为连接科技与设施葡萄生产的纽带，成为设施葡萄生产科技推广的示范基地和技术培训基地。

四、积极培育龙头企业，建立健全农业合作组织，实施产业化发展战略

积极创造有利环境，培育壮大龙头企业。进一步完善企业与生产者的利益联结机制，鼓励企业与科研单位、生产基地建立长期的合作关系。积极发展农业合作组织和农民协会，不断提高产业素质和果农的组织化程度。

第六节　现代葡萄生产的概念、内涵及特征

一、现代葡萄生产的概念及内涵

（一）概念

现代葡萄生产是现代农业的有机组成部分，以现代科学技术、现代工业提供的生产资料和装备为支撑，用现代组织管理方法来经营，用高效便捷的信息系统和社会化服务体系服务，用良好的生态环境支持的生产效率达现代先进水平的社会化、商品化葡萄产业。

（二）内涵

现代葡萄生产主要包括两方面的内容：一是葡萄生产的物质条件和技术的现代化，利用先进的科学技术和生产要素装备农业，实现葡萄生产的机械化、电气化、信息化、生物化和化学化；二是葡萄生产组织管理的现代化，实现葡萄生产的专业化、社会化、区域化和企业化。设施葡萄产业是现代葡萄生产的显著标志。

二、现代葡萄生产的特征

（一）具备较高的综合生产率，包括较高的土地产出率和劳动生产率

葡萄成为一个有较高经济效益和市场竞争力的产业，这是衡量现代葡萄生产发展水平的最重要标志。

（二）葡萄产业成为可持续发展的产业

葡萄产业发展本身是可持续的，而且具有良好的区域生态环境。广泛采用生态农业、有机农业、绿色农业等生产技术和生产模式，实现淡水、土地等农业资源的可持续利用，达到区域生态的良性循环，农业本身成为一个良好的可循环的生态系统。

（三）葡萄产业成为高度商业化的产业

葡萄主要为市场而生产，具有很高的商品率，通过市场机制来配置资源。商业化是以市场体系为基础的，现代葡萄产业要求建立非常完善的市场体系，包括农产品现代流通体系。离开了发达的市场体系，就不可能有真正的现代葡萄产业。农业现代化水平较高的国

家，农产品商品率一般都在 90%以上，有的产业商品率可达到 100%。

（四）实现葡萄生产物质条件的现代化

以比较完善的生产条件、基础设施和现代化的物质装备为基础，集约化、高效率地使用各种现代生产投入要素，包括水、电力、农膜、肥料、农药、良种、农业机械等物质投入和农业劳动力投入，从而达到提高葡萄生产效率的目的。

（五）实现葡萄生产科学技术的现代化

广泛采用先进适用的葡萄生产科学技术、生物技术和生产模式，改善葡萄果品的品质、降低生产成本，以适应市场对葡萄果品需求优质化、多样化、标准化的发展趋势。现代葡萄产业的发展过程，实质上是先进科学技术在葡萄产业领域广泛应用的过程，是用现代科技改造传统葡萄产业的过程。

（六）实现管理方式的现代化

广泛采用先进的经营方式、管理技术和管理手段，将葡萄生产的产前、产中、产后形成比较完整的紧密联系、有机衔接的产业链条，具有很高的组织化程度。有相对稳定、高效的产品销售和加工转化渠道，有高效率把分散的农民组织起来的体系，有高效率的现代农业管理体系。

（七）实现葡农素质的现代化

具有较高素质的农业经营管理人才和劳动力是建设现代葡萄产业的前提条件，也是现代葡萄产业的突出特征。

（八）实现葡萄生产的规模化、专业化、区域化

通过实现葡萄生产经营的规模化、专业化、区域化，降低公共成本和外部成本，提高葡萄产业的效益和竞争力。

（九）建立与现代葡萄产业相适应的政府宏观调控机制

建立完善的农业支持保护体系，包括法律体系和政策体系。

三、发达国家和地区实现现代葡萄生产的经验

政府对产业的支持对于实现葡萄生产的现代化至关重要；土地制度的变革是葡萄生产现代化的前提；充分发挥资源优势，以市场为导向，搞好产业规划和建设，是推进葡萄产业建设的普遍方法；葡萄产业合作经济组织是葡萄产业现代化的根基；完整的农业技术推广体系是葡萄产业实现现代化的基本保障；专业化、一体化和社会化是现代葡萄生产发展的基本方向。

第二章

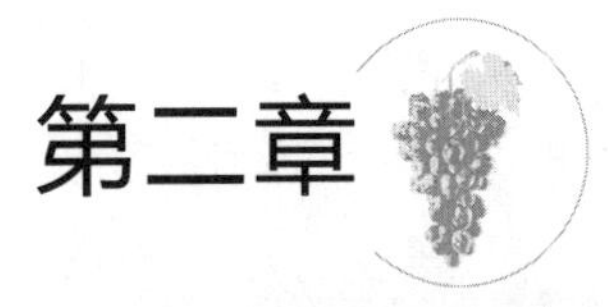

设施葡萄适宜品种与砧木的评价与选择

第一节　设施葡萄适宜品种的评价

目前，我国设施葡萄生产中存在的首要问题是品种结构不合理，花色品种少，难以满足消费者的多样化需求。设施葡萄生产品种的选择盲目性大，对其设施栽培的适应性了解甚少，因此设施葡萄适宜品种的评价与筛选已成为当务之急。在设施葡萄适宜品种的评价与筛选中，评价指标是根据设施栽培对葡萄品种的环境适应、产期调节、产量、果实品质和省力等特性的要求而确定的。

一、环境适应特性

适应是植物在特定环境下能够生存并繁殖后代的一种特性，反映了植物生长发育过程与所处环境之间的同步能力。因此，适应设施栽培环境是筛选设施葡萄适宜品种的首要条件。

（一）连年丰产能力

连年丰产能力是指植株稳产与丰产的能力，不同作物品种的连年丰产能力反映了其对栽培环境的综合适应性。Wani 等（2010）提出适宜的环境是不同作物品种丰产、稳产的基础，不少作物品种连年丰产能力弱是由于该作物生长在不适宜的环境下引起的，所以品种的连年丰产能力是设施葡萄适宜品种评价与筛选的首要指标。

有关以连年丰产能力作为设施葡萄适宜品种评价与筛选指标的研究，鲜有报道。目前中国农业科学院果树研究所葡萄课题组（国家葡萄产业技术体系栽培与土肥研究室建设依托团队）在多年实践与理论研究的基础上，制定出反映不同葡萄品种设施栽培连年丰产能力的方法，和以不同葡萄品种连续 3 年的结果系数得出的丰产指标（平均结果系数）及稳产指标（大小年结果指数）综合反映该品种的连年丰产能力，用连年丰产系数表示，计算公式如下：

$$C = \text{单株花穗数} / \text{单株新梢数} \qquad (2-1)$$

$$\alpha = \sum (C_{r-1} + C_r + C_{r+1})/3 \qquad (2-2)$$

$$\beta = \left| [(C_{r-1} + C_{r+1})/2 - C_r] / \sum C \right| \qquad (2-3)$$

$$\gamma = \alpha' + (1 - \beta') \qquad (2-4)$$

式中　C——结果系数，C_{r-1}、C_r 和 C_{r+1} 为连续 3 年的结果系数，其中 C_{r-1} 为第 1 年的结果系数、C_r 为第 2 年的结果系数、C_{r+1} 为第 3 年的结果系数；

α——平均结果系数，α' 是 α 的归一化值；

β——大小年结果指数，β' 是 β 的归一化值；

γ——连年丰产系数。

α 越大表明该葡萄品种的丰产能力越强；β 越小表明该葡萄品种的稳产能力越强；γ 越大表明该葡萄品种的连年丰产能力越强。每个品种调查 6 株，求平均值。

“大小年”和“隔年结果”现象是我国设施葡萄（促早）栽培中普遍存在的问题，与设施葡萄品种的开花特性明显相关，对设施葡萄（促早）生产的危害性很大，它不仅影响果实的产量、品质和经济收入，而且大大缩短了设施葡萄的经济寿命。关于克服设施葡萄“大小年”和“隔年结果”问题的报道很多，但一般都是通过更新修剪和加强肥水管理等栽培措施来解决，很少通过选择连年丰产能力强的品种来解决。王海波等（2013）和谢计蒙等（2012）研究发现，红旗特早玫瑰、紫珍香、无核早红、红标无核、香妃、红香妃、无核白鸡心、87－1、乍娜、奥迪亚无核和莎巴珍珠等品种在设施（促早）栽培环境条件下平均结果系数高、大小年结果指数低、连年丰产系数大，说明其具有良好的连年丰产能力，对设施（促早）栽培环境具有极强的适应能力，在设施（促早）栽培环境条件下不需采取更新修剪等连年丰产栽培措施即可实现连年丰产。

（二）光合特性评价指标

连年丰产能力是设施葡萄环境适应性的最直观评价指标，连年丰产能力强，其设施环境适应性好。但连年丰产能力的测算，不仅操作繁杂、周期长、成本高，而且易受涝灾、旱灾、病虫害及天气好坏等不可控因素的影响。因此，急需建立一种快速有效且稳定性好的评价方法，评价不同葡萄品种的设施环境适应性，为设施葡萄专用品种的培育和品种选择提供依据。

植物对环境因子的变化适应能力直接或间接与自身对光合作用的调整能力相关，因此光合作用不仅是评价植物对环境的适应能力，也是快速评价和筛选对特定环境适应的品种的一项重要生理指标。有关研究表明温度、光照和 CO_2 浓度等设施栽培环境因子通过光合作用间接地影响了品种的连年丰产能力。弱光、低 CO_2 浓度和高温是设施葡萄（促早）栽培环境的典型特征，因此品种的耐弱光、耐低 CO_2 浓度和耐高温能力强说明该品种较适应设施葡萄（促早）栽培。

1. 耐弱光评价指标

（1）叶片质量　弱光对植株叶片质量和形态影响很大，常导致植株叶片厚度变薄和叶片变宽，同时对植株的海绵组织和栅栏组织也产生一定影响。叶片的叶肉结构在一定光照度环境下存在一个最佳的栅/海比，这是叶片对环境光照度的适应，这种适应性有利于叶片的光合作用。例如姚允聪等（2007）对设施桃及黄卫东等（2004）对设施矮樱桃研究发现，弱光处理植株叶片的海绵组织和栅栏组织厚度降低，栅/海比升高，栅栏组织在弱光条件下的相对变厚有利于叶绿体的向阳排列，叶片能充分利用光能，利于光合效率的提高，这是植物对弱光适应的一种典型反应。关于弱光对设施果树叶面积的影响争议较大。姚允聪等（2007）认为弱光处理使设施桃叶片的叶面积和比叶重降低；而王志强等（2000）对设施油桃及战吉成等（2002）对设施葡萄研究发现，弱光处理使植株的总叶面积有所增加，但 Seattle（2011）认为光照度与葡萄植株的叶片面积没有关系。综上所述，弱光对不同植物不同品种的叶片形态指标造成不同的影响，可通过分析弱光下植株的比叶重、叶片厚度、栅栏组织厚度、海绵组织厚度和栅/海比等叶片形态指标，来确定不同品种适应弱光的能力。

（2）光合色素　光合色素是影响叶片光合作用中光能的吸收、传递和转化等生理过程的重要因素，叶片光合色素含量和构成的变化是衡量植株对不同光照环境适应能力的重要指标，弱光对植株叶片光合色素的影响大致包括以下两点：叶绿素 a 含量、叶绿素 b 含量和叶绿素总含量是否增加，叶绿素 a/b 比值是否降低。刘文海等（2006）对设施桃研究发现随光照度的降低，叶片叶绿素 b 和类胡萝卜素含量升高，叶绿素 a/b 比值下降。黄卫东等（2004）研究发现弱光处理使设施矮樱桃叶片的叶绿素总含量升高，叶绿素 a/b 比值下降。而姚允聪等（2007）及王志强等（2000）对设施桃弱光胁迫处理研究发现，弱光处理使叶片的叶绿素 a 含量、叶绿素 b 含量和叶绿素总含量都增加，但叶绿素 a/b 比值却没有显著变化。因此，弱光处理植物的种类不同，光合色素指标的变化也不同，对此的解释也不一致。刘文海等（2006）认为叶片叶绿素含量的提高保证叶片在弱光环境中吸收更多的光能用于光合作用，这是处于弱光环境的植株叶片维持正常的光合作用所必需的，而姚允聪等（2007）认为叶片叶绿素含量的变化是植株对环境的应激性反应。Baig 等（2005）认为叶片叶绿素 a/b 比值的降低是适应遮阴条件的表现，但 Thayer 等（1990）和 Johnson 等（1993）认为叶片叶绿素 a/b 比值维持稳定是适应光照条件的表现，而孙小玲等（2010）则认为遮阴条件下叶片叶绿素 a/b 比值是否降低因品种不同而异。因此，弱光环境下，植株叶片光合色素指标的变化因植物种类与品种而异，同样可通过分析弱光下植株叶片的叶绿素 a 含量、叶绿素 b 含量、叶绿素 a/b 比值、叶绿素总含量及类胡萝卜素的含量等光合色素指标，来确定不同品种适应弱光的能力。

（3）光合作用　光合作用是快速评价和筛选对特定环境适宜的品种的一项重要生理指标，弱光不仅影响光合产物的合成而且还影响光合产物的运输与分配。王志强等（2001）对设施油桃及 Cai 等（2011）对印加果进行弱光处理，发现弱光使植株叶片的光饱和点（LSP）和光补偿点（LCP）降低，对弱光的利用率提高，认为这是对设施光温环境产生的适应性变化。刘文海等（2006）对设施桃进行弱光处理，发现叶片的光饱和点、光补偿点、CO_2 补偿点（CCP）、CO_2 饱和点（CSP）以及羧化效率（CE）均下降，同时得出 Rubisco 活性和净光合速率（Pn）的大小以及相关参数在弱光下的表现均可以作为检验桃树是否耐弱光的直观性指标。眭晓蕾等（2005）研究发现，弱光使辣椒叶片的光补偿点降低，表观量子效率（AQY）上升，表明其对弱光的利用能力增强。朱龙英等（1998）在对番茄耐弱光研究中发现，若净光合速率在弱光下变化幅度较小，则植株耐弱光性较强。Jiang 等（2004）也曾通过对海滨雀稗草、百慕大草的净光合速率和反射比进行测量来评价和比较它们对弱光的反应，并得出最耐弱光的品种。Zhou 等（2010）和 Cai 等（2009）认为高强度光照引起了空气及叶片温度上升或限制了植株水分的传导率，是导致植株同化力下降的原因，这种植物可能适合中度遮阴的环境，即 60%～70%的自然光照度，这样能够满足机体需要。因此，鉴定植物适应弱光环境的能力，因植物种类品种不同，得出耐

弱光特性的指标也不同，但光合作用的光补偿点、表观量子效率和设施内外光合潜力的差值等指标是探讨植物对弱光环境的适应能力的重要参考指标之一。

2. 耐低 CO_2 浓度评价指标 空气中的 CO_2 是植物光合作用的主要碳源。Pfanz 等(2007) 发现低浓度 CO_2 环境下植株叶片的羧化效率（CE）降低而 CO_2 补偿点升高。但在设施栽培中有关选择耐低 CO_2 浓度品种的报道寥寥无几，一般是通过增施 CO_2 肥料来弥补设施低 CO_2 浓度的不足。在设施栽培条件下选择耐低 CO_2 浓度的品种，主要从 CO_2 补偿点和羧化效率确定，CO_2 补偿点越低，羧化效率越高，说明品种利用低浓度 CO_2 的效率就越高。

3. 耐高温评价指标 光合作用是植株对高温反应最为敏感的生理过程之一，高温对植株光合作用的影响，反映出植株耐高温的能力，且有关高温影响植物叶片光合作用的研究已有很多报道。高温可以破坏叶片叶绿体的结构与功能，减少叶绿素的含量，进而影响光合作用，高温下植株叶绿素含量的变化趋势与光合作用的变化趋势一致。赵世伟等(2002) 对海芋和山茶的研究认为不同植物物种对高温的响应程度不同，但高温都导致植株的净光合速率下降。据邓伯勋等（1995）在大棚朋娜脐橙上发现，当气温超过 33 ℃时，植株净光合速率明显下降，并认为不同的果树都有一个最适宜的气温范围，生产上应具体对待。但也有人在水稻研究中发现温度胁迫对光合作用影响不大。大量研究表明高温对光合作用的影响机理集中在气孔因素、光反应、碳同化及相关酶的活性上。张洁等（2005）认为 35 ℃昼间亚高温对番茄叶片光合作用的影响可能与气孔因素无关。赵世伟等（2002）得出高温下净光合速率下降主要是非气孔限制造成的，高温导致 RuBP 羧化/加氧酶最大再生速率的降低，可能是主要限制因素。也有研究表明净光合速率下降是气孔限制因素导致的。有人认为高温使植株碳同化能力降低，且许多试验证明高温影响羧化效率（CE），而 RuBP 羧化/加氧酶是碳代谢的关键酶，所以高温对碳同化的影响主要表现为对 RuBP 羧化/加氧酶活性的影响。但也有很多试验表明光反应对高温更加敏感，高温对光反应的影响主要是对光系统Ⅱ（PSⅡ）和类囊体膜的影响（刘东焕等，2002）。综上所述，高温可能通过气孔限制、光反应、碳同化及相关蛋白酶类活性来影响光合作用，虽然很多学者对此的观点不一致，但高温使净光合速率发生了改变是毋庸置疑的，因此分析高温对植物净光合速率的影响对筛选耐高温品种具有指导意义。选择耐高温的品种，主要从高温下的净光合速率和高温与适温下光合潜力的差值来确定，高温下的净光合速率越高，高温与适温下光合潜力的差值越小，说明品种的耐高温能力越强。

（三）连年丰产能力与光合生理指标的关系

设施栽培具有弱光、低浓度 CO_2 和高温相结合的复杂环境，通过分析在单一环境因子（弱光或低浓度 CO_2 或高温）下葡萄的相关光合特性指标，分别筛选出的耐弱光、耐低浓度 CO_2 或耐高温的品种，不一定能适应设施栽培的复杂环境，还必须结合反映对设施栽培环境综合适应性的品种的连年丰产能力进行鉴定。因此，通过分析不同品种的光合特性指标与连年丰产能力的关系，进而找出与设施葡萄连年丰产能力密切相关的环境因子及相关光合特性指标，对于评价不同葡萄品种的设施栽培环境适应能力，进而筛选出设施葡萄的适宜品种极为重要。

中国农业科学院果树研究所葡萄课题组经过多年科研攻关，发现光照（光照度、光质组成和光照时间）是影响设施葡萄（促早）栽培连年丰产能力的主要环境因子，设施（促早）栽培条件下，耐弱光能力强的葡萄品种其连年丰产能力也强。叶片光补偿点、叶绿素a含量、叶绿素总含量及设施和露地条件下光合潜力的差值等4项光合特性指标是检验不同葡萄品种在设施（促早）栽培条件下连年丰产能力的直观性指标，可作为评价设施葡萄环境适应性的基础数据（表2－1）。熵权Topsis综合评价法对设施葡萄环境适应性评价结果的排序与其连年丰产系数排序基本相同，Topsis综合评价法次之，熵值法最差（表2－2）。运用熵权Topsis综合评价方法评价22个葡萄品种的设施环境适应性，结果表明：红旗特早玫瑰、紫珍香、无核早红、红标无核、香妃、红香妃、无核白鸡心、87－1、乍娜、奥迪亚无核和莎巴珍珠等葡萄品种的设施环境适应性最强，适合设施（促早）栽培。其他品种是否适合设施促早栽培，可以将红旗特早玫瑰、紫珍香、无核早红、红标无核、香妃、红香妃、无核白鸡心、87－1、乍娜、奥迪亚无核和莎巴珍珠等葡萄品种作为参考品种，以设施促早栽培条件下的叶片光补偿点、叶绿素a含量和叶绿素总含量与设施和露地条件下光合潜力的差值等4项光合特性指标为基础数据，运用熵权Topsis综合评价方法进行快速评价与筛选。

表2－1　设施栽培条件下不同葡萄品种的相关生理指标与连年丰产系数的回归方程和相关系数

（引自韩晓等，2018）

生理指标	回归方程	相关系数	生理指标	回归方程	相关系数
光补偿点	$y=1.164\,17-0.005\,68x$	-0.911^{**}	叶片厚度	$y=1.069\,41x-0.003\,73$	−0.144
表观量子效率	$y=0.134\,35x+0.991\,37$	0.006	干比叶重	$y=1.046\,26-0.006\,77x$	−0.133
光合潜力差值	$y=1.075\,1-0.010\,67x$	-0.654^{**}	CO_2补偿点	$y=1.048\,92-0.000\,64x$	−0.169
叶绿素a含量	$y=0.136\,05x+0.761\,61$	0.492^{*}	羧化效率	$y=1.057\,85-0.939\,46x$	−0.306
叶绿素b含量	$y=0.228\,4x+0.860\,06$	0.271	蒸腾速率	$y=1.038\,2-0.021\,62x$	−0.319
叶绿素总含量	$y=0.086\,56x+0.754\,7$	0.463^{*}	暗呼吸速率	$y=1.018\,01-0.010\,2x$	−0.096
栅栏组织厚度	$y=1.020\,13-0.002\,68x$	−0.081			
海绵组织厚度	$y=1.169\,4-0.014\,44x$	−0.195			

注：y是连年丰产系数，x是葡萄品种的各项生理指标。*表示相关性在$P<0.05$水平上显著，**表示相关性在$P<0.01$水平上极显著。

表2－2　不同综合评价法对各个葡萄品种设施栽培环境适应性评价的综合排名

（引自韩晓等，2018）

品种名称	熵值法		Topsis法		熵权Topsis法		连年丰产系数	连年丰产系数排名
	得分	排名	得分	排名	得分	排名		
红旗特早玫瑰	0.051 3	5	0.449 6	5	0.498 4	4	1.055	4
紫珍香	0.051 4	4	0.508 2	4	0.575 1	3	1.078	1
无核早红	0.054 2	1	0.579 7	2	0.624 2	2	1.058	2
红标无核	0.053 8	2	0.534 1	3	0.498 2	5	1.054	5

（续）

品种名称	熵值法		Topsis 法		熵权 Topsis 法		连年丰产系数	连年丰产系数排名
	得分	排名	得分	排名	得分	排名		
87－1	0.052 6	3	0.410 9	6	0.420 7	7	1.051	8
乍娜	0.049 9	8	0.364 6	9	0.386 6	8	1.053	7
无核白鸡心	0.049 8	9	0.589 5	1	0.657 9	1	1.041	10
莎巴珍珠	0.048 6	11	0.331 3	11	0.355 5	11	1.047	9
奥迪亚无核	0.049 1	10	0.346 5	10	0.364	10	1.053	6
香妃	0.050 0	7	0.400 9	7	0.433 2	6	1.076	2
红香妃	0.051 2	6	0.368 3	8	0.384 9	9	1.039	11
红双味	0.041 1	16	0.211 1	16	0.207 2	15	0.989	12
巨峰	0.037 9	18	0.159 4	18	0.166 2	18	0.958	15
优无核	0.044 0	13	0.243 2	12	0.230 2	12	0.887	22
京亚	0.035 3	22	0.129 7	21	0.136 1	19	0.974	13
巨玫瑰	0.037 3	20	0.136 4	20	0.116 7	20	0.911	21
藤稔	0.042 3	14	0.227 6	13	0.214 8	14	0.959	14
布朗无核	0.036 2	21	0.123 6	22	0.100 0	22	0.951	17
火星无核	0.037 4	19	0.139 1	19	0.115 4	21	0.936	20
夏黑	0.041 2	15	0.214 7	15	0.195 1	16	0.938	18
京秀	0.044 9	12	0.215 3	14	0.219 7	13	0.952 8	16
矢富罗莎	0.040 5	17	0.162	17	0.185 1	17	0.937 8	19

二、产期调节特性

在设施葡萄促早栽培条件下，葡萄品种的产期越短，则其产期调节优势越明显，因此不同品种的产期调节特性是设施葡萄促早栽培适宜品种评价与筛选的重要依据之一。设施葡萄促早栽培的产期长短由满足果树需冷量所需的天数、满足果树需热量所需的天数、果树从开花坐果至果实成熟所需的天数（即果实发育期）共同决定。

在设施葡萄延迟栽培条件下，品种的产期越长越有利于延迟栽培，不同葡萄品种的产期长短主要由果树从开花坐果至果实成熟所需的天数决定。

（一）需冷量

需冷量是指落叶果树自然休眠完全解除所需的有效低温单位数，即有效低温累积起始之日始至生理休眠完全解除之日止时间段内的有效低温累积。需冷量是影响设施葡萄促早栽培扣棚升温时间的主要因素，只有满足葡萄品种的需冷量（如用破眠剂，满足葡萄品种需冷量的 2/3 即可）才能扣棚升温，否则葡萄不能完成正常的花芽分化，从而影响其产量和品质，因此有关对不同葡萄品种需冷量的研究非常重要，掌握葡萄的需冷量知识对设施葡萄促早栽培适宜品种的评价与筛选非常重要。需冷量的研究一方面有助于生产者选择需冷量适宜的设施葡萄品种，大大提早果实上市的时间，具有特殊的经济意义；另一方面只有明确品种的需冷量才能准确把握有效低温累积达到品种需冷量 2/3 的时间，即使用化学破眠措施促进休眠解除的最早时间，有效提高栽培成功率。

落叶果树的需冷量因树种和品种的不同存在差异，即使同一树种和品种在年际间也存在差异，不同地区之间差异更大，这与植物本身的生态适应性有关。不同地区、不同树种间适宜的需冷量估算模型是不同的，而全球气候变暖也影响了落叶果树的需冷量及测定方法。因此，估算落叶果树需冷量的模型很多，常用模型主要有≤7.2℃模型、0～7.2℃模型和犹他模型等，究竟采用哪种模型比较适宜一直是人们讨论的话题。目前的需冷量估算模型主要是物候学模型而不是生理学模型，没有以休眠的生理进程为基础，所以它们估算需冷量的准确性受限于特定的环境条件。目前还未找到一个适合各个树种、品种和地区的统一有效的需冷量估算模型。因此，寻找适宜的方法并准确测定落叶果树的需冷量是非常重要的。基于前人研究和科研实践，中国农业科学院果树研究所葡萄课题组制定出最佳需冷量估算模型的评价标准，即在某一地区或特定环境条件下，如用某一模型估算的落叶果树品种的需冷量的年际间变异系数最小，则该模型为该地区或特定环境条件下的最佳需冷量估算模型。变异系数是衡量资料中各观测值变异程度的一个统计量。当进行两个或多个资料变异程度的比较时，如果度量单位不同，需采用标准差与平均数的比值即变异系数（CV）来比较，可以消除度量单位不同对两个或多个资料变异程度比较的影响。依据上述原则，中国农业科学院果树研究所葡萄课题组以无核早红、红旗特早玫瑰、无核白鸡心、紫珍香、红标无核、红香妃、87－1、红双味、布朗无核、莎巴珍珠、京亚、香妃、巨峰、乍娜、巨玫瑰、矢富罗莎、藤稔、夏黑和火星无核等 22 个葡萄品种为试材，于 2009 年 11 月至 2012 年 2 月在中国农业科学院果树研究所葡萄核心技术试验示范园的高效节能型日光温室（辽宁兴城，东经 120.51°，北纬 40.45°）进行研究，结果表明：在三段式温度管理人工集中预冷带叶休眠条件下，用犹他模型估算不同葡萄品种的需冷量，其年际间变异系数最小，0～7.2℃模型次之，≤7.2℃模型最大。因此，用犹他模型估算不同葡萄品种的需冷量结果更为准确，但美中不足的是犹他模型计算较为烦琐，不易于推广应用；而 0～7.2℃模型由于其计算简便快捷，所以更加利于推广应用。同时测定出 87－1 等 22 个设施促早栽培常用葡萄品种的需冷量，发现供试葡萄品种中高需冷量品种明显多于低需冷量品种（表 2－3）。

表 2－3　不同需冷量估算模型估算的不同葡萄品种需冷量及其年际间变异系数

（引自王海波等，2017）

品种名称	年份	≤7.2℃模型		0～7.2℃模型		犹他模型	
		需冷量（h）	变异系数（%）	需冷量（h）	变异系数（%）	需冷量（CU）	变异系数（%）
红旗特早玫瑰	2009—2010	790	29.23	790	10.01	1 061	5.99
	2010—2011	1 351		956		1 081	
	2011—2012	1 426		930		965	
紫珍香	2009—2010	833	24.27	833	7.15	1 068	6.12
	2010—2011	1 351		956		1 081	
	2011—2012	1 276		930		965	

（续）

品种名称	年份	≤7.2℃模型		0～7.2℃模型		犹他模型	
		需冷量（h）	变异系数（%）	需冷量（h）	变异系数（%）	需冷量（CU）	变异系数（%）
无核早红	2009—2010	678	20.16	671	7.87	881	4.24
	2010—2011	655		631		951	
	2011—2012	929		737		947	
红标无核	2009—2010	717	22.57	717	8.40	1 023	3.92
	2010—2011	655		630.5		950.5	
	2011—2012	989		742		965	
87-1	2009—2010	501	3.32	501	2.15	827	2.96
	2010—2011	535		511		854	
	2011—2012	523		523		805	
乍娜	2009—2010	727	21.92	703	3.54	1 020	3.17
	2010—2011	727		703		1 020	
	2011—2012	1 043		747		965	
无核白鸡心	2009—2010	1 565	3.982	1 150	11.39	1 080	6.76
	2010—2011	1 446		976		1 094	
	2011—2012	1 495		930		965	
莎巴珍珠	2009—2010	536	10.14	536	12.73	858	7.33
	2010—2011	439		415		758	
	2011—2012	475		475		757	
奥迪亚无核	2009—2010	717	10.36	717	10.39	1 023	9.83
	2010—2011	727		703		1 020	
	2011—2012	600		590		857	
香妃	2009—2010	670	13.58	670	16.02	981	8.73
	2010—2011	511		487		830	
	2011—2012	623		623		871	
红香妃	2009—2010	501	12.43	501	13.93	827	2.92
	2010—2011	511		487		830	
	2011—2012	623		623		871	
红双味	2009—2010	833	14.19	833	13.93	1 068	7.45
	2010—2011	655		631		951	
	2011—2012	859		718		933	
巨峰	2009—2010	1 140	16.51	1 010	9.24	1 070	5.64
	2010—2011	943		839		1 061	
	2011—2012	1 317		930		965	

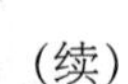

（续）

品种名称	年份	≤7.2℃模型		0～7.2℃模型		犹他模型	
		需冷量（h）	变异系数（%）	需冷量（h）	变异系数（%）	需冷量（CU）	变异系数（%）
	2009—2010	1 140		1 010		1 070	
优无核	2010—2011	871	13.79	827	9.95	1 056	5.53
	2011—2012	1 087		930		965	
	2009—2010	833		833		1 068	
京亚	2010—2011	943	22.67	823	4.84	1 015	5.07
	2011—2012	1 276		761		965	
	2009—2010	678		671		881	
巨玫瑰	2010—2011	599	27.23	566	13.42	1 042	8.36
	2011—2012	989		742		965	
	2009—2010	933		911		1 068	
藤稔	2010—2011	921	19.32	804	9.36	1 001	5.17
	2011—2012	1 276		761		965	
	2009—2010	717		717		1 023	
布朗无核	2010—2011	1 375	39.17	962	17.37	1 084	9.06
	2011—2012	749		725		905	
	2009—2010	933		911		1 068	
火星无核	2010—2011	1 542	31.09	1 010	15.60	1 113	8.23
	2011—2012	929		737		947	
	2009—2010	790		790		1 061	
夏黑	2010—2011	871	7.73	827	6.61	1 056	8.80
	2011—2012	749		725		905	
	2009—2010	670		670		981	
京秀	2010—2011	511	15.59	487	17.31	830	10.92
	2011—2012	523		523		805	
	2009—2010	1 140		1 010		1 070	
矢富罗莎	2010—2011	1 087	14.67	871	7.45	1 065	5.73
	2011—2012	1 419		930		965	

（二）需热量

需热量是指落叶果树从自然休眠完全解除到展叶盛期或盛花期（50%芽展叶或开花）之间所需的有效热量累积。虽然在植株未彻底解除休眠以前高温会影响机体的生长，但当需冷量满足以后，需热量非常重要，果树能够开花或展叶是受其需冷量与需热量共同影响的。需热量影响果树开花与展叶尤其是植物避免春天霜害的一种重要的参考指标。尽管在不同品种是否具有特定需热量的研究方面得出的结论不一致，但了解不同品种的需冷量与需热量是落叶果树能够生长在不同环境条件下避免休眠不完全解除、花粉败育和产量不稳

定的重要依据。目前有关建立需热量模型的报道很多，常用模型主要有生长度小时模型（GDH℃）和有效积温模型（℃）。同样，基于前人研究和科研实践，中国农业科学院果树研究所葡萄课题组制定出最佳需热量估算模型的评价标准，与需冷量相同，在某一地区或特定环境条件下，如用某一模型估算的落叶果树品种的需热量的年际间变异系数最小，则该模型为该地区或特定环境条件下的最佳需热量估算模型。基于上述标准，中国农业科学院果树研究所葡萄课题组以无核早红、红旗特早玫瑰、无核白鸡心、紫珍香、红标无核、红香妃、87－1、红双味、布朗无核、莎巴珍珠、京亚、香妃、巨峰、乍娜、巨玫瑰、矢富罗莎、藤稔、夏黑和火星无核等22个葡萄品种为试材，于2009年11月至2012年2月在中国农业科学院果树研究所葡萄核心技术试验示范园的高效节能型日光温室（辽宁兴城，东经120.51°，北纬40.45°）进行研究，结果表明：对于需热量的估算，无论用生长度小时模型还是用有效积温模型估算出的不同葡萄品种需热量的年际间变异系数均很小，两种需热量估算模型之间差异不显著，但生长度小时模型计算繁杂，因此从简便快捷的角度来考虑，有效积温模型更适宜葡萄品种需热量的估算。同时测定出87－1等22个设施促早栽培常用葡萄品种的需热量，发现供试葡萄品种中低需热量品种明显多于高需热量品种（表2－4）。

表2－4　不同需热量估算模型估算的不同葡萄品种需热量及其年际间变异系数

（引自王海波等，2017）

品种名称	生长度小时模型（GDH℃）					有效积温模型（℃）				
	2009	2010	2011	需热量平均值	变异系数（%）	2009	2010	2011	需热量平均值	变异系数（%）
红旗特早玫瑰	12 401	11 680	12 203	12 095	3.08	242	257	246	248	3.12
紫珍香	16 149	14 764	14 951	15 288	4.91	450	493	488	477	4.93
无核早红	12 897	11 857	12 281	12 345	2.18	243	264	255	254	4.15
红标无核	12 140	11 565	11 737	11 814	2.5	250	262	259	257	2.43
87－1	12 385	11 637	12 165	12 062	3.19	229	243	233	235	3.07
乍娜	11 883	11 342	11 483	11 569	2.42	230	241	238	236	2.41
无核白鸡心	10 834	10 470	10 632	10 645	1.71	206	213	210	210	1.67
莎巴珍珠	11 695	11 225	11 289	11 403	2.23	239	249	247	245	2.16
奥迪亚无核	11 696	11 268	11 742	11 569	2.26	233	242	232	236	2.34
香妃	12 148	11 874	12 032	12018	1.14	256	262	259	259	1.16
红香妃	11 858	11 357	11 759	11 658	2.27	246	256	248	250	2.12
红双味	11 197	10 674	10 795	10 889	2.51	220	230	228	226	2.34
巨峰	10 753	10 597	11 344	10 898	3.62	218	221	206	215	3.69
优无核	10 514	10 379	10 646	10 513	1.27	205	208	202	205	1.46
京亚	9 920	10 032	9 823	9 925	1.05	200	198	202	200	1

（续）

品种名称	生长度小时模型（GDH℃）					有效积温模型（℃）				
	2009	2010	2011	需热量平均值	变异系数（%）	2009	2010	2011	需热量平均值	变异系数（%）
巨玫瑰	10 224	10 214	10 009	10 149	1.19	236	236	241	238	1.21
藤稔	10 607	10 257	10 765	10 543	2.46	206	213	203	207	2.47
布朗无核	13 213	12 597	12 623	12 811	2.72	259	271	271	267	2.59
火星无核	15 041	13 706	14 015	14 254	4.9	411	452	442	435	4.91
夏黑	12 141	11 509	11 765	11 805	2.69	223	236	231	230	2.85
京秀	10 854	10 735	11 345	10 978	2.95	249	251	238	246	2.84
矢富罗莎	9 963	9 987	9 825	9 925	0.88	199	199	202	200	0.86

单从品种需热量方面研究的报道很少，但有关不同品种需冷量与需热量关系的研究却非常多，因为需冷量与需热量是两个互相依赖互相依存的关系。Citadin 等（2001）研究发现从需冷量与需热量共同影响桃树开花期的关系来看，它们呈现相互逆转的关系；Spiegel - Roy 等（1979）研究表明需冷量与需热量共同影响梨树的开花期；Razavi（2011）在伊朗大不里士区发现桃和杏开花主要受需热量影响；而 Egea 等（2003）在西班牙穆尔西亚地区发现需冷量较需热量更影响杏的开花；Alonso 等（2005）研究发现在西班牙东北部栽培的杏树需热量要比需冷量更能充分调节开花期，而在西班牙东南部需冷量影响比较大；Ruiz 等（2007）对西班牙穆尔西亚 10 个杏树品种研究发现需冷量与需热量呈极显著负相关，与盛花期呈极显著正相关，但需热量与盛花期关系不显著，表明需冷量更能影响开花期；Nuria 等（2008）在甜樱桃的栽培中发现同样结论。Swartz 等（1981）发现苹果栽培品种的需冷量越高，开花所需的需热量也越高。王海波等（2011）研究发现，针对无核早红、红旗特早玫瑰、无核白鸡心、紫珍香、红标无核、红香妃、87 - 1、红双味、布朗无核、莎巴珍珠、京亚、香妃、巨峰、乍娜、巨玫瑰、矢富罗莎、藤稔、夏黑和火星无核等 22 个供试葡萄品种，无论以何种估算模型进行估算，我国设施葡萄常用品种的需冷量和需热量之间均呈负相关关系，不同品种的产期与需冷量、需热量均极显著相关，需冷量与需热量共同影响设施葡萄的产期调节特性，其中无核早红、87 - 1、莎巴珍珠、香妃和红香妃这 5 个品种的需冷量、需热量均低，花期早，更有利于产期调节，适宜设施促早栽培。

综上所述，落叶果树需冷量与需热量的关系因树种、品种及地域而异，并且二者共同影响了落叶果树的开花期，进而影响了整个落叶果树的产期。所以，研究落叶果树品种需冷量与需热量的关系对果树产期调节而言非常重要。

（三）果实发育期

果树的产期调节特性除了受其或开花期的早晚影响外，还受果实发育期长短的影响，因此果实发育期的长短是确定品种是否适合设施促早或延迟栽培的必要条件之一。在植株生长发育所需要的其他条件均得到满足时，在一定温度范围内，气温和果实发

育速度呈正相关，并且要积累到一定的积温，才能完成果实的发育期，使果实成熟。果实成熟所需的有效积温因品种而异，因此人们一般用有效积温来确定不同品种果实的成熟时期。

三、产量特性

无论是把植物种植在何种环境还是对植物进行何种处理，人们通常都会把植物品种的产量作为评价品种优劣的直接指标，植物品种在一定环境下的产量高且稳定说明该品种适宜在这样的环境下生长，因此产量是体现不同植物品种环境适应性的根本指标。不同品种的产量特性通常由其成花特性和果实特性决定。品种的成花特性由其开花量和花粉萌发率体现，开花量越大，开花时间越集中，花粉萌发率越高，果实产量就越高。果实特性包括结实率和单果重，坐果率高低和单果重大小是作为评价品种优劣的一个重要标准。

四、品质特性

果实品质和产量处于同样重要的地位，把果实品质作为品种评价指标已成为公认事实，果实外观美、风味佳、品质上、耐贮运，就能够产生高的经济效益。不同树种、品种果实品质的评价指标不同。张海英等（2006）将桃果实品质评价指标简化为单果重、硬度、水分含量、固酸比和风味5个指标。田瑞等（2009，2011）确定单果重、可溶性固形物、糖酸比、可滴定酸和果肉硬度这5个指标为梨果实品质的评价因子。庄红卫等（2009）把维生素C、可滴定酸、可溶性总糖和可溶性固形物作为评价葡萄果实品质的指标。夏琼等（2006）选择单穗重、单粒重、果皮颜色、果皮厚度、果穗紧密度、可溶性固形物含量和贮运性等作为评价葡萄果实品质的指标。

穆维松等（2010）通过市场调研得出了消费者对葡萄属性的认知，发现消费者关注的葡萄属性主要有口味、营养功能和外观。可溶性固形物、果实糖含量、酸含量和风味代表了葡萄口味属性；维生素C含量代表了葡萄的营养功能属性；果穗重、单果重和果实的颜色代表了果实外观属性。可溶性固形物含量、糖酸比是指果实充分发育达到一定成熟度的重要指标，果实口感与其有很大关系，可溶性固形物含量越高、糖酸比越大，其果实越甜，口味越好；维生素C含量是人体生长所必需的有机化合物，对机体的新陈代谢、生长、发育、健康有极重要作用，是非常重要的营养物质；葡萄单粒重是衡量葡萄外观的决定因子，而单粒重对果实商品品质起重要作用。一般来讲，果粒越大，越受消费者欢迎。相对于其他指标，可溶性固形物含量、糖酸比、维生素C含量和单粒重对葡萄果实品质影响最大。因此，中国农业科学院果树研究所葡萄课题组将葡萄果实的可溶性固形物含量、糖酸比、维生素C含量和单粒重作为设施葡萄果实品质特性的评价因子，同时采取Topsis综合评价方法对巨玫瑰等22个设施葡萄常用品种进行果实品质综合评价，认为巨玫瑰、矢富罗莎、香妃、无核白鸡心、87－1和夏黑等品种综合品质优。

另外，不同消费者的口味要求不同。穆维松等（2010）调查我国消费者对葡萄口味的偏好，发现消费者喜欢甜味葡萄的比例占52.6%，酸中带甜的达到40.3%，而喜好偏酸的只占7.1%，可见消费者愿意更多的选择甜味型葡萄。所以，果实品质的需要是多样化的，应尽可能确立因人而异的果实品质评价指标。

五、省力特性

设施葡萄产业不仅是我国优势产业之一，也是劳动密集型产业。近年来，随着工业化及城镇化的快速发展，大量农业劳动力向二、三产业转移，设施葡萄生产人工成本大幅度增加，直接影响到设施葡萄产业的经济效益。因此，对不同葡萄品种的省力特性要求越来越迫切，不同葡萄品种的省力特性已经成为实现设施葡萄产业现代化的必然要求。不同葡萄品种的省力特性主要体现在新梢和花果管理方面，新梢管理的省力特性一般用新梢生长量和新梢生长速率及副梢萌发率等指标描述，花果管理的省力特性一般用花、果穗整形和疏粒的用工量等指标描述。

六、综合评价

不同葡萄品种的环境适应特性、产期调节特性、产量特性、品质特性和省力特性分别是该品种的单一特性，相互之间不能替代，其是否适合设施栽培，必须从设施栽培可持续发展所要求的品种环境适应特性、产期调节特性、产量特性、品质特性和省力特性等方面采用合适的综合评价方法进行分析。

（一）常用的综合评价方法

1. 熵值法 熵的概念源于热力学，是对系统状态不确定性的一种度量。在信息论中，信息是系统有序程度的一种度量。而熵是系统无序程度的一种度量，两者绝对值相等，但符号相反。根据此性质，可以利用评价中各方案的固有信息，通过熵值法得到各个指标的信息熵，信息熵越小，信息的无序度越低，其信息的效用值越大，指标的权重越大。熵值法求权重适用于各维度无法用传统方法确定哪一项更适合的情况。具体计算步骤如下：

第一步，数据的非负数化处理：

正向指标 $X'_{ij}=\dfrac{X_{ij}-\min(X_{1j},X_{2j},\cdots,X_{nj})}{\max(X_{1j},X_{2j},\cdots,X_{nj})-\min(X_{1j},X_{2j},\cdots,X_{nj})}+1, i=1,2,\cdots,n;$
$j=1,2,\cdots,m$

负向指标 $X'_{ij}=\dfrac{\max(X_{1j},X_{2j},\cdots,X_{nj})-X_{ij}}{\max(X_{1j},X_{2j},\cdots,X_{nj})-\min(X_{1j},X_{2j},\cdots,X_{nj})}+1, i=1,2,\cdots,n;$
$j=1,2,\cdots,m$

第二步，计算第 j 项指标下第 i 个方案占该指标的比重：

$$P_{ij}=\frac{X_{ij}}{\sum_{i=1}^{n}X_{ij}}(i=1,2,\cdots,n;j=1,2,\cdots,m)$$

第三步，计算第 j 项指标的熵值：

$$e_j=-k\times\sum_{i=1}^{n}P_{ij}\ln(P_{ij})$$

其中 $k>0$，ln 为自然对数，$e_j\geqslant 0$。式中常数 k 与样本数 m 有关，一般令 $k=\dfrac{1}{\ln m}$，则$0\leqslant e\leqslant 1$。

$$g_j=1-e_j$$

第四步，计算第 j 项指标的差异系数：

$$W_j = \frac{g_j}{\sum_{j=1}^{m} g_j}, j = 1,2,\cdots,m$$

第五步，计算各方案的综合得分：

$$S_i = \sum_{j=1}^{m} W_j \times P_{ij} (i = 1,2,\cdots,n; j = 1,2,\cdots,m)$$

2. Topsis 评价法　Topsis 评价法是一种适用于根据多项指标对多个方案进行比较选择的分析方法，能够客观全面地反映目标状况的动态变化，通过在目标空间中定义一个测度，以此测量目标靠近正理想解和远离负理想解的程度来评估目标的绩效水平。在计算时，各个参数权重的确定可由行业内专家共同商讨决定，这样就避免了对重要指标的忽略，有效修正了各个指标之间的差异，同时关于同一事物的评价标准可能会随时间的推移而改变，专家也可根据自己多年的经验对权重进行相应的修改，选择出适于当前需要的方案，这是熵值法和主成分分析法所不具备的。当然，在一定程度上，Topsis 法难免会受人的主观意识影响，造成一些主观性的误差。目前，Topsis 综合评价方法在良种的评价与筛选、设施种植模式的评价、果实品质的综合评价上已被广泛应用。

第一步，确定正负理想解：

$$Y_j^+ = \max_{1\leqslant i\leqslant m}\{Y_{ij}\}; Y_j^- = \min_{1\leqslant i\leqslant m}\{Y_{ij}\}, j = 1,2,\cdots,m$$

式中，Y^+ 表示最偏好的方案（正理想解），Y^- 表示最不偏好的方案（负理想解）。

第二步，计算距离，分别计算每个葡萄品种评价向量到正理想解的距离 D^+ 和负理想解的距离 D^-：

$$D_j^+ = \sqrt{\sum_{i=1}^{m} (Y_{ij} - Y_i^-)^2} (i = 1,2,\cdots,m); D_j^- = \sqrt{\sum_{i=1}^{m} (Y_{ij} - Y_i^-)^2} (i = 1,2,\cdots,m);$$

$$C_j = \frac{D^-}{D^- + D^+}, (1 \leqslant j \leqslant n)$$

式中，贴近度 C_j 的值介于 0～1，C_j 越大，表明第 j 个葡萄品种环境适应性越接近最优水平。

3. 熵权 Topsis 法　该方法是一种改进的 Topsis 方法。在计算时，各个参数权重的确定由行业内专家共同商讨决定改为利用熵值法确定。本方法适用于参数权重难以由行业内专家共同商讨确定的情况。具体计算步骤参照熵值法和 Topsis 评价法。

（二）设施葡萄适宜品种的综合评价

1. 综合评价体系的确定　中国农业科学院果树研究所葡萄课题组经多年科研攻关，根据设施葡萄产业可持续发展对葡萄品种的要求，制定出由环境适应特性、产期调节特性、品质特性、省力特性和产量特性等构成的设施葡萄适宜品种评价体系。其中环境适应特性主要由耐弱光（主要由叶绿素含量、光补偿点和设施内外光合潜力差值等指标反映）、耐低浓度 CO_2（主要由 CO_2 补偿点、羧化效率等指标反映）和耐高温（主要由高温下的净光合速率、适温和高温下的光合潜力差值等指标反映）等指标反映；产期调节特性主要由需冷量、需热量和果实发育期等指标反映；产量特性主要由结果系数、单穗重和单产等指标反映；品质特性主要由外观品质（主要由单粒重和果实色泽等指标反映）、风味/口味品质（主要由可溶性固形物含量、糖酸比和香气等指标反映）、营养品质（主要由维生素C含量等指标反映）及贮运品质等指标反映；省力特性主要由新梢管理（主要由新梢生长量、生长速率和副梢萌发率等指标反映）和花果管理（主要由花果穗整形和疏粒的等花果管理用工指标反映）等指标反映。

2. 设施葡萄适宜品种的评价 中国农业科学院果树研究所葡萄课题组利用Topsis综合评价方法对无核早红、红旗特早玫瑰、无核白鸡心、紫珍香、红标无核、红香妃、87-1、红双味、布朗无核、莎巴珍珠、京亚、香妃、巨峰、乍娜、巨玫瑰、矢富罗莎、藤稔、夏黑和火星无核等22个不同设施葡萄品种促早栽培的环境适应特性、产期调节特性、产量特性和品质特性等进行综合评价，确定87-1、香妃、乍娜、紫珍香、无核早红（8611）、红旗特早玫瑰、红标无核（8612）和无核白鸡心等综合性状优，适宜设施葡萄促早栽培。

第二节 设施葡萄适宜品种的选择

设施葡萄栽培成功与否的关键因素之一是品种选择。目前鲜食葡萄品种日新月异，新品种被不断地引进和培育，品种更新速度加快，周期缩短。品种虽多，但不是任何品种都适合设施栽培；露地栽培表现良好的品种，不一定就适合高温、高湿、弱光照和二氧化碳浓度不足的设施环境。各地设施葡萄生产都陆续栽植了不少新品种葡萄，由于选择不当，成花难、产量低的问题十分突出。因此，选择不同成熟期、色泽各异的适栽优良品种是当前设施葡萄生产的首要任务。

一、品种的选择原则

经过多年科研攻关，中国农业科学院果树研究所葡萄课题组在设施葡萄品种评价与筛选体系的基础上，制定出设施葡萄适宜品种的选择原则。

（一）产期调节特性（目标定向）

1. 促早栽培 选择需冷量和需热量低、果实发育期短的早熟或特早熟品种，以用于冬促早栽培和春促早栽培；选择多次结果能力强的品种，以用于秋促早栽培。

2. 延迟栽培 选择果实发育期长且成熟后挂树品质保持时间长的晚熟和极晚熟品种，以用于延迟栽培。

（二）环境适应及产量特性（连年丰产）

选择耐弱光、花芽容易形成且着生节位低、坐果率高且连续结果能力强的早实丰产品种，以利于连年丰产；着色品种需选择对直射光依赖性不强、散射光着色良好的品种，以克服设施内直射光减少不利于葡萄果粒着色的弱光条件。

（三）品质特性（提高市场竞争力）

选择果穗松紧度适中、果粒整齐、质优、色艳、口味香甜和耐贮的品种，并注意增加花色品种，克服品种单一化问题，以满足消费者的多样化需求；选择抗病、抗逆性强的品种，以利于生产无公害安全果品。

（四）省力特性（降低管理成本）

选择生长势中庸、花果管理容易的品种；同一棚室定植品种时，应选择同一品种或成熟期基本一致的同一品种群的品种，以便管理省工。

二、设施葡萄良种

（一）冬/春促早栽培良种

经过多年科研攻关，中国农业科学院果树研究所葡萄课题组将现有葡萄品种划分为耐弱光、较耐弱光和不耐弱光三种类型。

1. 耐弱光品种　华葡紫峰、瑞都香玉、香妃、红香妃、乍娜、87－1、京蜜、红旗特早玫瑰、无核早红（8611）、红标无核（8612）、维多利亚、莎巴珍珠和玫瑰香等品种属耐弱光品种，耐弱光能力强。在促早栽培条件下具有极强的连年丰产能力，不需采取更新修剪等连年丰产技术措施，无论是在冬促早栽培条件下还是在春促早栽培条件下，冬剪时因品种而异，采取短梢修剪、中/短梢和长/短梢混合修剪即可实现连年丰产。

2. 较耐弱光品种　无核白鸡心、金手指、藤稔、紫珍香、着色香和火焰无核等品种属较耐弱光品种，耐弱光能力较强。在促早栽培条件下具有较强的连年丰产能力，不需采取更新修剪等连年丰产技术措施，冬促早栽培条件下冬剪时采取长/短梢混合修剪，春促早栽培条件下冬剪时采取短梢修剪或中/短梢混合修剪即可实现连年丰产。

3. 不耐弱光品种　夏黑无核、早黑宝、巨玫瑰、巨峰、金星无核、京秀、京亚、里扎马特、奥古斯特、矢富罗莎、红双味、优无核、黑奇无核（奇妙无核）、醉金香、布朗无核和凤凰 51 等品种属不耐弱光品种，耐弱光能力差。在冬促早栽培条件下，需采取更新修剪等连年丰产技术措施方可实现连年丰产；在春促早栽培条件下，如不采取更新修剪措施，冬剪时需采取中/长梢混合修剪方可实现连年丰产。

（二）秋促早栽培良种

华葡黑峰、华葡玫瑰、华葡翠玉、魏可、美人指、玫瑰香、意大利、红乳、圣诞玫瑰、达米娜和巨峰等多次结果能力强，可利用其冬芽或夏芽多次结果能力进行秋促早栽培。

（三）延迟栽培良种

红地球、克瑞森无核、意大利、秋黑和圣诞玫瑰等葡萄品种的果实发育期长，成熟后挂树贮藏果实品质保持时间长，因此适于延迟栽培。例如，在甘肃天祝等地的延迟栽培，红地球、克瑞森无核、意大利、秋黑和圣诞玫瑰等葡萄品种的萌芽期延迟到 5 月下旬至 6 月上旬，其果实于当年 12 月至翌年 2 月陆续采摘上市。

第三节　设施葡萄适宜砧木的评价

嫁接是最常用的作物人工营养繁殖方法，就是把一种植物的枝或芽接到另一种植物的茎或根上，接上去的枝或芽叫作接穗，被接的植物体叫作砧木。研究表明：由于砧木和接穗分别来自不同个体，砧穗间存在着显著的相互作用，这种互作进而影响植物的生长、发育、形态和抗性等，因此科学选择砧穗组合具有重要意义。砧穗组合充分利用了砧木和接穗各自的优势，优化葡萄生产。大量的研究证明，砧木可以提高叶片的光合效率

(Düring, 1994), 改善葡萄果实成分组成 (Abdela et al., 1995; Jin et al., 2017), 提高葡萄的抗盐性和耐涝性 (Arbabzadeh et al., 1987; Striegler et al., 1993), 影响葡萄的物候期, 改变葡萄SOD酶的活性, 砧木也可改善果实品质, 改变树体生长势。因此, 选择优良的砧穗组合种植已成为葡萄生产的必然趋势, 有利于推动葡萄产业的整体发展。砧穗组合选配得好, 能充分发挥砧木的优势, 提高接穗品种的抗性, 改进接穗品种的性状, 能明显提高葡萄经济效益; 如砧穗组合选配不当, 则使接穗品种的性状表现不良, 也会降低葡萄的经济效益。目前, 葡萄砧穗组合的应用已逐渐扩大到提高葡萄对生态逆境的适应能力、丰产能力、调节接穗品种的长势和促进矿质元素的吸收和利用等多个方面, 在葡萄生产中具有重要的现实意义。

目前全世界绝大部分葡萄生产国, 如欧洲、美国及亚洲的日本、韩国都在使用抗性砧木进行嫁接栽培, 欧洲使用抗根瘤蚜砧木嫁接栽培已有百年的历史 (康天兰等, 2009)。自19世纪70年代初砧木受重视以来, 砧木抗逆性的应用和通过砧木提高果实品质的方法在葡萄生产中一直占主导地位。现在嫁接栽培最有成效的是法国, 其嫁接栽培面积占栽培总面积的95%, 最常使用的砧木已有百余种。欧美一些葡萄生产发达的国家, 重点是选育抗根瘤蚜和抗线虫砧木, 研究中特别重视砧木无毒化, 同时在抗旱、耐盐碱、抗寒和抗病砧木研究上也取得了明显的进展。德国、保加利亚等国家非常重视砧、穗组合的研究, 已经实现了砧、穗组合的区域化 (吴伟, 2003; 房玉林等, 2010)。阿尔及利亚、西班牙、葡萄牙采用嫁接苗, 除能够抗御葡萄根瘤蚜外, 还选育出了针对这些国家不同地区立地条件的多抗性砧木, 扩大了葡萄种植范围。日本在巨峰群、底拉洼与早生康拜尔和欧洲系品种栽培中, 选择耐湿性和耐寒性强、抗根瘤蚜和病毒病的砧木 (刘爱玲等, 2011); 在设施栽培葡萄砧木的选择上, 选择使接穗品种不易徒长、容易成花、萌芽整齐且缩短休眠期的砧木。美国重视抗根瘤蚜、抗线虫优良砧木的选育与使用, 澳大利亚重视抗旱优良砧木的选育与使用。意大利主要使用抗旱的140Ru、1103P、110R, 耐盐碱的1103P, 耐贫瘠的140Ru、779Ru、1103P、5BB和SO4, 在某些环境下, 也需要耐石灰土的140Ru、1103P及41B。此外, 为扩大葡萄栽培面积, 国外还重视加强耐盐性、低钾吸收性、铝耐受性、铜耐受性强等优良砧木的选育与使用。

在我国设施葡萄生产中, 长期以来对葡萄的嫁接栽培重视不够, 采用苗木多为扦插苗或贝达嫁接苗, 优良多抗砧木应用很少, 缺乏适宜砧穗组合的嫁接苗, 严重影响了我国葡萄的建园质量、早期产量和果实质量, 因此开展设施葡萄适宜砧穗组合的评价与筛选研究对于设施葡萄生产的健康可持续发展而言具有重要意义。为此, 中国农业科学院果树研究所葡萄课题组开展了设施葡萄适宜砧穗组合的评价与筛选研究, 制定出设施葡萄适宜砧木的综合评价体系和分析砧木对不同葡萄品种的环境适应性、产期调节、产量、果实品质及省力等特性的影响。

一、砧木对接穗品种环境适应性的影响

适应是植物在特定环境下能够生存并繁殖后代的一种特性, 反映了植物生长发育过程与所处环境之间的同步能力, 所以设施葡萄适宜砧木评价与筛选的首要依据是该砧木促进葡萄品种更加适应设施栽培光照不足、CO_2浓度低、高温的典型环境特征。植物对环境

因子的变化适应能力直接或间接地与自身对光合作用调整能力相关（Ayuko et al.，2008；Dieleman et al.，2008；AKruse et al.，2008），因为光合作用不仅是叶片重要的生物化学和生理过程，而且还影响整个植株的生理机能和生产力。在一定的环境内，植物的生产力和产量都与光合作用密切相关，植物 90%以上的干物质均是光合产物（Zelitch，1975）。所以，光合作用是评价植物对环境适应能力，也是快速筛选对特定环境（如设施栽培环境）适宜砧穗组合的一项重要生理指标，评价与筛选指标主要由耐弱光、耐 CO_2 浓度低、耐高温等指标组成。光合作用是果树生长和结果的基础，果树的光合性能不仅受品种和砧木遗传性的制约，而且还受砧穗组合的影响。蒋爱丽等（2007）研究矢富罗莎不同砧穗组合光合指标的测定结果表明嫁接树的总体光合性能较自根树优。嫁接对植株光合速率的影响因砧穗组合不同而不同，杨瑞等（2007）研究发现红地球/101-14、矢富罗莎/美砧、矢富罗莎/101-14、矢富罗莎/贝达、京秀/101-14、京秀/贝达嫁接苗功能叶片的光合速率显著高于同期自根苗。陈湘云（2010）用不同的砧木嫁接，发现刺葡萄、5BB 可以明显提高接穗的叶面积，增强光合作用，有利于生长结果，加强对真菌病害的抵抗力。郑秋玲等（2010）以赤霞珠葡萄的不同砧穗组合为试材，测定其生长季中后期光合荧光参数、果实品质及休眠期枝条和根系贮藏营养。结果表明：相同品系不同砧木，CS-169/SO4 组合中期（8 月）光合速率最高，而 CS-169/1103P 组合后期（9、10 月）光合速率最高；CS-169/1103P 组合的 Fv/Fo、Fm、ETR、ΦPSⅡ指标在不同时期均处于最高水平；同一砧木不同品系光合和荧光参数均以 CS-169 品系优于 R5、FV5 品系。薛晓斌（2010）研究表明，用贝达、SO4 嫁接不同的接穗，贝达作砧木叶绿素含量显著高于 SO4 作砧木。聂松青研究发现不同刺葡萄资源叶片中叶绿素含量与净光合速率密切相关，且叶绿素 b 的含量对净光合速率影响最为显著，影响刺葡萄类型净光合速率高低的主要因素是胞间 CO_2 浓度和蒸腾速率。周军永等（2015）用贝达、华佳 8 号和 SO4 分别嫁接醉金香，结果表明醉金香/华佳 8 号叶面积最大，叶绿素含量最高。中国农业科学院果树研究所葡萄课题组（2018）通过测定 87-1/贝达、87-1/1103P、87-1/101-14M、87-1/3309C、87-1/140Ru、87-1/5C、87-1/SO4、87-1/华葡 1 号、87-1/抗砧 1 号、夏黑/贝达、夏黑/1103P、夏黑/101-14M、夏黑/3309C、夏黑/140Ru、夏黑/5C、夏黑/5BB、夏黑/420A、夏黑/SO4、夏黑/抗砧 1 号、夏黑/华葡 1 号这 20 个砧穗组合的光补偿点、表观量子效率、暗呼吸效率、羧化效率、CO_2 补偿点和不同温度下的净光合速率等设施环境适应性参数，研究了不同砧木对葡萄品种 87-1 和夏黑设施环境适应性影响，借助聚类分析得知，针对 87-1 和夏黑而言，87-1/3309C 组合的耐弱光能力最强、87-1/贝达组合次之，夏黑/SO4 组合的耐弱光能力强、夏黑/420A 组合次之（表 2-5）；87-1/3309C 组合耐低浓度 CO_2 能力最强、87-1/101-14M 组合次之，夏黑/抗砧 1 号组合的耐低浓度 CO_2 能力最强、夏黑/420A 组合次之（表 2-6）；87-1/101-14M 砧穗组合耐高温能力最强、87-1/5C 组合次之，夏黑/贝达组合的耐高温能力最强、夏黑/5BB 组合次之（表 2-7）。通过 Topsis 综合排名来看，针对 87-1 而言，87-1/3309C、87-1/5C 和 87-1/101-14M 三种砧穗组合的设施环境适应性相对较强，3309C、5C 和 101-14M 三种砧木可以有效提高葡萄品种 87-1 的设施环境适应性，更适宜作为 87-1 设施栽培的专用砧木；针对夏黑而言，夏黑/SO4、夏黑/华葡 1 号和夏黑/贝达三种砧穗组合的设施环境适应性相对较强，SO4、华葡1号和贝达3种砧木可以有效提高葡萄品种夏黑的设施环境适应性，更适宜作为夏黑设施栽培的专用砧木（表2-8）。

表2-5 不同砧穗组合的表观量子效率、光补偿点、暗呼吸速率及耐弱光能力排名

（引自韩晓等，2018）

砧穗组合	年份	表观量子效率	光补偿点 [μmol/(m²·s)]	暗呼吸速率 [μmol/(m²·s)]	耐弱光指数		排名
87-1/华葡1号	2016	0.075 8ab	23.309bc	1.522 2b	0.447 8	0.516 4	5
	2017	0.065 7bc	23.419 5c	0.778 7d	0.584 9		
87-1/101-14M	2016	0.065 3cd	21.934 3cd	1.321 8bc	0.518 4	0.533 1	4
	2017	0.060 8cd	17.202 1de	0.993 2cd	0.547 9		
87-1/3309C	2016	0.077 8ab	17.586 4ed	1.266 1bc	0.848 1	0.604 8	1
	2017	0.069 4b	19.329 1d	1.913 7a	0.361 5		
87-1/140Ru	2016	0.062 5d	22.456 4bc	1.309 6bc	0.486 3	0.354 7	8
	2017	0.056 3d	27.127 1b	1.390 9b	0.223		
87-1/110 3P	2016	0.062 4d	20.379 5dce	1.149 7c	0.643	0.588 0	2
	2017	0.043 9e	18.389 6de	0.774 5d	0.533		
87-1/SO4	2016	0.071 3bc	23.489bc	1.548 7b	0.386 5	0.5110	6
	2017	0.098 7a	15.700 4e	1.367b	0.635 5		
87-1/抗砧1号	2016	0.057 3d	25.278 6ab	1.309 8bc	0.391 5	0.321 8	9
	2017	0.069 8b	31.186a	1.914 3a	0.252		
87-1/5C	2016	0.079 9a	26.848 7a	1.911 4a	0.336 3	0.371 4	7
	2017	0.066 1bc	22.753 4c	1.177bc	0.406 5		
87-1/贝达	2016	0.074 5ab	18.930 3de	1.307 7bc	0.742 1	0.544 9	3
	2017	0.062 5d	22.456 4bc	1.309 6bc	0.347 6		
夏黑/华葡1号	2016	0.083 4ab	14.489 4h	1.094 7g	0.412 8	0.554 5	3
	2017	0.034ef	27.849 8d	0.883 6d	0.696 1		
夏黑/101-14M	2016	0.065 3ef	21.934 3g	1.321 8f	0.399 0	0.399 2	7
	2017	0.053 6bc	28.475 9d	1.364 4b	0.399 4		
夏黑/3309C	2016	0.066 7def	26.216 9cd	1.579 1de	0.302 3	0.287 0	9
	2017	0.046 1cd	31.533c	1.342 5b	0.271 7		
夏黑/140Ru	2016	0.070 8cde	27.449 5bc	1.758 8bc	0.364 5	0.303 7	8
	2017	0.031 4f	37.680 9b	0.814 3d	0.242 9		
夏黑/1103P	2016	0.075 3bc	28.513 9b	1.904 2b	0.185 3	0.212 8	11
	2017	0.045 8cd	47.997 7a	1.737 4a	0.240 3		
夏黑/SO4	2016	0.051 4g	15.645 7h	0.769gh	0.885 9	0.801 2	1
	2017	0.058 4ab	15.663 5g	0.874 5d	0.716 4		

(续)

砧穗组合	年份	表观量子效率	光补偿点 [μmol/(m² · s)]	暗呼吸速率 [μmol/(m² · s)]	耐弱光指数		排名
夏黑/抗钻1号	2016	0.078 6bc	35.126 3a	2.491 1a	0.289 7	0.248 4	10
	2017	0.047 2cd	36.868b	1.222 6bc	0.207 1		
夏黑/420A	2016	0.060 2f	15.979 6h	0.926 6gh	0.469 2	0.577 65	2
	2017	0.047 7cd	24.835 8e	1.101c	0.686 1		
夏黑/5C	2016	0.074cd	25.099de	1.667 3cd	0.515 2	0.405 95	6
	2017	0.035 4ef	23.542 1e	0.800 7d	0.296 7		
夏黑/5BB	2016	0.066 6def	23.728 8ef	1.483ef	0.600 6	0.463 1	5
	2017	0.064 9a	21.662 8f	1.280 1b	0.325 6		
夏黑/贝达	2016	0.089 9a	22.052 9gf	1.750 9bc	0.577 8	0.483 35	4
	2017	0.040 6de	21.587 5f	0.825 4d	0.388 9		

注：耐弱光能力由表观量子效率、光补偿点、暗呼吸速率综合评价，其权重均为1。不同小写字母表示差异显著水平达 $P<0.05$。下同。

表2-6 不同砧穗组合的羧化效率、CO_2 补偿点、暗呼吸速率及耐低浓度 CO_2 能力排名

(引自韩晓等，2018)

砧穗组合	年份	羧化效率	CO_2 补偿点 [μmol/(m² · s)]	耐低浓度 CO_2 指数		排名
				年度值	平均值	
87-1/华葡1号	2016	0.039 1cd	74.666 9e	0.478 3	0.652 9	4
	2017	0.087bc	77.256 8e	0.827 4		
87-1/101-14M	2016	0.019 4e	99.275 6a	0	0.378 7	7
	2017	0.085 7bc	89.461 7c	0.757 4		
87-1/3309C	2016	0.061 5ab	72.244 5e	0.929 3	0.893 9	1
	2017	0.089 4ab	77.274 2e	0.858 4		
87-1/140-Ru	2016	0.033 1d	86.508 9c	0.310 9	0.636 2	5
	2017	0.100 2a	80.031 8e	0.961 5		
87-1/1103P	2016	0.055 4ab	79.409 5d	0.777 1	0.809 1	2
	2017	0.091 3ab	85.53d	0.841 1		
87-1/SO4	2016	0.026 7de	95.780 2b	0.155 2	0.172 9	9
	2017	0.040 8e	96.267 1b	0.189 7		
87-1/抗砧1号	2016	0.053 2ab	86.017 9c	0.701 1	0.350 6	8
	2017	0.029 1e	109.793 4a	0		
87-1/5C	2016	0.050 8bc	96.080 8b	0.615 6	0.608 7	6
	2017	0.074 9c	97.005 7b	0.601 7		
87-1/贝达	2016	0.064 9a	79.12d	0.907	0.666 1	3
	2017	0.056 5d	84.606 2d	0.425 2		

（续）

砧穗组合	年份	羧化效率	CO_2 补偿点 [μmol/(m^2 · s)]	耐低浓度 CO_2 指数		排名
				年度值	平均值	
夏黑/华葡1号	2016	0.032 3gf	82.133 3c	0.135 5	0.247 0	11
	2017	0.08d	70.082 8c	0.358 4		
夏黑/101-14M	2016	0.031 7g	82.856 7c	0.127 9	0.379 9	8
	2017	0.107 7c	59.819 4d	0.631 8		
夏黑/3309C	2016	0.045 1f	74.437 1de	0.280 5	0.392 2	7
	2017	0.09d	57.097 5d	0.503 9		
夏黑/140Ru	2016	0.068 1de	72.277 8ef	0.541 9	0.365 7	9
	2017	0.058 7e	71.321 4c	0.189 4		
夏黑/1103P	2016	0.066 5e	77.064 3d	0.503 3	0.592 1	5
	2017	0.112c	56.03d	0.681		
夏黑/SO4	2016	0.070 4de	71.913 7ef	0.571 3	0.682 6	3
	2017	0.126 6b	58.876 9d	0.794 2		
夏黑/抗砧1号	2016	0.086 6bc	69.618 7f	0.780 8	0.877 3	1
	2017	0.149 4a	57.556 3d	0.973 7		
夏黑/420A	2016	0.103 4a	90.794 1b	0.789 8	0.701 7	2
	2017	0.109 7c	67.291 5c	0.613 6		
夏黑/5C	2016	0.073 7cde	98.080 2a	0.524 7	0.262 4	10
	2017	0.042 7f	85.595 4a	0		
夏黑/5BB	2016	0.097 6ab	75.546 8de	0.887 2	0.509 5	6
	2017	0.056 2e	78.719 6b	0.131 8		
夏黑/贝达	2016	0.080 6cd	84.916 9c	0.646 7	0.606 1	4
	2017	0.105 1c	69.733 8c	0.565 5		

注：耐低浓度 CO_2 能力由羧化效率、CO_2 补偿点、暗呼吸速率综合评价，权重均为1。

表2-7 不同砧穗组合不同温度条件下的净光合速率及耐高温能力排名

（引自韩晓等，2018）

砧穗组合	年份	净光合速率 [μmol/(m^2 · s)]						ΔX [μmol/(m^2 · s)]	耐高温指数		排名
		25 ℃	27 ℃	30 ℃	32 ℃	35 ℃	37 ℃		年度值	平均值	
87-1/华葡1号	2016	12.4	12.2	12.2	12.0	11.8	—	0.6	0.405 2	0.510 2	3
	2017	17	16.5	16	14.9	13.9	13.1	3.9	0.615 2		
87-1/101-14M	2016	9.11	9.39	8.9	9.08	9.07	—	0.32	0.799 9	0.764 4	1
	2017	17.8	17.3	16.6	15.8	15	14.3	3.5	0.728 8		
87-1/3309C	2016	14.5	14.8	14.5	14.3	14.0	—	0.8	0.320 4	0.352 6	7
	2017	17	15.7	14.6	12.7	11.9	11.3	5.7	0.384 8		

（续）

砧穗组合	年份	净光合速率［μmol/(m²·s)］						ΔX［μmol/(m²·s)］	耐高温指数		排名
		25 ℃	27 ℃	30 ℃	32 ℃	35 ℃	37 ℃		年度值	平均值	
87-1/140Ru	2016	13.9	13.7	13.5	13.0	12.8	—	1.1	0.199	0.318 3	8
	2017	16	14.2	13	12.4	11.9	11.3	4.7	0.437 5		
87-1/1103P	2016	13.0	12.6	12.2	11.7	11.4	—	1.6	0.103 3	0.356 1	6
	2017	18.9	18.3	17.4	16.3	15.8	14.6	4.3	0.608 8		
87-1/SO4	2016	14.3	14.2	13.9	13.6	13.3	—	1	0.235 3	0.593 7	2
	2017	16.7	16.2	15.4	14.8	14.5	14	2.7	0.952 1		
87-1/抗砧1号	2016	13.8	13.4	13.20	12.7	12.3	—	1.5	0.143	0.200 1	9
	2017	9.5	9.32	8.25	7.25	6.02	5.61	3.89	0.257 2		
87-1/5C	2016	10.99	11.09	10.90	10.87	10.64	—	0.56	0.455 9	0.458 1	5
	2017	10.2	8.42	7.83	7.76	7.24	7.11	3.09	0.460 2		
87-1/贝达	2016	12.5	12.30	12.0	11.60	11.40	—	1.1	0.157	0.459 0	4
	2017	16.2	15.1	13.8	13.8	13.3	13	3.2	0.761		
夏黑/华葡1号	2016	13.65	13.66	13.07	12.86	12.84	—	1.1	0.281	0.286 4	10
	2017	14.4	12.7	12.5	12.2	11.8	10.6	3.8	0.291 9		
夏黑/101-14M	2016	13	13.5	13	13.6	13	—	0.6	0.743 3	0.700 3	3
	2017	10.5	10.1	9.9	9.6	9.2	9	1.5	0.657 3		
夏黑/3309C	2016	11.2	11	10.4	10.7	10.7	—	0.8	0.425 3	0.419 1	6
	2017	14.1	12.5	11.9	11.3	11.2	11.2	2.9	0.413		
夏黑/140Ru	2016	11	10.8	10.6	10.3	9.9	—	1.1	0.179 3	0.327 8	8
	2017	13.5	13	12.6	12.2	11.9	11	2.5	0.476 2		
夏黑/1103P	2016	13.5	13.8	14.1	14.2	13.8	—	0.7	0.649 1	0.471 9	5
	2017	9.73	8.6	7.51	7.43	7.34	6.98	2.75	0.294 8		
夏黑/SO4	2016	16.3	17.1	16.2	15.9	16	—	1.2	0.389 7	0.413 3	7
	2017	9.94	9.84	9.35	9.1	8.78	7.77	2.17	0.436 9		
夏黑/抗砧1号	2016	12.6	12.1	12.2	12.3	11.9	—	0.9	0.369 3	0.292 3	9
	2017	11.7	9.76	8.77	8.47	8.36	8.24	3.46	0.215 2		
夏黑/420A	2016	15.7	15.5	15.1	14.9	14.2	—	1.5	0.267 6	0.145 2	11
	2017	13.2	10.5	9.96	8.96	8.59	7.3	5.9	0.022 8		
夏黑/5C	2016	12.76	12.68	12.8	12.63	12.28	—	0.55	0.746 2	0.653 3	4
	2017	12	11.5	11.4	11.3	11.2	9.99	2.01	0.560 4		
夏黑/5BB	2016	17	16.8	16.8	16.5	16.3	—	0.7	0.718 2	0.823 3	2
	2017	16.3	15.8	15.2	14.9	14.7	14.7	1.6	0.928 5		
夏黑/贝达	2016	10.6	11.1	10.9	11.1	11	—	0.6	0.6472	0.8236	1
	2017	16.5	16.4	15.3	15.3	15.1	15	1.5	1		

注：ΔX 代表各个砧穗组合不同温度下最大净光合速率和最小净光合速率之间的差值，耐高温能力由 ΔX 和 35 ℃高温下的净光合速率综合评价，其权重均为 1。

表 2-8　不同砧穗组合的环境适应性排名

（引自韩晓等，2018）

砧穗组合	环境适应性指数	排名	砧穗组合	环境适应性指数	排名
夏黑/华葡 1 号	0.614 5	2	87-1/华葡 1 号	0.660 4	4
夏黑/101-14M	0.417 3	4	87-1/101-14M	0.552 8	5
夏黑/3309C	0.281 9	8	87-1/3309C	0.791 2	1
夏黑/140Ru	0.258	9	87-1/140Ru	0.394	7
夏黑/1103P	0.211 2	10	87-1/1103P	0.766 6	2
夏黑/SO4	0.770 7	1	87-1/SO4	0.411 7	8
夏黑/抗砧 1 号	0.114 6	11	87-1/抗砧 1 号	0.156 1	9
夏黑/420 A	0.520 6	6	87-1/5C	0.416 4	6
夏黑/5C	0.335	7	87-1/贝达	0.693 4	3
夏黑/5BB	0.404 7	5			
夏黑/贝达	0.425 8	3			

注：环境适应性由其耐弱光能力、耐低浓度 CO_2 能力、耐高温能力综合评价，其权重分别为 2、1、0.5。

二、砧木对接穗品种产期调节特性的影响

（一）砧木对接穗品种需冷量的影响

Westwood 等（1964）用巴梨嫁接到豆梨或洋梨砧木上，砧木与接穗分别接受冷温处理，发现需冷量不足的接穗接到充分满足需冷量的砧木上则生长量弱。Young 等（1984）研究发现，超红苹果嫁接在 MM106、M7 和 M9 三种砧木上，分别给予不同冷温处理，除去接穗要接受足够的需冷量外，砧木也要满足需冷量，苹果才正常萌芽和生长。桃则相反，主要取决于接穗。何爱华（2006）研究发现，藤稔嫁接在低需冷量砧木（SO4）后需冷量有所下降，嫁接到高需冷量砧木（DE）后需冷量明显升高，说明藤稔需冷量的满足主要由砧木决定。袁星星（2013）以 0～7.2 ℃模型、≤7.2 ℃模型和犹他模型估算不同砧穗组合需冷量，发现 CX-3 为中间砧的红富士苹果花芽需冷量最高，显著高于其他中间砧；以 CG-24 为中间砧的其次；以 78-48 和 M26 为中间砧的需冷量最低。中国农业科学院果树研究所葡萄课题组（2018）分别用≤7.2 ℃模型、0～7.2 ℃模型和犹他模型三种模型对 18 种砧穗组合进行需冷量估算，比较贝达、1103P、101-14M、3309C、140Ru、5C、SO4、华葡 1 号、抗砧 1 号这 9 种砧木对 87-1 和夏黑葡萄需冷量的影响，结果表明：砧穗组合的需冷量受砧木影响极大，抗砧 1 号、101-14M 和 140Ru 三种砧木可以有效降低夏黑的需冷量，101-14M、140Ru 和 1103P 三种砧木可以有效降低 87-1 的需冷量（表 2-9、表 2-10）。

表 2-9　利用不同需冷量估算模型对夏黑葡萄砧穗组合需冷量的估算

（引自韩晓等，2018）

砧穗组合	≤7.2℃模型（h）	0～7.2℃模型（h）	犹他模型（CU）
夏黑/贝达	869	833	999
夏黑/1103P	752	717	903
夏黑/3309C	821	785	951
夏黑/101-14M	684	649	831
夏黑/140Ru	684	649	831
夏黑/5C	965	929	1 083.5
夏黑/SO4	799	764	927
夏黑/华葡1号	752	717	903
夏黑/抗砧1号	684	649	831

表 2-10　利用不同需冷量估算模型对 87-1 葡萄砧穗组合需冷量的估算

（引自韩晓等，2018）

砧穗组合	≤7.2℃模型（h）	0～7.2℃模型（h）	犹他模型（CU）
87-1/贝达	684	649	831
87-1/1103P	640	615	759
87-1/3309C	684	649	831
87-1/101-14M	640	615	759
87-1/140Ru	640	615	759
87-1/5C	752	717	903
87-1/SO4	821	785	951
87-1/华葡1号	684	619	831
87-1/抗砧1号	684	649	831

（二）砧木对接穗品种需热量的影响

同需冷量一样，落叶果树的需热量不仅受遗传性的制约，还受砧穗组合的影响。需热量估算有生长度小时模型、生长度天数模型、有效积温模型三种类型。国内外关于需热量的研究大多集中在对不同树种、不同品种的研究上，关于不同砧穗组合对需热量影响的研究鲜有报道。冀晓军等（2015）利用生长度小时模型估算巨玫瑰/贝达、巨峰/贝达、夏黑/贝达、醉金香/贝达 4 个葡萄嫁接苗需热量，其中夏黑嫁接苗的需热量最低，醉金香嫁接苗最高，发现葡萄果实的成熟期与其需热量之间也没有必然联系。袁星星（2013）以 78-48、M26、CG-24、CX-3 等 6 种矮化中间砧的红富士苹果和弘前、嘎啦、斗南 3 个苹果品种的花芽为试材，以生长度小时模型和有效积温模型估算需热量，发现以 Mark 作为中间砧的红富士苹果花芽需热量最高，其次是以 78-48、CX-3、B9、CG-24 和 M26 为中间砧的。中国农业科学院果树研究所葡萄课题组（2018）分别用生长度小时模型和有效积温模型两种模型对 18 种砧穗组合的需热量进行估算，比较贝达、1103P、101－14M、3309C、140Ru、5C、SO4、华葡 1 号、抗砧 1 号这 9 种砧木对 87－1 和夏黑葡萄需热量的影响，结果表明各个砧穗组合之间的需热量相差并不大。87－1 砧穗组合中，87－1/3309C 和 87－1/贝达 2 个砧穗组合的需热量最小，87－1/5C、87－1/SO4 和 87－1/140Ru 这 3 个砧穗组合的需热量最大。夏黑砧穗组合中，夏黑/420A、夏黑/3309C 和夏黑/1103P 这 3 个砧穗组合的需热量最小，而夏黑/SO4、夏黑/5C 和夏黑/抗砧 1 号这 3 个砧穗组合的需热量最大（表 2－11）。

表 2－11　夏黑和 87－1 葡萄不同砧穗组合的需热量

（引自韩晓等，2018）

砧穗组合	生长度小时模型（GDH℃）	有效积温模型（℃）	砧穗组合	生长度小时模型（GDH℃）	有效积温模型（℃）
夏黑/华葡 1 号	10 649	203	87－1/华葡 1 号	11 533	222
夏黑/101－14M	10 649	203	87－1/101－14M	11 835	230
夏黑/3309C	10 062	196	87－1/3309C	11 237	216
夏黑/140Ru	10 649	203	87－1/140Ru	11 835	230
夏黑/1103P	10 062	196	87－1/1103P	11 533	222
夏黑/SO4	10 946	210	87－1/SO4	11 835	230
夏黑/抗砧 1 号	10 946	210	87－1/抗砧 1 号	11 533	222
夏黑/420 A	10 062	196	87－1/5C	11 835	230
夏黑/5C	10 946	210	87－1/贝达	11 237	216
夏黑/5BB	10 649	203			
夏黑/贝达	10 649	203			

（三）物候期

不同砧木对接穗品种物候期的影响有差异。程建徽等（2009）研究发现，SO4 能提早结果，使果实成熟期显著提前。薛晓斌（2010）试验发现，夏黑、户太 8 号、香悦、巨玫瑰、高妻、摩尔多瓦 6 个接穗品种，SO4 为砧木，其萌芽期、初花期、花期、浆果成熟期分别比以贝达为砧木提前 5～7 d、3～6 d、4～7 d 和 4～9 d，SO4 有使接穗品种物候期提前的特性，对发展早熟品种很有帮助。周万海（2005）研究发现 520A 砧与 3 个酿酒葡萄嫁接后，接穗萌芽提早，落叶延迟，提高了接穗的越冬萌芽率。在钙质土壤条件下，先锋、黑奥林和康太葡萄嫁接在北醇上较嫁接在贝达上的果实着色期晚 4～5 d。

三、砧木对接穗品种果实品质特性的影响

砧木对葡萄品质的影响一直是人们关注的焦点。研究发现，用砧木嫁接的藤稔结实性能都较优良，生长势、果粒增大状况、果实的可溶性固形物含量等均优于对照。范培格等（2004）研究认为，京玉嫁接在 5C 上滴定酸含量显著高于嫁接在贝达砧上。久宝田和尚

浩（1995）研究认为，以3309C、101－14和3306C作砧木嫁接藤稔，果粒大品质较好，而用8B和420A作砧木，果粒小品质差。8B作砧木果实糖含量最高，3309C、3306C、SO4作砧木糖含量较次，101－14、5C、420A作砧木糖含量最低。吴伟民等（2014）认为，3309C、SO4、140R、5BB、101－14五种砧木与夏黑葡萄嫁接，果实可溶性固形物含量以与101－14组成的砧穗组合为最高，其次为5BB，两者均显著高于扦插苗；而SO4、3309C和140R三个组合的果实可溶性固形物含量低于对照。在果实颜色方面，夏黑/101－14表现最佳，夏黑/3309C表现最差，果实为粉红色。此外，夏黑/5BB果实可溶性糖含量最高，其次为夏黑/101－14，两者均显著高于对照，而其他3个组合则均低于对照。魏灵珠等（2012）以SO4和贝达作砧木嫁接鄞红葡萄，发现与自根苗相比，鄞红/SO4嫁接苗和鄞红/贝达嫁接苗萌芽和结实状况良好，果实着色均匀，可溶性固形物、总糖均较自根苗增加。周军永等（2015）用贝达、华佳8号和SO4分别嫁接醉金香，结果表明，醉金香/华佳8号"小脚"现象不明显，可滴定酸含量最低；醉金香/SO4综合表现次之，而醉金香/贝达"小脚"现象明显，生长弱，可溶性固形物含量最低，可滴定酸含量最高。中国农业科学院果树研究所葡萄课题组（2018）通过对不同砧穗组合的单粒重、可溶性固形物含量、总糖含量、可滴定酸含量、维生素C含量和果皮强度等品质特性指标的测定，研究不同砧木对夏黑和87－1葡萄品质特性的影响，运用Topsis综合评价方法进行评价，结果表明：对于夏黑葡萄而言，夏黑/1103P组合果实品质指数最大，品质最好；夏黑/140Ru组合果实品质指数最小，品质最差。对于87－1葡萄而言，87－1/3309C果实品质指数最大，果实品质最好；87－1/贝达果实品质指数最小，果实品质最差（表2－12至表2－16）。

表2－12　不同砧木对夏黑葡萄果实外观及内在品质的影响

（引自韩晓等，2018）

砧穗组合	纵径（mm）	横径（mm）	单粒重（g）	可溶性固形物（%）	总糖（mg/g）	可滴定酸（%）	维生素C含量（mg/kg）
夏黑/华葡1号	22.28 d	21.50c	7.83bcde	16.36e	142.36ab	0.524 d	58.4f
夏黑/101－14M	24.02bc	23.24a	8.14bc	18.83a	164.66a	0.48f	88.4a
夏黑/3309C	24.56bc	23.23a	8.35b	17.47cd	108.20cde	0.55bc	74.6b
夏黑/140Ru	23.57bc	21.66bc	7.28 def	17.66bc	109.89cde	0.52ef	80.7b
夏黑/1103P	23.59bc	21.94bc	7.42cdef	17.48cd	141.52ab	0.49cdef	86.2a
夏黑/SO4	26.93a	23.94a	9.35a	17.47cd	140.22ab	0.56bc	71.4 d
夏黑/抗砧1号	24.27bc	22.36b	6.99f	18.02b	152.91a	0.48ef	75.2c
夏黑/420A	23.30cd	22.37b	7.09ef	17.29cd	138.03abc	0.538cd	69.7 d
夏黑/5C	23.40c	21.30c	7.15ef	15.3e	119.18 de	0.617a	74.6c
夏黑/5BB	23.75bc	21.99bc	7.35 def	16.06e	89.23e	0.605a	67.0e
夏黑/贝达	23.96bc	22.31b	7.925bcd	17.15 d	105.29bcd	0.561 7b	70.6 d

表 2-13　不同砧木对夏黑葡萄果实质地品质的影响

(引自韩晓等，2018)

砧穗组合	果皮强度（g）	果皮破裂距离（mm）	硬度（g）	韧性（g×s）	脆性（g/s）	果肉细度
夏黑/华葡1号	492.50ab	4.29bc	53.96cd	1 079.06a	422.15c	3.00a
夏黑/101-14M	434.91c	3.45ef	57.89bcd	927.07e	413.89c	2.20bc
夏黑/3309C	496.04ab	3.9bcd	46.21 d	1 055.36ab	459.72ab	2.15bc
夏黑/140Ru	475.41abc	3.89cde	45.54 d	989.85cd	416.38c	2.05c
夏黑/1103P	469.59bc	3.43f	65.48abc	930.10e	419.63c	2.50abc
夏黑/SO4	458.21bc	3.67 def	62.94abc	960.07 de	423.08c	2.70ab
夏黑/抗砧1号	464.95abc	3.68 def	73.10a	988.93cd	409.13c	2.55abc
夏黑/420A	490.46ab	4.39b	59.21abcd	1 030.75abc	436.66bc	2.20bc
夏黑/5C	509.31a	3.56 def	62.38abc	1 016.93abc	416.69c	2.85a
夏黑/5BB	495.08ab	5.08a	52.04cd	1 080.88a	490.19a	3.00a
夏黑/贝达	451.69bc	3.54 def	71.99ab	995.27cd	404.95c	2.00c

表 2-14　不同砧木对 87-1 葡萄果实外观及内在品质的影响

(引自韩晓等，2018)

砧穗组合	纵径（mm）	横径（mm）	单粒重（g）	可溶性固形物（%）	总糖（mg/g）	可滴定酸（%）	维生素C含量（mg/kg）
87-1/华葡1号	23.79c	20.50c	6.72cd	14.41c	140.86a	0.354 d	51.6 d
87-1/101-14M	25.012bc	21.79b	7.44abc	15.28b	152.75a	0.397b	53.1cd
87-1/3309C	25.16b	21.79b	7.98a	13.84 d	141.73a	0.376c	58.4a
87-1/140Ru	24.24bc	20.51c	7.07bcd	15.09b	154.064a	0.430a	53.2cd
87-1/1103P	24.39bc	21.41b	7.50abc	14.22cd	141.60a	0.393b	56.7ab
87-1/SO4	21.21 d	19.16 d	7.80ab	15.5ab	148.08a	0.400b	52.9cd
87-1/抗砧1号	23.95bc	21.50b	5.79e	15.73a	133.28a	0.346 d	56.4ab
87-1/5C	26.84a	22.73a	8.17a	12.59e	105.26b	0.349 d	56.5ab
87-1/贝达	23.86bc	20.17c	6.27 de	13.89 d	111.91b	0.388bc	55.2bc

表 2-15　不同砧木对 87-1 葡萄果实质地品质的影响

(引自韩晓等，2018)

砧穗组合	果皮强度（g）	果皮破裂距离（mm）	硬度（g）	韧性（g×s）	脆性（g/s）	果肉细度
87-1/华葡1号	442.61a	6.59a	38.63b	1 267.94a	66.72bcd	4.75a
87-1/101-14M	409.48ab	5.03c	49.93a	1 047.03b	80.87a	4.95a
87-1/3309C	401.35ab	6.12ab	38.17b	1 158.86ab	65.25bcde	4.40ab

（续）

砧穗组合	果皮强度（g）	果皮破裂距离（mm）	硬度（g）	韧性（g×s）	脆性（g/s）	果肉细度
87-1/140Ru	376.63b	6.13ab	38.51b	1 100.49ab	60.92e	4.00ab
87-1/1103P	406.07ab	5.82b	43.14ab	1 124.37ab	69.39b	4.75a
87-1/SO4	373.25b	6.045b	39.86ab	1 057.63b	61.37 de	3.85ab
87-1/抗砧1号	309.38c	4.84c	38.87b	750.07c	63.96cde	3.20b
87-1/5C	402.47ab	5.94b	36.07b	1 144.36ab	67.51bc	4.70a
87-1/贝达	368.22b	5.81b	36.04b	1 068.59b	62.65cde	4.75a

表2-16 不同砧木对夏黑和87-1葡萄果实综合品质（品质指数）的影响

（引自韩晓等，2018）

砧穗组合	品质指数	排名	砧穗组合	品质指数	排名
夏黑/华葡1号	0.446 2	8	87-1/华葡1号	0.518 4	6
夏黑/101-14M	0.541 5	4	87-1/101-14M	0.631 5	2
夏黑/3309C	0.370 8	10	87-1/3309C	0.663 7	1
夏黑/140Ru	0.350 2	11	87-1/140Ru	0.454 3	8
夏黑/1103P	0.607 6	1	87-1/1103P	0.605 6	5
夏黑/SO4	0.579 9	3	87-1/SO4	0.613 6	4
夏黑/抗砧1号	0.585 4	2	87-1/抗砧1号	0.462 6	7
夏黑/420 A	0.379 4	9	87-1/5C	0.629 3	3
夏黑/5C	0.488 8	5	87-1/贝达	0.353 5	9
夏黑/5BB	0.451 5	7			
夏黑/贝达	0.462 7	6			

注：果实的综合品质用品质指数表示，果实品质指数由单粒重、可溶性固形物、可滴定酸、维生素C含量、果皮强度、果实硬度、脆性、果肉细度这8个指标归一化处理后，分别按照1、1、1、1、0.2、0.2、0.2和0.2的权重，借助统计软件DPS 7.05中的Topsis模块进行计算得出，果实品质指数越大，品质越好。

四、砧木对接穗品种产量特性的影响

无论是把植物种植在何种环境还是对植物进行何种处理，人们通常都会把植物的产量特性作为评价该作物优劣的直接指标。薛晓斌（2010）用SO4和贝达作砧木嫁接夏黑、户太8号、香悦、巨玫瑰、高妻和摩尔多瓦，发现除巨玫瑰与SO4和贝达嫁接结果枝率相同外，其他品种以SO4做砧木的组合结果枝率与贝达相比高出2%～4%，以SO4为砧木的组合果枝系数高出0.01%～1%。与贝达作砧木相比，各品种以SO4作砧木平均单穗重、差异极显著，SO4穗重比贝达高。平均单粒重巨玫瑰、户太8号和高妻差异不显著，其余接穗品种差异显著，同样SO4高于贝达。周军永等（2015）发现醉金香葡萄在采用贝达、华佳8号和SO4嫁接后，单粒重、单穗重和单株产量存在差异。其中，平均单粒重醉金香/华佳8号最大，分别比醉金香/贝达和醉金香/SO4高出9.7%和3.6%；单穗重以醉金香/华佳 8 号为最大，与醉金香/贝达和醉金香/SO4 均存在显著差异，表明华佳 8 号砧木更有利于醉金香果粒的膨大；单株产量以醉金香/华佳 8 号最高，达 16.27 kg，分别比醉金香/贝达和醉金香/SO4 高 60.6%和 24.0%。芮东明等（1999）用 5BB、Hybrid-Frame、贝达、101-14 嫁接巨峰，试验表明嫁接的巨峰葡萄产量明显高于对照扦插苗，且 5BB 产量最高，定植后两三年每 667 m^2 都能达到 1 500 kg 以上。程建徽等（2009）研究发现巨玫瑰/贝达产量明显高于巨玫瑰/华佳 8 号和巨玫瑰/红富士；矢富罗莎/SO4、矢富罗莎/5BB 产量又明显高于贝达嫁接。Main 等发现 110R 嫁接 Chardonel，产量比自根苗高 19%。Terra 等发现 IAC313 砧木提高 Patrica 的产量超过 IAC766、IAC576。翟衡等（2001）研究发现 SO4、161-49C、5BB、RSB1、101-14MG、3309C、420A 及河岸葡萄 8 种不同砧木对梅鹿辄的产量有影响，其中 101-14MG 产量平均值明显低于 8 种砧木的产量平均值，而 SO4 产量明显高于平均值。范培格等（2004）研究认为，京玉嫁接在不同砧木上果穗重量明显不同，嫁接在 5C 上显著高于嫁接在 5BB 和北醇上。吴伟民等（2014）认为，3309C、SO4、140R、5BB、101-14 五种砧木与夏黑葡萄嫁接，与 SO4 和 101-14 两个组合果穗重低于对照，与 3309C、140R、5BB 的组合穗重均显著高于对照；对于单粒重，140R 和 101-14 两个组合大于对照，3309C、SO4、5BB 三个组低于对照。中国农业科学院果树研究所葡萄课题组（2018）通过对不同砧穗组合的结果系数、单粒重和单穗重等产量特性指标的测定，研究了不同砧木对夏黑和 87-1 葡萄产量特性的影响，结果表明：华葡 1 号可以有效提高夏黑和 87-1 葡萄的结果系数，SO4 和 3309C 可有效提高夏黑和 87-1 葡萄的单粒重（表 2-17、表 2-18）。

表 2-17　夏黑不同砧穗组合的结果系数、单粒重和单穗重等产量特性

（引自韩晓等，2018）

砧穗组合	结果系数	单粒重（g）	单穗重（g）	砧穗组合	结果系数	单粒重（g）	单穗重（g）
夏黑/华葡 1 号	0.66a	7.83bcde	502.67b	夏黑/抗砧 1 号	0.63a	6.985f	532.9ab
夏黑/101-14M	0.52ab	8.135bc	535.47ab	夏黑/420 A	0.49ab	7.09ef	510.57ab
夏黑/3309C	0.56ab	8.35b	539.93ab	夏黑/5C	0.49ab	7.15ef	533.13ab
夏黑/140Ru	0.24b	7.275 def	516.47ab	夏黑/5BB	0.52ab	7.35 def	600.43a
夏黑/1103P	0.41ab	7.42cdef	500.83b	夏黑/贝达	0.50ab	7.925bcd	530.43ab
夏黑/SO4	0.57ab	9.35a	551.1ab				

表 2-18　87-1 不同砧穗组合的结果系数、单粒重和单穗重等产量特性

（引自韩晓等，2018）

砧穗组合	结果系数	单粒重（g）	单穗重（g）	砧穗组合	结果系数	单粒重（g）	单穗重（g）
87-1/华葡 1 号	0.95a	6.73cd	590.5b	87-1/SO4	0.37 de	7.81ab	614.9ab
87-1/101-14M	0.55bc	7.45abc	643ab	87-1/抗砧 1 号	0.65b	5.79e	638.3ab
87-1/3309C	0.55bcd	7.98a	668.6a	87-1/5C	0.6bc	8.17a	595.5ab
87-1/140Ru	0.3e	7.08bcd	646ab	87-1/贝达	0.60bc	6.28 de	619.5ab
87-1/1103P	0.45cde	7.50abc	592.4b				

五、砧木对接穗品种省力化特性的影响

砧木对接穗省力化特性的影响主要体现在新梢生长量和新梢生长速率两方面。邓建平等（2003）发现，红地球葡萄嫁接在华佳 8 号、巨峰、刺葡萄上，与华佳 8 号的组合枝条生长量显著强于巨峰砧。蒋爱丽（2005）以藤稔为接穗，发现 5C、5BB、225Ru 节间较长，1613、1033 和贝达较短，明显短于其他砧木。一年生成熟枝的长度除 1613 较短外，华佳 8 号、河岸葡萄、5BB 和 5C 较长。祖容等（1999）用红香水和巨峰嫁接在贝达、BA1 和山葡萄上，发现接穗生长量的大小次序为：贝达＞BA1＞山葡萄。芮东明等（1999）在丘陵地块不同砧木嫁接同一品种巨峰表现为不同的枝条生长量，不同砧穗组合的生长量大小表现为：巨峰/5BB＞巨峰/贝达＞巨峰/101－14M＞扦插苗。梅军霞等（2014）通过不同砧木嫁接红马斯卡特葡萄，发现 Gloire、225Ru 和沈 530 三种砧木可增强红马斯卡特葡萄的生长势。还有，王美军等（2011）用 5BB、SO4、贝达、3309C 和 8B 五种砧木嫁接红地球葡萄，对照（巨峰嫁接红地球）生长势较弱，结果枝粗度、节间长度、主干高度、主干粗度均低于其他砧穗组合，不同砧穗组合的节间长度均大于对照，就生长势而言，5BB 作砧木的红地球葡萄的树体生长势强，生长也旺盛。高产耐涝的白葡萄酒用品种 Horizon 嫁接在 1613 砧木上生长量增加，枝条的生长量比自根苗增加 8%。中国农业科学院果树研究所葡萄课题组（2018）通过对不同砧穗组合的新梢生长量、新梢生长速率、节间长度、基部粗度及副梢萌发率等省力化特性指标的测定，研究了不同砧木对夏黑和 87－1 葡萄新梢省力化特性的影响，结果表明：华葡 1 号可以有效降低夏黑和 87－1 葡萄的新梢生长量及副梢萌发率，使接穗品种具有良好的省力化特性，控制营养生长，促进生殖生长，提高结果系数（表 2－19、表 2－20）。

表 2－19 夏黑不同砧穗组合的省力化特性指标及其综合排名

（引自韩晓等，2018）

砧穗组合	新梢生长量（cm）	新梢生长速率（cm/d）	副梢萌发率（%）	新梢基部粗度（mm）	节间长度（cm）	Topsis 得分	Topsis 排名
夏黑/华葡 1 号	100.6bc	4.16cd	91bc	10.37 d	13.75c	0.753	1
夏黑/101－14M	109.7ab	4.87ab	97a	10.96cd	14.75bc	0.384	8
夏黑/3309C	109.2abc	3.98 d	85 def	11.61abc	15.75abc	0.586	3
夏黑/140Ru	112.7ab	4.66abc	88cde	11.04cd	15.83ab	0.395	7
夏黑/1103P	118.7a	5.26a	92%b	11.26abcd	16.75ab	0.180	11
夏黑/SO4	109.7ab	4.6bcd	90bc	10.65cd	16.12ab	0.432	6
夏黑/抗砧 1 号	96.1c	4.05cd	82f	12.04ab	15.17abc	0.677	2
夏黑/420A	101.2bc	4.58bcd	89bcd	10.59 d	15.42abc	0.555	4
夏黑/5C	106.5abc	4.69abc	85ef	11.15bcd	16.01ab	0.447	5
夏黑/5BB	106.8bc	4.83ab	93b	12.25a	15.92ab	0.291	9
夏黑/贝达	113.2ab	5.17ab	88cde	12.15a	16.83a	0.202	10

注：省力化特性由新梢生长量、新梢生长速率、副梢萌发率、新梢基部粗度、节间长度等综合评价，其权重均为 1。

表 2-20　87-1 不同砧穗组合的省力化特性指标及其综合排名

（引自韩晓等，2018）

砧穗组合	新梢生长量（cm）	新梢生长速率（cm/d）	副梢萌发率（%）	新梢基部粗度（mm）	节间长度（cm）	Topsis 得分	Topsis 排名
87-1/华葡 1 号	72e	2.7 d	88.3ab	8.67bc	10.92 de	0.728	1
87-1/101-14M	81.7 de	3.3bcd	91.6%a	8.27c	9.33e	0.648	2
87-1/3309C	82.5 de	3.3bcd	77.1%cde	9.16ab	11.17 d	0.585	4
87-1/140Ru	102.1a	4.1abc	83.3%bc	9.86a	11.33 d	0.342	6
87-1/1103P	83.6cde	4.7a	75.5 de	8.74bc	12.25cd	0.356	5
87-1/SO4	96.1abc	4.2ab	81.6%bcd	9.67a	13.83bc	0.212	7
87-1/抗砧 1 号	79.3 de	3.2cd	71.5e	8.44bc	12.17 d	0.602	3
87-1/5C	100.1ab	4.5a	78.3%cde	9.91a	14.33b	0.183	9
87-1/贝达	87bcd	4.5a	79.5%cd	9.82a	16.17a	0.196	8

六、综合评价

不同砧穗组合之间存在明显的交互作用，接穗和砧木相互影响。但是这种影响并不能从根本上改变彼此的性质。因此，在筛选出适合设施栽培的葡萄品种的基础上，再进行适宜砧穗组合的研究才有意义。所以，在对设施葡萄适宜砧木进行评价与筛选时，必须以设施葡萄适宜品种的评价与筛选为基础，开展综合分析。

（一）综合评价体系的确定

与设施葡萄适宜品种的评价与筛选相同，设施葡萄适宜砧木的综合评价体系也是由环境适应特性、产期调节特性、品质特性、省力特性和产量特性这 5 种特性构成。产量特性属于生殖生长，新梢生长特性属于营养生长，二者通常是一个线性关系（斯蒂芬·帕拉帝，2011），产量越高，新梢省力化程度越好，即生殖生长抑制了营养生长（李彦连等，2012）。产量特性和品质特性在一定程度是存在负相关的，光合制造的有机物质是固定的，产量高，单位果实的品质也就会受到影响。但这些特性又都是以环境适应性为前提的，只有适应特定的生长环境，才会有较高的产量和较好的品质，因此以上 5 个评价指标的选取都是紧密联系、相辅相成的。关于产期调节特性，这是设施栽培必须要考虑的因素，在相同的条件下，产期调节能力越强，越容易错开集中供应期，进而实现鲜果的周年供应，创造更高的经济效益（王海波等，2017）。综上，选取这 5 个指标用来评价设施葡萄砧穗组合是可行的。

（二）设施葡萄适宜砧木的综合评价

关于葡萄砧穗组合的设施栽培适宜性的综合评价目前国内外基本没有相关研究。中国农业科学院果树研究所葡萄课题组（2018）借助 Topsis 方法对 20 个砧穗组合的设施栽培适宜性进行了综合评价，结果表明：针对夏黑葡萄而言，各砧穗组合的设施栽培指数（设施栽培指数越大，说明该组合的设施栽培适宜性越强）顺序为：夏黑/华葡 1 号＞夏黑/SO4＞夏黑/420A＞夏黑/101-14M＞夏黑/抗砧 1 号＞夏黑/3309C＞夏黑/5BB＞夏黑/贝

达>夏黑/140Ru>夏黑/1103P>夏黑/5C，说明在设施栽培中，华葡1号作砧木时，夏黑的综合表现最好，SO4次之，再次是420A；针对87－1葡萄而言，各砧穗组合的设施栽培指数顺序为：87－1/SO4>87－1/3309C>87－1/华葡1号>87－1/5C>87－1/101－14M>87－1/1103P>87－1/贝达>87－1/抗砧1号>87－1/140Ru，说明在设施栽培中，SO4做砧木时，87－1葡萄的综合表现最好，3309C次之，再次是华葡1号（表2－21、表2－22）。

表2－21　不同砧木对夏黑葡萄设施栽培适宜性的影响

（引自韩晓等，2018）

砧穗组合	环境适应指数	产期指数	新梢省力化指数	果实品质指数	产量指数	设施栽培指数	排名
夏黑/华葡1号	0.614 5	0.786 4	0.753	0.446 2	0.856 7	0.824 9	1
夏黑/101－14M	0.417 3	0.891 8	0.384	0.541 5	0.522	0.581 8	4
夏黑/3309C	0.281 9	0.530 7	0.586	0.370 8	0.644 1	0.520 3	6
夏黑/140Ru	0.258	0.891 8	0.395	0.350 2	0.025 8	0.402 1	9
夏黑/1103P	0.211 2	0.647 4	0.18	0.607 6	0.332 8	0.368 6	10
夏黑/SO4	0.770 7	0.533 3	0.432	0.579 9	0.754 4	0.711 4	2
夏黑/抗砧1号	0.114 6	0.821 6	0.677	0.585 4	0.685 6	0.557 8	5
夏黑/420A	0.520 6	0.879 8	0.555	0.379 4	0.575 5	0.668 9	3
夏黑/5C	0.335	0.072 4	0.447	0.488 8	0.424 1	0.356 2	11
夏黑/5BB	0.404 7	0.094 4	0.291	0.451 5	0.765 8	0.443 3	7
夏黑/贝达	0.425 8	0.271 9	0.202	0.462 7	0.559 2	0.402 8	8

注：设施栽培指数由环境适应性指数、产期指数、新梢省力化指数、果实品质指数和产量指数这5个指标归一化处理后，分别按照1、1、1、1、1的权重，借助统计软件DPS 7.05中的Topsis模块进行计算得出，设施栽培指数越大，该砧穗组合设施适宜性越好。

表2－22　不同砧木对87－1葡萄设施栽培适宜性的影响

（引自韩晓等，2018）

砧穗组合	环境适应指数	产期指数	新梢省力化指数	果实品质指数	产量指数	设施栽培指数	排名
87－1/华葡1号	0.660 4	0.168 1	0.728	0.518 4	0.877 1	0.522 9	3
87－1/101－14M	0.552 8	0.203 5	0.648	0.631 5	0.570 9	0.451 4	5
87－1/3309C	0.791 2	0.311 2	0.585	0.663 7	0.573 2	0.530 1	2
87－1/140Ru	0.394	0.302 6	0.342	0.454 3	0.320 9	0.262 1	9
87－1/1103P	0.766 6	0.097 7	0.356	0.605 6	0.575 9	0.392 5	6
87－1/SO4	0.411 7	0.910 1	0.212	0.613 6	0.303 5	0.533 3	1
87－1/抗砧1号	0.156 1	0.143	0.602	0.462 6	0.579 9	0.328 4	8
87－1/5C	0.416 4	0.798 9	0.183	0.629 3	0.381	0.508 4	4
87－1/贝达	0.693 4	0.323 3	0.196	0.353 5	0.422 9	0.352	7

第四节　设施葡萄适宜砧木的选择

经过多年科研攻关，中国农业科学院果树研究所葡萄课题组在设施葡萄适宜砧木评价与筛选体系的基础上，制定出设施葡萄适宜砧木的选择原则。

一、产期调节特性（目标定向）

（一）促早栽培

选择能使接穗品种的需冷量和需热量降低、果实发育期缩短的砧木品种，以用于冬促早栽培和春促早栽培；选择能使接穗品种多次结果能力增强的砧木品种，以用于秋促早栽培。

（二）延迟栽培

选择能使接穗品种的果实发育期延长或果实成熟后挂树品质保持时间长的砧木品种，以用于延迟栽培。

二、环境适应及产量特性（连年丰产）

选择能使接穗品种的设施栽培环境适应能力尤其是耐弱光能力增强、接穗品种的成花能力提高、接穗品种的连续结果和早实丰产能力增强的砧木品种，以利于连年丰产。

三、品质特性（提高市场竞争力）

选择能使接穗品种的果实品质改善的砧木品种，例如使接穗品种的果穗松紧度适中、果粒整齐、质优、色艳、口味香甜和耐贮等；选择能使接穗品种的抗病和抗逆能力增强的砧木品种，以利于生产无公害安全果品。

四、省力特性（降低管理成本）

选择能使接穗品种生长势中庸、花果管理容易的砧木品种，以便管理省工。

第三章 设施葡萄的器官与生长

葡萄的根、茎、营养芽和叶属于营养器官，主要进行营养生长，同时为生殖生长发育创造条件；生殖芽、花、果穗、浆果和种子属于生殖器官，主要用以繁殖后代。由于葡萄属于栽培植物，因此属于生殖器官的浆果又成为人们栽培的主要目的。了解和掌握葡萄各器官的形成、功能、生长和环境习性，对于拟定栽培技术措施具有十分重要的意义。

第一节　根

一、根的种类及形态结构

（一）根的种类

因繁殖方法不同，根系的形成有明显的差异，由种子繁殖的植株有主根，并分生各级侧根，称为实生根系；由枝条扦插和压条繁殖的植株没有主根，只有若干条粗壮的骨干根，称为不定根或茎生根系，生产栽培植株的根系均为茎生根系。

（二）根的形态结构

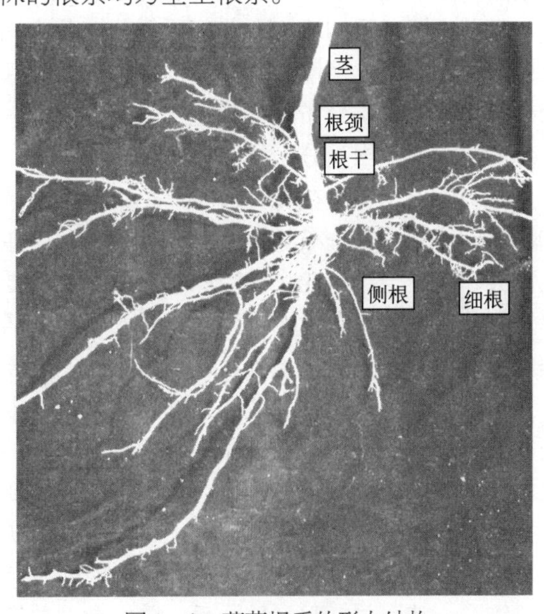

图 3-1　葡萄根系的形态结构

葡萄根系为肉质根，贮藏有大量的营养物质（包括水分、维生素、淀粉、糖等各种有机和无机成分），由根颈、根干、侧根、细根和根毛等部分组成（图 3-1）。其中根干主要起固定植株的作用，同时具有贮藏营养物质，输送水分和养分的功能；侧根、细根把吸收的矿物质通过水分输送到根干，并把土壤中吸收的无机氮、无机磷等物质转化为有机氮化物和有机磷化物。葡萄根的吸收作用主要靠刚发生的幼根来进行，这些幼根在形成初期呈肉质状、白色或嫩黄色。幼根的白色部分着生根毛，根毛利用根压、渗透压、地上蒸腾拉力吸收水分和养分，供给植株各部分的需要。同时幼根还具有与土壤真菌菌丝体营共生的作用，产生内生菌根和外生菌根，这些菌根具有很强的吸收功能。当新老根系交替之际，水分和养分的吸收主要靠菌根。

葡萄种间根系结构有一定的差异，因此其抗性不同。如抗根瘤蚜的北美种群根系细而坚硬，幼根的外皮层为双层细胞、细胞小而排列紧密，受伤后能迅速形成木栓保护组织隔离伤口，并且根中含有较多的单宁类物质防止伤口腐烂；而欧洲葡萄根系肉质化程度高，组织疏松，导管粗大，对根瘤蚜抗性差。

葡萄根系在形态上没有节和节间的特征，缺乏发生不定芽的能力，故葡萄没有根蘖的生长特性。

二、根的生长

葡萄根系的年生长期比较长，如果在土温常年保持在 13 ℃以上、水分适宜的条件下，可终年生长而无休眠期。欧美杂种葡萄如巨峰葡萄（自根苗）当土温达到 5 ℃以上时，根系开始活动，地上部分进入伤流物候期；当土温上升到 12～14 ℃，根系开始生长；土温达到 20 ℃时，根系进入活动旺盛期，土温超过 28 ℃时，根系生长受到抑制，进入休止期。欧亚种葡萄根系活动始温为 7～9 ℃，生长根生长始温是 10～16 ℃，适温为 15～25 ℃，超过 25 ℃则根系迅速木栓化或死亡；吸收根生长始温 16～19 ℃，适温 20～23.5 ℃，超过 24 ℃，根系生长受到抑制。春季根系开始生长的温度稍高于秋末、冬初根系停止生长时的温度。

葡萄根系的生长与新梢的生长交替进行，当新梢生长通过高峰转为下降时，根系进入第一次生长高峰；根系从生长高峰开始下降时，新梢进入第二次生长高峰；当新梢生长基本停止时，根系又进入第二次生长高峰。根系第一周期的生长量大于第二周期的生长量。

葡萄根系的周期生长动态和在土壤中的分布，随环境（温度、光照和水分）、地域、土壤、栽培措施和品种的不同而表现出差异。

随着土壤容重的增加，葡萄根系分枝角度加大，水平分布变窄而垂直分布变浅，细根比例降低，粗根比例增加。在园地深翻，土层深厚疏松、肥沃、地下水位低的条件下，葡萄根系生长强大，分布深度可达 1～2 m；相反，在土层浅、土质黏重、肥力低、地下水位高的情况下，根系分布浅窄，一般深度 20～40 cm。因此建园时，凡是深翻 1 m 以上、深施肥料、土壤 pH 在 6～7，葡萄每株的根量比未深翻施肥和 pH 偏低的土壤，增加 50%～80%，根系分布深度增加 30 cm 左右。在管理上，周年偏重于浅施肥、浅耕锄，根系常分布在表土层，北方易受冻害，南方容易受旱，从而引起生长、结果不良。建园时用草炭局部改土，可有效增加葡萄根系的干重和活力。由此可见，建园时深翻改土和生长过程中定时深耕是葡萄园土壤管理不可或缺的重要环节。

根域限制是利用物理或生态的方式将果树根系控制在一定的容积内，通过控制根系生长来调节地上部的营养生长和生殖生长，是一种新型栽培技术，也是近年来果树栽培技术领域一项突破传统栽培理论、应用前景广阔的新技术。它具有肥水高效利用、果实品质显著提高和树体生长调控便利的优点，在提高果实品质、节水栽培、有机栽培、观光果园建设、山地及滩涂利用和数字农业、高效农业等诸多方面都有重要的应用价值。随着根域容积的缩小，其根总鲜重、总干重、总根数、总表面积以及根冠干重比也随着减少，地上部

生长受到不同程度的抑制，而总根长与枝总生长量比随之增大。在根域限制栽培中，最适宜的根域容积为每平方米树冠投影面积需根域容积 0.05～0.06 m^3，根域厚度 40 cm。

葡萄根系在土壤中的分布随着生产中所采用的架式不同而有很大的差异。采用篱架栽培，根系在架面的两侧均匀分布，并且主要分布于距主干 20～50 cm 的土层。如采用棚架，根系在架面的两侧呈不均匀分布：在架面下，由于夏季架面的遮阴作用，使土壤的温度和湿度相对稳定，有利于根系的生长，因此根系的分布量大而密集，其分布量可占根系总量的 60%以上；而架面对面的土壤，由于没有架面的遮盖作用，土壤温湿度变化较大，根系受气温的影响较大，因此根系生长量较小，其分布量仅占总根量的 40%以下。这种根系的分布规律，为架面下施肥提供了有利的依据。

葡萄根系在土壤中的分布受灌溉方式影响很大。滴灌的根系垂直和水平分布较漫灌葡萄更加集中，根幅相对较小，但滴灌葡萄吸收根的总量大于漫灌 33.49%～38.65%。交替滴灌条件下利于根系生长，根长密度最大，常规滴灌次之。

葡萄品种不同，则根系在土壤中的分布不同。丰产性差的克瑞森无核具有垂直性生长的主根，丰产性好的红宝石无核和皇家秋天没有垂直性生长的主根，但不结果的皇家秋天植株具有垂直性生长的主根；上层土壤（0～15 cm）细根（直径 0.1～0.3 cm）数量与下层土壤（15～40 cm）粗根（直径>0.3 cm）数量的比值反映了葡萄幼树的丰产性能，比值越大越丰产。

此外，葡萄根系在土壤中的分布还受砧穗互作的影响。以 1103P 为砧木的葡萄根系为深根性，桑乔维赛（*Vitis vinifera* cv. Sangiovese）、黑乌拉（*V. vinifera* cv. Nero d'Avola）、法国兰（*V. vinifera* cv. Blau Frankisch）品种组合分枝角度为 20°～40°，根系垂直分布在 0～80 cm 土层，其中以 20～40 cm 土层根量最大；而 SO4 砧木的根系为浅根性，分枝角度为 70°～90°，水平延伸为主，根系 58.7%～67.5%集中分布于 0～20 cm 土层内，60 cm 以下土层没有根系。地上部嫁接品种对同一砧木的根构型，特别是对根系分布和根系数量有一定影响，但对分枝角度影响不大。均以 1103P 为砧木，黑乌拉的根系分布深于桑乔维赛和法国兰；以 SO4 为砧木，维帝朝的表层根系明显多于波斯克，而桑乔维赛的根系数量明显少于维帝朝和波斯克。由此可见，品种对砧木有一定的反馈调节作用，但 2 种砧木根系构型差异明显，生产上应该根据生态条件选择深根或浅根性砧木。

葡萄根系切忌积水，因此雨季无论是苗圃或生产园都要注意及时排水，采用深沟高畦，开好排水沟，使根群不致因渍水缺乏氧气而引起根部腐烂。

第二节　茎

一、茎的类型和形态结构

（一）茎的类型

葡萄的茎是蔓生的，具有细长、坚韧、组织疏松、质地轻软、生长迅速的特点，着生有卷须供攀缘，通常称为枝蔓或蔓。葡萄的枝蔓由主干（也有无主干的）、主蔓、侧蔓、结果母蔓（母枝）和新梢组成，其中主干、主蔓、侧蔓和结果母蔓共同构成葡萄树冠的骨架，因此成为骨干蔓（图 3-2）。着生于侧蔓上的结果母蔓（母枝）和预备枝，构成结果枝组，结果枝组生长健壮、比例适当、分布合理，是植株丰产稳产的基础。

新生枝条到落叶之前称为新梢。外部形态上看，是由叶、芽、卷须、花序或果穗、节和节间组成。葡萄的叶互生，每节着生 1 片叶，在叶腋处着生 1 个冬芽和 1 个夏芽。从新梢基部第 3～5 节开始，在叶的对面节的部位着生卷须或花序（果穗）（图 3－3）。

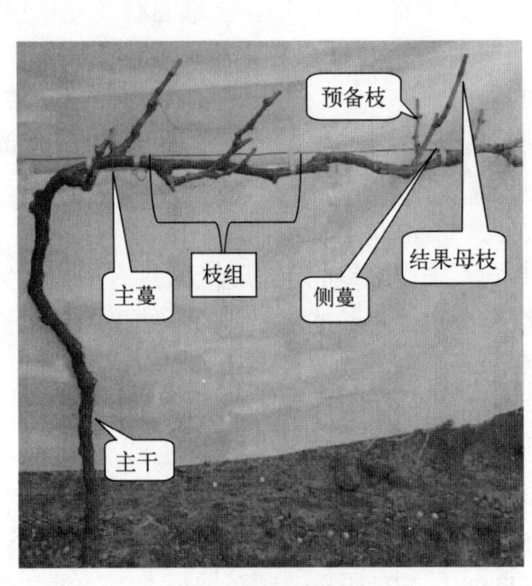

图 3－2　葡萄骨干蔓

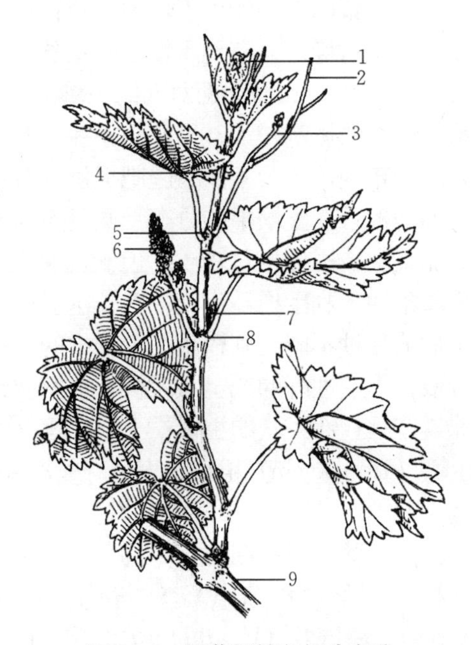

图 3－3　葡萄新梢各部分名称

1. 梢尖　2. 卷须　3. 卷须状花序　4. 叶片
5. 冬芽　6. 花序　7. 副梢　8. 节　9. 结果母枝

枝蔓上芽眼当年所抽生的新梢，带有花穗的称结果枝，不带花穗的称发育枝。新梢叶腋中的夏芽和冬芽萌发的梢，分别称为夏芽副梢和冬芽副梢，依其抽生的先后，分一次副梢、二次副梢、三次副梢等。副梢上也可能发生花序，开花结果，这种现象称为多次结果。

凡生长强旺、枝梢粗壮、节间长、芽眼小、节位表现出组织疏松现象的当年生枝蔓，称为徒长蔓。靠近地表的主干或主蔓上的隐芽萌发成的新梢称为萌蘖枝，在一般情况下这类新梢应及早除去，但必要时可用来培养新的枝蔓，补充空缺或更新老蔓。

（二）茎的形态结构

葡萄茎是由节和节间组成。茎的节间有横隔，横隔有贮藏养分的作用，同时能使茎组织结构坚实，横隔的发达程度与节位和枝条的成熟度有关，因此可用横隔的发达程度表示枝条的成熟度和贮藏养分累积的多少。在着生卷须或果穗的节位，横隔发达且是完全横隔；而没有卷须或果穗的节位，横隔不发达且是不完全横隔。枝条成熟度越好，横隔越发达，甚至没有着生卷须节位的横隔，也会发育为完全横隔。不同品种茎的颜色不同。发育良好、充分老熟的茎，入冬前表现为节间较短，呈不同颜色的褐色；结果过量或秋末发育的茎，表现为节间较长、颜色浅，发育不充实，越冬期间易枯死（图 3－4）。

葡萄茎内部的髓部组织和导管特别发达，髓部具有贮藏养分和水分的功能，髓部大小与茎的成熟度有关，常用髓/茎比反映成熟度。成熟度越差，髓部越大；反之，髓部越小。品种间也有一定差异，二倍体品种的髓部常小于多倍体品种的髓部。

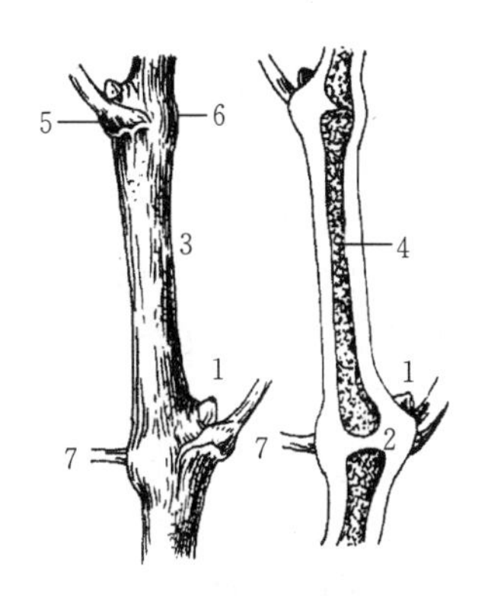

图 3-4　葡萄茎形态与纵切面
1. 芽　2. 横隔　3. 节间　4. 髓部
5. 叶柄　6. 节部　7. 卷须

二、新梢的抽发

在促早栽培和避雨栽培条件下，葡萄萌芽的早晚、数量和质量主要取决于休眠发展进程以及设施内温度、水分和光照等环境条件。一般地说，通过自然休眠的芽在适宜的温、湿度环境条件下就会正常萌发，与露地栽培相比，促早栽培和避雨栽培的萌芽率显著提高。但是，如果需冷量得不到满足，则葡萄萌芽迟且不整齐，甚至出现部分芽干枯死亡的现象，并且新梢生长势差。有效低温累积越少，与品种的需冷量差异越大，则萌芽延迟及不整齐程度越严重，新梢生长势越差。具体表现为枝条萌芽数减少且不均匀，主要是枝条上部芽萌发，枝条下部芽不萌发或很少萌发，而且升温至发芽所需天数增加，并且抽发的新梢停长过早，严重者造成叶片数量不足导致葡萄坐果率低且产量和品质大幅下降。此外，葡萄萌芽早晚还与萌芽前的温度和水分等环境条件、树体贮藏营养状况及激素水平有关。

三、新梢的生长

葡萄新梢生长迅速，一年中能多次抽梢，但依品种、气候、土壤和栽培条件而不同。一般新梢年生长量可达 1～2 m，在南方避雨栽培条件下，生长势旺的品种如夏黑 1 年可生长 6 m 以上。年生长期中，新梢一般具有 2 次生长高峰，第一次新梢生长高峰是以主梢为代表，从萌芽展叶开始至开花前，随气温、土温的升高，根系活动旺盛，新梢也随之加速生长，进入第一次生长高峰，在浙江、上海等地每昼夜可长 1 片叶。第一次新梢生长的强弱对当年花芽分化、产量的形成有密切关系，长势过强或过弱对开花、坐果都是不利的。此后，随果穗的生长至果实着色，新梢生长速度减缓。新梢第二次生长高峰是以副梢为代表，当浆果中种子胚珠发育结束和果实采收后才表现出来，这次生长量一般小于第一次（但在设施促早栽培条件下，由于生殖生长的减弱和光照条件的改善，新梢第二次生长高峰生长量超过第一次生长高峰生长量，称为补偿性旺长现象）。在上海和浙江等高温、秋雨多的江南地区，8—9 月还可能出现第三次副梢生长高峰。9 月下旬以后，气温逐渐下降，生长趋慢，直到 10 月上中旬才停止生长，至 12 月落叶进入休眠期。新梢生长强弱的因子决定于树体养分的贮藏量，养分贮藏充足则生长势强；土壤瘠薄，树体贮藏养分不足，则新梢生长势弱。一般在第一次新梢生长高峰减弱时，正值开花前夕，应追施适量的复合性肥料，促进生殖生长，以缓和生殖生长与营养生长的矛盾。在浆果采收后，根系第二次生长高峰来临之前，应增施基肥并及时施用适量的氮肥，同时采取保叶措施，以利于新梢的健壮发育，为第二年新梢生长、花芽分化奠定物质基础。在葡萄果实开始成熟前

1～2 周，新梢由基部开始向上逐渐成熟。新梢在成熟过程中，其形态结构和生理生化上都发生明显的变化。首先，枝条的颜色发生明显变化。由基部逐渐向新梢顶部，颜色由绿色逐渐转变为浅黄色至深褐色，表皮发生木栓化，并最终表现出该品种特有的颜色。同时，枝条节部明显增粗，芽眼发育得更为饱满。组织内部形成木栓形成层，并向外分化周皮。木质部木质化加快，髓部变小，髓细胞死亡。在枝条成熟过程中，水分含量逐渐下降，与此同时，枝条中的干物质迅速积累，木质部薄壁细胞中形成大量的淀粉粒，而糖含量则相应减少。因此，新梢的成熟过程实际上也是贮藏养分的积累过程。

与露地栽培相比，促早栽培和避雨栽培的葡萄从萌芽至新梢叶片转绿所需时间缩短，并且新梢数量和新梢总生长量显著增加，节间变得长而纤细，新梢粗度与长度之比显著变小，表现出新梢徒长现象，因此采取摘心、水平整枝、喷施生长抑制剂、改善光照条件、增施磷钾肥等有效措施控制新梢徒长是促早栽培和避雨栽培新梢管理的主要任务。究其原因是：一方面促早栽培和避雨栽培的高温高湿条件促进了新梢的抽发和生长；另一方面，促早栽培和避雨栽培的光照度较弱，光照时间短，光质变劣，蓝光、紫光和紫外光等短波光线比例低，因而导致新梢节间变长且新梢生长迅速，生长量加大。

延迟栽培的葡萄新梢生长特性与露地栽培类似。

第三节　叶

一、叶的类型和形态结构

栽培葡萄的叶为单叶、互生，由叶柄、叶片和托叶三部分组成，着生于新梢节的部位，它的各种特征是区别品种的重要标志。叶柄不仅支撑叶片，使叶片处于容易获得光照的最佳位置，而且上连叶脉，下连新梢维管束，与整个输导组织相连，起着输送养分的作用。叶片由栅栏组织和海绵组织构成，表面有角质层及表皮，主要功能是制造养分、蒸腾水分和进行呼吸作用。托叶着生于叶柄基部，对刚形成的幼叶起着保护作用，展叶后即自行脱落，在叶柄基部的两侧留下新月形的痕迹（图 3－5）。

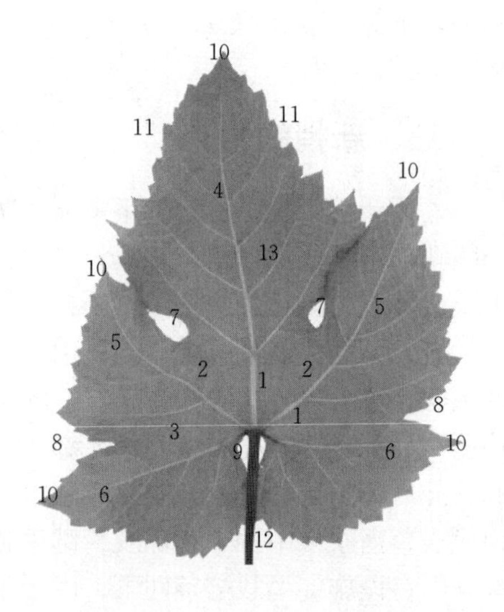

图 3－5　葡萄叶结构

1. 中主脉　2. 上侧主脉　3. 下侧主脉　4. 中央裂片　5. 上侧裂片　6. 下侧裂片　7. 上侧裂刻　8. 下侧裂刻　9. 叶柄洼　10. 裂片顶端叶齿　11. 边缘叶齿　12. 叶柄　13. 侧脉

葡萄的叶片有心脏形、楔形、五角形、近圆形和肾形（图 3－6），通常表现为 3 裂、5 裂、7 裂、多于 7 裂或全缘（图 3－7）。如 5 裂叶片，位于叶片中部的叫中央裂片，位于两侧的叫上侧裂片和下侧裂片。裂片与裂片之间凹入的部分叫裂刻，裂刻的深度有极浅、浅、中、深和极深（图 3－8），不同品种的叶片裂刻深度用上侧裂刻深度表示，上裂刻基部形状有 U 形和 V 形。叶柄和叶片连接处叫叶柄洼，分为极开张、开张、半开张、轻度开张、闭合、轻度重叠、中度重叠、高度重

叠、极度重叠（图3－9），形状有U形和V形（图3－10）。维管束通过叶柄进入叶片，在二者的结合处分出主脉，分为中主脉和侧主脉，每个裂片均有1条主脉，多数葡萄品种具有5条主脉，各主脉的长短决定叶片的形状。主脉之间的夹角称为脉序角，脉序角的大小是品种的特征之一。从每条主脉上又明显地分出侧脉。葡萄叶背面的表皮细胞常衍生出各种类型的绒毛，栽培品种分为丝状毛（平铺）、刺毛（直立）和混合毛（丝毛与刺毛并存），叶片着生茸毛的类型、浓密度和颜色是鉴别种和品种的重要性状。葡萄的叶缘有锯齿，分为双侧凹、双侧直、双侧凸、一侧凹一侧凸、两侧直与两侧凸皆有等形状（图3－11）。需要强调指出的是同一新梢上不同节位的叶片由于发生的时期不同，其大小和形状也不完全一致，在描述和区别品种时，以选取自基部向上第7～9节位的叶片为适宜。

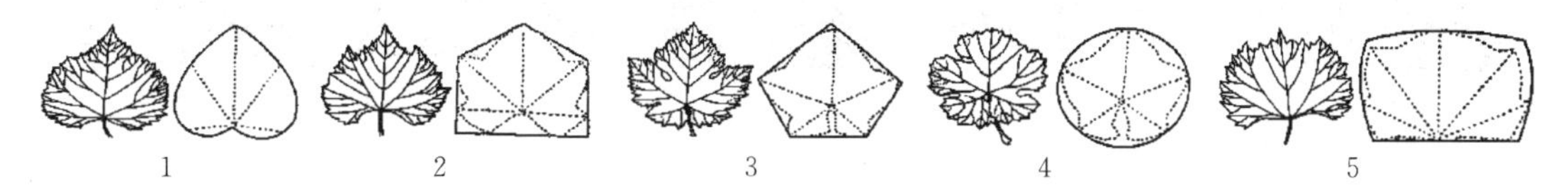

图3－6　葡萄叶片形状

1. 心脏形　2. 楔形　3. 五角形　4. 近圆形　5. 肾形

图3－7　成龄叶片裂片数

1. 全缘　2. 3裂　3. 5裂　4. 7裂

图3－8　成龄叶上裂刻深度

1. 极浅　2. 浅　3. 中　4. 深　5. 极深

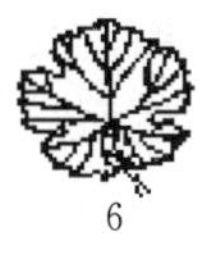

图3－9　叶柄洼开张程度

1. 极开张　2. 开张　3. 半开张　4. 轻度开张　5. 闭合　6. 轻度重叠　7. 中度重叠　8. 高度重叠　9. 极度重叠

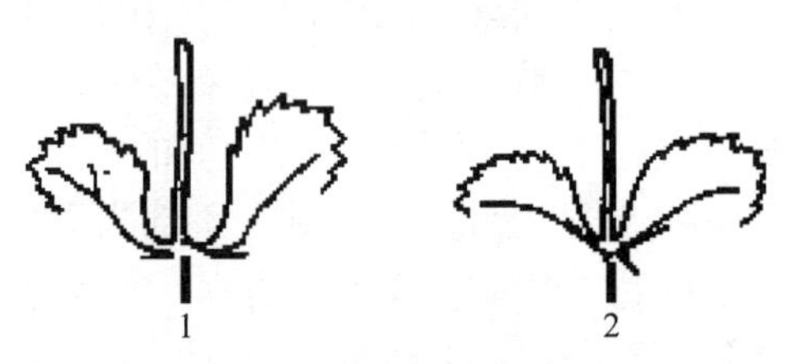

图 3-10　成龄叶叶柄洼基部形状

1. U形　2. V形

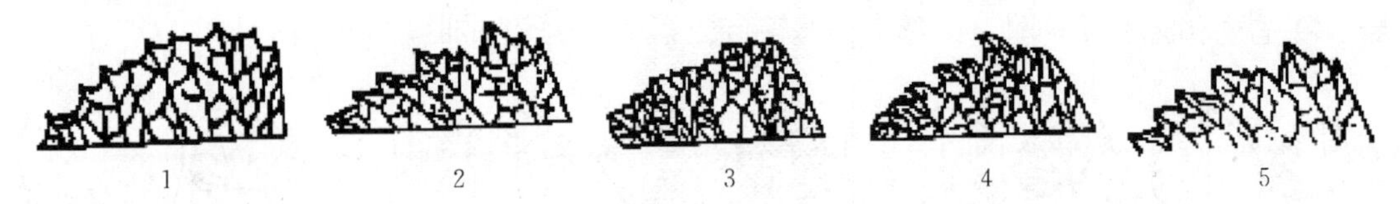

图 3-11　成龄叶锯齿形状

1. 双侧凹　2. 双侧直　3. 双侧凸　4. 一侧凹一侧凸　5. 两侧直与两侧凸

叶片的解剖结构表明，新梢中部的叶片肥大，含叶绿体多，光合作用能力强；新梢上部的叶片尚幼嫩，下部的叶片渐老化，光合作用能力均较弱，同化产物往往还不能抵消本身呼吸的消耗，这就需要对整株叶片的同化产物进行必要的调节。在正常的光照条件下，葡萄光合作用最适宜的温度为 28～30 ℃，温度降低同化作用减弱，当温度低于 6 ℃时，光合作用几乎不能进行。

二、叶片的生长与衰老

葡萄叶片来源于冬芽或夏芽，是行使光合作用制造有机养分的主要器官，树体内 90%～95%的干物质是由叶片合成的，叶片的正常生长活动是葡萄生长发育和形成产量的基础。叶片色泽的深浅能反映出葡萄的营养水平和光合能力的强弱，故现代栽培上常用叶片分析营养诊断法指导合理施肥。在葡萄栽培中，采取各种有效措施增加叶片数、扩大叶面积、提高叶片质量，对葡萄高产优质持续稳产具有重要意义。

与露地栽培相比，促早栽培的叶片变大变薄，栅栏组织与海绵组织都变薄，栅栏组织层数减少，颜色变淡；叶片角度变得平展，叶面积指数下降，比叶面积显著提高，比叶重减小，叶片单位面积的叶绿体数目减少，叶绿体变大，叶绿体基粒增厚，叶绿素含量增加，气孔密度减少，表现出阴生叶特征。而且促早栽培葡萄叶片单位面积的叶肉细胞表面积增加，叶肉阻力增加，气孔导度下降。一般研究认为，避雨栽培与露地栽培相比，叶片厚度、比叶重下降，叶片总叶绿素含量略有增加，叶绿素 a/b 比值变化不大。也有研究认为，避雨栽培与露地栽培相比，叶片变小变厚，颜色变浓，比叶面积降低，比叶重增加，干重增加，叶绿素含量增加。延迟栽培的葡萄叶片与露地栽培类似。

（一）叶片的生长

叶片的生长为单 S 形曲线，一般单叶的生长期为 2～6 周，比相应的节间生长期长 1～3周。叶片的生长依在新梢上的节位不同而处于不同的发育时期，叶从梢尖分离后的 6～9 d 内生长非常缓慢；15 d 后，当叶片处于新梢顶端 6～8 节时生长最快，叶片可达到

最大面积的50%以上；当叶片处于13～15节时，叶片停止生长。在同一植株上的叶片由于形成的迟早和形成时的环境条件不同，其寿命不同。年生长初期位于新梢基部的叶片因早春气温低，叶片较小，寿命较短，叶龄为120～150 d；新梢旺盛生长期形成的叶片最大，光合能力最强，叶龄为160～170 d；生长末期形成的叶片，因气温下降，组织不充实，叶片小，光合能力最弱，寿命最短，叶龄为120～140 d。这种不同部位叶片的生理功能上的差异直接影响到芽的形成及其充实程度，对第二年新梢生长和开花结实都有很大影响。单株叶片的生长期与新梢生长期同步。在生产园中，前期叶面积的扩大是主梢叶面积的增加，新梢叶面积可达全年总叶面积的60%以上；生长后期（一般在坐果后）叶面积的增加主要是副梢叶面积的扩大。因此，副梢叶面积的多少对芽眼的发育、花芽分化、新梢的成熟、果实的产量和品质有重要的影响。从叶龄来说，幼嫩叶片因叶绿素含量低，光合能力弱，呼吸能力强，其净光合速率很低，甚至是负值。随着叶龄的增长，叶色加深较绿，叶面平展，光合能力增强，一般当葡萄叶片达到成龄叶面积的1/3时，它所制造的营养就可以超过消耗的营养，叶片开始向外输出光合产物供植株的其他部分利用。当叶片达到最大时（展叶30～40 d），光合作用最旺盛。叶片进入衰老阶段，光合作用便显著降低。据观察，葡萄展叶后30 d左右，光合作用进入最佳期。葡萄进入结果期，要注意控制合理的叶果比指标，不同品种合理的叶果比不同，栽培技术措施就是要使叶果比保持最佳值，从而达到提高葡萄的产量和品质。葡萄栽培研究中，常用叶面积指数来表示绿叶厚度，也称叶面积的多少。叶面积指数是指总叶面积/单位土地面积，或单株叶面积/营养面积（行距×株距），即果树总叶面积相当于土地面积的倍数。叶面积指数高，表明叶片多；反之，则少。由于栽培葡萄品种不同，架式和树形各异，故很难确定一个共同的叶面积指数。栽培实践表明，叶片数和叶面积总量并不是越多越好，密植也有一个合理的程度，在生产上有由于过度密植而间伐不及时、修剪量过重、氮素过多等原因，导致叶面积指数过高、树体郁蔽、产量低、品质差，究其原因，主要是对葡萄叶的生长特点缺乏了解。

（二）叶片的衰老

叶片衰老是植物细胞程序性死亡（Programmed cell death，PCD）的一种，是高度调节的、积极主动的过程（Wagstaff et al.，2003）。Buchanan等（1997）指出，在叶片衰老过程中发生了许多极为复杂的生理生化变化，其中蛋白质和叶绿素降解、光合能力下降是叶片衰老初期最明显的特征。叶绿体降解是叶片衰老过程中细胞结构发生的最早、最显著的变化，呈现出嗜锇油滴数量和直径的增加、基粒的松动和叶绿体解体等变化（Thomas et al.，2003；Zimmermann et al.，2005），而细胞核和线粒体直到衰老的最后阶段依然保持其结构完整性。叶片衰老是植物长期进化过程中形成的适应性，同时受内部因素和外部环境的影响，内部因素中主要受细胞激动素和脱落酸的调节，其中细胞激动素延缓叶片衰老、脱落酸推进叶片衰老；外部环境中干旱、营养限制、遮阴、极端温度、臭氧和UV-B辐射等不利环境条件促进叶片衰老（Lim et al.，2003）。此外，光是调控叶片衰老的重要环境因子，Brouwer（2012）研究发现黑暗处理或持续强光/弱光明显加快叶片叶绿素降解，促进叶片衰老；Maddonni等（2003）研究发现光质也影响叶片的衰老速度，如红光推迟叶片衰老。在生产中，常常采取安装红色植物生长灯（中国农业科学院果树研究所研制)、喷施叶面肥（如中国果树所研制的叶面肥可使叶片脱落时间推迟 20～40 d）和增施氮肥等技术措施延缓叶片的衰老，采取利用冬芽或夏芽副梢叶技术推迟整株葡萄叶片的脱落时间。

第四节　芽

一、芽的类型和形态结构

葡萄枝梢上的芽实际上是新梢的茎、叶和花的过渡性器官，着生于叶腋中，根据萌发的时间和结构特点，分为冬芽和夏芽。

（一）冬芽

冬芽（图 3-12）是着生在结果母枝各节上的芽，体形比夏芽大，外被鳞片，鳞片上着生茸毛，保护芽体免受冬季低温的伤害。冬芽具有晚熟性，一般经过越冬后，次年春季萌发生长，但在强烈刺激下，如去除所有副梢或配合石灰氮、破眠剂 1 号等具有破眠作用的化学试剂处理，冬芽可当年萌发，在生产中常采用这种方法迫使冬芽萌发实现二次结果。

从冬芽解剖结构看，良好的冬芽一般由 3～8 个单芽组成，其中芽眼中央发育最好最大的单芽称为主芽，其余周围的单芽称为副芽，主芽与副芽均是压缩的新梢原基，其上有节、节间、叶原基、芽原基、花原基或卷须原基，依据发育程度，主芽的新梢原基在冬芽萌发前，可分化 10～13 节（图 3-13）。一般情况下，在春季只有主芽萌发，但当主芽受伤或在修剪的刺激下或副芽营养条件好的情况下，副芽也可萌发抽梢。因此，在生产中经常可以观察到“双生枝”或“三生枝”的现象，为节省贮藏养分，应及时将副芽萌发的多余新梢抹除。冬芽越冬后，不一定每个冬芽都能在第二年萌发，其中不萌发者呈休眠状态，随着枝蔓逐年增粗，潜伏于表皮组织之间成为潜伏芽，又称隐芽。当枝蔓受伤或内部

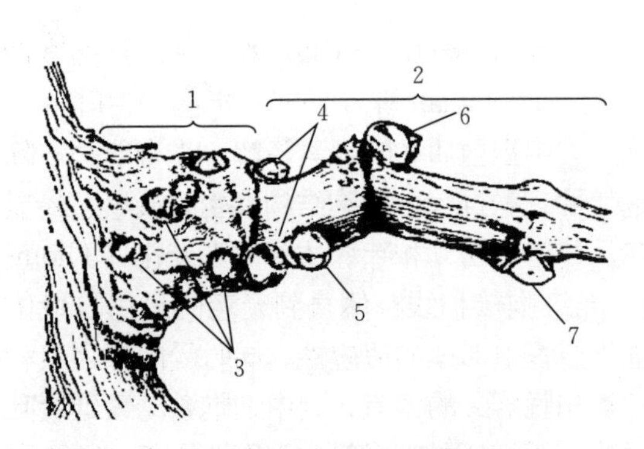

图 3-12　休眠期芽眼

1. 芽座　2. 结果母枝　3. 隐芽　4. 基芽
5. 第一芽眼　6. 第二芽眼　7. 第三芽眼

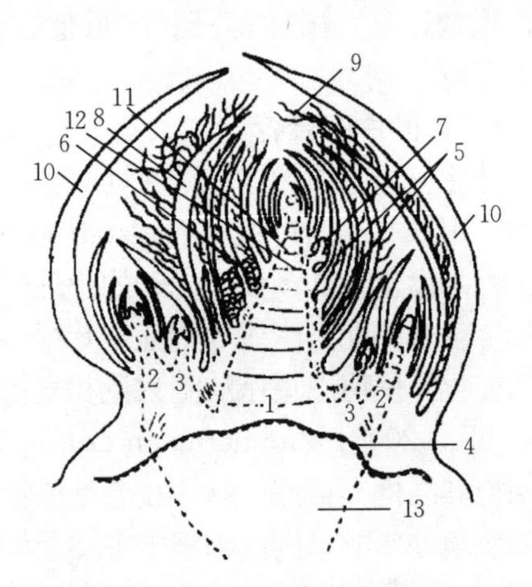

图 3-13　葡萄冬花芽剖面

1. 主芽　2. 预备芽　3. 二级预备芽　4. 芽垫层
5. 叶原基　6. 花序原基　7. 卷须原基
8. 鳞片状托叶　9. 毛被　10. 外鳞片　11. 胚胎新梢的节　12. 节间　13. 芽迹（内部薄壁组织）

营养物质突然增长时，潜伏芽随之萌发成为新梢，往往带有徒长性，在生产上可以用作更新树冠。葡萄隐芽的寿命很长，因此葡萄恢复再生能力很强。主芽与副芽共同着生于芽垫上，芽垫与新梢的节相连。在芽与芽垫之间，有一单层深绿色的细胞，称之为芽垫层，具有很强的分化能力。在特殊条件下，当主芽和副芽均受到伤害的情况下，芽垫层可分化出新的芽来延续枝条的生命。

（二）夏芽

夏芽（图3-14）着生在新梢叶腋内冬芽的旁边，无鳞片保护，不能越冬。夏芽具有早熟性，在当年夏季自然萌发成新梢（通称副梢），有些品种如巨峰、玫瑰香、黄意大利、魏可和美人指等的夏芽副梢结实力较强，因此在生产中常利用夏芽的早熟性加快葡萄的成形或进行多次结果以延长葡萄鲜果的供应期。夏芽抽生的副梢同主梢一样，每节都能形成冬芽和夏芽，副梢上的夏芽也同样能萌发成二次副梢，二次副梢上又能抽生三次副梢，这就是葡萄枝梢具有一年多次结果的原因。

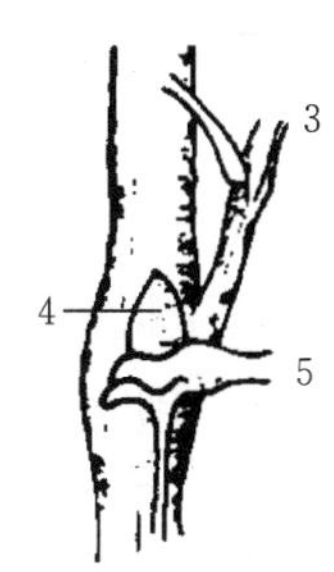

图3-14　生长期芽眼
1. 萌发中的主芽　2. 萌发中的副芽
3. 夏芽副梢　4. 冬芽　5. 叶柄

二、花芽分化

葡萄的花芽分化可分为生理分化和形态分化两个阶段。待芽的生长点分裂4～5个叶原基时，生长点转位即进入形态分化期。

决定花芽良好分化的前提首先是营养状况和外界条件（光照、温度、雨量）的充分满足。花芽形成的最适温度为20～30℃，而光照充足、新梢生长健壮、叶面积大、叶片质量好，葡萄花芽分化的强度和质量也高。新梢第1～3节的芽是新梢开始生长时形成的，这时正值早春季节，气温不高，新梢生长缓慢，芽体秕小呈三角形，节间极短，通常不能分化为花芽。当新梢进入第一生长高峰时，平均气温在20℃以上，是幼芽的形成和花芽分化的良好条件，这时新梢第4～5节位的芽发育最好，花芽分化率也高。由于葡萄的花芽分化与萌芽、新梢生长、开花坐果、浆果发育交叉重叠进行，因此从萌芽至开花前后及浆果膨大期需要供应充足的营养物质，同时也要进行夏季修剪（抹芽、疏枝、摘心、疏花、疏果及处理副梢），通过开源节流的措施来促进花芽分化。如营养条件不足，有的花芽甚至退化为卷须，有的则产生不完整的花穗原基，开花后造成落花落果或无核小粒果，或产生卷须与花穗的中间产物；当营养充分时，卷须可能转化为花序，开花后果穗及果粒能正常发育。

葡萄的花芽有冬花芽和夏花芽之分，一般一年分化一次，也可一年分化多次。

（一）冬花芽的分化

葡萄冬花芽分化和发育的时间比较长，主梢开花始期也是冬芽分化始期。靠近主梢下部的冬芽最先开始分化，随着新梢的生长，新梢上各节冬芽从下而上逐渐开始分化，但最基部1～3节上的冬芽分化稍迟或分化不完全，这可能与内在生理特性和外界环境条件有关。冬季休眠期间，芽内的花穗原始体在形态上不再出现明显的变化，到第二年萌芽和展叶后，在上一年已形成的花穗原始体的基础上又继续进行分化。随着新梢生长，花序上每朵花依次分化成花萼、花冠、雄蕊、雌蕊等各个部分。因此，树体贮藏养分的多少对早春花芽的继续分化至关重要。葡萄生长过程中要创造一些良好的栽培措施，如主梢摘心、控制夏芽副梢生长等促进冬芽花芽分化的过程，使在短期内形成花穗原基。故生产上也可利用逼主梢冬花芽或副梢冬花芽当年萌芽开花，实现二次或三次结果。一般情况下冬芽副梢开花结果的能力比夏芽强，利用冬芽进行多次结果的成功率高于夏芽。

（二）夏花芽的分化

夏芽具有早熟性，一般在展叶后 20 d 内即可成熟并萌发副梢。葡萄在自然生长状态下，夏芽萌发的副梢一般不形成花穗结果，如对主梢进行摘心，则能促进夏花芽的分化。据北京农业大学（现中国农业大学）黄辉白等的研究，玫瑰香在自然状态下，主梢花序上第四节的夏芽内只有卷须原基，而未发现花芽原基；主梢经摘心后第 2 天，于生长点的圆柱体上，开始出现花芽第二个分枝，第四天出现第三、四个分枝。夏花芽花穗发育的大小与夏芽萌发前的孕育时间长短有关，一般情况下，由于夏花芽分化形成的时间短，故副穗花穗较小。夏花芽的分化、结实力还因品种而异，巨峰一般约有 15%的夏芽副梢有花穗，白香蕉在 20%以上，龙眼仅 3%左右。由于在年生长周期内，夏芽副梢可以多次萌发，因此可以多次开花结果，形成二次果、三次果等。葡萄生产中多应用这一原理进行二次果生产，以达到增产增值的目标。

设施栽培条件下葡萄的花芽分化规律与露地栽培显著不同。在设施促早栽培条件下，由于设施促早栽培条件改变了葡萄固有的生长规律，设施内梢形成的冬芽和夏芽由于受设施内环境条件特别是光照和营养的影响，花芽分化不良，不能形成足够数量的高质量花芽，因而导致葡萄果实产量逐年降低，出现“退化”现象，严重影响了葡萄的连年丰产。

（三）芽的异质性

葡萄芽的异质性是指由于品种、枝蔓强弱、芽在枝蔓上所处的位置和芽分化早晚等的不同，造成结果母枝上各节位不同芽之间质量的差异。一般主梢枝条基部 1～2 节的芽质量差，中、上部芽的质量好，例如生长势较旺的巨峰和夏黑等品种，中部 5～10 节的芽眼发育完全，大多为优质的花芽，下部或上部的芽眼质量较次；距中部向上或向下的芽眼，愈远则质量愈差。巨峰幼树一般在 10 节以上方能形成良好的花芽，但如果栽培措施得当，巨峰和夏黑等品种枝条基部 1～2 节也能形成良好的花芽。因此，在生产上应根据不同品种、不同树龄及采取的栽培措施确定优质芽着生的位置，进而确定剪取枝条的长度。副梢枝上的冬芽以基部第 1 个花芽质量最好，越往上质量越差，这一点与主梢枝不同。因此，利用副梢结果，在冬季修剪时应对其做短梢或中梢修剪，这对早期丰产有着重要意义。

第五节　花序、卷须和花

一、花序和卷须

（一）花序

葡萄的花序和卷须均着生在叶片的对面，在植物学上是同源器官，都是茎的变态。通常欧亚种群品种的第一花序多生于新梢的第五、六节，1 个结果枝上有 1～2 个花序；而

欧美杂种和美洲种则普遍着生于新梢的第三、四节。花序形成与营养条件极为密切，营养条件好，花序形成也好，营养不良则花序分化不好。葡萄的花序属于复总状花序，呈圆锥形，由花序梗、花序轴、支梗、花梗和花蕾组成，有的花序上还有副穗（图3-15）。葡萄花序的分支一般可达3～5级，基部的分枝级数多，顶部的分枝级数少。正常的花序，在末级的分支端通常着生3个花蕾。发育完全的花序，一般着生花蕾200～1 500个。

图3-15　葡萄的花序

1. 副穗　2. 花序梗　3. 花序轴　4. 支梗　5. 花梗　6. 花蕾

（二）卷须

主梢一般从3～6节起开始着生卷须，副梢一般从第二节开始着生。卷须与叶片对生在新梢的节上，卷须的排列方式与所属种有关。真葡萄亚属的种和品种的卷须除美洲种为连续性外，其他种均为非连续性（间歇性），即连续出现两节，中间间断1节；欧美杂种的卷须在节位上常不规则出现。卷须形态有不分杈、分杈（双杈、三杈和四杈）、分支很多和带花蕾的几种类型，欧亚种葡萄卷须多为双杈或三杈。卷须每一分杈处着生有鳞片状的小叶，在卷须的生长过程中自然脱落，营养条件好或新梢生长发育好的情况下，鳞片状小叶也可以发育成为正常的叶片，甚至卷须也可以发育为正常的新梢，并开花和结果，如金手指葡萄。由此可见，卷须和新梢属同源器官。通常情况下，卷须如不能攀附在其他物体上，生长非常细弱并随着新梢的生长发育而逐渐枯萎。一旦附着在其他物体上，可迅速生长、加粗和木质化，牢固地缠绕在物体之上。在生产中为了减少养分的消耗，避免给管理带来困难，常将卷须摘除。

二、花的类型及构造

（一）花的类型

不同的种、品种和生态类型，葡萄的花发育程度和类型不同。一般可将葡萄花分为三种类型：

1. 完全花或两性花　雌蕊和雄蕊发育正常，雄蕊直立，花丝高于雌蕊，能自花授粉结实。生产中绝大部分的品种均为两性花，如玫瑰香、巨峰、红地球等。

2. 雌能花　雌蕊发育正常，雄蕊比柱头短，花丝向外弯曲，花粉粒没有发芽孔，花粉败育，必须配置授粉品种才能结实。如白鸡心和华葡1号（山欧杂种）等。

3. 雄性花或雄花　在花朵中雌蕊退化，但雄蕊及花粉发育正常，不能结实。此类花仅见于野生种如山葡萄和刺葡萄等。

（二）花的构造

葡萄的花很小，完全花由花梗、花托、花萼、蜜腺、雄蕊（花药和花丝）、雌蕊（柱头和子房）等构成（图3-16）。葡萄的花冠呈绿色、帽状，上部合生，下部分裂为5个花瓣；雌蕊有1个两心室的上位子房，每室各有2个胚珠，子房下有5个蜜腺。雄蕊由花药和花丝组成，雄蕊环列于子房四周。

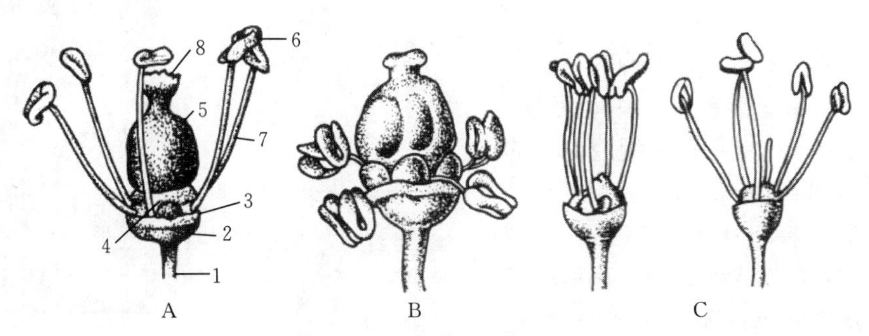

图3-16　葡萄花型与构造

A. 完全花　B. 雌能花　C. 雄花

1. 花梗　2. 花托　3. 花萼　4. 蜜腺　5. 子房　6. 花药　7. 花丝　8. 柱头

三、开花与授粉受精

（一）开花

葡萄的开花就是花冠脱离。开花前，首先在花冠的基部形成层，花冠变黄，在外界环境的作用下，沿花瓣间的结合处纵向开裂，花瓣向外翻卷。在花丝生长向上推动力的作用下，花冠逐渐被花丝顶开，花冠呈帽状脱落，花朵开放。在花冠的脱落过程中，花药随即开裂并散出花粉。不同品种花药开裂的时间有一定的差异，有些品种花药在花冠脱落前就已经开裂，称之为闭花裂药型，如巨峰和莎巴珍珠等；有些品种的花药是在花冠脱落后开裂的，称之为开花裂药型，如玫瑰香、底拉洼和葡萄园皇后等；还有些品种介于两者之间，即在花冠脱落前0.5～2 h花药开裂或与花冠脱落同时进行，称之为轻微闭花裂药型，如京早晶和无核紫等。不同的栽培模式、品种、地区、气候条件，葡萄的开花期也不相同，通常促早栽培及避雨栽培花期比露地栽培提早，萌芽至开花所需时间比露地栽培缩短，但花期比露地栽培的长；延迟栽培花期比露地栽培推迟，且花期比露地栽培短。低需冷量品种开花较早，开花时如果环境温度较高，则进入开花期较快，如果遇阴雨天气则延迟开花。另外，即使同一株葡萄，花序所处的位置不同，开花时间也稍有差别，树冠上部受光良好，气温高，而中部和下部枝梢多，抑制了温度升高，因而树冠上部开花早且花期短，而中部和下部开花晚且花期长。栽培上可采用疏除过密枝或使结果部位集中等措施减轻不同花序之间的花期差异。第1花序通常比第2花序早开花2～3 d。大多数品种的开花起始温度为16～25 ℃，最适开花温度为20～25 ℃。开花期又分为始花期、盛花期和落花期3个阶段。始花期是指有5%的小花开放；盛花期是指有50%的小花开放；落花期是指还剩25%～30%的小花没有开放。多种品种每一花序由始花期到落花期大约需要10 d时间，其中始花期到盛花期通常需要3～5 d。单个花序开花期一般为4～9 d。同一花序不同部位的小花其发育程度也不相同。一般认为，花序中部的小花发育质量最好。就同一花序而言，其开花的早晚也存在差异。最先开放的是从花序上部开始往下1/3～1/2处，并以此为中心向上向下逐渐开放，副穗的小花后开，而花序的先端最后开放，有一些品种甚至

不开放而脱落。开花期间，每日开花最多的时间是 7：00—10：00，占总花数的 81.1%～93.9%；10:00—12:00 开花数急剧减少；12:00—14:00 仅有很少量花开放；14:00 以后一般不开花或仅有个别小花开放；夜间不开放。单花开放时间一般需要 15～30 min，最快的 7～8 min，最慢可以超过 1 h。

（二）花器官发育

与露地栽培相比，促早栽培和避雨栽培的花器官重量小。主要表现在花序小、花朵数量少且小、花药及花粉粒数量少且小、花粉生活力下降，有花器发育不良、畸形花增多的趋势，而且从开始扣棚升温至开花时间越短，这种趋势越明显。

（三）授粉受精

花粉发芽最适宜温度为 26～28 ℃，低于 14 ℃会引起受精不良。花粉落上柱头后，在柱头分泌液中开始萌发，并通过萌芽孔长出花粉管。花粉管到达胚珠的时间因品种而异。康拜尔早生需 24 h，巨峰需 72 h。一般授粉后 2～4 d 完成受精过程。授粉受精后，子房迅速膨大形成果实，这一过程称为坐果。绝大多数品种的坐果与授粉受精和种子的发育有关，但有些品种形成无核果，其坐果机理与有核果不同。无核果的形成因机理不同可分为两种类型：第一种类型为单性结实型，即不经过受精过程形成的果实，如科林斯在形态上是两性花且花粉可育，但胚囊发育有缺陷或退化，不能进行正常的受精过程，当花粉管伸入花柱后，释放出生长素类物质后刺激子房的膨大而形成无核果，这类品种称为专性单性结实品种；第二种类型为种子败育型，授粉受精正常进行，但合子在发育过程中畸形、退化或发育中途停止而形成无核果，如无核白和火焰无核等。与露地栽培相比，促早栽培条件下，由于设施内环境相对封闭造成葡萄授粉受精不良，因此葡萄果实坐果率比露地栽培有所下降。但避雨栽培由于避开了自然降水对授粉受精的不良影响，所以避雨栽培与露地栽培相比坐果率显著升高，如玫瑰香经避雨栽培后，坐果率比露地增加 7%，巨峰增加 135%、京秀增加 8%、红地球增加 10%。

四、落花落果与大小粒

落花落果是葡萄生活周期中正常的生理现象，一般葡萄在盛花后 3～15 d 出现落花落果高峰，如巨峰在盛花后 5 d。自然条件下，一般仅有部分花在受精后可发育成为果实(20%～50%)，而多数花在授粉受精前后于花柄处产生离层而自行脱落。但花果过度脱落将使果穗变得松散，造成减产。在生产中还经常见到果粒大小不一、果穗不整齐、成熟度不一致等现象，也严重影响了葡萄的产量和品质。造成葡萄严重落花落果和果粒不整齐的原因如下：

（一）花器官发育不全

生产中，许多品种都存在花器官发育不全的现象。一些雌能花品种如黑鸡心和华葡 1 号等花粉粒的生殖核与营养核退化，在缺乏正常花粉授粉的情况下，常表现出严重的落花落果和大小粒现象。两性花也常有败育的花粉，但一般不影响正常的授粉受精。有些品种的胚珠发育畸形，仅有外珠被、珠心肥大、无胚囊或没有卵细胞及助细胞等，对坐果和果实的发育都有不良的影响，许多四倍体品种如巨峰系品种上这种缺陷常有发生。

（二）植株营养不良和养分的竞争

与营养生长相比，幼果是较弱的“库”。在植株生长势较弱的情况下，贮藏营养和光合产物供应不足时首先满足新梢和根系的生长，从而造成幼果营养匮乏而落果。在生产中更为常见的是由于品种特性或不适当的管理措施，如氮肥施用过多、新梢负载量过大、土壤湿度过大及光照不足等，造成新梢生长过旺和徒长，营养生长与生殖生长同样会发生剧烈的营养竞争，是生产中落果和大小粒现象的主要原因。

（三）不良的环境条件

如花期的阴雨天气、低温、大风天气或高温干旱等，均可导致授粉受精不良，从而影响坐果和果实的整齐度。

第六节　果穗、浆果和种子

一、果穗、浆果和种子的形态

（一）果穗

葡萄受精坐果后，花朵的子房发育成浆果，花序形成果穗。果穗由穗梗、穗轴和果粒组成（图 3－17）。自新梢着生果穗部位到果穗第 1 分枝的一段称为果穗梗。穗梗上有节称为穗梗节。浆果成熟时，节以上的部位一般均已木质化。果穗的全部分枝称为穗轴。第 1 分枝特别发达，常形成副穗，故有时在 1 个果穗上有主穗和副穗之分。果穗的形状依品种不同而异，基本穗形为圆柱形、圆锥形和分枝形（图 3－18）。果穗的大小最好用穗长×穗宽表示。为计算方便，也可用穗长分为极小（穗长 10 cm 以下，适用于野生种）、小（穗长 10～14 cm）、中（穗长 14～20 cm）、大（穗长 20～25 cm）、极大（25 cm 以上）。重量表示，可分为极小（100 g 以内）、小（100～250 g）、中（250～450 g）、大（450～800 g）、极大（800 g 以上）。果穗上果粒着生的密度通常分为极紧（果粒之间很挤，果粒变形）、紧（果粒之间较挤，但果粒不变形）、适中（果穗平放时，形状稍有改变）、松（果穗平放时，显著变形）、极松（果穗平放时，所有分枝几乎都处于一个平面上）。果粒的大小和紧密度对鲜食品种较为重要，要求果穗中等稍大，松紧程度适中。

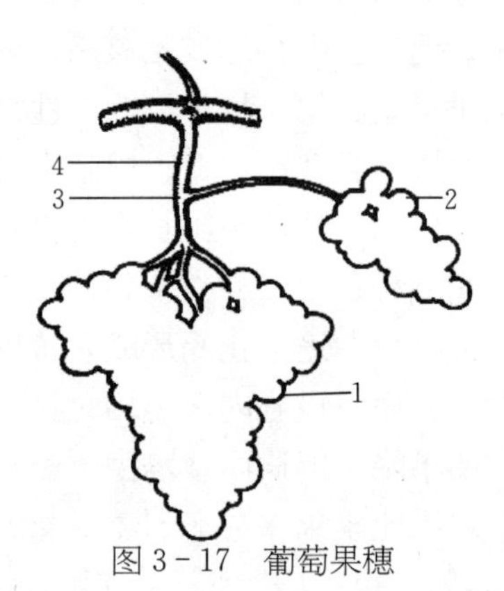

图 3－17　葡萄果穗

1. 主穗　2. 副穗　3. 穗轴节　4. 穗梗

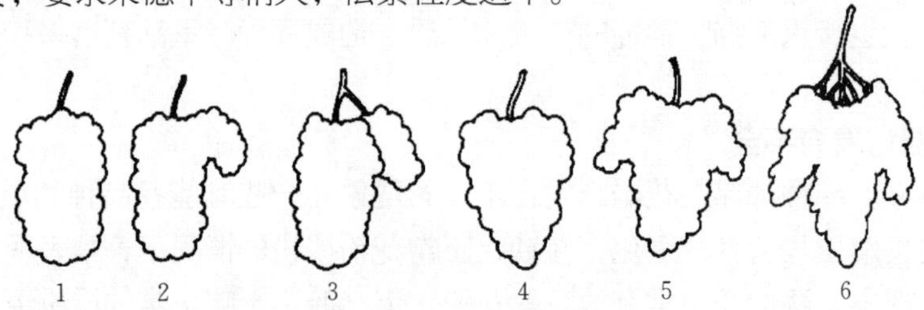

图 3－18　葡萄果穗形状

1. 圆柱形　2. 单肩圆柱形　3. 圆柱形带副穗　4. 圆锥形　5. 双肩圆锥形　6. 分枝形

（二）浆果

葡萄的果粒由果梗（果柄）、果蒂、外果皮、果肉（中果皮）、果心（内果皮）和种子（无种子）等组成。果梗与果蒂上常有黄褐色的小皮孔，称为疣，其稀密、大小和色泽是品种分类特征之一。果刷即中央维管束与果粒处分离后的残留部分，果刷的长短与鲜果贮运过程中的落粒程度有一定关系，果刷长的一般落粒轻，常用拉力计测果刷坚实程度的数值，以判断果实耐贮运的程度。果皮即外果皮，由子房壁的1层表皮厚壁细胞和10～15层下表皮细胞组成，上有气孔，木栓化后形成皮孔，叫黑点。大部分品种的外果皮上被有蜡质果粉，有减少水分蒸腾和防止微生物侵入的作用。果肉即中、内果皮，由子房隔膜形成，与种子相连，是主要的食用部分，葡萄的外、中和内果皮没有明显的分界。浆果的形状、大小、色泽因品种而千差万别。果粒的形状可分为圆柱形、长椭圆形、扁圆形、卵形、倒卵形等（图3-19）。果粒的大小是用从果蒂的基部至果顶的长度（纵径）与最大宽度（横径）平均值表示，分为极小（8 mm以内）、小（8～13 mm）、中（13～18 mm）、大（18～26 mm）和极大（26 mm以上）。果粒大小也可用重量表示，分为极小（0.5 g以内）、小（0.5～2.5 g）、中（2.5～6.0 g）、大（6.0～9.0 g）、极大（9.0 g以上）。但果粒形状、大小常因栽培条件和种子多少而有所变化。无核葡萄深受市场欢迎，但大多数情况下，单性结实的无籽葡萄果粒较小，应用植物生长调节剂是促进果粒膨大的最好技术。果皮色泽有白色、黄白色、绿白色、黄绿色、粉红色、紫红色和紫黑色等。果皮颜色主要由果皮中的花青素和叶绿素含量的比例所决定的，也与浆果的成熟度、受光程度以及成熟期大气的温、湿度有关。果皮的厚度可分为薄、中、厚3种，果皮厚韧的品种耐贮运，但鲜食时不爽口。果皮薄的品种鲜食爽口，但成熟前久旱遇雨，易引起裂果。大部分品种果肉的颜色为无色，但少数欧洲种及其杂交品种的果汁中含有色素，有软有脆，香味有浓有淡。欧亚种群品种果肉与果皮难以分离，但果肉与种子易分离；美洲种及其杂种具有肉囊，食之柔软。一般优良的鲜食葡萄品种要求肉质较脆而细嫩，酿酒或制汁用的品种要求有较高的出汁率。葡萄浆果的品质主要决定于含糖量、含酸量、糖酸比、芳香物质的多少以及果肉质地的好坏等。葡萄的香味分为玫瑰香味和狐臭味（草莓香味）。美洲葡萄具有强烈的狐臭味，欧美杂种也具有这一特性，一般不易酿酒。欧洲葡萄具有令人喜爱的玫瑰香味，是鲜食和加工的优良性状。

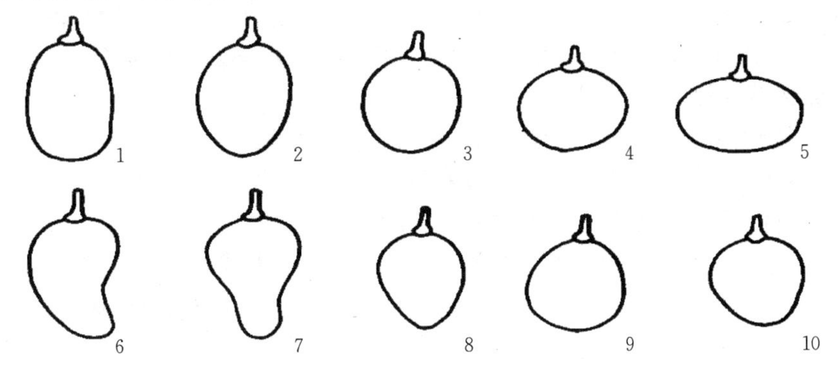

图3-19 葡萄浆果的形状

1. 圆柱形 2. 长椭圆形 3. 椭圆形 4. 圆形 5. 扁圆形 6. 弯形 7. 束腰形（瓶形） 8. 鸡心形 9. 倒卵形 10. 卵形

（三）种子

葡萄种子呈梨形，约占果实重量的10%。种子的外形分腹面和背面。腹面的左右有两道小沟，叫核洼。核洼之间有中脊，为缝合线，其背面中央有合点（维管束通入胚珠的地方）。种子的尖端部分为突起的喙（核嘴），是种子发根的部位。种子由种皮、胚乳和胚构成，种子有坚硬而厚的种皮，胚乳为白色，含有丰富的脂肪和蛋白质，供种子发芽时需要。胚由胚芽、胚茎、胚叶与胚根组成。

二、浆果的生长发育与成熟

（一）浆果的生长发育期

葡萄从开花着果到浆果着色前为止，属于浆果的生长发育期。早熟品种为35～60 d，中熟品种为60～80 d，晚熟品种80～90 d。一般在开花后1周，果粒约绿豆粒大时，有些花朵子房因发育异常或授粉不良、缺乏养分，常出现生理落果现象。落果后留下的果实，无论是正常有种子的果实或是单性结实的果粒，一般需经历快速生长期、生长缓慢期和第二次生长高峰期3个阶段，整个果实生长发育呈双S形曲线。

1. 浆果快速生长期 该时期是果实的纵径、横径、重量和体积增长的最快时期，这期间浆果绿色、肉硬，含酸量达到高峰，含糖量处最低值。以巨峰品种为例，需持续35～40 d。

2. 浆果生长缓慢期（硬核期） 在快速生长期之后，浆果发育进入缓慢期，外观有停滞之感，但果实内的胚在迅速发育和硬化。这阶段早熟品种的时间较短，而晚熟品种时间较长。在此期间浆果开始失绿变软，酸度下降，糖分开始增加。巨峰这段时间需15～20 d。

3. 浆果最后膨大期 该时期是浆果生长发育的第二个高峰期，但生长速度次于第一次高峰期，这期间浆果慢慢变软，酸度迅速下降，可溶性固形物含量迅速上升，浆果开始着色。这一时期通常持续0.5～2个月。在冬促早和春促早栽培条件下，葡萄果实的发育期比露天栽培延长，一般延迟10%～25%。如乍娜露天栽培从萌芽到果实采收是98 d，从开花到成熟是64 d，而经设施栽培后，分别是112 d和78 d，其他葡萄品种也有类似的结果。同样，避雨栽培果实发育期也比露天栽培延长，葡萄成熟期比露天栽培推迟。而利用葡萄二次结果特性的秋促早栽培果实发育期比露地栽培明显缩短，如巨峰露地栽培从萌芽到果实成熟需要125 d，而利用葡萄二次结果特性的秋促早栽培仅需98 d。

（二）浆果的成熟期

从浆果开始着色到充分成熟为浆果成熟期，持续时间20～40 d。由于果胶质分解，果肉软化，其软化程度因品种而异，因而成熟后肉质的特性就产生差异。如欧洲葡萄中酿造用的西欧群品种，一般质地柔软；而供鲜食、制干的东方群品种，则表现为肉质硬脆的特点。葡萄果粒中的糖在生长第二期之前很少产生，到第三期成熟期便急剧增加，直至果实生理成熟时为止。葡萄果实中的糖几乎全为葡萄糖与果糖，两者含量大体相等，但在果实成熟初期葡萄糖蓄积增多，成熟过程中则果糖增加，最后通常是果糖略多于葡萄糖。果糖、葡萄糖的比例与浆果生长第三时期的树体温度高低有关，浆果在30 ℃以上的高温条件下成熟时，含糖量降低，但果糖比例却相对增加，所以鲜食时滋味有甜感。酸的变化与

成熟度也有密切关系，人们舌感的酸为游离酸，葡萄中的游离酸多为酒石酸与苹果酸，酸的含量在生长的第二期开始时增加，第二期结束时最多，进入第三期就急剧减少。酒石酸和苹果酸的比例因品种不同而有差异，通常在未成熟时苹果酸居多，成熟后则酒石酸变多。随着浆果的成熟，酸的含量减少，主要是苹果酸减少，而酒石酸变化不大。酸的含量还受成熟时的温度高低所影响，气温低则酸含量多，气温较高则含量少。葡萄的着色与糖分含量有密切关系，无论是欧洲种的甲州，还是美洲种的康可，其糖度超过 8%才开始着色，着色既受温度，又受光照的影响。苫名氏等以巨峰品种进行研究，从葡萄浆果开始着色时，把树体温度调节至 25～30 ℃，并把果实温度也调节为 20 ℃与 30 ℃，经过一定时期，分析了花青素的含量，结果表明树体温度 30 ℃比 20 ℃的花青素含量明显减少；果实温度若高于 15 ℃，花青素含量也随之减少；若植株与果实均保持在 30 ℃，则不形成色素，在温度过高的条件下，即使浆果糖度高，着色也不充分。浆果着色时对光照度的反应也不同，通常把葡萄品种分为强光照和一般光照两类，亦称直光着色品种和散光着色品种。散光着色品种受光量多时或在良好的生态环境中光照充足，树体与浆果温度不太高的情况下，均着色良好、糖度高。综上所述，葡萄果实的成熟过程无论糖的积累、酸的减少、肉质的软化、香气的出现、着色的增进等任何一种特征均不能单独成为明确判断成熟的依据，通常是根据果实糖酸度、品种固有的色度和种子变褐来判断浆果成熟期的。

（三）影响浆果成熟的因素

从某种意义上说，果实成熟的过程是浆果物质发生一系列变化的过程。由于浆果物质代谢变化所受影响因素很多，所以影响果实成熟的因素也是多方面的，可以概括如下：

1. 品种特性　不同品种浆果内各种物质的代谢变化速率不同，特别是早熟与晚熟品种之间差异更大，因此不同品种成熟期差异极大，如极早熟品种从开花到成熟只需有效积温 1 600～2 000 ℃，而晚熟品种则需要有效积温 3 000 ℃或更高。

2. 气候条件　在气候条件中，以温度的积温因素对果实发育变化速率影响最为显著。在冷凉的气候条件下，热量累积缓慢，所以浆果糖分累积及成熟过程变慢，一般品种的采收期比其正常采收期将推迟。相反，在热的年份采收期将提早。

3. 栽培管理措施　果实负载量是影响果实成熟的最重要因素之一，负载超过树体一般结果量时，将会使成熟期推迟，因而控制合理的果实负载量将是影响成熟的一项重要管理技术措施。架式及整形方式对成熟的影响也很明显，合理的架式与整形可使叶片光照改善，从而提高光合产物累积，加快果实成熟。叶面肥的喷施对果实成熟的影响也很明显，如中国农业科学院果树研究所研发的葡萄专用叶面肥可将果实成熟期提前 5～10 d。

4. 病虫害　病害和虫害危害叶片和枝，降低光合作用和阻止营养物质的有效传导，对成熟有抑制作用。另外特别指出的是，一些病毒病对果实成熟影响极大，如葡萄感染扇叶病毒后，可延迟成熟 1～4 周，浆果含糖量及品质显著下降。

5. 生长调节剂　葡萄属非呼吸跃变型果实，ABA 是葡萄成熟的主导因子，在果实开始着色期喷施 ABA 可显著促进果实成熟。目前生产中，通过喷施 ABA 代替乙烯利促进果实成熟正作为一项重要措施进行推广。

（四）浆果的产量与品质

一般情况，葡萄在设施栽培条件下的产量比露地栽培有显著提高，但经连年设施栽培后，由于地上地下发育不均衡，结果多，贮藏养分不足，使得树势衰弱，花序发育不良，造成减产，出现各种连作障碍。与露地栽培相比，促早栽培减轻了病虫侵染，减少了喷药次数，果实着色良好，但是促早栽培葡萄果实的含糖量降低、含酸量增加、果实畸形率增加、生理障碍严重。应当指出，果实品质在很大程度上取决于栽培管理水平，在良好的栽培管理条件下，设施内的葡萄比露地的穗形整齐、果穗紧凑、果粒均匀、单果重增加，可溶性固形物与露地相差不大，甚至超过露地栽培。避雨栽培由于遮挡了自然降水，使葡萄的裂果、病害和污染显著减轻，并使降雨对葡萄含糖量的影响减小，因此避雨栽培明显提高了葡萄果实的综合品质，如葡萄果实糖含量略有提高、酸含量略有下降、糖酸比增大、着色好、穗形端正、果粒整齐度提高，且病害与污染减轻。根据上海农学院（现上海交通大学农业与生物学院）调查，玫瑰香经避雨栽培后与露地栽培相比，果穗和果粒重增加，如果粒重增加 38.5%，穗形端正，结合紧密，果粒增大且无大小粒，裂果减轻。一般认为延迟栽培的果实产量和品质都优于露地栽培。

第四章

设施葡萄的休眠特性

休眠是植物生长发育过程中的一种暂停现象，是一种有益的生物学特性，是植物经过长期演化而获得的一种对环境及季节性变化的生物学适应性。休眠是一种相对现象，而非绝对的停止一切生命活动，它是植物发育过程中的一个周期性时期，是以生长活动暂时停止为表观的一系列积极发育过程。其实，葡萄进入休眠后，树体的生理生化活动并未停止，有些过程甚至被激活。植物的这种生物学适应性不仅对物种的生存繁衍具有特殊的生物学和生态学意义，而且对设施农业生产而言，也是一项重大的挑战。

葡萄进入自然休眠后，需要一定限度的低温量才能解除自然休眠，而后才能正常萌芽开花，否则即使给予适宜的环境条件，果树也不萌芽开花，有时即使萌芽但不整齐并且生长结果不良，达不到促成栽培的目的。因此葡萄芽自然休眠的解除至关重要，成为葡萄设施栽培中限制扣棚时间的关键因素，进而影响设施葡萄的上市时间。

第一节　休眠的概念和分类

一、休眠的概念

关于休眠的定义一直争论不休，目前主要从植物形态学和物候学方面定义休眠，而很少从植物生理生化机制方面进行阐述。Hobson（1981）曾这样说过："研究休眠问题的人有多少，休眠的定义就可能有多少种"，这种现象出现的主要原因是人们对休眠的机制不是很清楚。

Dooronbos（1953）的定义：休眠是植物之生长组织尚未进行生长的状态；Sussman和Douthit（1973）的定义：休眠是植物组织的任何不活动期，或者是其物候发育的可恢复性中断；Ress（1981）的定义：休眠是某些外部因子诱导的，内部机制引起的植物生长受阻，或者完全是由内部机制引起的植物生长受阻。Lang等（1987）的定义：休眠是植物体内包含有分生组织的任何结构的生长已经为肉眼所看不见的阶段，这种阶段是暂时的。Anwar等（1997）的定义：休眠是一种植物种子或芽其萌发或生长能力降低的生理状态。

很显然，Lang等的定义是比较完善的，它不仅阐明了休眠的载体是含有分生组织的任何结构，而且指出休眠只是植物发育的减弱并非停止，还指出了休眠是可解除的。

二、休眠的分类

对于休眠的分类目前相当混乱。一方面，同一类型的休眠有不同的名称；另一方面，同一名称又被用于不同的休眠类型，这与人们对休眠发展进程的认识有关。

休眠由芽内部的因素、芽外部的植物本身的因素和环境因素等三种因素调控。其中芽内部的因素和芽外部的植物本身的因素（如顶芽和叶片）可能产生相关抑制物；环境因素主要有低温和光周期等。

以影响芽休眠的因素为基础，我们将休眠分为下述三种基本类型：

（一）自体抑制性休眠（Paradormancy）

由休眠结构（芽）以外的生理因素（如顶端优势、叶片代谢和激素运转等）所调节，即使在环境条件有利时亦保持休眠，但是若去除邻近器官（如顶芽和叶片）的限制，则休眠结构（芽）会迅速恢复生长。同义术语有：相关休眠（Correlative dormancy）、夏休眠（Summer dormancy）等。

（二）内休眠（Endodormancy）

由某些外部因子（如光照、温度和水分胁迫等）所诱导，内部机制所调节，即使环境条件有利，并且也没有邻近器官的限制，休眠结构亦不能生长。同义术语有：生理休眠（Physiological dormancy）、自然休眠（Natural dormancy）、真休眠（Real dormancy）等。

（三）生态抑制性休眠（Ecodormancy）

由外界环境如低温、干旱等逆境因子的胁迫所造成的休眠，当植物脱离这种逆境时，芽的休眠就自然解除。同义术语有：诱导休眠（Induced dormancy）、后休眠（After－rest）、环境休眠（Environmental dormancy）、强迫休眠（Imposed dormancy）等。

其中内休眠是休眠研究的重点和热点问题。

Champagnat（1989）通过生物学和生理生化多指标的测试，指出这三种类型的休眠在木本植物年周期中是一种相互联系的动态发展过程，即春夏自体抑制性休眠——秋冬内休眠——冬末春初生态抑制性休眠。

笔者认为应将休眠分为广义和狭义：广义的休眠是指自体抑制性休眠、内休眠和生态抑制性休眠等的总称，即 Lang 等定义的休眠；而狭义的休眠只指内休眠，即 Ress 定义的休眠。

第二节　休眠的发展进程及必需性

一、休眠的发展进程

休眠的各阶段不易区分，因为不同阶段并无明显的生物学及生理生化标志。Lang 等（1987）以它发休眠（Paradormancy）、内休眠（Endodormancy）及生态休眠（Ecodormancy）来界定果树整个的芽休眠。Saure（1985）则将芽休眠分为预休眠（Predormancy）、真休眠（True dormancy）及强迫休眠（Imposed dormancy）这三个阶段，这与 Lang 等的划分是相符的。Fuchigami 等（1987）对温带多年生木本植物的休眠提出一种

生长阶段模式图（图 4 - 1）：从萌芽开始（Zero growth stage，0°GS），新抽出的芽梢即处在预休眠相；当春梢经过生长高峰（90°GS）到营养生长停止（180°GS）之后，芽即进入深度逐渐增加的内休眠相（Deep endodormancy）；当枝梢落叶（270°GS）开始接受低温时，芽即进入内休眠深度渐减的浅内休眠相（Shallow endodormancy）；待芽满足低温需求（315°GS）之后，而低温仍继续时，芽即处于环境休眠相；待气温回升时，芽最后又回到萌芽（0°GS）原点。该模式强调各阶段都有不同的“深度”，并在各休眠期内呈重叠或消长变化。Faust 等（1995）又以能否接受催芽反应，将内休眠进一步分为浅内休眠和深内休眠两个阶段。而简令成等（2004）以杨树和桑树为试材，按照 Jian 等（1997）的方法又将生理休眠即内休眠划分为四个阶段：即休眠开始期、迅速发展期、深度休眠期、休眠终止期。王海波等（2006）认为应将内休眠划分为五个阶段：休眠诱导期、休眠发育期、深度休眠期、休眠解除期、休眠终止期，而休眠解除期又可分为前期（有效低温累积从 0 到达需冷量的 2/3，为环境适应阶段）和后期（有效低温累积达需冷量的 2/3 到需冷量完全满足，为生长恢复起始阶段）两个时期，其中休眠诱导期、休眠发育期和休眠解除后期合称浅休眠期。根据笔者的试验和前人研究结果表明：在自体抑制性休眠期和浅内休眠期，芽的休眠状态可被某些措施如高温、人工摘叶、化学药剂（如 TDZ 和 KNO_3 等）等处理打破或逆转，而一旦进入深度休眠期，芽的休眠状态不能被打破或逆转。因此，要想人为调控休眠来使果树提前成熟上市，方法之一是设法让果树不进入深内休眠，使其持续生长（即无休眠栽培）；方法之二是让果树尽早离开深内休眠期，不受生态休眠的延误（通过利用人工集中预冷措施使果树早满足需冷量）。反之，若使果树延后成熟上市，则通过延迟进入内休眠，延后打破内休眠或延迟萌芽（即通过一定措施延长内休眠和环境休眠）。Faust 等（1997）认为休眠发展进程如下：在晚夏随着日照时间的缩短，树体芽的

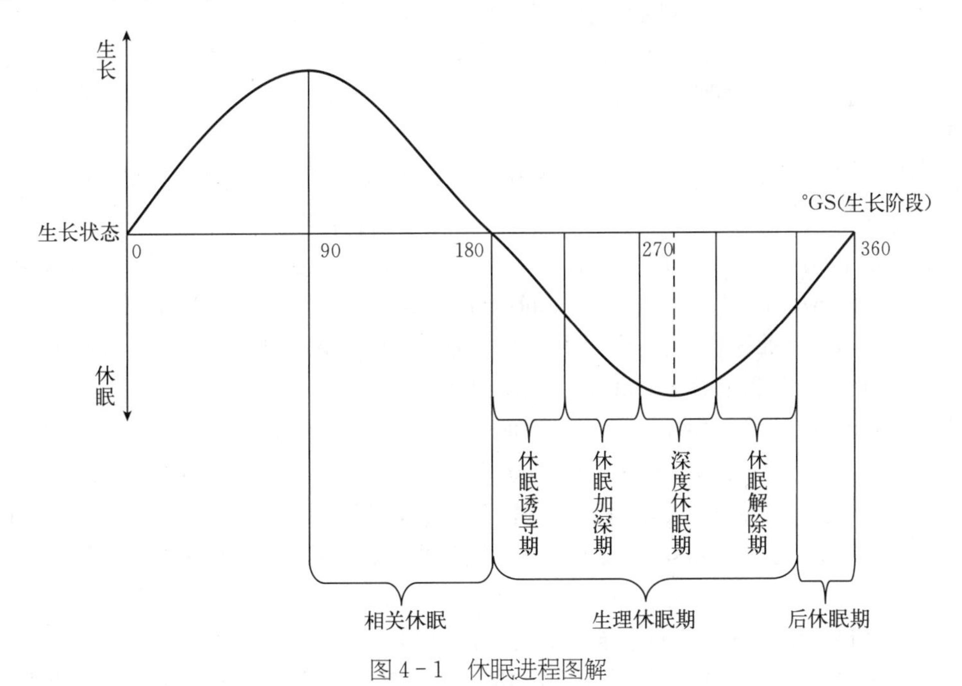

图 4 - 1　休眠进程图解

相关休眠发展，相关休眠由相关抑制物调控，在这一时间里植物体内 ABA 含量增加，休眠相对较浅并且可以避免。随着日照时间的进一步缩短和低温的来临，休眠程度加深，在晚秋和初冬芽内脱水素合成，其合成可能由 ABA 诱导，但是脱水素的合成一定由低温诱导合成的，这种变化加深了休眠，植物进入内休眠时期，脱水素的合成和束缚水的增加导致抗冻性保护，同时伴随着休眠效果加深。在低温时期，膜对寒冷起反应，相对黏性的膜变得更有流动性，磷脂中的脂肪酸去饱和，亚油酸增加，同时膜丧失类固醇，膜对溶质的渗透性逐渐增强，在整个低温阶段，水分逐渐变得自由，芽增大，但此期脱水素并没有消失，通过一种内源自发机制，使这些变化发生，而不管环境条件如何，伴随着这些变化，芽进入环境休眠。在内休眠的最后阶段和环境休眠期，芽对 CTK 和其他的化学破眠剂敏感，这时如给予足够高的温度，芽恢复生长。当生长恢复时，芽的新陈代谢机构开始启动，DNA、RNA 和酶开始合成，能量代谢从磷酸戊糖途径转移到三羧酸循环途径。过量低温导致萌芽加速，可能是更长时间的低温期导致更加去饱和的膜，然后使芽爆发性萌发。

二、休眠发展进程的界定

休眠发展进程的界定不仅具有重大的理论意义还具有重要的实践意义，因为在生产中无论是避免休眠还是在休眠后期的低温替代都是只有芽处在这些方法能够干预的合适阶段才有效。

对处在自体抑制性休眠或内休眠初期的芽，噻苯隆（TDZ）、石灰氮、单氰胺、破眠剂 1 号等即可打破其休眠，而对进入深内休眠的芽，只有在渡过深内休眠之后，进入浅内休眠阶段（此时已经满足芽需冷量的 2/3）才可接受噻苯隆、石灰氮、单氰胺、破眠剂 1 号等的处理，打破休眠。因此要确定休眠的发展进程，可以在一定的时间间隔剪下一年生枝，用噻苯隆、石灰氮、单氰胺、破眠剂 1 号等处理后，在室温下观察芽体膨大反应，来判定芽是否已进入深内休眠或是否已渡过深内休眠。这种方法的不足之处是从开始培养到芽萌发需要若干天。

还可用人工气候室或光照培养箱清水插枝催芽法判定芽的休眠进程，即从夏季每隔一定时间间隔采取枝条，然后插入盛水（约 2 cm 深）的玻璃杯中（在自然落叶前，将枝条摘除叶片，剪除顶部幼梢），并放置于人工气候室或光照培养箱中进行培养（培养条件：光照，光/暗 16 h/8 h，光照度 40～80 μmol/(m^2 · s)；温度，昼/夜 25 ℃/21 ℃；相对湿度 90%），用第 1 个芽开放所经历的时间（d）或芽的平均萌芽时间或萌芽级数表示休眠状态（Jian et al.，1997；Parmentier et al.，1998）。

此外，可用测定芽体内的水分状态来确定休眠的发展进程。一种方法是用 MRI 即磁共振显像仪（Magnetic resonance imaging）测定芽体内的水分存在状态（Faust et al.，1995）：分子的松弛特性与其运动相关，其松弛过程可用两个时间——纵向（Longitudinal，T1）和横向（Transverse，T2）松弛时间来描述，在磁场中分子运动重取向的平均速率与其大小有关。例如水这样的小分子与其他大分子比起来，其重取向更迅速且松弛的较慢（T1 和 T2 时间较长），随之会产生较尖锐的 MR 图像；而束缚水相比较而言其松弛较快（T1 和 T2 时间较短），便不能得到 MR 图像，若芽处于真休眠阶段，尚未接受足够

的低温，水分处于束缚态，则其 T2 松弛时间太短而不能产生图像。一旦其需冷量被满足，自由水增多，T2 松弛时间会显著增长并产生图像。然而，T2 值因树种和品种而异，因此 T2 值在不同品种间不能通用。T2 值在苹果中比桃中更有用处，主要是因为在桃中束缚水和自由水之间的 T2 值差异很小。另一种方法是用阿贝折射仪测定芽体内的水分状态进而确定芽的休眠发展进程。

芽大小是确定深内休眠是否结束的最简便的方法。从晚秋到内休眠结束期间，芽大小几乎不变。当芽增大（即膨大或变绿）时，束缚水开始向自由水转变，这是浅内休眠或环境休眠开始的标志（Buban et al.，1995）。

在内休眠阶段，亚麻酸（18：3）/亚油酸（18：2）的比值可用来表示低温累积情况和休眠深度。当亚麻酸/亚油酸比值等于 1 时，芽处于需冷量满足点附近。当比值大于 1 小于 2 表明植物有生长能力，比值大于 2 表明芽即将萌发（Faust et al.，1997)。这种方法的不足之处是目前的判断准是建立在有限的信息基础上的，并且磷脂中脂肪酸的测定需要仪器。

Champagnat（1989）根据 Crabbe 的方法制定的 DMO 检测法测定膜渗透性障碍，可区别相关休眠、前休眠、深休眠、后休眠阶段及芽萌发时间，这种方法的原理是认为芽顶端分生组织的休眠受近距离组织的相关控制，而 DMO 在细胞内外比例的大小可表明该组织的活力。具体方法是利用一种弱酸 5－5 二甲基-噁唑烷 2，4－双酮（5－5 dimenthyiox-azolidine 2，4－dione，DMO）在不同组织内的平衡分布来衡量，DMO－离子扩散系数比未解离的 DMO 低很多。未解离的可通过膜进入细胞内，当芽的顶端细胞内（Ci）与细胞外（Ce）之间的比值（Ci/Ce）大于芽基的 Ci/Ce 比值时，表明芽的生长潜势大，相反，则芽的生长潜势小。Champagnat 还建议利用三磷酸腺苷酸检验法确定休眠阶段，这种检测法是用单个的芽进行检测，芽从内休眠解除的标志是芽具有可用腺苷合成三磷酸腺苷酸的能力。

对于芽休眠发展进程的详细界定，需要综合各项生理指标进行综合评定。

三、休眠的必需性

对于休眠的必需性，束怀瑞等（1999）认为：由于落叶果树休眠本身主要是历史发育过程中形成的对低温的生态适应性，而果树各器官生长发育本身都以较高的温度为宜，因此低温休眠并非落叶果树生长发育所必需。如果在没有低温而无需用休眠来加以适应时，则也就无须要求一定的冷温量来打破休眠，而仍然可正常生长发育。实践证明：苹果、葡萄、桃、梨、柿和栗等一些温带落叶果树在热带国家如菲律宾、印度尼西亚、委内瑞拉以及我国云南的西双版纳等地进行了成功的经济栽培，变成了常绿果树，在这些地区，年周期中冷温量很少或没有冷温。如果为适应低温而已进入休眠，则需要一定的冷温量解除休眠，方可正常生长发育；如果冷温量不足，植株不能完成正常的自然休眠，必然引起生长发育障碍，即使条件适宜，也不能适期萌发或萌发不齐，并引起花器官畸形或严重败育，影响果实的产量和品质。因此，笼统地说低温休眠是落叶果树生长发育所必需的，是不全面不确切的说法，也是生物与环境相统一适应的原则在果树生态上的突出表现。落叶果树芽自然休眠并非必需的特性为落叶果树设施栽培新模式——无休眠栽培（如葡萄的秋促早栽培模式）的创建提供了理论基础。

第三节　休眠的诱导

休眠的诱导是休眠开始的前提，是一个持续渐进的过程，通常在枝梢停长的夏秋季开始，但并非整株植株同时开始诱导进入休眠，而是从枝梢基部的芽依次到上部的芽开始诱导进入休眠（Chandler，1960）。但一些植物从春天萌芽即开始休眠诱导，如某些松柏科植物（Arora et al.，2003）。植株芽开始诱导进入休眠的时间和休眠的深度因树种、品种而异，如起源于热带、亚热带地区的植物开始诱导进入休眠的时间比起源于温带地区的植物开始诱导进入休眠的时间晚，并且休眠深度浅；低需冷量品种开始诱导进入休眠的时间比高需冷量品种晚，并且休眠深度浅。其次，还与树龄树势甚至组织结构差异有关，如幼年树比成年树开始诱导进入休眠晚。此外，休眠诱导开始的早晚还有地理差异，如高纬度地区的植物比低纬度地区的植物开始诱导进入休眠早。

一、休眠诱导与冷适应

木本植物的休眠诱导过程和冷适应过程相互重叠（Arora et al.，2003），这就导致很难将与休眠诱导密切相关的生理及分子变化和与冷适应密切相关的生理及分子变化区分开来。幸运的是，研究者已经想出了各种试验系统和试验策略将这两类事件区分开来并单独研究。Arora 等（1996）利用遗传上相近的常绿桃树（无休眠特性但具冷适应性）和落叶桃树（既具休眠特性又具冷适应性）为试材，将两种基因型桃树的抗冻性的季节性变化与蛋白质的季节性变化进行对比分析，从而将与休眠诱导和冷适应性各自相关的特定蛋白和特定基因表达区分开来。Fennell 等（1991）研究表明美洲葡萄在短日照而无低温的条件下，能够完全进入休眠，Salzman 等（1996）根据这一研究结果，利用人工调控环境因子的方法，对葡萄进行短日照和低温复合处理（内休眠和冷适应同时发生）及仅短日照处理（只进入内休眠而无冷适应性发生），分析处理的葡萄芽中蛋白质表达的差异，从而鉴定出和休眠诱导及冷适应各自相关的基因产物。Arora 等（2003）总结认为休眠诱导与冷适应分别与不同的蛋白质有关，其中芽的冷适应与脱水素蛋白有关，而休眠则与树皮贮藏蛋白有关。

二、诱导休眠的自然环境因素

休眠的开始受环境因素诱导，并且诱导休眠的自然因素因植物种类不同而异。光周期被广泛认为在休眠诱导中起主要作用（Bigras et al.，1993）。例如，江泽平等（1995）认为日长是启动植物休眠的关键因子，温度是影响休眠解除的最主要生态因子。Nitsch（1957）和 Van 等（1967）也指出，木本植物越冬中进入生理休眠的动因与光周期有关。一些研究也指出，木本植物休眠的开始首先是由于秋季日照缩短所诱导。Jian 等（1997）通过控制试验，证明在暖和条件下（21～25 ℃），单一的短日照能诱发杨树植株进入生理休眠。简令成等（2004）的杨树室外补光试验进一步证实，只有日照缩短才会引起植株进入自然生理休眠，保持日照长度不变，晚夏时期的自然温度降低不能诱导植株停止生长，

进入休眠。

然而，一些研究表明在北方寒冷地区的某些木本植物可被低温单独诱导进入休眠，例如束怀瑞等（1999）认为，诱导苹果树进入真休眠主要是低温的作用，对短日照和干燥条件反应不甚敏感。Heide 等（2005）研究认为与大多数温带木本植物不同，苹果和梨以及其他某些苹果属蔷薇科木本植物对光周期反应不敏感，不管光周期条件如何，低于 12 ℃ 的低温均诱导生长停止和休眠的发生，秋天的一系列进程如生长停止、芽鳞和冬芽的形成、叶片衰老和脱落以及休眠诱导均是对低温的反应。Tung 等（1991）研究认为在南方温暖地区的某些植物休眠诱导也可被低温促进，但低温只有与短日照共同作用时才能促进休眠诱导。Howe 等（2000）得出结论，在休眠诱导研究中低温值得我们重视。

王海波（2006）研究发现，温度和光周期均是诱导桃芽进入自然休眠的自然因素。低温和短日照（≤13.4 h）单独或联合作用均能诱导桃植株生长停止，进入休眠并发展抗冻性。低温诱导桃植株首先发展抗冻性，然后诱导植株进入休眠；而短日照则是首先诱导桃植株进入休眠，然后诱导植株发展抗冻性；自然条件下，短日照在桃植株的自然休眠诱导过程中起主导作用，低温起辅助促进作用。不同需冷量生态型桃树对低温和短日照等休眠诱导因子的反应存在差异，其中高需冷量桃对低温和短日照反应敏感，而低需冷量桃反应迟钝，因此高需冷量桃在低温或短日照条件下其新梢停长、休眠诱导和冷适应的时间早于春捷桃。

从深等（2013）研究表明，自然低温（≤17.6 ℃）、短日照（≤13.5 h）或两者共同作用均可诱导葡萄芽进入休眠（图 4－2 和表 4－1）。低温是诱导葡萄芽总呼吸和底物氧化水平变化的主导因素，短日照起促进作用。低温和短日照均可激活葡萄芽电子传递链水平上的交替途径，温度相同的条件下，日照时间越短对休眠的诱导作用越强。低需冷量品种进入休眠诱导期的时间晚且深度较浅。

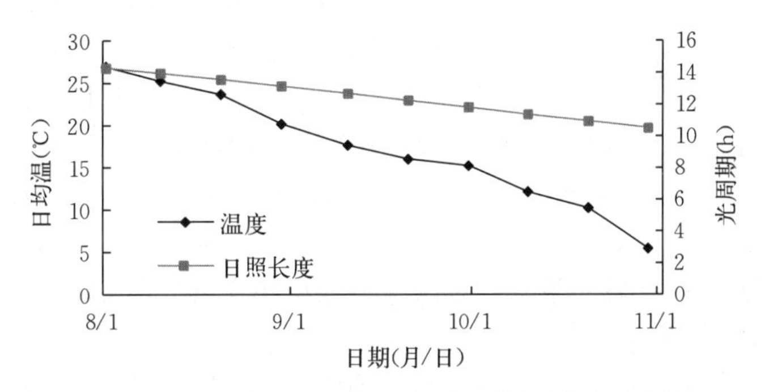

图 4－2　试验地点（辽宁兴城）日平均温度和光周期
（引自从深等，2012）

Rinne 等（1997）研究认为水分胁迫也能诱导果树进入休眠，如果土壤过于干旱，则多年生作物就会较早进入休眠。在潮湿炎热、日照时间长、降雨终年少变的热带地区，植株进入内休眠主要是与干旱、叶片水势下降有关，芽的含水量与内休眠深度呈反比，因此在存在旱季的热带或亚热带地区，果园于旱季灌水是回避或打破内休眠的一种行之有效的方法。

表 4-1 第一个芽萌发所需天数

(引自丛深等，2012) 单位：d

处理	采样日期（月/日）								
	8/15	8/25	9/4	9/14	9/24	10/4	10/14	10/24	11/3
短日照	11	17	25	30	36	40	43	45	46
对照	9	14	18	23	28	35	40	42	45
长日照	8	9	15	20	24	29	34	40	42

三、激素与休眠诱导

自从 Hewberg 以来，一直认为激素与木本植物芽休眠诱导存在必然联系，并且植物通过激素对环境信号作出反应（Arora et al.，2003）。

（一）脱落酸

众所周知，脱落酸（ABA）是一种由水分胁迫诱导合成的植物激素，同时 ABA 又是一种生长抑制剂，被称为休眠素。长期以来，人们认为 ABA 调控短日诱导的生长停止和芽的休眠诱导。大量证据表明 ABA 调节休眠的启动，但目前尚不清楚这种调节作用是如何进行的。用 ABA 合成抑制剂处理发育的玉米种子，可促进未成熟种子提早萌发，也可使成熟种子失去休眠（Corbineau et al.，2000）。去掉种子中内源 ABA 库，也能诱导大豆未成熟种子萌发（Kermode，1995）。研究表明，某些物种胚的过早萌发与 ABA 合成缺失或敏感性有密切关系。在拟南芥种子发育过程中，ABA 参与休眠的启动。拟南芥 ABA-缺失型（aba）突变体的种子失去休眠；ABA-不敏感型（abi）突变体的种子具有正常含量的内源 ABA，但种子不休眠，表现和 aba 突变体相似（Karssen，1995）。ABA 的调节作用还与不同基因型的胚对 ABA 的反应能力有关。深休眠基因型的胚对 ABA 的敏感性相对较高（Nyachiro et al.，2002）。尽管休眠是受 ABA 诱导的，但休眠状态的保持不受 ABA 存在的影响，胚对 ABA 反应的敏感性可能对保持种子休眠有作用（Walker-simmons et al.，1987）。Borknowska 等（1982）对苹果休眠的试验表明，其离体芽 ABA 含量变化与温度关系不大，说明 ABA 的合成可能受光周期诱导。Dutcher 等（1972）和 Singha（1977）用外源 ABA 对苹果的试验表明，尽管芽中 ABA 含量较高，但对休眠芽并无抑制作用，这充分说明了芽休眠的诱导不仅与 ABA 水平有关，更重要的是与芽对 ABA 的反应敏感性有关。

但也有许多试验证据对 ABA 在休眠诱导方面的作用提出了疑问。Welling（1997）等和 Rinne 等（1998）通过调控野生桦树芽子的内源 ABA 含量或者利用桦树的 ABA-缺陷型突变体的试验结果表明：野生桦树在短日照或田间自然条件下冷适应开始之前 ABA 水平升高，并伴随着组织干燥和某类脱水素蛋白的积累，相比之下突变体水分散失缓慢，对低温胁迫的忍耐力低并且没有脱水素的累积，但是短日照条件仍能诱导 ABA-缺陷型突变体进入休眠，这与 ABA 参与休眠诱导的理论相违背。Welling（1997）通过喷施 ABA 同时进行水分胁迫，增加长日照条件下野生桦树芽中的 ABA 含量，这一处理提高了芽的抗冻性但没有诱导生长停止。而且在短日照条件下，喷施 ABA 合成抑制剂 Fluridone，桦

树芽中 ABA 含量没有增加，但是在短日照条件下 21 d 后，桦树芽被诱导进入休眠，但其抗冻性明显降低。这些试验结果表明在桦树中，与芽休眠诱导相比，ABA 更直接地参与了光周期调控的冷适应。

（二）赤霉素

一般认为赤霉素可促进休眠的解除，而关于在芽休眠诱导中的作用研究较少。Whitelam 等（1997）利用转基因技术手段培育转基因杨树为试材的研究表明，赤霉素和生长素在光周期调控的休眠诱导中具有重要作用。王海波（2006）通过喷施赤霉素试验证明芽内高水平的赤霉素可使植株避免进入自然休眠。

（三）脱落酸与赤霉素的互作

激素在发挥其生理作用时并不是孤立的，而是相互影响、相互制约。由长日照向短日照转变过程中，桦木内源 ABA 含量升高（Li，2003）。短日照条件下柳树和杨树茎尖和幼叶内的 GAs 含量迅速降低（Olsen，2006）。细胞周期蛋白依赖性激酶是细胞周期的调控酶，ABA 能诱导细胞周期蛋白依赖性激酶抑制剂的合成，而 GA 抑制其合成，两者在诱导休眠进程中起拮抗作用。王海波（2006）通过试验证明 ABA 和 GA_3 均参与桃芽自然休眠诱导，两者对休眠诱导的调节作用是通过两种激素的平衡变化实现的，这种平衡变化存在一个临界阈值，GA_3/ABA 低于此临界阈值则诱导桃芽进入自然休眠，反之则桃芽不进入自然休眠。

四、休眠诱导期间的顶端分生组织动力学

休眠是一种形态发生活动的暂停现象，因为从生长向休眠的转变发生在生长点上，所以休眠诱导和顶端分生组织紧密联系。然而，顶端分生组织的停长起因于休眠诱导期间顶端分生组织的个体细胞间信号转导网络的中断。细胞间信息交流的中断（受胞间连丝调控）可能阻止和生长有关的激素和蛋白质以及一些小分子物质等的共质体运动。

近年来基于这种考虑，许多研究者将顶端分生组织的胞间连丝联系在一些木本植物的休眠调控中，对其作用进行了研究，以确定某些木本植物休眠诱导的以共质体联系阻断为基础的生理学或分子机制。Jian 等（1997）报道指出在短日照条件下，杨树的休眠发展过程中顶芽相邻细胞间细胞壁上胞间连丝的频率降低并且胞间连丝通道孔径变小。此外，他们还观察到在休眠诱导期间分生组织中 Ca^{2+} 亚细胞定位变化活跃，但关于细胞质 Ca^{2+} 水平的升高能不能调节胞间连丝的渗透能力并因此影响细胞间的信息交流，细胞质 Ca^{2+} 水平的变化是不是首先由共质体阻碍引起的，或者细胞质 Ca^{2+} 浓度变化是不是反过来影响休眠诱导或解除，这些问题在 Jian 的试验中没有进行研究。然而，Shepherd 等（1992）通过春季对枝条人工喷施 Ca^{2+} 的方法使枝条节间细胞 Ca^{2+} 浓度增加的研究表明，Ca^{2+} 浓度的增加明显限制了细胞间的信息交流，就同在冬季枝条叶芽细胞中所观察的类似。王海波（2006）研究发现，在短日照和自然低温诱导植物生长停止、休眠起始和抗冻性发展过程中，Ca^{2+} 起着传递日照变短和温度降低信号的作用。Rinne 等（2001）发现在桦树中，由于短日照导致的休眠诱导期间顶端分生组织的共质体途径（胞间连丝联系）被关闭，因此阻断了顶端分生组织的细胞间细胞代谢物的相互交换从而使细胞增生停止。共质体联系的阻断是由 1,3 - β - D -葡聚糖的形成所造成的，据推测 1,3 - β - D -葡聚糖是由

1,3-β-D-葡聚糖合成酶复合体合成的（Rinne et al.，1998），1,3-β-D-葡聚糖阻止了顶端分生组织作为一个整体的功能。综上所述，在休眠诱导过程中可能是短日照或低温诱导或促进1,3-β-D-葡聚糖合成酶的合成或活化，1,3-β-D-葡聚糖合成酶合成1,3-β-D-葡聚糖从而阻断细胞间的共质体途径，使顶端分生组织细胞间代谢物的交换被破坏，从而使细胞增生停止。王海波（2006）研究发现，胞间连丝形态和结构的变化是桃自然休眠发生的原因。在自然休眠诱导期间，桃芽顶端分生组织内胞间连丝的发生频率下降，胞间连丝通道孔径变窄，并且在通道入口处出现圆球状结构，最终在深休眠期间所有胞间连丝联系中断，顶端分生组织作为整体的功能丧失。

Owens等（1973）在道格拉斯冷杉上的研究表明，有丝分裂的活性及休眠与芽及其邻近茎的碳水化合物的水平有关，碳水化合物不足将导致细胞在G1期积累。Rohde等（1997）通过转基因技术研究发现短日照处理触发细胞周期中的最显著变化，光周期和温度对细胞循环促进物质的表达方面具有相反作用，研究表明光周期和温度对细胞周期的调控不同，光周期使更多细胞在G1期累积，而低温使更多细胞在G2期累积。

五、休眠诱导期间芽与邻近组织的竞争

Champagnat等（1989）认为休眠过程就是休眠组织——芽和其他邻近组织相比其竞争势逐渐丧失的过程，而休眠的解除过程就是芽竞争势逐渐恢复的过程。他们观察了植物机体间的竞争，注意到在休眠发展过程中，芽和邻近组织的信息交流逐渐堵塞。他们用^{14}C标记的方法检验了内源pH水平，发现细胞的pH和芽及其他组织的竞争能力高度相关。通过逆转不同组织的竞争力，在休眠诱导期间芽竞争力降低，低于其他组织，芽进入休眠，而在休眠解除期间芽可能克服阻碍而开始生长。在休眠结束时，芽内细胞pH高于花托细胞和邻近茎的细胞的pH。pH的变化可能是由于细胞膜上的ATP酶活性变化的缘故。Gevaudant等（2001）研究桃树芽及其下面邻近组织时发现在休眠诱导期间，与芽相比，着生芽的紧邻芽的茎中PPA（Prunus persica H^+-ATPase）大量积累，这一研究成果充分证明了上述推测。

六、休眠诱导期间芽的某些重要生理生化变化

休眠是植物生长发育过程中的一项重要事件，因此在休眠开始时即休眠诱导期间必然要发生一系列不同于生长期间的生理生化变化，正是这些生理生化变化导致植株由生长转入休眠。

（一）水分含量和存在状态的动态变化

Welling等（1997）研究表明长日照植物在短日照条件下4 d后芽水分含量便下降，但在此后21 d的采样时期内水分含量保持稳定。Fennell等（1996）利用改进的1H-NMR方法研究表明美洲葡萄短日照处理两周后，芽中水分状态便发生变化。Erez等（1998）报道指出随着内休眠和抗冻性的发展，桃芽中束缚水含量增加，研究表明短日照或低温均能诱导这一反应，他们总结认为束缚水与低温胁迫忍耐性的关系比与休眠诱导的关系更紧密。王海波（2006）研究发现，在自然休眠诱导期间，伴随着日照时间的缩短，桃芽逐渐进入自然休眠，同时桃芽中水分含量迅速降低，并且自由水/束缚水比值显著降

低。与低需冷量桃相比，自然休眠诱导期间桃芽中水分含量和存在状态的变化以高需冷量桃更为迅速。Fennell 等（2001）也研究发现随着内休眠的发展，葡萄芽及其邻近组织中束缚水含量增加。Faust 等（1991）利用磁共振显像仪研究表明，在晚秋和初冬的休眠诱导期间葡萄芽中束缚水/自由水比值增加。在相关休眠的苹果芽内，当水分相对处于束缚状态时，TDZ 可使水分解除束缚状态，而 IAA 保持水分的束缚状态。Khanczadeh 等（1994）报道指出，在晚夏和秋天的苹果花芽内亲水氨基酸增加，而与此同时疏水氨基酸的量减少。Muthalif 等（1994）研究证明在深秋当温度降低时，南方越橘花芽内的三种分子量分别为 65 kD、60 kD 和 14 kD 的脱水蛋白（脱水素）开始合成。脱水素是一种热稳定性亲水蛋白，具有保护植物细胞免受脱水伤害的作用，在低温胁迫和脱水时诱导合成，由于其高的亲水性，可能起到束缚水的作用。

（二）呼吸代谢的动态变化

1. 呼吸代谢强度　李瑾（2009）和谭钺（2012）的研究表明，刚进入休眠诱导期时，桃芽的呼吸速率较稳定略微下降，随后迅速上升达到顶峰，之后逐渐下降，花芽总呼吸速率总体高于叶芽，其变化幅度也大于叶芽。丛深（2013）研究发现，刚进入休眠诱导期时，葡萄芽的总呼吸速率呈下降趋势，随后总呼吸速率迅速上升并达到高峰，随后一直下降至较低水平，高需冷量葡萄品种夏黑总呼吸速率达到高峰时间比低需冷量葡萄品种京蜜提前 10 d（图 4－3），与休眠进程一致。休眠诱导期间芽的总呼吸速率的暂时升高表明芽内此时正进行着复杂的生理变化和代谢模式的转变，为之后休眠阶段做准备。

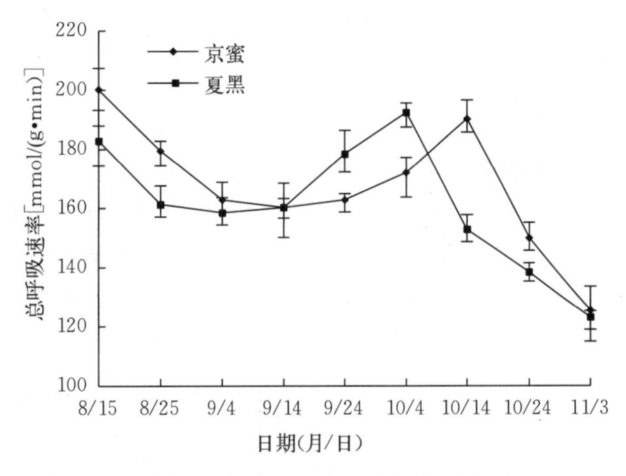

图 4－3　休眠诱导期京蜜和夏黑葡萄芽总呼吸速率
（引自丛深等，2012）

2. 呼吸代谢途径　在自然休眠诱导期间，呼吸代谢途径发生了显著变化。谭钺（2012）研究发现，自然休眠诱导期间，油桃桃芽的 TCA 途径比例略有下降，而 PPP 途径比例持续上升，TCA 途径所占比例始终高于 PPP 途径。王海波等（2006）研究发现，桃芽在休眠诱导期间蛋白质和脂肪的三羧酸循环途径的容量所占比例急剧增加至深休眠期又急剧下降，说明蛋白质和脂肪三羧酸循环途径的增强与自然休眠诱导密切相关，可能是桃芽进入自然休眠的原因之一。丛深等（2013）研究发现，在自然休眠诱导过程中，葡萄芽中 TCA 途径部分转向 PPP 途径，但 TCA 途径仍占据主要地位，EMP－TCA 途径部分转向蛋白质脂肪 TCA 途径（图 4－4）。PPP 途径的激活和代谢底物部分由糖类转变为脂肪和蛋白质是葡萄芽进入休眠诱导期的标志性生理变化，是芽进入休眠的关键。休眠诱导期 TCA 途径占据主要地位，因为其效率极高，能产生大量的 ATP，为休眠诱导期芽的生理变化提供能量。而 PPP 途径比例的升高能增加芽内 NADPH 和 5－磷酸核酮糖、赤藓糖－4－磷酸等中间产物的含量，为各种生化反应提供电子供体和原料，合成与抗冻性发育和休眠相关的物质（黄骥，2004）。

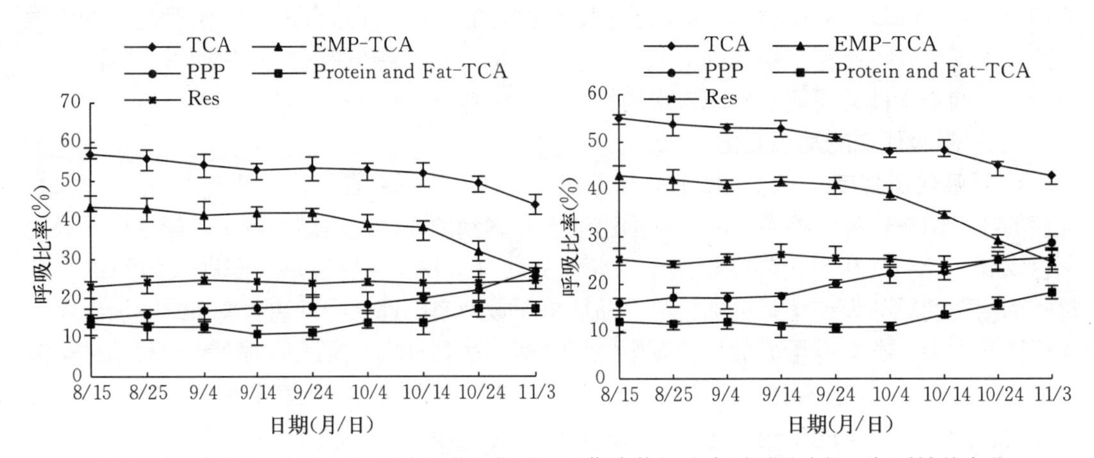

图 4－4　京蜜（左）和夏黑（右）芽在休眠诱导期底物氧化水平呼吸途径运行活性的变化
（引自丛深等，2012）

李冬梅等（2010 和 2011）研究发现，刚进入自然休眠诱导期，桃芽中的交替途径所占比例迅速升高随后下降并维持稳定，而细胞色素途径所占比例在诱导中期升高，与总呼吸速率升高的时间一致，随后略微下降保持在较高水平。丛深等（2013）研究中也发现，在自然休眠诱导过程中，葡萄芽中的交替途径暂时升高（图 4－5）。交替途径的激活可能与外界短日照和低温诱导或者植株内的活性氧代谢有关。交替途径运行活性和容量在休眠诱导开始的时候升高，说明其对休眠诱导的开始有重要作用，而细胞色素途径是电子传递的主要途径。

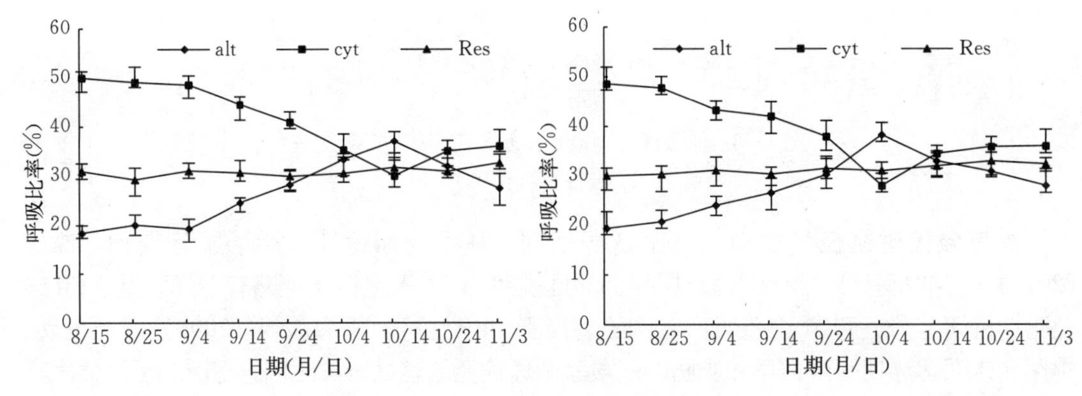

图 4－5　京蜜（左）和夏黑（右）芽在休眠诱导期电子传递链水平呼吸途径运行活性的变化
（引自丛深等，2013）

(三) 淀粉和可溶性糖的动态变化

王海波（2006）研究发现，在自然休眠诱导期间，桃芽中的淀粉和可溶性糖含量迅速增加。

(四) 膜透性的动态变化

Champagnat（1989）研究认为膜渗透性是休眠现象的重要部分。王海波（2006）研究发现，在自然休眠诱导期间，随着时间的推移桃芽膜透性迅速降低，并且高需冷量桃膜透性降低速度快于低需冷量桃。Erez 等（1998）指出避免休眠的方法，即越过内休眠的潜势只存在于膜变化之前，这种膜变化阻碍了芽和邻近组织的信息交流。同样的，用化学物质代替低温效果仅在大部分低温诱导的膜变化发生之后才有可能。在内休眠期间，当膜是导致休眠的结构时，要求的低温累积量是唯一能重新使生长恢复的条件。

第四节　休眠的解除

一、需冷量及需冷量估算模型

落叶果树解除自然休眠（生理休眠/内休眠）所需的有效低温单位数称为果树的需冷量（Chilling requirement），又称为低温需求量或需冷积温。

对于果树需冷量的度量一直备受人们关注。落叶果树的需冷量具有遗传性，因而不同果树树种、品种的需冷量存在差异，即使同一树种、品种在年际间也存在差异，不同地区之间差异更大，这与植物本身的生态适应性有关。因此，目前还未找到一个适合各个树种、品种和地区的统一的有效的估算需冷量的休眠解除模型。目前的休眠解除模型即需冷量估算模型主要是物候学模型而不是生态生理学模型，没有以休眠的生理进程为基础，所以它们确定休眠解除日期和估算需冷量的准确性可能受限于特定的环境条件。

芽休眠解除模型从≤7.2 ℃模型（Weinberger 模型，1950，≤7.2 ℃冷温小时的线性积累）逐渐发展到动力学模型（以冷温单位反应曲线为基础，它考虑到了冷温对时间的非线性反应）。然而，芽休眠解除模型还存在诸如高温抵消冷温单位累积以及冷温单位开始累积点的确定等许多问题。Saure（1985）早期提出了一种关于休眠解除的温度反应的双模型，在这个模型中认为温度对休眠促进和解除的调控是各自独立的。休眠解除模型应考虑在休眠的不同阶段芽对温度、光周期及不同温度间相互作用的敏感性不同，此外还要考虑日温和夜温效果的差异。Sugiura 等（2002）提出了发展速率和−6～24 ℃温度的关系，温度对需冷量满足的效果尤其重要，特别是在全年气候正在变化的情况下。Hanninen（1995）研究认为要想获得估计树木芽萌发物候的真正的生态生理学模型需三步：第一步，确定影响芽萌发的生理现象；第二步，概括总结所有有关环境调控生理现象的模型；第三步，检验假设的模型。同样，要想获得估算树木芽休眠解除所需需冷量的真正的生态生理学模型也需要三步：第一步，确定影响芽休眠解除的生理现象；第二步，概括总结所有有关环境调控生理现象的模型；第三步，检验假设的模型。

(一) ≤7.2 ℃模型

由美国的 Weinberger 于 1950 年提出，此模型以秋季日平均温度稳定通过 7.2 ℃的日期为有效低温累积的起点，以打破生理休眠所需 7.2 ℃或以下的累积低温值作为品种的需冷量，单位为 h。Weinberger 采用 7.2 ℃作为有效低温的上限值，这个上限值是 Hutchins 在美国园艺学会 1932 年年会上一个报告中首先提出的，当时并无试验依据。Weinberger 于 1956 年用相关性分析的方法检验了这个临界低温值的实用性，结果表明以 7.2 ℃为临界低温值计算得到的累计低温小时数与延长休眠的严重程度相关性很高（负相关），并且 Weinberger 还对美国经常发生延长休眠的 145 个地点的月平均温度和低温小时累计数资料用统计方法求得它们之间的对应关系。虽然做了许多研究，但 7.2 ℃是不是有效低温的最恰当的上限值，低于 7.2 ℃的温度与 7.2 ℃本身在有效程度上是否相同，以及有效低温有没有下限值这些问题并没有解决，对这个问题以往所做的试验其结果缺乏一致性。在此基础上后来一些休眠研究者又提出了 0～7.2 ℃模型，即 0～7.2 ℃温度范围是打破生理休眠的最有效温度范围，其他温度范围均无效。然而事实并非如此，上述两种模型均未考虑不同温度的破眠效果不同，这与自然条件及生物体的多样性不符。

（二）犹他模型

美国犹他州立大学的 Richardson 于 1974 年提出了计算需冷量的冷温单位模型（The Chillunit Model），又称犹他模型（Utah model）。此模型规定对破眠效率最高的最适冷温 1 h为 1 个冷温单位，而偏离适期适温的对破眠效率下降甚至具有负作用的温度其冷温单位小于 1 或为负值。以秋季负累积低温单位绝对值达到最大值时的日期为有效低温累积的起点，单位为 CU，不同温度的加权效应值不同：2.5～9.1 ℃打破休眠最有效，该温度范围内 1 h 为 1 个冷温单位（1CU）；1.5～2.4 ℃及 9.2～12.4 ℃只有半效作用，该温度范围内 1 h 相当于 0.5 个冷温单位；低于 1.4 ℃或 12.5～15.9 ℃则无效；16～18 ℃低温效应被部分抵消，该温度范围内 1 h 相当于－0.5 个冷温单位；18.1～21 ℃低温效应被完全抵消，该温度范围内 1 h 相当于－1 个冷温单位；21.1～23 ℃温度范围内 1 h 相当于－2 个冷温单位，上述对应关系并没有试验依据。而 Erez 的试验表明 18 ℃以上才表现高温的负效应，而昼夜周期中高温为 16 ℃对于打破休眠甚至有积极作用，所以犹他模型中对 16～18 ℃用－0.5 这个值似乎不妥。虽然犹他模型较 0～7.2 ℃模型注意到了有效温度的效果变化，更符合实际，但不同树种、品种有差异。犹他模型只能有效预测高和中需冷量品种休眠的结束，不能有效预测低需冷量品种休眠的结束，并且犹他模型在暖冬或低纬度地区也不适应。因此，犹他模型还需进一步研究和完善。

（三）低需冷量模型

该模型是 Gilreath 于 1981 年提出的适于低需冷量品种的修正的冷温单位模型。与犹他模型相比，该模型对于 7 ℃以上的温度对休眠解除的贡献值给予增加，7 ℃为休眠解除最有效的温度，即在 7 ℃下 1 h 为 1CU。

（四）北卡罗来纳模型（North Carolina）

该模型也是一个修正的犹他模型，是 Shaltout 于 1983 年提出。该模型的反应曲线与犹他模型和低需冷量模型相一致。认为 1.6～13 ℃范围内的温度对休眠解除有效，但大于 23.3 ℃的高温的负效应达到了－2CU。

（五）动态模型（Dynamic model）

Fishman 等就高温对低温抵消效应的作用机制提出了一个所谓的动力学模型，在

1988年冬季对非洲南部的5个地区进行试验，发现动力学模型对冬季有效低温积累指示性很好，在冬季较冷或较温暖地区均表现适合，并于1990年在该模式的基础上发展了一个模拟休眠结束过程的计算机程序（用Fortran编写）。动力学模型是一个复杂的模型，休眠解除包括两个步骤：第一个步骤是可逆的步骤，速度系数遵循Arrhenius规则；第二个步骤是协同转变。

综上所述，所有需冷量估算模型包括两部分：第一，低温累积起始时间的确定，大多数研究者将第一次发生致死霜冻（−2.2℃）、自然落叶、营养成熟、冷温单位的最大负累积或日均温稳定通过7.2℃等作为低温累积的起始时间；第二，促进和抑制低温累积的温度的范围和效率。

对果树芽内休眠结束时间的估算究竟采用上述哪种模型比较适宜，一直是人们讨论的一个话题。而某地区两休眠季之间田间温度存在的差异为比较和评价各种低温模型提供了一种有效的方法，以估算出的需冷量值年际间差值最小的估算模型为该地区的最佳估算模型。Erez等（1986）在巴西南部对犹他模型和≤7.2℃低温模型做了比较，1980—1984年间的试验表明，犹他模型比≤7.2℃低温模型与萌芽表现得更加一致。陈登文（1999）在对杏品种的低温需求量研究中，曾对犹他模型与≤7.2℃低温模型做了比较，发现在西北地区（陕西杨凌）犹他模型更加适合。Allan（1999）在非洲南部亚热带地区进行了试验，采用犹他模型和动力学模型计算累计低温，结果表明不论在冬季温暖或较寒冷地区，动力学模型均能给出最好的休眠结束指示，而犹他模型则只在冬冷地区有效。王力荣等（2003）对桃品种的需冷量的研究中，将犹他模型和0～7.2℃低温模型进行比较，认为在河南郑州0～7.2℃低温模型更加适宜。王海波等（2017）研究表明，对于采取人工集中预冷带叶休眠措施的设施葡萄品种需冷量的估算，以犹他模型效果最好，0～7.2℃低温模型次之。

二、休眠和抗冻性

在大多数多年生木本植物中，休眠和抗冻性是紧密联系的。普遍认为，0～7℃范围以外的温度对冷温单位的累积无效甚至抵消冷温的累积效果。然而，Erez等认为，0～7℃范围外的温度因品种和芽休眠的深度不同可能抵消冷温的累积效果，也可能不抵消冷温的累积效果。在上述前提下，Arora等（1997）用不同需冷量的蓝莓品种为试材，通过使冷适应植株（芽已满足50%的需冷量）处于人工调控的温度范围内（此温度范围足以引起植株失去抗冻性而不抵消冷温累积效果，即不影响芽的休眠状态），然后研究和脱抗冻性及休眠各自相关的芽蛋白质的变化，试验结果表明：某种脱水素的新陈代谢与抗冻性转变的联系比与芽休眠的联系更加紧密。Faust等（1997）认为脱水素具有束缚水的功能，这一功能导致芽的抗冻性保护并同时加深了芽的休眠。此外，用常绿桃树和落叶桃树为试材所做的试验表明一种皮层贮藏蛋白与休眠的诱导和解除存在潜在联系（Arora et al.，1996）。Nissila等（1978）研究表明在冬天的几个月里，当芽需冷量得到满足，内休眠结束然后进入环境休眠时，植物组织达到了最大的抗寒性。王飞等（2001）研究认为杏品种的需冷量和抗冻性之间存在紧密相关关系，其相关系数为0.96，达0.5%显著相关水平。

三、树体因素与休眠解除

休眠解除时间的早晚即需冷量的高低受多基因控制，呈典型的数量性状，但只有几个主效基因起主要作用（Howe et al.，1999 和 2000），因此休眠解除的时间因树种、品种而异，并且即使同一品种其休眠解除时间也因栽培地区而异。

（一）砧木

同一品种休眠解除时间的早晚还因砧木而异（李宪利等，2001；韩晓，2018）。Chandler 等（1960）把低温量已得到满足的 Beverly Hills 苹果接穗嫁接到低温处理和未处理的砧木上，结果低温处理砧木上的接穗生长正常，而未经低温处理砧木上的接穗生长发育不良，这表明休眠效应沿茎传递，经嫁接口影响着接穗芽的萌动。因此在冬季温暖的低纬度地区或设施促成栽培的低需冷量品种应选择低需冷量砧木。

（二）芽的异质性

芽休眠解除时间的早晚还受芽异质性的影响，一般是叶芽休眠解除时间晚于花芽，侧芽晚于顶芽，并因侧芽所在部位而异。

（三）芽的鳞片

芽表面的鳞片对芽休眠解除时间的早晚也有影响，休眠早期去除鳞片可促进苹果和葡萄芽的萌发，但在休眠晚期去除鳞片影响很小（Swartz et al.，1984）。

（四）叶片

关于叶片对休眠解除时间的影响，一般认为生长季去除叶片可使已进入休眠的芽的休眠状态逆转，而解除休眠（Notodimedjo et al.，1981）。而关于人工集中预冷期间叶片对休眠解除时间的影响，尚有争论，Chandle 等（1960）认为只有落叶后低温才能有效积累，落叶晚的枝条需要更多的低温量才能打破休眠，而王海波（2004）和丛深等（2013）以桃树和葡萄为试材，试验证明在人工集中预冷期间，带叶的枝条其休眠解除时间早于人工摘叶的枝条。与人工脱叶休眠相比，带叶休眠不仅可以促进休眠解除，还能缩短花期，提高坐果率，增加平均单果重，提前果实成熟期。所以，在温带地区落叶果树设施栽培时，应采取带叶休眠措施，而不应继续沿用热带和亚热带地区落叶果树栽培时通过人工脱叶打破休眠的措施。

（五）顶端优势

一般认为顶端优势也影响芽自然休眠的解除，试验表明去除顶端优势影响的苹果侧芽，解除休眠所需的低温累积量少于仍有顶端优势影响的苹果侧芽所需的低温累积量（Faust et al.，1995）。澳大利亚的试验也表明与受顶端优势影响的侧芽相比，剪去顶梢不受顶端优势影响的新梢侧芽的需冷量低且深休眠期也短（Wiliams et al.，1979）。然而，检验剪梢对南方越桔需冷量影响的预备试验表明，顶端优势对芽的需冷量没有影响（Faust et al.，1997）。

四、自然环境因素与休眠解除

植物解除休眠的迟早是它们长期适应其生存环境的结果，是个体发育史与其系统发育史的综合反映。有许多环境因子如温度、日长、水分、终霜日期等可对落叶果树的芽休眠

解除（Bud dormancy release）产生影响。江泽平等（1995）研究认为，温度是影响树木芽休眠解除的最主要因子，日长是启动植物休眠或生长的关键因子。

（一）光照

短日照诱导休眠，而长日照或连续光照可解除休眠。如长日照促进山毛榉的萌芽，短日照持续时间越长，打破休眠越困难（Lang，1994）。日长对休眠的作用可能是通过光敏素起作用，Olsen等（1997）利用转基因杨树成功阐明了光敏色素在休眠中的作用。光照度也影响低温对落叶果树芽自然休眠解除的效果，如强光抑制桃芽休眠的解除（Lang，1994），而弱光促进桃芽自然休眠的解除。但也有相反的报道，如弱光抑制杏和苹果芽自然休眠的解除（Fuchigami et al.，1997）。Erez等（1987）认为光照度对低温破眠效果不能被解释为是改变芽子周围温度的效果。

（二）温度

1. 低温和冰冻温度　已有的研究表明，低温对休眠的解除作用是逐渐累积的（Hanninen，1990），不同的温度，其低温效果不同，而且依树种而异，也存在地理差异（Sorensen，1990）。此外，低温对休眠的解除效率还依休眠的发展阶段的不同而不同（Tanino et al.，1989）。打破休眠的最佳温度依树种不同而变化，但同一树种的高需冷量品种和低需冷量品种之间打破休眠的最佳温度没有差异（Gilreath et al.，1981），接近树木基点温度的温度对休眠解除最有效，多数情况下，5 ℃是打破休眠的最佳温度（Smith et al.，1992），亦有其他最佳温度的报道（江泽平，1994）。0 ℃以下的温度对打破休眠的效果尚有争论：一般认为，低于0 ℃的温度对打破休眠是无效的（Kramer et al.，1985），但也有人发现低于冰点的温度对于解除植物的休眠而言有效（Lyr et al.，1970），并且在某些植物中，低于冰点的温度大大促进了其休眠解除（Samish，1954）。Sparks（1993）研究发现夜晚－13～－4 ℃的温度促进美国山核桃的芽萌发，并且温度越低，效果越明显。Rinne等（1997）研究报道，接近致死的冰冻温度可显著促进自然休眠的解除。许多树种、变种的休眠解除没有真正的低温需求，如笔者试验表明将处于深休眠状态的春捷桃置于15～30 ℃温度条件下，最终春捷桃也能正常开花结果。

2. 中温　对中等温度的破眠效果的看法大致有两种观点。一种观点认为中等温度可打破休眠，但其作用通常不如低温有效（Perry，1971），如Erez等（1971）报道10 ℃对桃芽休眠解除的效率仅为6 ℃的一半。Kobayashi等（1983）报道20 ℃仍可满足偃伏来木（*Cornus sericea*）的低温需求。中等温度在低温处理的后期往往是最有效的，但高于15 ℃的温度不能打破桃芽休眠（Erez et al.，1986）。另一种观点认为中等温度对低温累积呈抵消作用，延缓休眠的解除（Erez et al.，1971）。Vegis（1964）发现Hyocyamus的休眠芽被适宜范围的温度诱导进入二次休眠，结果导致需要更多的低温累积方能打破休眠。Weinberger（1954）也报道在暖冬时需要更多的低温累积方能打破桃芽的休眠。中等温度对低温累积的抵消作用依树木品种、需冷量的满足程度及所施加温度的不同而异。Romberger（1963）研究表明在休眠解除的早期，中等温度可以导致低温累积效果消失，如在桃上，11月和12月的中等温度抵消低温累积效果。Vegis（1964）报道在休眠解除的后期诱导芽二次休眠的温度范围逐渐缩小，即对休眠解除产生不利影响的温度范围逐步变窄。Erez等（1971）也报道在低温累积几天后（即在休眠解除的前期）的中等温度一定导致抵消以前的低温累积。否则，当低温累积到一定程度时，中等温度不能再将低温累积效果抵消。在日循环中，短时间的中等温度会抵消部分前期低温累积的效果。Erez 等（1979）报导将休眠桃树置于 21～24 ℃下 6 h 可以抵消 6 ℃18 h 的效果。如前所述，在日循环中，中等温度对低温累积的抵消作用、低温后中等温度处理持续时间的长短非常重要（Dennis，1987）。Thompson 等（1975）发现每 2 d 1 次的中等温度，其对苹果叶芽低温累积的抵消作用比每 4 d 1 次的中等温度对低温累积的抵消效应大。

3. 高温 高温也能解除芽休眠。Molisch 发现将灌木枝条浸在 30～40 ℃的温水中 12 h 可以使其芽休眠解除，Steam 也得到了类似的结果。Chandler（1960）把桃、苹果的休眠短枝浸泡于 45 ℃水浴中数小时可解除其休眠。Orffer 等（1980）把葡萄枝条置入 50 ℃热水浴中 0.5 h 可解除其根和芽的休眠。Wisniewski（1997）报道接近致死的热胁迫可解除杨树枝条的芽休眠。有趣的是，高温破眠的处理时间很短而反应速度却很快。王海波（2006）研究表明，40 ℃短时间高温明显抑制曙光油桃芽自然休眠的解除，其对桃芽自然休眠解除的抑制效应因处理持续时间的延长而增强，但随处理时期的推迟而减弱。45 ℃和 50 ℃短时间高温显著促进曙光油桃芽自然休眠的解除，当曙光油桃植株进入自然休眠后，只要自然休眠达到一定程度，短时间高温就可有效解除曙光油桃芽的自然休眠，并且短时间高温对曙光油桃芽自然休眠的解除效果随短时间高温处理处理时期的推迟、处理温度的升高及处理持续时间的延长而增强，但是出现部分桃芽因高温处理而死亡的现象，尽管如此，在存活芽中短时间高温对桃芽自然休眠解除的效果明显增强。

4. 变温 变温即波动温度比恒温对打破芽休眠似乎更为有效（Samish，1954；Lyr et al.，1970），如在桃上，6 ℃和 15 ℃的日波动温度的休眠解除效果比恒定温度更为有效（Erez et al.，1979）。但是变温中高温如果过高或者循环周期过短则会延迟休眠解除。Erez 等（1979）在不同的高温持续周期长度对休眠桃树叶芽解除休眠的影响的试验中发现，在接受高温处理之前的 20～40 h 内所积累的低温量（4～6 ℃）最易受高温抵消作用影响。在低温积累的过程中如出现高温，其效应则被打断或抵消，但低温的累积超过某一程度，打破休眠的进程即呈不可逆转状态，使低温的效应被“固定”下来，即对低温的固定效应。对这种现象，Fishman 等提出“两步骤模式”（Two - step model）加以解释。该模式假设休眠的程度与结束，与某种打破休眠的物质（Dormancy breaking factor，DBF）的形成量有关。DBF 以两步骤反应在植物体内合成与积累：第一步骤是一个必须在低温（如 7 ℃）下进行的可逆反应，产生一种称作 PDBF 前体的物质（Precursor of DBF，PDBF）。PDBF 性质不稳定，会在高温下（如 19 ℃以下）分解而使低温效应消失。但当 PDBF 累积到某一程度时，即不可逆地进行第二步反应，合成在高温下稳定的 DBF，继而打破休眠（Couvillon et al.，1985；Young，1992）。该学说既解释了高温抵消低温作用的条件性，也说明了在日夜温差起伏变化的环境条件下，低温打破休眠的效应仍能持续增加的原因，Erez 等（1990）称该模式为动力学模型。在该模式中不同温度影响不同步骤，另一方面同一温度在不同阶段的效果也不同，第一步可逆第二步不可逆转。Couvillon 等（1985）在 Redhaven 和 Harvester 桃上所做的试验发现，将 Redhaven 置于 16 h 低温（4 ℃）和 8 h 高温（19 ℃以上）的日温度循环下，在 8 h 的 19 ℃处理下侧叶芽的萌芽率降低，在 8 h 的 20 ℃或 21 ℃处理下几乎所有的低温效应均被抵消，且低温效应随 4 ℃处

理时间的延长（0～8 h/d）而减少。在每天 2 h 或 4 h 的 21 ℃高温处理中低温不被抵消。Harvester 桃在低温累积达到总低温量的 1/4、1/2 或 3/4 时分别给予 2 d、7 d 和 12 d 的 23 ℃高温处理，发现低温累积达到 1/4 和 1/2 时给予 12 d 的 23 ℃处理时低温效应被抵消，而在累积达到 3/4 时同样给以 23 ℃处理则不会发生低温抵消效应。Young（1992）在 MM. 111 苹果接受 1 500 h 的 5 ℃低温处理时在第 1～3 个 500 h 的低温处理时期内分别给予 500 h 的高温（15、20 ℃和 30 ℃）处理，发现在第 3 个 500 h 的低温处理时期给予 15 ℃处理对萌芽有显著的促进作用，该时期给予 20 ℃处理没有效果，其他所有处理均对萌芽率和根及新梢的生长有负效应。对于休眠过程中遇到的高温可抵消低温的作用这个问题，Allan（1998）提出一种利用蒸发降温的方法来予以解决，非洲南部处于亚热带地区，冬季的高日温会抵消夜低温积累量，进而导致葡萄温室促成栽培生产受影响。他采用周期性的喷水试验，在冬季较温暖时蒸发降温 6 周，在天气较热时蒸发降温可使芽温度降到 19 ℃以下，会使葡萄提前萌芽并提高萌芽率，发枝数目也提高了 18%，不过这种方法需要的费用太高。相反，Sarvas（1974）发现在一些森林树种中，波动温度和恒定温度的破眠效果没有不同。综上所述，对于休眠解除而言，植物体内至少存在 3 套对温度敏感的酶系统，第一套酶系统在 5 ℃被分解或激活，第二套酶系统在 25 ℃左右被分解或激活，而第三套酶系统可被极端温度条件如接近致死的冰冻温度或接近致死的高温温度所分解或激活。

五、激素与休眠解除

果树芽自然休眠的解除多数由萌发抑制物质和生长促进物质间的平衡所决定的。在休眠解除过程中，生长促进物质的形成比起抑制物质的消失作用更大（Voesenek et al.，1996）。

（一）脱落酸

一般认为脱落酸（ABA）与休眠有关。许多试验证据表明 ABA 在休眠的初级阶段起作用，然而关于 ABA 在休眠的中期和后期阶段对生长调节具有重要作用的论点缺少令人信服的证据。相反，某些促进动力在生长调控中占据优势地位，倾向于代替内源 ABA 的可能效应（Powell，1987）。许多试验数据说明 ABA 在休眠早期具有重要作用。Rudnicki（1969）发现苹果种子层积 3 周后和种子萌发的初级阶段即胚根伸长时，种子中 ABA 几乎消失，这说明了 ABA 和种子休眠存在很好的相关性。Powell（1982）发现向低温条件下的苹果新梢喷施 ABA，ABA 对芽萌发具有很强的抑制作用，如果在芽开始膨大时喷施 ABA，则 ABA 对抑制芽萌发没有效果。他还注意到在中冬短日和低光照度条件下在温室内生长的苹果幼苗对 ABA 的抑制作用反应比晚春长日和高光照度下更适合生长的条件下生长的苹果幼苗对 ABA 的抑制作用更为敏感。试验表明似乎在下列条件下 ABA 能更为有效的抑制芽和种子的生长，植株生长势低，使得 ABA 可以打破生长平衡势植株进入停长状态，缺少生长的启始事件或生长的启始事件没有继续发展。据报道，在芽休眠后期相当高的 ABA 浓度对抑制芽萌发作用不大，这说明 ABA 对芽休眠（至少在满足多数需冷量之后的休眠的后期阶段）的维持没有作用（Powell，1982）。Meilke 等（1978）报道指出在秋天酸樱桃脱叶阻止了 ABA 含量的增加但是芽休眠程度即休眠深度保持不变，并且在低温处理和未接受低温处理的芽中的ABA浓度与它们恢复生长的能力不相符合。Saure等（1985）认为本质上ABA不调控芽的萌发。低温导致某些生长促进动力的产生。Rudnicki（1969）发现苹果种子在层积3周后，种子内大量的ABA消失，在此时期可能部分种子能够萌发，随着层积的进行，则种子萌发率增加，同时抑制种子萌发的外源ABA的喷施量也逐渐增加。很显然，一种促进动力参与了抑制ABA的抑制萌发的作用。这种促进动力是激素还是某些类型的细胞活动的变化的反应，目前不清楚。

（二）赤霉素

一般认为赤霉素不是休眠解除的必需因素，而是芽生长的必需因素。赤霉素可能参与休眠的证据部分来自赤霉素的外源喷施试验。据报道GA_3可代替桃芽的需冷量（Wallter et al.，1959）。赤霉素可代替芽需冷量的特性后来发展成为一种检测休眠深度的试验方法（Hatch et al.，1969）。然而，据报道赤霉素（GA_3、GA_4、GA_7）不能完全代替某些树种的需冷量（Paiva et al.，1978；Wainwright et al.，1984）。目前不知道其他类型的赤霉素对休眠解除的可能效应是什么。植株生理性矮小使得赤霉素参与低温休眠变得复杂起来。需要正常低温的被切除下来的种胚不经低温如果就被置于温暖湿润的环境条件下可以萌发，但是萌发的幼苗如前所述生长异常。这些幼苗再经低温或赤霉素处理生长又变得正常（Flemion et al.，1965）。只喷施1次赤霉素对于维持幼苗的正常生长而言不够，要想维持幼苗的持续生长必须不断喷施赤霉素，这表明低温使赤霉素的产生活化。内源赤霉素在低温解除休眠中的可能作用也被广泛研究，但关于这方面的工作大多数是在种子上做的（Gianfagna et al.，1986）。一般而言，处于休眠状态而未经低温的种子只含有微量的赤霉素，在低温处理过程中赤霉素含量增加。经低温处理的榛子种子只有放置在温暖的萌芽条件下后才能检测到大量的赤霉素（Ross et al.，1971），这表明低温进程影响植株赤霉素的生物合成能力。Bianco（1984）发现与传统的乙醇溶剂提取法只提取出微量的赤霉素相比，用Tris缓冲液和Triton X100可以从休眠苹果种子中提取出大量的赤霉素，他们认为低温可能通过影响膜透性影响赤霉素。缺氧条件也可以代替低温解除休眠（Barthe et al.，1983），可能是通过影响膜透性。抑制剂研究支持低温使赤霉素生物合成活化的理论。几种阻碍榛子种子萌发的抑制剂很明显也阻碍低温过程中赤霉素的产生（Ross et al.，1971）。据报道ABA的抑制效应可能是通过抑制赤霉素的生物合成（Rudnicki et al.，1972）。如果赤霉素在低温进程中非常重要，则赤霉素的活性形式变得非常有意义。Zarska和他的同事发现了赤霉素可能通过使酸性脂肪酶活化起作用，尽管他们注意到赤霉素调控贮藏脂肪的水解可能不是去除苹果胚休眠的唯一机制。在后来的补充工作中，Ross（1983）也注意到榛子种子在5℃的适宜温度条件下脂肪酶的存在。

（三）细胞分裂素

细胞分裂素参与休眠解除的证据不如脱落酸和赤霉素参与休眠解除的证据广泛。若干报道表明低温和细胞分裂素的出现存在关系，但其他一些研究显示在低温过程中，细胞分裂素变化很少或没有变化（Amling et al.，1980）。许多报道指出将细胞分裂素喷施到完整新梢的侧芽上，刺激这些芽生长。然而，在大多数情况下这些芽停长不是因为休眠而是因为顶端优势，尽管在有些情况下，喷施细胞分裂素可以刺激休眠芽生长（Young et al.，1986）。正在休眠的或未经受低温或休眠解除后的苹果树使用BA（细胞分裂素的一种）

均可诱导芽萌发，这说明细胞分裂素可克服存在于芽内的抑制因子（Baz，1984），同时CTK的破眠作用不能传递，只能影响所施的芽。在某些情况下，将细胞分裂素喷施到休眠苹果种子或只部分低温的休眠苹果种子可以促进种子萌发，但在某些情况下喷施细胞分裂素却不能使休眠种子萌发（Rudnicki et al.，1973）。细胞分裂素类似物噻苯隆（TDZ）能有效打破果树休眠（方金豹，2005），施用BA可诱导处于休眠各个时期的芽萌发（Williams，1968），CTK对打破休眠的效果具有品种和时期上的普遍性（高东升，2001）。牡丹休眠芽内的CTK含量在休眠完全解除时达到最大值，说明CTK是调控休眠解除的重要因子（郑国生，2009）。KNO_3是一种部分代替低温效果的试剂，Buban等（1978）认为钾离子和硝酸根离子分别触发树体根部CTK的合成，从而起到促进休眠解除的效果。但离体桃新梢用KNO_3处理诱导愈伤组织的形成的效果与用细胞分裂素类物质TDZ效果类似，这表明CTK含量的增加可能与根无关。Tromp等（1990）和Cutting等（1991）也认为地上部CTK的增加不需从根部运输而是重新合成或以贮藏形式转化的。CTK触发与生长相关的代谢活动包括DNA和RNA及蛋白质的合成，促进能量代谢，使休眠组织中的某些重要的代谢途径减弱或终止（Wang et al.，1991和1992）。

（四）生长素

关于生长素在休眠调控中具有重要作用的令人信服的证据很少。目前大多认为IAA对休眠解除无效甚至延长休眠，这可能与测定方法、生长素形态有关。Angela（2002）研究发现IAA在休眠解除期间含量虽有明显增加，但并不直接参与休眠的调控。但Thiklin等（1970）的试验表明外源喷施生长素阻止芽的萌发，而且Crabbe（1984，1994）的试验进一步表明减少生长素运输的方法（如拉枝）可以改变休眠的最大深度，使休眠的最大深度变浅。因此，在冬季低温不足的温暖地区把树冠培养成水平方式促进侧芽萌发是一种行之有效的方法。

（五）乙烯

许多报导指出乙烯可以刺激种子的萌发和芽的生长，但其中的大多数调查所用的植物材料没有低温需求。在低温需求植物的研究中，乙烯处理得到的积极效应一般是在低温解除部分休眠或全部休眠解除后（Zimmerman et al.，1977；Paiva et al.，1978）。在需要低温解除休眠的种子或芽子的休眠解除机制中没有表现出乙烯具有重要的调控作用。但有研究者认为乙烯是影响芽休眠解除的主要抑制物质，秋季喷乙烯可使花芽提早进入休眠和延迟完成休眠（Crimoto et al.，1989）。

激素在发挥其生理作用时并不是孤立的，而是相互影响，相互制约。ABA与GA和CTK之间存在拮抗作用（Swartz et al.，1984）。自然休眠的解除不仅与休眠组织内源激素含量的变化有关，而且与休眠组织对激素的敏感性存在重要关系，休眠组织对激素的敏感性强弱取决于休眠组织内激素受体蛋白的数量与活性强度。丛深等（2013）研究表明，GA_3与ABA拮抗作用在葡萄芽休眠解除过程中起主导作用，而ZT、IAA和ABA拮抗作用则起调节作用。

六、休眠解除期间的顶端分生组织动力学

顶端分生组织不仅在休眠诱导期间发生剧烈变化，而且在休眠解除过程中同样发生了

剧烈变化。在休眠解除期间，顶端分生组织逐渐由休眠转向细胞增生，顶端分生组织的活跃生长发育起因于休眠诱导期间顶端分生组织的个体细胞间的中断信号转导网络恢复，细胞间信息交流的恢复（受胞间连丝调控）可能允许与休眠解除有关的小的信号分子、激素以及蛋白质和多肽等物质的共质体运动。共质体联系的阻断是由1，3-β-D-葡聚糖的形成所造成的，而1，3-β-D-葡聚糖据推测可能是由1，3-β-D-葡聚糖合成酶复合体合成的，由1，3-β-D-葡聚糖酶降解。自然低温解除休眠的机制可能是：低温通过促进1，3-β-D-葡聚糖酶的合成并将它们运到胞间连丝附近，在那里，1，3-β-D-葡聚糖酶将葡聚糖降解从而使顶端分生组织的共质体联系恢复，允许顶端分生组织的细胞间相互交换细胞代谢物，使细胞获得生长的能力。Rinne等还指出在休眠解除期间赤霉素可能引起1，3-β-D-葡聚糖酶的活化，而赤霉素在顶端分生组织的单个细胞内由低温诱导合成。

七、休眠解除期间的某些重要生理生化变化

理解休眠解除的生理生化反应网络将有助于确定进行休眠解除措施恰当时间的标志以及与育种相关的标志，并且这些知识还有助于建立一套完善的对环境安全且对植物无毒的关于休眠解除的新策略且有助于理解休眠解除的机制。

（一）水分含量及存在状态的变化

Faust等（1991）用磁共振显像仪（MRI）研究发现处于内休眠状态的芽中自由水含量比处于环境休眠状态的芽中自由水含量低，这表明需冷量的满足与水分从束缚态向自由态转换有关。在需冷量满足期间水分由束缚态向自由态转变，但芽中总含水量未发生变化(Parmentier et al.，1998)，研究表明需冷量高的品种内休眠期间其束缚水含量最高。在休眠解除期间水分逐渐由束缚态向自由态转变（Faust et al.，1995），当通过涂抹TDZ（Liu et al.，1993）或某些胁迫条件如高温使生长恢复时，束缚水迅速转变为自由水。在苹果芽内2/3的水分处于自由状态的内休眠期间，花原基显著增大但没有芽萌发的迹象，在休眠结束时大多数水分处于自由态。王海波（2006）研究表明，水分由束缚态向自由态的转变是短时间高温解除芽自然休眠的原因之一。

（二）膜结构和成分的变化

生物膜是许多特殊酶、离子和激素受体传递的功能位点，膜脂组成决定膜的大量生物特性，能影响与植物休眠、生长恢复有关的一些生化反应。在休眠解除期间，膜成分逐渐发生了对溶质和水透性增加的变化，即自由固醇/磷脂比值下降，不饱和脂类物质/饱和脂类物质比值增加（Wang et al.，1990）。当需冷量被满足时，膜中亚油酸含量急剧下降而亚麻酸含量急剧增加，同时磷脂类和半乳糖类的含量迅速提高，此时亚麻酸/亚油酸比值为1，并且每个芽干重的总磷脂量发生较大增加，到芽萌发时，亚麻酸与亚油酸的比值为2，磷脂浓度增加2倍（Wang et al.，1989）。膜上一系列反应如亚油酸转换为亚麻酸要求大量的还原力和活性氧的参与，同时会产生H_2O_2、超氧阴离子等有毒物质（Norman et al.，1991)，而这些有毒物质抑制去饱和酶——脂肪酶的活性，因而膜上需要一个相应的系统提供大量的还原力并清除H_2O_2、超氧阴离子等有毒物质。Wang等（1988）发现TDZ可以降低芽内自由基含量并诱导萌芽，说明清除自由基与休眠解除有关。现在已知

的自由基清除酶系统包括抗坏血酸自由基还原酶（EC1.6.5.4）、抗坏血酸过氧化物酶（EC1.11.1.11）、超氧化物歧化酶（EC1.15.1.1）、过氧化氢酶（EC1.11.1.6）和过氧化物酶（EC1.11.1.7）等。而谷胱甘肽还原酶（EC1.6.4.2）和脱氢抗坏血酸还原酶（EC1.8.5.1）可提供还原动力 NADPH（Wang et al.，1994）。上述酶活性的升高表明膜功能开始恢复。王海波（2006）研究表明，膜透性的增加是短时间高温解除桃芽自然休眠的原因之一。

（三）呼吸代谢强度及呼吸途径的变化

1. 呼吸代谢强度　落叶果树进入休眠后，芽的分生组织暂时停止活动，新陈代谢强度微弱，树体内只进行基本的生理生化活动，其中呼吸代谢的持续进行是休眠过程的显著特点，呼吸代谢作为生命活动的中心，其强度和途径转变影响并调控植物体器官的生长发育。在正常情况下，整个休眠期间呼吸速率的变化呈倒置的单峰曲线，即低温来临前的深休眠期呼吸强度高，低温来临后的休眠解除期呼吸强度逐渐下降，整个休眠期比较稳定，维持较低的代谢水平，休眠解除后期略有升高，达到苹果树需冷量 80%后，呼吸速率开始上升（Powell et al.，1995）。不同树种、品种间芽呼吸强度存在差异，同一树种不同品种的呼吸强度与该品种的需冷量呈正相关，基本趋势是需冷量高的品种，呼吸强度高，代谢旺盛，反之亦然（高东升，2001）。丛深等（2013）研究表明，在休眠维持与解除期间，葡萄芽的总呼吸速率大致呈单峰曲线，一开始总呼吸有微弱下降，进入有效低温累积期间呼吸稳定在较低水平，在有效低温累积达到品种需冷量的 2/3 前，总呼吸速率迅速上升，休眠解除时达到顶峰，随后逐渐下降（图 4－6）。

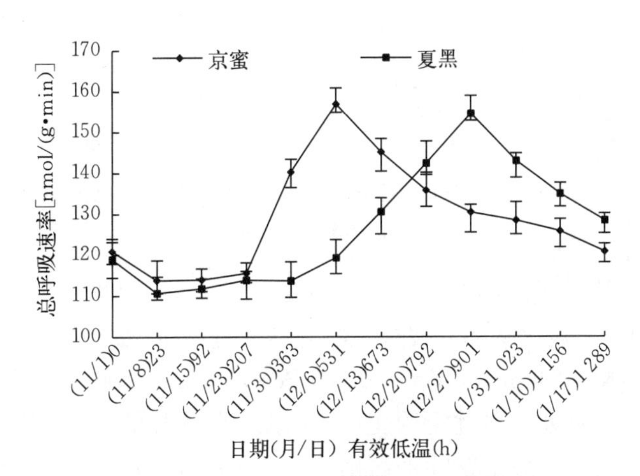

日期(月/日) 有效低温(h)

图 4－6　休眠期京蜜和夏黑葡萄芽总呼吸速率

（引自丛深等，2013）

2. 呼吸代谢途径　植物体内存在着多条呼吸代谢途径。在底物氧化水平上最基本的有 3 条，即三羧酸循环（TCA）、糖酵解途径（EMP）、磷酸戊糖途径（PPP）或称为磷酸己糖支路（HMP），而在电子传递链水平上包括细胞色素主路系统、抗氰呼吸和其他末端氧化系统如多酚氧化酶、抗坏血酸氧化酶等。不同的呼吸代谢途径为生物体提供不同的能荷和还原力，因此不同的器官在不同发育时期有不同的呼吸代谢途径与之相适应。休眠期间的呼吸代谢水平虽较低，总呼吸速率弱，但各呼吸途径所占比例发生显著变化，且达到某一临界值后变化加快。PPP 和 TCA 途径在这一临界值前几乎无变化（Fei et al.，1992），达临界值后迅速上升。Wang（1988）发现苹果芽在休眠解除时，EMP 途径的磷酸甘油醛脱氢酶和丙酮酸激酶上升，说明 EMP 途径和苹果休眠解除密切相关。高东升等（2006）研究认为 PPP 途径的增强是桃、杏和樱桃等核果类果树休眠解除的原因之一，EMP 途径的增强可能是葡萄打破休眠的原因之一。Keilin（2007）、Halaly（2008）和 Pérez（2007）提出了过线粒体是休眠解除刺激的潜在感应中心。叠氮化钠（NaN_3，一种线粒体呼吸抑制剂）和氰胺（HC，常用的破眠剂，能抑制线粒体吸收 O_2）可以有效刺激休眠解除（Pérez，2009），在氰胺刺激下葡萄休眠芽的 TCA 途径会部分受到抑制（Ophir，2009），葡萄休眠解除可能是通过短暂抑制在线粒体中进行的蛋白质脂肪 TCA，从而激活细胞质 EMP 途径诱导休眠解除。丛深等（2013）研究表明，EMP－TCA 途径是葡萄芽休眠解除的关键因素（图 4－7）。

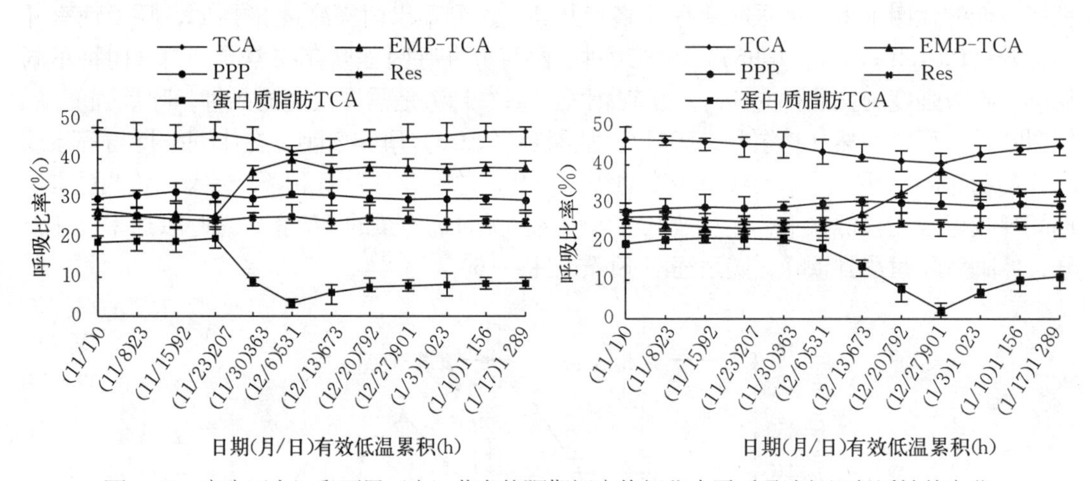

图 4－7　京蜜（左）和夏黑（右）芽在休眠期间底物氧化水平呼吸途径运行活性的变化
（引自丛深等，2013）

线粒体是休眠解除刺激的潜在感应中心（Keilin et al.，2007；Halaly et al.，2008；Pérez et al.，2007），叠氮化钠和氰胺两者都可以抑制线粒体中的细胞色素途径，并有效刺激果树芽休眠的解除（Ophir et al.，2009；Pérez et al.，2009）。王海波等（2006）研究呼吸代谢的电子传递链水平各途径的变化与自然休眠解除的关系表明，抗氰呼吸（交替途径）与曙光油桃芽自然休眠的解除密切相关。丛深等（2013）研究表明，剩余呼吸和交替途径的激活在葡萄芽休眠解除过程中起重要作用。破眠剂处理和带叶休眠处理促进了萌芽期间葡萄芽 EMP－TCA 途径运行活性的增强、PPP 途径运行活性的减弱、细胞色素途径运行活性的增加和交替途径运行活性的降低，从而促进芽的萌发，而冷量不足则阻碍这一过程（图 4－8）。

（四）抗氧化系统酶活性和活性氧含量的变化

Or 等（2000 和 2002）研究表明喷施单氰胺使葡萄解除休眠的过程中，在休眠解除初期 H_2O_2 含量大量增加，同时葡萄芽的正常呼吸代谢瞬时瓦解，这可能是由单氰胺引起的

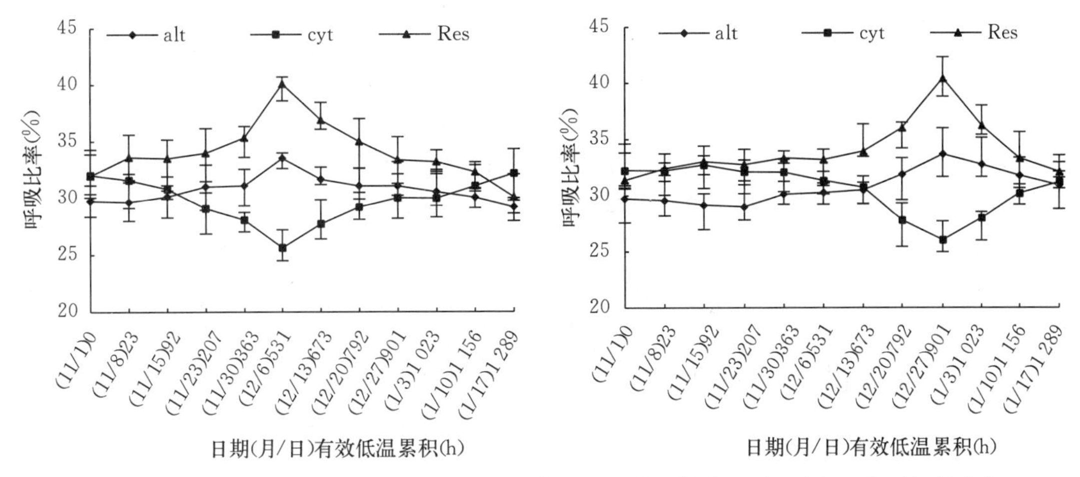

图4-8　京蜜（左）和夏黑（右）芽在休眠期间电子传递链水平呼吸途径运行活性的变化
（引自丛深等，2013）

氧化胁迫产生的；在喷施单氰胺后不久，葡萄的自由基清除酶系统的基因表达完全关闭。上述试验结果与叠氮化物、氰化物和矿物油等破眠剂对呼吸代谢的影响（Wang et al.，1991；Faust et al.，1993）和喷施硫脲、氨腈后自由基清除酶活性下降相一致（Nir et al.，1986）。但是，Wang等（1988）研究表明引起芽萌发的化学破眠剂、低温和高温处理导致苹果芽过氧化物清除系统酶活性增加，同时用电子回旋共振光谱法研究表明，用诱导苹果芽萌发的TDZ处理苹果休眠芽后，苹果休眠芽内自由基的形成减少，上述试验结果表明，芽自然休眠解除与抗氧化酶系统活性增强相一致。王海波（2006）研究发现，"活性氧爆发"即过氧化氢（H_2O_2）含量、超氧阴离子自由基（$\cdot O_2^-$）和羟基自由基（$\cdot OH$）产生速率的迅速增加是短时间高温解除桃芽自然休眠的原因之一。值得注意的是多年生木本植物的冷适应、低温和寒冷引起的反应常常与抗氧化酶系统的活性增强相伴随，抗氧化系统可能使植株免受冰冻胁迫的危害（Guy，1990）。可以想象，使用单氰胺引起的生化事件可能构成了植株对剧烈处理的胁迫反应，这与由自然低温累积引起的生化事件不同。

（五）淀粉和糖含量的变化

碳水化合物是植物芽休眠、萌发、开花的主要能量来源（Sherson，2003），而且还是控制芽发育的信号物质（Roitsch，2004）。碳水化合物含量的变化与生理休眠解除有密切关系，与自然条件下的休眠芽相比，没有经历低温的休眠芽的碳水化合物代谢有很显著地变化（Mohamed，2005）。淀粉是植物自然休眠期间最主要的贮能物质，大多数落叶果树休眠解除前后枝条韧皮部可溶性糖含量增加，而淀粉含量减少（Rossia，2008）。Marquat（1999）发现桃芽在休眠期间不能从其他组织吸收碳水化合物，而是使用自身淀粉分解的蔗糖，而在休眠解除期，芽大量从其他组织吸收可溶性糖供应生长。Maurel（2004）发现在休眠解除期芽内分生组织内的已糖含量和吸收的葡萄糖的量与芽的解除休眠能力呈正相关，由此推断已糖（至少葡萄糖）是引发芽休眠解除的关键。Mohamed（2010）根据葡萄芽内碳水化合物变化将生理休眠分为两个阶段：第一阶段0～300PCU（约为需冷量的2/3），淀粉含量急剧降低，蔗糖含量增加，可能是由于总淀粉分解酶活性（主要是α-

淀粉酶）增加；第二阶段300～500PCU，淀粉酶活性降低，淀粉含量保持稳定。芽内转化酶活性很高，但蔗糖含量却逐渐增加。这是由于转化酶尤其是酸性转化酶的活性增加，提高了芽的“库”强，促使其从其他组织吸收蔗糖，转化酶活性升高也使芽内己糖积累。Mohamed等认为第一阶段淀粉急剧下降是为了适应低温，第二阶段“库”强的提高和芽内己糖积累反映了休眠解除的过程。王海波（2006）研究发现，芽中淀粉向可溶性糖的快速转化是短时间高温解除桃芽自然休眠的部分原因。Mohamed等（2010）发现葡萄芽在有效低温达到需冷量的2/3之后，会从周边组织吸收大量蔗糖分解成己糖，在桃上也有类似结果（Bonhomme，2005；Marquat，1999）。Young等（1995）对苹果芽休眠期间的呼吸商研究发现，休眠后期呼吸底物会逐渐转变为糖类。从深等（2013）研究发现，伴随着葡萄芽休眠的解除，EMP-TCA途径比例在迅速上升的同时蛋白质脂肪TCA比例急剧下降，说明休眠解除时呼吸代谢的底物部分由脂肪和蛋白质变为碳水化合物，由此可以推断休眠解除与植株体内的贮藏营养尤其是碳水化合物有密切关系。

（六）多胺含量的变化

落叶果树休眠期含氮化合物也有一定变化。多胺是组织内的小分子含氮化合物。多胺对植物细胞分裂胚分化、根系诱导以及果实的发育和衰老具有重要调节作用。许多学者对休眠芽内的内源多胺进行了研究：韦军（1995）发现苹果叶芽在进入休眠期后，内源多胺含量并无显著变化，而花芽进入休眠期后，内源多胺含量则呈较明显上升趋势。Wang（1994）发现苹果在满足其需冷量后，腐胺、亚精胺和精胺含量迅速增加。Arnold（1990）发现苹果低温累积过程中，根与梢的皮部总蛋白含量不断增加直至需冷量满足。

（七）其他重要的生理生化变化

芽体内可溶性蛋白质、DNA和RNA含量从休眠开始时缓慢降低，到休眠最深时最低，然后随着休眠的解除又迅速升高，在自然休眠结束时最高，在萌芽前迅速降低（高东升等，1999和2002；陈登文等，2000）。低温处理使砀山酥梨休眠芽和枝的酸解液中羟脯氨酸（Hyp）含量和羟脯氨酸/脯氨酸比值（Hyp/Pro）下降，这可能反应出富含羟脯氨酸的糖蛋白（HRGP）的合成速率降低导致细胞壁逐渐松弛化，为细胞的伸长、扩大创造了条件（赵永灵等，2000）。王海波（2006）研究表明，桃芽中总酚含量的降低是短时间高温解除其自然休眠的原因之一。

八、需热量及其估算模型

（一）需热量

落叶果树开花早晚在理论上主要受到需冷量和需热量两因子的控制，是需冷量和需热量相互作用的结果，这里包含着落叶果树对温度要求不同的两个重要时期，也是落叶果树提早开花的两个重要依据。

同需冷量一样，落叶果树的需热量也具有遗传性，因而不同果树树种、品种的需热量存在差异，但受砧木影响不大（韩晓，2018）。此外，同一品种的需热量存在年际间的差异（谢计蒙，2013）。对同一品种而言，其萌芽要求的热量受到低温累积量的影响，两者具有一定的互补关系，可在一定程度上互相代替，其低温累积量越高，则相应萌芽所需的热量越低，没有满足需冷量的树体其芽萌发比满足需冷量的树体芽萌发需求的热量要多。

（二）估算模型

1. 生长度小时模型　需热量是指从内休眠结束至盛花或 50%芽展叶所需的有效热量累积，又称热量单位累积量或需热积温，常用生长度小时（Growing Degree Hours ℃，记作 GDH℃）表示（Anderson，1992）。每 1 h 给定的温度（t,℃）所相当的热量单位即生长度小时（GDH℃）根据下式计算：

$$\begin{cases} GDH℃=0.0 & t\leqslant 4.5\ ℃ \\ GDH℃=t-4.5 & 4.5\ ℃<t<25.0\ ℃ \\ GDH℃=20.5 & t\geqslant 25.0\ ℃ \end{cases} \quad (4-1)$$

2. 有效积温模型　需热量的计算还可定义为从内休眠结束至盛花所需的有效积温，单位为℃。有效积温是根据树木的生物学零度进行统计，桃的生物学零度为 3.5 ℃(郁香荷，1996)、葡萄的生物学零度为 10 ℃。则需热量根据下式计算：

$$需热量（有效积温）=\sum（日平均气温-生物学零度） \quad (4-2)$$

3. 生长度天模型　需热量的度量还有生长度天（GDD）的计算方法（Caruso et al.，1992；Spano et al.，1999）。生长度天公式以每天的最高温度和最低温度为基础，利用 1～20 ℃(GDD1、GDD2…、GDD20）之间的 20 个阈值温度（TT）(即将 1、2、3…、20 ℃依次作为阈值温度即下限温度）计算热量单位累积。

（三）需热量与需冷量的关系

需冷量和需热量相互作用的基础我们还不理解，但 Champagnet（1983）在研究中提到了需热量的问题，他将只满足部分需冷量的 *Fraxinus excelsior* L. 放在生长箱中培养，只有在高温（20～30 ℃）条件下才能生长，满足的需冷量越多，则植株恢复生长的温度范围越宽，在 8～30 ℃之间。如果植株的需冷量足够高，在春天还未完全满足其需冷量，则此植株对早春较低的生长温度没有反应；相反，如果这些品种的需冷量低或中等，在春天可以完全满足其需冷量，则其在春天能够较早开始生长，植株对早春较低的生长温度就有反应。笔者多年观察到低需冷量桃品种在春天萌芽早于高需冷量桃品种的现象，也进一步验证了上述观点。

考虑到需冷量和需热量的相互关系，我们在解释某些关于春天开始生长所要求的最低生长温度时需要引起注意。例如，*Populus tremuloides* Miosh 和 *Betula papyrifera* Marsh 在日最低温度低于 0 ℃时就开始生长，但是 *Acer rum* L. 和 *Fraxinus nigra* Marsh 的生长恢复需要较高的日最低温度（Kozlowski，1971）。因为需冷量和需热量之间存在相互作用，所以那些在春天生长时要求较高的温度的品种可能实际上具有高的需冷量，如果这些品种得到足够多的低温，则生长恢复的需热量将降低。

笔者试验表明，未经任何有效低温累积的春捷桃和曙光油桃经过长时间的热量累积后仍能萌芽开花结果，这表明对芽萌发而言热量累积是必需的，低温累积并非必需，低温累积只是对热量累积起到补充促进作用，随着低温累积量的增加，则相应芽萌发所需的热量累积量减少。Sparks 研究发现山核桃的萌芽与低温量呈反比，但在没有低温处理的情况下，只要有足够的热量，山核桃就能萌芽，因此 Sparks 指出需冷量大的树种或品种实际上是需热量高，低温只能改变需热量的大小。Smith 报道在加州南部生长的需冷量高的桃品种，没经低温过程的桃芽到 8 月才萌发，他把这一现象归结为热量的积累。

沈元月等（1999）以生长度小时模型计算桃树的需热量，以0～7.2℃模型计算桃树的需冷量，经相关分析表明需冷量和需热量两者之间无内在的直接关系。但胡瑞兰等（2002）以有效积温模型计算需热量，以0～7.2℃模型计算需冷量，研究结果表明桃树品种需冷量与需热量之间呈极显著正相关，两者的相关系数为0.814 4，达极显著相关水平。王海波等（2017）用3种不同的需冷量估算模型（≤7.2℃模型、0～7.2℃模型和犹他模型）和2种不同的需热量估算模型（生长度小时模型和有效积温模型）分别对22种设施葡萄常用品种的需冷量和需热量进行测定，研究发现葡萄常用品种的需冷量和需热量之间呈负相关，即需冷量高的品种其需热量反而低。

因此在设施栽培条件下，为了尽快提早开花，果品提早上市，必须选择低需冷量、低需热量并且果实发育期短的优良品种为宜。

九、休眠的分子生物学

分子生物学的发展为休眠机理的研究开辟了新途径。分子生物学研究可把表面上相关或不相关的现象联系起来，从较多的因素中确定与休眠相关的基因，并从分子水平上阐明休眠的机理。研究休眠的分子技术有多种，包括ABA和GA突变体的利用、分子标记、转基因技术、反义RNA阻止基因表达技术、cDNA克隆技术、蛋白质组技术等。

（一）休眠的基因控制

1. 早期研究 对木本植物进行基因研究存在许多困难，包括生长周期长、基因复杂、自交或杂交不亲和以及同系繁殖退化等问题（Moore et al.，1983）。在1995年以前，多年生木本植物和内休眠相关的性状（包括休眠的诱导、维持和解除）极少从基因方面进行研究，所进行的研究只是对遗传力进行估算以及少量性状的传统的孟德尔基因分析。对无休眠性状的榛子突变体和桃突变体的梢端进行研究表明，无休眠性状受一对隐性基因控制（Thompson et al.，1985），说明自交可以选出无休眠植株。同样，对苹果的芽休眠的长度的广义遗传力估算表明需冷量显著受基因控制。对低需冷量苹果品种安娜的自然杂交或人工杂交后代进行基因研究表明安娜苹果的需冷量至少受一个主要的休眠基因的调控，其他次要基因影响或调整主要基因的效果（Hauagge et al.，1991）。Oppenheimer等（1968）观察到在苹果的杂交群体中低需冷量特性占优势，这说明通过杂交育种途径培育低需冷量品种是可行的。

2. 休眠的数量遗传学分析 除了上述的无休眠性状外，大多数和休眠相关的性状呈数量遗传性状，在子代检验中表现连续分布（Bradshaw et al.，1995；Lawson et al.，1995；Howe et al.，1999和2000），这表明休眠受多基因控制。随着DNA分子标记技术及QTL分析技术的快速发展，个体数量性状基因位点（Quantitative trait loci）在染色体上的位置以及各位点对表型的相对贡献率都能被确定，使得休眠性状非常适合做数量遗传学分析。利用休眠特性差异很大的品种类型进行杂交有利于进行数量性状定位分析（Edwards et al.，1995）。在QTL初级定位的基础上，使目标基因（包括特异性休眠QTL）定位局限在很窄的染色体区域范围内，即QTL精细定位，然后将QTL上的基因分离克隆出来（伊华军，2004）。多年生木本植物内休眠相关数量性状的QTLs及用分子标记进行分离于1995年在苹果（Lawson et al.，1995）和杨树（Bradshaw et al.，1995）上首

次报道。随后 Rowland 等（1999）对蓝莓需冷量性状进行了 QTL 分析。Svendsen（2003）可以准确（92%准确度）区分红山茱萸的低温诱导营养成熟和短光周期诱导营养成熟。

（二）突变体在休眠研究中的应用

利用突变体进行识别并克隆与休眠有关的特异性基因是一种非常有效的方法。Agrawal 等（2001）在水稻中成功地分离出一种缺失玉米黄质环氧化酶基因的突变体，表现为无休眠性状，而这种玉米黄质环氧化酶是 ABA 合成的关键酶，从而说明 ABA 对控制休眠有非常重要的作用。Karssen（1995）利用拟南芥突变体研究说明休眠诱导不仅与 ABA 的合成有关，还与拟南芥对 ABA 的敏感性有关。但是 Welling 等（1997）和 Rinne 等（1998）通过利用桦树 ABA-缺陷型突变体进行试验研究表明在桦树中，与 ABA 对休眠诱导的作用相比，ABA 更直接地参与了光周期调控的冷适应性。Olsen 等（1997）利用杂种杨树光敏色素突变体研究表明，光敏色素在光周期调控的生长停止中非常重要，这种生长停止可能是光敏色素通过调节赤霉素和生长素的生物合成而实现的。

（三）转基因技术在休眠研究中的应用

利用转基因技术研究休眠调控是一种行之有效的方法。Olsen 等（1997）利用转基因杨树成功阐明了光敏色素在休眠诱导中的作用。杨树不像其他多年生木本植物那样不易转化，它能够非常容易地利用土壤农杆菌调控转化和生物手段被转化（Charest et al.，1997）。杨树易被转化的特性毫无疑问将导致未来通过一些候选基因的过量表达或不表达发展许多有用的突变体，这将非常有利于阐明那些调控各种和内休眠有关的性状的基因的作用。杨树易被转化的特性加上杨树基因连锁图谱的获得，而且杨树的基因组小等特性使得杨树成为木本植物分子基因研究的理想工具（Howe et al.，1999）。目前光敏色素 B 基因最近被标记到一个包含芽休眠和萌发 QTL 的连锁组上（Frewen et al.，2000）。

（四）基因组学和蛋白质组学在休眠研究中的运用

休眠的基因调控是复杂的，基因组学（Genome）和蛋白质组学（Proteome）技术是识别这些基因的最有效的方法（Koornneef et al.，2002）。

1. DNA 芯片技术在休眠研究中的运用　1986 年 Thomas Roderick 提出了基因组学概念（Genomics），包括两方面的内容：以全基因组测序为目标的结构基因组学（Structural genomics）和以基因功能鉴定为目标的功能基因组学（Functional genomics），后者又被称为后基因组学（Postgenomics）（李子银等，2000）。随着某些植物基因组序列分析的完成，研究重心开始从揭示生命的所有遗传信息转移到在分子水平的植物基因功能上。

DNA 芯片技术是功能基因组研究的核心方法，也称 DNA 微阵列技术（DNA microarray），该技术能在同一时间内对数千个基因表达谱的差异进行平行分析，从而可以对基因进行大量快速平行研究（Ruan et al.，1998）。DNA 芯片技术在休眠研究中的应用将为休眠基因的研究提供有力的技术支撑。

2. 蛋白质组学在休眠研究中的运用　基因组计划的实现确定了生物有机体全体基因序列，但它并不能直接提供认识各种生理过程的分子基础，其间必须研究这些过程的执行体——蛋白质这一重要环节。蛋白质组学分析旨在解决这一问题。蛋白质组分析以双向凝胶电泳（2D-gel）和质谱（Mass spectrometry）分析为其技术基础，进行蛋白质分离、丰度检测及蛋白质鉴定等（成海平等，2000）。

Gallardo 等（2001）以干燥成熟的拟南芥种子为研究对象，通过蛋白质组技术对种子休眠过程进行了分析，共分离得到 1 300 种蛋白质。Tamura 等（1998）以梨花芽为研究对象，通过蛋白质组技术对花芽休眠过程进行分析共分离得到约 3 000 种蛋白质。结果表明随着低温累积 11 种蛋白质含量出现上升趋势，特别是随着低温累积 19 kD 蛋白出现了不同的变化趋势。高温处理能够增加梨花芽的萌芽率，同时蛋白质也在变化；热激处理后 9 种蛋白质含量增加，2 种蛋白质含量下降，但是热激处理没有诱导出上述 11 种低温诱导蛋白，19 kD 蛋白位点消失，在相似位点出现了一个类似 19 kD 蛋白，这说明热激处理破眠的机制和低温破眠机制差异很大。

蛋白质组学分析在休眠过程中的成功运用为研究植物休眠机理提供了新的手段，但目前蛋白质组学还局限于一些植物种类并仅处于初期阶段，更多地还停留在观测休眠过程中蛋白质是否表达及其表达的水平。所以，今后研究的重点不仅是识别更多的基因及表达蛋白，而且应进一步对休眠过程的特异性基因及蛋白质作功能评定。

（五）展望

目前植物分子生物学领域进展迅速。功能基因组时代的来临使得全面理解许多生长和发育进程的生物学机制不久将成为现实，现在模式植物研究中已取得了许多重大进展。基因组和蛋白质组技术也可用于研究一些有关木本植物芽休眠调控的基本问题。例如，微阵列技术可以被用来区别并鉴定与休眠诱导和休眠解除各自相关的基因，利用上述得到的信息可以将生理反应的调控基因或靶基因与感知基因和信号基因区别开来。基因图谱研究将提供一些有关上述基因中的某些基因是否被标记到调控芽休眠相关性状的连锁组上的信息，到目前为止，至少已经在杨树的某些候选休眠基因上获得成功，这可能为基因和休眠存在因果关系的说法提供强有力的证据。这些信息可以提供休眠相关性状的基因标记，因此对育种工作具有重大的实用价值。QTL 分析（已经在某些植物上获得成功）将确定对休眠性状有重要作用的分子标记，利用 BAC 库和染色体步移策略通过这些分子标记区分一些有用的基因。另外蛋白质组学技术可以对休眠诱导和解除期间的特异蛋白质进行功能鉴定，深入研究休眠诱导和解除过程中各蛋白质之间的相互作用，最终将研究代谢物组或生理物组的靶物，真正理解休眠诱导和解除。对完整的顶端分生组织和侧生组织发生的休眠诱导和休眠解除的分子或生化反应网络的全面理解有助于对园艺作物的芽休眠进行目标操纵（利用化学和物理方法打破休眠或延迟休眠的解除），以获得最大的经济效益。新技术的运用使休眠研究进入了一个新的科学时代，然而对休眠诱导和解除的根本理解需要多种学科的科技工作者联合攻关，包括园艺学家、生理学家、生化学家和分子生物学家在田间、器官、细胞和分子水平上的联合研究。

第五章

设施葡萄的矿质营养需求

第一节　葡萄所需营养元素及其生理功能

一、必需元素及其生理功能

必需元素是指植物正常生长发育所必需而不能用其他元素代替的营养元素。必需元素具备如下特征：缺乏该元素不能完成植物的生命周期；该元素的功能具有不可替代性；该元素必须直接参与植物的新陈代谢。经大量试验证实，植物有碳（C）、氢（H）、氧（O）、氮（N）、磷（P）、钾（K）、钙（Ca）、镁（Mg）、硫（S）、硅（Si）、铁（Fe）、锌（Zn）、硼（B）、锰（Mn）、铜（Cu）、钼（Mo）、氯（Cl）、钠（Na）和镍（Ni）这19种必需元素。当然，随着科学研究的进一步深入，今后也可能发现新的植物必需的营养元素。

葡萄在整个生命活动中，需要量较大的有碳、氢、氧、氮、磷、钾、钙和镁等元素，这些元素一般称为多量元素或大量元素；硫元素需要量中等，因而称为中量元素；铁、锌、硼、锰、铜、钼和氯等需要量少，但对葡萄的生长发育有很大的作用，因而称为微量元素。

不同的必需元素对葡萄的生理作用，概括起来有两点：第一，作为生命物质、原生质的组成成分，在植物的组织结构中起作用，同时为各种生活过程提供能源；第二，具有调节功能，但不参与调节过程中某一具体物质的构成。然而，各个元素参与葡萄生命过程中的作用又截然不同，起着特殊作用。各营养元素按其生化作用和生理功能可以分为四类：第一类营养元素为C、H、O、N和S，其吸收形态为CO_2、HCO_3^-、H_2O、O_2、NO_3^-、NH_4^+、N_2、SO_4^{2-}和SO_2，离子来自土壤溶液，气体来自大气。其生物学功能为有机物质的主要组成成分，是酶催化过程中原子团的必需元素，通过氧化还原反应而同化。第二类营养元素为P和B，其吸收形态为来自土壤溶液中的磷酸盐、硼酸和硼酸盐。其生物学功能为与植物中天然醇类进行酯化作用，磷酸酯参与能量转换反应。第三类营养元素为K、Na、Mg、Ca、Mn和Cl，其吸收形态为来自土壤溶液的离子。其生物学功能分为一般功能和特殊功能，一般功能为形成渗透势，特殊功能为使酶蛋白的构造成为最佳状态，以利酶的活化作用。两种作用物之间的桥梁联结，使非扩散和扩散的阴离子平衡。第四类营养元素为Fe、Cu、Zn和Mo，其吸收形态是来自土壤溶液的离子或螯合物。其生物学功能为主要以螯合物结合于辅基内，通过这些元素原子价的变化而传递电子。

（一）碳

碳元素位于葡萄必需的 8 种大量元素之首，是非常重要而又易被忽视的必需营养元素。植物吸收碳的主要途径：一是经由叶片气孔吸收空气中的二氧化碳，经光合作用转化为碳水化合物，再转化为糖类、蛋白质、氨基酸、纤维素和酶类等重要物质，组成植物的内部组织和能量来源；二是经由植物根部从土壤中直接吸收溶解于水的小分子有机碳如有机酸、氨基酸、多肽和糖类等，输入植物内部经电化学反应形成植物的内部组织和能量来源。有研究表明，在阳光充足时，植物利用 CO_2 的最佳浓度是 0.1%，而自然界空气中的 CO_2 平均浓度只有 0.03%，植物光合作用远没有达到最佳状态，再加上设施栽培或者阴雨天导致的光照度低，植物的光合作用更弱，导致农作物缺碳严重，因此必须重视碳营养元素的补充，可通过增施 CO_2 气肥或有机碳肥（指水溶性有机质，通常以有机物料为原料，经生物发酵或化学分解成粒径在 800 nm 以下的小分子水溶有机碳，可被植物和微生物直接吸收利用，如氨基酸、腐殖酸等）两种途径解决。如果不能向作物供给充足的有效碳，作物就会长期处于“碳饥渴”。碳饥渴一方面导致土壤中微生物的繁殖条件每况愈下，土地肥力下降，氮、磷、钾等肥料利用率下降，土壤酸化、板结；另一方面导致作物生长发育不良，抗病虫害能力和抗寒、抗旱、抗涝等抗逆能力下降，作物产量和品质下降等。由此可见，碳元素是植物生长过程中的必需营养元素，其重要性毋庸置疑。

（二）氢和氧

氢、氧两元素和碳元素一起占植物干重的 90%以上，是植物有机体的主要组成，它们是各种碳水化合物、植物激素、脂肪和酸类化合物的组成成分。此外，氢和氧在植物体内的生物氧化还原过程中也起到很主要的作用。氢和氧元素主要来自水，因此一般不考虑肥料的施用问题。

（三）氮

氮是组成各种氨基酸和蛋白质所必需的元素，而氨基酸又是构成植物体中的核酸、叶绿素、磷脂、生物碱、维生素等物质的基础。氮肥在葡萄整个生命过程中主要促进营养生长，扩大树体，使幼树早成形，老树延迟衰老，因而氮肥又被称为“枝肥”或“叶肥”。此外，氮还具有提高光合效能，增进品质和提高产量的效应。

（四）磷

磷是构成细胞核、磷脂等的主要成分之一，积极参与碳水化合物的代谢和加速许多酶的活化过程，调节土壤中可吸收氮的含量，促进花芽分化、果实发育、种子成熟，增加产量和改进品质；还能提高根系的吸收能力，促进新根的发生和生长，提高抗寒和抗旱能力。

（五）钾

钾对碳水化合物的合成、运转、转化起着重要的作用，可促进果实肥大和成熟，提高品质和耐贮性，并可促进枝条加粗生长和成熟，提高抗寒、抗旱、耐高温和抗病虫害的能力。葡萄特别喜欢钾肥，整个生长期间都需要大量的钾，因而有“钾质作物”之称。

（六）钙

钙是细胞壁的重要组成成分，能稳定细胞膜结构，调节膜的透性和有关的生理生化过程，在植物对离子的选择性吸收、生长、衰老、信息传递以及植物的抗逆性等方面有重要

作用。钙还能促进细胞的伸长和根系生长，参与第二信使传递，调节渗透作用，参与离子和其他物质的跨膜运输。适量钙素可减轻土壤中钾、钠、锰、铝等离子的毒害作用，使植株正常吸收铵态氮，促进根系的生长发育。因此，钙能增强作物抗病能力，改善作物品质，延长贮藏期。

（七）镁

镁是叶绿素、植酸盐（磷酸的贮藏形态）和某些酶的重要组成成分，镁的主要功能是合成叶绿素并促进光合作用，同时对植株的呼吸代谢有一定影响，还参与合成蛋白质，活化和调节酶促反应。镁也可促进果实肥大，改善果实品质。

（八）硫

硫素在生理、生化作用上与氮相似，是蛋白质、氨基酸的组成成分，是酶化反应活性中心的必需元素，也是植物结构的组分元素，主要构成含硫氨基酸、谷胱甘肽、硫胺素、生物素、铁氧还蛋白和辅酶 A 等；同时硫参与叶绿素、维生素 H 和 B 族维生素的合成。因此，硫在植物的光合作用、生长调节、解毒、病虫害抗性和抗逆等过程中也起一定的作用，细胞内许多重要代谢过程都与硫有关。

（九）硼

硼能改进糖类和蛋白质的代谢作用，促进花粉粒的萌发和子房的发育；有利于根的生长及愈伤组织的形成；能提高维生素和糖的含量，增进果实品质。

（十）锌

锌是叶绿素合成的必需元素，参与生长素的代谢过程，是某些酶的组分或活化剂，参与光合作用，促进蛋白质代谢；锌对生殖器官的发育和受精作用也有影响。因此，锌与新梢节间的伸长、叶片的生长、花粉发育以及果粒的充分生长等均有关系。

（十一）铁

铁是叶绿体形成不可缺少的元素，许多重要氧化还原酶（例如光合作用和呼吸作用相关酶）中都含有铁，因此铁在光合作用、呼吸作用和氮代谢等过程中起着重要的作用。

（十二）锰

锰的功能是生长过程中促进酶的活化，与作物的光合、呼吸以及硝酸还原作用关系密切；还协助形成叶绿素，因此叶片褪绿是缺锰的早期症状。

（十三）钼

钼是硝酸还原酶的组成成分，对氮代谢有重要作用；在受精中也有特殊作用；参与磷酸代谢，促进无机磷向有机磷转化；促进植物体内维生素 C 的合成；增强植物抵抗病毒病的能力。

（十四）氯

氯具有调节气孔运动、激活 H^+- ATP 酶、调节渗透压和酸碱平衡、抑制病害发生等作用；氯还参与光合作用，适量氯有利于碳水化合物的合成和转化。

（十五）铜

铜参与植物体内氧化还原反应和光合作用，对花器官的发育、氨基酸活化和蛋白质合成有促进作用。

二、有益元素及其生理功能

在植物体内，有些矿质元素并不是植物所必需的，但它们对某些植物的生长发育或生长发育的某些环节有积极的影响，这些元素称为有益元素或有利元素，例如硒（Se）、钒（V）、钛（Ti）和锗（Ge）等，但有益元素的安全使用区间小，用量和方法需慎重。

（一）硒

硒具有抗氧化作用，硒的抗氧化作用主要通过谷胱甘肽过氧化物酶实现；硒能拮抗重金属，主要是通过与重金属结合成难溶复合物，使其不能被吸收而排出体外，抵御环境污染对植物的危害；硒能抵御逆境，硒是过量自由基的直接清除剂，通过生物抗氧化作用提高植物免疫机制，增强植物对病虫害和各种逆境如高温、低温、干旱、日灼等的抵抗力。因此，硒能改善植株的叶片质量，提高叶片净光合速率、延缓叶片衰老；改善收获物的营养及贮运品质，可溶性糖含量、维生素含量、人体必需的多种矿物元素（硒、锌、钙、磷、镁、铁等）含量和SOD、POD、CAT等活性氧清除酶的活性等明显增加，耐贮运性明显加强，货架期显著延长；改善收获物的产量和商品性能，使果粒及蔬菜表面光洁度明显提高，色泽好，风味浓，口感佳，成熟期一致，且使果品及蔬菜的收获期提前；提高作物的抗病性，有效降低杀虫杀菌剂的使用量，进而降低果品及蔬菜的农药残留，同时硒对砷、汞、铅、镉、铊等有害重金属有拮抗作用，对蔬菜中的硝酸盐有降解作用；提高植株的枝条成熟度和贮藏营养含量，改善植株的越冬性和花芽质量；同时提高果树的抗病性和抗旱、耐高温等抗性。硒过剩，植株通常会表现叶片萎缩干枯、蛋白质合成下降、植物未老先衰等症状。植物体中的硒含量应控制在一个适宜范围内，才能充分发挥硒对植物的有利作用。

（二）钛

钛能提高植物的叶绿素和类胡萝卜素含量，增强光合作用；能提高植物体内多种酶（如固氮酶、过氧化物酶、硝酸还原酶和2－6磷酸酶等）的活性；能促进根系生长，提高吸收土壤养分的能力；能增强作物的抗病、抗寒、抗旱等抗逆能力和抗病能力；能促进作物早熟；具有类激素（生长素和细胞分裂素）效应，有利于细胞核内DNA的活化，能调动内源激素向生长中心输送，促进分化和诱导愈伤组织；促进作物对氮、磷、钾、钙、镁、铁、锰、锌等矿质元素的吸收；为增加作物产量和改善果实品质奠定基础。在生产中使用时，以螯合钛（螯合剂有柠檬酸或氨基酸等）效果最佳。

（三）锗

锗具有直接清除植物体内自由基的作用，同时具有提高SOD、POD、CAT等抗氧化酶活性的作用，进而达到抗衰老的生物学效应；锗具有促进植物生长和增加产量的作用；锗具有提高植物抗寒等抗逆能力的作用；锗能改变植物对矿质元素的吸收和利用，例如锗与硅具有一定的拮抗作用，而锗与硒具有协同增效作用；锗能减轻植株的缺硼症状。锗中毒症状与铁过剩和缺钾症状类似，植株生长受抑制，出现早衰现象。

（四）钒

低浓度钒对植物生长有利，可能在生物氧化还原反应中起作用；钒中毒会减少植物对钙、磷酸盐等营养物质的吸收，导致植株枯萎死亡。

（五）稀土元素

稀土元素是镧系元素和钪、钇等 17 种元素的总称。但目前用于农业上的稀土化合物主要是镧、铈、镨、钕等四种元素。稀土元素可以提高作物产量，改善果实品质，但其作用机制有待于进一步研究。

第二节　营养元素间的相互关系

营养元素之间在土壤或植物中存在协同（协助）或拮抗作用，这种相互作用在大量元素之间、微量元素之间以及微量元素与大量元素之间均有发生（图 5－1）。由于这些相互作用改变了土壤和植物的营养状况，从而调节土壤和植物的功能，影响植物的生长和发育。葡萄生长发育需要多种营养元素，所以在施肥时要全面考虑，不能单一施用某一营养元素，同时必须考虑营养元素之间存在的协同和拮抗作用，务必做到营养元素间的比例协调。

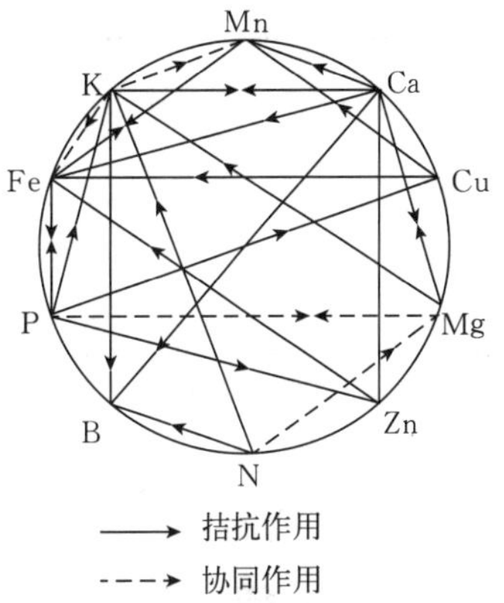

——→ 拮抗作用
- - -→ 协同作用

图 5－1　矿质营养元素间的拮抗和协同作用

一、营养元素间的拮抗作用

营养元素之间的拮抗作用是指某一营养元素（或离子）的存在，能抑制另一营养元素（或离子）的吸收。主要表现在阳离子与阳离子之间或阴离子与阴离子之间。拮抗作用分为双向拮抗和单向拮抗，双向拮抗如镁与钾、铁与锰、镉与铁等。

（一）拮抗竞争作用机理

1. 阳离子间的拮抗

（1）性质相近的阳离子间的竞争　竞争原生质膜上的结合位点，如钾离子（K^+）/铷离子（Rb^+）。

（2）不同性质的阳离子间的竞争　竞争细胞内部负电势，如钾离子（K^+）和钙离子（Ca^{2+}）对镁离子（Mg^{2+}）。

2. 阴离子间的拮抗　竞争原生质膜上的结合位点，如砷酸根（AsO_4^{3-}）/磷酸根（PO_4^{3-}）、氯离子（Cl^-）/硝酸根（NO_3^-）与细胞内阴离子浓度的反馈调节有关。

3. 阳离子与阴离子间的拮抗　铵离子（NH_4^+）与硝酸根（NO_3^-）间拮抗作用：铵离子（NH_4^+）降低细胞对阳离子的吸收，氢离子（H^+）释出减少，使 H^+－NO_3^- 共运输受到影响；进入细胞的铵离子（NH_4^+）对外界氮（N）吸收产生反馈抑制作用。

（二）氮、磷、钾对其他元素的拮抗作用

1. 氮对其他元素的拮抗　氮肥尤其是生理酸性铵态氮多了，会造成土壤溶液中有过多的铵离子，与镁、钙离子产生拮抗作用，影响作物对镁、钙的吸收；过多施氮肥后刺激果树生长，需钾量大增，更易表现缺钾症（表 5－1）。

2. 磷对其他元素的拮抗　磷肥不能和锌同补，因为磷肥和锌能形成磷酸锌沉淀，降

低磷和锌的利用率；如磷肥与锌必须同补，则与有机肥一起施用或锌用螯合锌，如氨基酸锌等；过多施磷肥，多余的有效磷也会抑制作物对氮素的吸收，还可能引起缺铜、缺硼、缺镁。磷过多会阻碍钾的吸收，造成锌固定，引起缺锌。磷肥过多，还会活化土壤中对作物的生长发育有害的物质，如活性铝、活性铁、镉（Cd），对生产不利（表 5-1）。

3. 钾对其他元素的拮抗 施钾过量首先造成浓度障碍，使植物容易发生病虫害，继而在土壤和植物体内发生与钙、镁、硼等阳离子营养元素的拮抗作用，严重时引起脐腐和叶色黄化（表 5-1）。过量施钾往往造成严重减产。

表 5-1 氮、磷、钾对其他元素的拮抗作用

原因	引起缺乏的元素											
	氮	磷	钾	锌	锰	硼	铁	铜	镁	钙	镉	铝
高氮			×	×		×	×	×	×	×		
高磷			×	×		×	×	×	×		×	×
高钾	×			×		×	×		×	×		

注：“×”表示拮抗作用，下同。

氮、磷、钾肥的长期过量施用引起的拮抗作用，今天已经发展到了必须有意施用钙、镁、硫的地步才能加以解决。

（三）钙、镁、硫对其他元素的拮抗作用

1. 钙对其他元素的拮抗 钙过多，阻碍氮、钾的吸收，易使新叶焦边、枝细弱、叶色淡。过量施用石灰造成土壤溶液中过多的钙离子，与镁离子产生拮抗作用，影响作物对镁的吸收（表 5-2）。

2. 镁对其他元素的拮抗 镁过多，枝细果小，易滋生真菌性病害。土壤中代换性镁小于 60 mg/kg，镁/钾比小于 1 即为缺镁（表 5-2）。

钙、镁可以抑制铁的吸收，因为钙、镁呈碱性，可以使铁由易吸收的二价铁转成难吸收的三价铁。

硫对其他元素的拮抗作用见表 5-2。

表 5-2 钙、镁、硫对其他元素的拮抗作用

原因	引起缺乏的元素												
	氮	磷	钾	锌	锰	硼	铁	铜	钼	镁	钙	硫	镉
低钙						×							
高钙	×		×	×		×	×	×		×			
高镁			×	×			×	×			×		
高硫		×							×				×

（四）铁、硼、铜、锰、锌、钼对其他元素的拮抗作用

缺硼影响水分和钙的吸收及其在体内的移动，导致分生细胞缺钙，细胞膜的形成受阻，而且使幼芽及籽粒的细胞液呈强酸性，因而导致生长停止。缺硼可诱发体内缺铁，使抗病性下降（表 5-3）。

铁、硼、铜、锰、锌、钼对其他元素的拮抗作用见表 5-3。

表 5-3　微量元素铁、硼、铜、锰、锌、钼对其他元素的拮抗作用

原因	氮	磷	钾	锌	锰	铁	铜	钼	镁	钙	镉
高锰		×		×		×	×	×	×	×	
高硼	×		×							×	
低硼						×				×	
高铁		×		×	×		×			×	
高铜					×	×		×			
低锌							×				
高锌		×			×	×	×				×
高钼						×					

（五）其他元素之间的拮抗作用

其他元素之间的拮抗作用见表 5-4。

表 5-4　其他元素间的拮抗作用

原因	钙	钠	氯	铅	锰	镁	铬	硅	$H_2PO_4^-$	NO_2^-	NH_4^+
磷			×	×							
钾		×									×
钙		×									
钠					×	×					
NO_3^-	×						×	×	×		
OH^-										×	
NH_4^+	×										
高氯								×			

（六）土壤 pH 对元素的拮抗作用

pH 低时，对阳离子的吸收有拮抗作用，pH 升高，阳离子间的拮抗作用减弱，而阴离子间的拮抗作用增强（表 5-5）。

表 5-5　土壤 pH 对元素的拮抗作用

原因	磷	钾	锌	锰	硼	铁	铜	钼	镁	钙	钠	铯	NH_4^+
高 pH	×	×		×	×			×	×	×	×	×	×
低 pH			×	×	×	×	×		×				

（七）土壤、温度对营养元素的拮抗作用

土壤、温度对营养元素的拮抗作用见表 5-6。

表 5-6　土壤、温度对元素的拮抗作用

原因	氮	磷	钾	锌	锰	硼	铁	铜	镁	钙
排水不良		×			×					
冷性土		×			×		×		×	
土壤黏湿							×		×	
轻沙土	×		×	×	×	×		×	×	×
低土温		×					×		×	
低气温	×	×	×			×				
高气温			×							×

二、营养元素间的协同作用

营养元素之间的协同作用又称协助作用，是指某一营养元素（或离子）的存在能促进另一营养元素（或离子）的吸收。通常，大部分营养元素在适量浓度的情况下，对其他元素有促进吸收作用，促进作用通常是双向的，阳离子与阳离子、阴离子与阴离子、阳离子与阴离子之间均有促进作用，一般多价的促进一价的吸收。

（一）营养元素间协同作用的机理

1. 不同电性离子间的协同作用　电性平衡。

2. 相同电性离子间的协同作用　维茨效应，即外部溶液中钙离子（Ca^{2+}）、镁离子（Mg^{2+}）和铝离子（Al^{3+}）等二价及三价离子，特别是钙离子（Ca^{2+}）能促进钾离子（K^{+}）、铷离子（Rb^{+}）的吸收。但维茨效应是有限度的，高浓度的钙离子（Ca^{2+}）反而会减少植物对其他离子的吸收。

（二）营养元素间的协同作用

大量元素及中微量元素间的协同作用见表 5-7 和表 5-8。镁和磷具有很强的双向协同作用，可使植株生长旺盛，雌花增多，增强作物的抗病性和抗逆能力。钙和镁有双向协同作用，可使果实早熟，硬度好，耐贮运。有双向协同关系的还包括：锰和氮、钾、铜。硼可以促进钙的吸收，增强钙在植物体内的移动性。氯离子是生物化学最稳定的离子，它能与阳离子保持电荷平衡，是维持细胞内的渗透压的调节剂，也是植物体内阳离子的平衡者，其功能是不可忽视的，氯比其他阴离子活性大，极易进入植物体内，因而也加强了伴随阳离子（钠、钾、铵根离子等）的吸收。锰可以促进硝酸还原作用，有利于合成蛋白质，因而提高了氮肥利用率。缺锰时，植物体内硝态氮积累，可溶性非蛋白氮增多。

表 5-7　大量元素间的协同作用

元素	氮	磷	钙	镁	铁	硼	锰	钼	硅	NH_4^+
氮		√		√			√			
磷	√		√	√			√	√	√	
钾	√				√	√	√			√

注：“√”表示协同作用，下同。

表 5-8　中微量元素间的协同作用

元素	氮	磷	钾	钙	镁	铜	锰	锌	钠	硅	NH_4^+	铷	溴
钙		√			√								
镁		√	√	√						√		√	√
铁			√										
硼				√									
铜							√	√					
锰	√	√	√			√							
氯			√						√		√		

（三）其他因素对元素的协同作用

当土壤溶液呈酸性时，植物吸收阴离子多于阳离子；而在碱性反应中，吸收阳离子多于阴离子。其他因素对元素的协同作用见表 5-9。

表 5-9　其他因素对元素的协同作用

因素	氮	磷	钾	钙	镁	铁	硼	铜	锰	钠	硅	NH_4^+	铷	溴
PO_4^{3-}			√	√	√									
SO_4^{2-}			√	√	√									
NO_3^-			√	√	√									
Al			√										√	√
NH_4^+			√											
有机肥	√	√	√	√	√	√	√	√	√		√			

三、营养元素间的交互作用

（一）替代效应

在一定程度上，钠和钾相互之间可以替代。

（二）增效效应（1+1>2 效应）

例如磷和锰、硅和磷相互之间存在增效效应。

（三）高抑低促效应

例如钾和硼、钙和镁相互之间存在高浓度抑制、低浓度促进的效应。

（四）削弱拮抗效应

例如磷可削弱铜和铁之间的拮抗作用。

（五）消除毒害效应

钙可以减轻或消除氢离子、铝、铁和锰过量存在的毒害；镁可以消除过量钙的毒害；钾不仅有一系列营养作用，它还能消除氮肥、磷肥过量而造成的某些不良影响；钼能促进光合作用的强度以及消除酸性土壤中活性铝在植物体内积累而产生的毒害作用；硅肥多呈碱性（pH 9.3～10.5），在酸性土壤施用时，能中和酸性，可以减轻铝离子的毒性、减少磷的固定，改善作物磷营养状况。

（六）其他效应

铝的存在可抑制磷、铁、钙、镁、锰的积累，尤其是镁、铁和锰可降到缺素水平以下。

第三节　设施葡萄对矿质营养的需求规律

设施葡萄对矿质营养需求规律的确定，是设施葡萄生产中肥料高效利用技术和产品研发的基础。2017—2018 年连续两年，中国农业科学院果树研究所葡萄课题组以冬促早栽培（日光温室）条件下贝达嫁接的耐弱光能力强的 87－1 葡萄为试材，在中国农业科学院果树研究所砬山综合试验基地（辽宁兴城）的葡萄核心技术试验示范园内，借助树体解剖法开展研究，明确了设施葡萄对矿质营养的需求规律。

一、设施葡萄对矿质营养的年需求规律

（一）设施葡萄对不同矿质元素吸收分配比率的年变化

从图 5－2 看，各必需矿质元素的吸收贯穿设施葡萄的整个年生长周期，在不同生育阶段的吸收分配比率具有明显的阶段特异性。

萌芽至始花阶段树体对各种养分的吸收需求量均较大，约占全年吸收需求量的 10%。氮、磷和钾的需求量占全年需求量的比率（吸收分配比率）均超过了 14%，其中钾的吸收分配比率最高，为 21.1%；氮其次，为 19.0%；磷第三，为 14.4%；钙和镁略低，分别为 9.5%和 7.6%。除钼较低（6.1%）外，此阶段对各微量元素的吸收分配比率均高于 10%，其中硼最高，为 19.6%；铜和锰次之，分别为 16.2%和 14.5%；铁和锌略低，分别为 11.6%和 10.6%。因此，本阶段不能偏施氮肥，除氮肥外，尤其注意重视钾肥和磷肥的施用，应根据土壤实际情况均衡施肥。

花期（始花至末花阶段），设施葡萄对各矿质元素的吸收分配比率虽然较低，但除钼（4.3%）外，也超过 8.0%，氮、磷、钾、钙、镁、硼、铜、铁、锰和锌等矿质元素的吸收分配比率分别为 13.0%、8.3%、11.6%、10.5%、11.0%、10.4%、8.1%、10.2%、11.3%和 10.7%。因此，目前葡萄生产中花期主要依靠叶面施肥的方法补充养分的做法值得商榷，建议采取土施为主、叶面施肥为辅的方法补充养分。

设施葡萄的幼果发育阶段（末花至果实转色生育阶段）虽然不是所有矿质元素吸收的最大需求期，但各矿质元素的吸收需求量占全年吸收需求量的比率基本超过 20%。本生育阶段，设施葡萄对氮、钾和硼的吸收需求量在各生育阶段中最高，分别占全年吸收需求量的 30.1%、35.0%和 34.9%；对镁、铁、锰、锌、铜、钼的吸收需求量在各生育阶段中居第二位，分别占全年吸收需求量的 23.2%、27.1%、23.1%、21.6%、19.9%和 30.3%；对磷和钙的吸收需求量在各生育阶段中居第三位，分别占全年吸收需求量的 18.9%和 20.6%。因此，本阶段是全年施肥管理的重点，需要注意各养分的均衡供应。

果实转色至采收生育阶段设施葡萄对磷、钙和钼的吸收分配比率较大，本生育阶段的吸收需求量分别占全年吸收需求量的 24.6%、21.9%和 25.5%；氮、铁、锰和锌的吸收

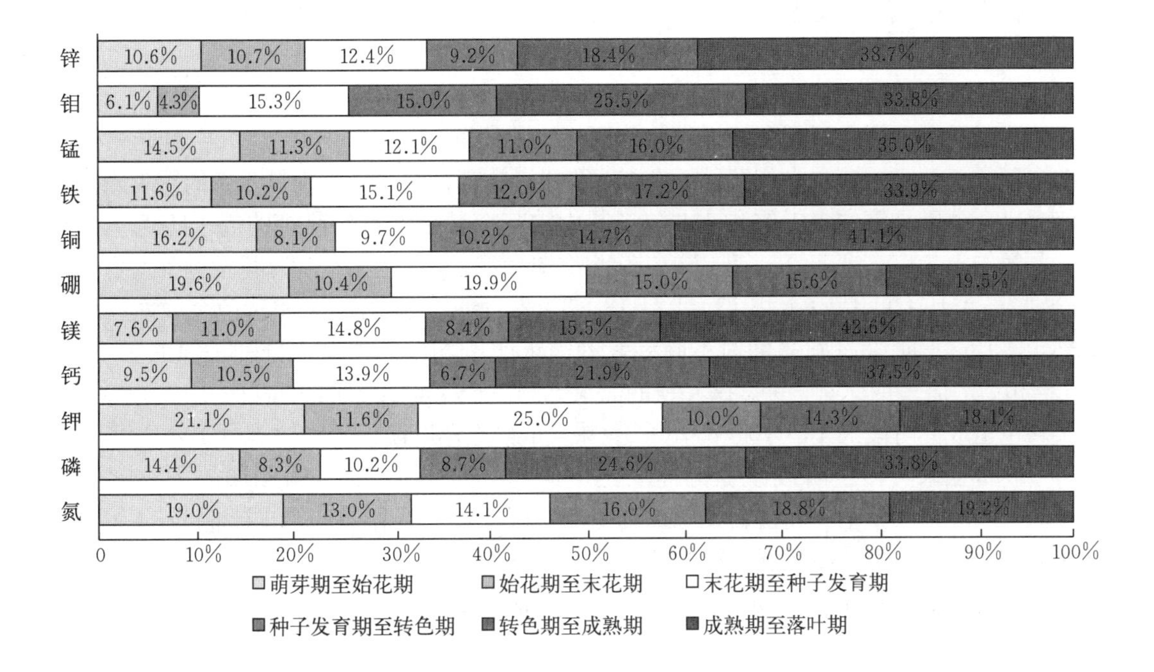

图 5-2　设施 87-1 葡萄不同矿质元素在各生育阶段的吸收分配比率（2017—2018 年连续两年的平均值）
（引自王海波等，2020）

注：某部位某养分含量（mg/g 或 μg/g）=该部位单位干物质质量中含有该养分的质量；某养分单株某生育阶段累积量＝ $\sum$（该生育阶段各部位该养分含量×该生育阶段对应部位干物质的质量）；某生育阶段单株某养分需求量（吸收量）＝后一生育期单株该养分累积量－前一生育期单株该养分累积量；某养分某生育阶段吸收分配比率（%）＝（该生育阶段该养分需求量/全年单株该养分需求量）×100%；某养分需求比例＝该元素需求量：各元素需求总量；某生育阶段某养分吸收速率＝该生育阶段该养分吸收量/该生育阶段天数；全年单株某养分需求量＝ $\sum$ 各生育阶段单株该养分需求量；生产 1 000 kg 果实某养分年需求量＝［单株全年该养分需求量÷单株果实产量（以 kg 计）］×1 000。下同。

分配比率次之，分别为 18.8%、17.2%、16.0%和 18.4%；本生育阶段对钾、镁、硼和铜的吸收分配比率最小，本生育阶段的吸收需求量分别占全年吸收需求量的 14.3%、15.5%、15.6%和 14.7%。果实转色期重点多施钾肥是葡萄生产中的普遍认识，但本研究表明，果实转色至采收生育阶段设施葡萄对钾的吸收需求量并不大，仅占全年吸收需求量的 14.3%，而萌芽至果实转色生育阶段钾的需求量占全年需求量的 67.7%，尤其是末花至果实转色生育阶段，钾的吸收需求量最大，达全年总吸收需求量的 35.0%。因此钾肥的施用重点在前期，末花至果实转色生育阶段（果实膨大期）的施钾量应最大。

果实采收至落叶生育阶段，设施葡萄对大多数矿质元素的吸收需求量在各生育阶段中占比最高，例如本生育阶段，设施葡萄对磷、钙、镁、铜、铁、锰、钼和锌等的吸收需求量占全年的吸收需求量分别高达 33.8%、37.5%、42.6%、41.1%、33.9%、35.0%、33.8%和 38.7%，仅氮、钾和硼略低，但对其的吸收需求量在各生育阶段中也高居第二位和第三位，占全年吸收需求量的 18%以上，这可能与设施葡萄该生育阶段时间较长且存在补偿性生长有关。因此，在各生育阶段中，果实采收至落叶生育阶段的施肥量应最大。

（二）设施葡萄对不同矿质元素需求比例的年变化

设施葡萄对不同矿质元素的需求比例因生育阶段而异（表 5－10）。大中量元素以氮作为参照，萌芽至始花和末花至种子发育两阶段设施葡萄对不同大中量元素的需求比例均以钾最高，分别是氮的 1.1 倍和 1.8 倍；其中末花至种子发育阶段钙的需求比例也高于氮，是氮的 1.3 倍；钙、氮、钾、磷和镁的需求比例在萌芽至始花和末花至种子发育两阶段分别为 7∶10∶11∶3∶1 和 13∶10∶18∶3∶2。始花至末花、果实转色至成熟和果实成熟至落叶这三阶段设施葡萄对不同元素的需求比例均以钙最高，分别是氮的 1.1 倍、1.6 倍和 2.7 倍；钙、氮、钾、磷和镁的需求比例在始花至末花阶段为 11∶10∶9∶3∶2，果实转色至成熟阶段为 16∶10∶8∶5∶2，果实成熟至落叶阶段为 27∶10∶10∶7∶5。果实种子发育至果实转色阶段以氮的需求比例最高，钙、氮、钾、磷和镁的需求比例为 10∶2∶6∶6∶1。就全年而言，设施葡萄对氮、磷、钾、钙和镁的需求比例为 14∶10∶10∶4∶2，需求比例从高到低依次为钙>钾＝氮>磷>镁。

表 5－10 设施 87－1 葡萄各生育阶段不同元素的需求比例（2017—2018 年连续两年的平均值）

（引自王海波等，2020）

生育阶段	各元素比例	
	钙∶氮∶钾∶磷∶镁	硼∶铁∶锰∶铜∶钼∶锌
萌芽期至始花期	7∶10∶11∶3∶1	10∶140∶48∶8∶0.3∶16
始花期至末花期	11∶10∶9∶3∶2	10∶232∶70∶8∶0.3∶20
末花期至种子发育期	13∶10∶18∶3∶2	10∶178∶39∶5∶0.7∶18
种子发育期至转色期	6∶10∶6∶2∶1	10∶189∶48∶7∶0.9∶18
果实转色期至成熟期	16∶10∶8∶5∶2	10∶260∶66∶9∶1.4∶34
果实成熟期至落叶期	27∶10∶10∶7∶5	10∶410∶116∶21∶1.5∶58
全年	14∶10∶10∶4∶2	10∶236∶65∶10∶1∶29

微量元素以硼作为参照，末花至果实种子发育和果实种子发育至转色两阶段设施葡萄对各微量元素的需求比例相近，均以铁需求比例最高，锰次之；硼、铁、锰、铜、钼和锌的需求比例分别为 10∶178∶39∶5∶0.7∶18 和 10∶189∶48∶7∶0.9∶18，需求比例从高到低依次为铁>锰>锌>硼>铜>钼。萌芽至始花和始花至末花两阶段各元素的需求比例比较相近，硼、铁、锰、铜、钼和锌的需求比例分别是 10∶140∶48∶8∶0.3∶16 和 10∶232∶70∶8∶0.3∶20，需求比例的高低排序与末花至果实种子发育和果实种子发育至转色两阶段相同。果实转色至成熟和果实成熟至落叶两阶段硼、铁、锰、铜、钼和锌的需求比例分别是 10∶260∶66∶9∶1.4∶34 和 10∶410∶116∶21∶1.5∶58，需求比例从高到低依次为铁>锰>锌>硼>铜>钼。就全年而言，设施葡萄对硼、铁、锰、铜、钼和锌的需求比例为 10∶236∶65∶10∶1∶29，需求比例从高到低依次为铁>锰>锌>硼＝铜>钼。

(三) 设施葡萄对不同矿质元素吸收速率的年变化

由图5-3可知，设施葡萄对大中量必需元素氮、磷、钾、钙和镁等的吸收速率因生育阶段而异，而且对氮、钾和钙等元素的吸收速率显著高于磷和镁。

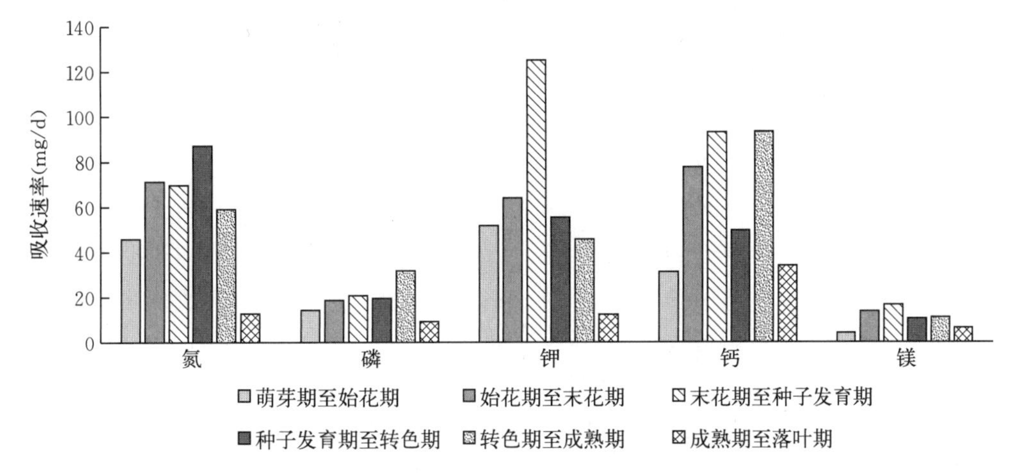

图5-3　设施87-1葡萄不同生育阶段对氮、磷、钾、钙、镁的吸收速率
(2017—2018年连续两年的平均值)
(引自王海波等，2020)

氮在果实种子发育至转色阶段，设施葡萄对其吸收最快，吸收速率为87.1 mg/d；在果实成熟至落叶阶段，设施葡萄对其吸收最慢，吸收速率仅为12.7 mg/d；其他各生育阶段的吸收速率居中，为45.7～71.2 mg/d。

在末花至果实种子发育阶段，设施葡萄对钾的吸收最快（吸收速率125.1 mg/d），分别是萌芽至始花、始花至末花、果实种子发育至转色、果实种子转色至成熟和果实成熟至落叶阶段的2.42倍、1.95倍、2.26倍、2.75倍和10.25倍。

钙在末花至果实种子发育和果实转色至成熟两阶段，设施葡萄对其吸收最快，吸收速率分别为93.0 mg/d和93.3 mg/d；始花至末花阶段次之，吸收速率为77.6 mg/d；在萌芽至始花和果实成熟至落叶两阶段，设施葡萄对其吸收最慢，分别为31.1 mg/d和33.8 mg/d。

磷和镁分别在果实转色至成熟和末花至果实种子发育阶段，设施葡萄对其吸收最快，吸收速率分别为31.7 mg/d和16.7 mg/d；与钙类似，在萌芽至始花和果实成熟至落叶两阶段，设施葡萄对磷和镁的吸收最慢。

与大中量元素类似，铁、锰、锌、硼、铜、钼等必需微量元素的吸收速率同样因生育阶段而异（图5-4）。

铁在末花至果实种子发育阶段，设施葡萄对其吸收最快，吸收速率为3.16 mg/d；在萌芽至始花和果实成熟至落叶两阶段，设施葡萄对其吸收较慢，吸收速率分别为1.19 mg/d和0.96 mg/d；在始花至末花、果实种子发育至转色和果实转色至成熟三阶段吸收速率居中，分别为2.37 mg/d、2.78 mg/d和2.30 mg/d。

锰在始花至末花阶段和果实种子发育至转色阶段的吸收速率最大，两者之间相差不

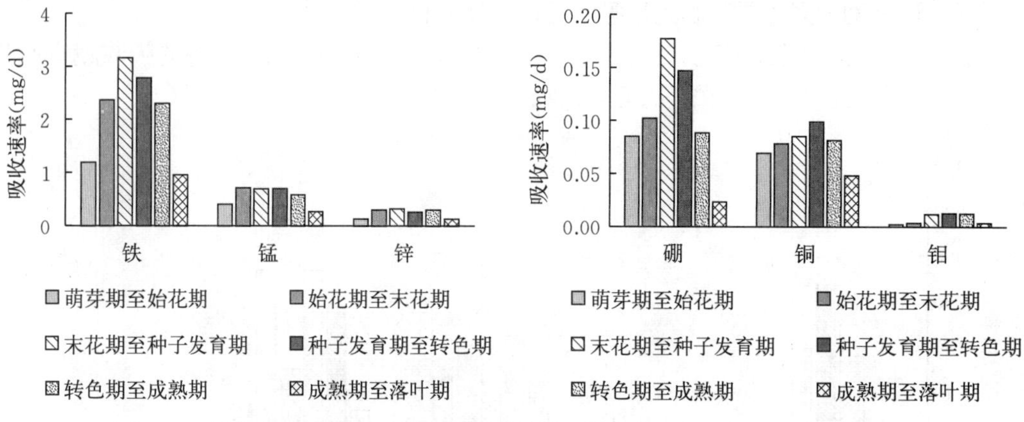

图 5-4　设施 87-1 葡萄不同生育阶段对铁、锰、锌、硼、铜、钼的吸收速率

（2017—2018 年连续两年的平均值）

（引自王海波等，2020）

大，分别为 0.718 mg/d 和 0.701 mg/d，是吸收速率较慢的果实成熟至落叶和萌芽至始花阶段的 2.65 倍和 1.76 倍。

锌在始花至末花阶段和果实转色至成熟阶段的吸收最快，吸收速率分别为 0.306 mg/d 和 0.304 mg/d，是吸收最慢的果实成熟至落叶和萌芽至始花阶段的 2.28 倍。

硼在末花至果实种子发育阶段，设施葡萄对其吸收最快，吸收速率为 0.178 mg/d，是吸收最慢的果实成熟至落叶阶段的 7.74 倍；果实种子发育至转色阶段其次，吸收速率为 0.148 mg/d；萌芽至始花、始花至末花和果实转色至成熟三阶段吸收速率居中，分别为 0.085 mg/d、0.103 mg/d 和 0.089 mg/d。

铜在各生育阶段的吸收速率差异不大，介于 0.048～0.099 mg/d 之间。钼在末花至果实种子发育、果实种子发育至转色和果实转色至成熟三阶段的吸收速率最大，分别为 0.012 mg/d、0.013 mg/d、0.012 mg/d；在萌芽至始花阶段吸收速率最小，为 0.002 mg/d；始花至末花和果实成熟至落叶阶段居中，吸收速率分别为 0.004 mg/d、0.003 mg/d。

（四）设施葡萄对不同矿质元素的年需求量

从表 5-11 可以看出，设施葡萄对各元素的全年需求量从高到低依次为：钙（7.74 kg）＞钾（5.79 kg）＞氮（5.71 kg）＞磷（2.35 kg）＞镁（1.30 kg）＞铁（242.84 g）＞锰（66.48 g）＞锌（29.66 g）＞硼（10.31 g）＞铜（10.13 g）＞钼（0.88 g）。其中，设施葡萄对大中量元素的需求量，以钙最高，钾和氮其次，磷和镁最少。对微量元素的需求量，以铁最高，其次为锰，再次为锌、硼和铜，钼的需求量最低。因此，鲜食葡萄不仅是钾质作物，更是钙质作物。

表 5-11　生产 1 000 kg 设施葡萄果实对各矿质元素的年需求量（2017—2018 年连续两年的平均值）

（引自王海波等，2020）

氮 N(kg)	磷 P(kg)	钾 K(kg)	钙 Ca(kg)	镁 Mg(kg)	硼 B(g)	铜 Cu(g)	铁 Fe(g)	锰 Mn(g)	钼 Mo(g)	锌 Zn(g)
5.71	2.35	5.79	7.74	1.30	10.31	10.13	242.84	66.48	0.88	29.66

二、设施葡萄对矿质营养的吸收、分配与积累特性

（一）设施葡萄对氮元素的累积量及植株氮元素含量的变化

1. 各关键生育期氮元素累积量的部位差异　随生育期延长，植株氮元素的累积量不断增加，至落叶期达 13.75 g/株。同一生育阶段，氮元素的累积量具有明显的部位特异性（图 5-5）。萌芽期，氮元素在主干中的累积量最多，占植株整体的 37.2%；在根中的累积量最少，为 28.2%。始花期、末花期、种子发育期、转色期和成熟期，氮元素在叶片中累积最多，其分配比率分别为 31.2%、36.1%、35.7%、30.6%、29.0%。落叶期，各部位氮元素的累积量多少依次为枝条＞主干＞主蔓＞根＞叶片＞叶柄。

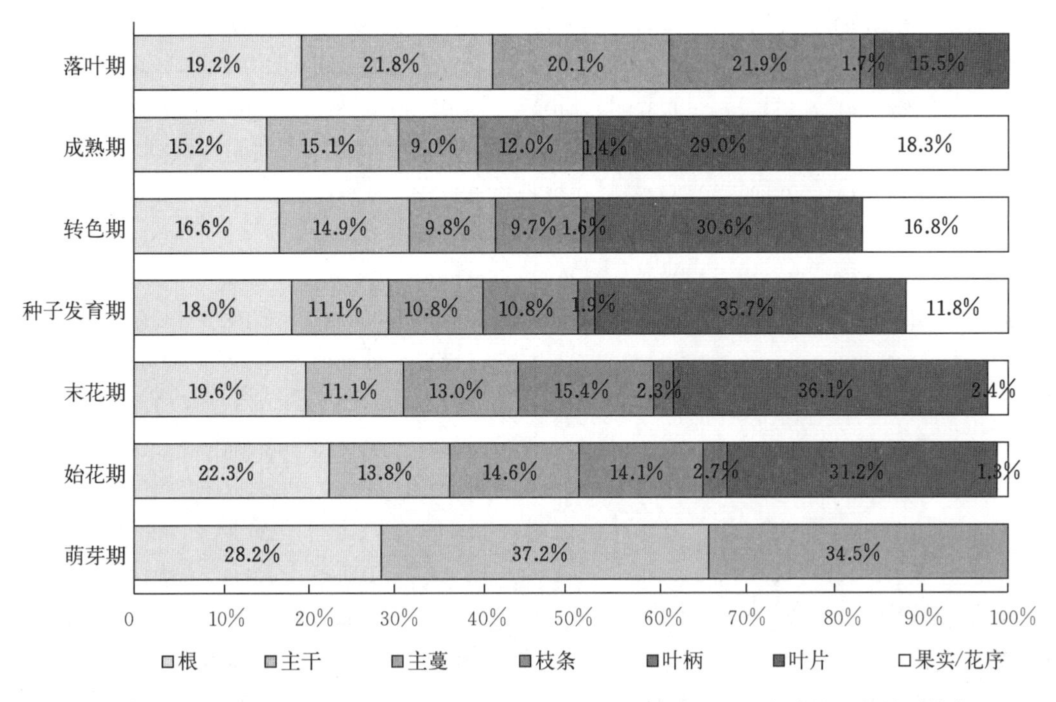

图 5-5　不同生育期各部位氮元素累积量的分配比率（2017—2018 年连续两年的平均值）（引自庞国成，2019）

注：图中百分数指某部位元素累积量占整株累积量的比率，下同。某部位累积量分配比率＝部位累积量/整株累积量×100%，某部位元素累积量＝某部位元素含量×某部位干物质质量，某部位养分含量指某部位单位干物质质量中含有的元素质量，单位为 mg/g 或 μg/g。

2. 各部位氮元素累积量增量的阶段性变化　由表 5-12 知，各器官氮元素累积量的增量变化具有明显的阶段特异性。

（1）萌芽至始花阶段　设施葡萄整株植株氮元素的累积量增加 1.966 g，其中叶片、枝条增加最多，分别为 1.649 g 和 0.747 g；其次是根系、叶柄和花序，分别为 0.240 g、0.144 g 和 0.068 g。主干和主蔓氮元素的累积量分别减少 0.508 g 和 0.374 g，由此可见，该生育阶段新生营养器官所需氮的一部分（占 69.4%）来自外界的吸收获取，另一部分（占 30.6%）来自主干、主蔓的运转。

表 5-12　不同生育期各部位氮元素累积量及增量的变化（2017—2018 年连续两年的平均值）

（引自庞国成，2019）

组织部位	项目	时期							
		萌芽期	始花期	末花期	种子发育期	转色期	成熟期	落叶期	全年
根	累积量（g）	0.939	1.179	1.304	1.460	1.621	1.776	2.210	
	增量（g）		0.240	0.126	0.155	0.162	0.155	0.434	1.272
	增比（%）		12.2	9.3	10.6	9.8	7.9	21.8	12.3
主干	累积量（g）	1.237	0.730	0.739	0.897	1.452	1.763	2.509	
	增量（g）		−0.508	0.010	0.158	0.555	0.310	0.746	1.272
	增比（%）		−25.8	0.7	10.8	33.6	15.9	37.5	12.3
主蔓	累积量（g）	1.147	0.774	0.865	0.873	0.952	1.059	2.314	
	增量（g）		−0.374	0.092	0.007	0.080	0.107	1.254	1.166
	增比（%）		−19.0	6.8	0.5	4.8	5.5	63.1	11.2
枝条	累积量（g）	0.000	0.747	1.023	0.872	0.944	1.401	2.525	
	增量（g）		0.747	0.275	−0.151	0.072	0.458	1.124	2.525
	增比（%）		38.0	20.3	−10.3	4.3	23.5	56.5	24.3
叶柄	累积量（g）	0.000	0.144	0.151	0.154	0.158	0.168	0.192	
	增量（g）		0.144	0.007	0.002	0.004	0.010	0.025	0.192
	增比（%）		7.3	0.5	0.2	0.2	0.5	1.2	1.9
叶片	累积量（g）	0.000	1.649	2.401	2.893	2.991	3.395	1.784	
	增量（g）		1.649	0.752	0.492	0.098	0.404	−1.611	1.784
	增比（%）		83.8	55.6	33.6	5.9	20.8	−81.0	17.2
果实/花序	累积量（g）	0.000	0.068	0.159	0.958	1.643	2.146	2.162	
	增量（g）		0.068	0.091	0.799	0.684	0.503		2.162
	增比（%）		3.4	6.7	54.6	41.4	25.8		20.8
整株	累积量（g）	3.323	5.291	6.642	8.107	9.761	11.708	13.696	
	增量（g）		1.966	1.353	1.463	1.655	1.947	1.988	10.373
	增比（%）		100.0	100.0	100.0	100.0	100.0	100.0	100.0
	吸收量（g）		1.966	1.353	1.463	1.655	1.947	1.988	10.373

注：增量指后一时期与前一时期的累积量之差，增比指某部位增量占整株增量的比例，吸收量指整株的增量，下同。

（2）始花至末花阶段（花期）　设施葡萄整株植株氮元素的累积量增加 1.353 g，各部位氮元素的累积量均增加，其中叶片的增加量最多，其次是枝条，分别增加 0.752 g 和 0.275 g，增加比例分别为 55.6%和 20.3%。

（3）末花至种子发育阶段　整株氮累积量增加 1.463 g，其中果实中增加最多，其次为叶片，分别增加 0.799 g 和 0.492 g，增加比例分别为 54.6%和 33.6%。同时，发现枝条中氮元素的累积量有所减少，这可能是因为坐果后，果实进入第一次膨大期，果实中的

细胞数量快速增加，需要大量的氮，但外界获取速度不足以满足果实生长所需，因此首先利用自身枝条中的氮来满足其供应需求，以保证自身果实的生长。

（4）种子发育至果实转色阶段　设施葡萄整株植株氮元素的累积量增加 1.655 g，其中果实中增加最多，其次为主干，增加比例分别为 41.4%和 33.6%。此阶段氮主要用于果实的生长与主干的生长。

（5）果实转色至成熟阶段　设施葡萄整株植株氮元素的累积量增加 1.947 g，其中果实增加量最多，占整株增加量的 25.8%。此外，枝条、叶片的增加比例也较大，分别为 23.5%和 20.8%，叶柄中增加比例最小，仅为 0.5%。

（6）果实成熟采收至落叶阶段　设施葡萄整株植株氮元素累积量的增加量为 1.988 g，各器官的增加量大小依次为主蔓>枝条>主干>根>叶柄，叶片中的氮累积量减少 1.611 g，由此可见，此阶段中主蔓、枝条、主干等部位增加的氮，一部分来自外界的吸收获取（占 55.2%），另一部分（占 44.8%）来自叶片中的转运回流。

在整个生育周期中，设施葡萄整株植株氮元素的累积量共增加了 10.373 g，其中根、主干、主蔓分别增加了 1.272 g、1.272 g 和 1.166 g，三者增加总量占整株增加量的 35.8%。枝条、叶柄、叶片分别增加 2.525 g、0.192 g 和 1.784 g，三者增加总量占整株增加量的 43.4%。果实中的增加量为 2.162 g，增加比例为 20.8%。由此可见，整个生育期中氮大部分用于新生营养器官（枝条、叶柄、叶片）的生长，仅有 20.8%的氮转化为果实，其余有 35.8%的氮贮存于根、主干、主蔓中。

3. 各部位氮元素含量的阶段性变化　由图 5-6 知，各部位氮含量在不同生育期不同，具有明显的季节特异性。

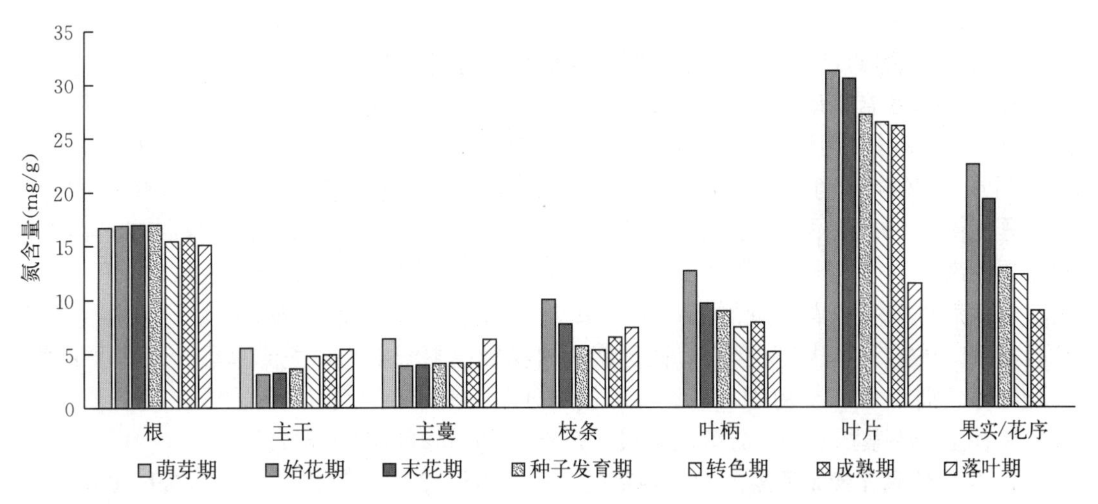

图 5-6　各部位氮元素含量的阶段性变化（2017—2018 年连续两年的平均值）
（引自庞国成，2019）

（1）根　整个生育期中根的氮含量变化不大，基本保持在 15.1～16.7 mg/g。种子发育至果实转色阶段、果实成熟采收至落叶阶段根的氮含量降低，氮的累积量增加，干物质累积速度大于氮的累积速度，根生长相对较快，其他生育阶段根的氮含量增加。

(2) 主干　主干中的氮含量在整个生育期中先降低后增加，萌芽至始花阶段氮含量由5.6 mg/g降低至3.1 mg/g，之后其含量不断增加，至落叶期时含量达5.4 mg/g。

(3) 主蔓　主蔓中的氮含量变化与主干的氮含量变化类似，其中萌芽至始花阶段氮含量由6.4 mg/g降至3.9 mg/g，此后增加，至落叶期时氮含量为6.3 mg/g。

(4) 枝条　枝条中的氮含量在萌芽至转色阶段不断减少，至果实转色时为5.4 mg/g，果实转色至成熟阶段氮含量不断增加。

(5) 叶柄　叶柄中的氮含量在始花期最高为12.7 mg/g，落叶期最低为5.2 mg/g，萌芽期至转色期、成熟期至落叶期，叶柄氮含量不断降低。

(6) 叶片　叶片中的氮含量在整个生育期中不断减少。从萌芽到果实成熟，叶片中氮含量由31.2 mg/g变为26.1 mg/g，此阶段氮累积量不断增加，干物质合成速度大于氮的累积速度，叶片生长。果实成熟采收至落叶阶段氮含量继续降低至11.5 mg/g，这是由于叶片中的氮回流至植株其他器官造成的。

(7) 果实/花序　果实/花序中的氮含量全年呈下降趋势，始花期氮含量最高为22.5 mg/g，成熟期氮含量最低为9.0 mg/g。各生育期果实氮含量下降，氮累积量增加，果实干物质累积速度大于氮的累积速度，果实不断生长。

4. 各关键生育期氮元素含量的部位差异　在相同生育期，各部位的氮含量不同，具有明显的部位特异性（图5-6）。萌芽期根中氮含量最高为16.7 mg/g，主干氮含量最低为5.6 mg/g，主蔓氮含量与主干接近约为6.4 mg/g。始花期、末花期各部位氮含量大小依次为叶片＞花序＞根＞叶柄＞枝条＞主蔓＞主干。种子发育期、转色期、成熟期各部位的氮含量大小依次为叶片＞根＞果实＞叶柄＞枝条＞主蔓＞主干。落叶期各部位的氮含量依次为根＞叶片＞枝条＞主蔓＞主干。

（二）设施葡萄对磷元素的累积量及植株磷元素含量的变化

1. 各关键生育期磷元素累积量的部位差异　随生育期延长，植株磷元素的累积量不断增加，至落叶期，植株磷元素的累积量达5.539 g/株。同一生育阶段，磷元素的累积量具有明显的部位特异性（图5-7）。萌芽期，磷元素在主蔓中累积最多，占设施葡萄整株植株累积量的39.3%，其次为主干，分配比率为38.5%。始花期和末花期，磷元素在主蔓中累积最多，分配比率分别为26.9%和24.5%。种子发育期，磷元素在根中累积最多，占设施葡萄整株植株累积量的20.1%，其余各部位累积量大小依次为主干＞主蔓＞叶片＞枝条＞果实＞叶柄。转色期，磷元素的累积量在主干中的分配比率最大，其次为根，分配比率分别为22.7%和21.5%，在叶柄中分配比率最小，为1.7%。成熟期、落叶期，磷元素在主干中累积最多，分配比率最大，分别为24.2%和24.3%。

2. 各部位磷元素累积量的阶段性变化　由表5-13知，各器官磷元素累积量的增量变化具有明显的阶段特异性。

(1) 萌芽至始花阶段　设施葡萄整株植株磷元素的增加量为0.614 g，根、主干、主蔓、枝条、叶柄、叶片和花序中分别增加0.065 g、0.009 g、0.007 g、0.201 g、0.036 g、0.281 g和0.015 g，增加比率分别为10.6%、1.5%、1.2%、32.7%、5.9%、45.7%和2.5%，其中叶片磷元素累积量的增加量最多，其次为枝条，生殖生长器官花序的增加量较小。

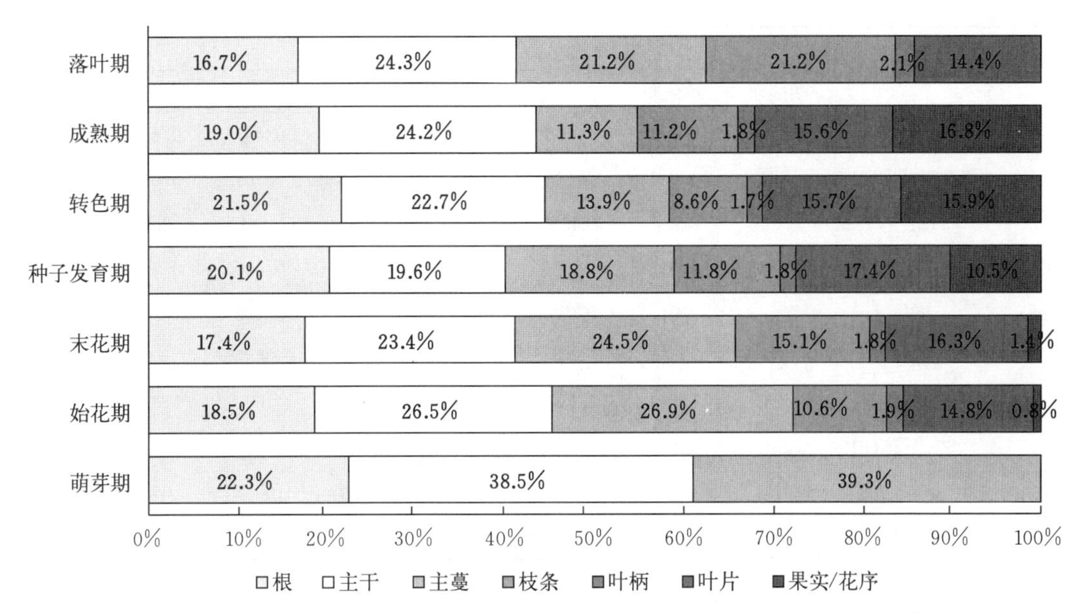

图 5－7　不同生育期各部位磷元素累积量的分配比率（2017—2018 年连续两年的平均值）
（引自庞国成，2019）

表 5－13　不同生育期各部位磷元素累积量及变化（2017—2018 年连续两年的平均值）
（引自庞国成，2019）

部位	项目	时期							
		萌芽期	始花期	末花期	种子发育期	转色期	成熟期	落叶期	全年
根	累积量（g）	0.285	0.350	0.391	0.539	0.656	0.779	0.808	
	增量（g）		0.065	0.041	0.148	0.116	0.123	0.029	0.523
	增比（%）		10.6	11.6	34.2	31.4	11.8	2.0	12.3
主干	累积量（g）	0.492	0.501	0.527	0.527	0.692	0.992	1.178	
	增量（g）		0.009	0.025	0.000	0.166	0.300	0.186	0.686
	增比（%）		1.5	7.2	0.0	44.7	28.6	12.9	16.1
主蔓	累积量（g）	0.503	0.510	0.551	0.505	0.424	0.464	1.028	
	增量（g）		0.007	0.042	−0.046	−0.082	0.040	0.564	0.526
	增比（%）		1.2	11.8	−10.7	−22.1	3.9	39.1	12.3
枝条	累积量（g）	0.000	0.201	0.340	0.315	0.264	0.457	1.028	
	增量（g）		0.201	0.140	−0.025	−0.052	0.194	0.571	1.028
	增比（%）		32.7	39.4	−5.7	−14.0	18.5	39.6	24.1
叶柄	累积量（g）	0.000	0.036	0.040	0.048	0.051	0.075	0.104	
	增量（g）		0.036	0.004	0.008	0.003	0.024	0.029	0.104
	增比（%）		5.9	1.1	1.8	0.7	2.3	2.0	2.4

（续）

部位	项目	时期							
		萌芽期	始花期	末花期	种子发育期	转色期	成熟期	落叶期	全年
叶片	累积量（g）	0.000	0.281	0.366	0.466	0.480	0.641	0.697	
	增量（g）		0.281	0.085	0.099	0.014	0.161	0.056	0.697
	增比（%）		45.7	24.1	22.9	3.9	15.4	3.9	16.4
果实/花序	累积量（g）	0.000	0.015	0.032	0.281	0.485	0.690	0.696	
	增量（g）		0.015	0.017	0.248	0.205	0.205		0.696
	增比（%）		2.5	4.8	57.3	55.3	19.6		16.3
整株	累积量（g）	1.280	1.894	2.247	2.681	3.052	4.098	5.539	
	增量（g）		0.614	0.354	0.433	0.370	1.046	1.442	4.260
	增比（%）		100.0	100.0	100.0	100.0	100.0	100.0	100.0
	吸收量（g）		0.614	0.354	0.433	0.370	1.046	1.442	4.260

（2）始花至末花阶段　设施葡萄整株植株磷元素的累积量增加 0.354 g，各部位累积量增加大小依次为枝条＞叶片＞主蔓＞根＞主干＞花序＞叶柄。其中花序的增加量为 0.017 g，增加比率为 4.8%。

（3）末花至种子发育阶段　设施葡萄整株植株磷元素的增加量为 0.433 g，占全年增加量的 10.2%，其中果实中增加最多，为 0.248 g，增加比率为 57.3%。此阶段主蔓、枝条中的累积量有所减少，这可能是因为此阶段果实对磷的需求速率较大，植株外界获取磷的速度不足以满足果实生长发育的需要，因此需要利用自身器官的磷进行补充。

（4）种子发育至果实转色阶段　设施葡萄整株植株磷元素的增加量为 0.370 g，其中果实中增加最多，为 0.205 g，增加比例为 55.3%。此阶段主蔓、枝条中的磷累积量有所减少，这可能是因为此阶段果实对磷的需求速率仍然较大，为满足果实自身生长发育的要求，其中一部分磷来自自身其他部位的转运。

（5）果实转色至成熟阶段　设施葡萄整株植株磷元素的增加量为 1.046 g，各部位累积量增加大小依次为主干＞果实＞枝条＞叶片＞根＞主蔓＞叶柄。其中果实增加 0.205 g，增加比例为 19.6%，较之前两个生长发育阶段增加比例有所降低。

（6）果实成熟采收至落叶阶段　设施葡萄整株植株磷元素的累积量增加 1.442 g，其中枝条与主蔓累积量增加量最多，增加比率分别为 39.6%和 39.1%。这可能是因为果实采收后植株获取的磷主要用于越冬贮藏。

整个年生育期中，设施葡萄整株植株磷元素的累积量共增加 4.260 g，其中根、主干、主蔓分别增加 0.523 g、0.686 g 和 0.526 g，增加总量占整株增加量的 40.7%，枝条、叶柄、叶片的累积量分别增加 1.028 g、0.104 g 和 0.697 g，增加总量占整株增加量的 43.0%，果实累积量全年增加 0.696 g，增加比率为 16.3%。由此可见，磷大部分用于营养生长，仅有 16.3%被果实利用。

3. 各部位磷元素含量的阶段性变化　由图 5－8 知，各部位磷含量在不同生育期并不一致，具有明显的季节特异性。

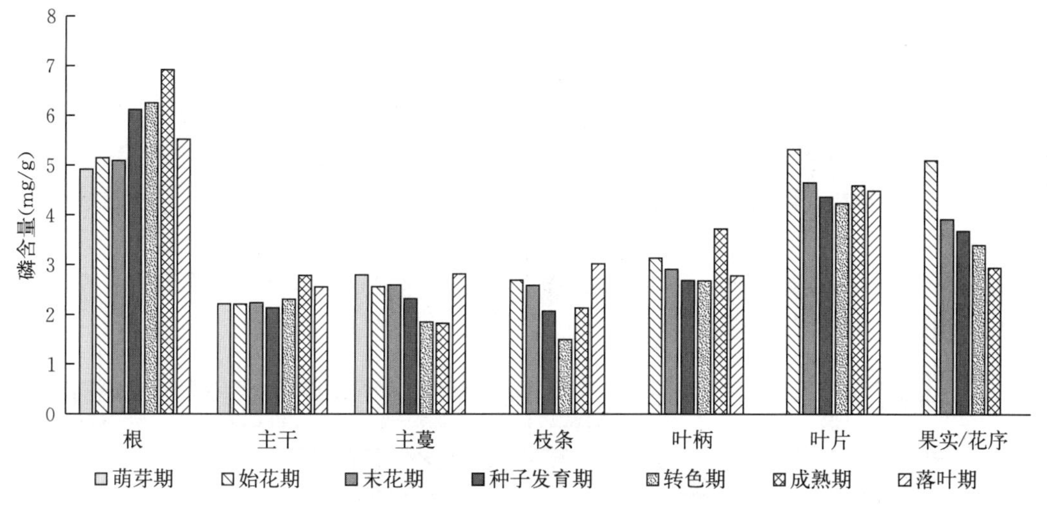

图 5－8　各部位磷元素含量的阶段性变化（2017—2018 年连续两年的平均值）
（引自庞国成，2019）

（1）根　根中磷含量从萌芽到果实成熟呈增加趋势，至成熟期含量达到最高，为 6.9 mg/g，此后降低，至落叶期时为 5.5 mg/g。

（2）主干　主干中的磷含量在整个生育期中变化不大，从种子发育期到果实成熟期含量不断升高。

（3）主蔓　主蔓中的磷含量呈先降低后增加的趋势，在萌芽期含量最高，为 2.8 mg/g，至成熟期时最低，为 1.8 mg/g，随后又升高至 2.8 mg/g。

（4）枝条　枝条中的磷含量呈先降低后增加的趋势，在萌芽期至果实转色期含量不断降低，至转色期时为 1.5 mg/g，随后其含量不断增加，至落叶期时含量为 3.0 mg/g。

（5）叶柄　叶柄中的磷含量在果实转色期至果实成熟期由最低的 2.7 mg/g 增加至最高的 3.7 mg/g，其他生育阶段其含量不断降低。

（6）叶片　叶片中的磷含量在萌芽期至转色期、成熟期至落叶期不断降低，其中萌芽期最高，为 5.3 mg/g，转色期最低，为 4.2 mg/g。

（7）果实/花序　果实/花序中的磷含量在整个生育期中不断降低，其中始花期磷含量最高，为 5.1 mg/g，成熟期磷含量最低，为 2.9 mg/g。

4. 各关键生育期磷元素含量的部位差异　在同一生育期，不同部位的磷含量不同，具有明显的部位特异性（图 5－8）。萌芽期根中的磷含量最高为 4.9 mg/g，主干的磷含量最低为 2.2 mg/g。始花期叶片中磷含量最高为 5.3 mg/g，主蔓中的磷含量最低为 2.2 mg/g。末花期、种子发育期各部位的磷含量大小依次为根＞叶片＞花序/果实＞叶柄＞主干、主蔓、枝条。转色期根中的磷含量最高为 6.2 mg/g，枝条中的磷含量最低为 1.5 mg/g，两部位的磷含量差别较大。成熟期各部位磷含量大小依次为根＞叶片＞叶柄＞果实＞主干＞枝条＞主蔓。落叶期根中的磷含量最高为 5.5 mg/g，主干中的磷含量最低为 2.6 mg/g。

(三) 设施葡萄对钾元素的累积量及植株钾元素含量的变化

1. 各关键生育期钾元素累积量的部位差异 随生育期的延长，整株植株钾元素的累积量不断增加，萌芽期钾累积量最低为 2.10 g/株，落叶期钾累积量最高为 12.61 g/株。在不同关键生育期，钾元素的累积量具有明显的部位特异性（图 5－9）。萌芽期，钾在主蔓中累积最多，占整株植株累积量的 53.4%；在根中的累积最少，分配比率为 8.2%。始花期，钾在主蔓中累积最多，分配比率为 28.2%；在花序中累积最少，分配比率仅为 1.7%。末花期、种子发育期，钾在枝条中累积最多，其分配比率分别为 33.9%和 24.4%，转色期、成熟期在果实中累积最多，分配比率分别为 30%和 35.2%，落叶期在枝条中分配比率最大为 28.0%。

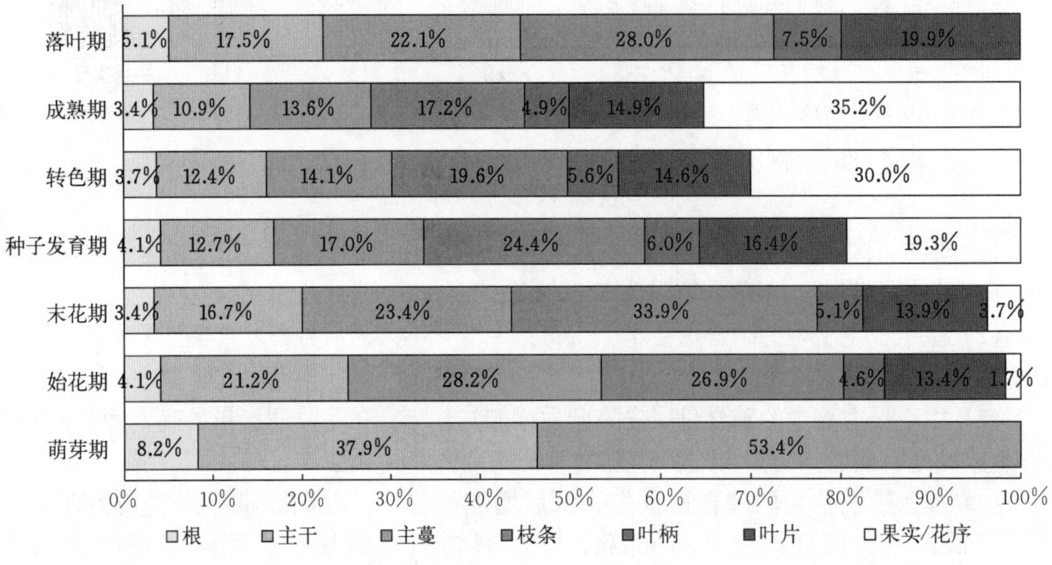

图 5－9 不同生育期各部位钾元素累积量的分配比率（2017—2018 年连续两年的平均值）
（引自庞国成，2019）

2. 各部位钾元素累积量的阶段性变化 由表 5－14 知，各部位钾元素累积量的增量变化具有明显的阶段特异性。

表 5－14 不同生育期各部位钾元素累积量及变化（2017—2018 年连续两年的平均值）
（引自庞国成，2019）

部位	项目	时期							
		萌芽期	始花期	末花期	种子发育期	转色期	成熟期	落叶期	全年
根	累积量（g）	0.172	0.175	0.187	0.336	0.340	0.361	0.449	
	增量（g）		0.003	0.012	0.149	0.004	0.021	0.087	0.276
	增比（%）		0.1	0.9	5.7	0.4	1.4	4.6	2.6
主干	累积量（g）	0.795	0.913	0.920	1.038	1.139	1.166	1.536	
	增量（g）		0.118	0.008	0.117	0.102	0.027	0.370	0.741
	增比（%）		5.3	0.6	4.5	9.7	1.8	19.4	7.0

（续）

部位	项目	时期							
		萌芽期	始花期	末花期	种子发育期	转色期	成熟期	落叶期	全年
主蔓	累积量（g）	1.119	1.214	1.296	1.385	1.300	1.457	1.941	
	增量（g）		0.095	0.082	0.089	−0.085	0.157	0.484	0.822
	增比（%）		4.3	6.7	3.4	−8.1	10.4	25.4	7.8
枝条	累积量（g）	0.000	1.160	1.873	1.993	1.804	1.839	2.467	
	增量（g）		1.160	0.713	0.120	−0.189	0.034	0.629	2.467
	增比（%）		52.1	58.7	4.6	−17.9	2.3	33.0	23.4
叶柄	累积量（g）	0.000	0.197	0.280	0.492	0.512	0.527	0.660	
	增量（g）		0.197	0.084	0.212	0.020	0.016	0.133	0.660
	增比（%）		8.8	6.9	8.1	1.9	1.0	7.0	6.3
叶片	累积量（g）	0.000	0.579	0.768	1.335	1.348	1.590	1.751	
	增量（g）		0.579	0.188	0.568	0.013	0.242	0.161	1.751
	增比（%）		26.0	15.5	21.6	1.2	16.1	8.5	16.6
果实/花序	累积量（g）	0.000	0.073	0.203	1.575	2.763	3.768	3.807	
	增量（g）		0.073	0.130	1.372	1.188	1.005		3.807
	增比（%）		3.3	10.7	52.2	112.9	66.9		36.2
整株	累积量（g）	2.086	4.311	5.527	8.154	9.206	10.708	12.611	
	增量（g）		2.225	1.216	2.626	1.053	1.502	1.903	10.526
	增比（%）		100.0	100.0	100.0	100.0	100.0	100.0	100.0
	吸收量（g）		2.225	1.216	2.626	1.053	1.502	1.903	10.526

（1）萌芽至始花阶段　设施葡萄整株植株钾元素的累积量增加 2.225 g，根、主干、主蔓、枝条、叶柄、叶片和花序分别增加 0.003 g、0.118 g、0.095 g、1.160 g、0.197 g、0.579 g 和 0.073 g，其中枝条中增加最多，占整株植株增加量的 52.1%，其次是叶片，增加比例为 26.0%，花序增加较少，增加量与增加比率分别为 0.073 g 和 3.3%。此阶段新梢生长旺盛，生殖生长刚刚开始，钾主要供应于营养生长。

（2）始花至末花阶段　整株植株钾元素的累积量增加 1.216 g，其中枝条增加最多，为 0.713 g，增加比率为 58.7%，其他各部位的增加量大小依次为叶片＞花序＞叶柄＞主蔓＞根＞主干。

（3）末花至种子发育阶段　整株植株钾元素的累积量增加 2.626 g，其中果实增加量最多，为 1.372 g，增加比率为 52.2%，其他各部位的增加量大小依次为叶片＞叶柄＞根＞枝条＞主干＞主蔓。由此可见，此阶段钾的供应中心由营养生长器官转向至生殖生长器官。

（4）种子发育至果实转色阶段　整株植株钾元素的累积量增加 1.053 g，其中果实增加 1.188 g，主蔓、枝条钾累积量分别减少 0.085 g、0.189 g，这表明钾在植株内部发生转运，由营养生长器官主蔓、枝条转运至生殖生长器官果实中，这可能是因为此阶段果实对钾的需求量较大且需求速率较快，仅靠外界的吸收不足以及时提供果实生长所需的钾，因此需要由其他部位来提供一部分钾以满足自身果实生长发育的需求，从而主蔓、枝条中的钾出现负积累。

(5) 果实转色至成熟阶段　整株植株钾元素的累积量增加 1.502 g，其中果实增加最多，为 1.005 g，增加比率为 66.9%，其他各部位增加量大小依次为叶片＞主蔓＞枝条＞主干＞根＞叶柄。此时期依然是以生殖生长器官增加为主。

(6) 果实成熟期至落叶阶段　整株植株增加 1.903 g，各部位的增加量大小依次为枝条＞主蔓＞主干＞叶片＞叶柄＞根，此阶段果实采收，枝条生长且木质化，其含量增加最多。

在整个生育期中，钾累积量共增加了 10.526 g，其中根、主干、主蔓分别增加 0.276 g、0.741 g 和 0.822 g，三部位增加总量占整株增加量的比率为 17.5%。枝条、叶柄和叶片分别增加 2.467 g、0.660 g 和 1.751 g，三部位增加总量占整株增加总量的 46.3%。果实中钾元素的累积量增加 3.807 g，占全年整株增加量的 36.2%。由此可见，整个生育期中大部分钾用于新生营养器官枝条、叶柄和叶片的生长，其余钾一大部分用于果实的生长，一小部分用于根、主干和主蔓等贮藏器官的生长。

3. 各部位钾元素含量的阶段性变化　由图 5－10 知，各部位钾含量在不同生育期不同，具有明显的季节特异性。

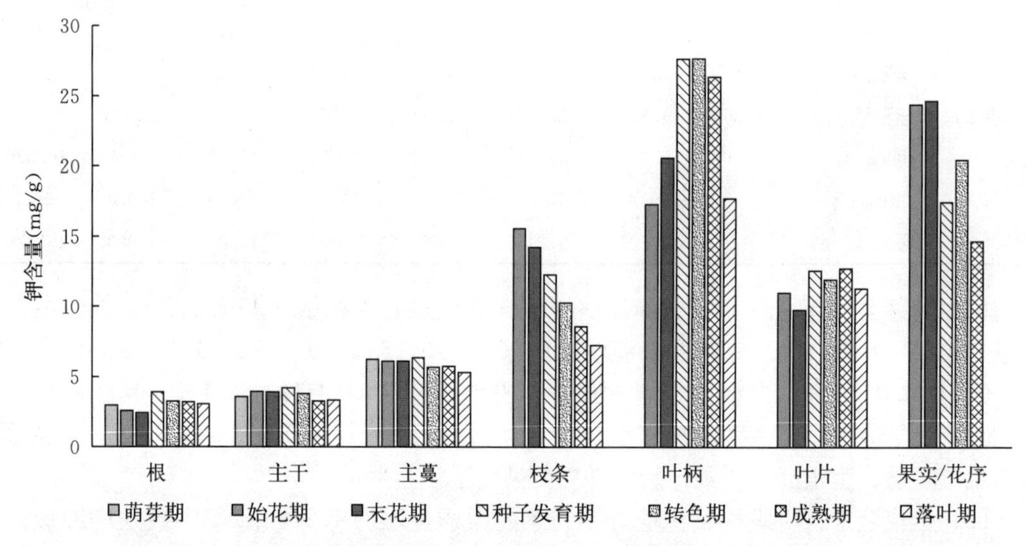

图 5－10　各部位钾元素含量的阶段性变化（2017—2018 年连续两年的平均值）

（引自庞国成，2019）

(1) 根　根中钾含量在整个生育期中变化较小，在 2.4～3.9 mg/g 之间。其中末花至种子发育阶段根中钾含量增加，其他生育阶段含量降低。

(2) 主干　主干中的钾含量变化较其他部位较小，变化范围在 3.3～4.2 mg/g 之间。其中种子发育期主干钾含量最高为 4.2 mg/g，此后不断降低，至成熟期时钾含量最低为 3.2 mg/g，随后钾含量有所增加但变化不大。

(3) 主蔓　主蔓中的钾含量整体呈下降趋势，变化范围在 5.3～6.4 mg/g 之间。

(4) 枝条　枝条中的钾含量在整个生育期中不断下降，萌芽期最高，为15.6 mg/g，

落叶期最低，为 7.2 mg/g。

(5) 叶柄　叶柄中的钾含量在整个生育期中变化较大，萌芽期最低，为 17.3 mg/g，随生育期延长，含量不断增加，至转色期时含量最高，为 27.7 mg/g，此后含量不断降低，至落叶期时含量为 17.7 mg/g。

(6) 叶片　叶片中的钾含量在成熟期最高，为 12.7 mg/g，在始花期时最低，为 9.8 mg/g。整个生育期中，始花至末花阶段、种子发育至果实转色期、成熟期至落叶期含量降低，其他生育阶段叶片钾含量增加。

(7) 果实/花序　果实/花序中的钾含量在末花期最高为 24.7 mg/g，成熟期最低为 14.7 mg/g。末花至种子发育阶段、果实转色至成熟阶段，果实生长迅速，干物质累积速度大于钾的累积速度，钾含量降低。

4. 各关键生育期钾元素含量的部位差异　由图 5 - 10 知，各生育期中不同部位的钾含量不同，具有明显的部位特异性。萌芽期根、主干和主蔓中的钾含量分别为 3.0 mg/g、3.6 mg/g 和 6.2 mg/g。始花期、末花期各部位的钾含量大小依次为果实/花序>叶柄>枝条>叶片>主蔓>主干>根。种子发育期、转色期、成熟期各部位的钾含量大小依次为叶柄>果实>叶片>枝条>主蔓>主干>根。

(四) 设施葡萄对钙元素的累积量及植株钙元素含量的变化

1. 各关键生育期钙元素累积量的部位差异　随生育期的延长，整株植株钙元素的累积量不断增加，萌芽期整株植株钙元素的累积量为 3.04 g/株，至落叶期时，整株植株钙元素的累积量为 17.1 g/株。在各关键生育期中，钙元素的累积量具有明显的部位特异性（图 5 - 11）。萌芽期、始花期、末花期和转色期，钙元素在主干中累积最多，分配比率分

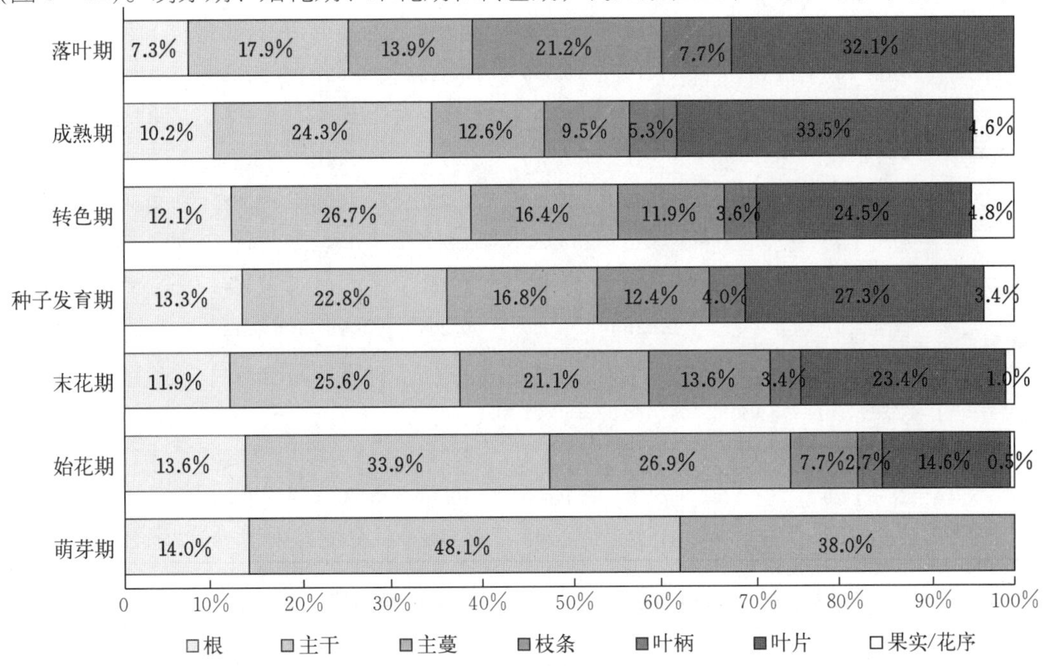

图 5 - 11　不同生育期各部位钙元素累积量的分配比率（2017—2018 年连续两年的平均值）
（引自庞国成，2019）

别为48.1%、33.9%、25.6%和26.7%。种子发育期、成熟期和落叶期，钙元素在叶片中累积最多，分配比率分别为27.3%、33.5%和32.1%。

2. 各部位钙元素累积量的阶段性变化 由表5-15知，各部位钙累积量的增加量在不同生育阶段并不一致，具有明显的季节特异性。

表5-15 不同生育期各部位钙元素累积量及变化（2017—2018年连续两年的平均值）
（引自庞国成，2019）

部位	项目	时期							
		萌芽期	始花期	末花期	种子发育期	转色期	成熟期	落叶期	全年
根	累积量（g）	0.425	0.594	0.696	1.040	1.061	1.202	1.208	
	增量（g）		0.169	0.102	0.344	0.022	0.140	0.007	0.783
	增比（%）		12.6	6.9	17.6	2.3	4.6	0.1	5.6
主干	累积量（g）	1.461	1.486	1.499	1.777	2.333	2.868	2.954	
	增量（g）		0.024	0.014	0.278	0.555	0.536	0.086	1.493
	增比（%）		1.8	0.9	14.2	59.0	17.4	1.6	10.6
主蔓	累积量（g）	1.155	1.178	1.236	1.313	1.436	1.491	2.293	
	增量（g）		0.024	0.058	0.077	0.123	0.055	0.802	1.138
	增比（%）		1.8	3.9	4.0	13.1	1.8	15.2	8.1
枝条	累积量（g）	0.000	0.339	0.795	0.971	1.038	1.126	3.504	
	增量（g）		0.339	0.457	0.176	0.067	0.088	2.378	3.504
	增比（%）		25.3	31.0	9.0	7.1	2.9	45.1	24.9
叶柄	累积量（g）	0.000	0.119	0.198	0.315	0.319	0.625	1.282	
	增量（g）		0.119	0.079	0.116	0.004	0.306	0.657	1.282
	增比（%）		8.9	5.4	6.0	0.5	9.9	12.4	9.1
叶片	累积量（g）	0.000	0.641	1.370	2.127	2.141	3.966	5.307	
	增量（g）		0.641	0.730	0.757	0.014	1.825	1.341	5.307
	增比（%）		48.0	49.5	38.7	1.5	59.3	25.4	37.7
果实/花序	累积量（g）	0.000	0.021	0.057	0.262	0.418	0.546	0.554	
	增量（g）		0.021	0.036	0.205	0.156	0.129		0.554
	增比（%）		1.6	2.4	10.5	16.6	4.2		3.9
整株	累积量（g）	3.041	4.378	5.851	7.805	8.746	11.824	17.102	
	增量（g）		1.336	1.475	1.952	0.942	3.078	5.277	14.061
	增比（%）		100.0	100.0	100.0	100.0	100.0	100.0	100.0
	吸收量（g）		1.336	1.475	1.952	0.942	3.078	5.277	14.061

（1）萌芽至始花阶段 设施葡萄整株植株钙元素的累积量增加1.336 g，其中叶片增加最多，占整株植株增加量的48.0%；其次为枝条，增加比率为25.3%；花序的增加量最小，增加比率仅为1.6%。

（2）始花至末花阶段 整株植株钙元素的累积量增加1.475 g，其中叶片增加最多，

为 0.730 g，占整株增加量的 49.5%；花序钙元素累积量的增加量较小，为 0.036 g，增加比率为 2.4%。其他部位增加量大小依次为枝条>根>叶柄>主蔓>主干。

（3）末花至种子发育阶段　整株植株钙元素的累积量增加 1.952 g，各部位增加量大小依次为叶片>根>主干>果实>枝条>叶柄>主蔓。

（4）种子发育至果实转色阶段　整株植株钙元素的累积量增加 0.942 g，其中主干增加最多，其次为果实。其他各部位的增加量大小依次为主蔓>枝条>根>叶片>叶柄。

（5）果实转色至成熟阶段　整株植株钙元素的累积量增加 3.078 g，其中叶片增加最多，增加比率最大，为 59.3%；其次为主干，增加比率为 17.4%；果实中钙元素的累积量增加 0.129 g，增加比率为 4.2%。

（6）果实成熟采收至落叶阶段　整株植株增加量为 5.277 g，其中枝条增加最多，增加比率为 45.1%。

全年植株钙元素的累积量共增加 14.061 g，其中根、主干和主蔓分别增加 0.783 g、1.493 g、1.138 g，三者增加总量占全年整株植株增加量的 24.3%。枝条、叶柄和叶片钙元素的累积量分别增加 3.504 g、1.282 g、5.307 g，增加总量占全年整株植株增加量的 71.8%。果实中钙元素的累积量增加 0.554 g，增加比率仅为 3.9%。由此可见，在整个生育期中，绝大多数钙用于新生营养器官的生长，仅有少量的钙被果实利用，其余 24.3%的钙用于根、主干和主蔓等贮藏器官的生长。

3. 各部位钙元素含量的阶段性变化　由图 5－12 知，各部位钙含量在不同生育期不同，具有明显的季节特异性。

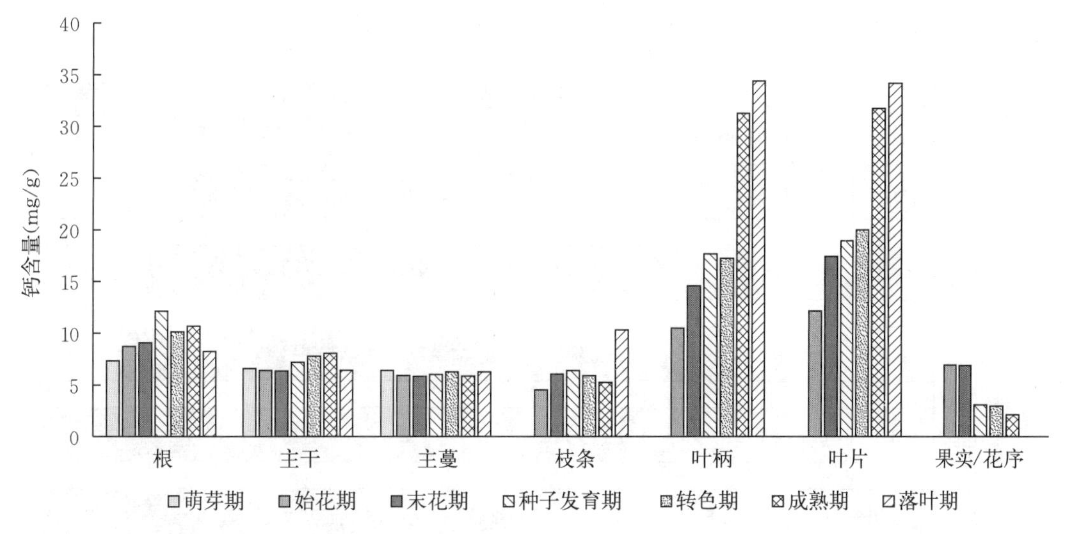

图 5－12　各部位钙元素含量的阶段性变化（2017—2018 年连续两年的平均值）
（引自庞国成，2019）

（1）根　根中的钙含量在整个生育期中呈先增加后降低的趋势。种子发育至果实转色阶段、果实成熟至落叶阶段钙含量降低，此时钙累积量不断增加，干物质累积速度大于钙的累积速度，根快速生长，其他生育阶段根钙含量不断增加。

（2）主干　主干中的钙含量在萌芽至末花阶段有所减少但变化不大，在 6.4～

6.6 mg/g之间，末花期以后钙含量不断增加，至成熟期时钙含量为 8.0 mg/g，此后钙含量降低。

（3）主蔓　整个生育期中主蔓钙含量变化不大，基本保持在 5.8～6.4 mg/g 之间。

（4）枝条　枝条钙含量在萌芽期最低为 4.5 mg/g，在落叶期时最高为 10.3 mg/g，种子发育期至成熟期钙含量降低，其他生育期钙含量增加。

（5）叶柄　叶柄中的钙含量在始花期最低，除种子发育至果实转色阶段外，其他生育阶段叶柄钙含量不断增加。

（6）叶片　叶片中的钙含量在萌芽期最低，落叶期最高，随生育期的延长钙含量不断增加。

（7）果实/花序　果实/花序钙含量全年呈下降趋势，始花期钙含量最高为 6.9 mg/g，成熟期钙含量最低为 2.1 mg/g。

4. 各关键生育期钙元素含量的部位差异　由图 5－12 知，相同生育期时，各部位的钙含量不同，具有明显的部位特异性。萌芽期根、主干和主蔓中的钙含量比较接近，在 6.4～7.3 mg/g 之间。始花期和末花期各部位钙含量大小依次为叶片、叶柄＞根＞花序＞主干＞主蔓、枝条。种子发育期、转色期和成熟期各部位钙含量大小为叶片＞叶柄＞根＞主干＞主蔓、枝条＞果实。落叶期各部位的钙含量大小依次为叶片＞叶柄＞枝条＞根＞主干＞主蔓。

（五）设施葡萄对镁元素的累积量及植株镁元素含量的变化

1. 各关键生育期镁元素累积量的部位差异　随生育期的延长，植株镁累积量不断增加，至落叶期镁累积量为 2.92 g/株。相同的生育期内镁累积量在各部位的分配并不一致，具有明显的部位特异性（图 5－13）。

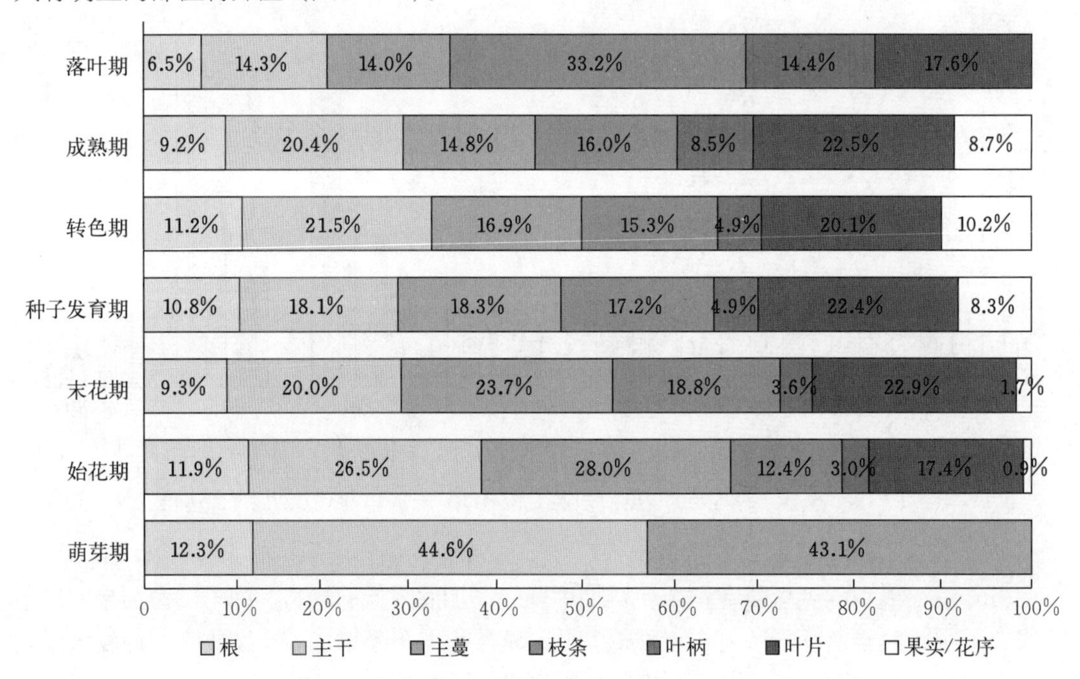

图 5－13　不同生育期各部位镁元素累积量的分配比率（2017—2018 年连续两年的平均值）
（引自庞国成，2019）

(1) 萌芽期　镁全部位于根、主干和主蔓中，其中在主干的分配比率最大，为44.6%。

(2) 始花期和末花期　镁在主蔓中分配最多，分配比率分别为28.0%和23.7%。

(3) 种子发育期和成熟期　镁在叶片中累积最多，分配比率分别为22.4%和22.5%。

(4) 转色期　各部位的累积量大小依次为主干>叶片>主蔓>枝条>根>果实>叶柄。

(5) 落叶期　镁在枝条中累积最多，分配比率为33.2%，其他部位的分配比例大小依次为叶片>叶柄>主干>主蔓>根。

2. 各部位镁元素累积量的阶段性变化　由表5-16知，各部位镁累积量增加量在不同生育阶段不同，具有明显的季节特异性。

表5-16　不同生育期各部位镁元素累积量及变化（2017—2018年连续两年的平均值）

（引自庞国成，2019）

部位	项目	时期							
		萌芽期	始花期	末花期	种子发育期	转色期	成熟期	落叶期	全年
根	累积量（g）	0.069	0.088	0.093	0.146	0.173	0.176	0.177	
	增量（g）		0.019	0.005	0.053	0.027	0.003	0.002	0.108
	增比（%）		10.4	2.0	15.2	13.5	0.8	0.2	4.6
主干	累积量（g）	0.250	0.196	0.200	0.245	0.333	0.389	0.394	
	增量（g）		−0.054	0.004	0.045	0.088	0.057	0.004	0.144
	增比（%）		−30.1	1.6	12.8	44.5	15.5	0.4	6.1
主蔓	累积量（g）	0.241	0.207	0.237	0.247	0.261	0.282	0.383	
	增量（g）		−0.035	0.031	0.010	0.015	0.021	0.101	0.142
	增比（%）		−19.5	11.7	2.8	7.3	5.7	10.1	6.0
枝条	累积量（g）	0.000	0.092	0.188	0.231	0.236	0.306	0.910	
	增量（g）		0.092	0.096	0.044	0.005	0.070	0.603	0.910
	增比（%）		51.2	36.9	12.5	2.4	19.2	60.1	38.6
叶柄	累积量（g）	0.000	0.022	0.036	0.066	0.075	0.162	0.395	
	增量（g）		0.022	0.013	0.031	0.009	0.087	0.233	0.395
	增比（%）		12.3	5.2	8.8	4.5	23.7	23.3	16.8
叶片	累积量（g）	0.000	0.128	0.229	0.302	0.311	0.429	0.483	
	增量（g）		0.128	0.100	0.073	0.009	0.119	0.054	0.483
	增比（%）		71.8	38.5	20.8	4.5	32.5	5.4	20.5
果实/花序	累积量（g）	0.000	0.007	0.017	0.112	0.158	0.167	0.172	
	增量（g）		0.007	0.010	0.095	0.046	0.009		0.172
	增比（%）		3.8	3.9	27.1	23.1	2.6		7.3
整株	累积量（g）	0.560	0.740	1.000	1.349	1.547	1.911	2.914	
	增量（g）		0.179	0.260	0.350	0.198	0.365	1.003	2.355
	增比（%）		100.0	100.0	100.0	100.0	100.0	100.0	100.0
	吸收量（g）		0.179	0.260	0.350	0.198	0.365	1.003	2.355

（1）萌芽至始花阶段 设施葡萄整株植株镁元素的累积量增加 0.179 g，根、枝条、叶柄、叶片和花序中分别增加 0.019 g、0.092 g、0.022 g、0.128 g、0.007 g，增加比率分别为 10.4％、51.2％、12.3％、71.8％和 3.8％。其中叶片增加最多，其次为枝条，主干和主蔓中镁元素的累积分别减少 0.054 g 和 0.035 g。由此可见，此阶段中镁更多地用于叶片、枝条的生长，其中一部分（66.8％）来自外界的获取，另一部分（33.2％）来自自身主干、主蔓中的转运。这可能是因为此阶段叶片、枝条生长过快，对镁的需求速率较快，同时根系吸收能力较弱，因此需要在植株自身主干、主蔓中获取一部分镁，以满足植株叶片、枝条的生长需要。

（2）始花至末花阶段 设施葡萄整株植株镁元素的累积量增加 0.260 g，其中叶片增加量最多，为 0.100 g，占整株增加量的 38.5％；其次为枝条，增加比率为 36.9％；花序中的增加量与增加比率较小，分别为 0.010 g、3.9％。

（3）末花至种子发育阶段 设施葡萄整株植株镁元素的累积量增加 0.350 g，其中果实中增加最多为 0.095 g，增加比率为 27.1％。其他各部位的增加量大小依次为叶片＞根＞主干＞枝条＞叶柄＞主蔓。

（4）种子发育至果实转色阶段 设施葡萄整株植株镁元素的累积量增加 0.198 g，其中主干增加最多，增加比率为 44.5％；其次为果实，增加量与增加比例分别为 0.046 g 和 23.1％。枝条的增加量最小，增加比率仅为 2.4％。

（5）转色至果实成熟阶段 设施葡萄整株植株镁元素的累积量增加 0.365 g，其中叶片增加最多，增加比率为 32.5％；果实中的增加量为 0.009 g，增加比例较小为 2.6％。

（6）果实成熟至落叶阶段 设施葡萄整株植株镁元素的增加量为 1.003 g，其中枝条增加最多，增加比率为 60.1％。

整个生育期中，设施葡萄整株植株镁元素的累积量共增加 2.355 g，其中根、主干和主蔓分别 0.108 g、0.144 g 和 0.142 g，三部位增加总量占植株增加总量的 16.7％；枝条、叶柄和叶片的增加量为 0.910 g、0.395 g 和 0.483 g，三部位增加总量占植株增加总量的 75.9％；果实中镁元素的累积量增加 0.172 g，增加比率为 7.3％。由此可见，整个生育期中，镁元素绝大部分用于新生营养器官枝条、叶柄和叶片的生长，仅有 7.3％的镁用于果实的生长。

3. 各部位镁元素含量的阶段性变化 由图 5－14 知，各部位镁元素的含量在不同生育期不同，具有明显的季节特异性。

（1）根 根中的镁含量在 1.2～1.7 mg/g 之间，整个生育期中含量变化不大。其中，种子发育期镁含量最高，为 1.7 mg/g，随后含量不断降低，至落叶期时含量为 1.2 mg/g。

（2）主干 主干中镁元素的含量在整个生育期中变化不大，其中萌芽至始花阶段、成熟至落叶阶段含量降低，其他生育阶段主干中镁元素的含量增加。

（3）主蔓 主蔓中镁元素的含量在萌芽期最高，为 1.3 mg/g，在其他生育期含量变化不大，约为 1.1 mg/g。

（4）枝条 枝条中镁元素的含量在萌芽期最低，为 1.2 mg/g，落叶期含量最高，为 2.7 mg/g。在种子发育至果实转色阶段减少，其他生育阶段含量不断增加。

（5）叶柄 叶柄镁元素的含量在整个生育期中不断增加，由萌芽期的 1.9 mg/g 增加

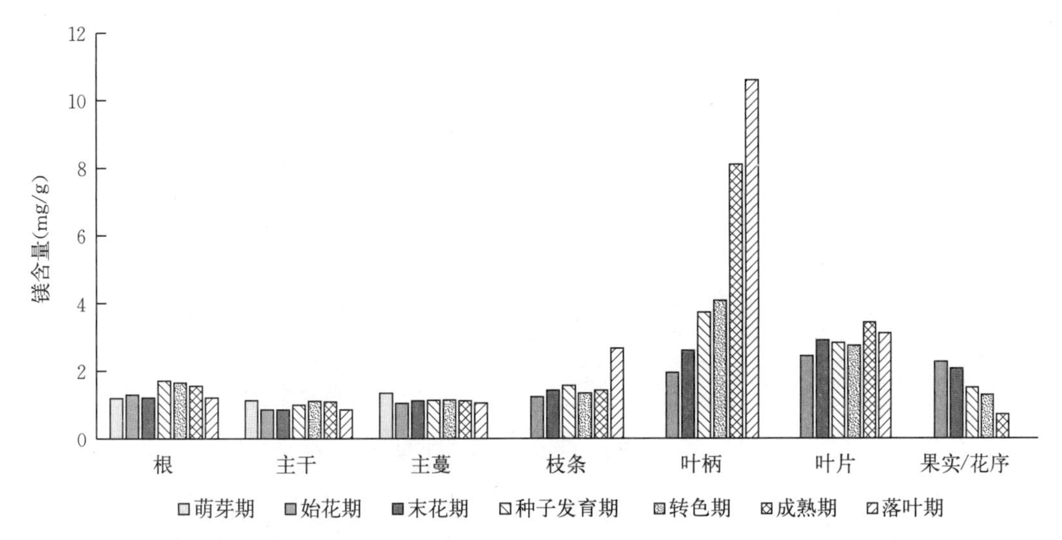

图 5－14　各部位镁元素含量的阶段性变化（2017—2018 年连续两年的平均值）
（引自庞国成，2019）

至落叶期的 10.6 mg/g，含量变化较大。

（6）叶片　叶片镁元素的含量在萌芽期最低，为 2.4 mg/g，成熟期含量最高为 3.4 mg/g，其中末花至果实转色阶段、果实成熟采收至落叶阶段镁元素的含量降低，其他生育阶段镁元素的含量增加。

（7）果实/花序　随生育期的延长，果实/花序中镁元素的含量不断降低，由萌芽期的 2.3 mg/g 降低至成熟期的 0.7 mg/g。

4. 各关键生育期镁元素含量的部位差异　由图 5－14 知，在同一关键生育期各部位的镁含量不同，具有明显的部位特异性。

（1）萌芽期　各部位中镁元素的含量差别很小，其中主蔓中镁元素的含量最高，为 1.3 mg/g；主干中镁元素的含量最低，为 1.1 mg/g。

（2）始花期　各部位的镁元素含量大小依次为叶片＞花序＞叶柄＞根＞枝条＞主蔓＞主干。

（3）末花期　叶片中镁元素含量最高，主干中镁元素含量最低，其他各部位的镁元素含量大小依次为叶柄＞果实＞枝条＞根＞主蔓。

（4）种子发育期　各部位镁元素的含量差别较大，其中叶柄含量最高，为 3.7 mg/g；主干中镁元素含量最低，为 1.0 mg/g；其他各部位镁元素含量大小依次为叶片＞根＞枝条＞果实＞主蔓。

（5）果实转色期　各部位的镁元素含量大小依次为叶柄＞叶片＞根＞枝条＞果实＞主蔓＞主干。

（6）成熟期和落叶期　叶柄中的镁元素含量最高，分别为 8.1 mg/g 和 10.6 mg/g。各部位镁含量差别较大。

（六）设施葡萄对硼元素的累积量及植株硼元素含量的变化

1. 各关键生育期硼元素累积量的部位差异　随生育期的延长，设施葡萄整株植株硼元素的累积量不断增加，至落叶期植株硼累积量达 23.65 mg/株。各生育期中硼元素的累积量在各部位的分配不同，具有明显的部位特异性（图 5－15）。萌芽期硼元素在主蔓中累积最多，为 2.17 mg，占整株累积量的 39.35%。始花期硼元素在主干中累积最多，为 2.16 mg，分配比率为 25.1%。末花期、种子发育期和转色期硼元素在叶片中累积最多，分配比率分别为 25.1%、22.9%和 23.0%。成熟期和落叶期硼元素在主干中累积最多，分别为 4.44 mg、5.01 mg，分别占整株累积量的 22.2%和 26.9%。

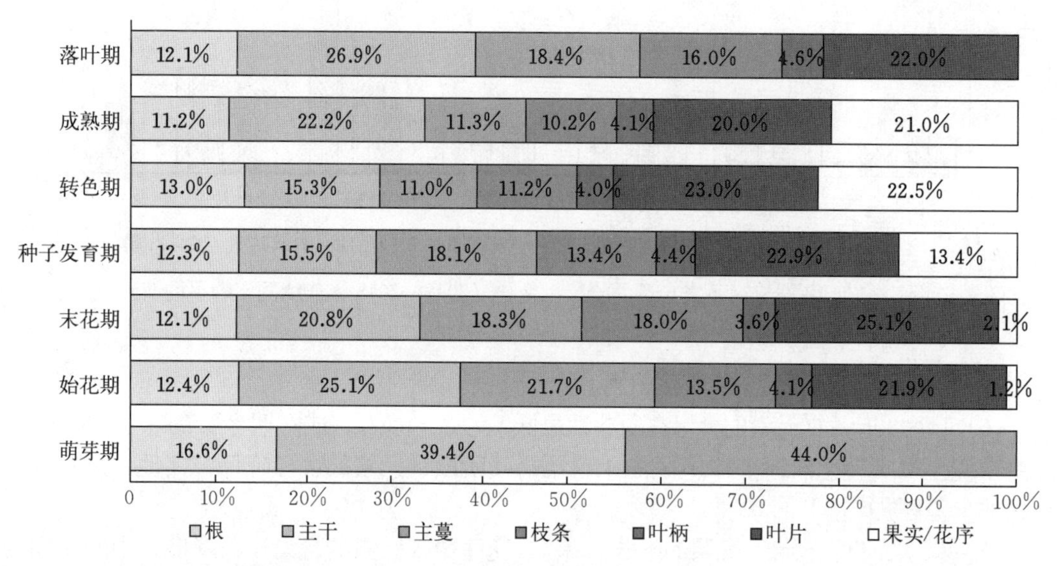

图 5－15　不同生育期各部位硼元素累积量的分配比率（2017—2018 年连续两年的平均值）
（引自庞国成，2019）

2. 各部位硼元素累积量的阶段性变化　由表 5－17 知，各部位硼元素累积量的增加量在不同生育阶段不同，具有明显的季节特异性。

表 5－17　不同生育期各部位硼元素累积量及变化（2017—2018 年连续两年的平均值）
（引自庞国成，2019）

部位	项目	时期							
		萌芽期	始花期	末花期	种子发育期	转色期	成熟期	落叶期	全年
根	累积量（mg）	0.821	1.065	1.274	1.761	2.213	2.239	2.258	
	增量（mg）		0.244	0.209	0.487	0.452	0.026	0.019	1.437
	增比（%）		6.65	10.74	13.06	16.11	0.90	0.66	8.03
主干	累积量（mg）	1.941	2.160	2.191	2.219	2.611	4.437	5.009	
	增量（mg）		0.219	0.031	0.028	0.392	1.827	0.572	3.068
	增比（%）		5.98	1.57	0.76	13.96	62.46	20.26	17.14
主蔓	累积量（mg）	2.170	1.870	1.925	2.590	1.887	2.268	3.418	
	增量（mg）		−0.300	0.055	0.665	−0.703	0.382	1.150	1.248
	增比（%）		−8.19	2.83	17.83	−25.07	13.05	40.74	6.97

（续）

部位	项目	时期							
		萌芽期	始花期	末花期	种子发育期	转色期	成熟期	落叶期	全年
枝条	累积量（mg）	0.000	1.164	1.898	1.906	1.916	2.035	2.972	
	增量（mg）		1.164	0.734	0.008	0.010	0.119	0.937	2.972
	增比（%）		31.74	37.70	0.21	0.35	4.08	33.21	16.61
叶柄	累积量（mg）	0.000	0.353	0.384	0.624	0.688	0.821	0.859	
	增量（mg）		0.353	0.032	0.240	0.064	0.132	0.039	0.859
	增比（%）		9.62	1.63	6.43	2.28	4.53	1.37	4.80
叶片	累积量（mg）	0.000	1.886	2.652	3.266	3.921	3.996	4.087	
	增量（mg）		1.886	0.766	0.614	0.655	0.075	0.091	4.087
	增比（%）		51.44	39.30	16.46	23.35	2.57	3.23	22.84
果实/花序	累积量（mg）	0.000	0.101	0.222	1.910	3.847	4.210	4.225	
	增量（mg）		0.101	0.121	1.688	1.937	0.363		4.225
	增比（%）		2.75	6.22	45.25	69.03	12.41		23.61
整株	累积量（mg）	4.931	8.599	10.546	14.276	17.083	20.006	22.828	
	增量（mg）		3.666	1.948	3.731	2.805	2.925	2.821	17.896
	增比（%）		100.0	100.0	100.0	100.0	100.0	100.0	100.0
	吸收量（mg）		3.666	1.948	3.731	2.805	2.925	2.821	17.896

（1）萌芽至始花阶段　设施葡萄整株植株硼元素的累积量增加 3.666 mg，其中叶片中增加最多，其次为枝条，增加量分别为 1.886 mg 和 1.164 mg，分别占整株植株增加量的 51.44%和 31.74%；主蔓中的硼元素累积量有所减少，这可能是因为此阶段新梢生长旺盛，主蔓中的硼运转至新生器官，以满足其自身生长发育的需要。

（2）始花至末花阶段　设施葡萄整株植株硼元素的累积量增加 1.948 mg，其中叶片和枝条中增加最多，增加量分别为 0.766 mg 和 0.734 mg，分别占整株增加量的 39.3%和 37.7%。

（3）末花至种子发育阶段　设施葡萄整株植株硼元素的累积量增加 3.731 mg，其中果实中增加最多，为 1.688 mg，占整株增加量的 45.25%。其他各部位的增加量大小依次为主蔓>叶片>根>叶柄>主干>枝条。

（4）种子发育至果实转色阶段　设施葡萄整株植株硼元素的累积量增加 2.805 mg，其中果实中增加最多，为 1.937 mg，占整株植株增加量的 69.0%，此阶段主蔓中硼元素的累积量减少 0.703 mg，这表明硼在植株体内发生运转，优先满足生殖器官果实的生长发育。

（5）果实转色至成熟阶段　设施葡萄整株植株硼元素的累积量增加 2.925 mg，其中主干中增加最多，为 1.827 mg，占整株植株增加量的 62.46%，其他各部位增加量大小依次为主蔓>果实>叶柄>枝条>叶片>根。

（6）果实成熟至落叶阶段　设施葡萄整株植株硼元素的累积量增加 2.821 mg，其中主蔓中增加最多，其次为枝条，分别增加 1.150 mg 和 0.937 mg，分别占整株增加量的

40.7%和33.21%。

整个生育期中，设施葡萄整株植株硼元素的累积量共增加17.896 mg，其中根、主干和主蔓中分别增加1.437 mg、3.068 mg和1.248 mg，增加总量占整株增加量的32.15%；枝条、叶柄和叶片硼元素累积量分别增加2.972 mg、0.859 mg和4.087 mg，增加总量占整株植株增加量的44.24%；果实硼元素累积量全年增加4.225 mg，占全年增加量的23.61%。由此可见，硼多用于营养生长，仅23.61%被果实利用。

3. 各部位硼元素含量的阶段性变化 由图5-16知，各部位硼含量在不同生育期并不一致，具有明显的季节特异性。

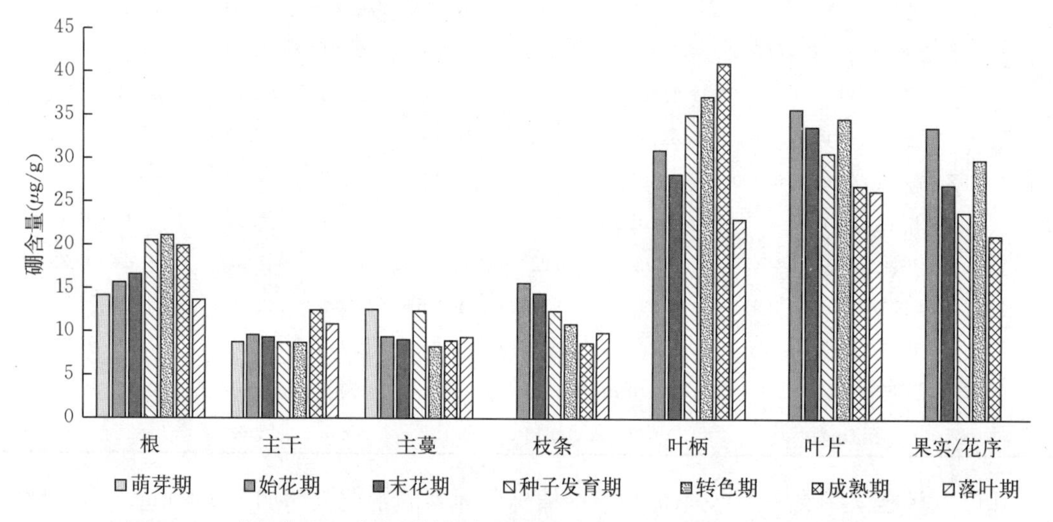

图5-16 各部位硼元素含量的阶段性变化（2017—2018年连续两年的平均值）
（引自庞国成，2019）

（1）根 根中硼元素的含量在整个生育期中呈先增加后降低的趋势，转色期时最高，为21.1 μg/g，至落叶期时最低，为13.7μg/g。

（2）主干 主干中硼元素的含量在萌芽至转色阶段变化不大，含量在8.7～9.6 μg/g之间，至转色期时含量升高至全年最高的21.1 μg/g。此后不断降低，至落叶期时为13.7 μg/g。

（3）主蔓 主蔓中硼元素的含量在萌芽期最高，为12.5 μg/g，在萌芽至末花期、种子发育期至转色期，硼元素的含量不断降低，其他生育阶段硼元素的含量逐渐增加。

（4）枝条 枝条中的硼含量在始花期最高，为15.6 μg/g，此后不断降低，至成熟期时含量最低，为8.7μg/g，此后含量有所增加，至落叶期时硼含量为9.9 μg/g。

（5）叶柄 叶柄中的硼元素的含量在成熟期最高，为41.0 μg/g，在落叶期最低，为23.0 μg/g。其中始花期至末花期、成熟期和落叶期含量不断降低，其他生育阶段的硼元素含量逐渐增加。

（6）叶片 叶片中硼含量在始花期最高，其次为转色期，分别为35.7 μg/g和34.7 μg/g，其中，始花至种子发育阶段、转色至落叶阶段含量降低，种子发育至转色阶段含量增加。

(7) 果实/花序　果实/花序中的硼元素含量变化与叶片相似，种子发育至转色阶段硼含量由 23.9 μg/g 增加至 29.9 μg/g，其他阶段含量逐渐降低。

4. 各关键生育期硼元素含量的部位差异　由图 5－16 知，在相同生育期时各部位中硼元素含量不同，具有明显的部位特异性。

(1) 萌芽期　根中含量最高，其次为主蔓，主干中的含量最低。

(2) 始花期和末花期　叶片中硼元素含量最高，主蔓中含量最低，各部位含量大小依次为叶片＞果实＞叶柄＞根＞枝条＞主干＞主蔓。

(3) 种子发育期、转色期和成熟期　叶柄中硼含量最高。

(4) 落叶期　叶片中硼元素含量最高，为 26.3 μg/g，其他各部位硼元素含量大小依次为叶柄＞根＞主干＞枝条＞主蔓。

(七) 设施葡萄对铜元素的累积量及植株铜元素含量的变化

1. 各关键生育期铜元素累积量的部位差异　随生育期的延长，设施葡萄整株植株铜元素的累积量不断增加，至落叶期植株累积量达 23.7 mg/株。在同一生育期各部位的累积量不同，具有明显的部位特异性（图 5－17）。

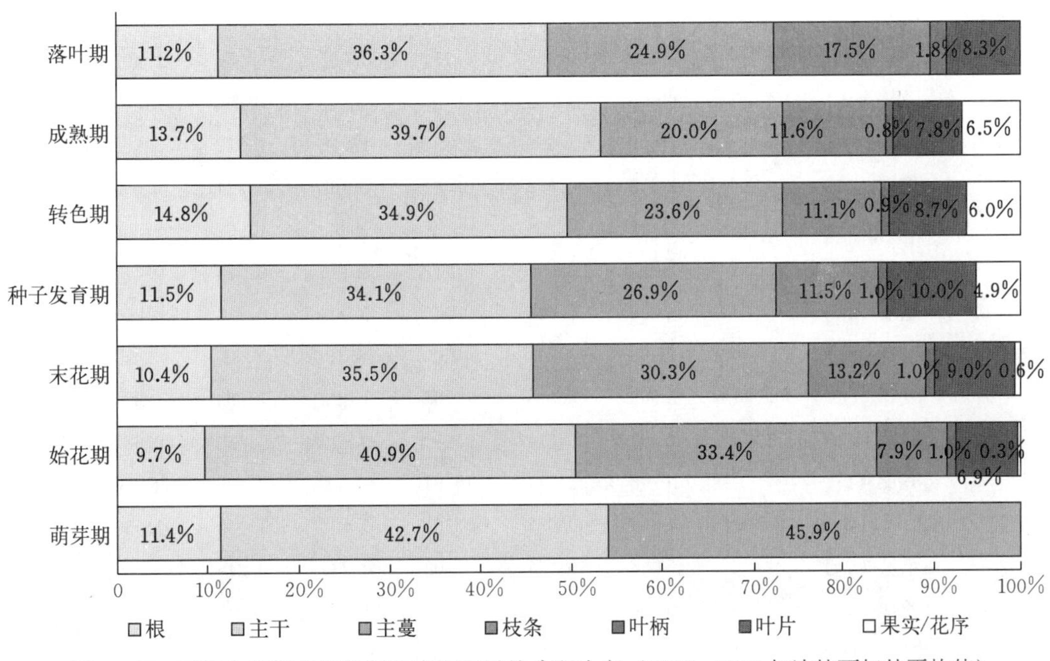

图 5－17　不同生育期各部位铜元素累积量的分配比率（2017—2018 年连续两年的平均值）
（引自庞国成，2019）

(1) 萌芽期　铜元素主要在主干和主蔓中累积，其累积量分别为 2.264 mg 和 2.438 mg，根中铜元素的累积量仅为 0.607 mg。

(2) 始花期　铜元素在主干中累积最多，为 3.39 mg，占整株植株累积量的 40.9%；在花序中累积最少，为 0.028 mg，仅占整株累积量的 0.3%。

(3) 末花期　各部位累积量大小依次为主干＞主蔓＞枝条＞根＞叶片＞叶柄＞花序。

(4) 种子发育期、转色期和成熟期　铜元素均在主干中累积最多。

（5）落叶期　铜元素在主干中累积最多，其次为主蔓，累积量分别为 8.2 mg 和 5.6 mg，分别占整株累积量的 36.3%和 24.9%。

2. 各部位铜元素累积量的阶段性变化　由表 5－18 知，各部位累积量增加量在不同生育阶段有所差异，具有明显的季节特异性。

表 5－18　不同生育期各部位铜元素累积量及变化（2017—2018 年连续两年的平均值）

（引自庞国成，2019）

部位	项目	时期							
		萌芽期	始花期	末花期	种子发育期	转色期	成熟期	落叶期	全年
根	累积量（mg）	0.607	0.804	1.019	1.334	1.986	2.216	2.548	
	增量（mg）		0.197	0.215	0.315	0.652	0.230	0.332	1.941
	增比（%）		6.60	14.45	17.63	34.59	8.52	4.39	10.55
主干	累积量（mg）	2.264	3.390	3.469	3.950	4.700	6.409	8.229	
	增量（mg）		1.125	0.079	0.481	0.751	1.709	1.820	5.965
	增比（%）		37.67	5.34	26.89	39.84	63.33	24.08	32.41
主蔓	累积量（mg）	2.438	2.767	2.964	3.118	3.181	3.231	5.634	
	增量（mg）		0.329	0.197	0.154	0.063	0.050	2.402	3.196
	增比（%）		11.03	13.23	8.63	3.32	1.86	31.79	17.37
枝条	累积量（mg）	0.000	0.652	1.290	1.331	1.498	1.872	3.962	
	增量（mg）		0.652	0.638	0.041	0.167	0.374	2.090	3.962
	增比（%）		21.82	42.86	2.29	8.87	13.87	27.66	21.53
叶柄	累积量（mg）	0.000	0.086	0.097	0.112	0.115	0.125	0.414	
	增量（mg）		0.086	0.010	0.015	0.003	0.010	0.290	0.414
	增比（%）		2.89	0.70	0.82	0.18	0.35	3.83	2.25
叶片	累积量（mg）	0.000	0.569	0.883	1.163	1.173	1.253	1.875	
	增量（mg）		0.569	0.314	0.280	0.010	0.080	0.622	1.875
	增比（%）		19.05	21.11	15.64	0.54	2.96	8.23	10.19
果实/花序	累积量（mg）	0.000	0.028	0.062	0.564	0.803	1.048	1.050	
	增量（mg）		0.028	0.034	0.502	0.239	0.246		1.050
	增比（%）		0.93	2.31	28.09	12.66	9.10		5.71
整株	累积量（mg）	5.309	8.296	9.784	11.572	13.456	16.154	23.712	
	增量（mg）		2.987	1.488	1.788	1.884	2.698	7.557	18.403
	增比（%）		100.00	100.00	100.00	100.00	100.00	100.00	100.00
	吸收量（mg）		2.987	1.488	1.788	1.884	2.698	7.557	18.403

（1）萌芽至始花阶段　设施葡萄整株植株铜元素的累积量增加 2.987 mg，其中主干中增加最多，为 1.125 mg，占整株增加量的 37.67%。花序中增加最少，为 0.028 mg，仅占整株增加量的 0.93%。

（2）始花至末花阶段　设施葡萄整株植株铜元素的累积量增加 1.488 mg，占全年增

加量的 8.09%，其中枝条中增加最多，为 0.638 mg，占整株增加量的 42.86%，其他各部位增加量大小依次为叶片>根>主蔓>主干>花序>叶柄。

（3）末花至种子发育阶段　设施葡萄整株植株铜元素的累积量增加 1.788 mg，其中果实中增加最多，为 0.502 mg，占整株增加量的 28.09%。其他各部位增加量大小依次为主干>根>叶片>主蔓>枝条>叶柄。

（4）种子发育至果实转色阶段　设施葡萄整株植株铜元素的累积量增加 1.884 mg，其中主干增加最多、根次之，增加比例分别为 39.84%和 34.59%；果实中累积量增加 0.239 mg，占整株增加量的 12.66%。

（5）果实转色至成熟阶段　设施葡萄整株植株铜元素的累积量增加 2.698 mg，其中主干中增加最多，为 1.709 mg，占整株植株增加量的 63.33%，其他各部位增加量大小依次为枝条>果实>根>叶片>主蔓>叶柄。

（6）果实成熟至落叶阶段　设施葡萄整株植株铜元素的累积量增加 7.557 mg，其中主蔓中增加最多，为 2.402 mg，占整株增加量的 31.79%。其他各部位增加量大小依次为枝条>主干>叶片>根>叶柄。

在整个生育期中，设施葡萄整株植株铜元素的累积量增加 18.403 mg，其中根、主干和主蔓等贮藏器官分别增加 1.941 mg、5.965 mg 和 3.196 mg，三部位增加总量占整株植株增加量的 60.33%，枝条、叶柄和叶片等营养器官累积量分别增加 3.962 mg、0.414 mg 和 1.875 mg，三部位增加总量占整株植株增加量的 33.97%。果实/花序等生殖器官中累积量增加1.050 mg，占整株植株增加量的 5.71%。由此可见绝大部分铜用于营养生长，仅 5.71%的铜被果实利用。

3. 各部位铜元素含量的阶段性变化　由图 5-18 知，各部位的铜元素含量在不同生育期不同，具有明显的季节特异性。

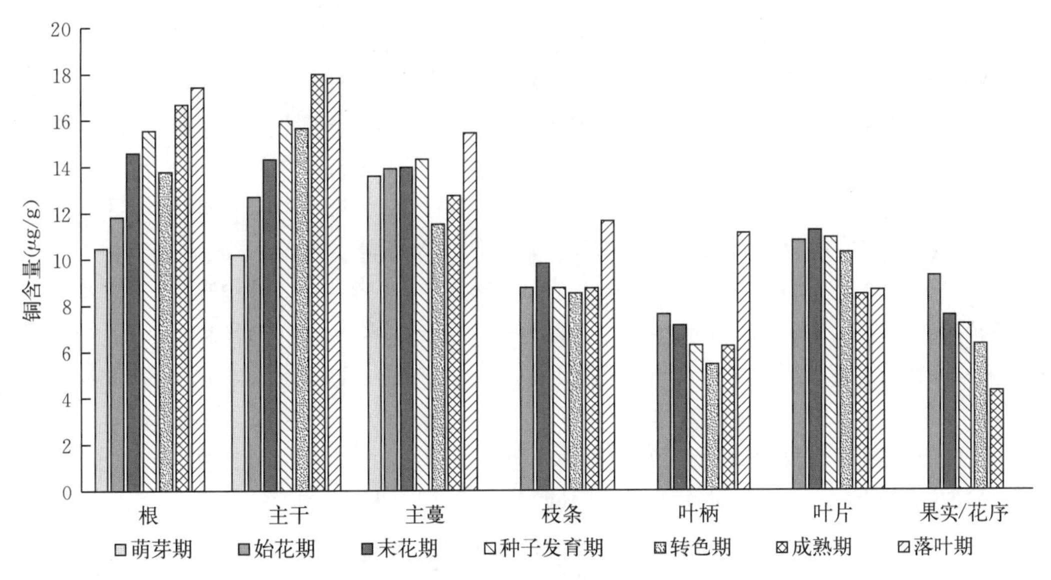

图 5-18　各部位铜元素含量的阶段性变化（2017—2018 年连续两年的平均值）

（引自庞国成，2019）

(1) 根　根中铜元素含量在萌芽期最低，为 10.47 μg/g，在落叶期最高，为 17.43 μg/g；萌芽至种子发育阶段铜元素含量不断增加；种子发育至转色阶段含量降低，此后又不断增加。

(2) 主干　主干中铜元素含量在整个生育期中呈增加趋势，其中萌芽期最低，为 10.20 μg/g，至落叶期时增加至最高，为 17.98μg/g。

(3) 主蔓　主蔓中的铜元素含量在落叶期最高，为 15.43 μg/g，在转色期最低，为 11.51 μg/g，种子发育至果实转色阶段含量降低，其他生育阶段含量不断增加。

(4) 枝条　枝条中铜元素含量在落叶期时最高，为 11.63 μg/g，在转色期最低，为 8.73 μg/g，末花期至转色期铜含量不断降低，其他生育阶段不断增加。

(5) 叶柄　叶柄中铜元素含量在落叶期最高，为 11.10 μg/g，在转色期最低，为 5.43 μg/g，始花至转色阶段铜元素含量不断降低，其他生育阶段含量增加。

(6) 叶片　叶片中铜元素含量在末花期最高，为 11.23 μg/g，成熟期最低，为 8.46 μg/g，末花至果实成熟阶段，叶片中铜元素含量逐渐降低，其他生育期含量不断增加。

(7) 果实/花序　随生育期延长，果实/花序中铜元素含量不断降低，其中始花期，花序中铜元素含量最高，为 9.26 μg/g，成熟期果实中含量最低，为 4.30 μg/g。

4. 各关键生育期铜元素含量的部位差异　由图 5-18 知，在同一生育期时各部位的铜元素含量也不相同，具有明显的部位特异性。

(1) 萌芽期　主蔓中铜元素含量最高，其次为根，主干中铜元素含量最低。

(2) 始花期　主蔓中铜元素含量最高，其次为主干，叶柄中铜元素含量最低。

(3) 末花期　各部位铜元素含量大小依次为根＞主干＞主蔓＞叶片＞枝条＞花序＞叶柄。

(4) 种子发育期和转色期　主干中铜元素含量最高，叶柄中铜元素含量最低。

(5) 成熟期　主干中铜元素含量最高，果实中铜元素含量最低。

(6) 落叶期　各部位铜元素含量大小依次为主干＞根＞主蔓＞枝条＞叶柄＞叶片。

(八) 设施葡萄对铁元素的累积量及植株铁元素含量的变化

1. 各关键生育期铁元素累积量的部位差异　随生育期的延长，设施葡萄整株植株铁元素的累积量不断增加，至落叶期整株植株累积量达 534.5 mg/株。在同一生育期各部位的累积量不同，具有明显的部位特异性（图 5-19）。萌芽期，铁元素在根中累积最多，为 42.5 mg，占整株植株累积量的 45.5%；在主干中累积量为 34.8 mg，占整株植株累积量的 37.3%；在主蔓中最低，为 16.0 mg，占整株植株累积量的 17.2%。始花期、末花期、种子发育期、转色期和成熟期，铁元素在根中累积最多，在叶柄中累积最少。落叶期，铁元素在根中累积最多，其次为叶片，累积量分别为 137.9 mg 和 134.4 mg，分别占整株累积量的 27.7%和 27.0%，其他各部位的累积量大小依次为主干＞主蔓＞枝条＞叶柄。

2. 各部位铁元素累积量的阶段性变化　由表 5-19 知，各部位累积量增加量在不同生育阶段有所差异，具有明显的季节特异性。

(1) 萌芽至始花阶段　设施葡萄整株植株铁元素的累积量增加 51.342 mg，其中根中增加最多，为 19.07 mg，占整株植株增加量的 37.14%；花序中增加量最少，为 0.368 mg，占整株植株增加量的 0.72%。

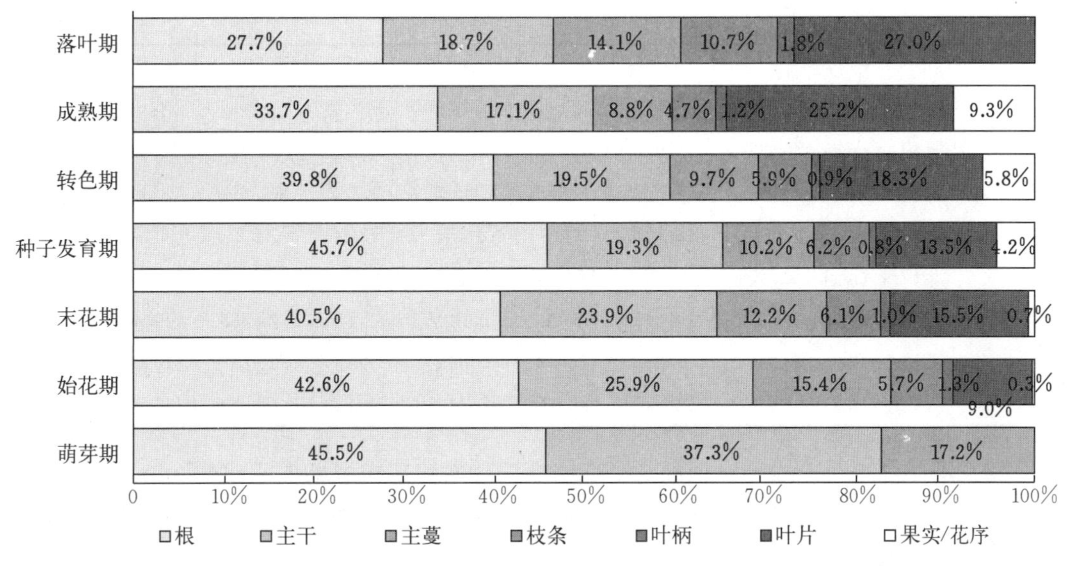

图 5-19　不同生育期各部位铁元素累积量的分配比率（2017—2018 年连续两年的平均值）
（引自庞国成，2019）

表 5-19　不同生育期各部位铁元素累积量及变化（2017—2018 年连续两年的平均值）
（引自庞国成，2019）

部位	项目	时期							
		萌芽期	始花期	末花期	种子发育期	转色期	成熟期	落叶期	全年
根	累积量（mg）	42.534	61.605	76.914	117.148	123.060	129.642	137.944	
	增量（mg）		19.070	15.310	40.233	5.912	6.582	8.302	95.410
	增比（%）		37.14	33.95	60.59	11.18	8.67	5.55	21.63
主干	累积量（mg）	34.833	37.456	45.399	49.585	60.395	65.898	93.330	
	增量（mg）		2.623	7.943	4.186	10.810	5.503	27.432	58.497
	增比（%）		5.11	17.61	6.30	20.44	7.25	18.35	13.26
主蔓	累积量（mg）	16.041	22.295	23.116	26.045	30.060	33.888	70.488	
	增量（mg）		6.254	0.821	2.929	4.015	3.829	36.600	54.448
	增比（%）		12.18	1.82	4.41	7.59	5.05	24.48	12.34
枝条	累积量（mg）	0.000	8.184	11.622	15.920	18.233	18.241	53.230	
	增量（mg）		8.184	3.438	4.298	2.313	0.008	34.989	53.230
	增比（%）		15.94	7.62	6.47	4.37	0.01	23.41	12.07
叶柄	累积量（mg）	0.000	1.813	1.962	1.977	2.862	4.487	9.185	
	增量（mg）		1.813	0.149	0.015	0.885	1.625	4.698	9.185
	增比（%）		3.53	0.33	0.02	1.67	2.14	3.14	2.08
叶片	累积量（mg）	0.000	13.029	29.481	34.693	56.458	97.183	134.380	
	增量（mg）		13.029	16.451	5.212	21.765	40.725	37.197	134.380
	增比（%）		25.38	36.48	7.85	41.16	53.67	24.88	30.46

（续）

部位	项目	时期							
		萌芽期	始花期	末花期	种子发育期	转色期	成熟期	落叶期	全年
果实/花序	累积量（mg）	0.000	0.368	1.353	10.888	18.070	35.681	35.949	
	增量（mg）		0.368	0.985	9.535	7.182	17.612		35.949
	增比（%）		0.72	2.18	14.36	13.58	23.21		8.15
整株	累积量（mg）	93.408	144.750	189.847	256.256	309.138	385.02	534.506	
	增量（mg）		51.342	45.097	66.408	52.883	75.883	149.486	441.099
	增比（%）		100.0	100.0	100.0	100.0	100.0	100.0	100.0
	吸收量（mg）		51.342	45.097	66.408	52.883	75.883	149.486	441.099

（2）始花至末花阶段　设施葡萄整株植株铁元素的累积量增加45.097 mg，其中根中增加最多，为15.310 mg，占整株植株增加量的33.95%；叶柄中铁元素的累积量增加最小，为0.149 mg，占整株植株增加量的0.33%。

（3）末花至种子发育阶段　设施葡萄整株植株铁元素的累积量增加66.408 mg，其中根中增加最多，为40.233 mg，占整株植株增加量的60.59%；其他各部位铁累积量增加大小依次为果实>叶片>枝条>主干>主蔓>叶柄。

（4）种子发育至果实转色阶段　设施葡萄整株植株铁元素的累积量增加52.883 mg，其中叶片中增加最多，其次为主干，增加比率分别为41.16%和20.44%。叶柄中增加最少，增加比率为1.67%。

（5）果实转色至成熟阶段　设施葡萄整株植株铁元素的累积量增加75.883 mg，其中叶片中增加最多，其次为果实，增加量分别为40.725 mg和17.612 mg，分别占整株植株增加量的53.67%和23.21%。

（6）果实成熟至落叶阶段　设施葡萄整株植株铁元素的累积量增加149.486 mg，各部位累积量增加大小依次为叶片>主蔓>枝条>主干>根>叶柄。

在整个生育期中，设施葡萄整株植株铁元素的累积量增加441.099 mg，其中根、主干和主蔓等贮藏器官中铁元素的累积量分别增加95.410 mg、58.497 mg和54.448 mg，三部位增加总量占整株植株增加量的47.24%。枝条、叶柄和叶片等营养器官铁元素的累积量分别增加53.20 mg、9.185 mg和134.180 mg，三部位增加总量占整株植株增加量的44.61%，果实/花序等生殖器官铁元素的累积量增加35.949 mg，占整株植株增加量的8.15%。由此可见大部分铁用于植株的营养生长，仅8.15%的铁被果实利用。

3. 各部位铁元素含量的阶段性变化　由图5-20知，各部位的铁元素含量在不同生育期不同，具有明显的季节特异性。

（1）根　根中铁元素的含量在萌芽期最低，为733.67 μg/g；此后含量不断增加，至转色期最高，为1 102 μg/g，此后不断降低。

（2）主干　主干中的铁元素含量在萌芽期和落叶期较高，在种子发育期最低，为119.58 μg/g。萌芽至始花阶段、末花至种子发育阶段、果实转色至成熟阶段铁元素含量不断降低，其他时期含量增加。

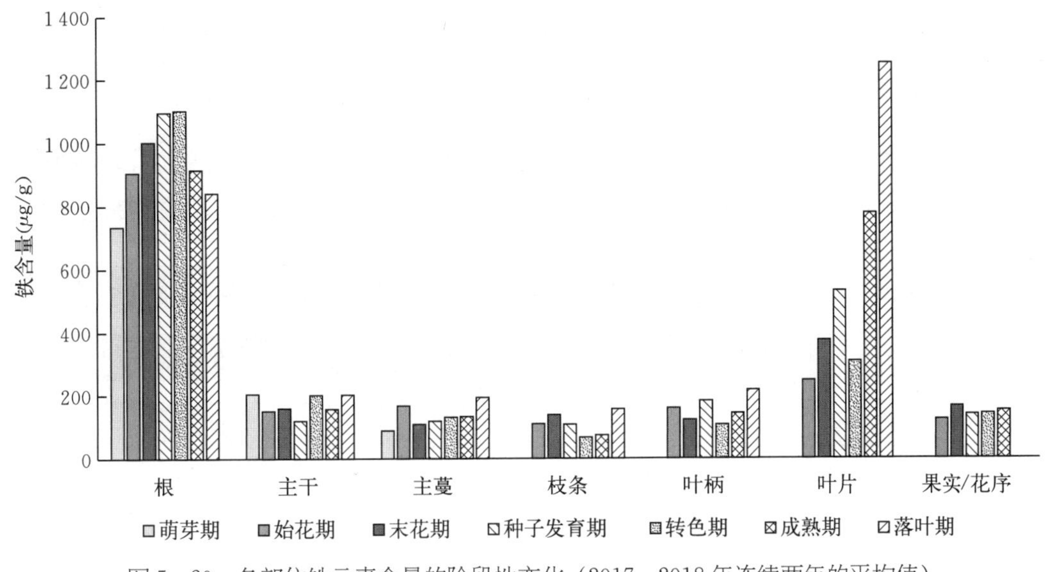

图 5－20　各部位铁元素含量的阶段性变化（2017—2018 年连续两年的平均值）
（引自庞国成，2019）

（3）主蔓　主蔓中的铁元素含量在始花期和落叶期较高，分别为 167.25 μg/g 和 193.00 μg/g；始花至末花阶段含量降低，其他生育阶段含量增加。

（4）枝条　枝条中铁元素含量在落叶期最高，为 156.28 μg/g，在转色期最低，为 66.25 μg/g，末花期至转色期含量不断降低，其他生育期含量增加。

（5）叶柄　叶柄中铁元素含量在落叶期最高，为 216.25 μg/g，在转色期最低，为 106.86 μg/g，始花至末花阶段、种子发育至果实转色阶段铁元素含量降低，其他生育期铁元素含量增加。

（6）叶片　叶片中铁元素含量在落叶期最高，为 1 200 μg/g，在始花期时最低，为 246.92 μg/g，种子发育期至转色期时铁含量降低，其他生育期铁含量增加。

（7）果实/花序　果实/花序中铁元素含量变化相对较小，在 123.01～164.53 μg/g 之间。

4. 各关键生育期铁元素含量的部位差异　由图 5－20 知，在同一生育期时各部位的铁元素含量也不相同，具有明显的部位特异性。萌芽期根中铁元素含量最高，其次为主干，主蔓中铁元素含量最低。始花期、末花期、种子发育期、转色期和成熟期根中的铁元素含量最高。落叶期叶片中铁元素含量最高，其次为根，其他各部位铁含量大小依次为叶柄＞主干＞主蔓＞枝条。

（九）设施葡萄对锰元素的累积量及植株锰元素含量的变化

1. 各关键生育期锰元素累积量的部位差异　随生育期的延长，设施葡萄整株植株锰元素的累积量不断增加，至落叶期整株植株累积量达 134.8 mg/株。在同一生育期各部位的累积量不同，具有明显的部位特异性（图 5－21）。

（1）萌芽期　锰元素在主干中的累积最多，为 7.126 mg，占整株植株累积量的 50.8%；在根中累积最少，为 1.3 mg，占整株累积量的 9.6%。

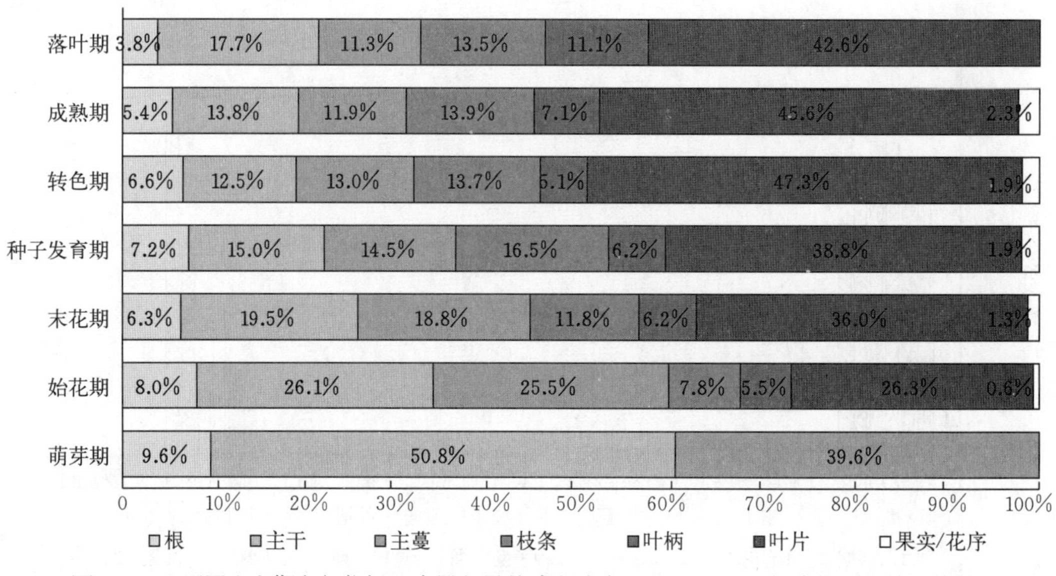

图 5－21　不同生育期各部位锰元素累积量的分配比率（2017—2018 年连续两年的平均值）
（引自庞国成，2019）

（2）始花期　设施葡萄整株植株锰元素的累积量为 31.6 mg，其中在叶片中累积最多，为 8.3 mg，分配比率为 26.3%；其他各部位累积量大小依次为主干>主蔓>根>枝条>叶柄>花序。

（3）末花期　设施葡萄整株植株锰元素的累积量为 45.2 mg，其中在叶片中累积最多，为 16.294 mg，占整株植株累积量的 36.0%；在花序中累积最少，为 0.57 mg，占整株植株累积量的 1.3%。其他各部位累积量大小依次为主蔓>主干>枝条>根>叶柄。

（4）种子发育期　设施葡萄整株植株锰元素的累积量为 59.8 mg，其中在叶片中累积最多，分配比率为 38.8%；在果实中累积最少，分配比率为 1.9%，其他各部位累积量大小依次为枝条>主干>主蔓>根>叶柄。

（5）成熟期　设施葡萄整株植株锰元素的累积量为 92.457 mg，各部位累积量大小为叶片>枝条>主干>主蔓>叶柄>根>果实。

（6）落叶期　设施葡萄整株植株锰元素的累积量为 134.84 mg，其中在叶片中累积最多，分配比率为 42.6%，其他各部位累计量大小依次为主干>枝条>主蔓>叶柄>根。

2. 各部位锰元素累积量的阶段性变化　由表 5－20 知，各部位累积量增加量在不同生育阶段有所差异，具有明显的季节特异性。

（1）萌芽至始花阶段　设施葡萄整株植株锰元素的累积量增加 17.555 mg，其中叶片增加最多，为 8.313 mg，占整株植株增加量的 47.36%；花序锰元素的累积量增加最少，为 0.202 mg，仅占整株植株增加量的 1.15%。

（2）始花至末花阶段　设施葡萄整株植株锰元素的累积量增加 13.635 mg，各部位增加量大小依次为叶片>枝条>叶柄>主干>主蔓>根>果实。

（3）末花至种子发育阶段　设施葡萄整株植株锰元素的累积量增加 14.659 mg，叶片中增加最多，其次为枝条，增加比率分别为 47.20%和 30.91%。其他各部位增加量大小

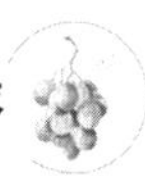

依次为根>叶柄>果实>主蔓>主干。

表 5-20　不同生育期各部位锰元素累积量及变化（2017—2018 年连续两年的平均值）

（引自庞国成，2019）

部位	项目	时期							
		萌芽期	始花期	末花期	种子发育期	转色期	成熟期	落叶期	全年
根	累积量（mg）	1.343	2.536	2.863	4.297	4.802	4.999	5.019	
	增量（mg）		1.193	0.327	1.434	0.505	0.197	0.020	3.677
	增比（%）		6.80	2.40	9.78	3.79	1.02	0.05	3.04
主干	累积量（mg）	7.126	8.252	8.835	8.959	9.133	12.801	23.440	
	增量（mg）		1.125	0.584	0.124	0.174	3.668	10.639	16.314
	增比（%）		6.41	4.28	0.85	1.31	19.04	25.14	13.51
主蔓	累积量（mg）	5.552	8.053	8.491	8.688	9.500	11.011	14.926	
	增量（mg）		2.501	0.438	0.197	0.812	1.511	3.915	9.374
	增比（%）		14.25	3.21	1.34	6.10	7.84	9.25	7.76
枝条	累积量（mg）	0.000	2.470	5.333	9.863	10.023	12.831	17.935	
	增量（mg）		2.470	2.863	4.531	0.160	2.808	5.104	17.935
	增比（%）		14.07	21.00	30.91	1.20	14.58	12.06	14.85
叶柄	累积量（mg）	0.000	1.750	2.825	3.694	3.710	6.540	14.777	
	增量（mg）		1.750	1.076	0.868	0.017	2.830	8.237	14.777
	增比（%）		9.97	7.89	5.92	0.12	14.69	19.46	12.24
叶片	累积量（mg）	0.000	8.313	16.294	23.214	34.637	42.150	56.540	
	增量（mg）		8.313	7.981	6.919	11.423	7.513	14.389	56.540
	增比（%）		47.36	58.53	47.20	85.75	39.00	34.00	46.82
果实/花序	累积量（mg）	0.000	0.202	0.570	1.156	1.387	2.125	2.147	
	增量（mg）		0.202	0.367	0.586	0.230	0.738		2.147
	增比（%）		1.15	2.69	4.00	1.73	3.83		1.78
整株	累积量（mg）	14.021	31.576	45.211	59.871	73.192	92.457	134.784	
	增量（mg）		17.555	13.635	14.659	13.321	19.266	42.327	120.764
	增比（%）		100.00	100.00	100.00	100.00	100.00	100.00	100.00
	吸收量（mg）		17.555	13.635	14.659	13.321	19.266	42.327	120.764

（4）种子发育至果实转色阶段　设施葡萄整株植株锰元素的累积量增加 13.321 mg，其中叶片中增加最多，增加比率为 85.75%，其他各部位的增加量大小依次为主蔓>根>果实>主干>枝条>叶柄。

（5）果实转色至成熟阶段　设施葡萄整株植株锰元素的累积量增加 19.266 mg，其中叶片中增加最多，根中增加最少，增加比率分别为 39%和 1.02%。

（6）果实成熟至落叶阶段　设施葡萄整株植株锰元素的累积量增加 42.327 mg，各部位增加量大小依次为叶片>主干>叶柄>枝条>主蔓>根。

整个生育期中，设施葡萄整株植株锰元素的累积量增加 120.764 mg，其中根、主干和主蔓等贮藏器官分别增加 3.677 mg、16.314 mg 和 9.374 mg，三者增加总量占整株植株增加量的 24.32%；枝条、叶柄和叶片等营养器官分别增加 17.935 mg、14.777 mg 和 56.540 mg，三部位增加总量占整株植株增加量的 73.91%；果实/花序等生殖器官锰元素的累积量增加 2.147 mg，增加比率为仅为 1.78%。

3. 各部位锰元素含量的阶段性变化 由图 5-22 知，各部位的锰元素含量在不同生育期不同，具有明显的季节特异性。

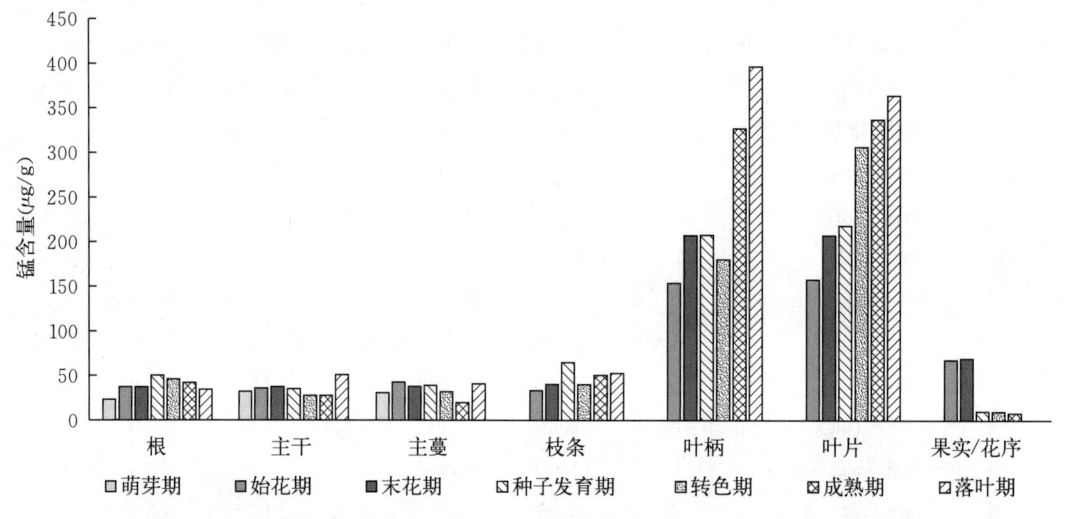

图 5-22 各部位锰元素含量的阶段性变化（2017—2018 年连续两年的平均值）
（引自庞国成，2019）

（1）根 根中锰元素含量在整个生育期中呈先增加后降低的趋势，其中萌芽期最低，为 23.16 μg/g，此后不断增加，至种子发育期时锰含量达最高，为 50.03 μg/g，此后不断降低，落叶期时锰含量为 34.33 μg/g。

（2）主干 主干中锰元素的含量在萌芽至成熟阶段变化不大，在 27.50～37.48 μg/g 之间，成熟至落叶阶段不断增加，至落叶时锰元素含量最高为 50.78 μg/g。

（3）主蔓 主蔓中锰元素含量在始花期最高，为 42.65 μg/g，在成熟期最低，为 19.73 μg/g，其中始花至成熟阶段含量呈下降趋势，其他生育阶段含量增加。

（4）枝条 枝条中锰元素的含量在种子发育期最高，为 64.74 μg/g，在萌芽期最低，为 33.16 μg/g，种子发育至果实转色阶段含量不断降低，其他生育期含量增加。

（5）叶柄 叶柄中锰元素的含量在整个生育期中变化较大，萌芽期锰元素含量最低，为 153.88 μg/g，落叶期锰元素含量最高，为 396.17 μg/g，种子发育至果实转色阶段含量降低，其他生育阶段含量不断增加。

（6）叶片 叶片中锰元素含量在整个生育期中呈增加趋势，其中萌芽期最低，为 157.54 μg/g，落叶期最高，为 363.83 μg/g。

（7）果实/花序 果实/花序中锰元素含量在萌芽期、始花期较高，分别为 67.61 μg/g 和 69.29 μg/g，种子发育至果实成熟阶段锰元素含量不断降低。

4. 各关键生育期锰元素含量的部位差异 由图 5－22 知，在同一生育期时各部位的锰元素含量也不相同，具有明显的部位特异性。

（1）萌芽期 主干中最高，其次为主蔓，根中含量最低。

（2）始花期和末花期 锰含量大小依次为叶片、叶柄＞花序＞根、主干、主蔓枝条。

（3）种子发育期、转色期和成熟期 锰含量大小为叶片、叶柄＞根、主干、主蔓、枝条＞果实。

（4）落叶期 叶柄中锰含量最高，其次为叶片，其他各部位含量高低依次为枝条＞主干＞主蔓＞根。

（十）设施葡萄对钼元素的累积量及植株钼元素含量的变化

1. 各关键生育期钼元素累积量的部位差异 随生育期的延长，设施葡萄整株植株钼元素的累积量不断增加，至落叶期整株植株累积量达 1.744 mg/株。在同一生育期各部位的累积量不同，具有明显的部位特异性（图 5－23）。

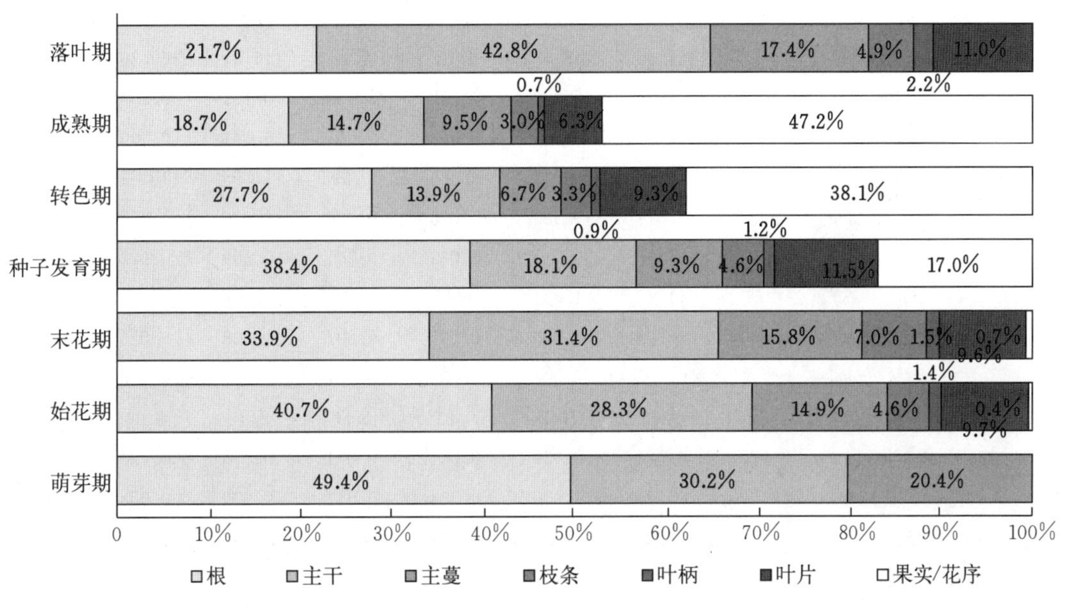

图 5－23 不同生育期各部位钼元素累积量的分配比率（2017—2018 年连续两年的平均值）
（引自庞国成，2019）

（1）萌芽期 设施葡萄整株植株钼元素的累积量为 0.147 mg，其中根累积最多，为 0.072 mg，占整株累积量的 49.4%；主蔓累积最少，为 0.030 mg，占整株累积量的 20.4%。

（2）始花期和末花期 在根中累积最多，分配比率分别为 40.7%和 33.9%；在花序中累积最少，分配比率分别为 0.4%和 0.7%。

（3）种子发育期 设施葡萄整株植株钼元素的累积量为 0.558 mg，其中根中最多，占整株植株累积量的 38.4%；其他各部位的累积量大小依次为主干＞果实＞叶片＞主蔓＞枝条＞叶柄。

（4）转色期和成熟期 在果实中累积最多，分配比率分别为 38.1%和 47.2%；在叶柄中累积最少，分配比率分别为 0.9%和 0.7%。

（5）落叶期　设施葡萄整株植株钼元素的累积量为 1.744 mg，各部位累积量大小依次为＞主干＞根＞主蔓＞叶片＞枝条＞叶柄。

2. 各部位钼元素累积量的阶段性变化　由表 5－21 知，各部位累积量增加量在不同生育阶段有所差异，具有明显的季节特异性。

表 5－21　不同生育期各部位锰元素累积量及变化（2017—2018 年连续两年的平均值）

（引自庞国成，2019）

部位	项目	时期							
		萌芽期	始花期	末花期	种子发育期	转色期	成熟期	落叶期	全年
根	累积量（mg）	0.072	0.100	0.106	0.214	0.221	0.225	0.255	
	增量（mg）		0.027	0.006	0.108	0.007	0.004	0.030	0.182
	增比（%）		27.81	9.54	43.98	2.92	0.98	5.50	11.41
主干	累积量（mg）	0.044	0.069	0.098	0.101	0.111	0.177	0.502	
	增量（mg）		0.025	0.029	0.003	0.010	0.066	0.325	0.458
	增比（%）		25.40	42.52	1.13	4.17	16.21	60.26	28.65
主蔓	累积量（mg）	0.030	0.036	0.050	0.052	0.053	0.114	0.204	
	增量（mg）		0.007	0.013	0.002	0.001	0.061	0.090	0.174
	增比（%）		6.70	19.22	0.99	0.59	14.95	16.62	10.89
枝条	累积量（mg）	0.000	0.011	0.022	0.025	0.026	0.036	0.057	
	增量（mg）		0.011	0.011	0.003	0.001	0.009	0.022	0.057
	增比（%）		11.40	15.81	1.41	0.42	2.30	4.00	3.59
叶柄	累积量（mg）	0.000	0.003	0.005	0.007	0.007	0.008	0.026	
	增量（mg）		0.003	0.001	0.002	0.001	0.001	0.018	0.026
	增比（%）		3.48	1.66	0.81	0.36	0.15	3.30	1.61
叶片	累积量（mg）	0.000	0.024	0.030	0.064	0.074	0.076	0.130	
	增量（mg）		0.024	0.006	0.034	0.011	0.002	0.053	0.130
	增比（%）		24.23	9.43	13.77	4.40	0.40	9.90	8.11
果实/花序	累积量（mg）	0.000	0.001	0.002	0.095	0.304	0.569	0.571	
	增量（mg）		0.001	0.001	0.093	0.209	0.265		0.571
	增比（%）		0.97	1.83	37.91	87.14	65.01		35.74
整株	累积量（mg）	0.147	0.244	0.313	0.558	0.796	1.205	1.745	
	增量（mg）		0.098	0.068	0.245	0.240	0.407	0.539	1.597
	增比（%）		100.0	100.0	100.0	100.0	100.0	100.0	100.0
	吸收量（mg）		0.098	0.068	0.245	0.240	0.407	0.539	1.597

（1）萌芽至始花阶段　设施葡萄整株植株钼元素的累积量增加 0.098 mg，其中根中增加最多，为 0.027 mg，占整株增加量的 27.81%；花序增加量最小，为 0.001 mg，占整株增加量的 0.97%。

（2）始花至末花阶段　设施葡萄整株植株钼元素的累积量增加 0.068 mg，其中主干中增加最多，为 0.029 mg，占整株植株增加量的 42.52%；叶柄增加量最小，为

0.001 mg，占整株增加量的 1.66%。

(3) 末花至种子发育阶段　设施葡萄整株植株钼元素的累积量增加 0.245 mg，根中增加最多，果实增加次之，增加比率分别为 43.98%和 37.91%；叶柄中增加最少，增加比率为 0.81%。

(4) 种子发育至果实转色阶段　设施葡萄整株植株钼元素的累积量增加 0.240 mg，其中果实中增加最多，为 0.209 mg，占整株植株增加量的 87.14%；其他各部位累积量增加大小依次为叶片>主干>根>主蔓>枝条>叶柄。

(5) 果实转色至成熟阶段　设施葡萄整株植株钼元素的累积量增加 0.407 mg，其中果实中增加最多，主干中增加次之，增加比率分别为 65.01%和 16.21%。

(6) 果实成熟至落叶阶段　设施葡萄整株植株钼元素的累积量增加 0.539 mg，其中主干中增加最多，为 0.325 mg，占整株植株增加量的 60.26%；其他各部位增加量大小依次为主蔓>叶片>根>枝条>叶柄。

整个生育期中设施葡萄整株植株钼元素的累积量增加 1.597 mg。其中根、主干和主蔓等贮藏器官分别增加 0.182 mg、0.458 mg 和 0.174 mg，增加总量占整株植株增加量的 50.95%；枝条、叶柄和叶片等营养器官的增加量分别为 0.057 mg、0.026 mg 和 0.130 mg，增加总量占整株植株增加量的 13.31%；果实和花序等生殖器官中累积量增加 0.571 mg，增加比率为 35.74%。

3. 各部位钼元素含量的阶段性变化　由图 5－24 知，各部位的钼元素含量在不同生育期不同，具有明显的季节特异性。

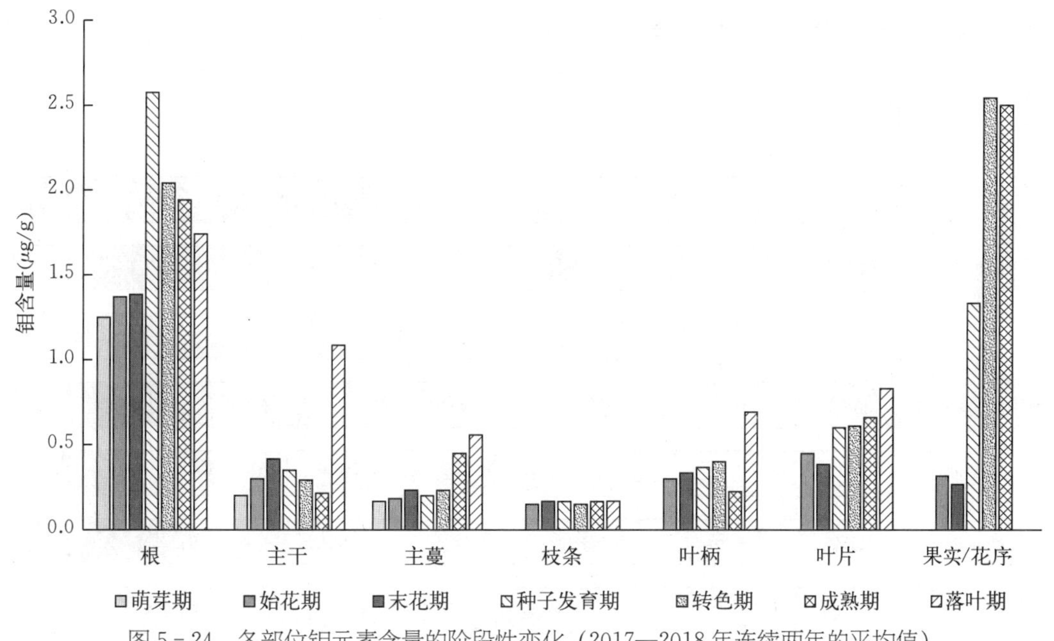

图 5－24　各部位钼元素含量的阶段性变化（2017—2018 年连续两年的平均值）
（引自庞国成，2019）

(1) 根　根中钼元素含量在整个生育期中呈先增加后降低的趋势，其中萌芽期最低为 1.25 μg/g，此后不断增加，至种子发育期时钼元素含量达最高为 2.58 μg/g，此后不断降低，落叶期时钼元素含量为 1.74 μg/g。

（2）主干　主干中钼元素含量在萌芽期最低，为 0.20 μg/g，在落叶期最高，为 1.09 μg/g，末花至果实成熟阶段含量不断降低，其他生育期含量不断增加。

（3）主蔓　主蔓中钼元素含量在整个生育期中呈增加趋势，其中萌芽期最低，为 0.17 μg/g，落叶期最高，为 0.56 μg/g。

（4）枝条　枝条中钼元素含量在 0.15～0.17 μg/g 之间，整个生育期中含量变化不大。

（5）叶柄　叶柄中钼元素含量在成熟期最低，为 0.23 μg/g，在落叶期最高，为 0.69 μg/g，果实转色至成熟阶段含量降低，其他生育期含量不断增加。

（6）叶片　叶片中钼元素含量在末花期最低，为 0.38 μg/g，在落叶期最高，为 0.83 μg/g，其中始花至末花阶段含量降低，其他生育期含量不断增加。

（7）果实/花序　果实/花序中钼元素含量在始花期、末花期较低，末花至果实转色阶段钼含量不断增加，至转色期时最高，为 2.54 μg/g，此后不断降低。

4. 各关键生育期钼元素含量的部位差异　由图 5－24 知，在同一生育期时各部位的钼元素含量也不相同，具有明显的部位特异性。萌芽期根中钼元素含量最高，主干次之，主蔓中最低。始花期、末花期和种子发育期根中钼元素含量最高，枝条中钼元素含量最低。转色期和成熟期果实中钼元素含量最高，其次为根，枝条中含量最低。落叶期各部位钼元素含量大小依次为根＞主干＞叶片＞叶柄＞主蔓＞枝条。

（十一）设施葡萄对锌元素的累积量及植株锌元素含量的变化

1. 各关键生育期锌元素累积量的部位差异　随生育期的延长，设施葡萄整株植株锌元素的累积量不断增加，至落叶期整株植株达 70.731 mg/株。不同生育期各部位累积量不同，具有明显的部位特异性（图 5－25）。

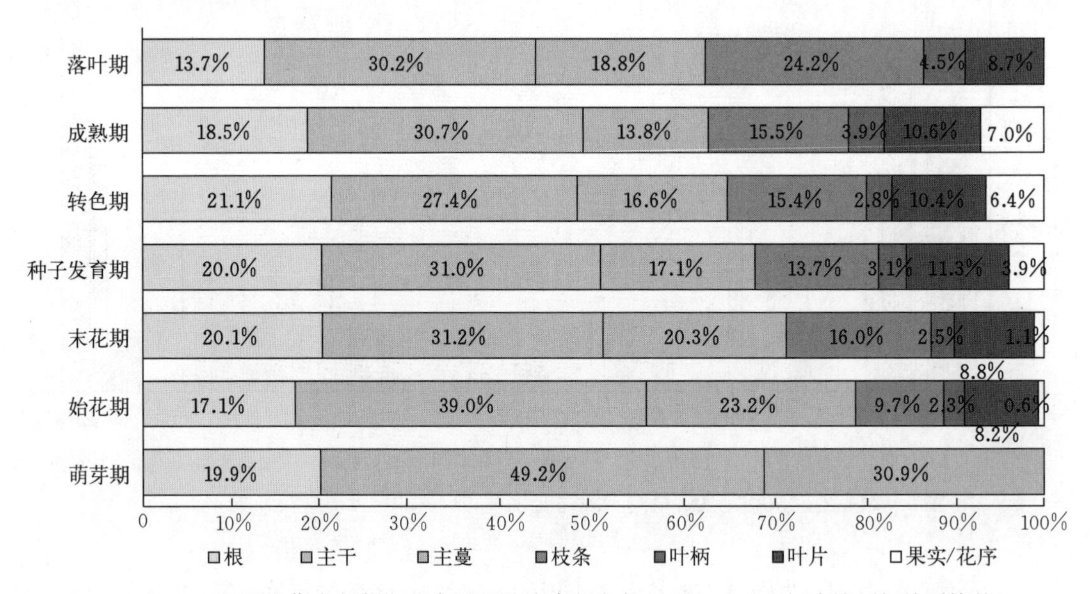

图 5－25　不同生育期各部位钼元素累积量的分配比率（2017—2018 年连续两年的平均值）
（引自庞国成，2019）

(1) 萌芽期　设施葡萄整株植株锌元素的累积量为 16.268 mg，其中主干中累积最多，为 8.003 mg，占整株植株累积量的 49.2%；根中累积最少，为 3.232 mg，占整株累积量的 19.9%。

(2) 始花期和末花期　主干中锌元素累积最多，花序中累积最少，各部位累积量大小依次为主干>主蔓>根>枝条>叶片>叶柄>花序。

(3) 种子发育期和果实转色期　主干中累积最多，叶柄中累积最少，各部位累积量大小依次为主干>根>主蔓>枝条>叶片>果实>叶柄。

(4) 果实成熟期　整株植株锌元素的累积量为 49.676 mg，其中主干累积最多，根次之，叶柄最少，分别占整株植株累积量的 30.7%、18.5%和 3.9%。

(5) 落叶期　整株植株累积量达 70.731 mg，其中主干中最多，为 20.301 mg，占整株累积量的 30.2%，其他各部位累积量大小依次为枝条>主蔓>根>叶片>叶柄。

2. 各部位锌元素累积量的阶段性变化　由表 5-22 知，各部位累积量增加量在不同生育阶段有所差异，具有明显的季节特异性。

表 5-22　不同生育期各部位锌元素累积量及变化（2017—2018 年连续两年的平均值）

（引自庞国成，2019）

部位	项目	时期							
		萌芽期	始花期	末花期	种子发育期	转色期	成熟期	落叶期	全年
根	累积量（mg）	3.232	3.764	5.591	6.914	8.363	9.180	9.189	
	增量（mg）		0.532	1.827	1.323	1.449	0.817	0.008	5.957
	增比（%）		9.20	31.39	19.60	28.88	8.14	0.04	10.94
主干	累积量（mg）	8.003	8.588	8.699	10.748	10.855	15.230	20.301	
	增量（mg）		0.585	0.111	2.049	0.107	4.375	5.071	12.298
	增比（%）		10.12	1.91	30.34	2.14	43.57	24.08	22.58
主蔓	累积量（mg）	5.033	5.108	5.650	5.904	6.562	6.860	12.612	
	增量（mg）		0.076	0.541	0.255	0.657	0.298	5.753	7.580
	增比（%）		1.31	9.30	3.77	13.10	2.97	27.32	13.92
枝条	累积量（mg）	0.000	2.148	4.465	4.737	6.105	7.701	16.241	
	增量（mg）		2.148	2.318	0.271	1.369	1.595	8.540	16.241
	增比（%）		37.18	39.83	4.02	27.28	15.88	40.56	29.82
叶柄	累积量（mg）	0.000	0.500	0.706	1.062	1.104	1.960	3.058	
	增量（mg）		0.500	0.206	0.356	0.042	0.856	1.098	3.058
	增比（%）		8.66	3.54	5.27	0.84	8.52	5.21	5.61
叶片	累积量（mg）	0.000	1.799	2.453	3.914	4.115	5.276	5.840	
	增量（mg）		1.799	0.654	1.461	0.201	1.161	0.564	5.840
	增比（%）		31.15	11.23	21.64	4.01	11.56	2.68	10.72
果实/花序	累积量（mg）	0.000	0.137	0.299	1.337	2.528	3.469	3.489	
	增量（mg）		0.137	0.162	1.037	1.192	0.941		3.489
	增比（%）		2.37	2.79	15.36	23.75	9.37		6.41

（续）

部位	项目	时期							
		萌芽期	始花期	末花期	种子发育期	转色期	成熟期	落叶期	全年
整株	累积量（mg）	16.268	22.044	27.863	34.616	39.632	49.676	70.730	
	增量（mg）		5.776	5.820	6.752	5.017	10.043	21.055	54.463
	增比（%）		100.0	100.0	100.0	100.0	100.0	100.0	100.0
	吸收量（mg）		5.776	5.820	6.752	5.017	10.043	21.055	54.463

（1）萌芽至始花阶段　设施葡萄整株植株锌元素的累积量增加 5.776 mg，其中枝条中增加最多，为 2.148 mg，占整株增加量的 37.18%；叶片中增加 1.799 mg，占整株增加量的 31.15%。其他各部位增加量大小依次为主干>根>叶柄>花序>主蔓。

（2）始花至末花阶段　设施葡萄整株植株锌元素的累积量增加 5.820 mg，其中枝条中增加最多，根次之，主干中增加最少，分别占整株增加量的 39.83%、31.39%和 1.90%。

（3）末花至种子发育阶段　设施葡萄整株植株锌元素的累积量增加 6.752 mg，各部位增加量大小依次为主干>叶片>根>果实>叶柄>枝条>主蔓。

（4）种子发育至果实转色阶段　设施葡萄整株植株锌元素的累积量增加 5.017 mg，其中根、枝条和果实增加量分别占整株植株增加量的 28.88%、27.28%和 23.75%；叶柄中增加最少，为 0.042 mg，占整株植株增加量的 0.84%。

（5）果实转色至成熟阶段　设施葡萄整株植株锌元素的累积量增加 10.043 mg，其中主干中增加最多，为 4.375 mg，占整株植株增加量的 43.57%；主蔓中累积量增加最少。

（6）果实成熟至落叶阶段　设施葡萄整株植株锌元素的累积量增加 21.055 mg，其中枝条增加最多，为 8.540 mg，占整株增加量的 40.56%。其他各部位增加量大小依次为主蔓>主干>叶柄>叶片>根。

在整个生育期中，设施葡萄整株植株锌元素的累积量增加 54.463 mg，其中根、主干和主蔓等贮藏器官分别增加 5.957 mg、12.298 mg 和 7.580 mg，三部位增加总量占整株植株增加量的 47.44%。枝条、叶柄和叶片等营养器官累积量分别增加 16.241 mg、3.058 mg和5.840 mg，三部位增加总量占整株植株增加量的 46.16%。花序和果实等生殖器官累积量增加 3.489 mg，增加比率为 6.41%。

3. 各部位锌元素含量的阶段性变化　由图 5-26 知，各部位的钼元素含量在不同生育期不同，具有明显的季节特异性。

（1）根　根中锌元素含量呈先增加后降低的趋势，萌芽期、始花期含量差别不大，分别为 55.75 μg/g 和 55.36 μg/g；种子发育期锌元素含量最高，为 109.03 μg/g，此后不断降低；成熟期和落叶期锌元素含变量差别不大，分别为 61.36 μg/g 和 62.78 μg/g。

（2）主干　主干中锌元素含量在种子发育期最低为 32.35 μg/g，在末花期最高，为 46.04 μg/g，萌芽至始花阶段和末花至种子发育阶段锌元素含量不断降低，其他生育阶段含量不断增加。

（3）主蔓　主蔓中锌元素含量在始花期、落叶期较高，分别为 34.46 μg/g 和 34.53 μg/g，在末花期含量最低，为 24.04 μg/g，始花至末花阶段主蔓锌元素含量降低，

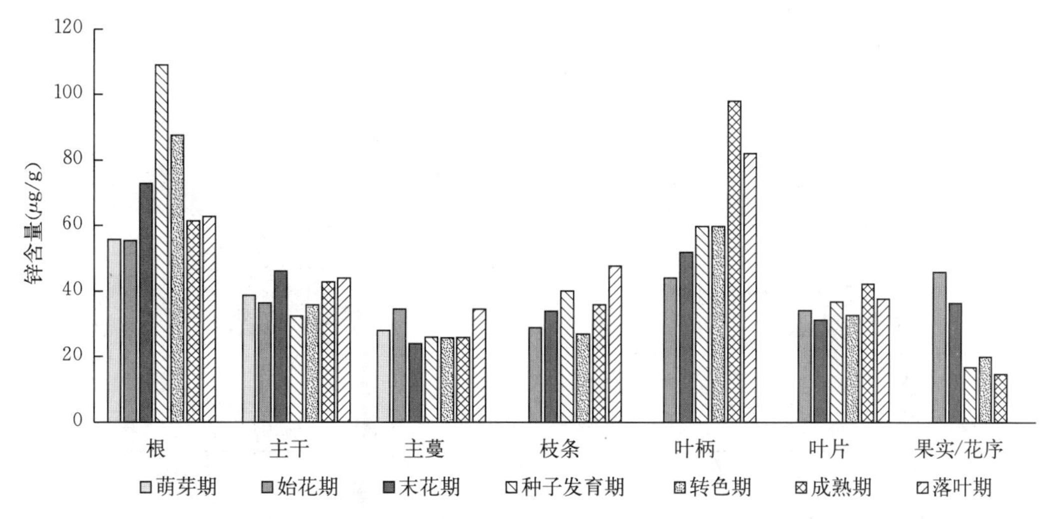

图 5-26　各部位锌元素含量的阶段性变化（2017—2018 年连续两年的平均值）
（引自庞国成，2019）

其他生育期阶段锌元素含量呈增加趋势。

（4）枝条　枝条中锌元素含量在转色期最低，为 26.91 μg/g，在落叶期最高，为 47.68%，种子发育至转色阶段锌元素含量降低，其他生育阶段含量增加。

（5）叶柄　叶柄中锌元素含量在始花期最低，为 44.00 μg/g，此后不断增加，在成熟期时达最高，为 98.0 μg/g，此后降低，落叶期时含量为 81.98 μg/g。

（6）叶片　叶片中锌元素含量在末花期最低，为 31.18 μg/g，成熟期最高，为 42.18 μg/g，始花至末花阶段、种子发育至果实转色阶段、果实成熟至落叶阶段含量降低，其他生育阶段锌元素含量增加。

（7）果实/花序　果实/花序中锌元素含量在始花期最高，为 45.75 μg/g，此后不断降低，种子发育期时为 16.72 μg/g。此后含量先增加后降低，至成熟期时为 14.62 μg/g。

4. 各关键生育期锌元素含量的部位差异　由图 5-26 知，在同一生育期时各部位的钼元素含量也不相同，具有明显的部位特异性。

（1）萌芽期　根中锌元素含量最高，主蔓中锌元素含量最低。

（2）始花期　根中锌元素含量最高，其次为花序、叶柄，枝条中锌元素含量最低。

（3）末花期　根中锌元素含量最高，其次为叶柄、主干，主蔓中锌元素含量最低。

（4）种子发育期和转色期　锌元素含量在根中最高，在果实中最低。

（5）成熟期　叶柄锌元素含量最高，其次为根，果实中锌元素含量最低。

（6）落叶期　叶柄中锌元素含量最高，其次为根，其他各部位锌元素含量大小依次为枝条＞主干＞叶片＞主蔓。

第四节　葡萄营养元素缺乏及过剩症

由于建园地址选择不当、土肥水管理不合理以及气候因素等原因，在葡萄生产尤其是设施葡萄生产中，矿质营养缺乏及过剩病症时常发生，严重影响了设施葡萄产业的健康可持续发展。在葡萄的必需矿质营养元素中，因不同矿质营养元素在植物体内的移动性差异，导致矿质营养缺乏及过剩症状在植物体上首先发生的部位差异很大（图 5－27）。

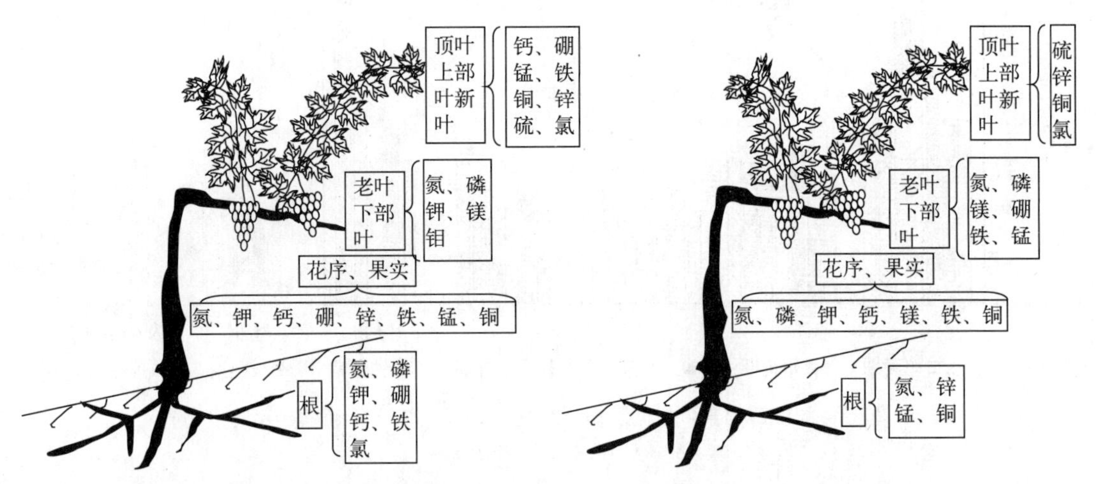

图 5－27　矿质营养元素缺乏症（左）与过剩症（右）易发现的部位

一、氮

（一）缺乏及过剩症状

1. 缺乏症状（彩图 5－1）　氮是叶绿素、蛋白质等的重要组成部分，缺氮时叶色黄化，影响碳水化合物和蛋白质的形成，枝叶量少，新梢生长势弱，叶柄和穗轴及新梢呈粉红或红色，落花落果严重；长期缺氮，导致植株利用贮存在枝干和根中的含氮有机化合物，从而降低植株氮素营养水平，表现为萌芽开花不整齐、根系不发达、树体衰弱、植株矮小、抗逆性降低、树龄缩短、花和芽和果均少、产量低。氮在植物体内移动性强，可从老龄组织中转移至幼嫩组织中，因此老叶先开始褪绿，逐渐向上部叶片发展，新叶小而薄，呈黄绿色，易早落、早衰。

2. 过剩症状（彩图 5－1）　氮施用量过多，其他各种矿质元素不能按比例增加时又会引起枝叶徒长，消耗大量碳水化合物，影响根系生长、花芽分化受阻、落花落果严重、产量低、品质差、植株的抗逆性降低。具体表现：枝梢旺长，叶色深绿，严重者叶缘现白盐状斑、叶片水渍状、变褐，果实成熟期推迟，果实着色差、风味淡，严重者导致早期穗轴坏死和后期穗轴坏死（“水罐子”病）及春热病［Spring Fever，腐胺（丁二胺）积累，暖后冷凉，拟缺钾］的发生。

（二）缺乏及过剩症状发生的原因

1. 缺乏发生的原因　①土壤含氮量低　如沙质土壤，易发生氮素流失、挥发和渗漏，因而含氮低；或者土壤有机质少、熟化程度低、淋溶强烈的土壤，如新垦红黄壤等。②多雨季节，土壤因结构不良而内部积水，导致根系吸收不良，引起缺氮。③葡萄抽梢、开花、结果所需的养分主要靠上年贮藏在树体内的养分来满足，如上年栽培不当，会影响树体氮素贮藏，易发生缺氮。④施肥不及时或数量不足，易造成秋季抽发新梢及果实膨大期

缺氮；大量施用未腐熟的有机肥料，因微生物争夺氮源也易引起缺氮。

2. 过剩发生的原因　①施氮过多；②施氮偏迟；③偏施氮肥，磷、钾等配施不合理，养分不平衡。

（三）缺乏及过剩的避免

1. 缺乏的避免　以增施有机肥提高土壤肥力为基础，合理施肥，加强水分管理。

2. 过剩的避免　根据葡萄不同生育期的需氮特性和土壤的供氮特点适时、适量地追施氮肥，严格控制用量，避免追施氮肥过迟；合理配施磷、钾及其他养分元素，以保持植株体内氮、磷、钾等养分的平衡。

二、磷

（一）缺乏及过剩症状

1. 缺乏症状（彩图5－2）　缺磷，酶的活性降低，碳水化合物、蛋白质的代谢受阻，影响分生组织的正常活动，延迟萌芽开花物候期，降低萌芽率；新梢和细根的生长减弱；叶片小，积累在组织中的糖类转变为花青素，从老叶开始，叶片由暗绿色转变为青铜色；红色和紫色品种叶缘紫红，出现半月形坏死斑，基部叶片早期脱落；黄色或绿色品种叶缘先变为金黄色然后变成褐色，继而失绿，叶片坏死干枯；花芽分化不良，易落花，果实发育不良，果实成熟期推迟，产量低，果实品质和植株抗逆性降低。缺磷对生殖生长的影响早于营养生长的表现。

2. 过剩症状　磷素过多会抑制氮、钾的吸收，并使土壤中或植物体内的铁不能活化，植株生长不良，叶片黄化，产量降低，还能引起锌素不足。

（二）缺乏及过剩症状发生的原因

1. 缺乏发生的原因　①土壤有机质不足；土壤过酸，磷与铁、铝生成难溶性化合物而固定；碱性土壤或施用石灰过多的土壤，磷与土壤中的钙结合，使磷的有效性降低；土壤干旱缺水，影响磷向根系扩散。②施氮过多，施磷不足，营养元素不平衡。③长期低温，少光照，果树根系发育不良，影响磷的正常吸收。

2. 过剩发生的原因　主要是由于盲目施用磷肥或一次施磷过多造成。

（三）缺乏及过剩的避免

1. 缺乏的避免　①改土培肥。在酸性土壤上配施石灰，调节土壤pH，减少土壤对磷的固定；同时增施有机肥，改良土壤。②合理施用。酸性土壤宜选择钙镁磷肥、钢渣磷肥等含石灰质的磷肥，中性或石灰性土壤宜选用过磷酸钙。③水分管理。灌水时最好采用温室内预热的水防止地温过低，以提高地温，促进葡萄根系生长，增加对土壤磷的吸收。

2. 过剩的避免　停止施用磷肥，增施氮、钾肥，以消除磷素过剩。

三、钾

（一）缺乏及过剩症状

1. 缺乏症状（彩图5－3）　缺钾时，常引起碳水化合物和氮代谢紊乱，蛋白质合成受阻，植株抗病力降低。早期症状为正在发育的枝条中部叶片叶缘失绿，绿色葡萄品种的叶片颜色变为灰白或黄绿色，黑色葡萄品种的叶片呈红色至古铜色，并逐渐向脉间伸展，继而叶向上或向下卷曲。严重缺钾时，老叶出现许多坏死斑点，叶缘枯焦、发脆、早落，特别是果穗过多植株和靠近果穗的叶片更为严重；果实小，穗紧，成熟度不整齐；浆果含糖量低，着色不良，风味差。

2. 过剩症状 钾过剩阻碍植株对镁、锰和锌的吸收而出现缺镁、锰或缺锌等症状。

（二）缺乏及过剩症状发生的原因

1. 缺乏发生的原因 ①土壤供钾不足。红黄壤、冲积物发育的泥沙土、浅海沉积物发育的沙性土及丘陵山地新垦土壤等，土壤全钾低或质地粗，土壤钾素流失严重，有效钾不足。②大量偏施氮肥，有机肥和钾肥施用少。③高产园钾素携出量大，土壤有效钾亏缺严重。④土壤中施入过量的钙和镁等元素，因拮抗作用而诱发缺钾。⑤排水不良，土壤还原性强，根系活力降低，对钾的吸收受阻。

2. 过剩发生的原因 主要是由于施钾过量所至。

（三）缺乏及过剩的避免

1. 缺乏 ①增施有机肥，培肥地力，合理施用钾肥。②控制氮肥用量，保持养分平衡，缓解缺钾症的发生。③排水防渍。防止因地下水位高，土壤过湿，影响根系呼吸或根系发育不良，阻碍果树对钾的吸收。

2. 过剩 少施或暂停施用钾肥，合理增施氮、磷肥。

四、钙

（一）缺乏及过剩症状

1. 缺乏症状（彩图 5－4） 缺钙使葡萄果实硬度下降，贮藏性变差。缺钙影响氮的代谢或营养物质的运输，不利于铵态氮吸收，蛋白质分解过程中产生的草酸不能很好地被中和，而对植物产生伤害。新根短粗、弯曲，尖端不久褐变枯死；叶片变小，严重时枝条枯死和花朵萎缩。叶呈淡绿色，幼叶脉间及边缘褪绿，脉间有灰褐色斑点，继而边缘出现针头大的坏死斑，茎蔓先端枯死。新梢嫩叶上形成褪绿斑，叶尖及叶缘向下卷曲，几天后褪绿部分变成暗褐色，并形成枯斑。

2. 过剩症状 钙素过多，土壤偏碱而板结，使铁、锰、锌、硼等成为不溶性，导致果树缺素症的发生。

（二）缺乏及过剩症状发生的原因

1. 缺乏发生的原因 ①缺钙与土壤 pH 或其他元素过多有关，当土壤呈强酸性时，有效钙含量降低，含钾量过高也造成钙的缺乏。②土壤有效钙含量低。由酸性火成岩或硅质砂岩发育的土壤，以及强酸性泥炭土和蒙脱石黏土，或者交换性钠高、交换性钙低的盐碱土，均易引起缺钙。③施肥不当。偏施化肥，尤其是过多使用生理酸性肥料如硫酸钾、硫酸铵，或在防治病虫害中经常施用硫黄粉，均会造成土壤酸化，促使土壤中可溶性钙流失，造成缺钙。有机肥用量少，不仅钙的投入少，而且土壤对保存钙的能力也弱，尤其是沙性土壤中有机质缺乏，更容易发生缺钙。④土壤水分不足。干旱年份因土壤水分不足易导致土壤中盐浓度增加，会抑制果树根系对钙的吸收。

2. 过剩发生的原因 主要是由于施钙过量所至。

（三）缺乏及过剩的避免

1. 缺乏 ①控制化肥用量，增施钙肥。对于已发生缺钙严重的果园，不要一次性用肥过多，特别要控制氮、钾肥的用量。②施用石灰或石膏。酸性土壤应施用石灰，一般每提高土壤一个单位pH，即从pH 5矫正到pH 6时，每公顷沙性土壤需施100 kg消石灰，黏土则需4 000 kg消石灰，但一次用量以不超过2 000 kg为宜；对于pH＞8.5的果园，应施用石膏，一般用量为1 200～1 500 kg为宜。③灌水。土壤干旱缺水时，应及时灌水，以免影响根系对钙的吸收。

2. 过剩 少施或暂停施用钙肥。

五、镁

（一）缺乏及过剩症状

1. 缺乏症状（彩图5-5） 缺镁使叶绿素不能形成，出现失绿症，尤其在叶脉之间表现黄绿色、黄色或乳白色，进而呈褐色，但叶脉仍保持绿色，形成网状失绿叶，严重时黄化区逐渐坏死，叶片早期脱落。缺镁严重时叶片有枯焦，但叶片较完整，新梢基部叶片早期脱落。镁在韧皮部中的移动性强，缺镁症状一般从老叶开始，逐渐向上延伸。缺镁容易和缺钾混淆，缺钾是从叶边缘开始发黄，逐渐向里发展，而缺镁的叶片边缘还是绿色。缺镁症一般在生长初期症状不明显，从幼果发育期才开始显现症状并加重，尤其是坐果量过多的植株。缺镁对果粒大小和产量的影响不明显，但浆果着色差，成熟期推迟，糖分低，使果实品质明显降低。

2. 过剩症状 镁素过多引起其他元素（如钙和钾）的缺乏；叶尖萎凋，或叶尖色淡，叶基部色泽正常。

（二）缺乏及过剩症状发生的原因

1. 缺乏发生的原因 ①含镁低的土壤。如花岗岩、片麻岩、红砂岩及第四纪红色黏土发育的红黄壤。②质地粗的河流冲积物发育的酸性土壤；含钠盐高的盐碱土及草甸碱土。③大量施用石灰、过量施用钾肥以及偏施铵态氮肥，易诱发缺镁。④温暖湿润，高度淋溶的轻质壤土，使交换性镁含量降低。

2. 过剩发生的原因 主要是由于施镁过量所至。

（三）缺乏及过剩的避免

1. 缺乏 增施有机肥；土壤施入镁石灰、钙镁磷肥和硫酸镁等含镁肥料，一般镁石灰每公顷施入750～1 000 kg，或用钙镁磷肥600～750 kg。②叶面喷施氨基酸镁等含镁叶面肥，迅速矫正缺镁症。

2. 过剩 少施或暂停使用镁肥。

六、硫

（一）缺乏及过剩症状

1. 缺乏症状 蛋白质合成受阻导致失绿症，其外观症状与缺氮很相似，但由于硫在植物体内移动性小，缺硫症状往往先出现在幼叶。植物缺硫时一般出现如下症状：植物生长受阻，植株发僵、矮小；新叶失绿黄化，并向上卷曲变硬易碎，叶片过早脱落；老叶出现紫红色斑。

2. 过剩症状 盐害，叶缘焦枯。

（二）缺乏及过剩症状发生的原因

1. 缺乏发生的原因 ①有机质含量低、质地粗的土壤，硫含量较低；在浇水多的土壤，随水的渗漏硫流失较多，从而导致土壤发生缺硫现象。②在施肥问题上的偏差，因大量施用高浓度氮肥与磷肥，含硫肥料施得少或不施，有机肥与含硫农药施用偏少，导致土壤中硫含量逐年减少。

2. 过剩发生的原因 含硫肥料施用过量。

（三）缺乏及过剩的避免

1. 缺乏 ①增施有机肥料，提高土壤供硫能力。②根据作物需硫量与土壤缺硫量施用肥料。施用硫肥时，应以土壤有效硫的临界值为依据。当有效硫含量＜10 mg/kg 时，施硫肥有效；若土壤有效硫含量大于 20 mg/kg 时，除喜硫作物外，施用硫肥没有增产效果，过多施用，还会导致作物减产。只有在氮/硫比接近 7 时，氮和硫都能得到有效利用。一般由花岗岩、砂岩和河流冲积物等母质发育而成的质地较轻的土壤，其全硫和有效硫含量均较低，同时又缺乏对硫酸根离子的吸附能力，施用硫肥效果较好。③根据肥料性质选择施用方法。含硫肥料种类较多，性质各异。石膏类肥料和硫黄溶解度较低，宜作基肥施用，以便有充足的时间氧化或有效化；其他水溶性含硫肥料可作基肥、追肥或根外追肥施用，但在降水量大或淋溶性强的土壤上，水溶性硫肥不宜作基肥施用；在质地较轻的缺硫土壤上，应坚持有机肥和含硫化肥配合施用。④结合氮、磷、钾、镁等肥料施用水溶性含硫肥料。例如在缺硫地区施用硫酸铵、硫酸钾、硫酸镁、过磷酸钙等，既补充了氮、磷、钾、钙、镁，又补充了硫营养，每 667 m^2 施 5～10 kg 即可，不必单独施用硫肥。

2. 过剩 少施或暂停施用含硫肥料。

七、硼

（一）缺乏及过剩症状

1. 缺乏症状（彩图 5－6） 叶片缺硼的症状既像皮尔氏病，也像西班牙麻疹病。由于硼在植物体内移动性小，症状最早出现在幼嫩组织。新梢顶端叶片边缘出现淡黄色水渍状斑点，以后可能坏死，幼叶畸形，叶肉皱缩，节间短，卷须出现坏死；叶脉木栓化变褐；老叶发黄、肥厚，向背反卷。严重缺硼时，主干顶端生长点坏死，并出现小的侧枝，枝条脆，未成熟的枝条往往出现裂缝或组织损伤。花芽分化、花粉的发育和萌发受到抑制，花序发育瘦小，花蕾不能正常开放，有时花冠干枯脱落，花帽枯萎依附在子房上，花粉败育，落花落果严重，浆果成熟期不一致，小粒果多，果穗扭曲、畸形，产量、品质降低；若在幼果发育期缺硼，果肉内分裂组织枯死变褐；果实硬核期缺硼，果实周围维管束和果皮外壁枯死变褐，成为“石葡萄”。根系短而粗，肿胀并形成结。硼主要分布在生命活动旺盛的组织和器官中。

2. 过剩症状 叶片边缘出现淡黄色水渍状斑点，此后可能坏死，向背反卷；叶肉皱缩，节间短，卷须出现坏死。由成熟叶开始产生病症。

（二）缺乏及过剩症状发生的原因

1. 缺乏发生的原因　①土壤条件。在耕层浅、质地粗的砂砾质酸性土壤上，由于强烈的淋溶作用，土壤有效硼降至极低水平，极易发生缺硼症。②气候条件。干旱时土壤水分亏缺，硼的迁移或吸收受抑制，容易诱发缺硼。③氮肥施用过多。偏施氮肥容易引起氮和硼的比例失调以及稀释效应，加重果树缺硼。④雨水过多或灌溉过量易造成硼离子淋失，尤其是沙滩地葡萄园，由此造成的缺硼现象较为严重。⑤根系分布浅或受线虫侵染、根系冻害等原因削弱根系，阻碍根系吸收功能，也容易发生缺硼症。

2. 过剩发生的原因　果树硼中毒易发生在硼砂和硼酸厂附近，也可能发生在干旱和半干旱地区，这些地区土壤和灌溉水中含硼量较高，当灌溉水含硼量大于 1 mg/L 时，就容易发生硼过剩。同时硼肥施用过多或含硼污泥施用过量都会引起硼中毒。

（三）缺乏或过剩的避免

1. 缺乏　增施有机肥、改善土壤结构，注意适时适量灌水、合理施肥。

2. 过剩　控制硼污染；酸性土壤适当施用石灰，可减轻硼毒害；灌水淋洗土壤，减少土壤有效硼含量。

八、锌

（一）缺乏及过剩的症状

1. 缺乏症状（彩图 5－7）　①典型症状是“小叶病”，即新梢顶部叶片狭小或枝条纤细，节间短，小叶密集丛生，质厚而脆，严重时从新梢基部向上逐渐脱落。这时由于锌的缺乏，导致生长素含量低而引起异常。轻微缺锌时，初期叶脉首先失绿、中期叶脉变白，严重时，所有叶脉变黄白色，呈花叶状；其他缺素如缺铁、缺锰等，一般是脉间叶肉黄化，而叶脉保持绿色。②严重缺锌时，枝条死亡，花芽分化不良，落花落果严重，果穗和果实均小，果粒不整齐，无籽小果多，果实大小粒严重，但果粒不变形或不出现畸形果粒，产量显著下降。

2. 过剩症状　植株幼嫩部分或顶端失绿，呈淡绿或灰白色，叶尖有水渍状小点；茎、叶柄、叶片的下表面出现红紫色或红褐色斑点；根系生长受阻。

（二）缺乏及过剩症状发生的原因

1. 缺乏发生的原因　①土壤条件。缺锌主要发生在中性或偏碱性的钙质土壤和有机质含量低的贫瘠土壤。前者土壤中锌的有效性低，后者有效锌供应不足。②施肥不当。过量施用磷肥不仅对果树根系吸收锌有明显的拮抗作用，而且还会因为果树体内磷/锌比失调而降低锌在体内的活性，诱发缺锌。

2. 过剩发生的原因　主要是施锌过量所致。

（三）缺乏及过剩的避免

1. 缺乏　①合理施肥。在低锌土壤上要严格控制磷肥用量；在缺锌土壤上则要做到磷肥与锌肥配合施用；同时还应避免磷肥的过分集中施用，防止局部磷/锌比失调而诱发葡萄缺锌。②增施锌肥。土施硫酸锌时，每公顷用 15～30 kg，并根据土壤缺锌程度及固锌能力进行适当调整。值得注意的是，锌肥的残效较明显，因此无须年年施用。③锌在土壤中移动性很差，在植物体中，当锌充足时，可以从老组织向新组织移动，但当锌缺乏时，则很难移动。④从增施有机肥等措施做起，及时补充树体锌元素最好的方法是叶面喷施。

2. 过剩 少施或暂停施用锌肥。

九、铁

（一）缺乏及过剩的症状

1. 缺乏症状（彩图5-8） 缺铁会影响叶绿素的形成，缺铁症又称黄叶病。新梢叶片失绿，在同一病梢上的叶片，症状自下而上加重，甚至顶芽叶簇几乎漂白；叶脉常保持绿色，且与叶肉组织的界限清晰，形成鲜明的网状花纹，少有污斑杂色及破损。严重缺铁时，白化叶持续一段时间后，在叶缘附近也会出现烧灼状焦枯或叶面穿孔，提早脱落，呈枯梢状。严重受影响的新梢，花穗和穗轴变浅黄色，坐果稀少甚至不坐果，果粒变小，色淡无味，品质低劣。当葡萄植株从暂时缺铁状态恢复为正常时，新梢生长也转为绿色，较早失绿的老叶，色泽恢复比较缓慢。

2. 过剩症状 易引起缺锰症。地上部生长受阻，下部老叶叶尖、叶缘脉间出现褐斑，叶色深暗。

（二）缺乏及过剩症状发生的原因

1. 缺乏发生的原因 ①土壤条件。缺铁大多发生在碱性土壤中，尤其是石灰性或次生石灰性土壤，如石灰性紫色土及浅海沉积物发育而成的滨海盐土。这是因为土壤pH高，铁的有效性降低；土壤溶液中的钙离子与铁存在拮抗作用；HCO^{3-}积累，使铁活性减弱。另外，土壤中有效态的铜、锌、锰含量过高对铁吸收有明显的拮抗作用，也会引起缺铁症。②施肥不当。大量施用磷肥会诱发缺铁，主要是土壤中过量的磷酸根离子与铁结合形成难溶性的磷酸铁盐，使土壤有效铁减少；果树吸收过量的磷酸根离子也能与铁结合成难溶化合物，影响铁在果树体内的转运，妨碍铁参与正常的代谢活动。③气候条件。多雨促发果树缺铁。雨水过多导致土壤过湿，会使石灰性土壤中的游离碳酸钙溶解产生大量HCO^{3-}，同时又通气不良，根系和微生物呼吸作用产生的CO_2不能及时逸出到大气中，也引起HCO^{3-}的积累，从而降低铁有效性，导致缺铁。

2. 过剩发生的原因 主要是施铁肥过量所致。

（三）缺乏及过剩的避免

1. 缺乏 ①改良土壤。矫正土壤酸碱度，以改善土壤结构和通气性，提高土壤中铁的有效性和葡萄根系对铁的吸收能力。②合理施肥。控制磷、锌、铜、锰肥及石灰质肥料的用量，以避免这些营养元素过量对铁的拮抗作用。③选用耐缺铁砧木，能有效预防缺铁症的发生；施用铁肥，如氨基酸铁，采取多次叶面喷施、树干注射和埋瓶等方法。④缺铁症一旦发生，其矫正比较困难，应以预防为主。

2. 过剩 少施或暂停施用铁肥。

十、锰

（一）缺乏及过剩症状

1. 缺乏症状（彩图5-9） 缺锰新叶脉间失绿，呈现淡绿色或淡黄绿色细小斑点，所有叶脉仍保持绿色，但多为暗绿色，失绿部分有时会出现褐斑，严重时失绿部分呈苍白

色，叶片变薄，提早脱落，形成秃枝或枯梢。暴露在阳光下的叶片较荫蔽处叶片症状明显。根尖坏死；坐果率降低，果实成熟期晚，果实畸形，果实成熟不均匀等。缺锰症状应与缺铁、缺锌、缺镁等区分。缺锌症状最初在新生长的枝叶上出现，包括叶变形。缺铁症状也出现在新生长的枝叶上，但引起更细的绿色叶脉网，衬以黄色的叶肉组织。缺锰和缺镁的症状，先在基部叶出现，大量发生在第一和第二道叶脉之间，发展成为较完整的黄色带，缺少鲱骨状的花样。

2. 过剩症状　功能叶叶缘失绿黄化甚至焦枯，叶片出现褐色斑点，严重时呈棕色至黑褐色，提早脱落；根色变褐，根尖损伤，新根少。

（二）缺乏及过剩症状发生的原因

1. 缺乏发生的原因　①土壤条件。多发生在耕层浅、质地粗的山地沙土和石灰性土壤，如石灰性紫色土和滨海盐土等。前者地形高凸，淋溶强烈，土壤有效锰供应不足；后者 pH 高，锰的有效性低。②耕作管理措施不当。过量施用石灰等强碱性肥料，会使土壤有效锰含量在短期内急剧降低，从而诱发缺锰。另外，施肥及其他管理措施不当，也会导致土壤溶液中铜、铁、锌等离子含量过高，引起缺锰症的发生。

2. 过剩发生的原因　①施肥不当。大量施用铵态氮肥及酸性和生理酸性肥料，会引起土壤酸化，水溶性锰含量剧增，导致锰过剩症的发生。②气候条件。降水过多，土壤渍水，有利于土壤中锰的还原，活性锰增加，促发锰过剩症。

（三）缺乏或过剩的避免

1. 缺乏　①改良土壤。一般可施入有机肥和硫黄。②土壤和叶面施肥。每公顷土壤施入 15～30 kg 硫酸锰，叶面喷施氨基酸锰或硫酸锰（0.05%～1.00%），可迅速矫正。

2. 过剩　①改良土壤环境。适量施用石灰（每公顷 750～1 500 kg），以中和土壤酸度，可降低土壤中锰的活性。此外，应加强土壤水分管理，及时开沟排水，防止因土壤渍水而使大量锰还原，促发锰中毒。②合理施肥。施用钙镁磷肥、草木灰等碱性肥料及硝酸钙、硝酸钠等生理碱性肥料，可中和部分土壤酸度，降低土壤中锰的活性。尽量少施过磷酸钙等酸性肥料和硫酸铵等生理酸性肥料，避免诱发锰中毒症。

十一、钼

（一）缺乏及过剩症状

1. 缺乏的症状　植株矮小，生长缓慢，叶片失绿，且出现大小不一和橙黄色斑点。严重缺钼时叶缘萎蔫，有时叶片扭曲呈杯状，老叶变厚、焦枯，以致死亡。缺钼症状一般老叶先出现，新叶在相当长时间内仍表现正常。钼缺乏症状主要显现在叶部，而果实部分则不大受影响。

2. 过剩症状　作物钼过剩，在形态上不易表现。

（二）缺乏及过剩症状发生的原因

1. 缺乏发生的原因　①酸性土壤，特别是游离铁、铝含量高的红壤和砖红壤以及淋溶作用强的酸性岩成土、灰化土和有机土。②黄河冲积物发育的土壤。③硫酸根及铵、锰含量高的土壤，抑制作物对钼的吸收。

2. 过剩发生的原因　主要是钼肥施用过量所致。

(三)缺乏和过剩症状的避免

1. 缺乏 ①施用钼肥。选择钼酸钠或钼酸铵，可以直接施入土壤，也可叶面喷施，土施每 667 m^2 用量为 10～50 g，并有数年的残效。叶面喷施常用 0.05%～0.10%的钼酸铵。②施用石灰。缺钼发生于酸性土，提高土壤 pH 可增加钼的有效性，有时随石灰的施用，可使缺钼现象消失。③均衡施肥。钼、磷、硫三元素间存在着复杂的关系，相互影响并相互制约。钼、磷、硫的缺乏常会同时发生。在植物对磷和硫的需要未满足以前，可能不表现出缺钼现象，施用钼效果也较差。在施用磷肥以后，植物吸收钼的能力增强，钼肥效果提高。所以施用磷肥以后，最容易出现缺钼现象。磷肥与钼肥配合施用，常会表现出好的肥效。硫也会加重钼的缺乏，在施用含硫肥料以后，容易出现缺钼现象，但是情况与磷不同，一方面硫酸根与钼酸根离子争夺植物根上的吸附位置，互相影响吸收；另一方面含硫肥料使土壤酸度上升，降低了土壤中钼的可给性。锰过量会阻碍对钼的吸收，导致钼的缺乏。

2. 过剩 少施或暂停施用钼肥。

十二、铜

(一)缺乏及过剩症状

1. 缺乏的症状 顶梢上的叶片呈叶簇状，叶和果实均失绿褪色，严重时顶梢枯死，并逐渐向下扩展，又称为“枝枯病”。果实小，果肉变硬有时开裂。

2. 过剩症状 根生长受抑制，伸长受阻而畸形，支根少，严重时根尖枯死；铜过量会导致缺铁而出现叶片黄化，叶肉组织色泽较淡呈条纹状，严重时导致落叶。

(二)缺乏及过剩症状发生的原因

1. 缺乏发生的原因 ①酸性和沙质土壤中可溶性铜易被流失，发生缺铜症。②过多施用氮肥和磷肥或土壤中含有过多的镁、锌、锰，影响铜的吸收利用，易诱发缺铜。③石灰施用过多，使铜变为不溶性，不能被吸收，也易诱发缺铜。

2. 过剩发生的原因 主要是铜制剂农药施用过量所致。

(三)缺乏和过剩症状的避免

1. 缺乏 结合秋施基肥，一般每 667 m^2 施入 1～2 kg 硫酸铜；根外追肥一般用 0.1%～0.2%的硫酸铜或波尔多液或含铜杀菌剂。使用过程中一定要掌握好用量，要均匀喷施。

2. 过剩 减少铜制剂或含铜农药的施用；土壤施用石灰，提高土壤 pH 至 7，可以降低铜过剩症。

十三、氯

(一)缺乏及过剩症状

1. 缺乏的症状 叶片干枯、黄化、坏死凋萎，根系生长慢，根尖粗。

2. 中毒的症状(彩图 5-10) 葡萄为氯敏感作物，容易出现施用过量的问题而导致葡萄氯中毒。叶面受害植株叶片边缘先失绿，进而变成淡褐色，并逐渐扩大到整叶，过 1～2 周开始落叶，先叶片脱落，进而叶柄脱落。受害严重时，造成整株落叶，随着果穗

萎蔫，青果转为紫褐色后脱落，新梢枯萎，新梢上抽生的副梢也受害，引起落叶、枯萎，最终引起整株枯死。

(二) 中毒症状发生的原因

施肥不当，大量施用氯化钾或氯化铵及含氯复混肥是引起果树氯害的主要原因，尤其是将肥料集中施在根际附近时更易引起受害。

(三) 中毒症状的避免

在大田中很少发现植株缺氯症状，因为即使土壤供氯不足，作物还可以从雨水、灌溉水，甚至从大气中得到补充，实际上，氯过多则是生产上的一个问题，主要通过如下措施避免氯中毒的发生：

① 控制含氯化肥的施用，特别是控制含氯化钾和氯化铵的“双氯”复混肥及鸡粪等农家肥的施用量，以防因氯离子过多而造成对果树的危害。

② 当发现产生氯害时，应及时把施入土中的肥料移出，同时叶面喷施氨基酸钾、硒等叶面肥（中国农业科学院果树研究所研制）以恢复树势。如严重，需进行重剪，以尽快恢复其生产能力。

第五节 设施葡萄的营养诊断

一、营养诊断的概念

营养诊断是通过生物、化学或物理等测试技术，对土壤的养分储量和供应能力以及植物的营养状况进行测试，分析研究直接或间接影响作物正常生长发育的营养元素丰缺、协调与否，进而为测土施肥和配方施肥等科学施肥提供直接依据，分为土壤营养诊断和植株营养诊断。

二、植株营养诊断

20 世纪 40 年代植物营养诊断成为一门独立的技术科学并用于生产。植株营养诊断以植物体整体或某一器官或某一组织内的营养元素含量与作物产量或品质形成之间的关系为基本出发点，根据植物形态、生理、生化等指标并结合土壤分析，判明植株的营养状况，明确导致植物营养不适的原因，从而提出切实有效的矫治方法和施肥措施。

(一) 诊断方法

最早的诊断方法是根据植物的叶色、植株发育程度及缺素和元素毒害的症状等形态方法判断植物的营养状况，此后，外形诊断与土壤、植物养分含量分析相结合，逐步奠定了由定性走向定量诊断的基础。

1. 形态诊断法 通过观察植物外部形态的某些异常特征以判断其体内营养元素不足或过剩的方法（见本章第四节 葡萄营养元素缺乏及过剩症）。主要凭视觉进行判断，较简单方便。但植物因营养失调而表现出的外部形态症状并不都具有特异性，同一类型的症状可能由几种不同元素失调引起；因缺乏同种元素而在不同植物体上表现出的症状也会有较大差异。因此，即使是训练有素的工作者也难免误诊。此法不能用作诊断的主要手段。

2. 化学诊断法 此法借助化学分析方法对植株、叶片及其组织液中营养元素的含量进行测定，并与由试验确定的养分临界值相比较，从而判断营养元素的丰缺情况。成败的关键取决于养分临界值的准确性和取样的代表性。由于同一植物器官在不同生育期的化学成分及含量差异较大，应用此法时必须对采样时期和采样部位作出统一规定，以资比较。

（1）取样关键时期与部位（组织）　由某一取样时期取样部位的养分含量与植株产量或品质之间的相关系数确定，相关系数最高者，为最佳取样关键时期和部位。迄今为止，植株营养诊断的取样关键时期和部位并没有取得一致意见，这与品种、栽培模式、生长环境、产地、营养元素种类等诸多因素影响有关。目前国内外葡萄叶分析的取样一般是用叶柄。有研究者认为果实采收期叶柄的钾含量表现出与产量和葡萄汁钾、可溶性固形物、滴定酸更强的相关性，而氮和磷则是在开花期和转色期；还有研究者认为转色期叶片更适合磷和镁的营养诊断；而南非作物管理分析实验室认为在花期进行叶分析应用叶柄，在浆果转熟期应用叶片。Izaskun Romero 等研究认为叶片更适合评估氮和钾的营养状况，叶柄则更适合评估硼；Sato 等推荐用叶柄测定磷、钾，而 Shaulis 认为在测定氮时宜用叶片。秦煊南（1989）在推荐测氮的含量水平时用叶片，测磷、钾用叶柄。李港丽等（1988）报道，欧洲葡萄应在盛花期取第一穗花序节位上的叶柄；美洲葡萄与圆叶葡萄应在盛花后 4～8 周，取果穗上一节的叶柄。庞国成（2019）报道，冬促早栽培设施 87－1 葡萄测氮用盛花期花序，测磷、钙和锰用成熟期穗轴，测钾用成熟期叶片，测镁用落叶期叶柄，测硼用盛花期叶片，测铜用落叶期叶片，测铁用成熟期叶柄，测钼用转色期叶柄，测锌用转色期果粒。

（2）营养诊断的养分临界值　养分临界值（表 5－23，表 5－24）的准确性决定营养诊断的成败。当植株组织内某种营养元素处于缺乏状况，即含量低于养分临界值（植株正常生长时体内必须保持的养分数量）时，植株产量或品质随营养元素的增加而迅速上升；当植株体内养分含量达到养分临界值时，植物产量或品质即达最高点；超过临界值时，植株产量或品质可以维持在最高水平上，但超过临界值的那部分营养元素对产量或品质不起作用，这部分养料的吸收为奢侈吸收；而当植株体内养分含量大大超过养分临界值时，植株产量或品质非但不增加，反而有所下降，即发生营养元素的过量毒害。

表 5－23　葡萄叶内矿质元素含量标准值（基于产量，7—8 月测定）

（引自李港丽等，1986）

矿质元素	叶片			叶柄		
	缺	低	适量	缺	低	适量
氮（%）	1.3～1.5	<1.8	1.3～3.9			0.6～2.4
磷（%）		<0.14	0.14～0.41		<0.10	0.10～0.44
钾（%）	0.25～0.50		0.45～1.30	0.15～0.28	<1.25	0.9～2.2(非欧亚种 0.44～3.0)
钙（%）			1.27～3.19			0.7～2.0
镁（%）	0.07～0.22	0.12	0.23～1.08			0.26～1.50
铁（mg/kg）						30～100

（续）

矿质元素	叶片			叶柄		
	缺	低	适量	缺	低	适量
硼（mg/kg）	6～24		13～60	<12	<30	25～60(非欧亚种 20～50)
锰（mg/kg）				<18	<30	30～180
锌（mg/kg）				11		25～50
铜（mg/kg）				2		10～5

表 5-24　设施葡萄植株组织内矿质元素含量适量标准值

（固定产量，基于品质，2017—2018 年连续两年测定）

（引自庞国成，2019）

元素名称	取样时期	取样部位	适量标准值（%）	元素名称	取样时期	取样部位	适量标准值（mg/kg）
氮	盛花期	花序	1.81～2.10	硼	盛花期	叶片	17.6～24.6
磷	成熟期	果穗穗轴	0.26～0.40	铜	落叶期	叶片	8.7～12.1
钾	成熟期	叶片	0.53～0.73	铁	成熟期	叶柄	44.2～59.6
钙	成熟期	果穗穗轴	0.53～0.57	锰	成熟期	果穗穗轴	152～184
镁	落叶期	叶柄	0.66～0.8	钼	转色期	叶柄	0.2～0.5
				锌	转色期	果粒	28.0～30.5

3. 酶诊断法　又称生物化学诊断法。通过对植物体内某些酶活性的测定，间接地判断植物体内某营养元素的丰缺情况。例如，对碳酸酐酶活性的测定，能判断植物是否缺锌，锌含量不足时这种酶的活性将明显减弱。此法灵敏度高，且酶作用引起的变化早于外表形态的变化，用以诊断早期的潜在营养缺乏，尤为适宜。

此外，显微化学法、组织解剖方法以及电子探针方法等也开始应用于植物营养诊断。

（二）植株营养诊断的应用

植株营养诊断的用途是多方面的，概括起来主要有如下两个方面：

1. 诊断生理病害的缺乏或过剩元素种类　根据植株组织分析的结果，可以与正常叶营养含量标准进行比较，从而判断某一元素是缺乏、适量及过剩。

2. 分析植株体内各种营养元素的相互作用　根据对植株组织分析的相关关系，可以了解各种营养元素协同或拮抗作用。一般含量呈正相关的元素间存在协同作用，而呈负相关的则存在拮抗作用。

三、土壤营养诊断

土壤营养诊断是用化学分析方法或生物方法对土壤中植物生长发育所需的养分含量、养分形态和养分有效性进行测定，并与由试验确定的养分临界值（表 5-25）相比较，从而判断作物生长期间土壤（速效）养分的丰缺程度。

表 5-25　设施葡萄土壤内矿质元素含量适量标准值（固定产量，基于品质，2017—2018 连续两年测定）

（引自庞国成，2019）

元素名称	取样时期	取土样部位（cm）	适量标准值（mg/kg）
碱解氮	转色期	0～20	98.0～171.5
有效磷	盛花期	20～40	35～90
速效钾	成熟期	20～40	157.6～254.1
交换性钙	成熟期	0～20	1 690～2 270
交换性镁	成熟期	0～20	180～270

（一）目的与诊断方法

查明土壤某些养料的缺乏或过剩，作为推荐施肥方案的重要参考依据以提高肥料利用率。土壤营养诊断是以土壤中各种营养元素的有效含量作基础的，即用化学分析的方法测定土壤中各种营养元素，了解土壤有效养分的丰缺，从而反映土壤某一阶段的养分供应状况。由于土壤有效养分的含量受取样时期、取样位置、土壤质地、土壤养分提取剂种类与方法等多种因素的影响，因此不同土壤样品之间绝对数量差异很大。同时，影响植株生长和养分吸收的因素是动态的，有效养分不断地变化，所以想找出一种有效的诊断方法并非易事。这就需要根据土壤特性来选择适用的提取剂与方法、适宜的取样时期、适宜的取样位置及确定某种测定方法，所测得的土壤有效养分含量与植株生长、产量、品质之间相关系数越高，表示该方法越可靠。

（二）土壤营养诊断的应用

土壤营养诊断常与作物营养诊断同时进行，对利用和培肥土壤，决定作物布局，确定合理的施肥制度（选择肥料种类、确定肥料施用数量与施肥时期）以及经济有效地施肥，促使作物获得高产、稳产、优质等方面都有重要作用。

第六节　设施葡萄的 4R 养分管理

4R 作物养分管理是国际植物营养研究所（IPNI）养分管理策略的核心之一，兼顾养分管理和施肥的经济效益、环境效益和社会效益，是被普遍采用的肥料最佳养分管理新方法。4R 养分管理即选择正确的肥料品种（Right source）、采用正确的肥料用量（Right rate）、在正确的施肥时间（Right time）、施用在正确的位置（Right place），4 个“正确”的英文“Right”第一个字母均为“R”，故简称为 4R。4R 养分管理涵盖了所有与养分管理相关的科学原理，主要涉及植物矿质营养学说、土壤养分归还学说、营养元素不可替代律、最小养分律、肥料报酬递减律、营养因子综合律等。实际生产中，具体的植物养分管理措施取决于生产者的目标、拥有的资源、栽培模式、土壤条件、气候条件以及影响养分管理措施的其他因素。4R 养分管理策略广泛应用于世界各地小型企业到大型商业农场及种植园的各种作物体系上，是农户及相关技术指导人员、推广专家、研究人员、监督管理者以及作物养分管理人员的实用工具。

一、选择“正确的肥料种类”

在选择“正确的肥料品种”时，除必须考虑施肥量、施肥时期和施肥位置外，还要注意：

① 使用与土壤理化性质相匹配的肥料（见本章第二节　营养元素间的相互关系）。例如淹水土壤中施用硝酸盐类肥料，在 pH 高的土壤上施用生理酸性肥料等。

② 注意不同营养元素和肥料种类间的协同效应（见本章第二节　营养元素间的相互关系）。例如磷和锌之间的交互作用，有机与无机肥之间的配合施用等。

③ 注意肥料的兼容性。例如不同肥料混合后容易吸潮，不同粒径比重肥料混合后出现的分层现象等。

④ 注意伴随离子的影响。因为绝大多数营养元素有一个对作物可能有益、无害或者有害的伴随离子。例如一些磷肥品种中含有对植物有效的钙和硫以及少量镁和微量元素；氯化钾中钾的伴随离子氯对葡萄容易发生毒害。

⑤ 控制非必需营养元素的影响。例如一些天然磷矿石中含有少量非必需营养元素，这些元素的量应控制在允许的临界值范围内。

二、采用“正确的施肥量”

在确定“正确的施肥量”时，除必须考虑肥料品种、施肥时期和施肥位置外，还要注意：

① 评估葡萄对养分的需求。正确估计葡萄对各种养分的需求总量对达成目标产量和品质具有关键作用（见本章第三节　设施葡萄对矿质营养的需求规律）。

② 评价土壤养分供应状况。评价方法包括土壤与植物分析、田间缺素试验等。研究结果表明，在施肥前先对土壤中特定的有效养分含量进行分析测定，是确定肥料施用量的有效方法。

③ 评价所有的养分来源。评价对象包括各种农家肥、绿肥、还田枝叶、大气沉降、灌溉水和化肥中的养分总量及其对植物的有效性。

④ 预测肥料的利用率

⑤ 考虑对土壤肥力资源的影响，保持土壤养分平衡。如果葡萄栽培系统中养分的移走量超过投入量，从长远看土壤肥力将会下降。

⑥ 考虑肥料使用的经济效益。

三、确定“正确的施肥时期”

在确定“正确的施肥时期”时，除必须考虑肥料品种、肥料用量和施肥位置外，还要注意：

① 确定不同时期作物吸收养分的规律，实现养分供应与作物养分需求同步（见本章第三节　设施葡萄对矿质营养的需求规律）。

② 明确土壤养分供应的动态变化。尽管土壤矿物分解和有机质矿化后可以为作物提供大量养分，但现代农业生产中仅靠这些土壤本底养分还远不能满足当季作物高产稳产的需要，如果作物吸收养分的速率超过土壤养分释放速率，就需要靠施肥来补充，否则就会

引起缺素，导致减产。

③ 了解土壤养分损失的动态变化。

④ 考虑施肥与其他田间管理措施的配合。

四、施用在“正确的施肥位置”

“正确的施肥位置”是指将养分施用在环境中的合适位置上，使作物易于吸收利用。选择正确的施肥位置会受到许多因素影响，除必须考虑肥料种类、肥料用量和施肥时期外，还要注意：

① 考虑葡萄根系的分布状况，肥料应尽可能施用在葡萄根系的主要分布范围内，使作物根系易于吸收。一般情况下，设施葡萄的根系主要集中分布在 80～100 cm（以主干为中心）宽、0～40 cm 深的土层内；而容器限根或槽式限根栽培模式的设施葡萄根系则分布在栽培容器或栽培槽内的所有土体中。

② 考虑土壤养分的空间变异情况。通过分析评估地块内和地块间以及区域内和区域间的土壤肥力空间差异状况，在不同尺度上进行有针对性的精确施肥。

葡萄的营养状况是动态系统的一部分，必须因地因时而变，各项措施都会与葡萄—土壤—大气系统相互作用，施肥的效应随上述因素的变化而变化。因此，今后葡萄养分状况的管理需要更加精准化、信息化。现代计算机技术和信息技术的快速发展已经为实施信息化的精准养分管理提供了有利条件。因此，如果人们能在充分实践“4R”养分管理的基础上，根据不同区域农业生产的环境条件来不断完善和提高各层面的管理水平，就一定能找到适合当地条件的最佳的管理措施，实现农业生产的可持续发展。

第六章 

设施葡萄的水分需求

水直接参与葡萄有机物的合成和分解，是葡萄植株各组织、器官的重要组成成分，一般葡萄浆果含水量达80%，叶片含水量70%，枝蔓和根含水量约50%。葡萄植株的水分主要是从土壤中吸收的，也有极少部分是由叶片从空气和叶面上吸取的。

若土壤水分充足，则植株发芽整齐，新梢生长迅速，浆果果粒大。但是土壤水分过多，会使植株徒长、树体遮蔽、通风透光不良、组织脆弱、抗性较差、枝条成熟度差，尤其是在浆果成熟期水分过多，常使浆果含糖量降低，品质较差，此时土壤水分的剧烈变化还会引起裂果。此外，土壤水分过多还会引起土壤中缺氧，削弱根系的吸收功能，甚至使根系窒息死亡。

如土壤缺水，对葡萄的生长发育影响很大。一般来说，在生长前期缺水，会造成新梢短、叶片和花序小、坐果率低；在浆果迅速膨大初期缺水，往往对浆果的继续膨大产生不良影响，即使过后有充足的水分供应，也难以使浆果达到正常大小。在果实成熟期轻微缺水，可促进浆果成熟，提高果实含糖量，但严重缺水则会延迟成熟，并使浆果颜色发暗，甚至引起果实日灼或萎蔫。

第一节　设施葡萄的水分需求规律

植株的蒸腾作用是植物生长过程中的重要组成部分，是一种复杂的生理过程。蒸腾作用不仅受外界环境的影响，而且还受植物本身的调节和控制。植物生长过程中吸收的大部分水分（98%～99%）是通过蒸腾作用散失到大气中的。植株通过蒸腾作用，一方面促进水分与养分的吸收；另一方面降低自身温度，使叶子在强光下进行光合作用而不致受害。

一、葡萄蒸腾量的测定方法

在农业生产和科研领域中，蒸腾量能否精确测定直接影响田间灌溉系统的设计、灌溉管理以及作物产量模拟等方面，作物蒸腾量的测定一直被认为是学术上和生产上的一个难点。从20世纪60年代起，国内外陆续提出了整体（陆光明，1996）或离体称重法（刘奉觉，1990）、蒸渗仪法（巨关升，2000）、彭曼-蒙特斯公式计算法（刘钰，2005）、水汽增量法（刘奉觉，1997）、波文比能量平衡法（Hanson, et al., 2006）、水量平衡法（Harmanto et al., 2005；Yuan B Z et al., 2001；Yuan B Z et al., 2004）、同位素示踪法

（苏建平，2004）、热技术茎流法等多种测定作物蒸腾量的方法。其中热技术茎流法根据测量原理不同，分为热波速法和热平衡法两大类（杜阳，2010）。

以热平衡理论为基础，通过测定植株茎流确定作物蒸腾量的热平衡测定方法，具有活体实时监测、操作简单方便、远程下载数据等优点，在相关农业生产和科研领域中得到了越来越广泛的应用。

（一）热平衡原理

作物在蒸腾过程中，根系从土壤中吸收的水分通过茎秆源源不断地输送至叶片和果实，并通过气孔和角质层散发到大气中去，在此过程中，作物茎秆中的液体一直处于流动状态。当作物茎内的液流在某一点被注入恒定功率（P_{in}）的热能后，茎秆液流携带的能量被分为四部分（图 6－1）：一部分随茎内水分向上运动而向上传输（Q_f），一部分与上、下部的水分发生热交换（Q_v），一部分以辐射的形式向周围散发（Q_r），还有一部分以能量的形式储存在所测植株的茎秆内（Q_s）。根据注入作物茎内热脉冲向上运输的速率以及周边水流的热交换程度，由热传输理论和茎热平衡理论通过一定的数学计算求得茎秆的水流通量（即植株蒸腾量），茎热平衡方程为：$P_{in}=Q_f+Q_v+Q_r+Q_s$（杜阳，2010）。基于热平衡原理开发出探针式茎流仪和包裹式茎流仪。目前，国际上美国的 Dynamax 公司基于热平衡法开发的探针式茎流仪和包裹式茎流仪产品几乎处于垄断地位。

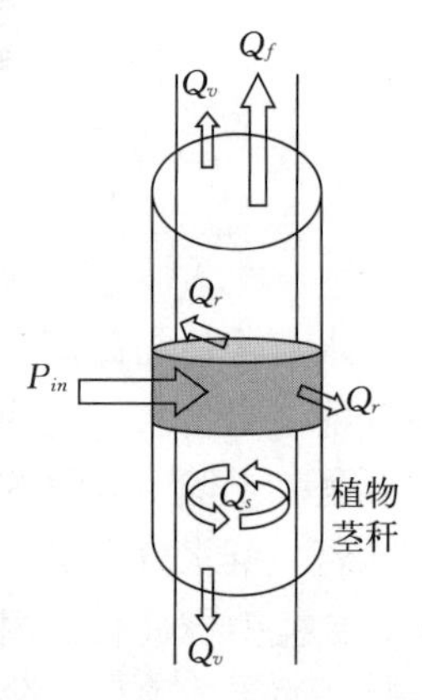

图 6－1　茎热平衡示意图

（二）探针式茎流仪

热扩散式探针传感器（TDP）是法国农业科学院的 Granier 于 1987 年在热脉冲液流检测仪上改进发明的，该探针被命名为 Granier 型 TDP。该方法的原理是：将一对探针（上面的探针内置有线性加热器和热电偶，下面的探针作为参考，仅内置热电偶）插入具有水分传输功能的树干边材中，上面的探针加热后，与下面感测周围温度的探针作为对比，通过检测两探针之间的温差，计算液流携带走的热量，建立温差与液流速率的关系，进而确定液流速率的大小。后来美国 Dynamax 公司在不改变 Granier 的理论方法基础上，将 TDP 探针的外形及加热电阻进行了改进并成功商业化，称为改进型 TDP。该技术是目前测定整株树体水分利用比较理想的技术之一，得到普遍应用。但有研究发现，如果探针插入心材部分或木质部液流在径向上不均一，液流量可能会被低估，用不同长度探针测定茎秆不同深处的液流是解决该问题的一个方法。

（三）包裹式茎流仪

包裹式最早由 Sakuratani（1981）提出。该方法要保证探测器与茎秆表面接触良好，并要包以保温材料，隔热及防雨。具体方法是在植物茎秆外部安装环形加热装置，通过输入热量和茎秆轴向、径向热损失以及液流携带走的热量之间的能量平衡关系计算液流。该方法的优点在于无须将传感器插入茎秆，也无须标定，并且可以测量细茎的草本植物。1988 年，美国 Dynamax 公司将包裹式茎流仪成功商业化。值得注意的是，安装此仪器时应使用凡士林，以保证探测器与植物茎秆接触良好并防水。同时发现，安装此仪器测定木本植物一段时间后，包裹式探测器挤压试材的径向加粗生长，导致包裹处植物茎秆生长缓

慢，因此需要定期变换包裹位置。

二、设施葡萄茎流的日变化规律

由图 6－2 知，冬促早栽培设施品种 87－1 葡萄各关键生育阶段的茎流速率的日变化曲线均为单峰曲线，萌芽-始花阶段，早上 7:00 左右茎流速率快速增加，在 11:00 左右茎流速率达到峰值，为 72.53 g/h，此后缓慢降低，至 5:30 左右，茎流接近停止。始花-末花阶段的茎流开始时间为早上 7:00，在 11:00 时茎流速率达到峰值 291.78 g/h，此后降低。末花-转色阶段，植株茎流速率在 12:00 左右出现峰值，为 355.78 g/h，此后茎流速率减小。转色-成熟阶段和采收-落叶阶段，茎流速率变化趋势基本一致，均在早上7:00左右茎流启动，此后茎流速率快速增加，至 12:30 左右出现峰值，此后降低。

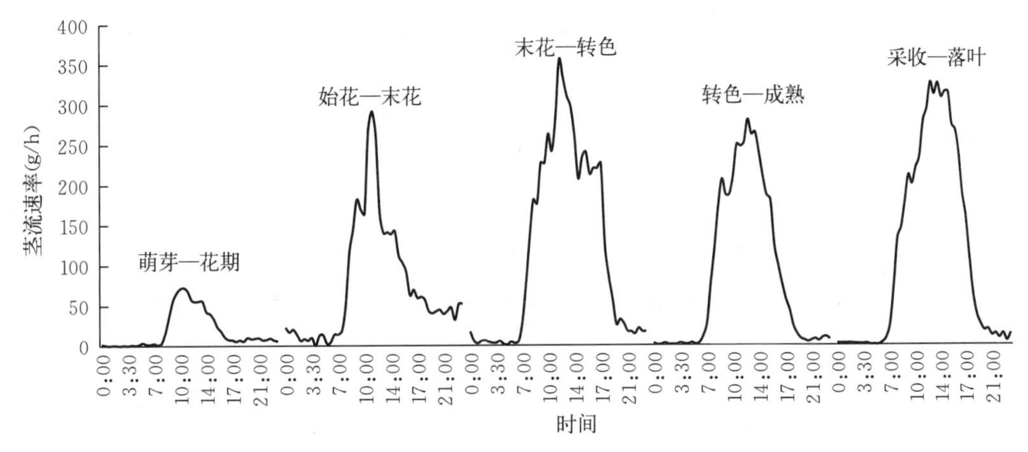

图 6－2　冬促早栽培设施品种 87－1 葡萄各关键生育阶段茎流的日变化规律
（中国农业科学院果树研究所，庞国成，2019）

三、设施葡萄需水量的年变化规律

根据现有的资料，成年葡萄各生长季耗水量跨度非常大，但大多数集中在 300～865 mm（Intrigliolo D S et al.，2009；López－Urrea R et al.，2012；Evans R G et al.，1993；Williams L E et al.，2003；Williams L E et al.，2005；马兴祥等，2006）。而 Netzer 等（2009）研究表明以色列北部滴灌条件下葡萄的耗水量可达 1 087～1 348 mm，这主要与当地的特殊气候及栽培架式有关。

对于葡萄植株来说，其在生育期需水规律为两头小中间大。López－Urrea R 等（2012）与马兴祥等（2006）发现在萌芽期，由于气温较低，空气湿度大，叶片尚未出现，因此需水量在生长季中是最小的，此时水分不宜过多，以免阻碍地温回升，影响枝条和叶片生长。李华（2008）的研究表明新梢生长期葡萄进入第一个需水高峰，新梢生长较快，应供应充足的水分，增加光合作用，保证正常开花、坐果；花期一般要控制灌溉，以免造成落花落果。马兴祥等（2006）与 López－Urrea R 等（2012）认为浆果生长期耗水量达到最大，为葡萄需水关键期。此时正是葡萄营养生长和生殖生长的高峰，也是产量形成的关键期，同时气温较高，蒸发较大，需要给予充足的水分。刘爱玲（2012）的研究表明，在无土栽培条件下，每 667 m^2 全年水净吸收量为 210.9 m^3，在萌芽-开花前、开花前-盛花期、盛花期-膨大期Ⅰ、膨大期Ⅰ-硬核期、硬核期-膨大期Ⅱ、膨大期Ⅱ-转色期、转色期-成熟期、成熟期-采收后、采收后-落叶期，峰后葡萄每 667 m^2 水分需求量分别为 7.39 m^3、18.18 m^3、25.60 m^3、15.15 m^3、29.39 m^3、16.69 m^3、26.87 m^3、45.44 m^3、26.25 m^3。白云岗等（2011）研究发现葡萄在整个生长期内耗水呈先增后减的单峰曲线，日均耗水强度为 5.0 mm/d 左右，高峰期（果实膨大期）可达8.78 mm/d。

庞国成（2019）研究发现，冬促早栽培设施品种 87－1 葡萄整株植株的全年茎流量为 786.86 kg/株。其中萌芽-始花阶段的茎流量最小，为 42.57 kg/株，占全年茎流量的 5.41%；此阶段的茎流速率也最小，为 0.99 kg/d。始花-末花阶段的茎流量为 51.24 kg/株，占全年茎流总量的 6.51%；但其茎流速率较大，为 2.70 kg/d。末花-转色阶段，由于果实体积迅速增加，同时叶片光合作用旺盛，因此茎流速率最大，为 4.73 kg/d；但受其生长时长（40 d）的限制，茎流量小于采收-落叶阶段，为 189.05 kg/株，占全年茎流总量的 24.03%。转色-成熟阶段，茎流量为 80.12 kg/株，占全年茎流总量的 10.18%，茎流速率为 2.43 kg/d。采收-落叶阶段，果实采收后，由于气温依然较好，存在补偿性旺长现象，且生长时间长达 137 d，因此本阶段茎流量最多，为 423.88 kg/株，占全年茎流总量的 53.87%；但茎流速率小于末花-转色阶段，为 3.09 kg/d（表 6－1）。

表 6－1　冬促早栽培设施品种 87－1 葡萄各关键生育阶段的单株茎流量与茎流速率

（引自庞国成，2019）

指标	萌芽-始花	始花-末花	末花-转色	转色-成熟	采收-落叶	全年
天数（d）	43	19	40	33	137	272
茎流量（kg/株）	42.57	51.24	189.05	80.12	423.88	786.86
各关键生育期占比（%）	5.41	6.51	24.03	10.18	53.87	100.00
茎流速率（kg/d）	0.99	2.70	4.73	2.43	3.09	—

第二节　设施葡萄的灌溉阈值

一、灌溉阈值的确定

目前，国内外关于灌溉阈值的确定标准不一。苏学德等（2016）研究认为，应将土壤水分含量保持在作物光合速率或者产量最高时的土壤水分阈值范围，这样才能有效地提高水分的生产率。Abrisqueta 等（2012）将土壤水分含量从缓慢下降到快速下降的转折点作为桃树开始受到水分胁迫的关键点。刘洪光等（2010）的研究表明克瑞森葡萄的产量在萌芽期和抽穗期保持灌溉下限为 40%田间持水量的情况下达到最大。Zsófi Z 等（2008）研究发现，50%田间持水量能够很好地提高水分利用率。中国农业科学院果树研究所葡萄课题组研究认为，在最佳负载量的前提下，应将土壤水分相对含量保持在果实品质最佳时的土壤水分阈值范围，这样才能符合提质增效的要求。以获得优质果品为目标，庞国成

(2019) 借助439 (四因素三水平九处理) 正交试验设计，开展了冬促早栽培条件下设施品种87－1葡萄最佳灌溉阈值的研发工作，初步明确了基于不同品质指标的最佳灌溉阈值范围 (表6－2)。最佳灌溉阈值范围的确定，除受确定标准的影响外，还受品种、砧木、栽培模式、产区等的影响，因此某一产区某一栽培模式某一品种的最佳灌溉阈值范围的确定，首先需要试验验证，才能为灌溉管理提供科学依据。

表6－2 冬促早栽培设施品种87－1葡萄品质指标最佳时的灌溉阈值范围 (土壤相对含水量范围)

(引自庞国成，2019)

品质指标	各时期影响大小	最佳灌溉阈值范围 (土壤相对含水量范围)
单粒重	A[①]>B>D>C	$A_1B_1C_1D_3$(萌芽至花期阶段：60%～70%，坐果至果实转色阶段：60%～70%，果实转色至成熟阶段：55%～65%，果实采后至落叶阶段：55%～70%)
花青苷含量	A>B>D>C	$A_2B_3C_2D_1$(萌芽至花期阶段：70%～80%，坐果至果实转色阶段：60%～80%，果实转色至成熟阶段：60%～70%，果实采后至落叶阶段：55%～65%)
可溶性固形物含量	A>B>D>C	$A_3B_3C_2D_2$(萌芽至花期阶段：60%～80%，坐果至果实转色阶段：60%～80%，果实转色至成熟阶段：60%～70%，果实采后至落叶阶段：60%～70%)
果皮强度 (带皮硬度)	B>D>A>C	$A_2B_2C_2D_2$(萌芽至花期阶段：70%～80%，坐果至果实转色阶段：70%～80%，果实转色至成熟阶段：60%～70%，果实采后至落叶阶段：60%～70%)
芳樟醇含量 (特征香气)	A>D>B>C	$A_2B_2C_1D_3$(萌芽至花期阶段：70%～80%，坐果至果实转色阶段：70%～80%，果实转色至成熟阶段：55%～65%，果实采后至落叶阶段：55%～70%)
品质指数[②]	A>B>C>D	$A_2B_2C_1D_3$(萌芽至花期阶段：70%～80%，坐果至果实转色阶段：70%～80%，果实转色至成熟阶段：55%～65%，果实采后至落叶阶段：55%～70%)

注：①表中A、B、C、D分别为萌芽至花期、坐果至果实转色 (幼果发育) 期、果实转色至成熟期、果实采后至落叶期四个生育阶段，其中萌芽至花期阶段和坐果至果实转色阶段的土壤相对含水量设置1水平：60%～70%、2水平：70%～80%和3水平：60%～80%；果实转色至成熟生育阶段和果实采后至落叶生育阶段的土壤相对含水量设置1水平：55%～65%、2水平：60%～70%和3水平：55%～70%。

②选择单粒重、花青苷含量、可溶性固形物含量、果皮强度和芳樟醇含量等品质指标对果实品质进行综合评价，上述指标均为高优指标，权重各为1，用Topsis方法进行综合评价，以评价结果的得分值作为品质指数。品质指数越大，代表果实综合品质越好。

二、土壤含水量的测定

测定土壤含水量是研究土壤水分状况以及精准灌溉技术的基础，从最初经典烘干法发展到近代的射线法，测定速度和精度都大大提高。由于土壤颗粒本身的特点，任何一种测定方法得到的含水量值只能是实际土壤含水量的近似值。这些测定方法各有特点，在应用时，可以根据具体情况选择合适的测定方法。

（一）烘干法

烘干法是目前国际上的标准方法，其原理是用土取样套件采取土样，将土样置于105 ℃±2 ℃(温度不能超过 110 ℃）的恒温干燥箱中烘至恒重［一般情况下，烘 6 h(沙土)～8 h(黏土）已经具有足够的精度］，即土样所含水分（包括吸湿水）全部蒸发殆尽求算土壤含水量。在此温度下，有机质一般不至大量分解损失影响测定结果。烘烤土样多采用电热恒温干燥箱。它能控制适宜的烘烤温度，因此测定结果比较准确，使用较广，但缺点是测定时间长。微波法在国外 20 世纪 70 年代初就已经开始，并得到了广泛应用。虽然微波法可以快速干燥土样，但也存在很多问题。例如微波炉内土样温度不均衡、某些地方温度很高，导致有机质发生分解损失，进而使测定值高于实际值。此外，微波法烘干时间的确定受微波炉的输出功率、土壤质地、土样量等的影响，因此应用前必须根据实际情况进行实验验证，确定所用型号和额定功率的微波炉测定某一质地土壤含水量时适宜的微波烘烤时间及土样量。中国农业科学院果树研究所葡萄课题组研究表明，额定功率800 W的微波炉［格兰仕，型号为 G80F23CN3 L－C2(R1)，微波频率 2 450 MHz］以 100％额定功率输出、对 10～30 g 相对含水量介于 0～100％的粗骨土烘烤 18 min 时，测定的土样相对含水量的值与电热恒温干燥箱测定的值基本相近，无显著性差异。因此，利用微波炉测定土壤相对含水量是切实可行的，可利用其测定迅速、成本低的优点，有效推动葡萄精准灌溉和水肥一体化技术的研究与应用。

一般采用土壤中所含水分重量与烘干土重量的比值进行计算，即：

土壤重量含水量（％)＝(原土重－烘干土重)/烘干土重×100％＝水重/烘干土重×100％。按下式计算：

$$\omega=(w_s-w_g)/w_g\times100\%$$

式中 ω——重量含水量,％；

w_s——湿土重量，g；

w_g——干土重量，g。

但通常利用烘干法推求土壤重量含水量时，按下式计算：

$$\omega=(G_s-G_g)/(G_g-G_o)\times100\%$$

式中 ω——重量含水量,％；

G_s——湿土＋铝盒的重量，g；

G_g——干土＋铝盒的重量，g；

G_o——铝盒的重量，g。

以每一测点的 3 个土壤含水量均值作为该测点的土壤含水量，而代表性地块不同深度的土壤含水量可由各种深度上测得的均值作为该代表的土壤含水量。该法的优点是可以直接精确地测量出土壤准确的含水率；缺点是破坏了土壤的连续观测，且测定周期长，过程烦琐。称重法虽然具有各种操作不便等缺点，但作为直接测量土壤水分含量的唯一方法，在测量精度上具有其他方法不可比拟的优势，因此它作为一种实验室测量方法并用于其他方法的标定将长期存在。

（二）中子仪法

中子仪法亦称中子水分测定仪法，该方法比较成熟，准确性高，是烘干法以外的第二

标准方法。根据放射性中子源快中子进入土壤与介质中与各种原子相碰撞减速，使快中子损失能量而慢化，并且慢中子云球的密度与中子源作用范围内的介质中的水分含量存在函数关系的原理（其中快中子与氢原子碰撞时，损失能量最大，更易于慢化，故土壤中水分含量越高，即氢原子越多，慢中子云密度就越大），通过测量慢中子云的通量密度来确定土壤含水量的方法。测定误差约为±1%。中子仪法可以在原位的不同深度上周期性地反复测定，但是仪器的垂直分辨率较差，表层测量因快中子容易在空气中散逸而造成较大误差。缺点：仪器昂贵，投入大；中子射线对操作者身体有损害；对于有机质含量高的土壤有明显的限制，因为有机质中许多化合氢是以水以外的其他形式存在；此外，它不适宜测定表层 0～15 cm 的土壤含水量。

（三）电阻率法

电阻率法是将两极电阻埋入土壤根据电阻来确定土壤含水量，但是电阻的大小受土壤质地影响较大，其中包括空隙分布、颗粒分布、温差等很多因素，导致测量的结果误差也很大。电阻法由于标定复杂，并且随着时间的推移，其标定结果将很快失效，而且由于测量范围有限，精度不高等一系列原因，已经基本上被淘汰。

（四）张力计法

根据土壤中的土壤水势与土壤含水量相关关系的原理测量土壤含水量的方法，也称负压法。张力计有指针式和电子压力传感器两种类型。张力计安装前应进行外观检查，真空表指针应指示零点且转动灵活。电子张力计采用压力传感器替代真空表，其测量精度高，可接入数据采集器进行连续自动测量。

（五）时域反射法（Time Domain Reflectometry，TDR）

TDR（时域反射仪）是一种测量电磁脉冲从发射源出发到遇到障碍物产生发射后返回发射源所需时间的仪器。该法是根据土壤中的水和其他介质介电常数之间的差异原理，测得电磁波在土壤介质中的传播速度，测量土壤含水量的方法。

电磁波在介质中的传播速度可由下式表示：

$$V=C/\sqrt{\varepsilon_r \cdot \mu_r}。$$

式中　C——电磁波在真空中的传播速度，即 3×10^8 m/s；

ε_r——介质的相对介电常数（$\varepsilon_r=\varepsilon/\varepsilon_0$），$\varepsilon$ 是介质的介电常数、ε_0 为真空中的介电常数；

μ_r——介质的相对磁电导率（$\mu_r=\mu/\mu_0$），μ 是介质的磁导率、μ_0 为真空中的磁导率。

V 的测定可根据电磁波在已知距离内传播所需的时间确定，即：

$$V=D/t$$

式中　D——已知的电磁波的传导距离；

t——传播这一距离所需要的时间。由于土壤属非磁性介质，$\mu=1$；而介电常数 ε 是土壤含水量的函数，所以通过测定介电常数 ε 即可求出土壤的含水量。

根据加拿大学者 Topp 等的研究成果，土壤体积含水量 θ_v 与其介电常数 ε 之间存在如下经验公式：

$$\theta_v=-5.3\times10^{-2}+2.92\times10^{-2}\varepsilon-5.5\times10^{-4}\varepsilon^2+4.3\times10^{-6}\varepsilon^3$$

式中 θ_v——土壤体积含水量；

ε——介电常数。

TDR（时域反射仪）可以连续、快速、准确测量。可以测量土壤表层含水量。一般的 TDR 原理的设备响应时间约 10～20 s，适合移动测量和定点监测。测定结果受盐度影响很小。TDR 缺点是电路比较复杂，设备较昂贵。

（六）频域法（Frequency Domain，FD）

频域法是利用 LC 电容电感的振荡，通过电磁波在不同类型土壤中振荡频率的变化来测定其介电常数，进一步通过介电常数和含水量的关系反演出土壤含水量的方法。频域法主要包括频域反射法（FDR）和驻波法（SWR）等。

其计算公式如下：

$$\theta_v=(\sqrt{\varepsilon}-\alpha_0)/\alpha_1$$

式中 θ_v——土壤体积含水量；

α_0 和 α_1——由土壤类型确定的常数；

ε——介电常数。

缺点：受到土壤质地（容重、颗粒、盐度等）影响较大，且该仪器不能放置到土壤深部，所以很难获得深层次的含水量；当探头附近的土壤有孔洞或者水分含量非常不均匀时，会影响测定结果；精度上存在瓶颈，误差经常在 5%左右。

第三节 设施葡萄的 3R 水分管理

3R 作物水分管理是最佳水分管理的核心策略，3R 水分管理即采用正确的灌溉量（Right rate）、在正确的灌溉时间（Right time）、灌溉在正确的位置（Right place），3 个“正确”的英文“Right”第一个字母均为“R”，故简称为 3R。3R 水分管理涵盖了所有与水分管理相关的科学原理，实际生产中，具体的作物水分管理措施取决于生产目标、栽培模式、土壤质地、气候条件以及影响水分管理措施的其他因素。

一、正确的灌溉量

（一）灌溉量的确定

葡萄的适宜灌水量应在一次灌水中使葡萄根系集中分布范围内的土壤湿度达到最有利于生长发育的程度。当土壤含水量达到灌溉需要时，使土壤含水量达到灌溉阈值上限时所需的水量即为灌溉量。按照下式计算：

$$V=Vs\times\rho_b\times FC\times(R_1-Rx)$$

式中 V——灌溉量；

Vs——需灌溉的土壤体积；

ρ_b——土壤容重；

FC——土壤最大持水量；

R_1——灌溉阈值（土壤相对含水量）上限；

Rx——实测的土壤相对含水量；

R_0——灌溉阈值（土壤相对含水量）下限；

当 $R_0 \leqslant Rx \leqslant R_1$ 时，即可灌水，尽量当 Rx 等于或略大于 R_0 时开始灌水。

（二）相关指标的测定

1. 需灌溉的土壤体积 作物根系的集中分布层体积即为需灌溉的土壤体积。按照下式计算：

$$Vs = s \times h$$

式中 Vs——需灌溉的土壤体积；

s——灌溉面积，即根系集中分布层土体的面积；

h——灌溉深度（土壤浸湿深度），即根系集中分布层土体的深度。

2. 土壤容重 又称土壤假比重，一定容积的土壤（包括土粒及粒间的孔隙）烘干后质量与烘干前体积的比值。按下式计算：

土壤容重＝烘干后土壤质量/烘干前土壤体积

小林章（1983）测定发现，细沙土的土壤容重为 1.74、沙壤土为 1.62、壤土为 1.48、黏壤土为 1.40、黏土为 1.38。

3. 土壤相对含水量 一般是指土壤含水量占田间持水量的百分数。按下式计算：

土壤相对含水量（%）＝土壤绝对含水量(土壤质量含水量/土壤干重)/土壤最大持水量（土壤最大质量含水量/土壤干重）

4. 土壤最大持水量 称取一定量的土壤，采用从土壤下方加水的方式加水至饱和状态(不破坏土壤结构)，在土壤上覆盖一层塑料薄膜，在控制蒸发的条件下平衡 12 h 后测定土壤含水量，为田间持水量，又称土壤最大持水量（g/g)。土壤最大持水量测定的方法步骤：

(1) 用取土环刀采取自然状态土样 2～3 个，两端切齐，将一端垫上滤纸，用橡皮筋绑扎滤纸防止土壤散开，并直立放在盛水的大烧杯中，使杯中水面几乎与环刀筒面一样高度（但不能淹没环刀筒面)，放置 4～12 h，直至土壤表面现水为止。

(2) 从烧杯内取出环刀，擦干称重，再放入盛水的烧杯内 2～4 h，再取出称重，直至恒重。

(3) 将环刀内的土样全部取出，仔细混合，然后从中取出一部分土样，用烘干法测定出含水量，即为最大持水量。按下式计算：

土壤最大持水量＝(最大持水量时的土壤质量即烘干前土壤质量－烘干至恒重时干土质量）/烘干至恒重时干土质量

小林章（1983）测定发现，细沙土的田间持水量为 28.8%、沙壤土为 36.7%、壤土为 52.3%、黏壤土为 60.2%、黏土为 71.2%。

二、正确的灌溉时间

确定“正确的灌溉时间”，除必须考虑灌水量和灌溉位置外，还要注意：①明确设施葡萄的水分需求规律，实现水分供应与设施葡萄水分需求同步（见第一节 设施葡萄的水分需求规律)。②了解土壤水分损失的动态变化。③考虑灌溉与其他田间管理措施的配合。

一般情况下，当土壤实测含水量等于或略大于该关键生育阶段灌溉阈值的下限时开始灌溉。

三、正确的灌溉位置

“正确的灌溉位置”是指将水分灌溉在土壤中的合适位置上，使设施葡萄易于吸收利用。选择正确的灌溉位置会受到许多因素影响，除必须考虑灌水量和灌水时期外，还要注意：①考虑设施葡萄根系的分布状况，水分应尽可能灌溉在设施葡萄根系的集中分布范围内，使根系易于吸收。②考虑土壤水分的空间变异情况。通过分析评估地块内和地块间以及区域内和区域间的土壤水分空间差异状况，在不同尺度上进行有针对性的精确灌溉。

一般情况下，设施葡萄的根系主要集中分布在 80～100 cm（以主干为中心）宽、0～40 cm 深的土层内；而容器限根或槽式限根栽培模式的设施葡萄根系则分布在栽培容器或栽培槽内的所有土体中。

第四节　水分管理对葡萄产量和果实品质的影响

一、灌溉量和时期对产量和品质的影响

近年来，国内外较多学者对葡萄植株生长、水分利用效率、产量和品质对灌溉的响应进行了大量的研究。水分过多，会造成植株疯长，增加群体郁闭度，使果穗周围的小气候不适宜，进而增加真菌病害的发生率和影响果实成熟（English J T et al.，1990）。这些疯长的葡萄植株需要更加密集的冠层管理措施，因此增加了葡萄园的管理成本（Lopes C M et al.，2011）。土壤水分含量高，增大了葡萄蒸腾强度，植株消耗水分较多（严巧娣等，2005）；而适当控制冠层的过度生长，能够减少水分消耗和提高水分利用效率（Monteiro A et al.，2007）。在花期水分过多，则会影响受精，加剧生理落果（李华，2008）。在果实成熟期，灌溉过多虽然能提高产量，但是果实品质却大大降低。相反，水分亏缺对葡萄浆果成分有显著的影响，其通过增加果实色泽、风味和香气从而提高葡萄酒质量（Deluc L G et al.，2009）。而严重的水分亏缺可能伤害果实的质量，因为冠层发育不良和降低叶片光合速率使得浆果难以顺利成熟（Romero P et al.，2010）。

二、灌溉方式对产量和品质的影响

调亏灌溉在葡萄生产中应用较多，研究也较为深入（Acevedo - Opazo C et al.，2010；Santesteban L G et al.，2011；Greven M et al.，2005）。调亏灌溉一般应用于两个时期来增加葡萄浆果质量，第一个时期是从坐果至果实转色期，这主要是为了控制浆果大小和降低植株长势；第二个时期是果实转色至成熟期，这主要是为了增加花青素和多酚物质的合成（Santesteban L G et al.，2011；Kennedy J A et al.，2002）。水分亏缺可以作为调节营养与生殖生长、促进果实品质和提高水分利用效率的手段，从而提高经济和生态效益（李雅善等，2014）。调亏灌溉不仅能够改善微气候、减少叶面积、增加水分利用效率，而且不影响果实糖分的积累和花青素的增加，严重的水分亏缺会降低叶片光合作用和气体交换效率，造成叶片过早脱落，显著地降低产量和果实品质（Romero P et al.，2010）。水分与果实产量有着紧密的联系，水分胁迫主要是通过影响光合作用间接影响产

量（Medrano H et al.，2003）。但是，也有文献指出调亏灌溉并不会降低产量，这主要是由于在重新灌溉后植株获得了补偿效应（周磊等，2011）。

部分根区干燥（根系分区交替灌溉）逐渐成为继调亏灌溉之后又一个新的研究热点（杜太生等，2005）。该项技术也逐渐在国内外葡萄生产中应用（Lopes C M et al.，2011；Bindon K et al.，2008；Antolin M C et al.，2006）。有研究认为部分根区干燥可以通过降低土壤蒸发量而提高水分利用效率（Marsal J et al.，2008），由于部分根区干燥在降低水分消耗和叶片生长的幅度比降低果实生长的幅度要大，因此可以维持产量和提高水分利用效率（Stoll M et al.，2000）。但是，另有研究认为部分根区干燥与传统滴灌相比，对植株水分利用效率、果实品质和产量等并没有促进作用（Bravdo B et al.，2004）。

第七章 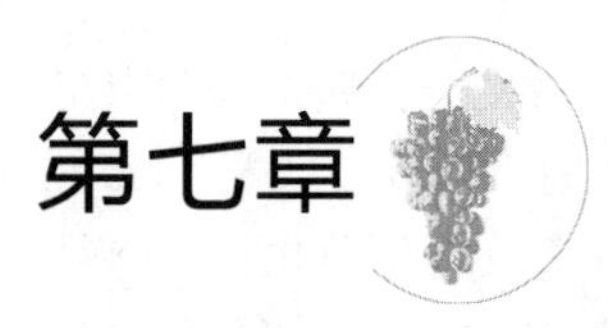

设施葡萄的花芽分化

花芽分化是果树连年丰产研究的重要课题，是开花结果的前提和基础，花芽分化质量的好坏、分化数量的多少与果树的开花结实密切相关；而花芽分化又是一个与植物体生长发育过程并行的发育过程，分化过程中受到的内外影响因子较多，分化时间较长。

目前，葡萄的设施栽培尤其是促早栽培已经成为鲜食葡萄早期上市的主要技术措施，具有高产出、高效益的特点，在现阶段得到大力发展。由于设施栽培环境与露地栽培环境的差异，使得一些在露地生产中发育正常的生理过程，成了制约葡萄设施栽培尤其是促早栽培顺利生长发育的关键。其中，设施葡萄不良的花芽分化状况对于其在设施产业中的发展影响最为明显，能否形成量多质优的花芽已成为葡萄设施栽培取得成功的关键。由于人们对葡萄在设施栽培条件下的花芽分化规律缺乏足够认识，加之设施环境条件的限制和管理水平的欠缺，设施生产尤其是促早栽培中隔年结果（大小年）现象时有发生，缩短树体经济寿命，降低设施葡萄产量，增加种植者的农事操作成本，加大了投入产出比。而此种现象产生的根本原因是人们对于设施促早栽培条件下葡萄花芽分化的规律缺乏了解，对影响成花的因子缺少认识，故而明确葡萄设施栽培尤其是促早栽培花芽分化规律及成花的主要影响因子，是实现葡萄设施栽培丰产稳产的必经之路。

第一节　设施葡萄的花芽分化进程

一、花芽分化进程的观察

于新梢展5～7叶、展7～8叶、花穗分离、初花、坐果、果实膨大、果实转色或软化、果实成熟等关键时期（一般间隔10 d左右）采集长势相近、基部直径≥0.5 cm且粗度基本相同的代表性新梢，取2～7节，各节位冬芽主芽依次编号存放在小玻璃瓶中，用真空抽气机抽气20 min后存放于FAA固定液中，制作石蜡切片（李正理，1978），观察各节位冬芽主芽的花芽分化状态和进程。

二、花芽分化进程的划分

参考Chinnathambi & Michael（1981）的研究结果，中国农业科学院果树研究所葡萄课题组将设施葡萄从未分化到花穗原始体的花芽分化进程分为6个阶段：生长点未分化

期、生长点半球/平顶期、生长点顶分期、带有苞片始原始体出现期、花序主轴及小穗原基发育期、花序二级轴（小穗穗轴）发育期（彩图 7－1）。

三、花序形成起始的判定

露地栽培葡萄以始原始体出现（生长点一侧产生突起）作为花序形成起始的判定标准（袁志友等，2003）。此判定标准在设施葡萄促早栽培中不具有适用性，这是因为花序和卷须是同源器官（Chinnathambi & Michael，1981），在露地栽培条件下，葡萄冬芽的始原始体比较容易向成花方向发育，而在设施促早栽培条件下，不耐弱光的葡萄品种夏黑冬芽的始原始体更倾向于形成卷须，因此，在设施促早栽培条件下，判断葡萄冬芽成花与否的标准应该以其花序主轴的出现为准。

四、花芽分化的关键时期

（一）生理分化期

葡萄冬芽雏梢发育到含有两个叶原基时开始进入诱导葡萄成花的关键时期—生理分化期（Buttrose，1970），直至始原始体出现进入形态分化期结束。赵君全（2014）研究发现，设施促早栽培的不耐弱光的葡萄品种夏黑和耐弱光的葡萄品种京蜜在初花期开始进入旺盛的始原始体分化阶段，因此初花前是诱导设施葡萄成花的关键时期——生理分化期。

（二）成花调节期

中国农业科学院果树研究所在设施促早栽培葡萄花芽分化的研究中发现，在始原始体形成期，设施促早栽培中能够形成良好花芽的耐弱光葡萄品种京蜜和不能形成良好花芽的不耐弱光葡萄品种夏黑的始原始体的发育存在巨大差异，同时发现，在始原始体分裂成二分支之后，部分粗壮内臂能继续成花，充分证明了始原始体分化期和始原始体分裂成二分支之后是葡萄成花调节的两个关键时期（Larry，2000）。

（三）成花终止期

葡萄冬芽内雏梢连续分化出 6 个叶原基后，就不再具有成花能力（Buttrose，1969）。中国农业科学院果树研究所研究发现，设施促早栽培夏黑和京蜜 2～3 节位多数冬芽分化出 6 个叶原基的时间在果实软化/转色之前的果实膨大期，因此果实软化/转色之前的内外因素密切影响着设施葡萄 2～3 节位冬芽的成花发育。

通过切片对比观察发现：设施促早栽培不耐弱光的葡萄品种夏黑在始原始体形成之后，冬芽粗壮的雏梢生长点持续快速分化，而瘦弱的始原始体发育缓慢，到果实膨大期，冬芽内部雏梢已经连续分化出 6 个叶原基；而设施促早栽培的耐弱光的葡萄品种京蜜不仅雏梢生长点与始原始体发育同步，而且始原始体非常粗壮，始原始体的初始粗度与雏梢生长点粗度之间的比值显著大于夏黑，这说明在始原始体形成之后，不耐弱光的葡萄品种夏黑冬芽旺盛的营养生长是限制其在设施促早栽培条件下成花进而造成“隔年结果”现象发生的重要原因，因此，通过采取抑制设施葡萄冬芽营养旺盛生长的技术措施均能促进其成花，进而解决设施葡萄促早栽培中存在的“隔年结果”问题。

第二节　设施葡萄的花芽分化规律

一、不同栽培模式夏黑葡萄 2～3 节冬芽的花芽分化进程

从图 7－1 的左图可以看出，露地夏黑冬芽花芽分化各阶段的进程具有明显的顺序性。半球/平顶阶段和顶分阶段盛期的起始时间较早，且在高分化比率（≥20%）下运行的时间较短，仅持续 18 d 左右；而带有苞片的始原始体形成阶段、花序主轴形成阶段和花序第二穗轴发育阶段在高分化比率（20%左右）下运行的时间较长，并呈此消彼长的变化趋势，至新梢开始木质化（辽宁兴城，8 月 15 日）时花序主轴形成阶段和第二穗轴发育阶段所占比例高达 86%以上，表明露地夏黑花芽分化良好，能够形成较大且分枝较多的花穗，为丰产奠定了基础。

从图 7－1 的右图可以看出，新梢展开 7～8 片叶时设施夏黑冬芽进入半球/平顶和顶分盛期，截至开花前一直呈高比率运行状态，持续时间 20 d 左右，与露地夏黑类似。与露地夏黑不同，设施夏黑从初花期前（辽宁兴城，4 月 5 日）开始进入旺盛的始原始体分化，随后大多数冬芽基本停留在始原始体分化阶段，直到果实成熟期，大多数冬芽进入卷须发育期，形成大量顶端二分的卷须始原始体，比例高达 78%以上，这些卷须始原始体将发育成卷须，而处于花序主轴及各个小穗原基形成阶段和花序第二穗轴发育阶段的冬芽占比不足 30%，通过夏季重短截（辽宁兴城，5 月 30 日）促进 2～3 节冬芽发生，基本不能形成具有商品价值的果实，说明果实成熟期处于花序主轴及各个小穗原基形成阶段和花序第二穗轴发育阶段的冬芽最终未能形成良好的花芽。

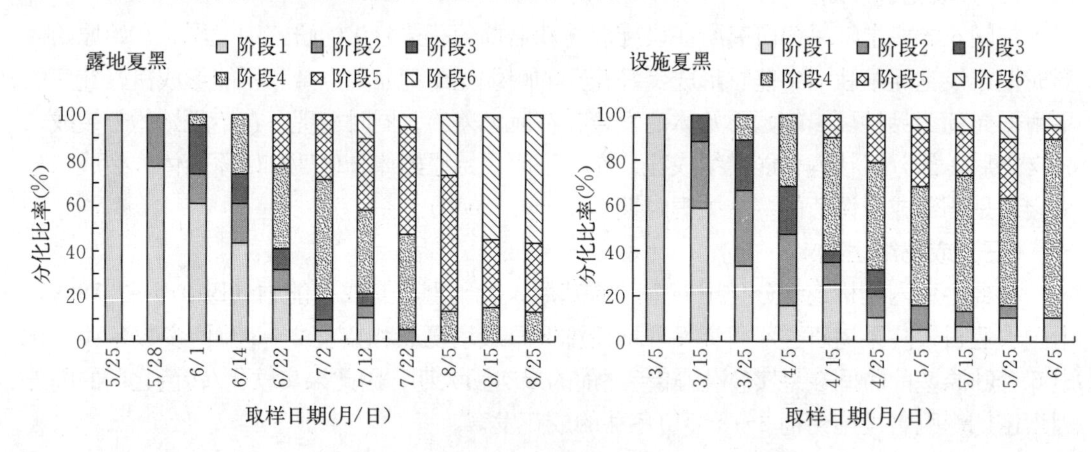

图 7－1　不同栽培模式夏黑葡萄花芽分化进程图

（引自王海波等，2014）

注：阶段 1：雏梢生长点未分化期；阶段 2：雏梢生长点半球/平顶期；阶段 3：雏梢生长点顶分期；阶段 4：带有苞片始原始体出现期；阶段 5：花序主轴及各小穗原基发育期；阶段 6：花序二级轴（小穗穗轴）发育期。下同。

二、设施促早栽培耐弱光能力不同的葡萄品种冬芽的花芽分化规律

（一）2～3 节位冬芽的花芽分化规律

从图 7－2 的左图中可以看出设施促早栽培夏黑基部 2、3 节位冬芽花芽分化的各阶段

持续时间长且多阶段相互重叠。新梢展开5～7叶时基部2、3节位冬芽处于未分化期，从展叶7～8片时开始进入半球/平顶分化盛期，到开花前保持较高比率（≥20%），持续时间20 d左右，且该时期与顶分盛期和始原始体起始期重叠。从初花期开始进入始原始体分化盛期，在整个后续取样过程中处于始原始体分化状态的冬芽所占比例呈逐渐增加趋势，并且大多数冬芽的始原始体发育缓慢，未能进一步分化，但雏梢生长点持续快速分化，生长旺盛。直到果实成熟期（6月5日），形成了大量的顶端二分的卷须始原始体，这些始原始体大部分在下一生长季继续发育成卷须，比例高达65%以上，而剩余的顶端二分的卷须始原始体的粗壮内臂继续分化形成花序。通过夏季重短截促生2～3节位冬芽，试验发现由卷须始原始体的粗壮内臂继续分化形成的花序质量差，基本不能形成具有商品价值的果实。

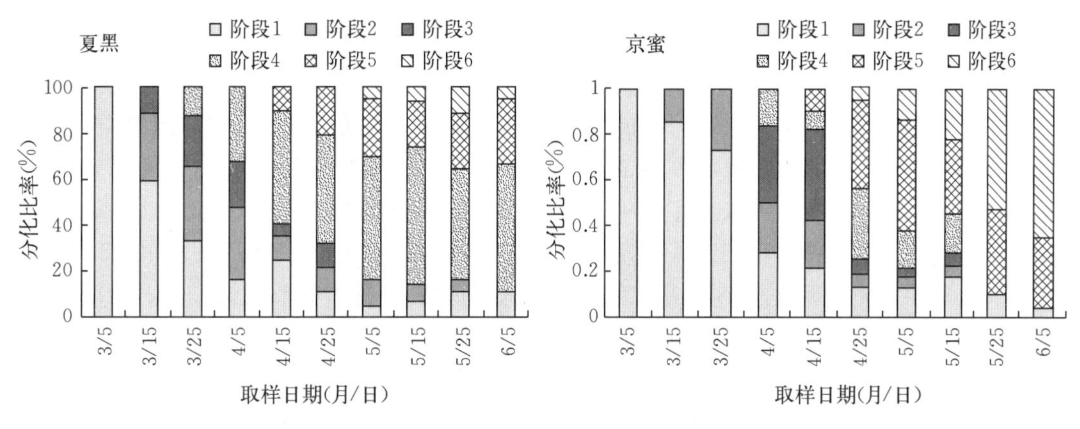

图7-2 设施夏黑和京蜜葡萄2～3节位冬芽的花芽分化进程
（引自王海波等，2016）

从图7-2的右图中可以看出，与夏黑相比，京蜜基部2～3节位冬芽花芽分化的各阶段持续时间短且重叠阶段少，规律性好。花芽分化的起始期与夏黑相同，但是半球/平顶期保持高比率（≥20%）的时间较夏黑推迟，相应地顶分盛期出现的时间也明显错后，而其顶分期盛期和始原始体出现盛期高比率（≥20%）的时间明显短于夏黑，之后花序主轴及小穗原基分化、花序二级轴（小穗穗轴）分化依次进行，与夏黑不同，后期未发生与始原始体出现期的重叠现象。由此可见，设施促早栽培京蜜基部2～3节位冬芽各花芽分化阶段出现得比较集中，花芽分化速度较快，同时在始原始体形成之后绝大多数（95%左右）冬芽迅速开始花序主轴及小穗原基和二级轴（小穗穗轴）的分化，确保了具有较高的成花能力，这一点通过夏季重短截促使基部2～3节位冬芽萌发试验得到了验证，发现重短截后促发的基部2～3节位冬芽95%以上萌发的花序质量良好，均能形成具有商品价值的果实。

（二）4～7节位冬芽的花芽分化规律

从图7-3和图7-2(左图)可以看出，设施促早栽培夏黑葡萄4～5节位冬芽的半球/平顶期的起始时间与2～3节位冬芽的一致，但顶分盛期出现的时间晚于2～3节位；6～7节位冬芽的半球/平顶分化盛期和顶分盛期都比2～3节位向后推迟了10 d左右，说明冬芽花芽分化的起始顺序 4～5 节位和 2～3 节位一致，早于 6～7 节位。4～5 节位和6～7节位冬芽的始原始体盛期比 2～3 节位晚 20 d 左右（辽宁兴城，4 月 25 日），但 4～5 节位冬芽花序主轴分化盛期与 2～3 节位的冬芽相同，而 6～7 节位冬芽比 2～3 节位晚20 d左右，说明 4～5 节位冬芽在成花发育上比 2～3 节位和 6～7 节位更具有优势，这可能与此时温度和光照等有利于花芽分化有关。4～5 节位和 6～7 节位冬芽最终 50%左右进入花序主轴和二级轴（小穗穗轴）分化阶段，说明设施促早栽培夏黑不同节位成花存在明显差异，其 4～5 节位和 6～7 节位冬芽成花能力明显优于 2～3 节位冬芽。但通过夏季重短截促生 4～7 节位冬芽，发现仅有不足 30%的冬芽萌发的花序质量良好，能形成具有商品价值的果实。因此，在日光温室促早栽培条件下，夏黑 2～7 节各节位冬芽的成花质量差，不能满足商业生产的要求，需采取相应措施，如更新修剪等方能实现连年丰产。

从图 7-4 和图 7-2(右图) 可以看出，设施促早栽培京蜜 4～5 节位和 6～7 节位冬芽的半球/平顶分化盛期出现时间相同，均出现在初花期，明显晚于 2～3 节位的冬芽，且该阶段高比率（≥20%）持续时间短，这说明设施花芽分化的顺序是从新梢基部依次向上分化的，且随着节位的升高，花芽分化速度加快，这可能与后期温度、光照等改善有关。坐果期，始原始体和花序主轴及小穗原基的分化快速开始，没有较大比率、较长时间的顶分期，顶分期基本在两次取样（4 月 15～25 日）间隔时间内完成，始原始体和花序主轴的分化盛期几乎重叠，进一步印证了京蜜 4～7 节位冬芽分化的速度较快；之后4～5节位和 6～7 节位冬芽几乎同时进入到花序二级轴（小穗穗轴）分化及发育阶段，截止到果实成熟期，其比率都达到了 80%以上，说明京蜜 4～7 节位冬芽同 2～3 节位冬芽一样也具有较高的花芽分化能力，可形成质量良好的花序，具有极佳的设施促早栽培环境适应性。因此，冬剪采取短梢和中梢修剪即可实现其设施促早栽培的连年丰产。

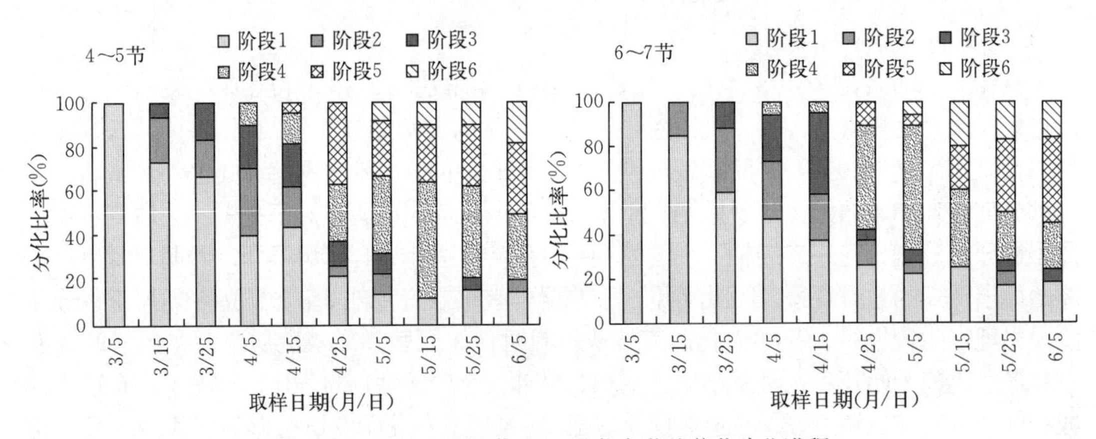

图 7-3 设施夏黑葡萄 4～7 节位冬芽的花芽分化进程

（引自王海波等，2016）

三、设施促早夏黑更新修剪萌发后新梢冬芽的花芽分化规律

从图 7-5 的 A 图可以看出，更新修剪后萌发新梢 2～3 节冬芽的花芽分化各阶段的进程具有明显的顺序性。新梢展开 8～9 片叶（7 月 18 日）时，少量冬芽从未分化状态进

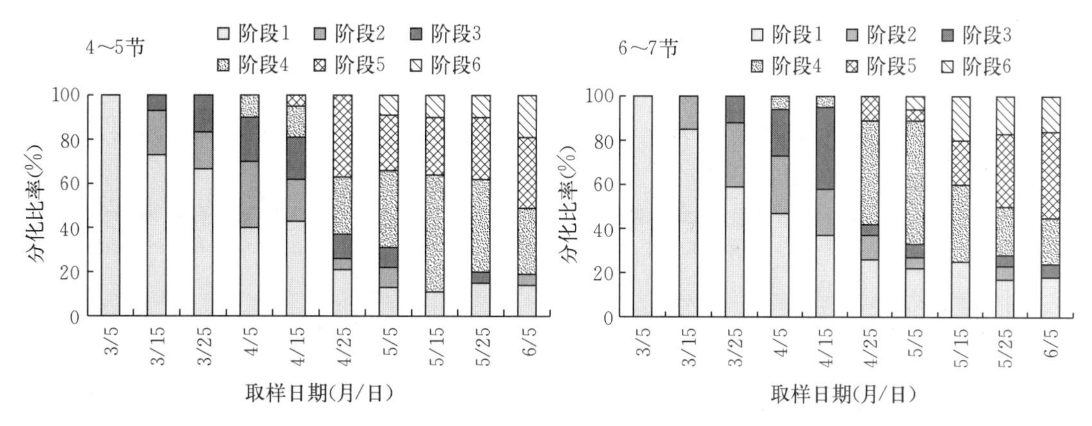

图 7-4　设施京蜜葡萄 4～7 节位冬芽的花芽分化进程

（引自王海波等，2016）

入半球/顶平期；花穗分离期（7 月 28 日），31.58%的冬芽处于半球/顶平分化状态，15.79%的冬芽处于顶分分化状态，26.32%的冬芽处于带有苞片始原始体分化状态；坐果期（8 月 18 日），20%的冬芽进入花序主轴及各个小穗原基形成期，45%的冬芽处于带有苞片始原始体分化状态；果实膨大期（8 月 28 日），少量冬芽进入花序第二穗轴发育期，31.58%的冬芽处于带有苞片始原始体分化状态，11.11%的冬芽处于花序主轴及各个小穗原基形成的分化状态；果实成熟期（9 月 8 日），5.26%的冬芽处于花序第二穗轴发育期，31.58%的冬芽处于带有苞片始原始体分化状态，31.58%的冬芽处于花序主轴及各个小穗原基形成的分化状态；截至新梢基部变褐（9 月 18 日）至新梢完全木质化（10 月 10 日），仅有 40%～50%的冬芽处于花序主轴及各个小穗原基形成期或花序第二穗轴发育期，表明仅有 40%～50%的冬芽形成花芽，并且从 2014 年 2～3 节冬芽萌发新梢花序看，大多数花序小且分枝少，这充分说明 2～3 节冬芽花芽分化形成的花芽质量略差。

从图 7-5 的 B 图可以看出，更新修剪后萌发新梢的 4～5 节冬芽的花芽分化各阶段的进程与 2～3 节相同，具有明显的顺序性；开始花芽分化的时间略早于 2～3 节的冬芽，花芽分化的进程显著快于 2～3 节的冬芽，且成花比率与成花质量显著优于 2～3 节的冬芽，高达 90%左右的冬芽形成花芽。新梢展开 5～7 片叶（7 月 8 日）时，少量冬芽从未分化状态进入半球/顶平期，比 2～3 节冬芽早 10 天左右；展开 8～9 片叶（7 月 18 日）时，26.31%的冬芽处于半球/顶平分化状态，31.58%的冬芽处于顶分分化状态，10.53%的冬芽处于带有苞片始原始体分化状态；花穗分离期（7 月 28 日），15%的冬芽进入花序主轴及各个小穗原基形成期，比 2～3 节冬芽早 20 天左右，15%的冬芽处于半球/顶平分化状态，10%的冬芽处于顶分分化状态，50%的冬芽处于带有苞片始原始体分化状态；果实膨大期（8 月 28 日），少量冬芽进入花序第二穗轴发育期，35%的冬芽处于带有苞片始原始体分化状态，40%的冬芽处于花序主轴及各个小穗原基形成的分化状态；随后直至新梢完全木质化（10 月 10 日），超过 85%的冬芽处于花序主轴及各个小穗原基形成期或花序第二穗轴发育期，表明超过 85%的冬芽形成花芽，并且从 2014 年 4～5 节冬芽萌发新梢花序看，大多数花序大且分枝多，这充分说明 4～5 节冬芽成花比率高且成花质量好。

从图7-5的C图可以看出，更新修剪后萌发新梢的6～7节冬芽的花芽分化各阶段的进程与2～3节和4～5节冬芽相同，具有明显的顺序性，但花芽分化开始的时间与花芽分化的进程介于2～3节和4～5节的冬芽之间，结合第二年年萌发新梢的成花情况看，6～7节的冬芽成花比率与成花质量显著优于2～3节的冬芽，超过80%的冬芽形成花芽，与4～5节冬芽的成花情况相差不明显。

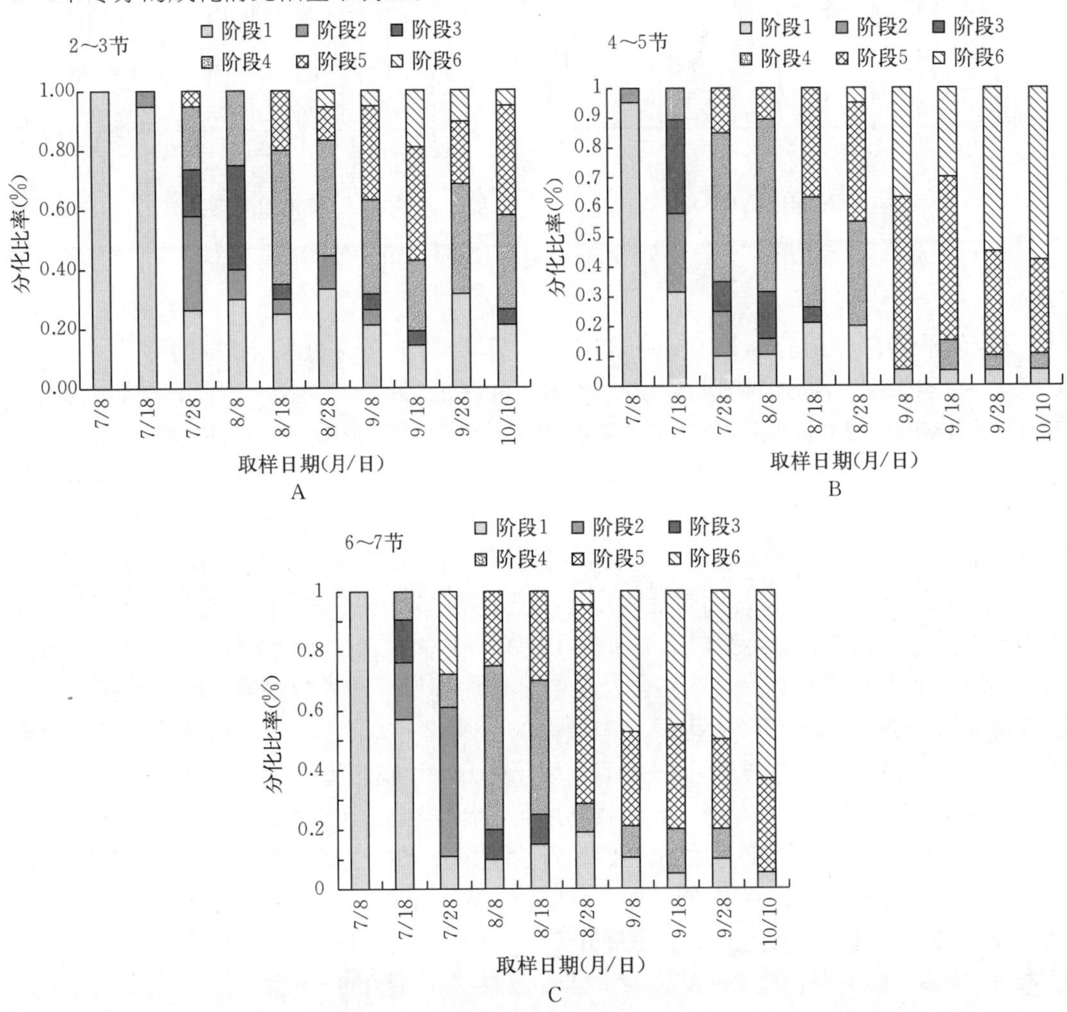

图7-5 设施促早夏黑夏季更新修剪后萌发新梢冬芽花芽分化的进程图
(引自王海波等，2016)

综上，在日光温室促早栽培条件下，对于不耐弱光的葡萄品种夏黑而言，采取连年丰产的核心技术措施更新修剪后，冬剪时，必须采取中长梢修剪方能保证产量。

第三节 关于果树花芽分化的主要学说

一、C/N学说

20世纪初，前人通过对大量试验分析提出了成花的C/N学说，认为C/N值高，有利

于成花；反之，不利于花芽分化。该学说在一段时间之内得到了广泛的试验证实；然而，随着研究的逐渐深入，在试验中出现了一些该学说不能解释甚至完全相反的结论（李天红等，1996；Masaaki et al.，2001），人们逐渐认识到该学说存在的局限性；而一般的研究对于碳氮的具体分类比较模糊，没有明确碳素、氮素的种类及它们在成花发育过程中有重要作用，因此人们展开了一系列特定碳氮种类及比例与成花关系的研究，结论认为：充足的糖、淀粉等碳水化合物积累对于顺利成花是有益的（吴定尧等，2000；袁志友等，2003；武萍萍等，2007），这可能是因为成花过程是一个比营养生长更为耗能的过程，较高的碳水化合物不仅为成花提供结构物质也是其代谢过程中推动反应进行的能量来源。赵君全（2014）研究发现，叶片中可溶性糖含量和淀粉含量的高低与设施促早栽培葡萄的成花密切相关。始原始体形成期叶片中可溶性糖含量和淀粉含量的剧烈下降是限制设施葡萄花序形成的主要因子之一；花序主轴形成期叶片中可溶性糖含量和淀粉含量的剧烈下降是影响设施葡萄花芽质量的主要因子之一。贮藏营养在新梢基部节位（2～3 节）的冬芽成花过程中发挥重要作用，其与光合营养的良好衔接是确保葡萄花芽分化顺利进行的重要前提。同时赵君全（2014）研究发现，始原始体形成前叶片中较低的蛋白质含量利于葡萄成花，因此，叶片中较高的可溶性蛋白质含量是设施葡萄成花的限制因子之一。而对于不同种类的氮素研究却出现众多的差异：在氮供应充足的条件下，铵态氮促进成花（Reig et al.，2006），硝态氮则减少花量；关于草莓（罗充等，2000）、橄榄（Christina et al.，2010）成花过程的研究发现，随着花芽发育进程而出现的可溶性蛋白含量的规律性变化对于成花是有益的；不同种类的氨基酸对于成花也发挥着不同的作用（孙文全等，1988；李学柱等，1991）。由此可见，不同氮素种类在成花过程中的具体作用存在差异。

C/N 学说虽然存在着诸多不足，但是其在成花生理过程研究中的作用和意义仍是不容忽视的：良好的碳水化合物供给对花芽分化的顺利进行有重要的促进作用；碳氮比值随分化进程的变化所呈现出的规律性对于植株在整个成花过程中的发育也有重要意义。因此，认为碳氮比对于成花诱导可能并非是直接作用，只是一个协助作用，其比值在一定范围内，植物体才能感受到成花刺激信号进而诱导成花。

二、临界节位学说

1970 年，Abbott D. L. 提出苹果的花芽孕育是一个自发的过程，在达到一定的节位后就会发生，并把这个节数称为“临界节数”。Luckwill 等（1975）指出苹果花芽的形态分化过程是在花芽内的胚状新梢上具有一定的临界节数之后发生的，认为节位形成的间隔期决定着花芽能否形成。果树学家在实验观察中，已经找到许多果树开花的临界节数（傅玉瑚，1980；王广鹏等，2005；唐辉等，2007）。关于童期与临界节数的关系以及环剥、嫁接、拉枝扭梢等促花措施与实生树提早成花的机理，尚不能解释。葡萄实生苗同样存在童期，且有研究发现其童期转变受到激素平衡的调控（吴雅琴等，2006）。

三、激素平衡学说

激素与成花之间的关系已有太多的研究报道，从普遍的单激素作用到多种激素之间的平衡互作，众多的研究结果表明激素对花芽形成发育至开花结实的整个过程都有着重要的调节作用。通过对试验结果的汇总分析，发现细胞分裂素在多数情况下会促进果树的成花过程，而GAs则是普遍的果树成花抑制激素（GA_4 作用除外）（Ross et al.，1984；Goldschmidt et al.，1997；梁立峰，1982；张志宏等，2011）。这明显不同于一二年生植物中GAs促进成花的过程（Bangerth. et al.，2009），可见GAs在不同类型的植物体中，其具体作用是有差别的，因而，对于一二年生植物或是模式植物的研究中发现的一些激素调节成花规律不一定适用于果树。随着研究的逐渐深入，IAA和ABA对花芽分化作用的研究也渐受重视（Salih et al.，2004），在某些物种或组织中，IAA是GA合成的上游调控成分（Frigerio et al.，2006），这些调控途径虽多在一二年生植物中发现，但多年生植物可能也同样发挥作用，或至少保留着IAA与GA互作关系。也有人认为后两者作用是因为调集养分或拮抗GA对淀粉的水解作用而利于成花的。Fawzi等（2006）利用分子生物学方法找到了ABA与成花关系的一条分子机制，从另一个层面诠释了激素的作用原理。环剥的促花作用也可能与截断了叶片合成的ABA在韧皮部的下行运输而使根部合成的ABA和CTK则从木质部上行，造成ABA和CTK的积累，提前达到花诱导平衡状态，使花芽分化过程提前，花芽量增多。Ramírez等（2004）也提出ABA诱导花芽分化的作用可能是拮抗了GA，延缓了茎的伸长来实现的。乙烯也对成花有影响，谢太理等（2011）研究认为乙烯对于欧亚种的莫丽莎无核促花效果最好，但不同品种对其敏感性存在差异，故而其主要作用的研究是针对果实成熟生理。葡萄与其他果树类似，也是在上一生长季形成花芽，在下一生长季开花结果，然而葡萄又与其他果树之间存在差别，主要是其形成的花序原基是一个可变的同源器官，极易受到环境条件的影响，在花序未形成之前都具有不确定性，所以，在其成花发育过程中存在多个关键调控时期，而各个时期又都受到激素的调控（Chinnathambi et al.，1981），激素种类含量的改变或者激素之间平衡关系的打破对于葡萄的过程都有着极大的影响。赵君全（2014）研究发现，始原始体形成之前是花芽分化调控的关键时期。始原始体形成之前新梢内源GAs含量缺乏变化、雏梢生长点顶分期之前ZR含量迅速下降、雏梢生长点的半球/平顶期至始原始体分化盛期ABA含量下降是设施葡萄冬芽不能形成良好花芽的重要原因。激素间通过平衡互作调控设施葡萄的花芽分化。雏梢生长点的半球/平顶期和花序主轴形成期葡萄新梢内源ZR/GAs比值的上升、花序主轴形成之后较高的ABA/GAs比值和ABA/IAA比值的稳定促进了冬芽雏梢生长点始原始体及花序主轴发育和二级轴的形成。雏梢生长点的半球/平顶期之后新梢内源ZR/IAA比值的稳定利于成花。

四、基因启动与花芽分化

成花的根本原因是成花基因的启动，因此成花基因的研究对从根本上了解和调控成花过程具有重要的意义；已有研究发现植物成花过程具有遗传保守性，通过对模式植物成花基因的研究也能从一定层面上揭示果树成花之谜。研究已发现了一系列对成花有影响的基因（*FT*、*SVP*、*SOC*1、*FLC*等），并在基因水平上描绘了一张花芽诱导分化的大致蓝图。Weigel等（1995）和Patrick等（2007）通过转基因的方法成功诱导不同种属间植物开花，证实了成花基因的同源性，使利用转基因诱导成花成为可能。Elisa等（2007）发

现转入生长素编码基因的汤姆逊无核葡萄显著提高了单枝条的花序数以及每穗果的浆果数，找到了除突变体外对成花进行分子研究的另一条途径，并在研究中发现一些对成花具有特殊功能的组织特异性基因（Zhang et al.，2008；DAI Ru et al.，2011），如*WOX*、*VAP1*等，且这些基因的表达受到GA等激素的调节。DNA甲基化和染色体的修饰同样在转录水平上影响着开花基因的表达（李梅兰等，2003；Renee et al.，2003），进而影响着花芽的分化过程。

然而，从基因启动到最终的花芽形态建成，转化过程十分复杂，而转录信使mRNA与其翻译的蛋白相关性小于50%，因此对于一些蛋白和酶与成花关系的直接研究，更能在生理水平上了解分化过程的代谢变化。酶是生命活动的体现者，而花芽分化本身又是一个生物体的合成代谢过程，因此在花芽分化的关键时期对一些重要代谢酶的活性研究，更能了解花芽形成过程中的内部生理变化。

五、成花素假说

菊花叶片处于短日照条件下就能引发花芽分化，苍耳通过嫁接传递某种信号而使未被长日照处理的植株开花等一系列生理现象引起了人们思考，继而提出“成花素”假说，在成花物质学说提出数十年内，人们一直未找到该种物质，直到近几年，分子生物学家通过对模式物种（如拟南芥）的研究，才大致确定它（Corbesier L.，2007），FT蛋白是人们认为最有可能的成花素成分（Jan AD et al.，2008），虽然多是在一、二年生的植物中发现FT促进成花，但人们相信在多年生植物中同样存在这一机制（Brunner et al.，2004），因为多年生植物中确实存在着*FT*的同源基因。同时研究发现FT蛋白也是春化作用的产物，且*FT*与GA在成花过程中独立起作用，在实验中发现FT蛋白的运输是在维管束中进行的，而芽中的内源生长素对于芽和茎干维管束的贯通有明显控制作用，一些研究中发现的生长素的促花效应是否与其控制维管束的形成，提高了成花素与营养物质运输通道有关。成花素是直接调节成花基因来实现花芽分化的调控，还是通过与激素或同化物相协同同组成成花的多调控系统，尚未可知。

六、多因子控制理论

关于成花转变信号的研究，除成花素理论、养分分配假说之外，Georges等（1993）通过总结前人研究结果，提出成花的多因子控制理论：认为多种化学物质、同化产物及植物激素共同控制着成花诱导过程，植株在不同环境下成花，需要植株各个部分对外界环境感受，产生信号物质，并且各种信号之间存在互作，认为一种刺激信号可以降低另一种诱导成花信号的需求量，提前诱导成花。果树成花过程也受到多种因子控制，如果树成年后，施用生长调节剂对成花有影响，而该时期的营养生长状况对于生长调节剂作用的发挥也有重要影响。截至目前，人们已经发现了调节植物开花的光周期、春化、GA调节、自主调节等多条途径，且通过核型分析也发现各个途径之间并非是独立诱导成花过程（Anusha et al.，2011）；而近期人们发现糖除了供应能量，还可能通过miR156及其靶基因参与碳水化合物调节花发生的过程。可见，此学说比较全面，对于成花果树的成花过程研究具有较大的可适性。

七、呼吸代谢与花芽分化

花芽分化过程是一个复杂的形态建成过程，是一个物质代谢和能量代谢相平衡的过程，从DNA转录，RNA翻译到最终的蛋白质的合成，成花发育的每一步都伴随着代谢的转变，物质的集聚过程。因此，成花过程中的呼吸代谢变化与花芽分化过程密切相关。赵君全（2014）研究发现，始原始体形成期总呼吸速率的上升是影响设施葡萄冬芽成花的重要因素之一。在花序主轴形成前，蛋白质脂肪三羧酸途径的高比率运行有利于设施葡萄花序的形成，EMP-TCA和PPP途径的高比率运行有利于露地葡萄花序的形成。在花序主轴形成旺盛期，EMP-TCA途径的高比率运行有利于设施葡萄花序主轴的发育，蛋白质脂肪三羧酸途径的高比率运行有利于露地葡萄花序主轴的发育。在设施京蜜花序主轴旺盛分化期（第二花序开始形成期），交替呼吸（抗氰呼吸）途径运行活性的急剧上升对第二花序的形成有重要意义。

Burton（1956）认为植物由营养生长向生殖生长转变确实存在着代谢途径的变化。通过花芽分化过程中同步分析（Saeid et al.，2007）、组织化学定位（袁志友等，2003）及细胞超微结构观察（郭金丽等，2001）都发现物质代谢与成花之间的关系密切。

研究发现遮阴弱光下樱桃花芽呼吸代谢受到的影响大于叶芽（李霞等，2005），且显著的减少^{13}C和^{32}P向花芽运输的量（Mae et al.，1974），可见，光照对花芽的代谢及代谢底物的输送都有重大的调节作用；促早栽培条件下，也是一个弱光低温的环境状态，较差的光照低温环境必然会影响到葡萄冬芽的代谢过程，进而影响成花过程；Akiko等（2005）研究发现弱光在转录水平上增加了日本梨芽子中糖类代谢酶的活性，而该酶活性与花芽形成的速度密切相关，进一步印证了弱光对成花的影响可能通过代谢过程的调节实现。

激素会影响代谢过程（初立业等，1993），进而参与成花发育，胡一兵等（2011）认为激素调节生长发育的基本方式是通过泛素降解蛋白途径，且该过程是一个耗能过程，需要消耗代谢产生的ATP，可见激素调节成花也离不开代谢的参与。汤佩松等（1979）认为代谢具有调节生长发育的作用，而花芽分化是一个复杂的形态建成过程，又是一个负熵急剧增加的过程，必然存在不同的代谢变化，而外界环境对呼吸代谢的影响则可能是代谢影响成花的另一个诱因。临界节位上下植物组织之间有着重大的代谢差异（曹尚银等，1989；孙永华等，2005），激素平衡调节着呼吸代谢，同样代谢的改变也调节着激素的产生时期进而影响到基因的表达，基因调节呼吸代谢过程中的关键位点的控制酶活性，而呼吸过程又是基因表达的前提和物质基础。由此可见，花芽分化过程与植物呼吸代谢之间关系密切。

第四节　影响果树成花的外部因素

一、温度

在一二年生植物中，温度的变化具有调控成花的重要作用。而在多年生的果树中，低温并非是其成花的必须；相反的，多数北方果树的花芽分化过程都是在较高温度的5～7月进行，可见在多年生植株体内成花起始的诱导过程不需要低温作用。然而，并非果树的成花过程不受到温度的影响，研究发现生殖生长需要比营养生长更高的温度（Luis A et

al.，2005)，而花原基的分化过程只有在较高温度下才能进行，且利于分化的温度范围是一个阈值，在该范围内的高温对于花芽分化的进程有促进作用（Zhu et al.，1997)。温度过高，则不利于花芽分化。葡萄栽培中，可以利用夏芽或是冬芽梢复摘心的方法生产二次果，可见冬季低温对于成花不是必需的；而早期的研究发现在葡萄花序形成过程中，一定时间段的高温对葡萄花序的正常形成和分化是必须的（Baldwin，1964；Karl et al.，2000)。

二、光照

果树多是喜光植物，在自然光照条件下能正常成花，满足人们对于果实的需求，而对于设施弱光环境适应性一般较差，尤其在促早栽培条件下，冬春季的弱光低温对成花有着极为不利的影响。前人通过对一些指标的研究找到了具有较强弱光成花能力的材料，但对于这些材料的弱光下成花机理研究了解甚少。从大量的文献中发现弱光降低光合作用，改变叶片枝干的外部形态、内部结构及一些重要的激素比例，但对这些改变对弱光逆境下花芽分化的影响也是知之甚少，刘廷松等（2002）认为光照和激素平衡是影响设施栽培条件下葡萄花芽分化不良的重要原因；而在设施环境下，这两者之间又不乏关联，弱光是外界刺激，激素是内在信号响应系统的调节因子，弱光低温环境影响植株生长状态首先就需要通过激素的传输来实现。通过对设施栽培弱光的研究，人们也将设施弱光进行了划分（孔云等，2009)：认为不仅应包括光照强度的降低，还应包括光照时间的缩短和有效光质成分的变化，因此，对弱光下花芽分化研究时应对弱光予以全面考虑。赵君全（2014）研究发现，气温不是限制设施夏黑葡萄冬芽成花的真正环境因子，光照条件恶化（日照时间缩短、光照度降低、光质变劣主要是紫外线比率下降）是设施栽培非耐弱光葡萄品种夏黑冬芽不能形成高比率良好花芽的根本原因，因此光照环境条件的改善是解决非耐弱光葡萄品种夏黑设施促早栽培隔年结果现象的根本措施，主要包括安装植物生长灯进行人工补光延长光照时数、增强光照度、增加紫外辐射和夏季更新修剪促生冬芽新梢避开不良光照环境条件等措施。

（一）光质影响植株成花

由于设施覆盖物薄膜或是玻璃的影响，使得设施内的光质成分发生变化，进而影响到植株长势，引起营养生长与生殖生长失衡。弱光易引起幼苗的徒长（侯兴亮等，2002)，蓝光对番茄茎秆的伸长有明显的抑制作用（蒲高斌等，2004)，可见光质显著影响番茄的长势，而其作用方式则主要通过一些特异的光受体系统（Nagy et al.，2000；Muleo P. E.，2002)；Morgan 等（1985）发现 R/FR 下，葡萄的结实系数下降，认为在成花过程中可能会有光受体系统的参与，可见光质对于葡萄的成花具有的重要影响。吴月燕等(2002）发现中庸的葡萄新梢成花好于旺枝和弱枝，可见枝条长势对于葡萄的成花起始以及花序形成的进程有重要影响，而枝条的长势又与光质成分有密不可分的关系，高海拔地区的苹果生长较矮，就是由于紫外线钝化 IAA，抑制生长，诱发乙烯产生，进而促进了花芽分化（郗荣庭，1997)，在已有的研究中同样发现红光能够调控植物体内 GA 含量而影响到植株高度和节间长度，红外线具有反作用（李书民，2000)，可见光质可以通过光受体传导和控制激素平衡来调节植物长势，进而影响枝梢营养和生殖平衡。设施葡萄栽培中，由于棚膜对紫外线的过滤作用，导致设施内紫外线含量不足，而紫外线的显著促进葡萄花芽分化的作用被减弱（王海波等，2010)，因此在葡萄设施栽培中紫外灯的应用对于成花应该有促进作用。

(二) 光照强度影响植株成花

弱光对植物生长发育的影响与弱光环境中植物的光合特性密切相关，研究发现光照强度不仅影响到设施中植物体的光合特性（晁无疾等，1997；杨天仪等，2000）及光合产量（曹珂等，2006；眭晓蕾等，2006），还可以影响光合产物的种类（别之龙等，1998）与分配（金成忠等，1956；周艳虹等，2003），从而嵌入到花芽形成的多因子途径中调控成花。

葡萄栽培中，环剥提高成花率，摘心去副梢同样增加花芽分化率，可见对于成花期的营养生长的抑制，人为的改变养分流向对成花发育有重要的促进作用。设施促早葡萄花芽分化的盛期正是设施内养分竞争关键时期，是储藏养分与光合养分的转换期，此时叶片的有限光合产物分配对于花芽的形成具有重要的意义。另外，有研究发现，弱光还会影响到根的活性，进而影响激素平衡。临界弱光下花芽不能形成。不仅如此，还有研究证实光强对于葡萄花序的发育及翌年花芽的育性有重要影响（Koblet，1996）；分子水平的研究证实，光照可以驱动转基因烟草 *ipt* 基因的积累表达（Thomas et al.，1995），而 *ipt* 中的片段具有明显的促进细胞分裂素的合成能力（Mariya et al.，2006）。

(三) 光照时间影响植株成花

与草本植物不同，果树的花芽分化一般不受光周期的影响，曾骧（1985）研究表明虽然日照长短不影响苹果形成花芽，但在长日照下花芽量较多。不同品种的葡萄，在不同日照长度条件下，花芽形成的量也有差异，已有研究发现，日照时数显著地影响到葡萄的成花过程，尤其在其始原始体形成之后，较长的光照时间加速花序原始体的形成，而短日照延长二分枝原始体持续的时间，进而延长了其花序发育的时间，不利于花序原始体的形成（Lekha et al.，2010）。

对于长日照植物，光照时间的延长可以提前成花，浦正明等（2004）发现光照时间的延长促进草莓的花芽分化。设施促早栽培过程中，无可避免地要加覆盖措施以增强设施的保温性能，此操作会缩短设施内的光照时间，进而影响设施果树的成花过程。

三、矿质元素

矿质元素在果树成花的过程中，具有保持细胞液的正常状态，维持膨压平衡和能量供给、信号的传递等作用。氮肥在生产中具有双重作用，适量的铵态氮能够提高花芽分化的量，而硝酸盐则是一个有利于碳生成氨基酸的信号分子。氮肥不足则蛋白酶和结构蛋白等合成不足，影响植物各项代谢反应，直接影响花芽分化；过量则使营养生长与生殖生长失衡，亦难成花。花芽分化过程也是一个耗磷过程（赵文东等，2006），研究发现花芽分化很大程度上为有效磷水平左右（马焕普，1987），故在生产中应充分供应。钾和钙在分化过程中也具有重要的调节作用，Manochai 等（1999，2005）在龙眼的花芽分化过程中发现 $KClO_3$ 通过直接调节激素平衡来影响花芽分化，并认为 $KClO_3$ 可以完全代替低温的作用，在非分化期的适宜期，诱导龙眼花芽分化（Potchanasin et al.，2009）。钙除了作为结构成分之外，还是第二信使，与钙调素一起调节花芽的分化，且能诱导 GA 的表达，促进花的发育。彭抒昂等（1998）在梨成花过程中钙与核酸的动态研究中发现花芽分化之前，有一个钙积累的过程，而在成花发育期，只有生长点的分生组织消耗钙并从附近的组

织夺取钙。孔海燕等（2003）离体培养外施钙浓度变化对花芽分化的早期诱导有巨大影响，并认为内源钙水平是光周期对成花诱导重要的制约因素。

四、外源生长调节剂

内源激素对于花芽分化具有重要调节作用，但在特定栽培环境下，植株体产生的量不能满足植物花芽形成的需求，外部施用生长调节剂就成为生产的必需。生长调节剂的作用是基于一定的营养物质基础之上，周学明等（1984）发现，B_9 在正常年份苹果树上具有促花效果，但在特大年树上，由于营养过度消耗，其促花效果甚微或无；此外，生长调节剂的作用还与施用时期有关，在苹果花孕育期喷布 GA_3 显著降低花芽分化百分率，而在形态分化期处理则几乎无影响，而喷施多效唑具有相反的效果（曹尚银等，2001）；而对月桂树的花芽分化起始期施 GA_3，显著抑制生长素氧化酶和 POD 酶活性，从而增加当年生新梢的 IAA 含量，推迟在花诱导期木质素合成，限制了花的发端（Li et al.，2003）。

第五节　问题与展望

一、问题

目前，对于设施栽培的一二年生植物的花芽分化研究较多，成花调节也较为成熟；但对于多年生的果树来说，设施栽培条件下的花芽分化研究普遍较少。随着人们生活水平的提高，果品的周年供应已经成为一种需求，而频繁出现的隔年结果现象严重制约了设施果树的连年丰产，对果树的设施栽培提出了严峻考验。由于不了解设施果树的花芽分化规律及对成花有重要影响的环境因子，不能实现设施果树的连年丰产，严重影响了设施果树的经济效益。

虽然果树的花芽分化已有百年研究历史，在形态解剖、生理生化和分子水平都做了大量实验，取得了大量研究成果，但仍未能了解其内在规律，突破机理，围绕外界环境与内部生理代谢变化来解释花芽分化的研究仍是人们的重点；虽然近期在基因研究上有一些进展，但是距离真正解开花芽分化内在规律尚需时日，对于实现生产中的调控意义也未明了；一些经验性调控手段仍然是栽培过程的依靠，不完备之处难以克服。

二、展望

（一）研究层次更加深入

花芽分化是植物感受外界刺激，形成内部信号，调节内部原有成花基因解除阻遏表达的结果，因而，在分析形态物质变化的基础之上对于基因的研究以及对一些关键酶和蛋白的分析，对于各个时期的代谢进行研究，是未来研究发展的重点；而花芽的形成，是受内外界多种因子调控的，只有完全了解其外界刺激和内部反应的联系，形成内外的通路，才能在真正意义上调节花芽分化的过程；成花诱导途径并非只有一条，多条件、多物质、多途径的研究将是以后的研究方向。

（二）研究方法更多样

对于物质分析，传统方法是提取组织液后分析；对于花芽分化过程中的芽内局部物质变化了解不清，组织化学法虽然有一定的发展应用，但是由于成花的影响因子过多，一些技术问题难以解决；而对于诱导的关键期，一些基因含量变化和酶活性测定的研究方法，将随着研究的深入应用的更加广泛，更能在研究花芽分化过程中发挥作用。

总之，设施内果树的花芽分化研究任重道远。

第八章

设施葡萄的光合特性

第一节　光合作用

光合作用是指绿色植物吸收利用太阳光能，把水和二氧化碳合成有机物质，并释放出氧气的过程。

$$6CO_2 + 6H_2O \longrightarrow C_6H_{12}O_6 + 6O_2$$

光合作用是能够捕获光能的唯一生物学途径，是葡萄及所有植物有机含碳化合物的主要来源。该过程把太阳光能转变为化学势能，把无机物质转变为有机物质，为树体生长发育提供赖以生存的物质和能量。光合作用过程中，CO_2 首先从外界大气扩散到叶片表层，然后穿过气孔到达气孔下腔，最后到达叶绿体羧化位点由羧化酶进行同化。光合作用包含许多物理的和化学的反应，整个过程大致分为 3 个步骤。①光能的吸收、传递和转变为电能的过程，即叶绿素分子被光激发引起第一个光化学反应的原初反应过程；②电能转变为活跃的化学势能，包括电子传递和光合磷酸化等过程，活跃的化学势能贮藏在还原能力强的还原型辅酶Ⅱ（NADPH）和高能化合物 ATP 中，二者参与二氧化碳还原成碳水化合物的反应；③活跃的化学势能转变为稳定的化学势能过程，该过程中二氧化碳被受体固定，经酶促反应利用 ATP 和 NADPH 还原成糖，即碳同化。

光合作用的最初产物是磷酸丙糖，它可以直接进入各种代谢途径形成光合产物。磷酸丙糖可以在叶绿体中合成淀粉等光合产物，也可以通过载体输送出叶绿体外，合成蔗糖、脂肪等光合产物。光合作用形成的糖一部分直接用于植物体自身的呼吸作用，其他储存在其他树体各组织中。其中，果糖和葡萄糖储存在葡萄果实中，淀粉则作为树体的贮藏营养，纤维素和半纤维素成为树体的主要结构物质。

第二节　设施葡萄的光合特点

葡萄光合作用具有“光合午休”的特点，一般日变化表现为上午 9～10 时最强，随后降低，到 14 时左右最低，之后又有所回升。葡萄“光合午休”的特点不仅仅受到高温、高光强等环境因素的影响，有研究表明将其置于室内遮阴的环境中仍表现相同的趋势。有研究认为，葡萄光合作用的午间低谷现象不能完全归因于中午的强光、高温和水分亏缺引起的气孔关闭或羧化效率降低。因为即使人工控制条件下，给予适宜的光照、温度和水分，依然出现这种现象。可能原因是光合作用有关中间产物（如光呼吸代谢）影响光合系统酶活性，这种代谢物多少与光合强度相关，当光合强度大时，代谢物形成多，而这类代谢产物扩散后对光合作用产生反馈抑制。光合作用的季节变化呈现双峰曲线。有研究表明从萌芽到叶片成熟出现光合速率第一高峰，此峰值与叶片光和潜力的增值直接相关，夏季7—8 月因高温干旱，出现小低谷，之后又出现第二个峰值。

设施栽培环境与露地栽培环境相比，存在着较大差别，包括光照、温度、湿度、CO_2浓度等在内的生态因子，其中光照问题是最为明显的。与露地栽培相比，设施葡萄生长存在的前期光照强度低、光照时间短、短波光比例低等问题，会影响植株的芽、叶、枝条及整个树体的生长状况，并使果实产量和品质受到显著影响。设施葡萄（日光温室、塑料大棚、避雨棚）特有的环境，导致叶片质量相对变差，光合速率下降。

设施栽培普遍存在相似的问题，由于棚膜遮光作用而造成对光照强度的影响比较大，加上避雨棚薄膜的下表面和叶片表面由于长期不受雨水冲刷，吸附的灰尘也有一定的遮光作用。这些因素均会造成设施栽培模式下光照度减弱，棚内的光照度仅为对照的 75%左右，影响光合作用，使得光合产物减少，树体养分积累不足。有研究表明，光照度的减弱会导致叶片变大变黄，光合能力下降。气孔导度的下降是光合能力降低的一个影响因素，通过对荧光参数的分析可知，其最大光化学效率并没有明显下降，但是性能指数 PIABS 和 PICSM 明显低于对照 21.5%和 22.7%，以吸收光能为基础和单位面积为基础的性能指数的显著下降导致光合能力下降。

第三节　影响设施葡萄光合作用的调控措施

影响设施葡萄光合作用的因素包括树体长势及健康状况（树体养分状况）、叶片质量（叶面积、叶片厚度、比叶质量、叶绿素含量、类胡萝卜素含量）、叶龄等，环境因素（光、热、水、气、蒸腾、空气湿度），环境适应能力，架势（树形、叶幕形）、树体管理、施肥、灌溉、植保（病虫害）等栽培措施。

一、树体养分状况对葡萄光合作用的影响

矿质元素可以直接或间接的影响光合作用，因为其可以是酶或色素体系的成分，或是酶体系的一种激活剂；它们可以影响膜的透性或气孔的运动，或改变叶子结构和体积。N、Mg、Fe、Mn 等是叶绿素生物合成所必需的，Cu、Fe、S、Mn 和 Cl 参与电子传递和光合放氧过程；K、P 等参与糖类代谢，缺乏时影响糖的转化和运输，这样就间接影响了光合作用。因此，农业生产中合理施肥的增产作用是通过调节植物的光合作用而间接实现的。氮素是叶绿素的主要成分，施氮可促进植物叶片叶绿素的合成，且在一定条件下提高作物产量和品质，氮肥通过调节光合电子传递能力和光合羧化酶的活性而影响表观光合速率的高低。而且氮是 Rubisco 的重要组成物质，对植物二磷酸核酮糖羧化酶（RuBPcase）活性的下降起着延缓调节作用。磷直接参与光合作用的同化和光合磷酸化。缺磷植株照光后叶片中的 ATP 和 NADPH 明显下降，严重影响光合产物从叶片中输出。钾是植物光合作用中主要担负气孔的调节、活化与光合作用有关的酶、参与同化物的运输等重要的生理

功能，可提高叶片叶绿素含量，提高光合电子传递链活性，促进植株对光能的吸收利用以及光合磷酸化作用和光合作用中 CO_2 的固定过程。钾通过直接调节气孔来影响光合作用。镁是叶绿体正常结构所必需的成分，是叶绿素的重要组成成分，是植物光合作用的核心。微量元素中铁与光合作用的关系最为密切，有研究表明，铁可以影响光系统Ⅱ反应中心数，天线色素响反应中心传递的激发能减少和PSⅡ光化学效率降低。

当必需元素缺乏或在临界水平以下时，会影响光合活动，因此通过施肥措施，改善土壤营养元素的有效供给，是提高光合效率、增加产量和提高浆果品质的重要途径。如增施磷肥能使叶片体积增大，栅栏细胞发达，气孔数目减少，净光合与蒸腾的比率得到改善。缺钾与缺磷，都会影响光合过程中的能量传递，因此也会降低净光合速率。微量元素缺乏会引起失绿现象并影响酶的活性，如缺铁则叶绿素含量低，胡萝卜素与叶绿素的比率变高，光合活性降低。除了各种元素的绝对含量影响光合作用外，各元素之间的平衡关系也是影响光合作用的重要方面，这也是平衡施肥技术的重要理论基础。

二、叶片质量对葡萄光合作用的影响

叶片是进行光合作用的主要场所，叶面积、叶片厚度、比叶质量、叶绿素含量、类胡萝卜素含量等叶片质量的指标直接影响葡萄的光合作用。植物叶片中的叶绿素参与光合作用，且作为光合作用最重要的色素，它的变化直接影响着植株的干物质积累量。多项研究均表明，葡萄叶片的叶绿素含量等叶片质量指标与光合速率呈现正相关关系。

三、叶龄和叶片位置对葡萄光合作用的影响

叶龄与叶片位置实际上属于叶片生理状态的问题。光合作用与叶龄关系密切，叶龄决定光合能力的强弱，直接影响葡萄的光合作用。葡萄叶片的生长具有明显的周期性，当叶子开始展开时，净光合速率很低，甚至是负值。随着叶片迅速开展，光合速率增加很快，一般当叶片达到成龄叶面积的1/3时，它所制造的营养就可以超过消耗的营养，叶片开始向外疏除光合产物供植株的其他组织利用。展叶30～40 d时，叶片达到最大，光合作用最旺盛，光合速率最快，之后光合能力逐渐减弱，直到叶片衰老。当叶片长成功能叶片时，从叶片输出的营养比吸收的多，植株此时生长迅速。葡萄不同叶龄的叶片光合同化产物的比例关系有所变化，蔗糖是光合作用的最重要产物，在各个叶龄时期都占主导地位。叶片制造的某些寡聚体，如水苏糖、棉子糖等在老叶中的比例较高。酒石酸主要是在迅速扩大的叶片中合成的，而其他有机酸则可以在各个叶龄时期合成。

有报道表明，葡萄营养枝条基部第6～15节叶片的光合活性最高，结果枝上的成龄叶片光合作用强于营养枝的叶片，果实的存在和夏季修剪均可以延缓叶片光合作用的下降速率。夏季修剪一定程度上刺激营养生长，从而降低了源叶和库叶的比值，由于对光合产物的需求增强和光合反馈抑制物的缺乏，从而使光合作用维持较高水平。

四、环境因素对葡萄光合作用的影响

（一）光照对葡萄光合作用的影响

光是光合作用的能量供给者，没有光也就无光合作用可言。自然光是由不同波长的光

构成的，不同波长的光对植物的生理作用不同，400～700 nm 波段的光是葡萄进行光合作用的主要光谱波段。葡萄叶片对不同波长光吸收情况不同，对可见光能吸收 90%，对 750～1 100 nm的红外光吸收 10%，660 nm 的红光吸收 90%，反射 5%；750 nm 的红光吸收 21%，反射 41%。郁闭的树冠中，可见光较少，红外光相对较多。

葡萄是 C3 植物，光强对光合作用的影响存在着光饱和点和光补偿点。一般光饱和点大约是全光照的 1/3，约为 800 uE/(m^2 · S)，光补偿点大约是全光照的 1%，为 15～30 uE/(m^2 · S)。葡萄光饱和点受光照条件影响较大，如室内遮阴条件无核白的光饱和点比田间正常光照的要低，而相同条件下不同品种的也不一样。在生长季晴朗的中午，光强一般远超饱和点，但只要气温不太高，一般对光合作用无不利影响。由于一般叶片可以吸收有效光谱的 90%，所以处在叶幕内部的叶片得到的光强低于最大光合速率的光照要求，有的甚至低于光补偿点。有研究发现光线通过一层叶片后，光合作用下降 25.6%～60.5%，经过第二层第三层叶片后，由于光强极弱，光合效率极低，但相对差异减小，认为当叶片 50%～70%的部分暴露在阳光下时，光合作用固定二氧化碳最多。

光质对植物的生长、形态建成、光合作用、物质代谢以及基因表达均有调控作用。在叶绿体的发育过程中，光敏色素、隐花色素、原叶绿素酸酯及叶绿素均参与叶绿体发育的调控，光敏色素主要感受红光与远红光，也感受蓝光与紫外光，隐花色素感受蓝光与 UV-A。许多研究表明，光合器官的发育长期受光调控，红光对光合器官的正常发育至关重要，它可通过抑制光合产物从叶中输出来增加叶片的淀粉积累；蓝光则调控着叶绿素形成、叶绿体发育与气孔开启以及光合节律等生理过程。光质、光强能够调节光合作用不同类型叶绿素蛋白质复合物的形成以及光系统Ⅱ和光系统Ⅰ间电子传递。

同时，光是调控叶片衰老的重要环境因子，研究发现黑暗处理明显加快了叶片的叶绿素降解速率，促进叶片衰老。有研究认为，植株持续暴露在强光或弱光下，均可使叶片发生衰老。持续强光照诱导叶片衰老的原因，在于其能够引发植物叶片的光氧化损伤。研究者在对拟南芥进行研究时发现，光剂量影响叶片的衰老，较高的光强度促进叶绿素的损失，而低光则延缓叶片衰老。也有研究认为，光质也可影响叶片的衰老速度。其中，红光（660 nm）和蓝光（450 nm）是自然光中有效光合辐射的重要组成部分，其强弱对植物的光合作用及物质积累具有重要意义。

与露地条件相比，设施内主要存在光照强度弱、光照时数短、光照分布不均、光质较差、紫外线含量低等问题。其中一个比较突出的问题就是光照强度偏低，弱光已经成为影响设施生产的主要障碍之一。植物在弱光胁迫下光合作用下降，叶绿素合成受到影响。叶片叶绿素荧光会受弱光胁迫的影响，弱光处理导致葡萄叶片 Fv/Fm 降低。参与卡尔文循环的部分酶活性和基因表达受光照条件的直接影响。光照在转录水平上调节 Rubisco 大、小亚基和蛋白质合成。糖类物质作为光合产物，不仅参与调控作物的代谢过程，还能反馈调节光合作用，影响作物的产量和品质，处于弱光环境中的时间越长，对光合作用影响越大，恢复正常生长所需的时间越长。

（二）温度对葡萄光合作用的影响

温度是决定作物光合作用最关键的自然因素之一。研究表明，植物干重的 90%来自光合作用，而光合作用对低温最为敏感。植物在一定的温度范围内能够正常生长发育，当

温度低于生长所需的临界温度时，会对植物造成逆境胁迫，延缓生长，抑制发育低温胁迫对植物叶绿体亚显微结构、光合色素含量、光合速率、光合能量代谢及活性等重要生理生化过程有显著影响。温度可以通过影响光合反应中的酶体系以影响光合速率，有研究发现，葡萄叶片光合最适温度为 25 ℃，生长在大田的葡萄最适温度略高于温室栽培的。有人利用人工气候室研究发现，当温度在 25～30 ℃时，葡萄干重增加最大；高于 30 ℃时，光合速率迅速下降；温度在 45～50 ℃时，光合速率接近于零；温度在 15 ℃以下时，光合速率随温度下降而降低很大，接近 5 ℃时，净光合速率为 0。

气候变化影响叶绿体的生命活动，进而改变植物的生理活动。低温时膜脂呈固体胶状，叶绿体的超微结构遭到破坏，类囊体膜中光合系统Ⅱ（PSⅡ）的电子传递受阻，主要抑制部位在其氧化侧，导致类囊体膨大变形，因此位于类囊体膜上的细胞色素 b 6f 复合体（Cytochromeb 6f，Cytb 6f)、ATP 合成酶均会受到影响。叶绿体中对提高作物抗寒性具有重要作用的淀粉颗粒消失，叶绿体合成受阻，甚至导致叶绿体瓦解，从而降低了叶绿体对光能的吸收利用。但由于原初物理反应快，不会影响光能的吸收、传递和电能转换。叶绿素荧光参数反映植物叶片对光能的吸收强度、电子传递能力及光能利用效率。Erdal 报道，叶绿素含量是评定逆境因素对光合作用器官造成伤害的重要指标，对叶绿素荧光参数进行研究有利于分析受影响的光合部位。Serkan 研究表明，低温导致叶绿素含量下降。一方面是叶绿体色素合成酶活性降低，叶绿体合成受到抑制；另一方面叶绿体结构受损。此外，低温使植物体代谢缓慢，合成叶绿素的原料不足，造成叶绿素含量减少。叶绿素的数量减少导致原生质体的营养供给被破坏。低温胁迫期间，叶片的叶绿素含量均下降，叶绿素 a、叶绿素 b、类胡萝卜素降解加速，最终导致光合速率下降，叶绿素含量与光合速率呈正相关。短期低温使叶片叶绿素（a+b）含量下降，叶绿素 b 的降解速度大于叶绿素 a，导致叶绿素 a/叶绿素 b 增大，叶绿素 a 比例增大有助于光能的即时转换，使植物适应逆境。

在高温和低温的条件下均会产生大量自由基，从而加速叶片的衰老。有研究发现，高温胁迫加速了水稻叶片 O_2 的产生速率，使叶片中 H_2O_2 和 MDA 的含量大幅增高，而 SOD、CAT 酶的活性严重下降，最终导致了叶片的迅速衰老。

（三）水分对葡萄光合作用的影响

水分是影响植物光合作用的重要因素之一，水分条件的变化会改变在植物体内各组成部分间光合产物的分配。虽然水是光合作用的一种不可缺少的原料，但是植物进行光合作用时作为原料消耗的水只是植物从土壤中吸收的水中很小的一部分，其余的绝大分都是通过蒸腾作用散失掉的。因此，水分亏缺时光合速率的降低，并不是由于水原料供应不足，而是由于水分亏缺引起的气孔或非气孔因素的限制。

水分主要通过调节水分平衡达到控制气孔开闭和叶片姿态，从而间接影响光合作用。气孔运动对叶片缺水非常敏感，轻度水分亏缺就会引起气孔导度下降，严重水分胁迫时，与光合作用有关的许多重要生理过程的活性或成分降低，甚至造成叶绿体类囊体结构破坏，同时，水分亏缺使光合产物输出变慢，光合产物在叶片中积累，对光合作用产生反馈抑制作用。水分过多也会影响光合作用，土壤水分过多时，通气状况不良，根系活力下降，间接影响光合作用。研究表明，在田间条件下只要叶片的水势不低于－15.2～

−13.2bar，光合速率就不会下降。但低于−15.2bar，光合速率迅速下降。遮光条件下生长的葡萄对水分胁迫更为敏感，当水势达−5.1bar时光合速率开始下降；降到−12.2bar时，完全停止。水分亏缺造成光合降低的主要的原因在于气孔关闭，从而影响二氧化碳进入叶片。另外，水分缺乏也影响细胞的正常结构，特别是影响叶绿素的水合度，由此导致原生质体结构改变，酶活性降低，从而影响光合作用的正常进行。当然因水分不足还会导致光合产物不能及时运输，对光合作用起负反馈调节。生长早期干旱造成叶面积减小，这对植株全年的光合作用有很大的限制。

（四）CO_2 对葡萄光合作用的影响

CO_2 是植物光合作用的底物，有研究表明净光合速率随 CO_2 浓度的上升呈直线上升，但当浓度达到 1%，便不再是光合作用的限制因素。而空气环境中 CO_2 浓度仅约为 0.034%，远不能满足植物实现最佳光合速率的需要，补充 CO_2 是提高葡萄光合作用非常重要的一个途径。当然，大田中提高 CO_2 浓度难以实现，但在设施栽培特别是日光温室栽培条件下，完全可以采取相关措施，通过增施 CO_2 来提高葡萄的光合效率。

五、环境适应能力对葡萄光合作用的影响

葡萄的光合能力大小取决于它对环境条件的利用和适应能力，而这些又取决于遗传调节。明显的例证就是相同的环境中不同种或同种内不同品种叶片的光合能力不完全相同。有研究表明沙地葡萄和欧洲葡萄的 CO_2 同化率几乎是美洲葡萄的 2 倍；沙地葡萄光补偿点是 98.4lx，美洲葡萄接近 492lx，沙地葡萄的光饱和点又比美洲葡萄高接近一倍。由遗传控制光合大小的特性主要表现在光合酶体系、叶片气孔结构（气孔对 CO_2 进入的阻力）、叶片结构（栅栏组织、叶绿体数目及基粒厚薄等特征）等方面，这些都是由遗传基因控制的，也是指导葡萄高光效育种的重要依据所在。

六、栽培措施对葡萄光合作用的影响

通过农业措施提高光合效率，增加产量和提高品质，是葡萄栽培技术的核心。所有措施基本都是通过改变或影响光合作用所需要的各种环境条件，从而影响葡萄的光合效率。如合理整形修剪可以有效改善叶幕微气候条件（光、温、水、气等），从而提高整个葡萄园的光合效率，这也是现代葡萄栽培技术的一个核心问题。

负载量是影响光合作用的重要的栽培措施。葡萄植株负载量是调节营养生长和生殖生长的重要手段，过高负载量消耗了果实发育过程中的更多的营养物质，从而使得营养生长很大程度上被削弱，最终导致果实不能为植株的发育提供足够的营养；过低的负载量，促进了植株的营养生长，果实产量低。有研究表明控制葡萄产量可显著增大果穗、增加葡萄粒重。随着果实负载量减小，葡萄有充足的养分可促进果实发育，成熟充分，果实可溶性固形物含量也在增加。合理调控负载量，可提高酿酒葡萄的质量，增加酿酒葡萄的含糖量，不同的负载量对酿酒葡萄的成熟起到调控作用，促进酿酒葡萄果实成熟过程中呼吸作用对酸的消耗，降低酿酒葡萄总酸的含量，而且酿酒葡萄果实果粒体积增大，可能起到部分稀释作用，也可降低酿酒葡萄果实的总酸含量。负载量可通过调节果实内酶的活性，从而调节库容量和库强，负载量的这种调控可有效促进生长发育、光合作用等从而达到提高

果实品质的目的。

一定负载量范围内，树体对光合产物的需求越大，光合速率越高。反之，对光合产物的需求低时，光合速率也降低。果实是光合产物的强有力的贮存库，可使光合产物由叶片到果实得到及时有效的运转。具体表现在叶面积相同或相近的情况下，负载量大的植株比负载量小的植株光合速率高。然而，这种因提高负载量而增加光合速率是有限度的，当超过某一界限时，由于存在养分竞争，反过来降低光合叶面积及水分，使植株光合速率受阻。

七、除草剂对葡萄光合作用的影响

尽管果园生草技术在葡萄上的应用越来越广泛，但仍有较多园区选择使用除草剂。常用的除草剂中约有30%是植物光合系统抑制剂，如三氮苯类、酰胺类、二苯醚类、二硝基苯胺类等，这类除草剂最容易影响作物的光合作用，使用后不但影响杂草的生长，而且可被作物吸收后作用于光系统Ⅰ和光系统Ⅱ，抑制光合作用的进行。如乙草胺属于氯乙酰胺类除草剂，能够被葡萄根系吸收并向上传导，但其作用靶标还不是很清楚；乙羧氟草醚为二苯醚类除草剂，抑制原卟啉原氧化酶活性，代谢生成单线态氧，从而影响植物色素的合成和光合作用的进行。触杀性除草剂，如百草枯，不具有传导性和选择性，不能被葡萄根系吸收，但会使植物接触部位受伤致死，如果使用规范不喷到作物上，就不会对作物造成影响；但如果使用不当，如误喷或飘移到作物上就可能对作物光合速率造成影响。使用除草剂加速了葡萄基部叶片的衰老，导致各项功能下降，对功能叶片色素和光合能力的影响最大，且除草剂用量越大影响越大，除草剂对作物光合的长期抑制可能会导致产量和品质的下降。

八、病虫害对葡萄光合作用的影响

病虫害在葡萄生产中普遍发生，设施栽培条件下，白粉病、霜霉病、灰霉病等病害和二斑叶螨、蓟马、绿盲蝽等虫害均时有发生。病虫害的发生直接危害叶片，病菌吸取葡萄树体水分和养分，同时自身分泌酶和毒素等，破坏寄主细胞和组织，使叶片光合作用严重受阻，还会增加呼吸消耗；害虫则直接破坏叶肉组织或输导组织。一方面病菌、害虫通过采食植物的光和器官，减少植物的光合能力；另一方面，病虫害侵染后植物的生理参数发生变化（如影响植物体中的叶绿素含量以及叶绿素a与叶绿素b的比值、气孔导度和细胞内的CO_2浓度），进而影响到植物的光合作用。因此，病虫害也是造成葡萄光合下降的重要环境因素之一。虽然通过化学药剂、生物防治等防治措施可以部分解决病虫害的问题，但生物防治效果不佳、化学药剂过量不当的现象会造成环境的生态压力，威胁人类的生存环境。解决这一问题的途径首先必然是选育抗病虫优良品种，预防为主、综合防控的病虫害绿色防控体系的建立和完善也是需要同步发展和关注的方向。

第九章 

设施葡萄的果实发育

第一节　葡萄果实的生长发育动态

葡萄果实主要由果皮、果肉及种子构成。果皮、果肉、种子在果实发育过程中逐渐完成形态分化。果实的生长表现为双S模型，即前、后为快速生长期，中间为生长滞缓期。果实第一次快速生长主要由细胞分裂引起，第二次快速生长主要由于细胞内含组分发生变化，果肉细胞逐渐增大引起的（潘照明，罗国光，1989）。花后的60 d内，果实会进入第一次快速生长时期，果实结构形成，种子胚胎产生。在此期间，果实内酒石酸、苹果酸等的含量较高，一些氨基酸、微量元素、芳香物质得到积累，溶质的增加在一定程度上促进了果实的增大（Conde et al.，2007）。第一次生长期后，果实进入生长滞缓期，葡萄品种不同，生长滞缓期的长度亦有不同。生长滞缓期之后，葡萄果实开始转色，进入第二次快速生长期。进入第二次快速生长期后，果实开始变软，果实内的糖含量升高，酸含量下降，黄酮类、萜烯类等次生代谢物含量增加，同时果实内开始积累ABA、油菜素内酯。在转色成熟期，水分开始由木质部转向韧皮部向果实内集聚，溶质在共质体及质外体的含量发生变化（Bondada et al.，2005），果实韧皮部的卸载开始由共质体运输转向质外体运输，提高了卸载效率，促进了果肉“库”细胞内糖分的积累（Patrick et al.，1997；Zhang et al.，2006），同时，在果实发育过程中，细胞壁部分结构成分会发生变化，可溶性固形物增加，细胞壁多糖组分组成没有太大变化，但特定多糖组分的修饰增加，细胞壁蛋白组成发生变化，羟基脯氨酸含量增加（Nunan et al.，1998）。细胞壁结构成分的变化增加了细胞壁的伸缩性，再加上细胞内水分的增加，膨压的扩大，使细胞具备了伸展扩大的条件（Matthews et al.，2005）。

果实通过规律性地动态生长过程达到了成熟，而各内源激素含量影响果实的发育进程。生长素、细胞分裂素、赤霉素等在果实发育前期含量较高，转色期以后含量降低，这些激素由母体或种子产生，可促进果实细胞的分裂和生长（Conde et al.，2007），ABA、乙烯、油菜素内酯在果实转色期以后发挥主要作用。ABA的含量变化比较复杂，在果实发育前期含量较高，转色期前含量降低，转色期后含量又显著升高，成熟期时保持较高水平（Coombe et al.，1973）。ABA与果实成熟有关，可促进酚类物质的积累（Hiratsuka et al.，2001）；乙烯在果实内含量较低，但其可能与成熟期酸度的降低有关（Chervin et al.，2004），外源乙烯还能增加葡萄果实花色苷的含量（Kereamy et al.，2003）；油菜素

内酯在果实成熟时含量开始增加，能够加速果实成熟（Symons et al.，2006）。激素影响果实的发育，可通过调节基因的表达来实现。采用生长素类似物处理葡萄果实可延长转化酶基因的表达，延迟 *UFGT*、*Grip*4 等基因的表达，推迟果实转色、还原糖含量上升、果实软化时期的到来（Davies et al.，1997）。另外，其他生理或化学信号也可影响基因的表达，如糖信号可通过改变水的活动状态，调节成熟过程中有关蛋白质及压力反应蛋白的表达（Bray，1997；Robinson and Davies，2000）。

第二节　葡萄果实的主要内含物及代谢

一、糖类物质

葡萄果实是主要的库器官，叶片中产生的光合同化物会运输到果实中消耗或积累。葡萄叶片叶绿体中产生的蔗糖通过共质体或质外体途径进入到韧皮部，再运输到果实中。糖类物质是葡萄果实中重要的基础性底物，不仅影响到果实风味，还可为酸类物质、酚类物质、萜烯类物质等的合成起始提供底物（Robinson and Davies，2000；Conde et al.，2007）。

（一）糖类物质的种类

葡萄果实中主要的糖类物质包括蔗糖、葡萄糖、果糖，另外还含有少量的棉子糖、水苏糖、麦芽糖等。在果实发育早期，由于代谢等原因，果实内糖含量较低（Robinson and Davies，2000）；转色期时，糖分在液泡中开始积累，运入果实的蔗糖转化为已糖，果实进入成熟期后，葡萄糖与果糖的比例大约为 1∶1。甜度值可直接反映糖类物质的感官性状，果糖的甜度比蔗糖、葡萄糖的高，甜度值高的葡萄果实口感更加香甜，在生产中可通过甜度值评价果实的甜度感觉。

淀粉是植物体内重要的储藏性多糖，可分解产生 1-磷酸葡萄糖，1-磷酸葡萄糖经过转化可进入蔗糖代谢途径，因此，淀粉的积累在一定程度上可为糖代谢提供物质基础。在葡萄果实发育过程中，淀粉含量较低，且果皮、果肉中淀粉含量的变化存在差异，果肉中淀粉含量随着果实的成熟而逐渐降低，而果皮中的淀粉含量存在波动，转色期后含量出现上升（陶然等，2013）。葡萄果实发育过程中淀粉的含量受赤霉素等激素的影响，GA_3 处理可增加果实发育前期淀粉的积累速率（李鹏程等，2011）。

（二）糖类物质的代谢

葡萄果实中主要以蔗糖、葡萄糖、果糖为主，与蔗糖代谢有关酶包括转化酶、蔗糖合酶、蔗糖磷酸化酶等。

1. 转化酶　转化酶又称蔗糖酶，可催化蔗糖分解为葡萄糖和果糖。根据酶的等电性及不同 pH 下的活性状态可将酶分为酸性转化酶、中性转化酶（或碱性）。酸性转化酶调控机制的研究较多，根据酸性转化酶的可溶性和细胞定位，又可将其分为细胞壁结合的酸性转化酶和可溶性酸性转化酶。中性或碱性转化酶定位于细胞质中，活性通常较低。可溶性酸性转化酶（SAI）和细胞壁结合的酸性转化酶（CWI）均为呋喃果糖苷酶，一般来看，同一植物酸性转化酶和细胞壁结合的转化酶分子量相近，在许多植物中，两种酶都被证实存在多种形式的亚型，它们的分子量存在差异（曹鹏，2004）。在葡萄果实内酸性转化酶基因的表达较高（Shangguan et al.，2014），可溶性酸性转化酶主要位于液泡中，在果实第一次快速生长阶段，酸性转化酶活性较高，可一直持续到转色期。转色期后，酸性转化酶活性不再增加，果糖、葡萄糖含量在转色期以前并没有显著变化，果实开始转熟后，细胞完整性开始下降，转化酶进入周边细胞，果实内己糖含量出现明显增加（Dreier et al.，1998）。Davies 等（1996）研究发现控制转化酶合成的 *GIN*1 和 *GIN*2 基因的表达以及转化酶的合成都明显早于成熟期己糖的积累。细胞中的另一种酸性转化酶为细胞壁结合的转化酶，该酶可催化质外体空间中蔗糖的分解，降低韧皮部卸载到该空间中蔗糖的浓度，形成蔗糖向“库”运输的动力（Patrick et al.，1997；Zhang et al.，2006），Zhang 等（2006）的研究表明，葡萄果实开始成熟时，韧皮部物质的卸载由共质体途径转为质外体途径，而在此过程中细胞壁结合的酸性转化酶的活性开始上升，参与蔗糖的分解，为在质外体的卸载提供了动力。蔗糖在细胞质中可被 UDPG 焦磷酸化酶合成，成熟以前可作为底物用于呼吸和酸类物质的合成，成熟后可被酸性转化酶分解（Sarry et al.，2004）。

2. 蔗糖合酶 蔗糖合酶催化的反应具有可逆性，它既可催化 UDPG 与果糖结合生成 UDP 和蔗糖，又可催化蔗糖与 UDP 结合产生 UDPG 和果糖，其催化活性受到 pH 的影响，催化方向与底物浓度密切相关。蔗糖合酶在蔗糖、淀粉、纤维素的含量调节及细胞壁的合成控制方面发挥了重要作用（Amor et al.，1995）。一般认为蔗糖合酶主要负责蔗糖的分解，蔗糖酶磷酸化后分解活性会显著上升，而在葡萄果实发育过程中，蔗糖合酶合成方向与蔗糖的积累却表现出强烈的相关性（闫梅玲等，2010）。从酶水平的角度分析，葡萄果实的发育可分为绿色消退期和开始成熟期，在幼果期，蔗糖合酶与 UDPG 焦磷酸化酶促使蔗糖向酸类物质（苹果酸）的转化，而在成熟期，转化酶催化蔗糖分解为果糖及葡萄糖，有机酸（苹果酸等）积累向己糖（葡萄糖、果糖）积累的转变与蔗糖合酶和可溶性酸性转化酶活性的变化密切相关（Esteso et al.，2011）。在葡萄果实发育的不同时期，蔗糖酶活性会发生变化，转色期以后蔗糖酶分解方向、合成方向活性均有所增加（Pan et al.，2009），之后又开始下降。

3. 蔗糖磷酸合酶 蔗糖磷酸合酶存在于细胞质中，可催化 6-磷酸果糖与 UDPG 反应生成 6-磷酸蔗糖和 UDP，6-磷酸蔗糖在磷酸蔗糖磷酸化酶的作用下又可生成蔗糖，由于蔗糖磷酸合酶与磷酸蔗糖磷酸化酶以复合体的形式存在于植物体内，因此该反应实际为不可逆反应（Huber and Huber，1996）。蔗糖磷酸合酶活性在植物体内的变化对蔗糖的积累具有调控作用。Lowell 等（1989）研究发现，在柑橘细胞发育的幼果期，酸性转化酶活力高，但随着果实的成熟，内含物的变化，蔗糖磷酸合酶成为活力最高的酶；Miron 等（1991）对比普通番茄和蔗糖积累型番茄时发现，蔗糖积累型番茄在发育后期蔗糖磷酸合酶的活性显著升高；赵智中等（2001）在研究蔗糖代谢相关酶在温州蜜柑果实糖积累时的规律时发现，随着果实的发育，蔗糖磷酸合酶的活性呈下降趋势，但果实着色后，SPS 活性会有所升高，与蔗糖的迅速积累相一致。闫梅玲等（2010）发现蔗糖磷酸合酶与葡萄果实早期蔗糖的积累相关性较高。蔗糖磷酸合酶在植物体内活性的变化受复杂的调控，如别构调节和光诱导，不同植物糖积累规律不同，其所受的调节方式也有差

异（Huber et al.，1989）。蔗糖磷酸化酶的活性在植物体内经历了先升高后降低的过程。

4. 淀粉转化相关酶　植物体内淀粉的合成主要由 ADPG 焦磷酸化酶、淀粉合成酶、脱支酶等来完成；而淀粉的降解主要由淀粉磷酸化酶和淀粉酶来完成。淀粉合成的关键酶为 ADPG 焦磷酸化酶，它可直接调控淀粉合成底物 ADPG 的合成。淀粉的完全降解需要淀粉酶、淀粉磷酸化酶、麦芽糖酶和分支酶等的协同作用。淀粉首先与 α-淀粉酶发生反应，之后再与 β-淀粉酶、分支酶、淀粉磷酸酶反应，将淀粉分解为寡聚糖，最后分解为麦芽糖、葡萄糖和 1-磷酸葡萄糖，进入蔗糖途径（曹鹏，2004）。番茄果实中，ADPG 焦磷酸化酶和 SS 水平与番茄果实早期的淀粉积累量正相关，ADPG 焦磷酸化酶和 SS 活性对果实碳水化合物的代谢起到了重要的调控作用（Yelle et al.，1988）。*AGP*，*GBSS*，*ISA*1 和 *ISA*2 可能是淀粉合成的关键基因，能够引起苹果发育早期淀粉的积累；AMY3、ISA3 和 PUL 可能是淀粉降解中的关键性酶，能引起果实发育后期淀粉的降解（Shangguan et al.，2014）。在葡萄果实发育过程中，淀粉代谢关键酶基因表达活跃，α-淀粉酶基因 *AMY*、β-淀粉酶基因 *BMY* 在果肉中表达较高，果皮、果肉中 α-淀粉酶 *AMY*、β-淀粉酶 *BMY* 活性随果实的发育逐渐增强（陶然等，2013）。

5. 糖转运体　蔗糖相关酶类可以分解或合成糖类物质，但是糖类物质由韧皮部、质外体空间向细胞内的运输还需要糖类转运体的参与。糖类转运体包括单糖转运体和多糖转运体。较常见的糖类转运体为蔗糖转运体、己糖转运体。已克隆的蔗糖转运体基因包括 *VvSUC*11、*VvSUC*12 和 *VvSUC*27。蔗糖转运体定位于质膜上，具有 H^+ 共转运的性质，三种转运体的表达时期不同，*VvSUC*11、*VvSUC*12 的表达受到己糖积累的正向调控，转色期后表达升高，而 *VvSUC*27 在成熟期的表达却有所下降（Davies et al.，1999）。*VvSUC*11、*VvSUC*12 的表达加速了蔗糖由质外体向细胞内的卸载（Manning et al.，2001）。*VvHT*1 是目前研究较多的一种己糖转运体，对葡萄糖的亲和性较高，定位于筛胞、伴胞、果肉细胞的质膜上（Vignault et al.，2005）。*VvHT*1 在果实中表达，开花期达到第一次表达高峰（Fillion et al.，1999），Conde 等（2006）在悬浮细胞培养体系中发现，体系中高的葡萄糖浓度会抑制 *VvHT*1 的表达及己糖转运体的活性，而低的葡萄糖浓度可促进相关基因的表达，证实了 *VvHT*1 在果实发育初期的转运作用。除 *VvHT*1 外，葡萄果实内还含有 *VvHT*2、*VvHT*3、*VvHT*4、*VvHT*5 等己糖转运体，*VvHT*2、*VvHT*3 在果实成熟期的表达量较高，*VvHT*4、*VvHT*5 的基因表达量较低（Yelle et al.，1988），但有关各转运体的功能及其在己糖转运中的作用还有待进一步探究。

二、酸类物质

（一）酸类物质的种类

酸类物质是葡萄果实内的重要风味物质，可影响葡萄果实及葡萄酒的品质。果实内的有机酸种类较多，其中最主要的为苹果酸和酒石酸，两者占总酸量的 90%以上。葡萄果实发育前期酸浓度较高，酒石酸主要集中在果实外围，而苹果酸则积累于果肉中（Conde et al.，2007），随着果实发育成熟、细胞体积增大、代谢消耗，酸浓度开始下降。

酒石酸一般只存在于葡萄属植物和天竺属植物中，属于葡萄果实的特征性酸。酒石酸的酸味较强，葡萄汁的 pH 主要取决于果实中酒石酸的含量（问亚琴等，2009）。适量的苹果酸能带来清爽的感觉，浓度高则产生尖酸感和青生味；酒石酸能给人以尖酸生硬的感觉，带有粗糙感，可引起不舒适感（刘怀锋，2005）。因此，苹果酸浓度适宜，酒石酸浓度低的鲜食葡萄口感更好。

（二）酸类物质的代谢

酒石酸的合成起源于 L-抗坏血酸，其合成的关键在于六碳化合物的裂解，裂解的部位因植物的不同而出现差异，或位于 C_2、C_3 之间，或位于 C_4、C_5 之间（Conde et al.，2007）。酒石酸的合成从开花后开始一直到转色期（Debolt et al.，2006）。有关酒石酸合成具体过程的研究目前还不完善，Debolt（2006）等通过构建 cDNA 文库的方法测得艾杜糖酸脱氢酶催化 L-艾杜糖酸产生 5-酮-葡萄糖酸，证实了该酶为酒石酸合成的限速步骤。但酒石酸合成途径中的其他相关酶还不明确，有关的调控过程还需进一步深入研究。

与酒石酸相似，苹果酸也可在叶子及未成熟的绿色果实中产生。磷酸烯醇式丙酮酸的羧化是苹果酸合成的关键步骤，而苹果酸酶和磷酸烯醇式丙酮酸羧激酶在苹果酸的降解中具有重要作用（Ruffner et al.，1975；1984）。葡萄在转熟过程中酸浓度下降，糖获得积累，苹果酸可转化为葡萄糖和果糖或转化为能源物质用于呼吸。细胞质中的苹果酸在苹果酸酶的催化下氧化脱羧为丙酮酸和 CO_2（Ruffner et al.，1984），而进入线粒体的苹果酸可通过苹果酸脱氢酶转化为草酰乙酸，或通过苹果酸酶转化为丙酮酸（Conde et al.，2007）。苹果酸的积累与温度有关，生长在寒冷地区的葡萄苹果酸浓度较高，而温暖地区的葡萄苹果酸浓度却较低，温度可通过影响磷酸烯醇式丙酮酸羧化酶、苹果酸酶等酶的活性调节苹果酸的合成与分解（Lakso and Kliewer，1975）。

三、酚类物质

酚类物质是葡萄果实内的重要次生代谢物，它不仅可以影响到果实的色泽、口感，还可影响到葡萄酒的风味、收敛性及稳定性（Gawel，1998）。酚类物质具有较强的抗氧化活性，在预防各种心血管疾病（Bradamante et al.，2004），抗癌、抗菌等方面具有较好的效果（Nijveidt et al.，2001）。

（一）酚类物质的种类

酚类物质按照化学结构可分为类黄酮类和非类黄酮类两大类物质，类黄酮类物质包括花色素、单宁、黄烷酮类、黄烷醇类等物质，非类黄酮物质包括肉桂酸、苯甲酸类、白藜芦醇类等物质。

（二）酚类物质的代谢

酚类物质的合成起源于苯丙氨酸，苯丙氨酸由糖酵解途径中间代谢产物磷酸烯醇式丙酮酸和磷酸戊糖途径的中间代谢产物磷酸赤藓糖经莽草酸途径合成。苯丙氨酸又经过苯丙烷类代谢途径和类黄酮途径合成一系列的酚类物质。在苯丙烷类代谢途径中，苯丙氨酸在苯丙氨酸解氨酶催化下可合成肉桂酸，肉桂酸经过转化，完成酚酸类、木质素类物质的合成（Shirley et al.，2001；Adams，2006），之后在查尔酮合成酶的作用下，4-香豆酰-CoA 与 3 个丙二酰-CoA 缩合，又经过一系列相关酶的催化合成花色苷、黄酮醇、单宁等物质（Conde et al.，2007；赵权，2010；孙欣等，2012）。

葡萄浆果中的酚类物质主要存在于果梗、果皮、种子中。在葡萄果实成熟过程中，果皮的颜色发生变化，红色葡萄品种颜色逐渐加深，花色苷形成；白色品种绿色消退，黄色加深，花色苷合成的关键酶尿苷二磷酸葡萄糖类黄酮糖基转移酶（UFGT）未获得表达(Robinson and Davies，2000)。对于红色葡萄品种，从果实转色开始，花色苷获得持续积累，一直到成熟，达到较高的水平，而果皮中总酚、类黄酮等的含量从浆果生长期开始下降，至浆果成熟期达到最低点，之后又有所上升（李杨昕等，2007)。葡萄酚类物质的含量、种类变化也存在较大的种间差异，而产生这种变化的原因可能与代谢产物的复杂性及相互间的作用有关（曹鹏，2004)。

四、香气物质

香气物质是葡萄果实内含物的重要成分，不仅可以影响鲜食葡萄的感官性状，还可影响到葡萄酒内的芳香性组分。

（一）香气物质的种类

葡萄果实内的香气成分主要包括萜烯类物质、降异戊二烯衍生物、吡嗪类物质、芳香族化合物、脂肪族化合物等（Conde et al.，2007；温可睿等，2012；房经贵等，2014)。

（二）香气物质的代谢

在香气物质的研究中，萜类化合物的研究较多。萜类化合物是植物体内重要的次生代谢物，葡萄果实中含量最丰富的萜类化合物为单萜，果实成熟过程中，果皮、果肉中的单萜化合物的含量不断地变化。

单萜化合物可通过质体中 DXP/MEP 途径在中果皮和外果皮中合成，而丙酮酸和 3-磷酸甘油醛是反应的起始底物，反应过程在单萜合成酶等一系列酶的参与下完成（Withers and Keasling，2007；涂崔等，2011)。根据单萜化合物结合状态的不同，可将其分为游离芳香态、糖苷结合态、无味的多元醇状态。对于芳香型葡萄，游离态单萜对香气的贡献度较高，包括里那醇、香叶醇、橙花醇以及吡喃氧化型里那醇和呋喃氧化型里那醇等。里那醇气味强、感官阈值低，具有玫瑰香味，香叶醇、橙花醇也具有玫瑰香味（Conde et al.，2007)。多元醇状态的香气并不直接产生香味，需通过裂解产生香气成分。糖苷结合态单萜含量高，包括糖配体和萜醇类配基，也并不对果实的芳香性气味产生直接影响。在“玫瑰香”葡萄果实发育过程中，游离态单萜的含量基本上都呈上升趋势，里那醇对果实香气成分的贡献最大，另外还有玫瑰醚、柠檬醛、香叶醇等物质（Fenoll et al.，2009)。

葡萄果实中的醛、醇、酯等组分主要为脂肪族代谢路径的相关产物。葡萄果实中的亚麻酸、亚油酸经脂氧合酶（LOX）裂解产生氢过氧化物，葡萄 LOX 基因家族可分为四个集群，其中与 13-氢过氧化物生成有关的 *VvLOXA* 的转录丰度在转色期后逐渐增加，之后保持在相对稳定的状态，而与 9-氢过氧化物生成有关的 *VvLOXC* 转录丰度持续下降，成熟期时转录丰度依然很低（Podolyan et al.，2010)。氢过氧化物经过氧化氢酶（HPL）作用产生 C9 组分、C6 醛等物质，葡萄中的 HPL 基因包括 *VvHPL*1 和 *VvHPL*2 两种，*VvHPL*1 可裂解 13-氢过氧化物，而 *VvHPL*2 对 9-氢过氧化物和 13-氢过氧化物都有效果（Matsui，2006；Zhu et al.，2012)。Zhu 等（2012）的研究发现 *VvHPL*1 在葡萄果实中的基因相对表达量高于 *VvHPL*2，果实开始转熟时两种基因的表达都呈现快速升高之后又降低的趋势，13-氢过氧化物途径为果实中的主要代谢途径。C6醛类物质又经过乙醇脱氢酶（ADH）、乙醇乙酰基转移酶（AAT）产生一系列醇、酯类物质。顺式-3-己烯醛经异构酶作用可转化为反式-2-己烯醛，启动相关代谢途径（Kalua et al.，2009）。

降异戊二烯衍生物对香气成分也有一定贡献，可来源于类胡萝卜素、萜烯类物质的降解，目前的研究主要集中在C_{13}降异戊二烯类化合物，包括β-大马氏酮、β-紫罗酮等物质，具有一种复杂的花香或果香（房经贵和刘崇怀，2014）。吡嗪类物质是葡萄中草香味的一种来源，具有青椒味，起源于氨基酸代谢，在未成熟的果实中含量较高。芳香族化合物包括苯乙醇、苯乙醛、丁香酚等，具有花草香，在植物体内可由萜类途径、聚酮途径和莽草酸途径等产生，不仅对葡萄香气和风味具有重要作用，在食品加工业中也是常用的重要调味化合物。

第三节　葡萄果实的质地性状

随着对果实品质性状研究的深入，果实质地性状的研究逐渐受到重视，葡萄果实的质地性状可分为果皮质地性状、果肉质地性状等，与果实的口感、耐贮运性密切相关。目前，果实TPA测试、穿刺测试、果柄拉力测试在果实发育过程中果肉质地相关组分变化（Sato et al.，2006；Torchio et al.，2010）及酿酒葡萄筛选、品质评价（Giacosa et al.，2012；Rolle et al.，2015）等方面已有应用。

TPA测试可通过果肉硬度、弹性、内聚性、咀嚼性、胶着度、黏着性、回复性等指标来反映果肉质地性状。果肉硬度表示压缩果实至预定变形程度时所用的力；弹性表示第一次压缩结束到第二次压缩开始果肉所能回复的距离；内聚性表示果肉整体的内部结合力；咀嚼性表示使固体果实达到可食程度所做的功；胶着度表示使半固体果实达到可食程度所做的功；黏着性表示使第一次压缩结束到第二次压缩开始需要克服的力；回复性表示果实能回到其原始位置的程度（Letaief et al.，2008）。

穿刺测试可通过果皮强度、斜率脆性、韧性、破裂距离反应果皮质地性状。果皮强度表示压缩果皮破裂时所用的力，斜率脆性表示果皮破裂力与时间的比值，韧性表示使果皮破裂时探针所做的功，果皮破裂距离表示果皮破裂时探针的移动距离。果皮质地在酿酒葡萄的研究中较多（Vicens et al.，2009），果皮破裂力与气候环境间的关系较为密切，可用于区分不同品种、产区的葡萄（Segade et al.，2011a；Segade et al.，2011b；Giacosa et al.，2012）。

第四节　影响果实品质的农艺措施

一、肥水管理

肥料是影响葡萄果实品质的重要因素，由于氮、磷、钾、钙和镁等元素在细胞形态保持、细胞内物质运输、细胞内信号转导及传递方面发挥着不可替代的作用，选择合适的肥料种类、施肥方式及施肥时间对于果实品质的提高具有重要意义。土壤中的全磷、有效磷、全氮、碱解氮、速效钾可对葡萄果实内的总糖含量产生明显影响（张磊等，2008），

土壤中的钾和硼元素与葡萄果实的产量及品质呈正相关，铜和铁元素与果实品质呈负相关，而镁元素可提高果实酸度（刘昌龄等，2006）。有机肥是较环保的一种肥料资源，撒施可增加土壤有机质含量及孔隙度，降低土壤容重，有利于叶片对磷、钾元素的吸收，提高果实糖含量以及酚类物质含量、降低果实酸度，改善果实品质（邓海燕等，2011；赵昌杰等，2013；周兴等，2013），而有机肥与无机肥混合施用对果实品质的改善效果最为明显（谭博等，2014）。除撒施、冲施肥料外，根外喷施叶面肥也是常见的施肥措施。国内有关叶面肥的研究包括腐殖酸、芸薹素、氨基酸等类物质（商佳胤等，2012）。叶面肥处理不仅可以提高葡萄芽萌发率、花粉生活力（苏婷等，2010），提高葡萄枝条的成熟度（王海波等，2011），还可提高葡萄果实含糖量、改善果实外观性状（吴江等，2006；车俊峰等，2010）。根外喷施钙肥可延长果实的贮存时间（翟忠琴，2003）。

水分是植物生长的必备物质，灌溉方式及灌溉时间的差异可对葡萄果实的品质发育产生不同的影响。“大水漫灌”的灌溉方式已不适合环保农业的发展，由于葡萄各发育时期对水分及营养元素的吸收规律有所不同（刘爱玲等，2012），根据葡萄生长的需要确定适宜的灌水量更加有利于改善葡萄果实品质。适度干旱、水分亏缺可提高水分利用效率，葡萄果实进入转色期后进行适当地调亏灌溉可降低葡萄树体的生长势，稳定产量，提高果实糖、维生素C含量（李雅善等，2014）。张芮等（2014）研究发现，果实着色成熟期的轻度水分胁迫可提高设施延迟栽培葡萄的果实品质。Deluc等（2009）研究发现适度调亏灌溉有助于提高萜烯类物质合成酶及脂肪酸物质合成酶活性，增加果实内挥发性组分含量。

二、整形修剪及花果管理

整形修剪及花果管理是果树生产中常见的调控果树生长的技术措施。整形修剪及花果管理可通过改变葡萄果实生长的微环境、调整葡萄树体的营养分配、调控营养生长与生殖生长间的平衡影响到果实的品质发育。生产中常见的葡萄叶幕形包括直立形、水平形、V形叶幕。史祥宾等（2015）研究发现，设施促早栽培条件下，V形叶幕葡萄叶片的栅栏组织较厚、叶片中叶绿素、类胡萝卜素含量较高，果实品质最佳，香气浓郁。何娟等（2014）在研究不同架势对果实品质的影响时发现，倾斜式顺架龙干整形有利于保证果实发育的一致性，果实可溶性固形物含量及硬度水平较高。除基本的树体整形外，花穗修剪、合理控制负载量也是影响果实品质的重要因素。王宝亮等（2013）研究发现花前采取圆锥形花序整形方式有利于夏黑葡萄果实着色及内在品质的提高。贾钥等（2014）研究发现保留5 cm穗尖条件下美人指葡萄的综合品质较好。

三、喷施植物生长调节剂

在实际生产中，如何有效使用生长调节剂以提高果实品质是目前果实品质调控研究的一个方向。植物生长调节剂在葡萄生产中被广泛应用，包括多效唑和烯效唑（抑制枝梢生长）、石灰氮和单氰胺（促进休眠解除）、6-BA（延缓叶片衰老）、GA_3和茉莉酸（提高果实品质）等多种类型（王海波等，2013）。侯玉茹等（2012）通过对无核葡萄夏黑喷施GA_3和CPPU发现，25 mg/L GA_3+10 mg/L CPPU复合处理的对果实的膨大效果较好，且CPPU的消解率在处理15 d时可达到90%，其残留量在处理后10 d时即可低于美国最高残留限量。但 GA_3、CPPU 处理的浓度及时间不同，对果实着色、糖含量升高等会产生不同的影响（张娜等，2012；熊彩珍等，2012）。6-BA 是细胞分裂素类似物，刘金郎（2002）研究发现，6-BA 与 GA_3 混合喷施可显著提高藤稔葡萄座果率及可溶性固形物含量。

四、改善生长环境的技术措施

温度、光照、水分、空气是植物生长所需的环境因子，改善外界环境条件对果实的发育也可产生重要影响。延迟、促早栽培可以克服温度等的不适性，延长葡萄的供货期。避雨栽培在降雨较多的地区较为普遍，避雨栽培虽不利于花色苷的形成，但有利于葡萄糖分的积累、有机酸的分解及多酚物质的形成（王学娟等，2011），有助于提高坐果率、提高产量（李向东等，1995），避雨栽培技术克服了雨水与低温的不利因素，减轻裂果、着色稳定（赵再兵，2002）。由于棚膜的遮盖，日光温室内属于弱光环境，补光是改善日光温室等设施内光环境较直接的技术措施，不同的光质、光强均可影响到植物的生长（Hogewoning et al.，2010；Fan et al.，2013）。红色补光可促进葡萄新梢干物质的积累，增大叶片干物质的分配比例（孔云等，2006），增加葡萄新梢的节间长度，促进新梢的旺长（Poudel et al.，2008），提升延迟栽培设施葡萄的果实品质，并且可有效延缓延迟栽培设施葡萄果实品质的下降，使果实的适宜采收期可延迟至成熟后的 60～70 d（张克坤，2016）。蓝色补光可提高葡萄叶片的光合速率（王欣欣等，2009），可加快促早栽培设施葡萄的果实粒重、体积、糖含量的增加以及酸含量的降低，加快果实特征型香型的形成，提高果实硬度（张克坤，2016）。紫外线补光可有效增加设施葡萄促早栽培果实的单粒重、TSS、葡萄糖、果糖、总酚和类黄酮的含量，使果实的酸含量降低，使果皮的酚类物质含量升高，使果实的里那醇、香叶醇和橙花醇等主要萜烯类组分的含量增加，提高果皮质地性状（张克坤，2016）。果实套袋是目前生产上较常见的保护果实的技术措施，而有关不同颜色、透光性的果袋对葡萄果实生长发育影响的研究也正逐渐增多。商佳胤等（2014）发现黄色和红色滤光膜果袋对果实品质的负效应较大，套袋条件下果实的原花青素含量降低。程建辉等（2015）研究表明蓝色滤光膜果袋有利于果实内糖分的积累。张克坤等（2016）研究发现，套绿色果袋有效提升了延迟栽培设施葡萄的果实品质，并延缓了延迟栽培设施葡萄的果实成熟和品质下降。根域限制栽培可通过控制果树根系的发育，调节果树地上部与地下部生长的平衡，能够缓和葡萄树势、提高坐果率（王世平，2004）。贾惠娟等（2011）针对南方地下水位高、土壤板结等原因造成的设施葡萄果实品质下降的问题，利用地表以下 15～20 cm 板结的高容重土壤代替人工制品作为自然隔离带，对葡萄进行半垄式根域限制栽培，结果表明，限制栽培能够提高葡萄果实的糖酸比，改善果实的内在品质。另外，葡萄园秸秆覆盖、地膜覆盖、种植绿肥均有利于改善土壤性状、提高葡萄果实含糖量，改善果实品质（杨江山等，2010；钟辉等，2010）。

第十章 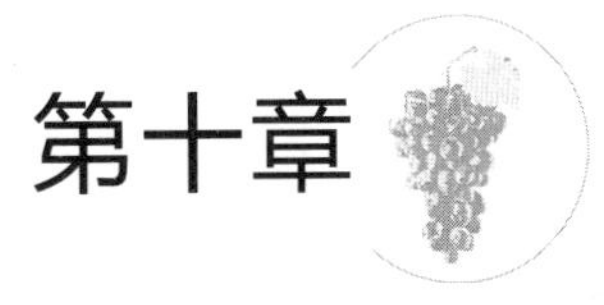

设施葡萄的叶片衰老

秋促早栽培和延迟栽培，作为我国设施葡萄栽培的一种新形式，果实主要于 12 月至翌年 3 月成熟上市，显著提高了葡萄栽培的经济效益，极大地满足了消费者的需求。然而叶片衰老是设施葡萄秋促早栽培和延迟栽培中存在的主要问题，不仅导致树体贮藏养分不足，而且容易造成果实产量和品质的下降，对葡萄亦会造成严重的经济损失，已经成为制约设施葡萄秋促早栽培和延迟栽培可持续发展的重要因素。如何延缓葡萄叶片衰老，提高植株后期叶片的光合效能，促进养分供应，是秋促早栽培和延后栽培需要解决的关键问题。因此，设施葡萄叶片衰老机理及抗衰老技术的研究对于秋促早栽培和延迟栽培的健康可持续发展意义重大，研究成果的应用可有效提高设施葡萄的经济效益、社会效益和生态效益。

第一节　叶片衰老的概念和影响因子

叶片衰老是植物生长发育周期中一个重要的生理现象，不仅受到内部基因的表达调控，同时受到植物生长的外部环境的影响，是植物长期进化过程中形成的适应性。

一、叶片衰老的概念

美国著名植物生理学家 K. V. Thimann 编写了《植物的衰老》一书，该书明确指出了衰老（Senescence 或译为老化）的概念是：“导致植物自然死亡的一系列恶化过程。”在植物个体发育过程中叶片衰老必然会发生，它是植物在不断进化过程中所形成的适应性，具有极其重要的生物学意义。

植物叶片衰老作为叶片发育的最后阶段，是一个高度调节的、积极主动的过程，它一直被认为是程序性细胞死亡（Programmed cell death，PCD）的一种（Wagstaff et al.，2003）。

二、叶片衰老的进程

Nodden 等（1997）通过总结之前关于叶片衰老的研究结果后，将叶片衰老过程大体分为以下三个时期。

（一）诱导期

在不同环境因子如短日光周期、自然低温和激素如 ABA 的共同诱导下启动或加速叶片发生衰老，关于诱导衰老的原因有很多理论或假说，其中主要的有光碳失衡说、营养胁迫说、激素平衡说和基因调控说。

（二）重组期

细胞组分如蛋白质、核酸、脂类等大分子物质开始降解，这样一些释放的营养元素又可以重新回收利用。

（三）终止期

细胞自溶反应，细胞器裂解，细胞发生死亡。

三、叶片衰老的影响因子

叶片衰老是植物长期进化过程中形成的适应性，同时受内部和外部环境信号的影响。内部因素包括植物内源激素、叶龄、植物自身的发育阶段等；外部环境因素主要包括生物和非生物因素，生物因素包括病原体感染等，非生物因素包括干旱、营养限制、遮阴、极端温度、臭氧和 UV－B 辐射等，叶片衰老可以在这些不利的环境条件下提前发生（Lim et al.，2003）。

（一）植物激素

随着近代生物化学和植物激素研究的发展，内源激素在调控叶片衰老中的作用已得到公认，在影响叶片衰老的内部因素中，植物内源激素在分子和生理水平上已被认定是主要影响因子之一（Woo et al.，2001）。脱落酸和乙烯在诱导叶片衰老时扮演重要的角色，而生长素、细胞分裂素和赤霉素则可在一定程度上延缓叶片的衰老（Guiboileau et al.，2010）。

1. 细胞分裂素（CTK） CTK 是一类由腺嘌呤类衍生物组成的植物激素，可以起到很好的延缓叶片衰老的作用。Lara 等（2004）通过试验证实，衰老伴随着叶片内源 CTK 含量的下降，外源施用细胞分裂素或内源 CTK 浓度的增加，均可延缓衰老。有研究发现，植物细胞分裂素含量的改变，是由细胞分裂素生物合成的异戊烯基转移酶基因所引起的，说明异戊烯基转移酶基因能够实现对植物体内 CTK 的调控。Gan 等（1995）研究发现当 SAG12 启动子被激活时，若使异戊烯基转移酶基因合成的细胞分裂素含量增加，则衰老能够延迟发生。Wingler 等（1998）在实验中将合成细胞分裂素的异戊烯基转移酶基因转化到烟草细胞中，转基因烟草细胞在 SAG12 衰老特异启动子的控制下表达了编码异戊烯基转移酶的基因并且未表现出衰老特征，而野生型植株则较早地表现出了衰老症状。6－BA（6－苄基腺嘌呤，$C_{12}H_{11}N_5$）是一种较为活跃的细胞分裂素，叶面喷施 6－BA 能够促进植物的生长。Zavaleta 等（2007）在黑暗诱导小麦叶片衰老的研究中认为，6－BA 能维持叶绿体结构的稳定，提高抗氧化酶的活性，从而延缓叶片的衰老。同样苄基腺嘌呤（BA）也可延缓叶片的衰老，在黑暗里用 BA 处理植株的过程中，会发现 Rubisco 和 NADP 依赖的 3－磷酸甘油醛脱氢酶的活性分别增加了 75％和 50％，这项研究表明，即使在黑暗中 BA 也可维持叶绿体的结构，提高光合酶的活性，表现出良好的延缓衰老的作用（Harvey et al.，1974）。王帅等（2015）研究证明，叶面喷施 6－BA 显著延缓了葡萄叶

片的衰老，落叶期较对照延迟 15 d 左右。

2. 生长素（IAA） 生长素抗衰老效果较小，关于 IAA 在叶片衰老方面的研究也较少。Quirino 等（1999）指出在衰老的拟南芥叶片中，IAA 的浓度是那些非衰老叶片的 2 倍。朱中华等（1998）通过对小麦叶片的研究发现，IAA 可能通过影响 GA 和 CTK 的含量间接起到延缓叶片衰老的作用。Noh 等（1999）用吲哚乙酸短时间处理（2～4 h）半衰老的拟南芥叶片后，发现 *SAG*12 的转录水平降低，表明 *SAG*12 的表达受到生长素的相对调控。另外，IAA 和 CTK 可通过促使气孔开放来延缓叶片衰老（Peleg et al.，2011）。王帅等（2015）研究证明，IAA 在葡萄叶片衰老过程中表现出前期促进叶片生长发育和后期加速叶片衰老的双重作用。

3. 赤霉素（GA） GA 在植物体内具有诱导开花，促进雄花分化，打破休眠，促进养分积累，以及延缓叶片衰老等功效（谈心等，2008）。Graaff 等（2006）通过实验证实，在衰老植株中至少有一些赤霉素是失活的。存在于植物中的赤霉素及具有赤霉素活性的物质目前已发现有上百种，而 GA_3 是我国农业上应用最为广泛的一种植物生长调节剂。谭瑶等（2007）对设施延迟栽培的葡萄外源施用 GA_3，发现其能够有效地延缓叶绿素和蛋白质的降解，使葡萄叶片更好地进行光合作用。此外，GA 还能够抑制 ACC(1-氨基环丙烷-1-羧酸）的积累，通过降低内源乙烯的生物合成来延缓衰老（黄森等，2006）。王帅等（2015）研究证明，喷施赤霉素处理延缓了葡萄叶片的衰老，落叶期较对照延迟 5 d 左右。

4. 脱落酸（ABA） 最近从研究气孔的开闭与叶片衰老关系的一些实验中，进一步证实了 ABA 促进衰老的作用，即 ABA 能加速叶片衰老的一个重要原因是其可在光下诱导气孔关闭。同样，若施用硝酸苯汞使气孔关闭，可导致 ABA 含量增加 4 倍，因此，ABA 含量的增加确实是叶片衰老的原因之一（Gepstein et al.，1980）。已有研究证实叶片衰老伴随着内源 ABA 含量的升高（Pourtau et al.，2004）。ABA 促进衰老的作用是通过乙烯介导，因为提前施用乙烯的抑制剂处理植物后，外源 ABA 处理并未引起衰老的发生（Ronen et al.，1981）。也有报道指出，外源 ABA 处理水稻叶片后观察到蛋白质的丧失和膜脂过氧化，且 ABA 促进水稻叶片衰老是通过氧化应激反应介导的（Hung et al.，2003）。Weaver 等（1998）指出 ABA 可以引起已经开始衰老的叶子衰老得更加迅速，外源施用 ABA 可诱导老叶中大约一半的 *SAGs* 表达，但对还未开始衰老的叶片诱导不是很有效。

5. 乙烯（ETH） 乙烯是一种促进组织器官成熟、衰老的气态物质。Morris 等（2000）在总结以往有关乙烯在衰老方面的研究后指出，乙烯在调控衰老方面只是一个调制器，并不是绝对的控制衰老。研究表明，NO 能够与乙烯相互作用进而调控叶片衰老，因为 NO 可以通过调控 ACC 合成酶（ACS）和 ACC 氧化酶（ACO）的活性抑制内源乙烯的生物合成（Zhu et al.，2006）。外源乙烯处理可加快植物表现出叶片衰老的特征，如叶绿素、蛋白质含量的降低，水解酶活性的增强，植物细胞壁和胞间层的溶解等（Tucker et al.，1988）。在对番茄叶片衰老的研究中发现，乙烯抑制剂硫代硫酸银处理起到延缓衰老的作用（Davies et al.，1989）。张丽欣等（1988）对四种叶菜衰老期间乙烯产生的研究表明，衰老期间乙烯含量呈上升趋势。

6. 油菜素内酯（BR） 油菜素内酯（BR）又称作芸薹素内酯，作为一种天然的植物激素，普遍存在于植物的种子、花粉、茎、叶等器官中。由于芸薹素内酯的生理活性超过了现有的5种植物内源激素，已在国际上被誉为第六大激素，低浓度的BR即可调控植株的生长发育进程。有关芸薹素内酯对叶片衰老影响的研究仍存在很大争议。何宇炯等（1996）研究认为0.05 mg/L的表油菜素内酯（epiBR）能够促进绿豆幼叶的衰老。而翁晓燕等（1995）对水稻叶片喷施0.01 mg/L的epiBR，有效地延缓了水稻剑叶的衰老。此外，在植物中若超表达糖苷转移酶UGT73C6（使芸薹素内酯失活的酶）可以延缓叶片衰老，因此BR被认为是一种可操纵叶片衰老的生长调节物质（Hasan et al.，2011）。王帅等（2015）研究证明，芸薹素内酯处理的植株完全落叶期与对照相似，没有起到延缓叶片衰老的作用。

7. 茉莉酸（JA） Ueda等（1980）通过试验证实，茉莉酸甲酯（MeJA）及其前体茉莉酸（JA）均可促进离体燕麦叶片的衰老，这也是第一次证明其具有促进衰老的生化作用。衰老叶片中JA的水平是未衰老叶片中的4倍，由此可见JA在调控叶片衰老中起着重要作用（He et al.，2002）。Weidhase等（1987）在对JA诱导大麦叶片衰老的实验研究中发现，外源施用JA和MeJA导致大麦叶片光合作用相关基因的表达减少，包括Rubisco小亚基的减少，Rubisco降解的增加及叶绿素的迅速流失等。在基因方面的研究也证实JA可促进叶片衰老，有研究显示JA或MeJA处理能够使拟南芥的一些*SAGs*上调，如MeJA诱导3个*SAGs*的表达（*SEN*4、*SEN*5和*rVPE*）（Park et al.，1998；Kinoshita et al.，1999）。

8. 多胺 Drolet等（1986）最早研究发现，多胺能有效清除由衰老的微粒体膜产生的超氧化物自由基，因此多胺有延缓衰老的效果。赵福庚（1999）在研究多胺与花生离体叶片衰老的关系的试验中证明，适宜浓度的多胺能够有效延缓叶绿素和蛋白质的降解。Kang等（2009）发现5-羟色胺延缓了叶片的衰老。

9. 水杨酸（SA） Morris等（2000）研究发现SA信号不仅在应激反应方面，在衰老阶段基因表达的控制方面也起着重要作用。目前研究中发现，SA水平在多年生植物叶片的衰老过程中大幅度增加，实际上外源性的甲基水杨酸能促进水体鼠尾草植物在水分胁迫下叶绿素的降解，表明水杨酸在缺水条件下促进叶绿素的损失和叶片衰老（Abreu et al.，2008）。外源SA处理还能够诱导植物体内H_2O_2的大量产生，从而加强膜脂过氧化作用（Rao et al.，1997）。也有研究指出，水杨酸能延缓离体小麦叶片的衰老（李惠民等，2008）。

植物体中的某一生理过程，往往不是一种激素单独作用，而是多种激素协同作用的结果，因此内源激素间的平衡可能对叶片衰老起更大的调节作用。植物生长促进物质与生长抑制物质的比值的变化可以作为调控叶片衰老过程的重要生理信号（史国安等，2008）。王帅（2015）通过试验发现，ZR/ABA、GA_3/ABA和（GA_3+ZR）/ABA值的下降是葡萄叶片衰老的必要条件。

（二）器官间的关系

器官间的关系影响叶片衰老的主要生理原因是叶片与其他器官竞争营养和环境因子，如果不能保证叶片正常的水分、营养、光照、温度等供应，必然会加速叶片的衰老（孙长明，2001）。营养胁迫说通过对源库关系的讨论，揭示了器官间的关系对衰老的影响，它

是由 Molish (1938) 首先提出的。此学说认为：植株在衰老过程中，生殖器官对同化物的大量需求，迫使营养物质从叶片或顶端转移到发育的果实，导致库源比增大，造成同化源叶片营养胁迫而导致叶片衰老速度加快。段俊等 (1997) 在研究杂交水稻开花结实期间叶片衰老时发现，当库源比增大时，叶片衰老加快；库源比减小时，叶片衰老减慢。由此说明植株生育后期叶片功能的早衰与库源之间的矛盾有很大关系。黄升谋 (2001) 通过对水稻库源关系与叶片衰老的研究认为，缩小库源比减缓了叶绿素和蛋白质含量的下降，叶片衰老缓慢。因此应当施用适宜的栽培措施协调好库源之间的矛盾，提高产量。

植物根系在叶片衰老甚至整株植物的衰老中起着十分重要的作用，叶片早衰往往是由根系受损引起的，提高根系活力可以延缓叶片的衰老。在研究根系对植物生长的影响时，Nesmith (1992) 用各类不同尺寸的容器来限制甜椒根系的生长，结果发现甜椒生长后期叶片光合作用和叶面积与容器的体积呈正相关，收获指数却与容器的大小成反比，表明在根系的限制条件下增加了到果实的干物质分配，从而加剧叶片的衰老。郭翠花等 (2007) 发现若灌浆期断根则加速小麦的衰老，断根明显地增加了根系中的 MDA 含量，加剧了膜脂过氧化，导致产量及穗粒重降低。

(三) 矿质营养

增施氮肥，能改善细胞内活性氧产生与清除之间的平衡状况，提高活性氧清除酶的活性，对延缓叶片衰老具有重要作用 (肖凯等，1998)。镁是叶绿素分子的核心原子，供镁后水稻叶片的蛋白质和核酸含量显著提高，这也是镁延缓水稻剑叶衰老的生理基础 (潘伟彬等，2000)。镍有效阻止了叶片衰老过程中 SOD、CAT 活性和叶绿素含量的下降，降低了膜脂过氧化程度 (石贵玉等，1998)。从钙参与植物调节系统中的作用可知，钙在维持膜的结构和功能方面起着重要的作用 (Jones et al., 1967)。Poovaiah 等 (1973) 在研究钙延缓衰老的作用时指出，施用钙可提高叶片的叶绿素含量和蛋白质含量。刘群龙等 (2011) 研究认为，适宜浓度的硒通过提高 SOD、GSH-Px 等酶的活性调控叶片的衰老进程，延缓叶片衰老。王帅等 (2015) 研究证明，叶面喷施氨基酸硒肥显著延缓了葡萄叶片的衰老，落叶期较对照延迟 15 d 左右。

(四) 外界环境

光是调控叶片衰老的重要环境因子，Brouwer (2012) 研究发现黑暗处理明显加快了叶片的叶绿素降解速率，促进叶片衰老。Zhang 等 (2013) 研究认为，植株持续暴露在强光或弱光下，均可使叶片发生衰老。持续强光照诱导叶片衰老的原因，在于其能够引发植物叶片的光氧化损伤 (Prochazkova et al., 2004)。Nooden 等 (1996) 在对拟南芥进行研究时发现，光剂量影响叶片的衰老，较高的光强度促进叶绿素的损失，而低光则延缓叶片衰老。Maddonni 等 (2003) 认为，光质也可影响叶片的衰老速度。刘卫国等 (2011) 指出红光 (660 nm) 和蓝光 (450 nm) 是自然光中有效光合辐射的重要组成部分，其强弱对植物的光合作用及物质积累具有重要意义。日本试验用红色“不织布”进行柿子抑制栽培，可有效保持叶片的绿色，维持光合作用，推迟落叶。王帅等 (2015) 研究证明，红光处理下意大利的完全落叶期比对照晚两个月左右，无核白鸡心的完全落叶期比对照晚一个半月左右；蓝光处理的叶片在前期受损严重，但后期叶片衰老速度减慢，其完全落叶期比对照晚一个月左右。

在高温和低温的条件下均会产生大量自由基，从而加速叶片的衰老（王建勇等，2011)。朱雪梅等（2005）在研究高温胁迫对水稻叶片活性氧代谢的影响时发现，高温胁迫加速了水稻叶片 O_2^- 的产生速率，使叶片中 H_2O_2 和 MDA 的含量大幅增高，而 SOD、CAT 的活性严重下降，最终导致了水稻叶片的迅速衰老。文汉等（2000）研究干旱逆境对水稻叶片衰老的影响时发现，干旱可导致水稻抽穗后旗叶的早衰，主要表现为叶片的叶绿素含量及光合速率降低等。

第二节　叶片衰老的生理生化变化

Buchanan 等（1997）指出在叶片衰老时发生了许多极为复杂的生理生化变化，主要包括叶绿体和其他细胞器的降解，代谢水平的降低，大分子物质如蛋白质、核酸和脂质的降解及氮和其他营养物质的再利用等。

在植物内部基因和外部环境的调控下，叶片衰老被启动，进而在植物体内发生一系列的生理生化变化。叶片衰老过程中最明显的形态变化是叶片颜色由绿变黄，而在细胞水平上表现为叶绿体的解体，叶绿素含量下降，大多数蛋白质的降解，光合速率的降低等，同时植物体内活性氧清除系统功能下降，导致活性氧浓度升高，使膜脂的脂肪酸链过度氧化，产生大量 MDA，MDA 的过度积累能引起蛋白质分子交联，使细胞的生理功能丧失。叶片衰老的过程同时也是植物体内活性氧、自由基代谢失调的累积过程。

一、形态指标

叶片衰老时发生最明显的变化是叶片颜色由绿变黄，因此人们最初通常根据植株叶片的形态指标对叶片衰老进行判断。Leopold 等（1959）按照衰老过程中叶片失绿变黄的程度，将叶片衰老分为以下五级：0 级—全叶青绿；1 级—叶尖失绿坏死；2 级—叶尖叶缘坏死；3 级—一半叶片失绿坏死；4 级—全叶坏死（刘道宏，1983)。从叶片的外观来看，叶片泛黄是叶片衰老的一个易于观察且合适的指标，它主要反映叶肉细胞中叶绿体的衰老，但形态指标随意性较大，很难把握，且随试验观察人员的主观意志而变化，所以在科学研究中通常测定与衰老相关的生理生化指标，用来衡量叶片的衰老程度。

二、光合速率

已有研究证明，光合能力的下降是叶片衰老的主要特征之一，常见的光合指标有净光合速率、胞间 CO_2 浓度、气孔导度等（郑少青等，1990；翟荣荣等，2011)。由张荣铣等（1999）提出的光碳失衡学说，能够很好地解释叶片衰老过程中光合机构衰退这个问题。该学说认为由于衰老过程中叶片净光合速率、RuBP 羧化酶活性和叶绿素含量的下降，导致光合碳循环遭到严重破坏，从而产生多种自由基，过量的自由基增强了膜脂过氧化作用，最终引起叶片衰老。针对核酮糖-1,5-二磷酸羧化酶/加氧酶（Rubisco）的研究也一直是热点问题，因为 Rubisco 活性与光合效率密切相关，它的含量一般占叶片可溶性蛋白的 50%以上。在衰老的植物叶片中，Rubisco 活性的下降和光合反应组分的丧失，以及由 NADPH 再生 $NADP^+$ 的不足都会使电子传递链失去平衡，最终还原态的铁氧还蛋白

(Fd) 将电子传递给 O_2 形成超氧阴离子，同时产生了大量活性氧。因此由光碳失衡产生的活性氧对植物细胞造成的伤害是多方位的，也是诱发叶片衰老的主要内因（魏道智等，1988）。Kura 等（1987）在研究水稻叶片衰老过程中光合速率的下降时发现，光合作用失活与叶绿素是否降解相关，并且认为叶片衰老时光合速率比叶绿素含量下降更为迅速。

三、叶绿素含量

叶绿素降解是叶片衰老初期最明显的特征，叶绿素的降解速率在一定程度上反映了叶片的衰老速度。植物发生衰老时，叶绿素的降解和膜结构的破坏可引起大量自由基的产生，这些物质能够进一步诱发膜脂过氧化，最终导致细胞膜完整性的丧失（Zimmermann et al.，2005）。葡萄叶片发生衰老时，叶绿素含量明显下降（王帅，2015）。叶绿素 a/b 值的变化能够反映植物叶片叶绿体类囊体的结构和功能，且随着叶片衰老进程的不断加剧而逐渐下降，且叶绿素 a 的下降速度快于叶绿素 b（Melis，1991）。伍泽堂（1991）在小麦叶片衰老过程中也发现，叶绿素含量随着衰老进程的推进急剧下降，叶绿素 a 的稳定性不及叶绿素 b，且对 O_2^- 的反应更为敏感且更容易分解破坏，导致叶绿素 a/b 的值也随之下降。

四、细胞超微结构

在细胞结构中最早的和最显著的变化是叶绿体的降解；叶绿体内含有高达 70%的叶片蛋白质和大多数参与光合作用、光呼吸、氮同化和氨基酸生物合成的代谢酶（Gan et al.，1997）。叶片衰老时叶绿体结构的变化主要包括基粒结构和基粒数量，并由此形成称之为脂质球的脂滴的变化（Thomas et al.，2003）。而细胞核和线粒体直到衰老的最后阶段依然保持结构的完整性，编码线粒体传递链的核基因也没有出现下调现象，这是因为细胞核和线粒体对于基因的表达和能量的产生必不可少（Simeonova et al.，2004；Andersson et al.，2004）。Thomas 等（2003）和王帅（2015）在电子显微镜下观察到，衰老叶绿体的超微结构发生了显著的变化，呈现出嗜锇油滴数量和直径的增加，基粒的松动和叶绿体解体等变化。

五、蛋白质含量

叶片蛋白质含量的下降是衰老过程中另一早期表现（王帅，2015)，与叶绿素和 RNA 相比，蛋白质降解发生的时间要早得多。衰老过程中蛋白质含量下降可能有两种原因：一种是蛋白质合成能力减弱；另一种可能是叶片衰老引发蛋白质的快速分解（肖凯等，1994）。蛋白质含量的下降伴随着氨肽酶和内肽酶活性的上升，这两种酶活性增加的同时也加速了蛋白质的水解作用，因此认为在衰老叶片中蛋白质的降解主要是由氨肽酶和内肽酶活性的升高导致的（宋松泉等，1995）。杨淑慎等（2001）研究认为叶片衰老时，降解的蛋白质主要是可溶性蛋白质中的部分 I 蛋白，即 RuBP 羧化酶。叶片衰老过程中蛋白质水解形成的氨基酸在细胞中积累，使游离氨基酸含量上升，蛋白质含量下降；积累在液泡中与衰老有关的半胱氨酸蛋白酶对蛋白的降解也起着重要作用（Solomon et al.，1999；Brouquisse et al.，2001）。现已证明丝氨酸是一种使植物“衰老的物质”，它在非常低的浓度下就起作用，可促进蛋白质的分解和叶片变黄（Shibaoka et al.，1970）。

在衰老过程中许多酶都可能参与其中，包括蛋白酶、核酸酶和其他降解酶如脂质降解酶和参与叶绿体解体与叶绿素降解的酶（Buchanan et al.，1994）。脂质代谢，特别是膜脂，是细胞发生衰老的主要生化表现之一。脂质过氧化，使部分游离脂肪酸底物膜脂氧合酶活性（LOX）增加，从而导致活性氧增加和对膜蛋白损害加强（Thompson et al.，1998）。Rubisco不仅是催化光呼吸碳氧化和光合作用碳固定的关键酶，还是植物叶片中主要的储存蛋白。Rubisco的降解速率在叶片衰老时会显著加快，导致Rubisco快速降解的主要内因是其自身稳定性的下降（李瑞等，2009）。Taylor等（1993）发现衰老过程中一些水解酶的活性会被激活，如叶片衰老过程中的RNA酶，并且指出*RNS2*是第一个在高等植物中被鉴定的与衰老相关的核糖核酸酶基因。

六、丙二醛（MDA）含量

植物叶片衰老时发生的膜脂过氧化作用是细胞衰老的重要原因，MDA是其主要产物之一（陈贵等，1991）。MDA是多不饱和脂肪酸的分解产物，能够引起细胞氧化损伤，并经常被用作是脂质过氧化作用的生物标志物，用来表示细胞膜脂过氧化程度的强弱。植物细胞内MDA的积累也会对机体细胞产生毒害作用，MDA可与蛋白质结合并引起蛋白质分子内和分子间的交联，从而使细胞的结构和功能遭到破坏，加速植株的衰老（Turkan et al.，2005）。余泽高等（2003）通过对小麦品种抗衰性与MDA含量相关性的探讨认为，抗衰性越强的品种叶片的MDA含量越低，说明MDA的含量变化可用作衡量叶片衰老程度和选育抗衰性品种的重要生理指标。杨淑慎等（2004）和王帅（2015）等人也证明了MDA含量的高低能反映叶片衰老程度，MDA含量越高表示衰老程度越严重。

七、原生质膜透性的改变

叶片衰老期间，细胞结构受到严重损伤，必然会导致细胞原生质膜通透性的改变。由于膜的完整性遭到破坏，细胞内的水分和物质大量外渗，因而膜的透性会增大。汪邓民等（1999）对烟草叶片衰老的研究发现，烟叶进入衰老阶段细胞膜结构大量被破坏，膜透性的增加使细胞内的电解质渗出增多，从而使叶片浸出液的电导率急剧增加。

八、活性氧及活性氧清除系统

（一）活性氧产生及危害

衰老自由基学说是哈曼（Harman）于1955年提出来的，该学说认为衰老是活性氧代谢失调的过程。Mccord等（1969）在20世纪60年代又提出了生物自由基伤害学说，该学说主要研究叶片衰老时积累的活性氧、自由基对细胞造成的伤害，通过不断地丰富和发展已得到广泛认可。植物可通过多种途径产生大量活性氧，主要包括超氧阴离子自由基（O_2^-）、过氧化氢（H_2O_2）、羟自由基（·OH）、单线激发态氧（$^1O_2$）和过氧化物（ROOH）等活性氧自由基，它们的化学性质活泼，并具有极强的氧化能力。叶绿体、线粒体、质膜和质外体是活性氧形成的重要部位，其中叶绿体已被证实是活性氧产生的主要来源（伍泽堂，1991；解艳玲等，2009）。当植物进行光合作用时，叶绿体中产生的氧气

能够接受通过光系统传递链传递的电子，从而形成 O_2^-（宋松泉等，1995）。而当植物发生衰老时，植物叶片的光能吸收率降低导致植物体内的 CO_2 固定受阻，从而使更多 O_2 将被用作电子受体，因此就会造成活性氧的大量积累，并且产生更多的对植物体有害的自由基（Doke，1985）。

活性氧对植物造成的最主要伤害是加速叶片的衰老，此外活性氧代谢紊乱还会使叶绿素降解、光合能力减弱及与光合作用有关酶活性的下降等。活性氧伤害植物的机理之一在于它能够启动膜脂过氧化作用，从而破坏膜结构（王建华等，1989）。大量研究表明，活性氧能直接攻击和伤害蛋白质及 DNA，妨碍蛋白质的合成，导致碱基的变异（王爱国等，1993）。生物体内的自由基还能与多不饱和脂肪酸（PUFA）发生脂质过氧化反应，从而损伤生物膜并改变细胞内环境的稳定性（陈瑾歆等，2004）。·OH 是对蛋白水解酶最为敏感的活性氧，因为它可以破坏大范围的氨基酸（Casano et al.，1994）。H_2O_2 是对植物具有毒害作用的另一种活性氧，它可以产生氧化能力极强的·OH 和 $^1O_2$，对细胞造成很大的伤害，是光合电子传递链的天然产物。一般认为，H_2O_2 可抑制 CO_2 固定和卡尔文（Calvin）循环中一些酶类的活性，同时能够降低叶绿体内的抗坏血酸含量（阎成士等，1999）。更有研究指出，植物体内大量 H_2O_2 的累积是生物膜破损的重要原因（王旭军等，2005）。这些都与 Brennan 等（1977）指出的 H_2O_2 可能是启动叶片衰老的一个重要因子相一致。近年来的研究中，也都明确指出了活性氧代谢与叶片衰老的关系。沈文飚等（1997）对小麦旗叶衰老的研究中指出，H_2O_2 迅速积累的时间与叶片开始衰老的时间相一致，且外源施加 H_2O_2 可以加速叶片的衰老，增加 MDA 的含量。

（二）活性氧清除系统

在植物的正常生长发育过程中，活性氧对植物并不造成严重危害，这是因为植物体内同时存在活性氧清除系统使活性氧的产生和清除处于平衡状态。但在植株生育后期体内许多有氧代谢过程产生的活性氧增加，而活性氧清除剂逐渐减少，结果使活性氧自由基的浓度超过了伤害"阈值"，造成对细胞的生物膜和其他生物大分子的结构与功能的损害（林依倔等，2009）。植物体在长期进化过程中形成了酶类和非酶类两类活性氧清除系统，通过减少活性氧的大量积累与清除体内过多的自由基两种机制使细胞免受伤害。通常情况下在叶片衰老阶段植物体内的保护酶活性下降，对活性氧的清除能力也随之降低。生物体内的酶促清除系统主要包括超氧化物歧化酶（SOD）、过氧化氢（CAT）、过氧化物酶（POD）和抗坏血酸过氧化物酶（APX）等，它们能有效地阻止活性氧的积累，降低膜脂过氧化程度，延缓叶片的衰老，使叶片在生育后期仍能维持正常的生长和发育（Dai et al.，2011）。非酶类清除系统主要有维生素 C、维生素 E、谷胱甘肽（GSH）、类黄酮等。

在这些抗氧化类的防护酶中，起着重要作用并且在保护系统中处于核心地位的是 SOD。SOD 是清除活性氧的关键酶，Mccord 等（1969）首先从牛红细胞中发现了 SOD，同时证明了它的主要功能是清除过量的 O_2^-。后来在植物细胞中也发现了此酶，并且证明它与动物中 SOD 的作用相似。在高等植物中，SODs 按照所含金属辅基不同分为以下三类：Cu-ZnSOD、MnSOD 和 FeSOD，其中 Cu-ZnSOD 是含量最丰富也最为常见的一类，主要存在于叶绿体、细胞质和过氧化物酶体中；而 MnSOD 则主要定位于线粒体中（Alscher et al.，2002）；FeSOD 在高等植物中则不是很常见，通常存在于叶绿体中，在衰老花器官组织的线粒体内也可观察到少量FeSOD（赵丽英等，2005）。SOD在植物体内的主要功能是催化有害的O_2^-发生歧化作用生成O_2和H_2O_2，消除O_2^-对细胞的毒害作用，降低它的浓度（Scandalios，1993）。CAT是植物中清除H_2O_2的关键酶，主要存在于过氧化物酶体中，可直接将反应生成的有毒的H_2O_2转化为无毒的H_2O和O_2（Khanna，2012）。光呼吸产生的H_2O_2由CAT分解，但叶绿体中没有此酶，此时ASA-GSH循环在清除叶绿体中的H_2O_2起主要作用，而ASA、POD和谷胱甘肽还原酶（GR）则是此循环中的关键酶，也有研究指出GR直接参与了叶绿体的抗氧化系统（Willekens et al.，1997）。POD在植株体内的作用具有非专一性，它既是细胞保护酶系统的成员之一，在清除植物体内过氧化物方面发挥重要作用，又参与叶绿素的降解，并引发膜脂过氧化作用等（曾韶西等，1991；杨淑慎等，2004），因此POD活性的变化不能作为衡量叶片衰老的一个可靠指标（Kar et al.，1976）。

非酶促清除主要是指植物体内所含的非酶类抗氧化物质，包括类黄酮、抗坏血酸、生育酚、胡萝卜素、谷胱甘肽和甘露醇等。抗坏血酸和谷胱甘肽大量存在于叶绿体中，二者在清除自由基，排除过氧化物方面发挥重要作用（Mittler et al.，2002）。最近研究发现类黄酮同样具有抗氧化活性，是细胞内主要的非酶类活性氧清除剂，黄酮类物质B环的临二酚羟基具有极强的供氢能力，可有效阻断自由基引发的一系列链式反应，进而清除氧自由基（Pourcel et al.，2007）。已有研究证实，甘露醇是羟基自由基的特异清除剂，但关于其在植物细胞内所起的保护性作用还需深入研究（曹炜等，2002）。

第三节　叶片衰老的基因表达与调控

叶片衰老过程中，相关衰老基因的表达也会发生相应变化。近几年，植物分子生物学技术发展迅速，科学家们利用mRNA检测技术如Northern blot、减式杂交（substractive hybridization）、差异筛选（differential screening）已成功地分离克隆出多个与叶片衰老相关的基因，并且已逐步在分子水平上研究植物叶片衰老并运用分子生物学的手段达到延缓衰老的目的。

在叶片衰老时，一些基因的表达水平会发生变化，通常这类基因叫作叶片衰老相关基因（senescence-associated genes，SAGs）。SAGs可分为三类：第一类是衰老特异基因（senescence-specific gene class Ⅰ，Ⅰ型SAGs），仅在衰老期间表达；第二类是衰老相关基因（senescence-associated gene class Ⅱ，Ⅱ型SAGs），SAGs的转录在叶片的发育早期存在一个基础水平，叶片衰老后期表达量迅速上升；第三类是衰老下调基因（senescence-down-regulated gene，SDGs），这类基因的mRNA水平随着叶片的衰老下降或消失（郑建敏等，2009）。

一、衰老特异基因

衰老特异基因，即Ⅰ型SAGs，指基因只有在衰老阶段才会表达。到目前为止，只有少数的SAGs是衰老特异性很强的Ⅰ类基因，包括从拟南芥中克隆出的*SAG*12和*SAG*13和从甘蓝型油菜中分离的*LSC*54（Buchanan et al.，1994；Gan et al.，1997）。值得注意

的是，*SAG*12 和 *SAG*23 是衰老特定基因但不是叶片的特定基因，因为除了在叶片中表达外，这两个基因在其他衰老的花器官如萼片、花瓣、心皮中也表达（Gan et al.，1997）。

二、衰老相关基因

一些衰老相关基因的表达量在衰老期间会上升，谷氨酰胺合成酶（GS1）参与了细胞质内衰老过程中谷氨酰胺的合成，水稻叶片衰老初期该酶基因在胞质中表达水平较低，但在后期表达量增加（Kamachi et al.，1992）。Lohman 等（1994）从拟南芥中克隆出六个衰老相关基因的 cDNA（SAG12－17），并且证明了 *SAG*12 是高度衰老特异的，且随着衰老进程的加剧而加速表达。

近年来，科学家对衰老的研究开始逐步转向衰老后产生的生物分子方面。如叶黄素在叶片衰老时转变成一种新的类胡萝卜素衍生物即叶黄素-3-乙酸（Kusaba et al.，2009）。Kang 等（2009）发现 5-羟色胺的生物合成与色氨酸生物合成基因的转录诱导和酶诱导以及色氨酸脱羧酶（TDC）是紧密耦合的，过度表达的 TDC 转基因植株与野生型相比也积累了较高水平的 5-羟色胺，延缓了叶片的衰老，因此可以看出 5-羟色胺能延缓植物的衰老进程。

三、衰老下调基因

植物叶片衰老通常伴随着叶片光合作用的下降以及叶绿素的降解，因此衰老下调基因包括与编码光合作用有关的基因，如色素含量、叶绿素 a 和叶绿素 b 集光复合体、rbeL、rbeS（Rubisco 大亚基、小亚基），PSⅡ等相关的基因，这些基因的转录丰度随着叶片衰老的进程加剧而迅速下降（Gan et al.，1997；Jiang et al.，1993；Humbeck et al.，1996）。Bate 等（1991）在研究菜豆时，用^{35}S-甲硫氨酸脉冲标记的方法发现，两个核编码和叶绿体编码的光合蛋白合成下降，特别是叶绿体编码的 PSⅡ的 D-1 蛋白、Rubisco 大亚基（LSU）和核编码的 26 kDa 的捕光叶绿素结合蛋白（LHCP）、Rubisco 小亚基（SSU），且参与植株光合作用的部分叶绿体基因和核基因在衰老的叶片中受到差别调控。

四、叶片衰老研究的展望

衰老是植物生长发育周期中一个普遍而又十分重要的生理现象，影响叶片衰老的诸多内外因素通过一个极为复杂的交叉网络起作用，因此深入研究叶片衰老的生理与分子机制，并研制出延缓叶片衰老的可行措施对实际生产具有重要的理论意义和实践价值。生产上可通过施用适当的植物生长调节物质或一些自由基清除剂，并结合施肥、灌水等有效的农业管理措施，有效地防止叶片早衰的发生，进而提高植株的抗衰老能力。

第十一章 设施葡萄的年生长发育周期

葡萄起源于亚热带气候地区，在长期的进化过程中，既保持了亚热带植物周年生长的特点，又适应了温带气候季节性生长周期。因此，栽培在温带地区的葡萄，在年生长发育周期中呈现明显的季节性变化。

第一节　树液流动期（伤流期）

在春季芽膨大之前及膨大时，从葡萄枝蔓新剪口或伤口处流出许多无色透明的液体，即为葡萄的伤流（Bleeding）。伤流的出现说明葡萄根系开始大量吸收养分、水分，为进入生长期的标志。

不同种葡萄的伤流发生早晚不同。一般欧洲种葡萄在根系分布层土温上升至 7～9 ℃时开始出现伤流；美洲种葡萄和河岸葡萄是 7～8 ℃；山葡萄是 4.5～5.2 ℃；欧山杂种为 4～4.5 ℃；欧美杂种为 5～5.2 ℃。

伤流与根系的活动密切相关，根系生理活动会产生使液流从根部上升的压力，称之为根压（Root pressure），伤流是由根压引起的。葡萄根压约为 1.5 bar，据 Winkler 等的观察，在一个枝蔓的新鲜伤口处可以收集到 4 L 以上的伤流液。若在一个枝蔓上隔一天剪一次，总共可以收集 18.9～26.5 L 的伤流液。当土壤温度骤然回降时，伤流便暂时停止。当根系受伤过重（如移栽苗），或土壤过于干燥时，伤流也会减少或完全停止。可见，伤流液的多少，可作为根系活动能力强弱的指标。

伤流期间葡萄根系尚未发生新的吸收根，此时其吸收作用主要是靠上年发生的有吸收功能的细根和根上附生的菌根。

伤流液主要是水，干物质的含量极少，每升中约有 1～2 g，其中 60%以上是糖和含氮化合物，其余是矿质元素如钾、钙、磷、锰等和微量的植物激素，所以在伤流不大的情况下，它对葡萄几乎没有害处。虽然如此，在栽培上仍需避免造成不必要的伤口而增加过多的伤流。当然，伤流在展叶后即可逐渐停止。

枝蔓在伤流期变得柔软，可以上架、压条；在露地越冬地区必要时尚可继续修剪，埋土防寒区可出土后修剪。

第二节　萌芽与花序生长期

萌芽与花序生长期又称之为萌芽和新梢生长期。此期从萌芽至开花始期，35～55 d。

当昼夜平均气温稳定达 10 ℃以上时，欧洲葡萄开始萌芽。由于生长点的活动使芽鳞开裂，幼叶向外生长。枝条顶端的芽一般萌发较早。萌芽除受当年温度、湿度的影响外，植株的生长势对其影响极大。如上一年叶遭受病虫危害、结果过多、采收过晚等都会导致萌芽推迟。冬季受冻，也会导致萌芽推迟，且不一致。

在萌芽前后，花序继续分化，形成各级分支和花蕾，植株在这一时期的营养状况如何，对花序的质量有重要影响。

在生长初期，新梢、花序和根系的生长主要依靠植株体内贮藏的有机营养，在叶片充分生长之后，才能逐渐变为依靠当年的光合作用产物。这个时期如果营养不足或遇干旱，就会严重影响当年产量、质量和下一年的生产。新梢开始生长较慢，以后随着温度升高而加快，至高峰时每昼夜生长量可达 4～6 cm 或更多。

第三节　开 花 期

从开始开花至开花终止，花期持续 1～2 周时间，此时也是决定葡萄产量的重要时期。

当日平均温度达 20 ℃时，葡萄开始开花，一般在始花后的第 2～3 d，进入盛花期，这时枝条生长相对减缓。温度和湿度对开花影响很大，高温、干燥的气候有利于开花，能够缩短花期。相反，若花期遇到低温和降雨天气，会延长花期。持续低温还会影响坐果和当年产量。另外，树势衰弱、贮藏营养不足或新梢徒长等都会影响花器的发育、授粉受精及坐果。一般在盛花后 2～3 d 还出现落花、落蕾现象。冬芽开始花芽分化。

第四节　浆果生长期

从花期结束至浆果开始成熟前为葡萄的浆果生长期。在此期间，当幼果直径 3～4 mm 时，有一个落果高峰。此期间果实增长迅速；新梢的加长生长减缓而加粗生长变快，基部开始木质化，到此期末即开始变色。冬芽中开始了旺盛的花芽分化。

根系在这一时期内生长逐渐加快，不断发生新的侧根，到浆果生长缓慢期达到全年的生长高峰，这时根系的吸收作用也达到了最旺盛的程度。

第五节　浆果成熟期

浆果成熟期是指浆果从开始成熟到完全成熟的一段时期。成熟期开始的外部标志是：果粒变软而有弹性，无色品种的绿色变浅，有色品种开始着色，果粒的生长加快，进入第二个生长高峰。在果粒内部发生一系列复杂的生化变化，如含糖量急剧增加、含酸量下降、果皮内芳香物质逐渐形成、单宁则不断减少等。种子由绿色变为棕褐色，种皮变硬。

主梢的加长生长由缓慢而趋于停止，加粗生长仍在继续旺盛进行；副梢的生长比主梢生长延续的时期较长。花芽分化主要在新梢的中上部进行，冬芽中的主芽，开始形成第二、第三花序原基，以后停止分化。

浆果成熟期持续天数因品种而不同，一般 20～30 d 或 30 d 以上。

第六节　枝蔓老熟期

又称新梢成熟和落叶期，是指从采收到落叶休眠的一段时期，新梢老熟始期因品种不同而异，多数品种与果实始熟期同步或稍晚。当果实采收后，叶片的光合作用仍很旺盛，因此光合产物大量转入枝蔓内部，使枝条内的淀粉和糖迅速增加，水分含量逐渐减少。同时木质部、韧皮部和髓射线的细胞壁变厚或木质化，外围形成木栓形成层，韧皮部外围的数层细胞变为干枯的树皮。

新梢的成熟和越冬前的锻炼是紧密结合的。新梢成熟的越好，便有可能更好地通过冬前锻炼而获得较强的抗寒力。枝蔓的锻炼是在地上部的生长完全终止和降温时期进行的。锻炼的过程分为两个阶段：在第一个阶段中，淀粉迅速分解为糖，积累于细胞之内成为御寒的保护物质，这一阶段所需的外界温度为 0 ℃以上。第二阶段是细胞脱水阶段，细胞脱水后，原生质才具有高度的抗寒力，这一阶段所需的温度则在 0 ℃以下。因此秋季稳定逐渐降温是良好锻炼的必要条件。相反，若在高温下突然降温，枝条不能顺利完成锻炼，极易受冻如 2009 年辽宁兴城等地出现了突然降温的天气，葡萄植株冻害严重，对生产造成巨大影响。另外，新梢的成熟度对植株的耐旱力也有显著影响。成熟良好的枝条，保护组织发达，蒸腾量小，失水少，冬春季抗抽条能力强。成熟度差的枝条，保护组织较弱，蒸腾量大，失水多，在冬季及早春易受旱而发生抽条现象。

在枝蔓老熟初期，绝大多数新梢和副梢的加长生长已经基本停止，芽眼内花序原基也不再形成。此时根系生长又出现一个高峰。据研究，在北京地区玫瑰香和龙眼根系的这次生长高峰出现于 9 月中旬至 10 月中旬，但比前一个生长高峰弱得多。另外这次生长高峰因年份不同，出现时期和强度也有所不同。

随着气温的降低，在叶柄基部逐渐形成离层，叶片逐渐老化，在叶内大量累积钙，而氮、磷、钾的含量减少。此时叶面呈现出固有的秋色，大部分白色品种的叶片变黄，有色品种变红。叶片从枝条基部向上部逐渐脱落，但在中国北方地区，一些品种叶片常常因早霜而提前脱落，难以见到自然落叶。另外也有叶片因突然降温使离层来不及形成，而不能正常落叶。

第七节　休 眠 期

从秋天落叶开始至翌年春季萌芽之前，是葡萄的休眠期，分为自然休眠（生理休眠）期和被迫休眠期两个阶段。一般在习惯上将落叶作为自然休眠开始的标志。但实际上葡萄新梢上的冬芽进入自然休眠状态要早得多。大致在 8 月（辽宁兴城）新梢中下部充实饱满的冬芽即已开始休眠诱导进入自然休眠始期，此时可借助一定的技术措施如剪梢配合破眠

剂处理能让冬芽从休眠状态逆转萌发副梢，利用冬芽进行二次果生产；9 月下旬至 10 月下旬（辽宁兴城）处于自然休眠中期，此时冬芽进入深度休眠状态，此期任何处理均不能逼迫冬芽萌发；至落叶前后开始进入自然休眠解除期，从 12 月底至翌年 2 月（辽宁兴城），不同品种陆续结束自然休眠，此时如温度适宜，植株可萌芽生长，否则转入被迫休眠状态。

自然休眠的解除需要一定时间的有效低温累积，如果有效低温累积不足，植株出现萌芽延迟且不整齐，甚至花期也随之延迟且新梢生长减弱；而有效低温累积越多，萌芽开花越快且新梢生长越健壮。据中国农业科学院果树研究所测定，辽宁兴城地区，大多数葡萄品种的需冷量（指解除自然休眠所需的有效低温累积值）范围为 500～1 200 h(0～7.2 ℃和≤7.2 ℃模型）和 500～1 400 CU（冷温单位，犹他模型）。

我国北方各省，均可满足葡萄对有效低温的要求，但进入设施栽培时，必须先满足品种的需冷量才能扣棚揭帘升温。目前，随着避雨栽培技术的推广，我国南方各省葡萄面积大增，有些地方如广东、云南和广西等地的许多葡萄品种的需冷量不能满足，必须采取化学措施如芽涂抹石灰氮、单氰胺或破眠剂 1 号（中国农业科学院果树研究所研制）完全打破休眠方能实现葡萄的正常生长发育。

第十二章

环境因子对设施葡萄生长发育的影响

葡萄广泛分布于世界各地，其对各种环境条件有很强的适应能力。但在不同的环境条件下，各种气候因子对其生长发育都有较大的影响。

第一节　温　　度

热量是植物生存的必要条件，葡萄是喜温植物，对热量要求高。温度不但决定葡萄各物候期的长短及度过某一物候期的速度，而且在影响葡萄的生长发育和产量品质的综合因子中起主导作用。开花前 30～40 d 的日平均温度与开花早晚及花期发育、花粉萌发、授粉受精及坐果等密切相关，并且在一定范围内，果实生长速度与温度成正相关。

葡萄生长和结果最适宜的温度为 20～25 ℃，葡萄的生育期不同对温度的要求也不同。一般开花期气温不宜低于 14 ℃，适宜温度为 20～25 ℃，低于 14 ℃时将影响开花，引起受精不良，子房大量脱落。浆果生长期不宜低于 20 ℃，适宜温度为 25～28 ℃，此期积温对浆果发育速度影响最为显著，在冷凉的气候条件下，热量累积缓慢，所以浆果糖分累积及成熟过程变慢，一般品种的采收期比其正常采收期将推迟。浆果成熟期不宜低于 16 ℃，最适宜的温度为 28～32 ℃，低于 14 ℃时果实不能正常成熟，昼夜温差对养分积累有很大的影响，温差大时，浆果含糖量高，品质好，温差大于 10 ℃以上时，浆果含糖量显著提高。

低温不仅延迟植株的生长发育进程，而且温度过低会造成植株的冷害甚至冻害，在冬季极端气温低于－15～－14 ℃的地区或栽培设施，葡萄需要下架埋土或覆盖防寒越冬。生产中常见的低温危害主要是早春的晚霜危害，芽眼萌发后，气温低于－1 ℃就会造成梢尖和幼叶的冻伤，0 ℃时花序受冻，并显著抑制新梢的生长；在秋季，叶片和浆果在－5～－3 ℃时受冻；冬季气温过低或低温持续时间过长以及防寒措施不利，会造成芽眼冻伤，影响萌芽率及下一年的植株生长和产量。一般欧亚种在通过正常的成熟和锻炼过程之后，成熟良好的一年生枝可耐－15～－10 ℃的低温，－18 ℃的低温持续 3～5 d 就会造成芽眼冻害，美洲种葡萄可忍受－22～－18 ℃的低温。通常认为葡萄一年生枝条的木质部比芽眼抗寒力稍强，健壮的多年生枝蔓比一年生蔓抗寒力强。根系的抗寒力很弱，大部分欧亚种葡萄的根系在－5～－4 ℃时即受冻，某些美洲种如贝达能忍受－11 ℃左右的低温，山葡萄根系最抗寒，可抗－16～－14 ℃的低温，山欧杂种根系抗寒性介于山葡萄和

欧亚种之间如华葡1号（左山一×白马拉加）根系可抗－12℃左右的低温。同样，高温也不利于葡萄的生长和结果。在生长季当气温高于40℃时抑制新梢的生长；在41～42℃条件下，由于细胞酶系统被钝化，各种代谢活动严重受阻，致使新梢停止生长，叶片变黄，果实着色差，果实发生日灼，造成减产，并且影响下一年植株生长发育和结果。

温度对浆果着色有显著影响。在南方酷热地区很多红色及黑色品种色素的形成受到抑制。在较冷凉地区，有些鲜食品种如红地球和克瑞森无核等往往变成深色品种，在寒冷地区着色不良往往是由于浆果不能正常成熟如辽宁朝阳的红地球葡萄。

第二节　水　　分

水既是植物生存的重要因子，又是组成植物体的重要成分，葡萄的一切生理活动都是在水的参与下进行的。土壤水分状态对葡萄的生长发育有明显的影响。葡萄的不同发育时期，对水分的需求不同。

催芽期土壤水分和空气湿度不足，不仅延迟葡萄开花，还会导致花器官发育不良，小型花和畸形花增多；而土壤水分充足、空气湿度适宜，则葡萄开花整齐一致，小型花和畸形花减少，花粉生活力提高。

萌芽和新梢快速生长（花序生长）期，土壤水分充足，新梢生长速度快，有利于新梢的生长和叶面积的扩大及叶幕的形成，可为花芽分化及开花坐果提供充足的有机营养。但在开花前后，水分供应充足，新梢生长过旺，往往会造成营养生长与生殖生长的养分竞争，不利于花芽分化和开花坐果。因此，开花前适当的干旱，可抑制新梢生长，有利于花芽分化和开花及坐果，此期水分胁迫程度以坐果期果穗小青粒萎蔫脱落为宜。

花期土壤和空气湿度过高或过低均不利于开花坐果。土壤湿度过高，新梢生长过旺，往往会造成营养生长与生殖生长的养分竞争，不利于花芽分化和开花坐果，导致坐果率下降；同时树体郁闭，容易导致病害蔓延。土壤湿度过低，新梢生长缓慢或停长，光合速率下降，严重影响授粉受精和坐果。空气湿度过高，树体蒸腾作用受阻，影响根系对矿质元素的吸收和利用；导致花药开裂慢、花粉散不出去、花粉破裂和病害蔓延。空气湿度过低，柱头易干燥，有效授粉寿命缩短，进而影响授粉受精和坐果。

果实快速生长期，充足的水分供应，可促进果实的细胞分裂和膨大，有利于产量的提高，此期土壤水分以新梢梢尖呈直立状态为宜。

浆果成熟期，充分的水分供应往往会导致浆果的晚熟、糖分积累缓慢、含酸量高、着色不良，造成果实品质下降。同时，由于水分充足，新梢生长旺盛，停长晚，贮藏营养积累不足，造成枝条成熟不良，影响枝条的越冬。而此时，适当控制水分的供应，可促进果实的成熟和品质的提高，有利于新梢的成熟和越冬，此期果穗尖端果粒比肩部果粒软时或果穗尖端穗轴出现轻微坏死斑时需立即灌溉。但控水过度也可使糖度下降并影响果粒增大，而且控水越重，浆果越小，最终导致减产。

同样，空气湿度对植株的生长发育和结果也有显著的影响。在新梢快速生长和果实快速生长期，适当的空气湿度有利于新梢的生长发育和果实的膨大。但湿度过大，会造成新梢的徒长，有利于真菌病害的大量发生。在开花期，阴雨天和空气湿度过大时，往往会导致花冠不脱落而形成闭花受精，并造成坐果率下降。同时，由于新梢的旺长，使生殖生长与营养生长形成激烈的养分竞争，而加剧落花落果。

由此可见，葡萄最适宜的栽培区的气候特点是在植株发育的前期降水充足，而果实成熟期干旱；生长季气温冷凉，休眠期相对温暖。如世界著名的葡萄原产地和优质葡萄的生产地——地中海沿岸的气候特点就属此类型。我国多数的葡萄产区属大陆季风型气候，春季干旱少雨，夏季高温多雨，冬季严寒少雪，多是葡萄发展的不利因素。

第三节　光　　照

葡萄是喜光植物，对光的反应很敏感，叶片的上表面总是垂直于光线，其光饱和点为540～900 μmol/(m^2 · s)，光补偿点为15～36 μmol/(m^2 · s)。光照充足时，枝叶生长健壮，树体的生理活动增强，营养状况改善，有利于新梢的成熟和贮藏养分的积累，有利于花芽的分化、果实的成熟，有利于果实产量和品质的提高、色香味增进。光照不足时，新梢生长减弱、节间细长、叶片大而薄、叶色变淡、光合能力下降，导致枝条成熟不良、越冬能力差，芽眼分化不良、花芽少而质量差，果实小、成熟晚、着色差、味酸和失去芳香。在生产中，由于栽培措施不当，经常出现由于新梢负载量过大造成的通风透光不良的现象。

光照不仅影响葡萄的开花和授粉受精，而且影响葡萄的坐果和果实发育。光照主要通过影响葡萄树体的光合作用水平而间接影响开花授粉。设施栽培条件下，设施内光照强度较弱，部分叶片处于光补偿点以下，光合作用降低，尤其是花前4周内，如果光照强度过低，光合产物合成过少，贮藏水平过低，花粉将不能正常发育，甚至造成花粉败育或花粉生活力低，发芽率下降或胚囊败育、雌蕊退化，都会影响授粉和受精。Keller 和 Koblet 对葡萄遮阴试验表明，在花期结束时，由于光照较弱，花穗脱落、坏死，无法开花授粉。弱光妨碍葡萄植株体内碳水化合物的蓄积，影响坐果，使坐果率下降，当光照度低于15 μmol/(m^{-2} · s) 时会发生大量落花落果。葡萄果粒的生长发育，除极少量的有机物来自自身的光合作用外，主要利用其附近当年生新梢叶片的同化产物。弱光使新梢叶片光合产物蓄积较少，运输到果粒中的碳水化合物减少，不能满足果粒的生长需要，果粒细胞数目减少，细胞体积缩小，从而抑制了果粒增大。已有研究证明葡萄果粒膨大中期到成熟期受光度大的果粒和果穗发育良好，质量大，果粒着色好，成熟期提前；光照不足的果粒，则不仅重量小，着色不良，成熟期延后，而且浆果中 pH 和苹果酸含量提高，可溶性固形物含量下降。

光对葡萄果皮色素形成的影响机理并不十分清楚，浆果着色对光照的要求，不同品种之间有很大差异。Weaver 等发现，增芳得、瑞比尔和红马拉加等品种的果穗在黑袋中和自然光照条件下一样着色；而皇帝、苏珊玫瑰和粉红葡萄等品种，没有光根本就不能着色。即使同一类品种对光的反应也不一样，如有的在黑暗条件下能够正常着色的品种，果实中某种或某几种色素合成减慢。Naito 研究了光强对底拉洼和蓓蕾玫瑰着色的影响，他发现光强对黑色品种的着色几乎没有什么影响，而红色品种在低光强下着色较差。但 Ki-

iewer 的试验却表明，定量测定黑比诺的色素浓度时发现，低光强［5 380～10 760lx，1 000lx＝18 μmol/(m^{-2}·s)］下成熟的果实比高光强（26 900～53 800lx）下成熟的果实着色程度大大降低。光照对着色的另一个影响是光强可以影响光合作用，从而间接地影响着色。菊池调查了设施栽培的黑汉，着色良好的果粒含糖量为 18.6%，而着色差的果粒含糖量为 14.3%。中川等指出，甲州葡萄只有当还原糖含量达到 8%左右时才开始着色。浆果需要光线直接照射才能充分着色的品种称为直光着色品种，如粉红葡萄、黑汉和玫瑰香等；浆果不需要直射光也能正常着色的称为散光着色品种如康克、巨峰等。因此，从浆果着色需光特性的角度出发，不同品种架面枝叶的稀密度，可以有所差别，即散光着色品种可以稍密，直光着色品种宜稍稀。

不同的种和品种对光周期的响应不同，例如欧洲葡萄对光周期不敏感，而美洲葡萄在短日照条件下的新梢生长和花芽分化受到抑制，枝条成熟快，但对果实的成熟和品质无明显的影响。

第四节　二氧化碳

设施内 CO_2 浓度增高，引起设施作物叶片气孔导度降低，使叶片蒸腾速率降低，提高了叶片和植株的水分利用率，但由于 CO_2 浓度增高对植物生长发育的正效应，所以整个生长期内植株的耗水量仍是增加的。蒸腾速率的降低将减弱叶片的蒸腾降温作用，使叶温升高，给植物生长发育带来复杂的影响。

CO_2 浓度增高可提高植物叶片叶绿素含量，但对叶绿素 a/叶绿素 b 比值的影响，不同的研究结论有所不同。长期高浓度 CO_2 可使光系统Ⅱ（PSⅡ）捕光叶绿素 a/叶绿素 b 蛋白质复合物 LHCⅡ的聚合态（有效态）的量增大，单体态的量减少，这表明高浓度 CO_2 能提高植物吸收、传递与转换光能的效率。

大量试验表明，CO_2 浓度增高，可在短期内明显增强植物的光合强度，C_3 植物的增幅明显高于 C_4 植物。但是，其长期效应却表现为植物的光合强度有所下降，这就是通常所讲的光合适应现象［Photosynthetic acclimation，又称光合下调（Down regulation of photosynthesis)］，其机制尚在研究之中。

CO_2 浓度增高能增强 1,5 -二磷酸核酮糖羧化/加氧酶（Rubisco）的羧化活性，使其优先与 CO_2 结合发生羧化反应，从而有利于植物对碳的固定。CO_2 浓度增高可增加 Rubisco 竞争活化位点的 CO_2 供给速率，抑制 O_2 的供给速率，从而导致光呼吸速率下降，高浓度 CO_2 能使乙醇酸脱氧酶（GO）的活性降低也证明了这一点。

CO_2 浓度增高对植物光合作用的影响受光照、温度、湿度、营养状况等环境条件的影响。在高氮条件下，速生植物对 CO_2 浓度升高的反应非常敏感；而在低氮条件下 CO_2 加富对生长缓慢植物的生长发育的正效应更加明显。

CO_2 浓度增高对植物呼吸作用的影响，短期直接作用是导致表呼吸速率下降，这与 CO_2 固定产物异养代谢产生的反馈抑制作用有关。CO_2 浓度增高对呼吸作用的长期影响，不同研究结论有所不同，有人认为应通过区分生长呼吸和维持呼吸两个过程来解释。

CO_2 浓度增高可提高植物养分吸收与利用效率，这与根系活性提高和数量增多的报道结果相符。CO_2 施肥能明显促进植物根系生长，提高根系活性，增加根系数量。果树和花卉的扦插试验证明，高浓度 CO_2 能使扦插苗长出更多的根原基和更大的根系。对大豆所做的试验则证明，高浓度 CO_2 可使根瘤生长量激增。CO_2 浓度增高亦能促进地上部茎干枝叶的生长，但对根冠比的影响，不同研究结论不一。

CO_2 施肥能显著增大叶片面积、厚度，减少叶肉细胞间隙体积，并可引起植物叶片气孔导度降低，降幅因植物种类和品种不同而有所差异，并受光照、水分、温度、湿度等环境条件的影响。大量的试验表明，高浓度 CO_2 对植物生物产量和经济产量存在正效应，并受营养供应及其他环境条件的影响。

研究表明，CO_2 浓度增高可影响矿质元素和光合同化物的分配和运输，提高维生素 C 和可溶性固形物的含量，改善作物、蔬菜、果实等的品质。

CO_2 作为一种“肥料”使用，有适宜的施肥浓度，并非越高越好。多数研究表明，以 700～1 000 μL/L 为宜，这样就可以将光合速率提高到原来的 2 倍以上，而且在弱光下效果更加明显。施肥浓度与施肥时间密切相关，降低施肥浓度同时适当延长施肥时间，效果优于短时间的高浓度施肥。另外，施肥浓度还与温度、水分、矿质营养等因素有关。

研究表明施用 CO_2 应与果树需要同化产物的旺盛时期相适应，施肥的关键时期是果实膨大期和花芽分化期。延长每天的施肥时间可显著提高施肥效果，因此，一天中的施肥时间以全天候为最佳；从经济角度考虑，相同的施肥时间，上午早施肥的效果优于下午单独施肥。每天施肥时间不得少于 2 h，而且连续施肥优于交替施肥。

第二部分

设施葡萄的栽培实践

第十三章

栽培设施的设计与建造

第一节　日光温室的设计与建造

日光温室（彩图 13－1）是以太阳能为主要能源，特殊情况可适当安装其他热源和光源，由保温蓄热墙体（北后墙和两侧山墙）、北向保温屋面（后屋面）和南向采光屋面（前屋面）构成，采用塑料薄膜或其他材料作为透光材料，并安装有活动保温被的单坡（屋）面温室。日光温室可充分利用太阳能，夜间用保温材料对采光屋面外覆盖保温，可以进行作物的越冬生产。日光温室是具有中国自主知识产权的一种高效节能型生产温室，主要用于我国“三北”地区，起源于 20 世纪 30 年代，80 年代中后期形成发展高潮，目前推广范围已扩展到北纬 30°～47°地区。在不加温条件下，一般可保持温室内外温差达 20 ℃以上。日光温室的跨度一般为 6.0～10.0 m，脊高 2.8～3.5 m，随纬度升高，温室跨度逐步缩小。温室长度多在 60 m 以上，对配置电动保温被卷放装置的温室，长度可延长至100 m 以上。日光温室内获得的光照总量优于其他任何类型温室，一般其透光率在 70％左右，但地面光照均匀度较差。日光温室的最大优点是可就地取材，建造成本低；保温能力强，加温负荷小或不需要附加能源，温室的保温比一般大于 1，而一般温室保温比小于 1，故其有很强的保温性能（保温比为温室内蓄热面积与围护结构散热面积之比。对于日光温室，山墙、后墙和后屋面，因其保温热阻大，均可视为蓄热面积，加上土地面积，与透光面面积的比值一般大于 1）。日光温室将保持发展势头，近来的发展趋势越来越向大型化、组装式发展。

一、采光设计

光照是葡萄生命活动的最基本环境条件，光照不仅影响葡萄的树体发育、开花和授粉受精，而且影响葡萄的坐果和果实发育。因此，光照是日光温室设计中必须考虑的重要因素。建造方位、高度、跨度、采光屋面角、采光屋面形状、后坡仰角、后坡水平投影长度、日光温室间距和透明覆盖材料选择等是日光温室采光设计与建造时的重要参数。

（一）建造方位

温室的建造方位是指温室屋脊的走向。日光温室建造方位以东西延长、坐北朝南（这里说的南和北，是指真南、真北，而不是磁南、磁北），南偏东或南偏西最大不超过 10°

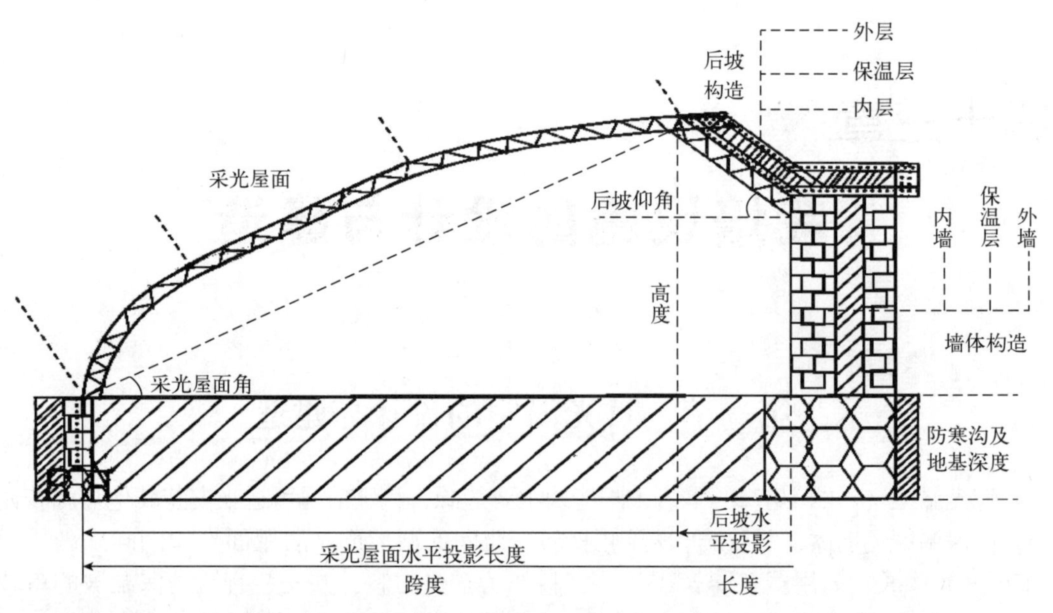

图 13-1　中国农业科学院果树研究所低碳、高效、节能日光温室结构示意图

为宜，且不宜与冬季盛行风向垂直。

建造方位偏东或偏西要根据当地气候条件和温室的主要生产季节确定。一般说来，利用严冬季节进行生产的温室，如当地早上晴天多、少雾且气温不太低，可充分利用上午的阳光，以抢阳为好，这是因为葡萄上午的光合作用强度较高，建造方位南偏东、可提早0～40 min接收到太阳的直射光，对葡萄的光合作用有利；但是高纬度地区冬季早晨外界气温很低，提早揭开草苫，温室内温度下降较大，所以北纬 40°以北地区如辽宁、吉林、黑龙江、河北北部、新疆北部和内蒙古等地以及宁夏、西藏和青海等高原地区，为保温而揭苫时间晚，日光温室建造方位南偏西，有利于延长午后的光照和蓄热时间，为夜间储备更多的热量，利于提高日光温室的夜间温度。北纬 40°以南，早晨外界气温不是很低的地区如山东、北京、江苏、天津、河北南部、新疆南部和河南等地区，日光温室建造方位可采用南偏东朝向，但若沿海或离水面近的地区，虽然温度不是很低，但清晨多雾、光照不好，需采取正南或南偏西朝向。

建造方位的确定可用罗盘仪或标杆法确定，其中利用罗盘仪确定虽然操作迅速，但需磁偏角校正，这是因为罗盘仪所指的正南是磁南而不是真南，真子午线（真南）与磁子午线（磁南）之间存在磁偏角，而磁偏角数据不易查询；而标杆法简单易行，准确度高。标杆法的具体操作：在地面将标杆垂直立好，地方时（真正午时）11:30～12:30 或北京时间 10:00～15:00 每 5 min 观测一次标杆投影的长度和位置，长度最短的投影方向为当地真子午线（即当地的真南、真北方向），再用"勾股法"做真子午线的垂直线，便是真东、真西方向线。

（二）高度

在日光温室内，光照度随高度变化明显，以棚膜为光源点，高度每下降 1 m，光照度降低 10%～20%，空气湿度越大，光照度降低越明显。因此，日光温室高度要适宜，并

不是越高越好，一般以 2.8～4.0 m 为宜。

（三）跨度

温室跨度等于温室采光屋面水平投影与后坡水平投影之和，影响着温室的光能截获量和土地利用率，跨度越大截获的太阳直射光越多，但温室跨度过大温室保温性能下降且造价显著增加。实践表明在使用传统建筑材料、透明覆盖材料并采用草苫保温的条件下，在暖温带的大部分地区（山东、山西南部、陕西、江苏、安徽北部、河南、河北、北京、天津和新疆南部等）建造日光温室，其跨度以 8 m 左右为宜；暖温带的北部地区和中温带南部地区（辽宁、内蒙古南部、甘肃、宁夏、山西北部、新疆中部和东部等），跨度以7 m 左右为宜；在中温带北部地区和寒温带地区（吉林、新疆北部、黑龙江和内蒙古北部等）跨度以 6 m 左右为宜。上述跨度有利于使日光温室同时具备造价低、高效节能和实现周年生产三大特性。

（四）长度

从便于管理且降低温室单位土地建筑成本和提高空间利用率考虑，日光温室长度一般以最短 60 m、最长 200 m 为宜。

（五）采光屋面角

1. 阳光入射角与透光率的关系　阳光照射到采光屋面上以后，一部分被采光屋面吸收掉，一部分被反射掉，大部分投入温室内。我们把吸收、反射和透过的光线强度与入射光线强度的比分别叫作吸收率、反射率和透过率。它们三者的关系是：吸收率＋反射率＋透过率＝100％。对于某种棚膜来说，它对入射光线的吸收率是一定的。因此，光线的透过率就取决于反射率的大小。只有反射率小，透过率才高。反射率的大小与光线的入射角（光线与被照射平面的法线所成的交角）大小有直接关系（图 13－2）。入射角越小，透光率越高，反之则透光率越低。当入射角在 0°～40°时，随入射角加大，光的反射率也加大，但变化并不明显（入射角为 30°时，反射损失仅 2.7％，40°时为 3.4％）；当入射角处在 40°～60°时，透光率随入射角加大而明显下降；当入射角处在 60°～90°时，透光率随入射角加大而急剧下降。

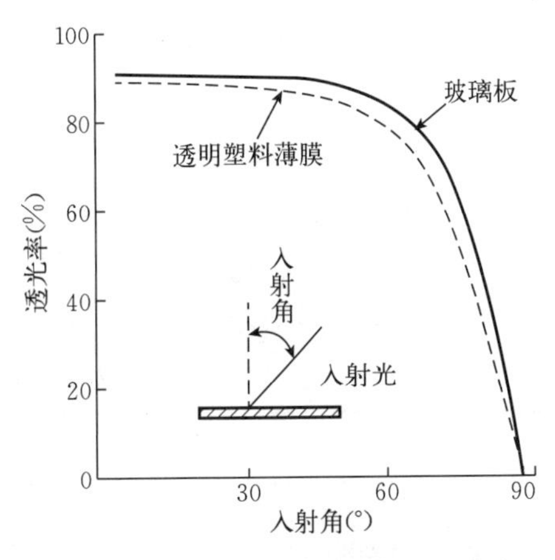

图 13－2　覆盖材料光入射角与透光率

2. 太阳高度角　太阳光线与日光温室采光屋面构成的入射角，既取决于太阳的高度，又取决于屋面的倾角。所谓太阳的高度，是以太阳的高度角（也就是以太阳为一点，与地面上某一点所作的连线和通过改点的水平线所形成的夹角）来表示的。

根据球面三角，任意纬度（ψ）、任意季节（δ）、任意时刻（t）的太阳高度角（h）可由公式

$$\sin h=\sin\psi\cdot\sin\delta+\cos\psi\cdot\cos\delta\cdot\cos t$$

计算得出。

式中 t——太阳的位置与当地真午时的偏角，即时间角简称时角，等于15×偏离正午的小时数，当地时间12:00的时角为零，前后每隔1 h，增加360/24=15°，如10:00和14:00均为15×2=30°；t从中午12:00到午夜为正，从午夜到中午12:00为负；

ψ——地理纬度，计算时北半球取正值；

δ——太阳赤纬（太阳所在纬度，见表13-1），在夏半年即太阳位于赤道以北时取正值（如夏至日$\delta=23.5°$），在冬半年即太阳位于赤道以南时取负值（如冬至日$\delta=-23.5°$），位于赤道时δ取值为0°（春分和秋分日）；

h——任意时刻太阳高度，$h<0$意味着太阳在地平线以下即夜间。

3. 合理采光时段屋面角 日光温室采光屋面角是指日光温室采光屋面与水平面的夹角，如日光温室采光屋面是曲面，则日光温室采光屋面角在不同的高度位置是变化的，底部较大，顶部较小。日光温室的采光屋面角根据合理采光时段理论（张真和等原农业部全国农业技术推广总站的技术人员与有关专家商榷后提出）确定，即要求日光温室在冬至前后每日要保持4 h以上的合理采光时间，即在当地冬至前后，保证10:00～14:00时（地方时）太阳对日光温室采光屋面的投射角均要大于50°（太阳对日光温室采光屋面的入射角小于40°）。确定公式（中国农业科学院果树研究所采光屋面角公式）如下：

$$\mathrm{tg}\,\alpha=\mathrm{tg}\,(50°-h_{10})/\cos t_{10}$$

$$\sin h_{10}=\sin\psi\cdot\sin\delta+\cos\psi\cdot\cos\delta\cdot\cos t_{10}$$

式中 h_{10}——冬至上午10时的太阳高度角；

ψ——地理纬度；

δ——赤纬，即太阳所在纬度，冬至日$\delta=-23.5°$；

t_{10}——上午10时太阳的时角，为30°；

α——合理采光时段屋面角（表13-1和表13-2）。我国的东北和西北地区冬季光照良好，日照率高，因此日光温室的采光屋面角可在合理采光时段屋面角的基础上下调3°～6°。

表13-1 各季节的太阳赤纬δ

季节	夏至	立夏	立秋	春分	秋分	立春	立冬	冬至
月/日	6/21	5/5	8/7	3/20	9/23	2/5	11/7	12/22
赤纬δ	+23°27′		+16°20′		0°	−16°20′		−23°27′

表13-2 不同纬度地区的合理采光时段屋面角α

北纬	h_{10}	α	北纬	h_{10}	α	北纬	h_{10}	α
30°	29.23°	23.65°	31°	28.38°	24.59°	32°	27.53°	25.53°
33°	26.67°	26.47°	34°	25.81°	27.42°	35°	24.95°	28.36°
36°	24.09°	29.29°	37°	23.22°	30.23°	38°	22.35°	31.17°
39°	21.49°	32.10°	40°	20.61°	33.04°	41°	19.74°	33.97°
42°	18.87°	34.89°	43°	17.99°	35.82°	44°	17.12°	36.74°
45°	16.24°	37.67°	46°	15.36°	38.58°	47°	14.48°	39.49°

（六）采光屋面形状

温室采光屋面形状与温室采光性能密切相关。当温室的跨度和高度确定后，温室采光屋面形状就成为日光温室截获日光能量多少的决定性因素，平面形（A）、椭圆拱形（B）和圆拱形（C）屋面三者以圆拱形（C）屋面采光性能最佳（图 13－3）。在圆拱形采光屋面的基础上中国农业科学院果树研究所葡萄课题组在不改变采光屋面角和温室高度的基础上将温室采光屋面形状由一段弧的圆拱形改为“两弧一切线”的三段式曲直形，简称“曲直形”（D）（即上下两段弧，中间为两弧的切线）（彩图 13－2），将温室主要采光屋面的采光效果大大改善。

“两弧一切线”三段式曲直形采光屋面形状的确定（图 13－4）：

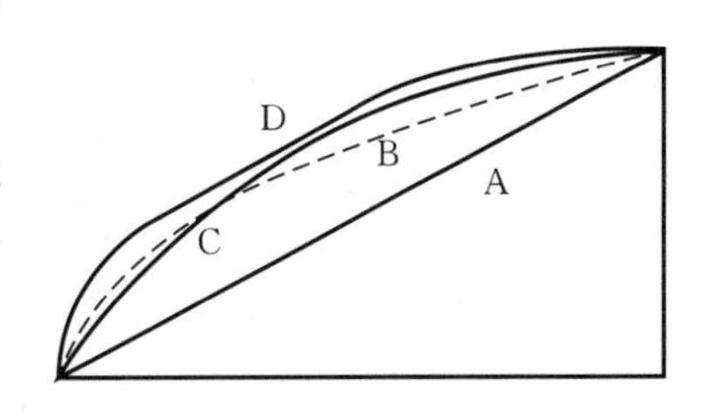

图 13－3　日光温室采光屋面形状示意图
A. 平面形；B. 椭圆拱形；
C. 圆拱形；D. “两弧一切线”曲直形

1. 中段切线与水平面夹角等于采光屋面角 α，长度为 $[(b-c)/2-1+f]/\cos\alpha$，其中 f 取值范围为 0～1.0，f 值越小，采光屋面采光效果越差，f 值越大，采光屋面采光效果越好。

2. 下段圆弧水平投影长度为 1 m，1 m 处高度定为 1.3 m，该弧半径 $r=0.82/\sin(52.43°-\alpha)$，相应前底角处该圆弧切线与水平面夹角 $\beta=104.86°-\alpha$，该段圆弧长度 $d=2\pi r\cdot 2(52.43°-\alpha)/360°$。

3. 上段圆弧最顶端屋脊处切线与水平夹角 $\beta'=2\varepsilon-\alpha$，取值范围必须≥5°。

其中 ε 由公式 $\operatorname{tg}\varepsilon=\{a-[(b-c)/2-1+f]\cdot\operatorname{tg}\alpha-1.3\}/\{b-c-1-[(b-c)/2-1+f]\}$ 确定，其中 f 可在 0～1.0 取值，f 值越小，采光屋面采光效果越差，f 值越大，采光屋面采光效果越好，f 取值大小由公式 $\beta'=2\varepsilon-\alpha$ 确定，f 取值确保该圆弧最顶端屋脊处切线与水平夹角 $\beta'\geq 5°$。

上段圆弧半径 $r'=\{a-[(b-c)/2-1+f]\cdot\operatorname{tg}\alpha-1.3\}/[2\sin\varepsilon\cdot\sin(\alpha-\varepsilon)]$，该圆弧弧长为 $d'=2\pi r'\cdot 2(\varepsilon-\alpha)/360°$。

式中　α——采光屋面角；
a——温室高度；
b——温室跨度；
c——后坡水平投影长度；
β——温室前底角处采光点圆弧切线与水平面的夹角；
r——下段圆弧的半径；
$2(52.43°-\alpha)$——下段圆弧对应的圆心角；
d——下段圆弧弧长；
β'——屋脊处采光点圆弧切线与水平面的夹角，必须≥5°；
ε——上段圆弧的弦与水平面的夹角；
r'——上段圆弧半径；
d'——上段圆弧弧长；

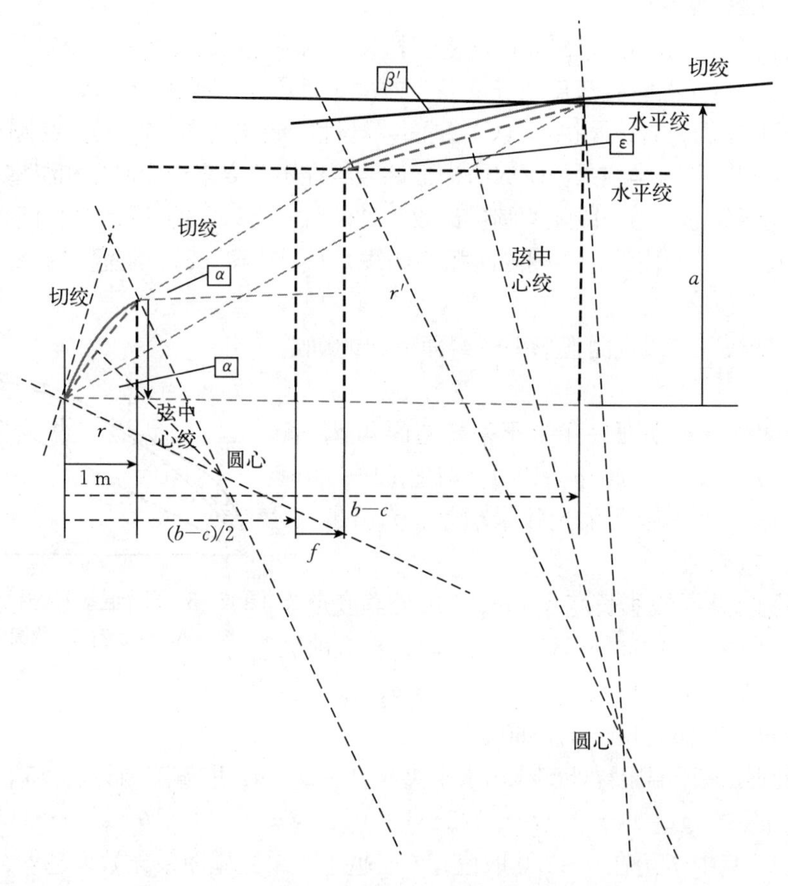

图 13-4 “两弧一切线”曲直形采光屋面绘制图

f——一常数，介于 0～1.0，f 值越小，采光屋面采光效果越差，f 值越大，采光屋面采光效果越好，f 取值大小由公式 $\beta'=2\varepsilon-\alpha$ 确定。

（七）后坡仰角

后坡仰角是指日光温室后坡面与水平面的夹角，其大小对日光温室的采光性能有一定影响。后坡仰角大小应视日光温室的使用季节而定，在冬季生产时，尽可能使太阳直射光能照到日光温室后坡面内侧；在夏季生产时，则应避免太阳直射光照到后坡面内侧。中国农业科学院果树研究所葡萄课题组将以前的短后坡小仰角进行了调整，调整为长后坡高仰角，后坡仰角以大于当地冬至正午太阳高度角 15°～20°为宜，可以保证 10 月上旬至翌年 3 月上旬正午前后后墙甚至后坡接受直射阳光，受光蓄热，大大改善温室后部光照（表 13-3）。

表 13-3 不同纬度地区的合理后坡仰角

北纬	h_{12}	α	北纬	h_{12}	α	北纬	h_{12}	α
30°	36.5°	51.5～56.5°	31°	35.5°	50.5～55.5°	32°	34.5°	49.5～54.5°
33°	33.5°	48.5～53.5°	34°	32.5°	47.5～52.5°	35°	31.5°	46.5～51.5°
36°	30.5°	45.5～50.5°	37°	29.5°	44.5～49.5°	38°	28.5°	43.5～48.5°

(续)

北纬	h_{12}	α	北纬	h_{12}	α	北纬	h_{12}	α
39°	27.5°	42.5～47.5°	40°	26.5°	41.5～46.5°	41°	25.5°	40.5～45.5°
42°	24.5°	39.5～44.5°	43°	23.5°	38.5～43.5°	44°	22.5°	37.5～42.5°
45°	21.5°	36.5～41.5°	46°	20.5°	35.5～40.5°	47°	19.5°	34.5～39.5°

注：h_{12}为冬至正午时刻的太阳高度角，α为合理后坡仰角。

(八) 后坡水平投影长度

日光温室后坡长短直接影响日光温室的保温性能及其内部的光照情况。当日光温室后坡长时，日光温室的保温性能提高，但这样当太阳高度角较大时，就会出现温室后坡遮光现象，使日光温室北部出现大面积阴影；而且日光温室后坡长，其前屋面的采光面将减小，造成日光温室内部白天升温过慢。反之，当日光温室后坡面短时，日光温室内部采光较好，但保温性能却相应降低，形成日光温室白天升温快，夜间降温也快的情况。实践表明，日光温室的后坡水平投影长度一般以 1.0～1.5 m 为宜。

(九) 日光温室间距

日光温室间距的确定根据如下原则：保证后排温室在冬至前后每日能有 6 h 以上的光照时间，即在上午 9 时至下午 15 时 (地方时)，前排温室不对后排温室构成遮光。计算公式如下：

$$L=[(D_1+D_2)/tg\,h_9]\cdot cos\,t_9-(l_1+l_2)$$

式中　L——前后排温室的间距；

D_1——温室的脊高；

D_2——草苫或保温被等保温材料卷的直径，通常取 0.5 m；

h_9——冬至上午 9 时的太阳高度角；

t_9——上午 9 时的太阳时角，为 45°；

l_1——后坡水平投影；

l_2——后墙底宽 (表 13－4)。

表 13－4　不同纬度地区的合理日光温室间距

北纬	D_1 (m)	h_9	L (m)	北纬	D_1 (m)	h_9	L (m)	北纬	D_1 (m)	h_9	L (m)
30°	3～4	21.24°	4.9～6.7	31°	3～4	20.51°	5.1～7.0	32°	3～4	19.79°	5.4～7.3
33°	3～4	19.07°	5.7～7.7	34°	3～4	18.34°	6.0～8.1	35°	3～4	17.61°	6.3～8.5
36°	3～4	16.88°	6.7～9.0	37°	3～4	16.13°	7.1～9.5	38°	3～4	15.40°	7.5～10.0
39°	3～4	14.66°	8.0～10.7	40°	3～4	13.92°	8.5～11.3	41°	3～4	13.17°	9.1～12.1
42°	3～4	12.42°	9.7～12.9	43°	3～4	11.67°	10.5～13.9	44°	3～4	10.92°	11.3～15.0
45°	3～4	10.17°	11.8～15.7	46°	3～4	9.42°	12.9～17.2	47°	3～4	8.66°	14.2～18.9

(十) 透明覆盖材料——塑料薄膜

目前，生产上应用的塑料棚膜主要有聚乙烯棚膜、聚氯乙烯棚膜、乙烯-醋酸乙烯共聚物棚膜、PO 棚膜和氟素棚膜五大类，其中常用的主要有聚乙烯棚膜、聚氯乙烯棚膜、乙烯-醋酸乙烯共聚物棚膜和 PO 棚膜四大类。

1. 聚乙烯（PE）棚膜 具有密度小、吸尘少、无增塑剂渗出、无毒、透光率高，是我国当前主要的棚膜品种。其缺点是：保温性差，使用寿命短，不易黏接，不耐高温日晒（高温软化温度为 50 ℃）。要使聚乙烯棚膜性能更好，必须在聚乙烯树脂中加入许多助剂改变其性能，才能适合生产的要求。主要产品如下。

（1）PE 普通棚膜 它是在聚乙烯树脂中不添加任何助剂所生产的膜。最大缺点是使用年限短，一般使用期为 4～6 个月。

（2）PE 防老化（长寿）膜 在 PE 树脂中按一定比例加入防老化助剂（如紫外线吸收剂、抗氧化剂等）吹塑成膜，可克服 PE 普通膜不耐高温日晒、不耐老化的缺点，目前我国生产的 PE 防老化棚膜可连续使用 12～24 个月，是目前设施栽培中使用较多的棚膜品种。

（3）PE 耐老化无滴膜（双防膜） 是在 PE 树脂中既加入防老化助剂（如紫外线吸收剂、抗氧化剂等），又加入流滴助剂（表面活性剂）等功能助剂吹塑成膜。该膜不仅使用时间长，而且可使露滴在膜面上失去亲水作用性，水珠向下滑动，从而增加透光性，是目前性能安全、适应性较广的棚膜品种。

（4）PE 保温膜 在 PE 树脂中加入保温助剂（如远红外线阻隔剂）吹塑成膜，能阻止设施内的远红外线（地面辐射）向大气中的长波辐射，从而把设施内吸收的热能阻挡在设施内，可提高保温效果 1～2 ℃，在寒冷地区应用效果好。

（5）PE 多功能复合膜 是在 PE 树脂中加入防老化助剂、保温助剂、流滴助剂等多种功能性助剂吹塑成膜，目前我国生产的该膜可连续使用 12～18 个月，具有无滴、保温、使用寿命长等多种功能，是设施冬春栽培理想的棚膜。

（6）漫反射棚膜 是 PE 树脂中掺入调光物质（漫反射晶核），使直射的太阳光进入棚膜后形成均匀的散射光，使作物光照均匀，促进光合作用；同时减少设施内的温差，使作物生长一致。

2. 聚氯乙烯（PVC）棚膜 它是在聚氯乙烯树脂中加入适量的增塑剂（增加柔性）压延成膜。其特点是透光性好，阻隔远红外线，保温性强，柔软易造型，好黏接，耐高温日晒（高温软化温度为 100 ℃），耐候性好（一般可连续使用 1 年左右）。其缺点是随着使用时间的延长增塑剂析出，吸尘严重，影响透光；密度大，一定重量棚膜覆盖面积较聚乙烯棚膜减少 24%，成本高；不耐低温（低温脆化温度为－50 ℃），残膜不能燃烧处理，因为会有有毒氯气产生。可用于夜间保温性要求较高的地区。

（1）普通 PVC 膜 不加任何助剂吹塑成膜，使用期仅 6～12 个月。

（2）PVC 防老化膜 在 PVC 树脂中按一定比例加入防老化助剂（如紫外线吸收剂、抗氧化剂等）吹塑成膜，可克服 PVC 普通膜不耐高温日晒、不耐老化的缺点，目前我国生产的 PVC 防老化膜可连续使用 12～24 个月，是目前设施栽培中使用较多的棚膜品种。

（3）PVC 耐老化无滴膜（双防膜） 是在 PVC 树脂中既加入防老化助剂（如紫外线吸收剂、抗氧化剂等），又加入流滴助剂（表面活性剂）等功能助剂吹塑成膜。该膜不仅使用时间长，而且可使露滴在膜面上失去亲水作用性，水珠向下滑动，从而增加透光性。该膜的其他性能和 PVC 普通膜相似，比较适宜冬季和早春自然光线弱、气温低的地区。

（4）PVC 耐候无滴防尘膜 是在 PVC 树脂中加入防老化助剂、保温助剂、流滴助剂等多种功能性助剂吹塑成膜。经处理的薄膜外表面助剂析出减少，吸尘较轻，提高了透光

率，同时还具有耐老化、无滴性的优点，对冬春茬生产有利。

3. 乙烯-醋酸乙烯共聚物（EVA）棚膜　一般使用厚度为0.10～0.12 mm，在EVA中，由于醋酸乙烯单体（VA）的引入，使EVA具有独特的特性：①树脂的结晶性降低，使薄膜具有良好的透明性；②具有弱极性，使膜与防雾滴剂有良好的相容性，从而使薄膜保持较长的无滴持效期；③EVA膜对远红外线的阻隔性介于PVC和PE之间，因此保温性能为PVC＞EVA＞PE；④EVA膜耐低温、耐冲击，因而不易裂开；⑤EVA膜黏接性、透光性、爽滑性等都强于PE膜。综合上述特点，EVA膜适用于冬季温度较低的高寒山区。

4. PO农膜　PO系特殊农膜，是以PE、EVA树脂为基础原料，加入保温强化助剂、防雾助剂、抗老化助剂等多种助剂，通过2～3层共挤工艺生产的多层复合功能膜，克服了PE、EVA树脂的缺点，使其具有较高的保温性；具有高透光性，且不沾灰尘，透光率下降慢；耐低温；燃烧不产生有害气体，安全性好；使用寿命长，可达3～5年。缺点：延伸性小，不耐磨，形变后复原性差。

5. 氟素农膜　氟素农膜是以乙烯与氟素乙烯聚合物为基质制成，是一种新型覆盖材料。主要特点：超耐候性，使用期可达10年以上；超透光性，透光率在90%以上，并且连续使用10～15年，不变色，不污染，透光率仍在90%左右；抗静电力极强，超防尘；耐高低温性强，可在－180～100 ℃温度范围内安全使用，在高温强日下与金属部件接触部位不变性，在严寒冬季不硬化、不脆裂。氟素膜最大缺点是不能燃烧处理，用后必须由厂家收回再生利用；其次是价格昂贵。该膜在日本大面积使用，在欧美国家应用面积也很大。

二、保温设计

葡萄的生长发育、开花结实全部过程实质上是生物个体内部的生物化学反应过程，这种过程必须在一定温度条件下进行。当气温或地温越过某个低值或高值，葡萄生化反应会停止，葡萄个体便死亡，这是两个极限。因此，与光照一样，温度是葡萄生命活动的最基本环境条件。在自然界中，温度因地区、季节和昼夜的不同，其变化范围最大，最易出现不满足葡萄生长条件的情况，这是露地不能进行葡萄周年生产的最主要原因。温室内部的温度受外界影响，也很易出现不能满足葡萄生长要求的情况，尤其是在我国北方的冬季。如何在寒冷的室外气象条件下保证温室内适于葡萄生长的温度条件，是温室设计、建造和使用中最重要的问题。所以，温度是日光温室设计中必须考虑的重要因素之一。

（一）日光温室的热量平衡

热量平衡是日光温室小气候形成的物理基础，也是日光温室建造设计和栽培管理的依据。日光温室内白天的热量平衡方程如下：

$$q=q_t+q_u+q_s+q_l+q_f$$

式中　q——到达室内地面的净辐射量；

q_t——从覆盖面外表面散失到室外的热量，即贯流放热量；

q_u——从缝隙散失的热量，即缝隙放热量，因为热量是随湿空气逸出，所以热量中包括显热及潜热；

q_s——土壤吸收的热量（去除了土壤中横向传导损失的热量），即地中传热量；

q_l——土壤水分蒸发及植物体蒸腾所消耗的潜热传热量；

q_f——室内物体及空气等的增温吸热量。

上述表达式只是日光温室内热量收支的简单概括，植物光合作用所固定的能量等并未估算在内。从表达式可以看出，白天从日光温室内散失的热量主要是贯流放热量和缝隙放热量。至于地中传热量，除少部分由于室内外土温存在着差异而通过横向传导失之于室外，大部分热量只是暂时储存在地面以下的土层之中。此外，由于一天中正午前后入射到室内的太阳辐射最多，温室得热也最多，所以室温最高。早晨日出揭苫后，室温逐渐上升，至大约午后14:00起，温度逐渐下降。夜间（或者说自盖上草苫、保温被等保温覆盖材料之后），日光温室内热量平衡的特点是：太阳辐射已经变为零，但室内地面有效辐射仍在进行而使地面降温，直到低于下层土壤的温度，这时白天储存在下层土壤中的热量就向上传给地面，再从地面进行辐射和通过对流作用而把热量补充到温室空间中去；白天蓄积在墙体和后坡内的热量，也能部分补充到室内空间中去，以缓和空气和地面的降温。室内空气降温，使空气中的水蒸气凝结，放出潜热（凝结热），也可以缓和室内气温和地面降温的速度。夜间，外界气温较低，加大了室内外温差，使贯流放热量加大，但由于在夜间通风口已全部关闭，加上覆盖草苫和保温被等保温覆盖材料，又起到了减少贯流放热和缝隙放热的作用，从而进一步缓和了室温的下降。一个保温良好的日光温室，夜间温度的下降相当缓慢（冬季室内气温一般一夜只降5～7 ℃），直到次日揭苫前，仍能保持作物生长所必需的适宜温度。

1. 贯流放热 就是透过覆盖面（包括温室的前屋面、后屋面、后墙和山墙）的放热过程。当室内温度高于室外温度时，覆盖面的内表面吸收了室内的辐射热和对流热量，就在内表面与外表面之间形成温差，于是热量就以传导传热的方式在覆盖材料的分子之间自内向外传递。传递到外表面后又以对流和辐射的方式将热量释放到外界空气之中。贯流放热的表达式：

$$Q_t = A_w \cdot h_t \cdot (t_r - t_o)$$

式中 Q_t——贯流放热量（kJ/h）；

A_w——放热面的表面积（m^2）；

h_t——热贯流率［$kJ/(m^2 \cdot h \cdot ℃)$］；

t_r——温室内的气温（℃）；

t_o——温室外的气温（℃）。

从上式可以看出，日光温室贯流放热量的大小和室内外的气温差、维护结构（墙和后坡）与前屋面等覆盖表面积的大小、维护结构及覆盖材料的热贯流率等成正比，因此日光温室的保温设计最重要的是选择热贯流率小的材料。所谓热贯流率（h_t），也叫贯流放热系数、传热系数，是指每平方米的覆盖或维护表面积，在室内外温差为1 ℃的情况下每小时所放出的热量。一般常用的温室建造材料的热贯流率见表13-5。热贯流率是一项和建材物质的导热率及材料厚度等有关的数值。导热率又叫导热系数，符号为λ，单位为kJ/(m·h·℃)，它的物理意义是在1 m^2 的面积上，壁厚为1 m，两侧温差为1 ℃时，每小时所传导的热量。它的表达式为：

$$h_t = 1/(1/\alpha_n + d/\lambda + 1/\alpha_w)$$

式中 h_t——热贯流率（kJ/m² · h · ℃）；

α_n——覆盖材料或维护结构内表面的吸热系数，可按 31.40 kJ/m² · h · ℃取值；

α_w——覆盖材料或维护结构外表面的放热系数，可按 83.72 kJ/m² · h · ℃取值；

λ——材料的导热率［kJ/(m · h · ℃)］；

d——材料的厚度（m）。

上式是计算由单一材料构成的壁体热贯流率所用的公式。但一般常用建材的导热率从有关建筑材料的热特性资料中可以查到（表 13－6）。日光温室的墙体、后屋面等一般都是由两种或两种以上材料构成的复合体，它的热贯流率可以用下式求出：$h_t=1/(1/\alpha_n+\sum d/\lambda+1/\alpha_w)$，式中$\sum d/\lambda$为各层材料的厚度/导热率之和。凡是导热率小的材料，都有较好的绝热性能，通常我们把导热率小于 0.837 kJ/(m · h · ℃）的材料称为绝热材料。可见，在建造日光温室时，后墙、山墙、后屋面多用导热率小、保温好的材料并加大厚度，或者用多层保温材料组合在一起构成复合体，就可以减小热贯流率，增加保温能力。对于前屋面，因为白天要采光，所以只有在夜晚用草苫、保温被等覆盖，以减少贯流放热量。应当着重指出的是，贯流放热量在温室的全部放热量中占绝大部分，特别是前屋面的贯流放热量很大，在设计建造及管理中应当予以足够重视。

表 13－5 日光温室常用建材的贯流传热系数（热贯流率）

序号	结构材料及厚度	热贯流率［kJ/(m² · h · ℃)］
1	玻璃 2.5 mm	20.9
2	玻璃 3.0～3.5 mm	20.1
3	玻璃 4.0～5.0 mm	18.8
4	聚氯乙烯膜 0.1 mm 单层	23.0
5	聚氯乙烯膜 0.1 mm 双层	12.6
6	聚乙烯膜 0.1 mm	24.3
7	合成树脂板（FRA、FRP、MMA 板）1.0 mm	20.9
8	砖墙（一面抹灰）厚 38 cm	5.8
9	一砖墙（厚 24 cm），内表面抹灰 2 cm	7.5
10	一砖清水墙（厚 24 cm，不抹灰）	8.0
11	1/2 砖清水墙（厚 12 cm，不抹灰）	5.9
12	50 cm 土墙	4.2
13	块石或乱石墙 厚 50 cm	8.0
14	块石或乱石墙 厚 60 cm	7.5
15	厚空心墙（外 24 cm 砖墙，中空 12 cm，内 24 cm 砖墙，抹灰）厚 61 cm	2.5
16	木板墙（两层 2 cm 厚木板，中间距离 15 cm 填炉渣，内抹灰）厚 21 cm	4.2
17	草苫	12.6

（续）

序号	结构材料及厚度	热贯流率［kJ/(m²·h·℃)］
18	钢筋混凝土 5 cm	18.5
19	钢筋混凝土 10 cm	16.0
20	实体木质外门一层	16.7
21	带玻璃外门一层	20.9
22	木框外窗天窗一层	20.9
23	金属框外窗天窗一层	23.0

表 13-6　日光温室常用建材的导热率（λ）

材料名称	导热率［kJ/(m·h·℃)］	材料名称	导热率［kJ/(m·h·℃)］
碳素钢材	192.60	混凝土板	5.02
干木板	0.21	聚氯乙烯膜	4.60
聚乙烯膜	1.21	平板玻璃	2.85
干木屑	0.25	玻璃纤维	0.15
黏土砖砌体	4.19	油毡纸	0.63
铝材	753.48	芦苇	0.50
草泥或黏土墙	3.35	土坯墙	2.51
空气（20℃）	0.08	矿渣棉	0.17
干土（20℃）	0.84	湿土（20℃）	2.39
稻壳	0.71	稻草	0.33
切碎稻草填充物	0.17	水（20℃）	2.14
水（0℃）	8.12	铸铁（20℃）	226.04
干沙（20℃）	1.17		

2. 缝隙放热　日光温室的门窗缝隙、覆盖屋面或墙体、屋顶的裂缝以及破损、各种放风孔口，都会由于空气的对流而将热量传至室外。缝隙放出的热量包括显热热量和潜热热量两部分。显热失热量可按下式计算：

$$Q_v = R \cdot V \cdot F\ (t_r - t_o)$$

式中　Q_v——整栋日光温室单位时间内的缝隙放热量（kJ/h）；

R——每小时换气次数（即每小时通风换气之空气体积与温室体积之比），日光温室在密闭不通风时可暂以 1.5 次/h 计算；

V——日光温室之体积（m^3）；

F——空气比热，按 1.30 kJ/(m^3·℃）取值；

t_r、t_o——分别为室内及室外气温（℃）。

尽管缝隙放热量（在密闭情况下）一般只有贯流放热量的 10%左右，但尽量减少缝隙，注意门窗朝向，对于温室冬春季节的保温仍然具有较大的实际意义。而且，门窗的缝

隙放热量与风速关系密切，风速由 1 m/s 增至 6 m/s，缝隙冷风渗入量约将增大 7 倍。因此，减缓风速，对于减少缝隙放热量至关重要。

3. 土壤传导失热　日光温室的土壤温度白天升高，夜间降低，只是出现最高及最低温度的时间比气温出现最高及最低温度的时间晚些。土壤温度的变化，也是由于土壤得热和失热的结果。土壤的传导失热包括土壤上下层之间垂直方向的传热和水平方向的横向传热。土壤中垂直方向的热传导，表层土温日变化剧烈，得热、失热量也大，到了 40～50 cm深处，土温的日变化已经很小。白天，由于地面得到的太阳辐射热通常总比其有效辐射出去的热量要多，因此地面会升温。当地面温度因升温而高于下层土壤时，就会有热量以热传导的方式传向下层土壤。反之，到了夜间，地面已得不到太阳辐射热而仍在继续向外辐射热量，所以就逐渐降温。当地面温度降到下层土壤温度以下时，下层土壤又以传导方式将热量传至地面。所以说，土壤中垂直方向交换的热量并不直接传到室外，真正传送到室外的，是土壤中横向传导的那部分热量。在冬春季节，由于室外冷、土温低，室内土温较高，所以，土壤中经常有一部分热量向室外流失，而垂直向下贮存在土壤中的热量则成为夜间和阴天维持室温的热量来源。关于土壤传导失热量的计算，可参照我国工业民用建筑所使用的土壤传导热量计算公式：

$$Q_s = \sum K_{df} \cdot F(t_r - t_o)$$

式中　Q_s——土壤传导失热量（kJ/h）；

K_{df}——各地段地面传热系数［kJ/(m^2·h·℃)］，可按表 13－7 取值；

F——各地段的面积（m^2），第一地段拐角处应重复计算；

t_r、t_o——分别为室内及室外气温（℃）。

由表 13－7 可以看出，距温室四周围愈近，地面传热系数愈大，其主要原因是室内土壤与室外土壤存在着较大的温差。实际上，由于目前我国的日光温室一般跨度都在 6～10 m，因此室内地面大部分属于第一和第二地段，其传热系数至少在 0.837［kJ/(m^2·h·℃)］以上。也就是说，它的土壤横向传导热损失在地面总传热量中占有相当大的比重。所以我国目前日光温室土温往往偏低。为了增加白天由地面向地中的传热量，加大夜间由地中经由地面流向室内空间的热量，最重要的一是要减少土壤热量的横向传导损失，二是要提高土壤的导热率。减少土壤热量的横向传导损失，可以采用“开沟隔冻法”，也就是在温室四周挖防寒沟；或采用“室内地面下凹”的方法。提高土壤的蓄热量，首先应增强温室的采光性能，以增加太阳辐射的入射量，但从土壤本身来看，重要的是提高土壤的导热率。土壤过干则导热率低，因为水的导热率要比空气大 20 倍，所以加大土壤湿度，可使土壤导热率加大（表 13－8）。而土壤湿度过大，又会增大土壤热容量而使土壤温度上升缓慢。所以，保持适中的土壤湿度是十分必要的。

表 13－7　室内不同位置地面的传热系数

地段名称	与外墙距离（m）	K_{df}［kJ/(m^2·h·℃)］	地段名称	与外墙距离（m）	K_{df}［kJ/(m^2·h·℃)］
第一地段	0～2	1.967	第二地段	2～4	0.896
第三地段	4～6	0.594	第四地段	＞6	0.272

表 13-8 土壤的导热率与含水量的关系

土壤	含水率（%）	导热率（10℃）[kJ/(m·h·℃)]	土壤	含水率（%）	导热率（10℃）[kJ/(m·h·℃)]
沙土	20	1.80	黏土	20	5.86
沙土	30	2.76	黏土	30	7.74
沙土	40	3.98	黏土	40	9.84

（二）墙体与后坡的材料、构造与厚度

日光温室的墙体和后坡既可以支撑、承重，又具有保温蓄热的作用。因此，在设计建造墙体和后坡时，除了要考虑承重强度外，还要考虑材料的导热、蓄热性能和建造厚度、结构等。一般来说，日光温室墙体和后坡的保温蓄热是主要问题，为了保温蓄热的需要，一般都较厚，承重一般容易满足要求。现在，日光温室和后坡多采用复合构造，在墙体和后坡内层采用蓄热系数大的材料，外层为导热系数小的材料，这样就可以更加有效地保温蓄热，改善温室内环境条件。

1. 墙体和后坡的材料与构造 节能型日光温室的墙体和后坡以三层异质复合结构较为合理，其保温蓄热性能更好。经研究表明，白天在温室内气温上升和太阳辐射的作用下，墙体和后坡内层成为吸热体，而当温室内气温下降时，墙体和后坡内层成为放热体。

（1）墙体的构造 墙体由 3 层不同材料构成，其中内层起蓄热和承重作用，采用蓄热能力强的材料如红砖、石块或碎石等，在白天能吸收更多的热量并储存起来，到夜晚即可放出更多的热量；为进一步增强内层的蓄热能力，将其内表面用黑色外墙漆或涂料涂为黑色，同时将内层建造成穹形或蜂窝状墙体。中间层起隔热保温作用，一般使用隔热材料如蛭石、珍珠岩、炉渣或聚苯乙烯泡沫保温苯板填充或空心，阻隔温室内热量向外流失。外层起承重和保护中间保温隔热层的作用，一般采用砖或加气混凝土砌块等。

（2）后坡的构造 一般由防水层、保温隔热层、承重蓄热层等组成，其中防水层在最顶层，起保护中间保温隔热层的作用；承重蓄热层在最底层，起承重和蓄热放热作用；中间层为保温隔热层，阻隔温室内热量向外流失，通常用秸秆、稻草、炉渣、珍珠岩、聚苯乙烯泡沫板等材料填充。墙体和后坡材料的吸热、蓄热和保温性能主要从其导热系数、比热容和蓄热系数等几个热工性能参数判断（表 13-9），导热系数小的材料保温性能好，比热容和蓄热系数大的材料蓄热性能好。

表 13-9 日光温室墙体或后坡材料的热工性能参数

材料名称	密度 ρ (kg/m^3)	导热系数 λ [W/(m·℃)]	蓄热系数 S_{24} [$W/(m^2·℃)$]	比热容 c [kJ/(kg·℃)]
钢筋混凝土	2 500	1.74	17.20	0.92
碎石或卵石混凝土	2 100～2 300	1.28～1.51	13.50～15.36	0.92
粉煤灰陶粒混凝土	1 100～1 700	0.44～0.95	6.30～11.40	1.05
加气、泡沫混凝土	500～700	0.19～0.22	2.76～3.56	1.05
石灰水泥混合砂浆	1 700	0.87	10.79	1.05

（续）

材料名称	密度 ρ (kg/m³)	导热系数 λ [W/(m·℃)]	蓄热系数 S_{24} [W/(m²·℃)]	比热容 c [kJ/(kg·℃)]
砂浆黏土砖砌体	1 700～1 800	0.76～0.81	9.86～10.53	1.05
空心黏土砖砌体	1 400	0.58	7.52	1.05
夯实黏土墙或土坯墙	2 000	1.1	13.3	1.1
石棉水泥板	1 800	0.52	8.57	1.05
水泥膨胀珍珠岩	400～800	0.16～0.26	2.35～4.16	1.17
聚苯乙烯泡沫塑料	15～40	0.04	0.26～0.43	1.6
聚乙烯泡沫塑料	30～100	0.042～0.047	0.35～0.69	1.38
木材（松和云杉）	550	0.175～0.350	3.9～5.5	2.2
胶合板	600	0.17	4.36	2.51
纤维板	600	0.23	5.04	2.51
锅炉炉渣	1 000	0.29	4.40	0.92
膨胀珍珠岩	80～120	0.058～0.07	0.63～0.84	1.17
锯末屑	250	0.093	1.84	2.01
稻壳	120	0.06	1.02	2.01

2. 墙体和后坡的厚度（彩图 13－3 和彩图 13－4）

（1）墙体厚度　①三层夹心饼式异质复合结构：内层为承重和蓄热放热层，一般为蓄热系数大的砖石结构，厚度以 24～37 cm 为宜；中间为保温层，一般为空心或添加蛭石、珍珠岩或炉渣（厚度 20～40 cm 为宜）或保温苯板（厚度以 5～20 cm 为宜），以保温苯板保温效果最佳；外层为承重层或保护层，一般为砖结构，厚度 12～24 cm 为宜。②两层异质复合结构：内层为承重和蓄热放热层，一般为砖石结构（厚度要求 24 cm 以上）；外层为保温层，一般为堆土结构，堆土厚度最窄处以当地冻土层厚度加 20～40 cm 为宜。③单层土墙结构：墙体为土壤堆积而成，墙体最窄处厚度以当地冻土层厚度加 30～80 cm 为宜。

（2）后坡厚度　①三层夹心饼式异质复合结构：内层为承重和蓄热放热层，一般为水泥构件或现浇混凝土构造（厚度 5～10 cm 为宜）；中间为保温层，一般为蛭石、珍珠岩或炉渣（厚度 20～40 cm 为宜）或保温苯板（厚度以 5～20 cm 为宜）；外层为防水、保护层，一般为水泥砂浆构造并做防水处理，厚度以 5 cm 左右为宜。②两层异质复合结构：内层为承重和蓄热放热层，一般为水泥构件或混凝土构造（厚度 5～10 cm 为宜）；外层为保温层，一般为秸秆或草苫、芦苇等，厚度以 0.5 m 左右为宜，秸秆或草苫、芦苇等外面最好用塑料薄膜包裹，然后再用草泥护坡。③单层结构：后坡为玉米等秸秆、杂草或草苫、芦苇等堆积而成，厚度一般以 0.8～1.0 m为宜，以塑料薄膜包裹，外层常用草泥护坡。

（三）前屋面的保温覆盖（彩图 13－5）

前屋面是日光温室的主要散热面，散热量占温室总散热量的 73％～80％，所以前屋面的保温十分重要。前屋面除覆盖透明覆盖材料——塑料棚膜外，还要注意四点：一是覆盖草苫和保温被等保温覆盖物。保温覆盖材料铺设在日光温室的采光屋面的塑料薄膜上方，主要用于日光温室的夜间保温，所以具有良好的保温性能是对保温覆盖材料的首要要求。二是，保温覆盖材料要求卷放，因而对应的保温系统也是一种活动式卷放系统，所以，要求保温覆盖材料必须为柔性材料。三是，保温覆盖材料安装后将始终处于室外露天条件下工作，为此，要求其能够防风、防水、耐老化，以适应日常的风、雨、雪、雹等自然气候条件。四是，保温覆盖材料还应有广泛的材料来源、低廉的制造加工成本和市场售价。

1. 草苫 草苫是用稻草、蒲草或芦苇等材料编织而成。草苫（帘）一般宽 1.2～2.5 m，长为采光面之长再加上 1.5～2 m，厚度为 4～7 cm。盖草苫一般可增温 4～7 ℃，但实际保温效果与草苫的厚度、材料有关，蒲草和芦苇的增温效果相对较好一些。制作草苫简单方便，成本低，是当前设施栽培覆盖保温的首选材料，一般可使用 3～4 年。但草苫等保温覆盖材料笨重，卷放费工、费力，被雨雪浸湿后，既增加了重量，又使保温性能下降，而且对薄膜污染严重，容易降低透光率。

2. 纸被 在寒冷地区或季节，为了弥补草苫保温能力的不足，进一步提高保温防寒效果，可在草苫下边增盖纸被。纸被系由 4 层旧水泥袋或 6 层牛皮纸缝制成和草苫大小相同的覆盖材料。纸被可弥补草苫缝隙，保温性能好，一般可增温 5～8 ℃，但冬春季多雨雪地区易受雨淋而损坏，应在其外部包一层薄膜可达防雨的目的。

3. 保温被 一般由 3～5 层不同材料组成，外层为防护防水层（塑料膜或经过防水处理的帆布、牛津布和涤纶布等），中间为保温层（主要为旧棉絮或纤维棉或废羊毛绒或工业毛毡或聚乙烯发泡材料等），内层为防护层（一般为无纺布或牛津布等，为进一步提高保温被的保温效果，还可在保温被内侧粘贴铝箔反光膜用以阻挡设施内的远红外长波辐射）。其特点是质量轻、蓄热保温性高于草苫和纸被，一般可增温 6～8 ℃，在高寒地区可达 10 ℃，但造价较高。如保管妥当可使用 5～6 年。由于保温被中间保温芯所采用材料不同，产品的保温性能差异较大。同时缝制保温被时的针眼是否进行防水处理也严重影响保温被的保温性能。由于保温被针眼处的渗水，在遇到下雨或下雪天后，雨水很容易进入保温被的保温芯，使保温芯受潮降低其保温性能，而且由于缝制保温被的针眼较小，所以进入保温芯的水汽很难再通过针眼排出，而保护保温芯的材料又是比较密实的防水材料，因此长期使用后保温被将会由于内部受潮而失去保温性能，或者内部受潮发霉，完全失去其使用功能。

（1）针刺毡保温被 中间保温芯材料为针刺毡，采用缝合方法制成。“针刺毡”是用旧碎线（布）等材料经一定处理后重新压制而成的，造价低，防风性能和保温性能好，但防水性较差。但如果表明用上牛津防雨布，就可以做成防雨的保温被，另外，在保温被收放保存之前，需要大的场地晾晒，只有晾干后才能保存。

（2）塑料薄膜保温被 采用蜂窝塑料薄膜、无纺布和化纤布缝合制成。它具有重量轻、保温性能好的优点，适于机械卷放。它的缺点是里面的蜂窝塑料薄膜和无纺布经机械卷放碾压后容易破碎。

（3）腈纶棉保温被 采用腈纶棉或太空棉等作中间保温芯的主要材料，用无纺布做面料，采用缝合方法制成。在保温性能上可满足要求，但其结实耐用性差。无纺布几经机械卷放碾压，会很快破损。另外，因它是采用缝合方法制成，下雨（雪）时，水会从针眼渗到里面。

（4）棉毡保温被　以棉毡作防寒的主要材料，两面覆上防水牛皮纸，保温性能与针刺毡保温被相似。由于牛皮纸价格低廉，所以这种保温被价格相对较低，但其使用寿命较短。

（5）泡沫保温被　采用微孔泡沫作防寒材料，上下两面采用化纤布作面料。主料具有质轻、柔软、保温、防水、耐化学腐蚀和耐老化的特性，经加工处理后的保温被不仅保温性持久，且防水性极好，容易保存，具有较好的耐久性。它的缺点是自身重量太轻，需要解决好防风问题，同时经机械卷放碾压很快变薄，保温效果急剧下降。

（6）防火保温被　在中间保温芯的上下两面分别黏合了防火布和铝箔构成，具有良好的防水防火保温性、抗拉性，可机械化传动操作，省工省力，使用周期长。

（7）羊毛保温被　中间保温芯材料为羊毛绒，具有质轻、防水、防老化、保温隔热等功能，使用寿命更长，保温效果最好。羊毛沥水，有着良好的自然卷曲度，能长久保持蓬松，在保温性能上当属第一，但价格较高。

（8）新型保温被　根据日光温室采光屋面热量散失的特点，中国农业科学院果树研究所研发出新型保温被并获得国家专利，该保温被由 6 层组成，其中，中间层为保温芯（材料根据各地情况可选择针刺毡、腈纶棉或太空棉、微孔泡沫或羊毛绒等），紧贴中间层的上下两层为抗拉无纺布（防止中间保温芯变形），抗拉无纺布上层为牛津布防护层，抗拉无纺布下层为反光铝箔或镀铝牛津布，最外层为活动防水膜（保温被覆盖在日光温室上时活动防水膜套到保温被的最外层起防水作用）；当保温被从日光温室撤下保存时将活动防水膜先撤下存放，而保温被等晒干后再保存防止保温被受潮腐烂。

4. 前屋面保温覆盖材料配套卷放设备——卷帘机（彩图 13－6）　卷帘机是用于卷放保温被等保温覆盖材料的配套设备。目前生产中常用卷帘机主要有 3 种类型，一种是顶卷式卷帘机，一种是中央底卷式卷帘机，一种是侧卷式卷帘机。其中，顶卷式卷帘机卷帘绳容易叠卷，导致保温被卷放不整齐，需上后坡调整，容易将人卷伤甚至致死；而侧卷式卷帘机由于卷帘机设置于温室一头，一头受力，容易造成卷帘不整齐，导致一头低一头高，容易损毁机器；中央底卷式卷帘机克服了上述缺点，操作安全方便，应用效果最好，但普通中央底卷式卷帘机下方的保温被不能同时卷放，需人力卷放，影响工作效率。中国农业科学院果树研究所针对上述情况，研发出能同时卷放卷帘机下方保温被的中央底卷式卷帘机并获得国家专利，有效解决了中间保温被的机械卷放问题。

（1）屈臂式外保温材料简易卷放装置的安装（图 13－5）

① 屈臂及电动卷帘机的安装。屈臂的立杆和撑杆长度总和等于日光温室跨度加脊高，其中立杆比撑杆长度长 0.5 m。首先，将套管 2、1.5 m 长的横杆 2 和连接活节焊接到屈臂立杆上，其中套管 2 焊接到屈臂立杆的一端，连接活节焊接到屈臂立杆的另一端，1.5 m长的横杆 2 焊接到屈臂立杆距套管 2 一端 2.0 m 处，然后将固定环 1 和固定环 2 焊接到横杆 2 两端距端点 0.15 m 处。其次，将1.5 m长的横杆 1 和连接活节焊接到屈臂撑杆上，其中连接活节焊接到屈臂撑杆的一端，横杆 1 焊接到屈臂撑杆的另一端距端点 1.5 m 处，然后将滑轮 1 和滑轮 2 焊接到横杆 1 两端距端点 0.15 m 处。随后将屈臂立杆和屈臂撑杆通过连接活节装配到一起，同时将屈臂立杆通过套管 1、套管 2、套管 3 和固定轴安装固定到地面铁桩上，地面铁桩距栽培设施 2.0 m；将电动卷帘机装配到屈臂撑杆上。最

后，将卷被杆1和2安装到电动卷帘机上。

② 卷被绳和保温被等外保温材料的安装。首先，将卷被绳1、卷被绳2和卷被绳3的一头系到位于屋脊处的卷被绳顶固定环上并抻直；卷帘机两侧的卷被绳顶固定环两两之间距离1.5～2.0 m，卷帘机正对的两卷被绳顶固定环之间距离1.2 m。其次，将保温被等外保温材料铺到卷被绳上面，然后将卷被杆1和卷被杆2放置到卷帘机两侧的保温被等外保温材料下端的上面，将卷被杆3放置到卷帘机下面正对的保温被等外保温材料下端的上面，保温被等外保温材料一端固定到屋脊处。最后，将卷被绳和保温被等外保温材料的另一头固定到卷被杆上。

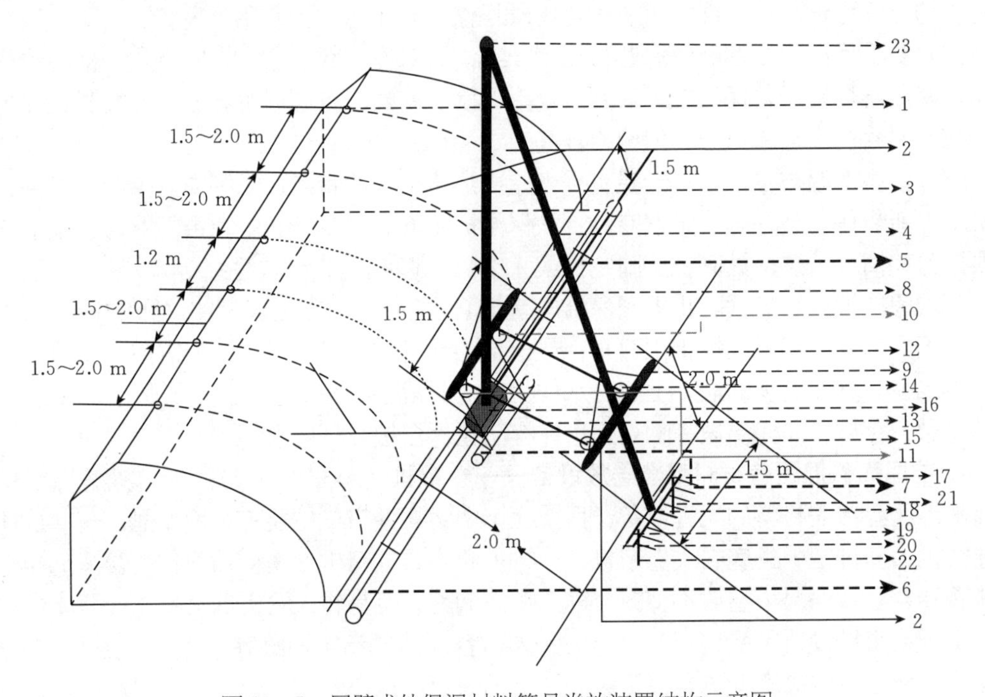

图13-5 屈臂式外保温材料简易卷放装置结构示意图

1. 卷被绳顶固定环 2. 卷被绳1（用于卷放卷帘机两侧的外保温材料） 3. 屈臂撑杆 4. 屈臂的立杆 5. 卷被杆1（用于卷放卷帘机两侧的外保温材料） 6. 卷被杆2（用于卷放卷帘机两侧的外保温材料） 7. 卷被杆3（用于卷放卷帘机下面的外保温材料） 8. 横杆1（用于安装滑轮） 9. 横杆2（用于安装卷被绳底固定环） 10. 滑轮1 11. 滑轮2 12. 卷被绳2（用于卷放卷帘机下面的外保温材料） 13. 卷被绳3（用于卷放卷帘机下面的外保温材料） 14. 固定环1（用于固定卷被绳2） 15. 固定环2（用于固定卷被绳3） 16. 电动卷帘机 17. 套管1 18. 套管2 19. 套管3 20. 固定轴 21. 铁桩1 22. 铁桩2 23. 连接活节

（2）导轨式外保温材料简易卷放装置的安装（图13-6） ①导轨及电动卷帘机的安装。首先，将导轨上支架安装到屋脊处，导轨下支架通过铁桩1和2安装固定到地面，导轨下支架距栽培设施2.5 m，然后将导轨装配到上下支架上。其次，将卷帘机吊架通过吊架转轮装配到导轨上，然后将电动卷帘机安装到吊架上，同时将保险杆焊接到导轨下端。随后将1.5 m长的横杆1焊接到卷帘机吊架距卷帘机一端0.5 m处，滑轮1和滑轮2焊接到横杆1两端距端点0.15 m处；将1.5 m长的横杆2焊接到导轨下支架距地面2.0 m处，

然后将固定环 1 和固定环 2 焊接到横杆 2 两端距端点 0.15 m 处。最后，将卷被杆 1 和 2 安装到电动卷帘机上。②卷被绳和保温被等外保温材料的安装。首先，将卷被绳 1、卷被绳 2 和卷被绳 3 的一头系到位于屋脊处的卷被绳顶固定环上并抻直，卷帘机两侧的卷被绳顶固定环两两之间距离 1.5～2.0 m，卷帘机正对的两卷被绳顶固定环之间距离 1.2 m；其次，将保温被等外保温材料铺到卷被绳上面，将卷被杆 1 和卷被杆 2 放置到卷帘机两侧的保温被等外保温材料下端的上面，将卷被杆 3 放置到卷帘机下面正对的保温被等外保温材料下端的上面，保温被等外保温材料一头固定到屋脊处；最后，将卷被绳和保温被等外保温材料的另一头固定到卷被杆上。

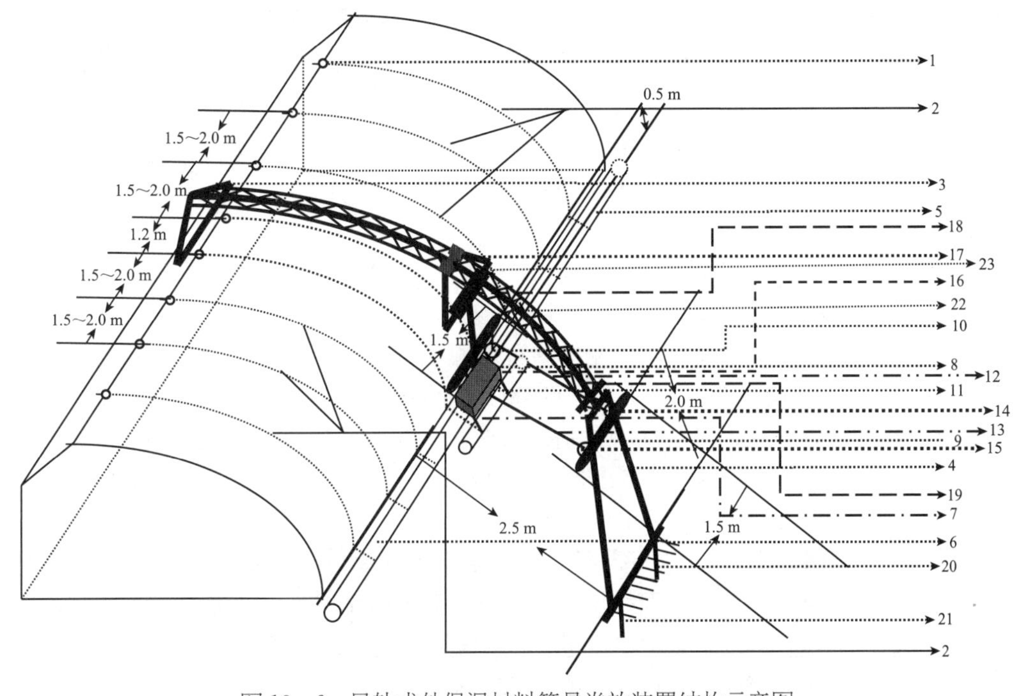

图 13 - 6　导轨式外保温材料简易卷放装置结构示意图

1. 卷被绳顶固定环　2. 卷被绳 1（用于卷放卷帘机两侧的外保温材料）　3. 导轨上支架　4. 导轨下支架
5. 卷被杆 1（用于卷放卷帘机两侧的外保温材料）　6. 卷被杆 2（用于卷放卷帘机两侧的外保温材料）
7. 卷被杆 3（用于卷放卷帘机下面的外保温材料）　8. 横杆 1（用于安装滑轮）　9. 横杆 2（用于安装卷被绳底固定环）
10. 滑轮 1　11. 滑轮 2　12. 卷被绳 2（用于卷放卷帘机下面的外保温材料）
13. 卷被绳 3（用于卷放卷帘机下面的外保温材料）　14. 固定环 1（用于固定卷被绳 2）
15. 固定环 2（用于固定卷被绳 3）　16. 电动卷帘机　17. 卷帘机吊架转轮　18. 吊架套管
19. 保险杆（防止卷帘机转轮脱离导轨）　20. 铁桩 1　21. 铁桩 2　22. 导轨　23. 卷帘机吊架

（3）工作原理与工作过程　①保温被等外保温材料的卷起：将电动卷帘机开关扳至“顺”档，电动卷帘机驱动卷被杆 1 和 2 作顺时针转动，在卷被绳 1 与卷被杆 1 和 2 的共同作用下，电动卷帘机两侧的保温被等外保温材料被卷起；同时在横杆 1 上的滑轮 1 和 2 的转向作用下，卷被绳 2 和 3 将电动卷帘机下面的保温被等外保温材料同时卷起。②保温被等外保温材料的放下。将电动卷帘机开关扳至“倒”档，电动卷帘机驱动卷被杆 1 和 2 作逆时针转动，在保温被等外保温材料和卷被杆自身重力与卷被杆 1 和 2 向下转动的共同作用下，电动卷帘机两侧的保温被等外保温材料被放下；同时，在横杆 1 上的滑轮 1 和 2 的转向作用下，在外保温材料和卷被杆 3 自身重力与卷被杆 2 和 3 的向下推动下，电动卷帘机下面的保温被等外保温材料与卷被绳 2 和 3 同时被放下。

（四）减少缝隙冷风渗透

在严寒的冬季，日光温室的室内外温差很大，即使很小的缝隙，在大温差下也会形成强烈对流交换，导致大量散热。特别是靠进出口一侧，管理人员出入开闭过程中难以避免冷风渗入，应设置缓冲间。

缓冲间一般设置在东西山墙，室内靠门处挂门帘保温。与进出口相通的缓冲间不仅具有缓冲进出口热量散失、作为住房或仓库用外，还可让管理操作人员进出温室时先在缓冲间适应一下环境，以免影响身体健康（彩图 13 - 7）。墙体、后屋面建造都要无缝隙，夯土墙、草泥垛墙应避免分段构筑垂直衔接，应采取斜接的方式。后屋面与后墙交接处，前屋面薄膜与后屋面及山墙的交接处都应注意不留缝隙。前屋面覆盖薄膜不用铁丝穿孔，薄膜接缝处、后墙的通风口等，在冬季严寒时都应注意封闭严密。

（五）减少土壤散热

1. 防寒沟 在温室四周设置防寒沟，对于减少温室内热量通过土壤外传，阻止外面冻土对温室内土壤的影响，保持温室内较高的地温，以保证温室内边行葡萄植株的良好生长发育特别重要。据中国农业科学院果树研究所测定：在辽宁兴城，设置防寒沟的日光温室 2 月日平均 5～25 cm 地温比未设置防寒沟的日光温室高 4.9～6.7 ℃。防寒沟要求设置在温室四周 0.5 m 内为宜，以紧贴墙体基础为佳。防寒沟如果填充保温苯板，厚度以 5～10 cm 为宜，如果填充秸秆杂草，厚度以 20～40 cm 为宜；防寒沟深度以大于当地冻土层深度 20～30 cm 为宜（彩图 13 - 8）。

2. 半地下式温室 建造半地下式温室（即温室内地面低于温室外地面）可显著提高温室内的气温和地温，与室外地面相比，一般宜将温室内地面降低 0.5 m 左右为宜。需要注意的是，半地下式温室排水是关键问题，因此夏季需揭棚的葡萄品种如果在夏季雨水多的地区栽培，不宜建造半地下式温室（彩图 13 - 8）。

3. 蓄水池/袋/桶 北方地区冬季严寒，直接把水引入温室内灌溉作物会大幅度降低土壤温度，甚至使作物根系遭受冷害，严重影响作物生长发育和产量及品质的形成，因此在温室内山墙旁边修建蓄水池/袋/桶以便冬季用于预热灌溉用水，对于设施葡萄而言具有重要意义（彩图 13 - 7）。

三、通风设计

通风换气是调控温室内环境的重要技术手段。温室使用的目的是创造适于植物生长的、优于室外自然环境的条件，但在相对封闭的条件下，室外热作用和室内植物等对室内环境的影响容易积累起来，易产生高温、高湿和不适的空气成分环境。这时，通风换气往往是最经济有效的环境调控措施，具有排除多余热量，补充 CO_2、提高室内 CO_2 浓度，排除室内的水汽、降低空气湿度等作用。

（一）温室通风设计的基本要求

根据温室通风换气的目的，其设计的基本要求首先是通风系统应能够提供足够的通风

量，有有效调控室内气温、湿度和补充 CO_2 的能力，以达到满足温室内植物正常生长发育要求的环境条件。

根据温室内环境调控的需要确定的单位时间内温室内外交换的空气体积称为必要通风量，而通风系统的设计通风能力称为设计通风量或设计换气量，设计中一般应满足：设计通风量≥必要通风量。设计通风量与必要通风量的单位为 m^3/s 或 m^3/h。在生产应用中有时也采用换气次数来表示通风量的大小，换气次数 n 与通风量的关系为：

$$n=L/V \text{（次/h 或次/min）}$$

式中 L——通风量，m^3/h 或 m^3/min；

V——温室内部空间体积，m^3。

温室通风换气的要求随植物的种类、生长发育阶段、地区和季节的不同，以及一日内不同的时间、不同室外气候条件而异，因此要求根据不同需要，通风量在一定范围内能够有效方便地进行调节。

为保证植物具有适宜的叶温和蒸腾作用强度以及有利 CO_2 扩散和吸收，室内要求具有适宜的气流速度，一般应为 0.3～1 m/s，高湿度、强光照时气流速度可适当高一些。温室内空气的流动也有利于室内的空气温度和湿度均匀分布，通风系统的布置应使室内气流尽量分布均匀，冬季避免冷风直接吹向植物。从经济性方面考虑，通风系统的设备投资费用要低，设备耐用，运行效率高，运行管理费用低。在使用和管理方面，要求通风设备运行可靠，操作控制简便，不妨碍温室内的生产管理作业，遮阴面积要小。

（二）温室的必要通风量

温室的必要通风量需根据其所在地区气候、季节、温室建筑和栽培植物要求等条件确定。温度条件常是环境调控中首要的调控目标，并且除寒冷的时期外，一般抑制高温的必要通风量最大，通风量满足抑制高温要求时，也能够相应地满足排湿与补充 CO_2 的要求。因此，在通风系统以抑制高温为目的运行时，通风量的确定可不考虑排湿与补充 CO_2 的要求。而在温室内没有抑制高温要求时，应根据排湿与补充 CO_2 的要求确定合适的通风量。在寒冷的时期，通风会引起较大热量损失时，尽可能不进行通风，这时应采取其他措施降低室内的湿度，并采用 CO_2 施肥的方法补充 CO_2。

抑制高温的必要通风量通常是通风系统配置的重要依据。根据室内热量平衡关系得出抑制高温的必要通风率［单位温室地面面积的通风量，单位为 $m^3/(m^2 \cdot s)$］为：

$$L_0=[\alpha\tau E_0\ (1-\rho)\ (1-e)\ -KW\ (t_i-t_0)]/c_p\rho_a\ (t_p-t_j)$$

式中 E_0——室外水平面太阳总辐射照度，W/m^2，一般夏季最大可达 900～1 000 W/m^2；

ρ——室内对太阳辐射的反射率，一般取 0.1；

τ——温室透明覆盖层对太阳辐射的透过率，无遮阳网时一般为 0.6～0.7，有室外遮阳网时可取 0.2～0.3，有室内反射型材料遮阳幕时可取 0.3～0.4；

α——温室受热面积修正系数，一般取 1.0～1.3，温室地面面积大时取较小值；

e——蒸腾蒸发吸收潜热与室内吸收的太阳辐射热之比，一般为 0.5～0.7；

K——全部透明覆盖层的平均传热系数，一般取 4～6 W/(m^2·℃)；

W——散热比，为温室的覆盖表面面积与地面面积之比，一般为 1.2～1.8；

t_i 和 t_0——分别为室内与室外气温,℃；

t_j——进入室内的空气温度，当未对进风进行降温处理时，$t_j = t_0$,℃；

t_p——排风温度，当通风量不大，室内温度分布较均匀时可近似取 $t_p = t_i$,℃；

c_p——空气的定压质量比热，可取 1 030 J/(kg·℃)；

ρ_a——空气的密度，kg/m^3，近似取 $353/(t_0+273)$。

在通风率较小时，通风率的较少增加即可显著减少室内外温差（即降低室内气温）。随着通风率逐渐增大，室内气温的降低速率逐渐减缓。当通风率达到 0.10 m^3/(m^2·℃)左右时，温室内外气温差已减少至 1～2 ℃，则继续增加通风率时室内气温降低很小，却使风机的运行耗能与运行费用不必要地增加。因此，从经济性的角度考虑，一般通风率宜在 0.08 m^3/(m^2·℃) 以下，约相当于换气次数低于 1.5 次/min（90 次/h）。根据必要通风率则可得面积为 As（m^2）的温室的必要通风量为：$L=AsL_0$（m^3/s）。

补充 CO_2 的必要通风率与温室内栽培植物的种类、生长发育阶段和茂密程度、室内光照和气温等环境状况有关，还与设定的 CO_2 调控浓度目标有关。在环境条件较为适宜、植物较为茂密、光合作用较为旺盛时，必要通风率要求较高。通常在温室内 CO_2 调控浓度设定为 270 μL/L 左右时，补充 CO_2 的必要通风率为 0.01～0.03 m^3/(m^2·s)。

排除水汽、降低室内空气湿度的必要通风率，与温室内栽培植物的种类和茂密程度、室内光照、气温和湿度等环境状况、土壤表面潮湿状况，以及室外空气的水汽含量有关，也与设定的室内空气相对湿度的调控目标有关。当温室内植物较为茂密，环境较为潮湿，且光照较强、气温较高、室内植物蒸腾旺盛，以及室外空气的水汽含量也较高时，必要通风量要求较高。在一般情况下，白昼要控制温室内相对湿度在 85%以下时，所需必要通风率为 0.01～0.035 m^3/(m^2·s)。

在同一时期，根据以上的分析计算，可以分别确定出排热降温、补充 CO_2 以及排除室内水汽所需的 3 个必要通风量，一般取其中最大值作为该时期的必要通风量。在设计中，使设计通风量大于该必要通风量，则可满足 3 方面的要求。

（三）温室的自然通风

1. 热压作用下的自然通风 热压通风是利用室内外气温不同而形成的空气压力差促使空气流动。当室内气温高于室外气温时，室内空气密度小于室外空气密度。这时由于室内空气浮力的作用，空气将向上流动，形成下部通风口内部空气压力低于外部，空气从室外向室内流动，上部通风口内部压力高于外部，空气从室内向外流动的情况，这种上下窗口的内外压力差即为热压。

2. 风压作用下的自然通风 室外自然风经过建筑物时，气流将发生绕流，在建筑物四周呈现变化的空气压力分布。在迎风面气流受阻，形成滞流区，流速降低，静压升高；而侧面和背风面气流流速增大和产生涡流，静压降低。外部空气将从迎风墙面上的开口处进入室内，从侧面或背风面开口处流出。

3. 自然通风系统的布置 自然通风系统为保证热压通风效果，一般在温室前底角处设置进风口/窗，采光屋面顶部设置排风口/窗，尽可能加大进风口/窗和排风口/窗的高

差。为获得较大的通风口/窗的面积，进风口/窗和排风口/窗多采用通常设置的方式。塑料薄膜日光温室通常采用卷膜式通风口，通风面积大，且开闭的卷膜机构较简单，造价低廉（中国农业科学院果树研究所根据实际需求，研发出自然通风卷膜装置并获得国家专利，彩图 13-9）。为使风压和热压的效果叠加，避免相互抵消，通风口/窗的设置应尽可能使风压和热压通风的气流方向一致，如使排风口/窗方向位于当地主导风向的下风方向，避免风从排风口处倒灌。另外，为提高夏季温室内的通风效果，必须在后墙上设置圆形通风口，圆形通风口在冬季密封效果好。

中国农业科学院果树研究所研发的顶部通风口卷膜装置（图 13-7）。

（1）工作原理　如图 13-7 所示，本简易放风装置首先通过手动或电动卷膜器驱动卷杆转动，然后卷杆通过转动驱动放风绳 1 和放风绳 2 在卷杆上做缠绕或解缠绕运动，最后放风绳 1 和放风绳 2 通过滑轮变向驱动放风膜做往复运动，从而实现放风口的开启与闭合。在工作过程中，通过配重块调节放风绳使放风绳始终处于紧绷状态，防止滑轮翻转和放风绳在卷杆上重叠缠绕，同时起到有效防风的效果。

（2）安装过程　①固定件的安装。a. 卷杆的安装：将卷杆 1 通过固定轴承 2 安装在温室的后墙/后坡或塑料拱棚的顶部位置。b. 滑轮的安装：将滑轮 1 固定安装在压膜绳 9 上，安装位置位于放风膜 13 处于完全关闭状态时放风膜 13 上的穿膜绳 5 与压膜绳 9 交叉点下移 30 cm 处的压膜绳 9 上，压膜绳 9 于安装滑轮 1 位置处打结防止滑轮 1 打滑；滑轮 2 和滑轮 3 固定安装在日光温室或塑料大棚的骨架上，安装位置位于距日光温室屋脊或塑料拱棚顶部 40 cm 处的骨架上。②放风绳的安装。首先将放风膜 13 置于完全关闭状态，然后安装放风绳 1 和放风绳 2。a. 放风绳 1 的安装：首先将放风绳 1 的一端固定在放风膜 13 的穿膜绳 5 上，然后穿过滑轮 1 和滑轮 2，最后将放风绳 1 的另一端缠绕并固定在卷杆 1 上。放风绳 1 在卷杆 1 上的缠绕长度等于放风膜 13 处于完全关闭状态和完全开启状态时穿膜绳 5 所处位置 12 和 11 垂直距离 L 的 2 倍。b. 放风绳 2 的安装：首选将放风绳 2 的一端固定在温室的屋脊或塑料拱棚的顶部处，然后绕过放风膜 13 上的穿膜绳 5 进入设施内部穿过滑轮 3，最后将放风绳 2 的另一端固定在卷杆 1 上。③配重块的安装。于放风

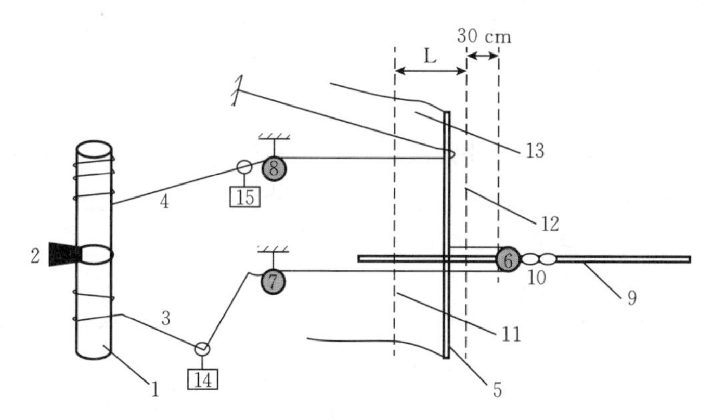

图 13-7　日光温室顶部简易放风装置结构示意图

1. 卷杆　2. 固定轴承　3. 放风绳 1　4. 放风绳 2　5. 放风膜上的穿膜绳　6. 滑轮 1　7. 滑轮 2　8. 滑轮 3　9. 压膜绳　10. 压膜绳上的绳结　11. 放风膜处于完全开启状态时穿膜绳所处的位置　12. 放风膜处于完全关闭状态时穿膜绳所处的位置　13. 放风膜　14. 配重块 1　15. 配重块 2

绳1上位于滑轮2和卷杆1之间通过滑环安装配重块1，滑环保证配重块1在重力作用下在放风绳1上自由运动，配重块1重量750 g；于放风绳2上位于滑轮3和卷杆1之间通过滑环安装配重块2，滑环保证配重块2在重力作用下在放风绳2上自由运动，配重块2重量250 g。

(3) 工作过程　①开启放风口。在手动或电动卷膜器作用下驱动卷杆1做正向转动，卷杆1通过正向转动驱动放风绳1做解缠绕运动和放风绳2做缠绕运动，放风绳1和放风绳2通过滑轮变向驱动放风膜13向上运动开启放风口。②关闭放风口。在手动或电动卷膜器作用下驱动卷杆1做反向转动，卷杆1通过反向转动驱动放风绳1做缠绕运动和放风绳2做解缠绕运动，放风绳1和放风绳2通过滑轮变向驱动放风膜13向下运动关闭放风口。③在放风膜13的开启和关闭工作过程中，配重块1和2在重力作用下调节放风绳使其始终处于紧绷状态。

(四) 温室的机械通风

机械通风系统一般有进气通风、排气通风和进排气通风3种基本形式。排气式通风又称为负压通风，风机布置在排风口，由风机将室内空气强制排除，室内呈低于外部空气压力的负压状态，外部新鲜空气由进风口吸入。排气通风系统换气效率高，易于实现大风量的通风，室内气流分布均匀，因此在温室中目前使用最为广泛。但排气通风要求设施有较好的密闭性，否则不能实现预期的室内气流分布要求。进气式通风系统是由风机将外部空气强制送入室内，形成高于室外空气压力的正压，迫使室内空气通过排气口排出，又称正压通风系统。其优点是对温室的密闭性要求不高，且便于对空气进行加热、冷却、过滤等预处理，室内正压可阻止外部粉尘和微生物随空气从门窗等缝隙处进入污染室内环境。但室内气流不易分布均匀，易形成气流死角，为此往往需设置气流分布装置，如在风机进风口连接塑料薄膜风管，气流通过风管上分布的小孔均匀送入室内。进排气通风系统又称联合通风系统，是一种同时采用风机送风和风机排风的通风系统，室内空气压力可根据需要调控。因使用设备较多、投资费用较高，实际生产中应用较少，仅在有较高特殊要求而以上通风系统不能满足时使用。

1. 风机设备　通风机是机械通风系统中最主要的设备，有轴流式和离心式两种基本类型，均主要由叶轮和壳体组成。风机的技术性能主要有风量和静压，静压用于克服通风系统的通风阻力。风机使用时的风量与通风系统阻力大小有关，一般阻力增大时风量减小。离心式风机的工作原理是依靠叶轮旋转使叶片间跟随旋转的空气获得离心力，机壳内空气压力升高并沿叶片外缘切线方向的出口排出，叶轮中心部分的压力降低，外部的空气从该处吸入。离心式风机的叶轮旋转方向和气流流向不具逆转性，其性能特点是风压大(1 000～3 000 Pa以上)，空气流量相对较小。离心式风机适用于采用较长的管路送风，或通风气流需经过加热或冷却设备等通风阻力较高的情况。轴流式风机的叶片倾斜与叶轮轴线呈一定夹角，叶轮转动时，叶片推动空气沿叶轮轴线方向流动。其性能特点是流量大而压力低，压力一般在几百帕以下。温室通风系统很多情况下通风阻力较小，通常在50 Pa以下，而要求通风量大，轴流式风机的特性可以很好地满足这种要求，由于工作在低静压下，耗能少、效率高。轴流式风机在温室中应用最为广泛。农业设施专用的低压大流量轴流式风机系列产品的叶轮直径范围为560～1 400 mm，适用于工作静压10～50 Pa的工况，

单机的风量可达 8 000～55 000 m^3/h。

2. 机械通风系统的配置　轴流风机的选型依据主要是温室的必要通风量和通风阻力。关于必要通风量的确定见“三通风设计的 2 温室的必要通风量”。对于温室通风系统的通风阻力，在不采用空气处理设备和不经过管道输送，即风机直接连通温室内外空间，大多数进气与排气通风系统中，其通风阻力 Δp 一般为 10～30 Pa，可根据下式计算：

$$\Delta p=\rho_a/2\cdot(L/\mu F)^2$$

式中　ρ_a——空气密度，kg/m^3；

L——通风量，m^3/s；

μ——通风口流量系数；

F——通风口面积，m^2。

如由上式计算出的通风阻力过大，说明通风口面积不够，应予加大。在通风口装有湿垫时，通风阻力为 20～40 Pa。如果室外自然风力影响风机通风时，应按总通风量增加 10%～15%的数值选择和确定风机及其数量。选择风机的型号和数量时，一是考虑总风量应满足必要通风量的要求，同时为使室内气流分布均匀，风机的间距不能太大，一般不能超过 8 m。尤其是风机与进风口间距离较短时，风机的间距应更小一些。另外，较大直径的风机其效率一般比小直径风机高，也易达到风量较大时的要求，从这个角度考虑选用大风机是有利的。但是通风系统在一年不同季节、一天之内不同室外气象等条件下，需要方便地调节风量，风机单台风量过大、台数过少时，不便按通风要求调节风量。所以应综合考虑各种因素，合理选择风机型号、数量，可以采用多台大小风机，适当分组控制运行，以满足不同情况下的通风要求。在风机工作条件方面，由于温室排风湿度大，应考虑防潮和防腐蚀等的要求。机械通风通常采用排气通风系统，风机安装在温室一面侧墙或山墙上，进气口设置在远离风机的相对墙面上。较多采用风机安装在山墙的方式，与安装在侧墙的情况相比，因其室内气流平行于屋面方向，通风断面固定，通风阻力小，气流分布均匀。另外，应使室内气流平行于植物种植行向，以减少室内植物对通风气流的阻力。风机和进风口间距离一般在 30～70 m，过小不能充分发挥通风效率，过大则从进风口至排风口的室内气温上升过大。要对进风进行加温等处理时，可考虑采用进气通风系统。为使室内气流分布均匀，多在风机出口连接塑料薄膜风管，由风管上分布的小孔将气流均匀分配输送入室内。

四、建筑设计

温室的建筑设计主要是温室的平、立、剖面设计以及细部构造设计。

（一）设计原则与依据

1. 设计原则　①满足温室建筑功能要求。科学性、超前性与实用性相结合，全面考虑温室的使用功能，合理选择配套设备。②满足生产工艺要求。合理确定设计标准，生产工艺、主要设备和主体工程要先进、适用、可靠。采用先进的自控手段实现温室设备的自动运行，提高控制水平，降低管理工作量。③经济适用要求。从实际出发，坚持节能高效、因地制宜的原则。④符合总体规划和建筑美观要求。温室单体建筑是总体规划的组成部分，应满足园区总体规划的要求，建筑设计要充分考虑与周围环境的关系。

2. 设计依据 ①温室的使用功能，作物的农艺要求。②人体操作空间与植物种植空间的要求。③配套设备尺寸和必需的空间要求。④当地气候条件和种植的环境要求。⑤当地的地质勘探报告和地形图。⑥相关温室标准：《温室通用技术条件》(Q/JBAL 1—2000)、《温室结构设计荷载》(GB/T 18622—2002)、《连栋温室结构》(JB/T 10288—2001)、《温室电气布线设计规范》(JB/T 10296—2001)、《温室控制系统设计规范》(JB/T 10306—2001)、《温室通风降温设计规范》(GB/T 18621—2002)、《湿帘降温装置》(JB/T 10294—2001) 等。

(二) 场地选择 (彩图 13 - 10)

场地选择与温室的结构性能、环境调控及经营管理等关系很大，主要考虑气候、地形、地质、土壤以及水、电、暖、交通运输等条件。

1. 气候条件 ①气温。重点是冬季和夏季的气温，对冬季所需的加温以及夏季降温的能源消耗进行估算。②光照。考虑光照度和光照时数，其状况主要受地理位置、地形、地物和空气质量等的影响，选择南面开阔、高燥向阳、无遮挡且平坦的地块建造温室。要尽量避免在早晚容易产生阳光遮挡的北面斜坡上建造温室。③风。风速、风向以及风带的分布在选址时也要加以考虑。对于主要用于冬季生产的温室或寒冷地区的温室应选择背风向阳的地带建造；全年生产的温室还应注意利用夏季的主导风向进行自然通风换气。避免在强风口或强风地带建造温室，以利于温室结构的安全；避免在冬季寒风地带建造温室，以利于温室的保温节能。由于我国北方冬季多西北风，建造温室要选在北面有天然或人工屏障如丘陵、山地、防风林或高大建筑物等挡风的地方，而其他三面屏障应与温室保持一定的距离，以避免影响光照。④雪。从结构上讲，雪载是温室的主要载荷，特别是对排雪困难的大中型连栋温室，要避免在大雪地区和地带建造。⑤冰雹。冰雹危害普通玻璃温室的安全，要根据气温资料和局部地区调查研究确定冰雹的可能危害性，避免普通玻璃温室建在可能造成冰雹危害的地区。⑥空气质量。空气质量的好坏主要取决于大气的污染程度。大气污染物主要是臭氧、二氧化硫、二氧化氮、氟化氢、乙烯以及氨等。这些由城市、工矿带来的污染分别对植物不同的生长期有严重的危害。煤燃烧的烟尘、工矿的粉尘以及土路上的尘土飘落到温室上，会严重降低温室的透光性。寒冷天，火力发电厂上空的水汽云雾会造成局部的遮光。因此，在选址时应尽量避开城市污染地区，选在造成上述污染的城镇、工矿的上风向，以及空气流通良好的地带。调查了解时要注意观察该地附近建筑物是否受公路、工矿灰尘影响及其严重程度。

2. 地形与地质条件 平坦的地形便于节省造价和便于管理。为使温室的基础牢固，有必要进行地址调查和勘探，选择地基土质坚实的地方，避开土质松软的地方，以防为加大基础或加固地基而增加造价。在山区，可在丘陵或坡地背风向阳的南坡梯田构建温室，并直接借助梯田后坡作为温室后墙，这样不仅节约建材，降低温室建造成本，而且温室保温效果良好，经济耐用。

3. 土壤条件 对于进行葡萄有土栽培的温室，对地面土壤要进行选择，应选择土壤改良费用较低的土壤，最好选择土壤质地良好、土层深厚、便于排灌的肥沃沙壤土地片构建温室，切忌在重盐碱地、低洼地和地下水位高及种植过葡萄的重茬地建园。值得注意的是，排水性能不好的土壤比肥力不足的土壤更难以改良。

4. 水、电及交通　水量和水质也是温室选址时必须考虑的因素，特别是对于大型温室群，这一点更为重要。要避免将温室置于污染水源的下游，同时要有排、灌方便的水利设施。对于大型温室而言，电力是必备条件之一，特别是有采暖、降温、人工光照、营养液循环系统的温室，应有可靠、稳定的电源，以保证不间断供电。温室应选择在交通便利的地方，但应避开主干道，以防车来车往，造成尘土污染覆盖材料和汽车尾气污染葡萄。

5. 地理与市场区位　设施葡萄生产的高投入特点，必须有高产出和高效益作为其持续发展的保障条件，否则项目从一开始就面临失败的危险，而地理与市场区位条件是影响其效益的重要因素。在我国不同的地域，具有不同的市场需求、产品定位和产品销售渠道与方式，因此在不同地区发展设施葡萄就会有不同的生产模式、产品标准、工程投入和管理方式。

6. 非耕地高效利用　为提高土地利用率，挖掘土地潜力，结合换土与薄膜限根及容器栽培模式或采用无土栽培模式，可在戈壁滩等荒芜土地上构建温室，如在中国农业科学院果树研究所的指导下，新疆等地在戈壁滩上构建日光温室，不仅使荒芜的戈壁滩变废为宝，而且充分发挥了戈壁滩的光热资源优势。

（三）总体布局

建造单栋温室，只要方位正确，不必考虑场地规划，如建造温室群，就必须合理地进行温室及其辅助设施的布置，以减少占地，提高土地利用率，降低生产成本。

1. 布局原则　①明确园区定位，合理布置各功能区。②在园区北侧、西侧设置防护林，距离温室建筑 30 m 以上，既可阻挡冬季寒风，又不影响温室光照。③合理确定各建筑物的间距，避免遮挡，保证温室良好的光照和通风环境。连栋温室尽可能将管理与控制室设在生产区北侧，有利于温室北侧的保温和便于管理。④因地制宜利用场地，种植区尽量安排在适宜种植的或土地规划的地带，辅助建筑尽量安置在土壤条件较差地带，并且集中紧凑布置，减少占地，提高土地利用率。⑤场区布局要长远考虑，留有扩建余地。

2. 建筑组成与布局　一定规模的温室群，除了温室种植区外，还必须有相应的辅助设施，主要有水、暖、电等设施，控制室、加工室、保鲜室、消毒室、仓库以及办公休息室等。在进行总体布置时，应优先考虑种植区的温室群，使其处于场地的采光、通风等的最佳位置。烟囱应布置在其主导风向的下方，以免大量烟尘飘落于覆盖材料上，影响采光。加工室、保鲜室以及仓库等既要保证与种植区的联系，又要便于交通运输。

3. 温室的方位和间距　具体见本章采光设计、建造方位和日光温室间距。

4. 园区道路　有主、次道路之分，可划分为主路、干路、支路三级。主路与场外公路相连，内部与办公区、宿舍区相通，同时与各条干路相接，一般主路和干路宽 4～6 m，支路宽 2 m，支路通常为手推车或电动车设计。干路与支路彼此形成网状布置，推荐使用混凝土、沥青路面或砂石路面。

5. 场区给排水、供电和供暖　①给排水。生产、生活用水应与消防用水分系统设置，均直埋于冻土层以下，分支接口处应设置给水井及明显标识。一般灌溉方式，微喷灌、滴灌或渗灌等灌溉用水应满足《农田灌溉水质标准要求》（GB 5084—1992）。生活用水则应符合市政饮用水要求或单独设置水处理设施。雨水可明渠排放，但明排雨水渠除放坡外，渠上沿应与道路或温室/缓冲间外墙皮保持一定距离，一般 1～2 m；暗排雨水可节省占地面积。污水管道不应与雨水管道混用，应在单独无害处理后排放，或无害处理后回收利用。②供电。供电网的电缆允许架空、直埋或沟设，但必须按规范规划设计与施工。配电站（室）应以三相五线输入，三相四线输出，输出应为 380 V（单相 220 V），50 Hz，电压波动小于 5%；用电设施配电应符合《用电安全守则规定》(GB/T 13869—1992)。③供暖。北纬 41°以南地区，如冬季最冷月平均气温不低于－5 ℃，且极端最低温度不低于－23 ℃时，则节能日光温室冬季运行一般可以不加温。在北纬 41°以北地区或连栋温室，所种植的作物要求较高的气温时，应设置加温设施。应按经济性和环保等要求，根据当地条件选择加温能源种类和补温方式。供暖管网允许直埋或沟设，均应符合有关规范。

（四）中国农业科学院果树研究所低碳、高效、节能日光温室的建造参数

1. 基本参数 中国农业科学院果树研究所低碳、高效、节能日光温室建造的基本参数见表 13－10。

表 13－10 中国农业科学院果树研究所低碳、高效、节能日光温室建造的基本参数

项目	地区		
北纬	31°～37°	38°～43°	44°～48°
建造方位	南偏东 0°～10°（沿海雾大地区，为正南或南偏西 0°～5°）	南偏西 0°～10°	
长度（m）	单栋长度 80～100 m，两栋连建长度 160～200 m（中间 24 或 12 砖墙分隔，东西两头分别设置进出口）		
脊高（m）	3.8	3.5	3.5
跨度（m）	8.5	7.5	6.5
采光屋面角（°）	27.50	30.25	34.99
后坡仰角（°）	56.31	45	45
后坡水平投影长度（m）	1.2	1.5	1.5

2. 采光屋面

（1）骨架材料 采光屋面骨架为钢架竹木混合结构（或钢骨架或菱镁土骨架），其中钢架梁间距为 3.0 m，中间每 60～100 cm 设置一根竹竿或钢架或菱镁土骨架，钢架梁及竹竿等用不锈钢钢线连接成网状，钢线上下间距 30～40 cm；若为钢骨架，则钢架梁与钢骨架之间用 3～4 道钢管连接；钢架梁材料选用电镀锌国标钢管，直径2.5～3.5 cm，下弦及拉筋用直径 10 mm 螺纹钢，拉筋与下弦组成等边三角形，拉筋采用折弯法弯到需要的角度与钢管和下弦焊接，增加焊接面加强牢固度；对于风或雪大的地方，钢架竹木混合结构需在温室采光屋面南北向的中间和屋脊处立支柱防止风或雪将温室压塌，风或雪小的地方不需立水泥支柱。

（2）屋面形状 采光屋面形状为两弧一直线。①北纬 31°～37°地区。屋脊处屋面切线与水平夹角为 5.08°，前底角处屋面切线与水平夹角为 77.38°，由如下三部分构成：水平投影 0～1.0 m 段（南面前底角处定为 0 m），为半径 1.944 m 的圆对应角度为 49.86°对应的一段弧，弧长为 1.692 m；水平投影 1.0～3.8 m 段，为与水平面呈 27.50°夹角的直线，长度为 3.157 m；水平投影 3.8～7.3 m 段，为半径 9.639 m 对应角度为 21.84°对应的一

段弧，弧长为 3. 674 m。②北纬 38°～43°地区。采光屋面形状为两弧一直线，屋脊处屋面切线与水平夹角为 5. 08°，前底角处屋面切线与水平夹角为 73. 56°，由如下三部分构成：水平投影 0～1. 0 m 段（南面前底角处定为 0 m），为半径 2. 178 m 的圆对应角度为 43. 56°对应的一段弧，弧长为 1. 66 m；水平投影 1. 0～3. 5 m 段，为与水平面呈 30°夹角的直线，长度为 2. 88 m；水平投影 3. 5～6. 0 m 段，为半径 6. 07 m 对应角度为 24. 92°对应的一段弧，弧长为 2. 64 m。③北纬 44°～48°地区：采光屋面，形状为两弧一直线，屋脊处屋面切线与水平夹角为 8. 61°，前底角处屋面切线与地面夹角为 69. 89°，由如下 3 部分构成：水平投影 0～1. 0 m 段（南面前底角处定为 0 m），为半径 2. 736 m 的圆对应角度为 34. 88°对应的一段弧，弧长为 1. 665 m；水平投影 1. 0～3. 0 m 段，为与水平面呈 34. 99°夹角的直线，长度为 2. 44 m；水平投影 3. 0～5. 0 m 段，为半径 4. 72 m 对应角度为 26. 38°对应的一段弧，弧长为 2. 172 m。

3. 山墙高度值 中国农业科学院果树研究所低碳、高效、节能日光温室的山墙高度值见表 13 - 11。

表 13 - 11 中国农业科学院果树研究所低碳、高效、节能日光温室的山墙高度值（m）

地区	项目	山墙高度值													
北纬 31°～37°	水平位置	0	0. 25	0. 5	0. 75	1. 0	1. 5	2. 0	2. 5	3. 0	3. 5	3. 8	4. 0	4. 25	4. 5
	高度	0	0. 607	0. 926	1. 144	1. 30	1. 56	1. 82	2. 08	2. 34	2. 60	2. 758	2. 859	2. 978	3. 087
	水平位置	4. 75	5. 0	5. 25	5. 5	5. 75	6. 0	6. 25	6. 5	6. 75	7. 0	7. 3	7. 5	8. 0	8. 5
	高度	3. 189	3. 282	3. 368	3. 446	3. 517	3. 581	3. 637	3. 687	3. 729	3. 766	3. 8	3. 5	2. 75	2. 0
北纬 38°～43°	水平位置	0	0. 25	0. 5	0. 75	1. 0	1. 5	2. 0	2. 5	3. 0	3. 5	4. 0	4. 5	5. 0	5. 5
	高度	0	0. 55	0. 87	1. 10	1. 27	1. 56	1. 85	2. 14	2. 42	2. 72	2. 94	3. 13	3. 28	3. 38
	水平位置	6. 0	6. 5	7. 0	7. 5										
	高度	3. 5	3. 0	2. 5	2. 0										
北纬 44°～48°	水平位置	0	0. 25	0. 5	0. 75	1. 0	1. 25	1. 5	1. 75	2. 0	2. 25	2. 5	2. 75	3. 0	3. 25
	高度	0	0. 508	0. 846	1. 10	1. 30	1. 475	1. 65	1. 825	2. 0	2. 175	2. 35	2. 525	2. 70	2. 863
	水平位置	3. 5	3. 75	4. 0	4. 25	4. 5	4. 75	5. 0	5. 25	5. 5	5. 75	6. 0	6. 25	6. 5	
	高度	3. 005	3. 128	3. 234	3. 323	3. 396	3. 46	3. 5	3. 25	3. 0	2. 75	2. 50	2. 25	2. 0	

注：前底角（南）为水平位置 0. 0 m，北纬 31°～37°地区、北纬 37. 1°～43°和北纬 43. 1°～48°的北墙（北）水平位置分别为 8. 5 m、7. 5 m 和 6. 5 m。

4. 墙体构造

（1）三层异质复合结构 ①内层。蓄热系数大的砖石结构。北纬 31°～37°地区厚度 24 cm，并用白色涂料涂抹；北纬 38°～43°/44°～48°地区厚度 24 cm/37 cm，并用黑色涂料涂抹，为增加受热面积，可采用穹形/蜂窝构造。②中间层。保温苯板，北纬 31°～37°/38°～43°/44°～48°地区厚度分别为 5～10 cm/10～15 cm/15～20 cm。③外层。砖石结构，北纬 31°～37°/38°～43°/44°～48°地区厚度分别为厚度 12 cm/12～24 cm/24 cm。

（2）两层异质复合结构　①内层。蓄热系数大的砖石结构。北纬 31°～37°地区厚度 24 cm，并用白色涂料涂抹；北纬 38°～43°/44°～48°地区厚度 24 cm/37 cm，并用黑色涂料涂抹，为增加受热面积，可采用穹形/蜂窝构造。②外层。堆土结构。堆土厚度最窄处北纬 31°～37°/38°～43°/44°～48°地区分别以当地冻土层厚度增加 10～20 cm/20～40 cm/40～60 cm 为宜。

（3）单层结构　墙体为土墙，用链轨车压实园土做成墙体，墙体呈梯形，墙体最窄处厚度北纬 31°～37°/38°～43°/44°～48°地区分别以当地冻土层厚度加 30～60 cm/60～80 cm/80～100 cm 为宜。

5. 后坡

（1）三层异质复合结构　①内层。蓄热系数大的钢筋混凝土结构。北纬 31°～37°地区厚度 5～10 cm，并用白色涂料涂抹；北纬 38°～48°地区厚度 5～10 cm，并用深色涂料涂抹。②中间层。保温苯板。北纬 31°～37°/38°～43°/44°～48°地区厚度分别为 5～10 cm/10～15 cm/15～20 cm。③外层。水泥砂浆或沥青防水保护层。北纬 31°～48°地区厚度为 5 cm左右。

（2）两层异质复合结构　①内层。蓄热系数大的钢筋混凝土结构，厚度 5～10 cm，北纬 31°～37°地区用白色涂料涂抹，北纬 38°～48°地区用深色涂料涂抹。②中间层。麦草或秸秆等保温材料，北纬 31°～37°/38°～43°/44°～48°地区厚度分别为 40～60 cm/50～70 cm/60～90 cm，用塑料薄膜包裹；塑料薄膜外面为 10 cm 左右厚度的草泥护坡。

（3）单层结构　屋脊处用钢管作为横梁，后坡用间距 30～40 cm 的不锈钢钢线连成网格状，上面铺设 5 cm 左右厚度的芦苇板（可不用），中间铺设麦草或玉米秸秆等保温材料，北纬 31°～37°/38°～43°/44°～48°地区厚度分别为 40～60 cm/50～70 cm/60～90 cm，用塑料薄膜包裹；最后用 10 cm 左右厚度的草泥护坡。

6. 防寒沟　在日光温室四周 0.5 m 内设置防寒沟（如果墙体为土墙或砖石与土混合墙体，只需在温室南端前底角处设置防寒沟），以紧贴墙体基础为佳。防寒沟如果填充保温苯板，北纬 31°～37°/38°～43°/44°～48°地区厚度分别为 5 cm/10 cm/15 cm，如果填充秸秆杂草（外面需包裹塑料薄膜）北纬 31°～37°/38°～43°/44°～48°地区厚度分别为 20 cm/30 cm/40 cm；防寒沟深度北纬 31°～37°/38°～43°/44°～48°地区分别大于当地冻土层深度20 cm/30 cm/40 cm。

7. 温室地坪　温室内地坪为－0.5 m，但夏季雨水多或容易发生积水的地区温室内地坪大于或等于 0.0 m。

8. 温室间距　北纬 31°～37°/38°～43°/44°～48°地区分别以 6～10 m/8～14 m /15～20 m为宜。

9. 蓄水池/袋/桶　于温室山墙一侧或北墙设置蓄水池/袋/桶，容积为每 667 m^2 3～5 m^3 为宜。

10. 阴棚　为了进一步提高土地利用率、增强温室保温能力，可在温室后面搭建阴棚用于食用菌生产或种植。阴棚脊高与温室北墙等高，屋面为拱圆形。水平位置从前底角（0.0 m 处）向北墙（4.0 m 处）的阴棚山墙值见表 13－12。

表 13-12　中国果树所低碳、高效、节能日光温室阴棚的山墙高度值（m）

项目	山墙高度值												
水平位置	0	0.25	0.5	0.75	1.0	1.25	1.5	1.75	2.0	2.25	2.5	2.75	3.0	3.25
高度	0	0.227	0.469	0.680	0.875	1.055	1.219	1.367	1.50	1.617	1.719	1.805	1.875	1.727
水平位置	3.5	3.75	4.0											
高度	1.969	1.992	2.0											

注：阴棚前底角（北）为水平位置 0.0 m，阴棚北墙水平位置为 4.0 m。

第二节　塑料大棚的设计与建造

以太阳能为主要能源，用塑料薄膜作为透明覆盖材料，特殊情况可安装活动保温被的单跨拱屋面结构温室（单栋拱棚）称为塑料大棚，这是一种简易的保护地栽培设施，由于其建造容易，使用方便，投资少，国内外均采用很多。我国最早于 20 世纪 60 年代出现，80 年代后大量推广，尤其在消化吸收日本大棚技术，国内能够自行生产制造镀锌钢管大棚骨架和大棚塑料薄膜后，发展迅速。塑料大棚是在塑料中小拱棚的基础上发展而来，由于空间的增大，大棚结构的强度要求也相应提高。最早的大棚骨架为钢筋焊接桁架或钢筋混凝土骨架，这种类型的骨架目前在生产中还有大量应用。镀锌钢管装配式塑料大棚骨架是一种工厂化生产的产品，结构强度高，材料防腐蚀能力强，一般使用寿命可达到 15～20 年。塑料大棚跨度一般 6.0～12.0 m，脊高 2.2～3.5 m。主要配置的设备有手动卷膜机、滴灌系统，在北方地区使用也有配置加温系统。地下热交换储热系统用在塑料大棚中有非常成功的实例。塑料大棚的主要优点是建设方便、造价低廉；当年换膜，室内采光好；卷膜开窗，自然通风效果佳。主要缺点是空间小、保温差，北方不能越冬生产。塑料大棚在北方地区主要用于春/秋提早、秋延迟栽培，一般比露地栽培可春提早或秋延后各 1 个月。塑料大棚在南方地区可周年生产，亦可用作避雨棚或遮阳棚等使用。塑料大棚一般室内不加温，靠温室效应积聚热量，其最低气温一般比室外气温高 1～2 ℃，平均气温高 3～10 ℃以上。塑料大棚透光率一般在 60%～75%，塑料薄膜特性和骨架阴影率对大棚的透光率有较大的影响。东西延长大棚南侧光照度高，北侧低；南北延长大棚，上午东侧光照度高，下午西侧光照度高，全天平均光照基本平衡，所以大棚平面布局多为南北延长形式。

一、塑料大棚的建筑结构

塑料大棚根据骨架材料的不同可分为竹木结构大棚、钢筋焊接结构大棚、钢筋混凝土骨架大棚、镀锌钢管骨架大棚和装配式涂塑钢管塑料大棚，此外，还有悬索结构大棚，但用量很少（彩图 13-11）。

（一）竹木结构塑料大棚

塑料大棚是在中小拱棚的基础上发展而来的。早期的塑料大棚主要以竹木结构为主，室内多柱，拱杆用竹竿或毛竹片，屋面纵向系梁和室内柱用竹竿或圆木，跨度在 6～12 m，长度 60 m 左右，脊高 1.8～2.5 m。这种大棚投资抵，建造简单，农村可就地取材，但由于室内多柱，空间低矮，农事操作不便，机械化作业困难，骨架遮阴面积大，结构抗风雪能力差，在经济比较发达地区已基本淘汰。

（二）钢筋/管焊接结构塑料大棚

为解决竹木结构大棚室内多柱、农事操作不便、抗风雪能力差的问题，用钢筋或钢筋与钢管焊接成平面或空间桁架作为大棚的骨架，这样就形成了钢筋/管大棚。其跨度在8～20 m，长度 80 m 左右，脊高 2.6～3.0 m，拱距 1.0～1.2 m。这种大棚骨架强度高，室内无柱，空间大，透光性能好，但由于室内高湿对钢材的腐蚀作用强，所以几乎每年需要刷漆保养，使用寿命受到很大影响。

（三）钢筋混凝土骨架塑料大棚

钢筋混凝土骨架是为了克服钢筋骨架耐腐蚀性差、造价高的缺点而开发的。跨度一般6～8 m，长度 60 m 左右，脊高 2.0～2.5 m。骨架一般在工厂生产，现场安装，这样构件质量较稳定。但细长杆件容易破损，运输和安装过程中骨架损坏率较高，在距离混凝土构件厂较远时也采用现场预制，但质量不易保证。这种骨架的一个缺点是遮阴率较高。

（四）镀锌钢管骨架塑料大棚

镀锌钢管骨架大棚，其拱杆、纵向拉杆、端头立柱均为薄壁钢管，并用专用卡具连接形成整体。塑料薄膜用卡膜槽和弹簧卡固定，所有杆件和卡具均采用热镀锌防腐处理，是工厂化生产的工业产品，已形成标准规范的系列产品，跨度在 6.0～12.0 m，肩高 1.0～1.8 m，脊高 2.5～3.2 m，拱距 0.5～1.2 m，长度 80 m 左右。这种大棚为组装式结构，建造方便，并可拆卸迁移；棚内空间大，农事作业方便；骨架截面小，遮阴率低；构件热浸镀锌，抗腐蚀能力强；材料强度高，承载能力强，温室整体稳定性好。其使用寿命可达15 年以上，目前在国内推广较多。

（五）装配式涂塑钢管塑料大棚

装配式涂塑钢管塑料大棚骨架与装配式热镀锌钢管骨架相比，具有强度相当、价格低廉和耐腐蚀的特点，是面向大众，替代竹木结构大棚的理想选择。安装方便，为单拱卡接装配式结构，顶部插管，铆钉对接。拱架与纵向拉杆卡接，两侧可安装卡槽。设 5 道纵向拉杆，大棚整体稳定性良好。跨度 6～10 m，脊高 2.8～3.0 m，肩高 1.2 m，柱脚埋深0.40 m，间距 0.8 m，管径分别为 32 mm 和 36 mm。由于采用优质塑料涂层和工艺，化学性质稳定，耐田间水汽及农药、化肥等化学品腐蚀，钢管 2.0 mm 厚涂层均匀，与钢管黏结牢固，高温不变形，管材光滑，不划膜。如按涂塑层抗老化年限计算，装配式涂塑钢管塑料大棚使用寿命可达 5 年以上。

二、塑料大棚设计建造应考虑的问题

（一）塑料大棚的稳定性

对塑料大棚安全威胁最大的自然力是风。风可通过 3 种方式损坏大棚，一是风直接对大棚施加压力，作用在大棚的迎风坡面，大棚结构应该能承受当地 30 年一遇的风荷载；二是当风掠过大棚时，由于不同时间在薄膜外表面不同部位风速变化，导致棚内外发生压强差，从而使之破坏；三是外界空气以很高的速度直接涌入棚内，产生对塑料膜的举力。塑料大棚的稳固性既取决于骨架的材质、薄膜质量、压膜线的牢固程度，又与大棚的尺寸

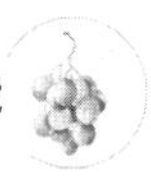

比例、棚面弧度、高跨比有密切关系。应尽量选用性能好、质量优的防老化膜、多功能膜或长寿膜，以增强大棚牢固性，延长使用寿命。应注意薄膜的黏结质量。压膜要尽量压紧，防止塑料薄膜滑动和摩擦。用铁丝、木条和竹竿压膜时，要防止这些材料划破薄膜，造成大的裂口。地锚的牢固性不可忽视，以防春季化冻后大风把地锚拉出地面，地锚最好做成十字形，深埋至少 50 cm。

大棚的长宽比对稳固性有较大影响，相同的大棚面积，长宽比值越大，周长越长，地面固定部分越多，其稳固性越强，但跨度太窄，有效利用面积小。通常认为长宽比等于或大于 5 较好，长度最短一般不低于 40 m 为宜。

风力对大棚的损坏方式之一是风速较大时形成对棚膜的举力，会使棚面薄膜鼓起，随风速的变化，棚膜不断鼓起落下振荡，造成棚膜破损或挣断压膜线，而使“大棚上天”。根据流体力学的原理，风速越大，气流对棚膜的抬举力越大，使薄膜鼓起越严重，再加上如果大棚外表面形状复杂，造成气流变化急剧，则棚膜振荡现象也越厉害。因此，在大棚体型设计时，应尽量降低其对风的扰动程度。在满足内部使用空间要求的前提下，大棚高度应尽量低一些，因大棚越高，气流掠过时速度增大越多，且不同部位变化越大，棚膜的振荡情况越严重。实践证明，北方大棚的高跨比（棚高/跨度）以 0.25～0.3 较好；南方还要考虑有利自然通风等问题，高跨比宜大些，为 0.3～0.4。

此外，大棚外形上应圆滑，如采用流线型棚面，风掠过时气流平稳，具有减缓棚膜振荡的作用，且棚膜压紧均匀，有利于提高其抗风能力。流线型棚面由以下公式确定（棚面曲线的原点是地平线与棚面曲线左端的交点，见图 13-8 的左图）：

$$y=4h(L-x)x/L^2$$

式中　y——大棚流线型曲线的纵坐标；

x——对应于相应 y 值的横坐标；

h——大棚的矢高；

L——大棚的跨度。

h/L（高跨比，矢高与跨度之比）以 0.25～0.3 为宜，低于 0.25 会导致棚内外差值过大，棚内压强对膜举力增大，高于 0.3 时，棚面过陡而使风荷载增大，两者均影响大棚的稳定性。

由上式确定的流线型采光屋面是最理想的曲线，但是它的两侧太低会严重影响农事操作，因此根据实际情况对上述流线型采光屋面进行适当调整，得到三圆复合拱形流线型采光屋面。图 13-9 的右图是三圆复合拱形流线型采光屋面的放样图：①首先确定跨度 L（m），然后设定高跨比，一般取高跨比 $h/L=0.25$～0.3。②绘水平线和它的垂线，两者交于 C 点，点 C 是大棚跨度的中心点。③将跨度 L 的两个端点对称于中点 C，定位在水平线上。④确定高 h（$h=0.25L$），将长度由 C 点向上伸延到 D 点（CD=h）。⑤以 C 为圆点，以 AC 为半径画圆交垂直轴线于 E 点。⑥连接 AD 和 BD 形成两条辅助线，再以 D 为圆心，以 DE 为半径为圆，与辅助线相交于 F 和 G 点。⑦过 AF 和 GB 线的中点分别作垂线交 EC 延长线于 O_1 点；同时与 AB 线相交于 O_2 和 O_3。⑧以 O_1 为圆心，以 O_1D 为半径画弧线，分别交于 O_1O_2 和 O_1O_3 延长线的 H、I 点。⑨分别以 O_2、O_3 为圆心，以 O_2A 和 O_3B 为半径画弧，分别与 H、I 点相交得到大棚基本圆拱形 AHDIB。

有时为保证棚边部的管理作业高度，一些大棚做成带肩的形式，其外形变化较大，抗风能力也就差些。

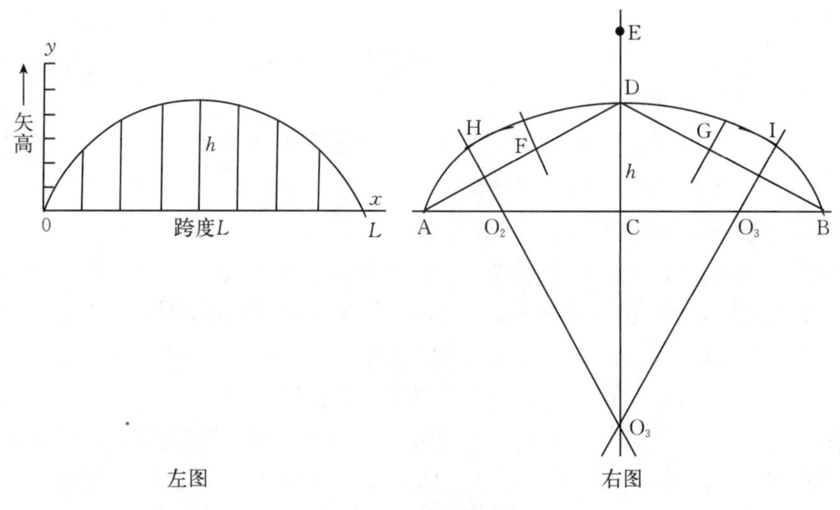

图 13－8　流线型棚面放样图

（二）妥善固定骨架中杆件，维持几何不变体系

要求在大棚的设计和建造中，无论使用何种骨架建材，都必须对骨架中各种杆件的连接点和节点加以妥善固定。骨架连接点、节点固定用工不多，用料不贵，技术也简单，但关系重大。同时，骨架中各杆件应连接构成几何上稳定不变的体系。

（三）重视防腐，延长使用寿命

对于竹木结构塑料大棚，可对木立柱作防腐处理，埋于地下的基部可以采用沥青浸的方法处理，地上部分可用刨光刷油、刷漆、裹塑料布带并热合封口等方法处理。钢件防腐处理可以采用镀锌或者刷漆等方法。

（四）棚间距合理，便于作业

塑料大棚间距一般东西以 3 m 为宜，便于通风透光，但对于冬春季节雪大的地区至少 4 m以上；南北间距以 5 m 左右为宜。

（五）重视顶部通风，防止高温

在以塑料大棚为栽培设施的设施农业生产中，由于缺乏有效的顶风放风装置，导致塑料大棚内作物生长季节温度普遍偏高，农作物尤其是果树的高温伤害问题时常发生，甚至导致绝产，影响了设施农业的健康可持续发展。为此，中国农业科学院果树研究所浆果类果树栽培与生理科研团队开展多年科研攻关，研发出低成本、效果好、安装操作简便的塑料大棚顶风放风装置，有效解决了塑料大棚内作物生长季节温度偏高的问题（彩图 13－12 和图 13－9）。

1. 塑料大棚顶风放风装置的制作与安装　①防积水装置的制作与安装。按图 13－9 所示将塑钢网安装到塑料大棚顶端的中央位置即完成防积水装置的安装，一般塑钢网 2.0～3.0 m宽。一方面防止雨雪天气时顶端放风膜积水造成放风膜甚至塑料大棚骨架的损坏，另一方面起到防鸟作用。然后，将压膜槽安装到塑料大棚顶端正中央位置，用于安装固定放风膜。②放风膜卷放装置的制作与安装。按图 13－9 所示首先将卷膜杆固定到放风膜上，随后将导链式卷膜器安装到卷膜竿上以驱动卷膜杆做卷放运动，最后将牵引绳一

端固定到卷膜杆上，一端穿过安装在撑杆上的滑轮与配重块连接，配重块起到拉伸固定放风膜的作用，防止卷放过程中放风膜的重叠并防止大风将放风膜吹起。配重块通过绳套束缚在撑竿上，防止大风导致配重块大幅晃动砸坏棚膜。

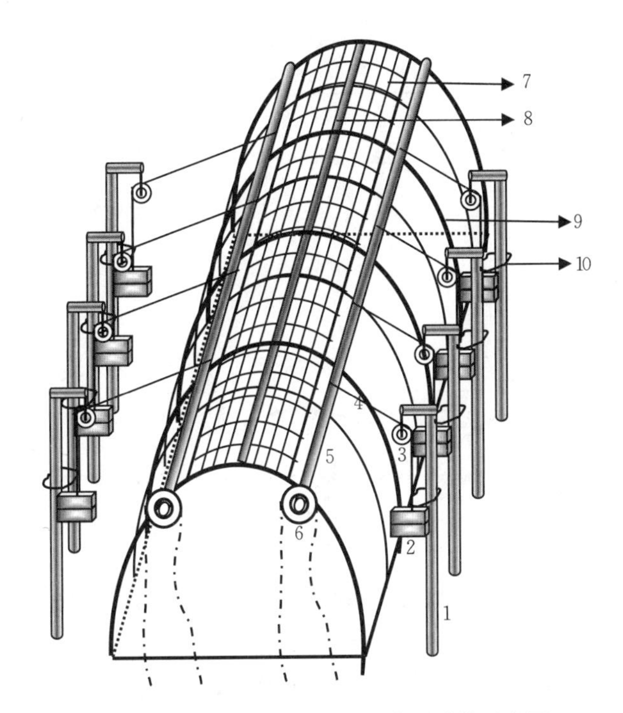

图 13-9 塑料大棚顶风放风装置结构示意图

1. 撑杆 2. 配重块 3. 滑轮 4. 牵引绳 5. 卷膜杆
6. 导链式卷膜器 7. 塑钢网 8. 压膜槽 9. 塑料大棚骨架 10. 绳套

2. 顶风放风装置工作过程 ①顶风放风装置的开启。将导链式卷膜器的导链逆时针拉动，在导链式卷膜器的驱动下卷膜杆逆时针转动，放风膜卷起开启放风口。在放风膜卷起过程中，配重块做上升运动，始终拉伸放风膜，避免放风膜重叠卷起。②顶风放风装置的关闭。将导链式卷膜器的导链顺时针拉动，在导链式卷膜器的驱动下卷膜杆顺时针转动，放风膜放下关闭放风口。在放风膜放下过程中，配重块做下降运动，始终拉伸放风膜，避免放风膜重叠或松动导致放风口关闭不严。

第三节 避雨棚的设计与建造

一、简易避雨棚

利用毛竹片（竹弓）或镀锌高碳钢丝等材料建成的架上小拱棚，覆盖塑料膜，同时，将架上拱棚之间的间隙用塑料膜覆盖，并将葡萄棚架四周用塑料膜封闭，可形成简易的避雨促成栽培棚。

（一）镀锌高碳钢丝网棚

1. 构造 用直径 4～5 mm 的高碳钢丝焊制成宽 250 cm、长 200 cm 的网片，网格间距分别是 62.5 cm 和 40 cm，镀锌后直接与葡萄架面连接成为拱形小棚，铺盖塑料膜后可保护棚下葡萄叶片不被雨水淋湿（图 13 - 10a）。

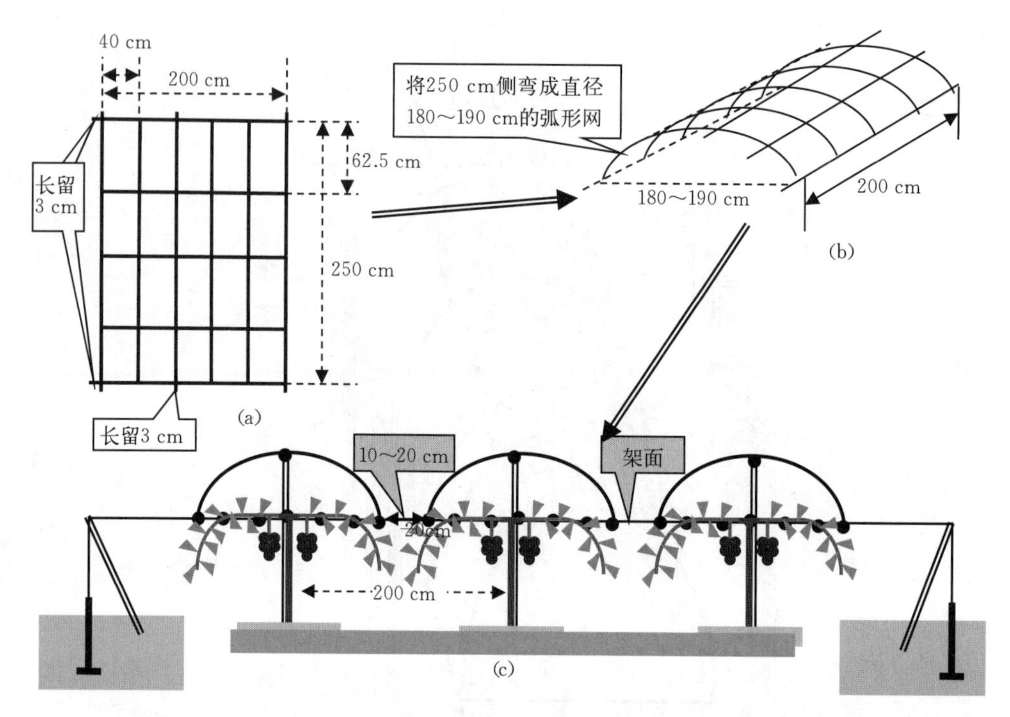

图 13 - 10　镀锌高碳钢丝网棚构造（图中的“●”为纵向设置的镀锌钢丝）

（a）网片规格　（b）网片拱成棚的方法　（c）拱棚的设置方法。

2. 设置方法　葡萄园四周以 2 m 的间距设置倾斜 40°～60°角的水泥桩，与垂直地锚连接，用 2～3 股的 4～5 mm 镀锌丝或高压输电线缆等有较强抗拉力的铅丝或电缆与水泥桩、地锚连接呈矩形框，并用 4～5 mm 镀锌铅丝以 2 m 的间距通过水泥桩与地锚连接，纵横交错成网，用紧丝嵌拉紧经纬线，沿行向按 2 m 的间距竖高于网状架面 50 cm 水泥桩，并将水泥桩与架面位置的铅丝连接固定（图 13 - 10b 和 c，图 13 - 11）。将拱棚间的间隙用塑料膜连接、四周也用塑料膜封闭后可作为促成棚用。

图 13 - 11　镀锌高碳钢丝网棚的构造与设置方法［左 1 为网片拱成小棚后的状况、左 2 为覆膜后状况、左 3 为覆膜后 T 形架形葡萄树的发芽状况（株距 2 m、行距 8 m）、左 4 为倾斜竖立的边桩状况］

（二）竹片避雨棚

1. 构造　用宽度 5 cm、长度 2.5～2.8 m 的毛竹片弯呈弓形，以 40 cm 左右的间距绑

缚到架面，形成架面小棚，铺盖塑料膜后可保护棚下葡萄叶片不被雨水淋湿（图 13－12）。适合株距 2 m、行距 8 m 的栽植密度使用，架面高度 1.8 m，拱顶高度 2.3 m。

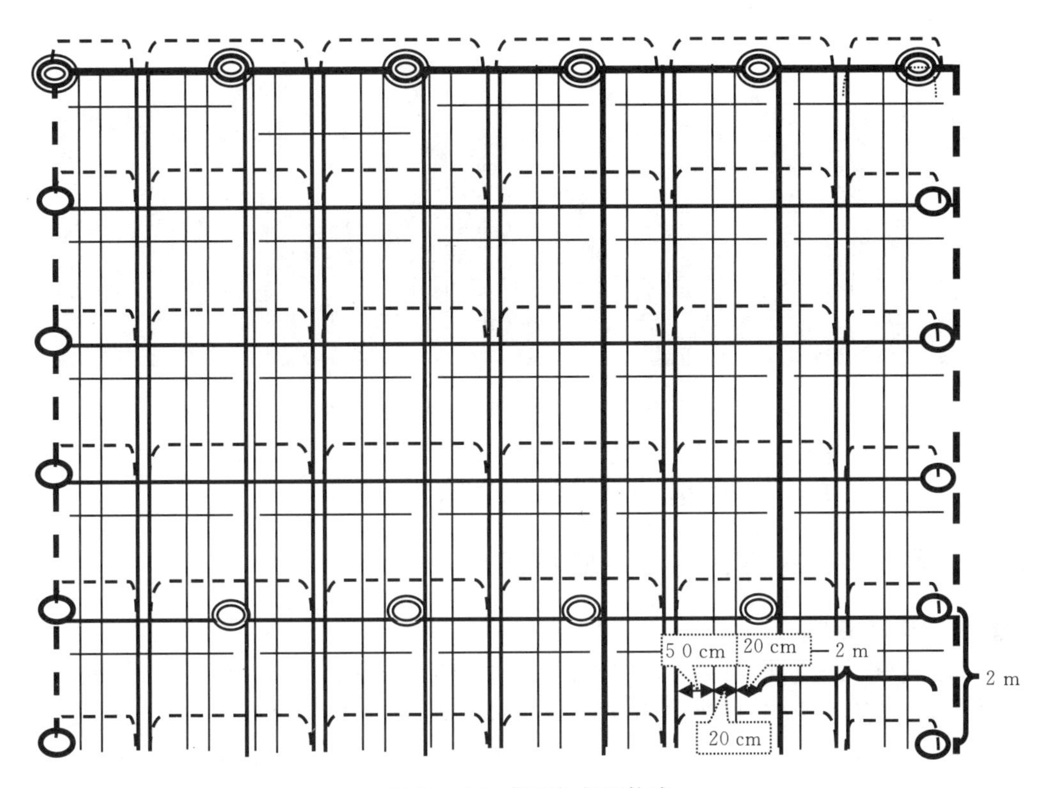

图 13－12 棚面钢丝网构成

"○"高度 2.6 m、向外倾斜 45°角竖立的水泥桩，"◎"高度 2.8 m、垂直竖立的水泥桩，边框为 2～3 股的 4～5 mm 镀锌钢丝或高压输电线缆，粗线为直径 4～5 mm 镀锌钢丝、细线为 2～3 mm 镀锌钢丝

2. 设置方法 参照图 13－12 设置水泥桩和钢丝网，塑料膜覆盖如图 13－13。

图 13－13 竹片避雨棚结构

（三）水泥立柱钢管拱架连栋避雨棚

用 20 号镀锌钢管（直径 60 mm）作拱架、用水泥桩作立柱做成易排水、抗台风的联栋避雨棚，单栋跨度 600～800 cm，造价每 667 m^2 2 万元左右（图 13－14）。这种棚抗台

风能力强，在棚间滴水线下方开排水沟，铺旧棚膜可以很容易将雨水排至棚外，减少降水对棚内土壤的润湿，降低土壤湿度。

图 13-14　水泥立柱钢管拱架连栋避雨棚

第四节　栽培设施的选择

一、我国各气候区的主要气候特征

（一）东北气候区

辽宁、吉林、黑龙江三省属温带湿润半湿润气候区。冬季漫长、严寒，春季风大，夏季短促、暖热湿润。全年总辐射 4 200～5 400 MJ/m²，日照时数 2 800～3 000 h，日照率 60%～70%。冬季长达 6～7 个月，1 月平均气温 −30～−6 ℃，最低气温南部 −28～−21 ℃，北部达 −40 ℃以下。日最低气温低于 0 ℃的天数，南部为 115 d，北部达 220 d；低于 −30 ℃的天数，松嫩平原 20～50 d，兴安岭达 80～100 d，但沿海地区没有低于 −30 ℃的天。降雪天数，南部 10～15 d，北部 40 d；积雪日数，西南部 20～40 d，三江平原 120 d，漠河 160 d，长白山 100～120 d；最大积雪深度 20～40 cm。日平均气温 ≤10 ℃的天数，北部 200 d 以上，南部 180 d 以下。夏季短促，三江平原 75 d，松嫩平原 50 d，嫩江以北无夏天。7 月平均气温在 20 ℃以上、日最高气温 ≥30 ℃的天数，松嫩平原不到 20 d。7 月相对湿度 70%～80%，冬季盛行偏北风，夏季盛行偏南风，春季风速最大，辽河河谷大风日数在 50 d 以上。大部分地区风压 0.5～0.6 kN/m²，雪压 0.2～0.4 kN/m²。

（二）华北气候区

包括阴山南、秦岭—淮河以北，黄土高原，黄淮海平原，属温带半湿润气候区。冬季寒冷干燥，夏季炎热多雨。全年总辐射，渭河流域、汉水上游 4 600～5 000 MJ/m²，华北平原 5 400～5 800 MJ/m²。日照时数和日照率，渭河流域、汉水上游分别为 2 000 h 和 40%～50%，山西高原、华北平原分别为 2 600～2 800 h 和 60%以上。1 月平均气温，平原 0～6 ℃，黄土高原南部 −8～−4 ℃，北部山区 −12～−10 ℃；1 月平均最低气温为 −30～−20 ℃。日平均气温 ≤0 ℃的天数，黄河以北 100～150 d，黄淮之间 75～100 d；日平均气温 ≤10 ℃的天数，平原 140～150 d，高原 180～200 d。夏季不短，平原 3.5～4

个月，高原、沿海2～3个月。7月平均气温，平原26～28 ℃，高原22～26 ℃；平均最高气温，平原30～32 ℃，高原和沿海28～30 ℃；相对湿度70%～80%。全年极端最高气温≥35 ℃的天数10～20 d。春季风大，大风日数黄河、海河下游25 d，黄土高原、渭河流域5～10 d，其他地区10～25 d。风压0.3～0.5 kN/m^2，大部分地区雪压0.3 kN/m^2 左右，渭河流域0.2～0.3 kN/m^2。

（三）华中气候区

包括南岭—武夷山以北、秦岭—淮河以南，四川西部-云贵高原以东地区，热带季风气候。冬季多阴雨，夏季除西部多雨外，酷热少雨，东部多台风。全年总辐射3 800 MJ/m^2，日照率≤30%，是全国光照条件最差的地区。冬长100～125 d，重庆、成都仅80～90 d；夏长110～120 d，重庆145 d，南昌150 d。1月平均气温除山区低于0 ℃外，大部地区在0～8 ℃，1月平均最低气温为－4～4 ℃，四川盆地为冬暖区，长江中下游地区为冬冷区。极端最低气温，四川盆地、贵州平原－8～－4 ℃，长江中下游地区在－10 ℃以下，个别地区如合肥低于－20 ℃。冬有寒潮大风，夏有台风，全年大风天数10～25 d，7月平均相对湿度达80%。基本风压值0.2～0.3 kN/m^2，雪压值0.2～0.4 kN/m^2。

（四）华南气候区

南岭-武夷山以南，贵州高原以西地区，南亚热带、热带季风气候。冬季低温多阴雨，夏季晴朗少雨，日照强，多台风。全年总辐射4 200～5 400 MJ/m^2，大部分地区日照时数为2 000 h，日照率40%～50%。冬长2～3个月，夏长5个月，福安-韶关以南夏长11个月，无冬季。1月平均气温在10 ℃以上，只有当强寒潮入侵时，极端最低气温短时降至0 ℃以下，7月平均气温28 ℃以上，平均最高气温33 ℃以上，极端最高气温38～42.5 ℃，大于等于35 ℃日数，内陆、河谷地带30～40 d，其余地区不到10 d。基本风压，沿海地区可达0.5 kN/m^2 以上，其余地区0.2～0.4 kN/m^2，无雪压。7月相对湿度80%以上。

（五）蒙新气候区

包括内蒙古、新疆，暖温带半干旱、干旱气候。冬季除北疆外，大部分地区干冷，春季多大风、风沙，夏季酷热，日照丰富，全年总辐射除准噶尔盆地为5 000 MJ/m^2 外，其余大部分地区为5 400～7 100 MJ/m^2 外，年日照时数一般在3 000 h以上，日照率在60%～80%，北疆日照时数2 600～2 800 h，日照率60%。冬季严寒，1月平均气温在－20～－16 ℃，南疆－12～－8 ℃。夏季酷热，7月平均气温20～24 ℃，吐鲁番盆地28～32 ℃，7月相对湿度30%～50%。基本风压0.5～0.6 kN/m^2 以上；雪压，北疆0.6～0.8 kN/m^2，内蒙古、南疆0.2～0.3 kN/m^2。

（六）西南气候区

包括青藏高原以南的四川西部、云南，立体气候。全年总辐射5 000～6 200 MJ/m^2。干湿季分明，干季为11月至次年4月，日照充足温暖，1月日照率高达60%～80%，平均气温在12～14 ℃。雨季5月至10月，天气温凉、潮湿，如7月平均气温20～24 ℃，相对湿度80%左右。基本风压0.3 kN/m^2 左右，无雪压。

（七）青藏高原气候区

高原气候，日光充足，为全国之最，全年总辐射8 300 MJ/m^2 以上，日照时数3 000 h以上，日照率80%以上。冬冷夏凉，1月平均气温－20 ℃以下，7月平均气温20 ℃，基本风压 0.4～0.5 kN/m²，雪压 0.2～0.3 kN/m²。

二、与栽培设施工程相关的主要气候要素地区分布特点

太阳辐射和日照状况，冬季气温、夏季气温和湿度，风压和雪压等是温室标准制定和区划时必须考虑的指标之一。

（一）太阳辐射

太阳辐射提供了温室植物生产必需的光、热资源，在温室采光设计、采暖设计、降温设计以至覆盖材料选择等方面，都需要考虑当地太阳辐射的状况，包括光照强弱（太阳辐射能量大小）和日照时间长短等。根据我国太阳辐射和日照分布的特点，全国可分为 4 个区域：

1. 太阳能丰富区 内蒙古、甘肃大部分地区、南疆和青藏高原，该区域年总辐射量在 6 200 MJ/m² 以上，年日照时数在 3 300 h 以上，日照率在 75%以上。

2. 太阳能较丰富区 包括北疆、东北西部、内蒙古东部和华北、陕北、宁夏、甘肃一部分和青藏高原东侧。年总辐射量在 5 400～6 200 MJ/m² 以上，日照时数在 2 600～3 000 h，日照率在 60%～70%。

3. 太阳能可利用区 包括东北大部，内蒙古呼伦贝尔市，黄河、长江中下游，广东、广西、台湾、福建及贵州一部分，年总辐射量在 4 600～5 400 MJ/m² 以上，日照时数在 2 600 h，日照率在 60%。

4. 太阳能贫乏区 以四川盆地为中心的四川、贵州大部分地区和广西、湖南部分地区，年总辐射量在 3 300～4 600 MJ/m² 以上，日照时数在 1 800 h 以下，日照率在 40%以下。

（二）冬季气温（以 1 月为例）

1 月平均气温，长城线以北在－10 ℃以下，其中东北、北疆和西藏北部在－12 ℃以下，东北北部和准噶尔盆地在－30～－20 ℃，秦岭-淮河以南在 0 ℃以上，南岭以南及闽南在 10 ℃以上。1 月平均最低气温的 0 ℃线位于上海、杭州、武汉和四川盆地北部边缘，广州、南宁以南在 10 ℃以上，东北北部、藏北高原、北疆西北部在－30 ℃以下。

（三）夏季气温（以 7 月为例）

7 月平均气温，东北大部在 20 ℃以上；沈阳、北京、西安一线以南在 25 ℃以上；淮河以南及四川盆地东部都在 28 ℃以上，盆地和河谷地区（如鄱阳湖地区、长江河谷地区）都是高温中心。7 月平均最高气温和平均气温一致，东北地区一般在 30 ℃以下；华北平原及以南地区在 30 ℃以上；长江中下游及以南地区在 34 ℃以上，是最闷热的地区；吐鲁番是温度最高的地区，平均最高气温达 40 ℃；沿海地区在 32 ℃以下。

（四）空气相对湿度（以 7 月平均相对湿度为例）

7 月我国大部分地区进入雨季，是全年相对湿度最高的季节。7 月平均相对湿度，我国东部都在 70%以上，沿海地区、四川、贵州、西藏东南部在 80%以上，长江中下游地区在 75%以上，个别地区超过 80%，而最潮湿的地区在云南西南部，达 90%左右，最干旱的地区在新疆，青藏高原、柴达木盆地、内蒙古、甘肃西部，仅 30%～50%。

（五）风压

1. 最大风压区　包括东南沿海和岛屿，风压值 0.7 kN/m^2 以上。

2. 次大风压区　包括东北、华北，西北北部，风压值 0.4～0.6 kN/m^2。

3. 较大风压区　青藏高原，风压值 0.3～0.5 kN/m^2。

4. 最小风压区　包括云南、贵州、四川和湖南西部、湖北西部，0.2～0.3 kN/m^2。

（六）雪载

1. 最大雪载区　在新疆北部，雪压值 0.5 kN/m^2 以上。

2. 次大雪载区　包括东北、内蒙古北部，长江中下游，四川西部，贵州北部，风压值一般在 0.3 kN/m^2。

3. 低雪载区　包括华北、西北大部和青藏高原，风压值 0.2～0.3 kN/m^2。

4. 无雪载区　南岭-武夷山以南地区。

三、不同气候区设施葡萄生产栽培设施选用的建议

日光温室、塑料大棚和避雨棚等栽培设施是一种特殊的农业生产性建筑，是用来进行抗逆有效生产的专用设施。栽培设施的类型有很强的地域适应性，在很大程度上受当地气候条件的制约。我国是一个大陆性、季风性气候极强的国家，冬季严寒，夏季酷热。同时，我国幅员辽阔，横跨南热带到北温带几个气候带，气候类型多样。因此，在栽培设施类型的选择上必须因地制宜，选择适宜的类型，以充分利用各地气候资源的优势，避免不利气候因素的影响。此外，还要结合栽培目的（促早栽培、延迟栽培还是避雨栽培）、市场情况、种植者的经济及技术水平、不同葡萄品种对栽培设施环境的要求，综合分析，择优选择。

日光温室最大的优势是保温性能好，节能型日光温室可以达到内外温差在 25 ℃以上，适于葡萄的冬春季生产，建造投资和经济效益在各种栽培设施中相对较高，一般每667 m^2 投资 8 万～20 万元。日光温室最大的问题是土地利用率低。日光温室主要利用太阳光热资源作为增温的能源，因此适用于冬季日照充裕的黄淮、华北、东北和西北地区。在东北和西北的高寒地区使用要有补充加温设施，一般地区也应有临时补充加温设施，以防灾害性天气造成损失。

塑料大棚土地利用率高，其保温能力比日光温室差，适于进行葡萄的春/秋促早生产和避雨栽培，一般每 667 m^2 投资 0.8 万～2 万元。

避雨棚土地利用率高，主要起避雨作用，基本没有保温能力，以提高品质和扩大栽培区域及品种适应性为主要目的，只适于进行葡萄的避雨栽培，一般每 667 m^2 投资 0.4 万～1.0 万元。塑料大棚和避雨棚适用于我国任何葡萄产区。

第十四章 设施葡萄的主要优良品种与砧木

第一节 设施葡萄的主要优良品种

一、欧美杂种

（一）巨峰（彩图14-1）

1. 特征特性 原产日本，是日本的主栽品种。1937年，大井上康用石原早生（康拜尔大粒芽变）×森田尼杂交育成的四倍体品种，1945年发表，我国于1958年引入。自然果穗圆锥形，平均穗重550 g，最大1 250 g，果粒着生中等紧密。果粒椭圆形，平均粒重10 g，最大重15 g。果皮中等厚，紫黑色，果粉中等厚，果刷较短，抗拉力为100 g左右。果肉有肉囊，稍软，有草莓香味，味甜多汁，可溶性固形物含量17%～19%。适时采收，品质上等。果实耐贮不耐运。辽宁省西部5月上旬萌芽，6月中旬开花，8月中旬着色，9月中旬果实成熟。从萌芽到浆果成熟需135 d左右，活动积温2 800 ℃左右。结果枝率68%，副梢结实力强，丰产，留果过多和延迟采收时品质下降。抗病能力强，抗性强。

2. 农艺性状 栽培不当时落花落果严重，所以栽培中提高坐果率是成功栽培的关键。当新梢直径超过1.5 cm时不易形成花芽、坐果差，所以首先要控制氮肥的施用，防止树体生长过旺。开花前对果枝进行摘心，摘心不宜过重或过轻，过重容易产生大小粒，过轻则起不到提高坐果的作用，以果穗以上留5片叶左右为宜。花序整形时去掉副穗和花序基部的小分支，保留3.5～6.5 cm的穗尖，这样能使开花时营养供应集中，提高坐果，并使果穗紧凑。坐果后，再进行适当疏粒，疏去小粒和果穗内部的果粒，每一果穗留30～50个果粒即可。适宜栽植区域广，是我国目前栽培面积最大的品种，在花期高温干旱的新疆等西北地区表现不好。既可进行冬促早和春促早栽培生产，又可进行秋促早栽培生产和避雨栽培。

（二）京亚（彩图14-2）

1. 特征特性 四倍体。中国科学院北京植物园从黑奥林的实生后代中选出的大粒早熟品种。果穗圆锥形或圆柱形，少有副穗，平均穗重478 g，最大1 070 g；果粒椭圆形，着生中等或紧密，平均粒重10.84 g，最大粒重20 g；果皮中等厚，紫黑色，果粉厚；果肉较软，味酸甜，果汁多，微有草莓香味；有1～2粒种子；可溶性固形物含量13.5%～19.2%，含酸量0.65%～0.90%，品质中等。北京地区8月上旬果实成熟。生长势较强，抗病力强，丰产，果实着色好，不裂果，经赤霉素处理可获得100%的无核果。

2. 农艺性状　棚、篱架均可栽培，栽培容易。喜肥水；由于上色快、退酸慢，应在着色以后 30 d 左右再采收。适宜栽植区域广，在花期高温干旱的新疆等西北地区表现不好。既可进行冬促早和春促早栽培生产，又可进行秋促早栽培和避雨栽培生产。

（三）醉金香（彩图 14 - 3）

1. 特征特性　果穗圆锥形，紧凑，平均穗重 800 g，最大可达 1 800 g；果粒倒卵形，平均粒重 13.0 g，最大粒重 19.0 g；果皮中厚，充分成熟时金黄色，果粉中多；果皮与果肉易分离，果肉与种子易分离；果汁多，无肉囊，香味浓，含糖量 16.8%，含酸量 0.61%，品质上等。辽宁沈阳地区 5 月上旬萌芽，6 月上旬开花，9 月上旬浆果充分成熟，成熟一致，大小整齐，从萌芽到果实充分成熟约 126 d，需有效积温 2 800 ℃。对霜霉病和白腐病等真菌性病害具有较强抗性。

2. 农艺性状　适宜棚架或篱架栽培，中、短梢混合修剪。幼树期要使树势强健而不徒长，促进营养生长与生殖生长的平衡；结果后要保持肥水充足，特别要重视秋施有机肥。适宜栽植区域广，在花期高温干旱的新疆等西北地区表现不好。既可进行冬促早和春促早栽培生产，又可进行秋促早栽培和避雨栽培生产。在其设施葡萄生产中，避雨栽培面积较大。

（四）巨玫瑰（彩图 14 - 4）

1. 特征特性　四倍体，由大连农业科学院园艺研究所用沈阳大粒玫瑰香和巨峰杂交育成。果穗圆锥形，平均穗重 514 g，最大 800 g；果粒椭圆形，平均粒重 9 g，最大粒重 15 g；果皮中等厚，紫红色，果粉中等厚；果肉柔软多汁，果肉与种子易分离，无明显肉囊，具有较浓的玫瑰香味，可溶性固形物含量 18%，品质上；每果粒含种子 1～2 粒。辽宁省大连地区 9 月上旬果实成熟。植株生长势强，抗病，品质优良。

2. 农艺性状　适于棚架栽培，中、短梢修剪。幼树期要培养健壮树势，调整好生长与结果的关系，进入结果期后要注重秋施基肥，合理控制产量，以维持健壮的树势。套袋栽培以提高果品质量。适宜栽植区域广，在花期高温干旱的新疆等西北地区表现不好。既可进行冬促早和春促早栽培生产，又可进行秋促早栽培和避雨栽培生产。在其设施葡萄生产中，避雨栽培面积较大。

（五）藤稔（彩图 14 - 5）

1. 特征特性　四倍体，俗称“乒乓球”葡萄。日本用井川 682×先锋育成，1985 年注册，我国于 1986 年引入。自然果穗圆锥形，平均重 450 g，果粒着生较紧密；果粒大，整齐，椭圆形，平均粒重 15 g，最大 28 g；果皮中等厚，紫黑色，果粉极少；肉质较软，味甜多汁，有草莓香味，可溶性固形物含量 17%，品质上等。辽宁省兴城地区 5 月上旬萌芽，6 月上旬开花，7 月下旬着色，8 月中下旬果实成熟。从萌芽到浆果成熟需 120 d 左右。浆果比巨峰早熟 10 d 左右。结果枝率高达 70%以上，丰产。浆果成熟一致。抗性较强，对黑痘病、霜霉病、白腐病的抗性与巨峰相似。果实较耐运输，栽培管理技术与巨峰相同。果实可延迟到 10 月上旬采收，无脱粒和裂果现象。

2. 农艺性状　坐果后幼果黄豆粒大小时用赤霉素等植物生长调节剂浸蘸果穗，可得到近 30 g 的巨大型果，但同时需花序整形，坐果后每一果穗只留 30 个果粒，同时加强肥水管理。自根苗生长较缓慢，应选择发根容易、根系大、抗性强的砧木进行嫁接栽培。适宜栽植区域广，在花期高温干旱的新疆等西北地区表现不好。既可进行冬促早和春促早栽培生产，又可进行秋促早栽培和避雨栽培生产。在其设施葡萄生产中，春促早栽培和避雨栽培面积较大。

（六）夏黑（彩图 14－6）

1. 特征特性 三倍体品种，欧美杂种。日本用巨峰和无核白于 1968 年杂交育成，1997 年 8 月登录。果穗圆锥形，部分有双歧肩，无副穗；平均穗重 415 g，粒重 3～3.5 g；果粒着生紧密，大小整齐；果粒近圆形，紫黑至蓝黑色，上色容易，着色快，成熟一致；果皮厚脆，无涩味，果粉厚，果肉硬脆，无核，可溶性固形物含量 20%以上，有浓草莓香味。在江苏张家港地区 3 月下旬至 4 月上旬萌芽，5 月中下旬开花，7 月中下旬浆果成熟。从萌芽到果实成熟需要 100～115 d，此期活动积温为 1 983.2～2 329.7 ℃，属极早熟品种。植株长势极强，枝条芽眼萌发力和结果力均强，不裂果，不落粒。

2. 农艺性状 盛花和盛花后 10 天用 25～50 μL/L 的赤霉素处理 2 次，栽培容易。适宜栽植区域广，在花期高温干旱的新疆等西北地区表现不好。既可进行冬促早和春促早栽培生产，又可进行秋促早栽培和避雨栽培生产。在其设施葡萄生产中，春促早栽培和避雨栽培面积较大。

（七）阳光玫瑰（彩图 14－7）

1. 特征特性 原产日本。果穗圆锥形，穗重 600 g 左右，大穗可达 1 800 g 左右，平均果粒重 8～12 g；果粒着生紧密，椭圆形，黄绿色，果面有光泽，果粉少；果肉鲜脆多汁，有玫瑰香味，可溶性固形物含量 20%左右，最高可达 26%，鲜食品质极优。该品种可以进行无核化处理，即在盛花期和花后 10～15 d 利用 25 μL/L 赤霉素进行处理，使果粒无核化并使果粒增重 1 g 左右。

2. 农艺性状 植株生长旺盛，中、短梢修剪。避雨栽培条件下，江苏地区一般 3 月中上旬萌芽，5 月初进入初花期，5 月中上旬盛花期，6 月上旬开始第一次幼果膨大，7 月中旬果实开始转色，8 月初开始成熟。与巨峰相比，该品种较易栽培，挂果期长，成熟后可以在树上挂果长达 2～3 个月；不裂果，耐贮运，无脱粒现象；较抗葡萄白腐病、霜霉病和白粉病，但不抗葡萄炭疽病。适宜栽植区域广，在花期高温干旱的新疆等西北地区表现不好。既可进行冬促早和春促早栽培生产，又可进行秋促早栽培和避雨栽培生产。在其设施葡萄生产中，春促早栽培和避雨栽培面积较大。

（八）华葡黑峰（彩图 14－8）

1. 特征特性 中国农业科学院果树研究所从高妻实生后代中选出的优良中早熟品种。单粒重 10 g 左右，单穗重 600 g 左右；可溶性固形物含量 18%左右；果肉多汁，浓草莓香味；耐贮运，不裂果。

2. 农艺性状 植株长势偏旺，适宜棚架栽培，极易成花，需控制产量，中、短梢修剪，二次结果能力强，可一年两收。辽宁兴城地区 6 月上旬开花，9 月上旬果实成熟，果实发育期 90 d 左右。该品种可以进行无核化处理，即在盛花期和花后 10～15 d 利用 25 μL/L赤霉素进行处理，使果粒无核化。适宜栽植区域广，在花期高温干旱的新疆等西北地区表现不好。既可进行冬促早和春促早栽培生产，又可进行秋促早栽培和避雨栽培生产。

（九）华葡玫瑰（彩图 14 - 9）

1. 特征特性　四倍体。中国农业科学院果树研究所以巨峰为母本，大粒玫瑰香为父本杂交育成。单粒重 10 g 左右，单穗重 550 g 左右；可溶性固形物含量 18%左右；果肉软至硬脆，淡玫瑰香和草莓香混合风味；耐贮运，不裂果。

2. 农艺性状　植株长势偏旺，适宜棚架栽培，极易成花，需控制产量，中、短梢修剪，二次结果能力强，可一年两收。辽宁兴城地区 6 月上旬开花，9 月中下旬果实成熟，果实发育期 100～110 d，属中熟品种。该品种可以进行无核化处理，即在盛花期和花后 10～15 d 利用 25 μL/L 赤霉素进行处理，使果粒无核化。适宜栽植区域广，在花期高温干旱的新疆等西北地区表现不好。既可进行冬促早和春促早栽培生产，又可进行秋促早栽培和避雨栽培生产。

（十）金手指（彩图 14 - 10）

1. 特征特性　日本 1982 年杂交育成，1993 年登记注册，是日本“五指”中（美人指、少女指、婴儿指、长指、金手指）唯一的欧美杂交种。果穗中等大，长圆锥形，着粒松紧适度，平均穗重 445 g，最大 980 g；果粒长椭圆形至长形，略弯曲，黄白色，平均粒重 7.5 g，最大可达 10 g；每果含种子 0～3 粒，多为 1～2 粒，有瘪籽，无小青粒；果粉厚，极美观，果皮薄，可剥离，可以带皮吃。含可溶性固形物 18%～23%，最高达 28.3%，有浓郁的冰糖味和牛奶味，品质极上，商品性极高。不易裂果，耐挤压，耐贮运性好，货架期长。

2. 农艺性状　生长势中庸偏旺，新梢较直立。始果期早，定植第二年结果株率达 90%以上，结实力强，每 667 m^2 产量 1.5 t 左右。三年生平均萌芽率 85%，结果枝率 98%，平均每果枝 1.8 个果穗。副梢结实力中等。山东平度 4 月上旬萌芽、5 月下旬开花、8 月初果实成熟，比巨峰早熟 10～15 d，属中早熟品种。既可进行冬促早和春促早栽培生产，又可进行秋促早栽培和避雨栽培生产。在其设施葡萄生产中，春促早栽培和避雨栽培面积较大。

（十一）月光无核（彩图 14 - 11）

1. 特征特性　河北昌黎果树所育出的新优无核品种。果穗整齐度高，果粒大小均匀；果粒为紫黑色，色泽美观，果穗、果粒着色均匀一致；果肉较脆，甜至极甜，可溶性固形物含量 18.2%，极易着色，品质上等。河北昌黎 8 月下旬成熟。结实力强、产量高，抗病性、适应强。

2. 农艺性状　适宜棚架或篱架栽培，中、短梢混合修剪。既可进行冬促早和春促早栽培生产，又可进行秋促早栽培和避雨栽培生产。

二、欧亚种

（一）京蜜（彩图 14 - 12）

1. 特征特性　中国科学院植物所以京秀作母本，以香妃作父本于 1998 年杂交育成，于 2007 年通过北京市审定。果穗圆锥形，平均穗重为 373.7 g，最大穗重为 617.0 g；果粒着生紧密，果粒扁圆形或近圆形，平均粒重 7.0 g，最大粒重 11.0 g，黄绿色，果粉薄；果皮薄，每粒葡萄有种子 2～4 粒，多为 3 粒；果肉脆，汁液中多，有玫瑰香味，风味甜；

可溶性固形物含量为 17.0%～20.2%，可滴定酸含量为 0.31%。葡萄成熟后不易裂果，可在树上久挂不变软、不落粒。

2. 农艺性状 生长势较强。芽眼萌发率为 66.6%，结果枝率为 67.6%，结果系数为 0.90，每个果枝结果穗 1.35 个。副梢结实力中等。早果性好，极丰产。果穗、果粒成熟一致。北京地区露地栽培，萌芽至浆果成熟需 95～110 d，为极早熟品种，该品种为设施葡萄促早栽培很有发展前途的优良品种之一。

（二）华葡紫峰（彩图 14-13）

1. 特征特性 是中国农业科学院果树研究所于 2000 年以 87-1（玫瑰香早熟芽变）为母本，以绯红为父本杂交育成。需冷量约 600 h，属低需冷量葡萄品种。自然果穗圆锥形，有副穗，单穗重 800 g 左右；果粒着生紧密，近圆形，疏粒后单粒重 8 g 左右；果皮紫红至紫黑色，果粉中厚，皮薄肉硬，质地细脆，有淡玫瑰香味，可溶性固形物 17.0%～19.0%；耐贮运，不裂果。果实成熟后挂果可延到 10 月下旬仍不变软、不落粒。在辽宁兴城地区 5 月初萌芽，6 月中旬开花，8 月中下旬果实成熟，果实发育期 60～70 d，属早熟品种。

2. 农艺性状 树势中庸，新梢管理省工；萌芽率高，极易成花，副梢结实力较强，可利用二次结果。华葡紫峰对设施的弱光、低浓度 CO_2 和高温适应性强，非常适合设施促早栽培环境，是很有发展前途的早熟品种之一。

（三）香妃（彩图 14-14）

1. 特征特性 是北京市农林科学院林业果树研究所于 1982 年以玫瑰香与莎巴珍珠杂交的后代 73-7-6 为母本，绯红为父本杂交育成。1999 年通过北京市品种鉴定。自然果穗呈短圆锥形，有副穗，平均穗重 322.5 g；果粒着生中等密度，果粒近圆形，疏粒后平均粒重 7.58 g，最大达 9.7 g；果皮绿黄色，果粉中等厚，皮薄肉硬，质地细脆，有浓玫瑰香味；含糖量 14.25%，含酸量 0.58%，酸甜适口，品质极佳。在北京和辽西兴城地区分别在 4 月中旬和 5 月上旬萌芽，5 月下旬和 6 月中旬开花，7 月下旬和 8 月上旬果实成熟，从萌芽到浆果成熟需 105 d 左右。

2. 农艺性状 树势中庸，萌芽率高，平均为 75.4%，结果枝率为 61.55%，每个果枝平均有花序 1.82 个，多着生在第 2～7 节上。该品种副梢结实力较强，可利用二次结果。在生产栽培中，采收前注意调节土壤中水分，保持相对均衡，防止裂果。设施栽培适应性强，在其设施葡萄生产中，冬促早和春促早栽培面积较大。

（四）矢富萝莎（彩图 14-15）

1. 特征特性 又称萝莎、亚都蜜或粉红亚都蜜。是日本矢富良宗氏用潘诺尼亚×（乌巴萝莎×楼都玫瑰）杂交育成，1990 年 11 月进行品种登记，1996 年引入我国。自然果穗圆锥形，平均穗重 750 g，最大达 1 000 g 以上；果粒着生中度疏松，果粒长椭圆形，平均粒重 8.5 g，最大达 12 g；果皮紫红色至紫黑色，中等厚，果皮与果肉不易分离，果肉硬度适中，多汁；含糖量 15.5%～18.2%，含酸量 0.25%；清甜适口，无香味，品质佳。丰产性强。果实不裂果、不脱粒，较耐贮运。

2. 农艺性状 在山东平度和辽宁兴城地区，4 月下旬和 5 月上旬萌芽，7 月下旬和 8 月上旬浆果成熟，从萌芽到果实成熟为 105 d。在架面挂果可延到 9 月上旬，仍不落粒。

抗霜霉病、白粉病都比乍娜、京秀强。生长较旺，二次结果力强，是欧亚种群中早熟、大粒、紫红色、易丰产的优良品种。

（五）87－1（彩图 14－16）

1. 特征特性　从辽宁省鞍山市郊区发现，玫瑰香早熟芽变。果穗圆锥形，平均穗重 600 g，最大穗重 800 g；果粒短椭圆形，着生中密，平均粒重 5.5 g，最大 8 g；果皮紫黑色，果肉硬而脆，汁中味甜，含可溶性固形物 13%～14%，有浓玫瑰香味，品质佳。北京地区 8 月上旬浆果完全成熟。生长势强，抗病、适应性强。

2. 农艺性状　适宜排水良好，土壤肥沃的沙壤土栽植。以基肥为主，追肥为辅；磷钾肥为主，氮肥为辅的原则施肥。控制产量在每 667 m^2 1.5～1.7 t。适于干旱、半干旱地区栽培，其他地区宜避雨栽培，非常适合设施栽培。在其设施葡萄生产中，冬促早栽培面积较大。

（六）维多利亚（彩图 14－17）

1. 特征特性　原产罗马尼亚。果穗圆锥形或圆柱形，平均穗重 507 g；果粒长椭圆形，绿黄色，着生中等紧密，平均粒重 7.9 g，最大粒重 15 g；果肉硬而脆，味甜爽口，可溶性固形物含量 16%，含酸量 0.4%；成熟后不易脱粒，挂树期长，较耐贮运。北京 8 月上中旬果实成熟。生长势较旺，丰产性强；抗白粉病和霜霉病能力较强，抗旱、抗寒力中等。

2. 农艺性状　篱架或小棚架栽培均可，中、短梢混合修剪。易过产，需严格控制负载量。适于干旱、半干旱地区栽培，其他地区宜避雨栽培，设施栽培表现好。

（七）绯红（彩图 14－18）

1. 特征特性　原产美国。果穗圆锥形，无副穗，平均穗重 374.4 g，最大穗重 600 g；果粒椭圆形，着生中等紧密，紫红至红紫色，平均粒重 7.73 g，最大粒重 11.2 g；果皮薄，较脆，无涩味，果粉薄，果肉较脆，味酸甜，无香味，可溶性固形物含量为 15.2%，鲜食品质中上等。北京地区，8 月上旬浆果成熟，从萌芽至浆果成熟所需天数为 118 d。植株生长势较强，丰产，抗病力中等，果实成熟期裂果较重。

2. 农艺性状　棚篱架栽培，长、中、短稍修剪均可。生长季多雨时注意防治霜霉病，果实成熟期注意防治裂果，可采取铺地膜、滴灌等方法改善土壤水分供应状况。花期前后适当疏花疏果。适于在干旱、半干旱地区或设施栽培。

（八）玫瑰香（彩图 14－19）

1. 特征特性　原产英国。果穗圆锥形或分枝形，平均穗重 350 g；果粒近圆形，着生中等紧密，平均重 4.5～5.1 g；果皮紫红色，中等厚，易剥皮；果粉厚，果肉较脆，味酸甜，有浓郁的玫瑰香味，可溶性固形物含量 15%～19%，品质上等。北京地区，8 月下旬浆果成熟，从萌芽至浆果成熟所需天数为 140 d 左右。植株生长势中等，成花能力极强，丰产性强，抗性中等。

2. 农艺性状　适于中、短梢混合修剪。适当控制产量，每一果枝留一穗果，每一果穗留 60～70 个果粒。花前要进行果枝摘心（花序以上留 5～8 片叶）和花序整形（掐去副穗和穗尖），坐果后疏去多余果粒，尤其要注意疏除小果粒，使果粒大小整齐。近年来，由于种植者过于追求高产、长期无性繁殖以及病毒感染等原因，有品质退化现象。所以在今后的玫瑰香栽培中，应注意引进优质种苗，并注意科学的标准化生产栽培。适于干旱、半干旱地区栽培，其他地区宜避雨栽培，设施栽培表现好。

(九) 早黑宝 (彩图 14-20)

1. 特征特性 山西省果树研究所 1993 年以瑰宝为母本、早玫瑰为父本杂交后代经秋水仙碱处理加倍而成的四倍体品种，2001 年通过山西省农作物品种审定委员会审定。果穗圆锥形带歧肩，平均穗重 430 g；果粒短椭圆形，平均粒重 7.5 g，最大粒重 10 g，果皮紫黑色，较厚而韧。果肉较软，可溶性固形物含量 15.8%，完全成熟时有浓郁的玫瑰香味。品质上。在山西晋中地区 7 月底成熟。树势中庸，节间中等长，副梢结实力中等，丰产性及抗病性强。

2. 农艺性状 树势中庸，适宜中、短梢混合修剪，以中梢修剪为主。花序多，果穗大，坐果率高，应控制负载量，粗壮结果枝留双穗，中庸结果枝留单穗，弱枝不留穗。因果粒着生较紧，应进行疏花与整穗。另外，该品种在果实着色阶段，果粒增大特别明显，因此要注意着色前的肥水管理，防止裂果。适于干旱、半干旱地区，其他地区宜避雨栽培。在其设施葡萄生产中，冬促早和春促早栽培面积较大。

(十) 美人指 (彩图 14-21)

1. 特征特性 原名意为“涂了指甲油的手指”，根据其果粒形状和中国人的习惯，译为“美人指”，又名染指、脂指、红指，原产日本。果粒长椭圆形，先端尖，最大粒重 13 g，纵径是横径的约 2.2 倍；果粒基部（近果梗处）为浅粉色，往端部（远离果梗）逐渐变深，到先端为紫红色，恰似年轻女士在手指甲处涂上了红色指甲油的感觉，非常美丽，故而得名。果实 9 月中下旬成熟，可溶性固形物含量为 18%～19%，到 10 月可达 19%；无香味，酸甜适度，口感甜爽、肉质脆硬；果皮较韧、不裂果，不脱粒。树势强，植株生长结果习性近似于中国的牛奶葡萄，但生长更旺；抗病性较差。

2. 农艺性状 适宜棚架，应适当控制树体的营养生长，必要时可采用生长抑制剂进行生长调控，以提高植株成花率。栽培上应注意对白腐病等病害的防治。适于干旱、半干旱地区，其他地区宜避雨栽培。

(十一) 泽香 (彩图 14-22)

1. 特征特性 别名大泽山 2 号，山东省平度市洪山园艺场邵纪远、周君敏于 1956 年用玫瑰香×龙眼杂交育成，并于 1979 年发表。果穗圆锥形，无副穗，大小较整齐，平均穗重 533 g，最大穗重 1 500 g；果粒卵圆形至圆形，着生紧密，黄色，着色一致，成熟一致，平均粒重 6 g，最大粒重 10 g；果皮中等厚，较韧，无涩味；果粉中等厚；果肉较脆，无肉囊，果汁多，绿色，味极甜，有较浓的玫瑰香味，可溶性固形物含量为 19%～21%，可滴定酸含量为 0.39%，出汁率为 78%～81%，鲜食品质上等，果实耐贮存；每果粒含种子 1～4 粒，多为 3 粒；种子椭圆形、中等大，棕褐色，外表无横沟，种脐突出；种子与果肉不易分离；无小青粒。山东平度地区 4 月中上旬萌芽，5 月下旬开花，9 月下旬果实成熟。抗寒、抗旱、抗高温和抗盐碱能力均强，抗涝性中等；抗白腐病、黑痘病、灰霉病、穗轴褐枯病能力强，抗霜霉病、白粉病能力弱，尤其不抗炭疽病；抗虫性中等。

2. 农艺性状 植株生长势极强。隐芽萌发力中等，副芽萌发力强，早果性强。结果母枝适合长、中、短梢修剪，以中梢修剪为主。新梢上留单穗果为主，为了提高鲜食品

质，进行果穗整形和果粒疏除，每穗果粒宜留80～100粒，穗重保持在500 g左右。适于干旱、半干旱地区，其他地区宜避雨栽培。

（十二）火焰无核（彩图14－23）

1. 特征特性　别名早熟红无核、红珍珠、弗雷无核、红光无核，原产美国，美国FRESNO园艺试验站杂交选育，1973年发表，1983年由美国引入辽宁沈阳。果穗长圆锥形，平均穗重400 g；浆果着生中等紧密；平均粒重3 g，用赤霉素处理可增大至6 g左右；果皮薄，果皮鲜红或紫红色，果粉中；果肉硬而脆，果汁中等多、味甜，可溶性固形物含量16%，含酸量1.45%；无种子。河北涿鹿地区4月底至5月上旬萌芽，6月上旬开花，8月上旬成熟，生长日数115 d。植株生长势强，早熟，品质优。耐贮运和商品货架期长。是很有发展前途的无核早熟鲜食品种。

2. 农艺性状　植株生长势强，芽眼萌芽率高，抗病力和抗寒力较强。宜小棚架或Y形、篱架栽培，以中、短梢混合修剪为主。注意控制负载量，适量施用氮肥，并重视磷钾肥和微量元素肥料的施用，以促进早熟和提高果实品质。适于干旱、半干旱地区，其他地区宜避雨栽培。

（十三）无核白鸡心（彩图14－24）

1. 特征特性　原产美国。果穗圆锥形，一般穗重500 g以上；果粒略呈鸡心形，平均粒重5～6 g，若用赤霉素处理，粒重可增大至10 g左右；果皮薄而韧，淡黄绿色，很少裂果；果肉硬而脆，略有玫瑰香味，香甜爽口，可溶性固形物含量15%左右，果实耐贮运性。北京果实8月上旬成熟。树势强，丰产性也强，抗病力中等，果实制干性能也较好。

2. 农艺性状　宜棚架栽培，适当稀植，注意肥水均衡供应，少施氮肥；注意白腐病的防治。适于干旱、半干旱地区，设施栽培表现良好。在设施葡萄生产中，冬促早栽培和春促早栽培面积较大。

（十四）红地球（彩图14－25）

1. 特征特性　原产美国，又名晚红、大红球、红提等。果穗长圆锥形，穗重800 g以上；果粒圆形或卵圆形，着生中等紧密，平均粒重12～14 g，最大粒重22 g；果皮中厚，暗紫红色；果肉硬、脆，味甜，可溶性固形物含量17%。北京地区9月下旬成熟。树势较强，丰产性强，果实易着色，不裂果，果刷粗长，不脱粒，果梗抗拉力强，极耐贮运。但抗病性较弱，尤其易感黑痘病和炭疽病。

2. 农艺性状　适于棚架栽培，龙干形整枝。幼树新梢不易成熟，在生长中后期应控制氮肥，少灌水，增补磷钾肥。开花前对花序整形，去掉花序基部大的分支，并每隔2～3个分支掐去一个分支，坐果后再适当疏粒，每一果穗保留60～80个果粒。注意病虫害的防治。适于干旱、半干旱地区栽培，其他地区宜避雨栽培。在设施葡萄生产中，冬促早栽培、避雨栽培和延迟栽培面积均较大。

（十五）克瑞森无核（彩图14－26）

1. 特征特性　原产美国，别名绯红无核、淑女红，1998年引入我国。果穗圆锥形有歧肩，平均穗重500 g；果粒椭圆形，果皮中厚，红色至紫红色，具白色较厚的果粉，平均粒重4 g，可溶性固形物含量19%，品质上，不易落粒。北京地区9月下旬成熟，果实耐贮运。

2. 农艺性状 该品种宜用棚架或T形宽篱架栽培，中、短梢结合修剪。结果后可采用环剥与赤霉素处理等方法促进果粒增大。适合在无霜期长的干旱和半干旱地区栽培，其他地区宜避雨栽培。在设施葡萄生产中，延迟栽培面积较大。

（十六）魏可（彩图14-27）

1. 特征特性 二倍体。原产地日本。日本山梨县志村富男育成。亲本为Kubel Muscat和甲斐路。1987年杂交，1998年品种登录，1999年引入我国。自然果穗圆锥形，果穗大，平均穗重450 g，最大穗重575 g，着生中密，果粒大小整齐；果粒卵圆形，紫红色至紫黑色，成熟一致；果粒大，平均粒重10.5 g，最大粒重13.4 g；果皮中等厚，韧性大，无涩味，果粉厚，果肉脆，无肉囊，汁多；每粒果实含种子1～3粒，多为2粒。可溶性固形物含量20%以上，品质上等。稍有裂果。在江苏张家港地区，4月1—11日萌芽，5月15—25日开花，9月15—25日浆果成熟，从萌芽至浆果成熟需162～177 d，此期活动积温为3 686.8～3 984.3 ℃。

2. 农艺性状 植株生长势极强，隐芽萌发力强，芽眼萌发率为90%～95%，成枝率为95%，枝条成熟度好，结果枝率为85%，副梢结实能力强，较抗病，容易栽培，适于设施葡萄秋促早栽培。

（十七）华葡翠玉（彩图14-28）

1. 特征特性 中国农业科学院果树研究所以红地球为母本，玫瑰香为父本杂交育成。单粒重10 g左右，单穗重800 g左右；可溶性固形物16%左右；果肉硬脆，淡玫瑰香味，耐贮运，不裂果。

2. 农艺性状 植株长势偏旺，适宜棚架栽培，极易成花，需控制产量，中、短梢修剪，二次结果能力强，可一年两收。辽宁兴城地区6月上旬开花，10月上旬果实成熟，果实发育期120 d左右，属晚熟品种。适于干旱、半干旱地区，其他地区宜避雨栽培。在设施葡萄的秋促早栽培和延迟栽培生产中表现良好。

（十八）意大利（彩图14-29）

1. 特征特性 意大利是由比坎与玫瑰香杂交育成，1955年从匈牙利引入，属世界性优良品种。自然果穗圆锥形，平均穗重830 g；果粒着生中度紧密，果粒椭圆形，平均重7.2 g；果皮绿黄色，中等厚，果粉中等，肉质脆，有玫瑰香味；可溶性固形物含量17%，品质上等。果实耐贮运。抗病力、抗寒力均强。在辽宁兴城地区4月下旬萌芽，6月中旬开花，8月下旬着色，9月中、下旬果实成熟。从萌芽到果实成熟需要150 d左右，活动积温3 140 ℃，新梢7月下旬开始变色成熟。

2. 农艺性状 该品种是晚熟、肉硬脆、黄绿色、有玫瑰香味、适应性强、丰产的优良品种，副梢结实力强。在设施葡萄的秋促早栽培和延迟栽培生产中表现良好。

（十九）秋黑（彩图14-30）

1. 特征特性 原产美国。果穗长圆锥形，平均穗重520 g，最大可达1 500 g；果粒着生紧密，鸡心形，平均重8 g；果皮厚，蓝黑色，着色整齐一致，果粉厚；果肉硬脆可切片，味酸甜，无香味；可溶性固形物含量为17.5%；果刷长，果粒着生牢固，不裂果，不脱粒，耐贮运。北京地区9月底至10月初浆果完全成熟。生长势极强，早果性和结实

力均很强；抗病性较强，枝条成熟好。

2. 农艺性状　宜棚架栽培，栽培较容易。在设施葡萄的秋促早栽培和延迟栽培生产中表现良好。

（二十）秋红（彩图 14-31）

1. 特征特性　原产美国，又名圣诞玫瑰。果穗大，果粒长椭圆形，平均粒重 7.5 g，着生较紧密；果皮中等厚，深紫红色，不裂果；果肉硬脆，味甜，可溶性固形物含量 17%，品质佳；果刷大而长，特耐贮运；北京地区 9 月底 10 月初果实成熟，果实易着色，成熟一致。树势强，栽后二年见果，极丰产；抗病能力较龙眼葡萄强，抗黑痘病能力较差。

2. 农艺性状　棚架栽培为宜。结果后树势显著转弱，主蔓不宜太长；花序大，果穗也大，应疏花疏果，每一果穗留果粒 80 个左右即可；早期注意防治黑痘病。在设施葡萄的延迟栽培生产中表现良好。

第二节　设施葡萄的主要优良砧木

一、SO4（彩图 14-32）

由德国从 Telekis 的 Berlandieririparia NO.4 中选育而成。SO4 即 Selection Oppenheim N0.4 的缩写，是法国应用最广泛的砧木。现在中国农业科学院果树研究所已引入。

1. 植物学识别特征　嫩梢尖茸毛白色，边缘桃红色。幼叶丝毛，绿带古铜色。成叶楔形，色暗黄绿，皱褶，边缘内卷，叶柄洼幼叶时呈 V 形，成叶后变 U 形，基脉处桃红色，叶柄及叶脉有短绒毛。雄性不育。新梢棱形，节紫色，有短毛，卷须长而且常分三叉。成熟枝条深褐色，多棱，无毛，节不显，芽小而尖。

2. 农艺性状　抗根瘤蚜，抗根结线虫，抗 17%活性钙，耐盐性强于其他砧木，抗盐能力可达到 0.4%，抗旱性中等，耐湿性在同组内较强，抗寒性较好，在辽宁兴城地区一年生扦插苗冬季无冻害。生长势较旺，枝条较细，嫁接品种产量高，有小脚现象。产枝量高。枝条成熟稍早于其他 Telekis 系列，生根性好，田间嫁接成活率 95%，室内嫁接成活率亦较高，发苗快，苗木生长迅速。SO4 抗南方根结线虫，抗旱、抗湿性明显强于欧美杂交品种自根树，树势旺，建园快，结果早。

二、5BB（彩图 14-33）

5BB 由奥地利育成，源于冬葡萄实生。中国农业科学院果树研究所已引入。

1. 植物学识别特征　嫩梢尖弯勾状，多茸毛，边缘桃红色。幼叶古铜色，披丝毛。成叶大，楔形，全缘，主脉齿长，边缘上卷，叶柄洼拱形，叶脉基部桃红色，叶柄有毛，叶背几乎无毛，锯齿拱圆宽扁。雌花可育，穗小，小果粒黑色圆形。新梢多棱，节酒红色有茸毛。成熟枝条米黄色，节部色深，节间中长，直，棱角明显，芽小而尖。

2. 农艺性状　抗根瘤蚜能力极强，抗线虫，抗石灰质较强，可耐 20%的活性钙。耐盐性较强，耐盐能力达 0.32%～0.39%；耐缺铁失绿症较强，根系可忍耐－8 ℃的低温，抗寒性优于 SO4，仅次于贝达，在辽宁兴城地区一年生扦插苗冬季无冻害。5BB 长势旺盛，根系发达，入土深，生命力强，新梢生长极迅速。产条量大，易生根，利于繁殖，嫁接状况良好。扦插生根率较好，室内嫁接成活率较高，但与品丽珠、莎巴珍珠和哥伦白等品种亲和力差。生长势强，使接穗生长延长，适于北方黏湿钙质土壤，不适于太干旱的丘陵地。5BB砧木繁殖量在意大利占第一位，占年育苗总量的45%，也是法国、德国、瑞士、南斯拉夫、奥地利、匈牙利等国的主要砧木品种。近年在我国试栽，表现抗湿、抗寒、抗南方根结线虫，生长量大，建园快。

三、420 A（彩图14-34）

420A由法国用冬葡萄与河岸葡萄杂交育成。中国农业科学院果树研究所已引入。

1. 植物学识别特征　梢尖有茸毛，白色，边缘玫瑰红。幼叶有网纹状茸毛，浅黄铜色，极有光泽；成龄叶片楔形，深绿色，厚，光滑，下表面有稀茸毛；叶片裂刻浅，新梢基部的叶片裂刻深；锯齿宽，凸形；叶柄洼拱形；新梢有棱纹，深绿色，节自基部至顶端颜色变紫，节间绿色；枝蔓有细棱纹，光滑无毛；枝条浅褐色或红褐色，有较黑亮的纵条纹；节间长，细；芽中等大；雄花。

2. 农艺性状　极抗根瘤蚜，抗根结线虫，抗石灰性土壤（20%）。生长势偏弱，但强于光荣、河岸系砧木。喜轻质肥沃土壤，有抗寒、耐旱、早熟、品质好等特点，常用于嫁接高品质酿酒葡萄或早熟鲜食葡萄。田间与品种嫁接成活率98%。一年生扦插苗在辽宁兴城可露地越冬。

四、5C（彩图14-35）

5C是由匈牙利用伯兰氏葡萄与河岸葡萄杂交育成。

1. 植物学识别特征　植株性状与5BB相近，但生长期短于5BB。

2. 农艺性状　适应范围广，耐旱、耐湿、抗寒性强，并耐石灰质土壤。对嫁接品种有早熟、丰产作用，也有小脚现象。中国农业科学院果树研究所已引入。在辽宁兴城扦插苗冬季无冻害。

五、3309C（彩图14-36）

3309C由美洲种群内种间杂种，由法国的Georges Couderc育成，亲本为河岸葡萄和沙地葡萄，雌株。

1. 植物学识别特征　嫩梢尖光滑无毛，绿色光亮；幼叶光亮，叶柄洼V形；成叶楔形，全缘，质厚，极光亮，深绿色；叶柄洼变U形，叶背仅脉上有少量茸毛，锯齿圆拱形，中大，叶柄短；基本雄性不育；新梢无毛多棱，落叶中早；成熟枝紫红色，芽小而尖。

2. 农艺性状　抗根瘤蚜，不抗根结线虫，抗石灰性中等（抗11%活性钙）、抗旱性中等，不耐盐碱、不耐涝，适于平原地，较肥沃的土壤，产枝量中等。扦插生根率较高，嫁接成活率较好。树势中旺，适于非钙质土如花岗岩风化土及冷凉地区，可使接穗品种的果实和枝条及时成熟，品质好，与佳美、比诺、霞多丽等早熟品种结合很好。在各国应用广泛。

六、101-14MG（彩图14-37）

101-14MG由法国用河岸葡萄与沙地葡萄杂交育成。中国农业科学院果树研究所已引入。雌性株，可结果。

1. 植物学识别特征　嫩梢尖球状，淡绿，光亮；托叶长，无色；幼叶折成勺状，稍具古铜色；成叶楔形，全缘，三主脉齿尖突出，黄绿色，无光泽，稍上卷，叶柄洼开张拱形；雌花可育，果穗小，小果粒黑色圆形，无食用价值；新梢棱状无毛，紫红色，节间短，落叶早；成熟枝条红黄色带浅条纹，节间中长，节不明显，节上有短毛；芽小而尖。

2. 农艺性状　极抗根瘤蚜，较抗线虫，耐石灰质土壤能力中等（抗9%活性钙），不抗旱，抗湿性较强，能适应黏土壤。产枝量中等；扦插生根率和嫁接成活率较高。嫁接品种早熟，着色好，品质优良。是较古老的、应用广泛的砧木品种，以早熟砧木闻名。适于在微酸性土壤中生长。是法国第七位的砧木，主要用于波尔多，也是南非第二位的砧木品种。

七、1103P（彩图14-38）

1103P由意大利用伯兰氏葡萄与沙地葡萄杂交育成，雄株。中国农科院果树研究所已引入。

1. 植物学识别特征　嫩梢尖布丝毛，边缘桃红色。幼叶古铜色，无毛。成叶小，肾形，深绿色，边缘翻卷梢内折，叶柄洼U形开张，裸脉，叶柄紫红色带短毛，叶背无毛。新梢多棱，褐咖啡色，节上梢有毛，节间中长，芽小而尖。

2. 农艺性状　植株生长旺。极抗根瘤蚜，抗根结线虫。抗旱性强，适应黏土地但不抗涝，耐石灰性土壤（活性钙达17%～18%），抗盐碱，对盐抗性达0.5%。枝条产量中等，每公顷产30～35 km，与品种嫁接成活率高。

八、110R（彩图14-39）

110R由中国农业科学院果树研究所引入。美洲种群内种间杂种，由Rranz Richter于1889年杂交育成，亲本为Berlandieri Resseguier N0.2和Rupestris Martin。

1. 植物学识别特征　嫩梢尖扁平，边缘桃红，布丝毛；幼叶布丝毛，古铜色，光亮，皱泡；成叶肾形，全缘，极光亮，有细泡；折成勺状，锯齿大拱形，叶柄洼开张U形，叶背无毛，似Martino雄性不育；新梢棱角明显，光滑，顶端红色；成熟枝条红咖啡色或灰褐色，多棱，无毛，节间长，芽小，半圆形。

2. 农艺性状　抗根瘤蚜，抗根结线虫，抗石灰性土壤（抗17%活性钙），使接穗品种树势旺，生长期延长，成熟延迟，不宜嫁接易落花落果的品种。产枝量中等。生根率较低，室内嫁接成活率较低，田间就地嫁接成活率较高。成活后萌蘖根少，发苗慢，前期主要先长根，因此抗旱性很强，适于干旱瘠薄地栽培。

九、140Ru（彩图14-40）

140Ru原产意大利，美洲种群内种间杂种。19世纪末20世纪初，由西西里的Ruggeri

培育而成。亲本是 Berlandieri ResseguierNO. 2 和 Rupestris ST George（du. Lot）。中国农业科学院果树研究所已引入。

1. 植物学识别特征 梢尖有网纹，边缘玫瑰红；幼叶灰绿色，有光泽，成龄叶片肾形，小，厚，扭曲，有光泽，下表面近乎无毛，叶脉上有稀疏茸毛；叶柄接合处红色；叶片全缘，有时基部叶片的裂刻很深，与 420A 相似；锯齿中等大，凸形；叶柄洼开张拱形，叶柄紫色，光滑无毛；新梢有棱纹，浅紫色，茸毛稀少；枝蔓有棱纹，深红褐色，光滑，节部有卷丝状绒毛；节间长；芽小而尖；雄性花。

2. 农艺性状 根系极抗根瘤蚜，但可能在叶片上携带有虫瘿，较抗线虫，抗缺铁、耐寒、耐盐碱，抗干旱，对石灰性土壤抗性优异，几乎可达 20%。生长势极旺盛，与欧亚品种嫁接亲和力好，适于偏干旱地区偏黏土壤上生长。插条生根较难，田间嫁接效果良好，不宜室内床接。

十、225Ru（彩图 14-41）

225Ru 由中国农业科学院果树研究所引入。美洲种群内种间杂种，由冬葡萄与沙地葡萄杂交育成。

1. 植物学识别特征 嫩梢浅紫褐色，有茸毛。幼叶有光泽。成叶中等大，近圆形，有锯齿 3 浅裂。叶柄洼箭形。叶面光滑，叶背有白色茸毛。

2. 农艺性状 较抗根瘤蚜，抗根结线虫，抗旱性较强，耐湿，耐盐性中等，弱于 5BB。一年生苗生长势较弱。扦插生根较难，出苗率 55%左右。

十一、贝达（彩图 14-42）

美洲种，又名贝特，原产于美国，美洲葡萄和河岸葡萄杂交育成。植株生长势极强，抗寒性、抗湿性均强，嫁接品种亲和力好。嫁接品种有小脚现象，但对生长、结果无影响。

1. 植物学识别特征 嫩梢绿色，有稀疏茸毛；幼叶绿色，叶缘稍有红色，叶面茸毛稀疏并有光泽，叶背密生茸毛；一年生枝成熟时红褐色，叶片大，全缘或浅 3 裂，叶面光滑，叶背有稀疏刺毛；叶柄洼开张。两性花；果穗小，平均穗重 191 g 左右，圆锥形；果粒着生紧密；果粒小，近圆形，蓝黑色，果皮薄；肉软，有囊，味偏酸，有狐臭味，可溶性固形物含量 14%，含酸量 1.6%。在沈阳 8 月上旬成熟。

2. 农艺性状 植株生长势极强，适应性强，抗病力强，特抗寒，枝条可忍耐 −30 ℃左右的低温，根系可忍耐 −11.6 ℃左右的低温，有一定的抗湿能力，枝条扦插易生根，繁殖容易，并且与欧美种、欧亚杂交种嫁接亲和力强，是较好的抗寒砧木。生产上需注意的是，贝达作为鲜食葡萄品种的砧木时，有明显的小脚现象，而且对根癌病抗性稍弱。目前在我国生产上用的贝达砧木大部分都带有病毒病，应脱毒繁殖后再利用为好，栽培时应予以重视。

十二、华葡 1 号（彩图 14-43）

华葡 1 号是中国农业科学院果树研究所采用早熟雌能花山葡萄品种左山一（中国特色

酿酒葡萄品种）为母本，欧亚种葡萄品种白马拉加（鲜食酿酒兼用葡萄品种）为父本种间杂交培育而成。2011 年 10 月通过辽宁省非主要农作物品种备案办公室备案，定名为华葡 1 号。

1. 植物学识别特征　一年生成熟枝条红褐色，嫩梢绿色；幼叶黄绿色，上表面有光泽，下表面茸毛较少；成龄叶片五角形，大，深绿色，有光泽，主脉黄色有红晕，下表面有极稀茸毛；叶片 5 裂，上裂刻浅至中，下裂刻极浅至浅，裂刻基部 U 形；锯齿双侧直。成龄叶叶脉限制叶柄洼，叶柄洼轻度重叠，基部 U 形；叶柄长，红色；雌能花；果穗圆锥形，穗形整齐，中等大，平均质量 214.4 g，最大 270.4 g；果粒着生中等紧密，大小均匀，无小青粒及采前落粒现象；果粒圆形，果皮紫黑色，平均质量 3.1 g，最大 3.4 g；果皮厚而韧，肉软，汁多，种子 2～4 粒，多为 3 粒。与山葡萄不同，果粒有两次生长高峰，生长曲线呈 S 形。10 月初采收，可溶性固形物含量 24.1%，可溶性糖含量 19.6%，可滴定酸含量 1.27%（其中酒石酸含量 0.704%、苹果酸含量 0.574%），白黎芦醇含量 0.32 mg/kg，单宁含量 2 827.6 mg/kg，出汁率 70.16%；延迟到 12 月上旬采收，可溶性固形物含量 38.54%，可滴定酸含量 1.32%，白黎芦醇含量 0.75 mg/kg，单宁含量 4 510.8 mg/kg，出汁率 20.48%。用其酿造的干红葡萄酒，呈宝石红色，澄清，果香浓郁，余香绵长，醇和爽口。可延迟采收酿造优质的冰红葡萄酒。

2. 农艺性状　植株生长势强。抗寒性、抗旱性和抗高温能力较强，在辽宁省朝阳、锦州和葫芦岛地区可露地越冬。抗霜霉病，对白腐病、炭疽病等真菌性病害抗性较强，不抗白粉病。硬枝扦插生根率 86.4%～95.7%，成苗率 74.1%～88.5%，与红地球和巨峰等鲜食葡萄品种嫁接亲和力好，嫁接成活率 90.1%～93.4%，无大小脚。

第十五章 设施葡萄园的建立

第一节 设施葡萄园地的选择

葡萄园址的选择极其重要，是葡萄生产能否成功的关键因素之一。

一、根据环境和土壤条件选择园址

新建葡萄园前，必须充分考虑葡萄生长对环境和土壤的需求，只有在满足葡萄生长发育所需的环境和土壤等条件的园址建园，才能生产出安全、优质的葡萄果品。

首先，按照无公害水果产地环境标准《农产品安全质量无公害水果产地环境要求》(GB/T 18407.2—2001) 对产地环境进行考察初选园址。该标准要求无公害水果产地应选择在无或不受污染源影响或污染物限量控制在允许范围内，生态环境（土壤、空气和灌溉水）良好的农业生产区域。然后对初选园址的土壤、空气和灌溉水等进行检测，只有经过专业检测部门检验合格，方可选定园址。

其次，对选定的园址需进行土壤调查。利用园地自然剖面或挖掘1 m深的剖面察看成土母质的结构、土层厚度、有无黏板层或沙层等。如果面积很大，需选择几个典型地块，多点分层取土化验，检测土壤酸碱度、有机质含量、各种矿质营养元素含量。酸性土壤特别需要测定钙、镁、硼含量；偏盐碱土壤则需测定钠、钙含量是否超标，有效铁和锌含量是否不足，以便确定土壤是否适宜葡萄生长以及是否需要改良校正。土壤耕层厚度50 cm以上，土壤有机质含量1%以上，pH 6.0～7.5的土壤较适宜葡萄生长。

二、根据地形地貌条件选择园址

葡萄是生态适应性较强的树种，但充足的光照有利于提高果实品质，远离低洼湿地可减少病害、减轻冻害和霜害，因此温暖向阳的山坡丘陵地是首选，其次是沙壤平地，再次是黏土平原地。

三、根据气候条件选择园址

建园前，还要考虑当地的气候特点，如当地的年总辐射量、日照时数和日照百分率等太阳辐射情况，年平均降水量和空气相对湿度等湿度情况，极端低温、极端高温、最低温月份的平均温度、最高温月份的平均温度和一年内≥10 ℃的积温等温度情况，风压和雪

栽等情况，综合考虑以上条件以确定该地是否适合发展设施葡萄以及适合发展冬促早栽培、春促早栽培、延迟栽培、避雨栽培等栽培类型。

四、根据前作作物选择园址

首先，调查前茬种植的作物是否与葡萄有忌避或重茬；其次，确定选址。例如长期种植花生、地瓜、芹菜或者番茄、黄瓜等容易感染根结线虫的作物，要察看作物根系上是否有根结或腐烂；再有如果长期种植葡萄等果树也容易产生重茬障碍或毒害，最好先种两年豆科作物或其他绿肥进行土壤改良。此外，还要调查周边的防风林或自然植被，看是否有与葡萄共生的病虫害等的发生。

第二节　设施葡萄园地的规划与设计

建立大型设施葡萄生产基地，在正确、合理的选择园址后，还要进行科学的规划和设计，使之充分利用土地资源，符合现代化的管理模式，减少投资，提早投产，提高果实质量和产量，可持续的创造较理想的经济效益、社会效益和生态效益。规划和设计的内容主要包括土地和道路系统的规划，品种的选择与配置，防护林、排灌系统及水土保持的规划和设计。

一、准备工作

首先，搜集本地区的气象、水文、地质和果树资源等生态环境资料，然后到现场实地勘察，对地形、地貌、土壤、电源、水源和交通等详细情况进行调查，为绘制果园平面图和地形图打下基础。其次，对国内外市场进行调查，了解国内外畅销的鲜食葡萄品种，筛选适合当地发展的设施葡萄品种。再次，对本地区的交通运输能力以及当地的社会购买力等情况的掌握。最后，收集或测绘本地区的地形图、详细调查水源和社会劳动力等情况。

二、园地规划与设计

（一）电源和水源

在选择葡萄园地时，首先考虑电、水源的问题。无论是提引河水，打井提水，还是修建温室、冷库，都离不开电源，所以电力建设是重中之重。葡萄生长期需水量较大，大面积发展葡萄生产必须具有水源条件，靠近江、河、湖、水库或能打井取水，水质要适合葡萄生产的需要。

（二）田间区划

对作业区面积大小、道路、灌排水渠系网和防风林等都要统筹安排，根据地区经营规模、地形、坡向和坡度，在地形图上都要进行细致规划。作业区面积大小要因地制宜，平地 20～30 hm^2 为一个小区，4～6 个小区为一个大区，小区以长方形为宜，以便于田间作业。山地以 10～20 hm^2 为一个小区，以坡面等高线为界，决定大区的面积；小区的边长应与等高线平行，有利于灌、排水和机械作业。

（三）道路规划

规模较大的葡萄园以及观光采摘园需要通畅的道路系统，由主道、支道和田间作业道三级组成。主道设在葡萄园的中心，与园外交通大道相通，贯通园内各大区和主要管理场所，并与各支道相通，组成园内交通运输网；主道要求能对开两排载重汽车或农用拖拉机，再加上路边的防风林，一般道宽 6 m，山地的主道可环山呈“之”字形建筑，上升的坡度要小于 7°为宜。支道与主道垂直设置，和各设施相通，一般居中或围绕全园，宽 4 m，运输车和拖拉机可方便通行。田间作业道是临时性道路，与支道垂直设置，为小型机械等作业和运输物资使用。随着标准化种植管理水平的提高和人工成本的攀升，机械化作业是发展大趋势，因此，无论支路还是作业路都不宜太窄，宽度至少在 4 m 以上，为了提高利用效率，可设置大棚架，占天不占地，给拖拉机留足转弯半径，以便能配套各种机械进行行间作业。小区形状一般为长方形，面积视地形而定，以方便作业为准。

（四）排、灌系统

灌、排系统一般由主管道、支管道和田间管道三级组成。各级管道多与道路系统相结合，一般在道路的一侧为灌水管道，另一侧为排水管道，灌排水系统采用管道形式比传统的渠道灌排水系统节电、省水，效果更佳。

1. 灌溉系统 葡萄园灌溉可利用的水源包括井水、河水和雨水等。灌溉渠分为主渠、支渠、小渠，主、支渠比例一般为 1/1 000，与道路同步走向配置。实施节水灌溉应将管道铺设到地头。大水漫灌是最浪费水、对土壤质地破坏最大、肥料流失最多的灌溉方式，应该避免。目前灌溉系统主要采用以下几种方式。

（1）滴灌 滴灌是用水泵从水源提水，将灌溉水过滤处理后，通过干管、支管、毛管，最终到达毛管上的滴头，在低压下向土壤缓慢地滴水，直接向土壤供应水和肥料或其他化学剂的一种灌溉系统。因为灌溉湿润的土壤面积小，直接蒸发损耗的水量少，杂草生长也少；滴灌不打湿叶面，空气湿度小，病虫害较轻；滴灌可比普通灌溉技术节省 30%～70%的水，适宜于干旱地区特别是沙地、黄土塬地等水资源缺乏的地区。在效益高、投入有保障的观光葡萄园、设施葡萄园以及严重缺水的地区，可采用滴灌方式，进行肥水精确灌溉。由于滴灌范围小，浅层根系较多，介于埋土临界的地区或栽培设施滴灌时需要注意灌溉深度，滴灌不足容易导致根系上浮，影响越冬性。滴灌设施应由供应商进行安装设计和售后服务。

（2）喷灌 喷灌是利用水泵和管道系统在一定压力下把水经过喷头喷洒到空中。此项技术的优点是节水，灌溉效率高，水的有效利用率一般为 80%以上，对地形无要求，喷灌均匀度可达到 80%～85%，不容易产生深层渗漏和地表径流，在透水性强、保水能力差的土地如沙质土，省水可达 70%以上，但受风的影响较大，3～4 级风力时应停止喷灌。喷灌有利于改善果园小气候，适宜于干旱地区，特别是高温与大气干旱叠加区，或容易发生季节性高温热伤害的葡萄园。但是由于喷灌提高了大气湿度有利于霜霉病等病害的发生而大部分葡萄园较少应用。

（3）低压管道输水灌溉 目前许多集约化葡萄园采用了管道代替水渠，将灌溉水低压直接输送到田间地头的灌溉方式。低压管道输水避免了沿途损失、水分蒸发和污染，节水作用明显。由于管道具有一定的水压，不但可以直接进行畦灌或沟灌，也可直接利用 PE

软管进行微喷灌或渗灌。

① 微喷带。微喷又称为多孔管喷灌、微喷灌管，简称带喷或喷灌带、滴灌带。其灌溉方式是把水加压后送到PE管软管内，再由管壁上的小孔喷出，喷洒于田间。软管带喷所需的水压力较低，一般不超过一个标准大气压，软管管壁较薄，堵塞率较低，易于卷绕，可随地形机动配置，操作简单，管带喷每667 m^2 投资只有100～200元，使用寿命一般为3年，软管带喷技术在一些果园、菜地得到了越来越广泛的应用。

② 渗灌。渗灌系统是山丘干旱区利用高地建立蓄水池，设立干、支、毛三级输水管，毛管即渗水管直径2 cm，每隔40 cm在管的左右和下侧各打一个孔并安装过滤网以防堵塞，深埋在20 cm以下的土层中。在安装了低压管道到地头的情况下，如果水质洁净，也可采用硬管深埋的这种渗灌方式，减少每年地面软管卷放的操作。

（4）畦灌　在水资源丰富或起垄栽培的地区，还有大量葡萄园采用畦灌。畦灌最好采用60 cm的窄畦或浅沟，许多葡萄园图省事不另外修畦子，不管行多宽直接灌溉，不但耗水量大，容易造成土壤板结和氮磷钾肥料的流失，也容易促进葡萄新梢的旺长。对于树势较旺、容易落花落果的品种最好采取隔行交替灌溉的方式，一侧根系水分胁迫有利于抑制新梢特别是副梢的生长，促进果实发育和新梢冬芽的花芽分化。

2. 排水系统　随着全球气候变暖，异常天气事件频繁发生，旱和涝瞬间转换，因此大规模葡萄园既需要设置灌溉系统也需要设置排水系统。排水系统可与支路和作业路结合，顺路边明沟排水或覆盖暗沟排水；南方地下水位高，需要修台地，可利用明沟或埋暗管排水。在水资源短缺地区，可在低洼处修建池塘或水窖拦截存积雨水，流经过葡萄园的雨水携带大量速效氮磷钾元素，有时候可占施肥量的1/3，因此利用雨水灌溉一举两得。

（五）防护林

防护林或防风林，其主要作用有以下几点。一是防风，减少季风、台风的为害；二是阻止冷空气，减少霜冻的为害；三是调节小气候，减少土壤水分蒸发，增加大气湿度；四是增加葡萄园多样性，增加有益生物的同时减少有害生物的侵染。因此在绿色果品特别是有机栽培的葡萄园，要求至少有5%的园区面积是天然林或种植其他树木。一般按照作业区的大小设置防护林，防风林最好与道路结合，林带树种以乔、灌混栽组成透风型的防风林，防风效果较好。主林带与主风向垂直，栽植4～6行高大的乔木，内侧可栽植2～3行灌木，约10 m宽；副林带垂直于主林带，种植2～3行乔木，约6 m宽。防风距离是树高的25倍左右，一般乔木树高为8～10 m，所以主林带之间距离，多为400～500 m，副林带间的距离为200～400 m。一般林带面积约占葡萄园面积的8%～10%。可种植的树木包括杨、榆、松、泡桐等，灌木包括枸橘、花椒、紫穗槐、荆条等。需要注意避免种植易招引葡萄共同害虫的树木，如在斑衣蜡蝉发生严重的地区，需要刨除斑衣蜡蝉的原寄主臭椿，也避免种植易招惹斑衣蜡蝉的香椿、刺槐、苦楝等。

（六）园内设施

大型葡萄园里设有办公室、作业室、车库、贮藏冷库、日光温室、水泵房、职工宿舍和畜禽舍等。

第三节　设施葡萄的栽培模式

一、下架越冬防寒的设施栽培——宽行深沟栽培（彩图 15－1）

北方葡萄产区利用塑料大棚和避雨棚等栽培设施进行生产的设施葡萄栽培模式，冬季寒冷是关键制约条件，一般采取宽行深沟栽培，行距至少 3.0 m 以上。深翻是深沟栽培模式的重要基础，譬如盖楼的地基。苗木根系能否深扎，能否抗寒与深翻与否有很大关系。前作系精耕细作的田地，且土地平整、土层较厚的，可用 D－85 拖拉机深耕 50～60 cm，加深活土层；如果土层瘠薄或有粘板层需要用小型挖掘机或人工开沟。开沟深度一般应达到 80 cm 以上，宽度 80～100 cm 为宜。将原耕作层（地表约 0～30 cm）放在一边，生土层放在另一边。将准备好的作物秸秆（最好铡碎）施入沟内底层，压实后约 5 cm 厚；将准备好的腐熟有机肥（羊粪最好，其次是鸡鸭鹅等禽粪，或兔、牛、猪等畜粪以及腐熟的人粪尿等，每 667 m^2 用量 10～20 m^3）部分与生土混匀，如果土壤偏酸则视情况加入适量生石灰，如果土壤偏碱则加入适量石膏、酒糟、沼渣等能获得的酸性有机物料，混匀后填回沟内；剩下的有机肥与熟土混匀，适当加入钙镁磷肥等，填回沟内。如果土壤瘠薄，底层土壤较差，可将包括行间的熟土层全部铲起，和有机肥混匀后全部填回沟内，而将生土补到行间并整平。对回填后的定植沟进行灌水沉实促进有机肥料的腐熟，定植沟灌水沉实后沟面需比行间地面深 30 cm 左右，利于越冬防寒。中国农业科学院果树研究所浆果类果树栽培与生理科研团队经多年研究发现，为防止或减轻根系侧冻，可在宽行深沟基础上采取部分根域限制，即定植沟开挖后，先在沟壁两侧铺设塑料薄膜，然后回填，可有效抑制根系水平延伸。采取部分根域限制建园，定植沟宽度以 80～100 cm 最佳（表 15－1）。

表 15－1　不同限根宽度对巨峰葡萄果实品质的影响

（引自史祥宾等，2018）

不同限根宽度（cm）	单粒重（g）	可溶性固形物含量（%）	可滴定酸含量（%）	糖酸比	维生素 C 的含量（mg/100 g）	花青素（ng/g）
限根 40	8.64	15.90	0.58	27.56	4.13	2 000.43
限根 60	9.19	15.00	0.40	37.55	3.48	1 287.45
限根 80	9.98	18.37	0.39	47.10	5.74	1 986.58
限根 100	10.83	18.57	0.40	46.43	6.50	2 661.04
不限根对照	10.07	17.73	0.45	39.84	5.30	1 109.96

二、非下架越冬防寒的设施栽培——高垄栽培（彩图 15－1）

南方葡萄产区的设施葡萄生产的关键制约条件是地下水位高，土壤黏重，容易积涝，因此搞好排水是基础，需采取高垄栽培。同时，北方葡萄产区利用日光温室（少部分地区如山东南部、河南等地的塑料大棚）等栽培设施进行生产的设施葡萄栽培模式，生长期地温过低是其制约条件，高垄栽培是最经济有效地提高地温的方法（试验表明：葡萄萌芽期，宽 80 cm、高 30 cm，栽培垄 15 cm 深处土壤的温度 14:00 测定时，比传统平畦栽培 15 cm 深处土壤的温度高 2.1～3.3 ℃）。高垄栽培的具体操作如下：在定植前，首先将腐

熟有机肥（5～10 m^3/ 667 m^2）和生物有机肥（1 t/667 m^2）均匀撒施到园地表面，然后用旋耕机松土将肥土混匀，最后将表层肥土按适宜行向和株行距就地起垄，一般定植垄高 40～50 cm 高、宽 80～120 cm。对于漏肥、漏水严重或地下水位过浅的地块，在起垄栽培的基础上，可配合采取薄膜限根模式。在定植前，首先按照适宜行向和株行距将塑料薄膜按照宽 150 cm、长与定植行行长相同的规格裁剪并铺设在地表，然后将行间表土与腐熟有机肥按照（4～6）∶1 的比例混匀在塑料薄膜上起垄，一般定植垄高 40～50 cm、宽80～120 cm。

三、非耕地高效利用——容器栽培（彩图 15－1）

该栽培模式不受土壤与立地条件的限制，对于戈壁、沙漠和重盐碱等非耕地可采取此栽培模式。该栽培模式必须注意冬季的根系防寒，一般在冬季不需下架防寒的设施葡萄生产中采用，如南方葡萄产区的设施葡萄生产和北方葡萄产区的日光温室（少部分地区如山东南部、河南等地的塑料大棚）设施葡萄生产。从成本和效果来看，选用控根器作为栽培容器最为适宜。控根器的体积根据树冠投影面积确定，一般每平方米树冠投影面积对应的控根器体积为 0.05～0.06 m^3，土层厚度一般 40～50 cm。容器栽培的基质非常重要，优质腐熟有机肥或生物有机肥和园土的混合比例为 1∶(4～6)。如土壤黏重除添加有机肥外，还要添加适宜的河沙或炉渣。

第四节　设施葡萄的苗木准备与选择

采用优质壮苗（葡萄苗质量标准见表 15－2）建园是实现葡萄优质高效生产的基本前提。有些单位临时起意建园，到处收集苗木，无法保证苗木质量，结果导致建园质量差，可谓欲速则不达。

一、自根苗

目前，生产上使用的苗木大多是品种自根苗。自根苗繁殖容易，成本低，欧亚种的自根苗对盐碱和钙质土适应能力强，但大部分主栽品种的自根苗抗寒、抗旱能力比嫁接苗差很多，有些品种如藤稔以及其他多倍体的品种发根能力差或根系生长弱。更重要的是品种自根苗不抗根瘤蚜，也不抗根结线虫及根癌等，因此自根栽培仅适宜于无上述生物逆境、生态逆境胁迫的地区使用。

二、嫁接苗

在我国北方由于抗寒需要长期使用贝达作为砧木进行嫁接。随着葡萄根瘤蚜在我国多个省份的蔓延，使用能够抗根瘤蚜的抗性砧木嫁接已经成为首选，但是埋土防寒区选择抗性砧木时首先要考虑其抗寒性。需要抗涝的地区可以选择河岸葡萄为主的杂交砧木，如促进早熟的 101－14M 和 3309C，生长势中庸的 420A 或中庸偏旺的 SO4 和 5BB；在干旱瘠薄及寒冷的地区，建议选择深根性的偏沙地葡萄系列，如 110R、140Ru 和 1103P 等。成品嫁接苗是一年生嫁接苗。砧木长度是选择嫁接苗的关键。不同产区要求的砧木长度不同，南方没有寒害，砧木长度 20 cm 即可；北方越是寒冷地区要求的砧木长度越长，目前进口的嫁接苗砧木长度在 40 cm；一般地区推荐 30 cm。检查嫁接苗要看嫁接愈合部位是否牢固，可用手掰看嫁接口是否完全愈合无裂缝，至少有 3 条发达的根系并分布均匀，接穗成熟至少 8 cm 长。

三、砧木自根苗

国外根据枝条的粗度将收获的砧木枝条分成两部分，直径在 6～12 mm 的用于生产嫁接苗，较细或较粗的枝条则用于扦插繁殖为砧木苗。这些砧木苗可提供给葡萄园种植者定植在田间，待半木质化后进行绿枝嫁接。有些国家为了充分利用砧木的抗性而采用 70 cm

表 15-2　葡萄苗质量标准（NY 469—2001）

<table>
<tr><th>种　类</th><th colspan="3">项　目</th><th>一级</th><th>二级</th><th>三级</th></tr>
<tr><td rowspan="11">自根（插条）苗</td><td colspan="3">品种纯度</td><td colspan="3">≥98%</td></tr>
<tr><td rowspan="4">根系</td><td colspan="2">侧根数量（条）</td><td>≥5</td><td>≥4</td><td>≥4</td></tr>
<tr><td colspan="2">侧根粗度（cm）</td><td>≥0.3</td><td>≥0.2</td><td>≥0.2</td></tr>
<tr><td colspan="2">侧根长度（cm）</td><td>≥20</td><td>≥15</td><td>≥15</td></tr>
<tr><td colspan="2">侧根分布</td><td colspan="3">均匀、舒展</td></tr>
<tr><td rowspan="3">枝干</td><td colspan="2">成熟度</td><td colspan="3">木质化</td></tr>
<tr><td colspan="2">高度（cm）</td><td colspan="3">≥20</td></tr>
<tr><td colspan="2">粗度（cm）</td><td>≥0.8</td><td>≥0.6</td><td>≥0.5</td></tr>
<tr><td colspan="3">根皮与茎皮</td><td colspan="3">无损伤</td></tr>
<tr><td colspan="3">芽眼数/个</td><td colspan="3">≥5</td></tr>
<tr><td colspan="3">病虫危害情况</td><td colspan="3">无检疫对象</td></tr>
<tr><td rowspan="15">嫁接苗</td><td colspan="3">品种纯度</td><td colspan="3">≥98%</td></tr>
<tr><td rowspan="4">根系</td><td colspan="2">侧根数量（条）</td><td>≥5</td><td>≥4</td><td>≥4</td></tr>
<tr><td colspan="2">侧根粗度（cm）</td><td>≥0. 4</td><td>≥0. 3</td><td>≥0. 2</td></tr>
<tr><td colspan="2">侧根长度（cm）</td><td colspan="3">≥20</td></tr>
<tr><td colspan="2">侧根分布</td><td colspan="3">均匀、舒展</td></tr>
<tr><td rowspan="6">枝干</td><td colspan="2">成熟度</td><td colspan="3">充分成熟</td></tr>
<tr><td colspan="2">枝干高度（cm）</td><td colspan="3">≥20</td></tr>
<tr><td colspan="2">接口高度（cm）</td><td colspan="3">10～15</td></tr>
<tr><td rowspan="2">粗度（cm）</td><td>硬枝嫁接</td><td>≥0. 8</td><td>≥0. 6</td><td>≥0. 5</td></tr>
<tr><td>绿枝嫁接</td><td>≥0. 6</td><td>≥0. 5</td><td>≥0. 4</td></tr>
<tr><td colspan="2">嫁接愈合程度</td><td colspan="3">愈合良好</td></tr>
<tr><td colspan="3">根皮与茎皮</td><td colspan="3">无新损伤</td></tr>
<tr><td colspan="3">接穗品种芽眼数/个</td><td>≥5</td><td>≥5</td><td>≥3</td></tr>
<tr><td colspan="3">砧木萌蘖</td><td colspan="3">完全清除</td></tr>
<tr><td colspan="3">病虫害情况</td><td colspan="3">无检疫对象</td></tr>
</table>

甚至 1 m 长的砧木进行高接，从而解决主干的抗寒及抗病问题。北方用砧木苗建园的优点一是砧木苗抗霜霉病，二是大部分砧木抗寒性强，在泰安（最低温度－15 ℃）冬季一年生的砧木苗不下架可安全越冬，因此管理简便省心；三是第二年嫁接时根系生长量大，可以较快的速度促进接穗的生长，非常有利于长远的优质丰产目标。

第五节 设施葡萄的科学定植

一、行向

设施葡萄的行向与地形、地貌、风向、光照、叶幕形和栽培模式等有密切关系。一般地势平坦的避雨栽培葡萄园，南北行向，葡萄枝蔓顺着主风向引绑。日照时间长，光照强度大，特别是中午葡萄根部能接受到阳光，有利于葡萄的生长发育，能提高浆果的品质和产量。山地避雨栽培葡萄园的行向，应与坡地的等高线方向一致，顺坡势设架，葡萄树栽在山坡下，向山坡上爬，适应葡萄生长规律，光照好，节省架材，也有利于水土保持和田间作业。

如果设施栽培葡萄园采取直立叶幕或 V 形叶幕，其行向受光照影响，以南北行向为宜。因为南北行向比东西行向受光较为均匀。东西行的北面全天一直受不到直射光照射，而南面则全天受到太阳直射光的照射，两侧叶片生长不一致，果实质量也不均匀。如果设施栽培葡萄园采取水平叶幕，其行向不受光照影响，因此南北或东西行向均可。

二、株行距

目前，葡萄生产上存在种植密度过大的问题，首要问题是加大行距，以利于机械化作业。在温暖地区，冬季不需埋土防寒，单篱架栽培行距以 2.5 m 左右为宜，但如栽培长势较旺的品种如夏黑、无核等品种，需采用水平式棚架配合单层双臂水平龙干形即“一”字形或 H 形，株行距分别以（2～2.5）m×(4～6) m 和（4～6）m×(4～10) m 为宜。在年绝对低温在－15 ℃以下的北方或西北地区，因葡萄枝蔓冬季需要下架埋土防寒，防寒土堆的宽度与厚度一定要比根系受冻深度多 10 cm 左右才能安全越冬，多用中、小棚架，采用斜干水平龙干树形配合水平叶幕，其株行距以（2～2.5）m×(4～6) m（单沟单行定植，若单沟双行定植 8～10 m）为宜，单穴双株定植。

三、苗木处理

（一）修剪苗木

栽植前将苗木保留 2～4 个壮芽修剪，基层根一般可留 10 cm，受伤根在伤部剪断。如果苗木比较干，可在清水中浸泡 1 d 或在湿沙中掩埋 3～5 d，在湿沙中掩埋时注意苗木必须与湿沙混匀。苗木准备好后要立即栽植，若不能很快栽完，可用湿麻袋或草帘遮盖，防止抽干。

（二）消毒和浸根

为了减少病虫害特别是检疫害虫的传播，提倡双向消毒，即要求苗木生产者售苗时或使用者种植前均对苗木进行消毒，包括杀虫剂如辛硫磷，杀菌剂（根据苗木供应地区的主要病害选择针对性药剂或广谱性杀菌剂），较高浓度浸泡半小时，其后在清水中浸泡漂洗；也可以使用 ABT－3 生根粉浸沾根系，提高生根量和成活率。

四、苗木定植

（一）定植时间

1. 非埋土防寒区设施葡萄 可在秋冬季或春季进行定植，以秋冬季定植为宜。

2. 埋土防寒区设施葡萄 如果采用日光温室作为栽培设施，可在苗木的需冷量满足后的冬季至春季定植；如果采用塑料大棚作为栽培设施，可在早春进行定植，比露地栽培提前 15～20 d。如果采用避雨栽培，一般宜在春季葡萄萌芽前定植，即地温达到 7～10 ℃时进行。

3. 注意事项 如果土壤干旱可在定植前一周浇一次透水。

（二）定植技术

1. 定点 按照葡萄园设计的株行距（行距与深翻沟或栽培垄的中心线的间距一致）及行向，用生石灰画十字定点。

2. 挖穴 视苗木大小，挖直径 30～40 cm、深 20～40 cm 的穴，如果有商品性有机肥每穴添加 1～2 锹，土壤如果偏酸或偏碱，可适当添加校正有机物料或各种大量和中微量复合肥，与土混匀，将其填入穴中堆成馒头形土堆。

3. 栽植 将苗木放入穴内，根系舒展放在土堆上，当填土超过根系后，轻轻提起苗木抖动，使根系周围不留空隙。穴填满后，踩实，栽植深度一般以根颈处与地面平齐为宜。嫁接苗定植时短砧也要至少露出土面 5 cm 左右，避免接穗生根。栽植行内的苗木一定要成一条直线，以便耕作。

4. 灌溉 栽完后顺行开沟灌一次透水，以提高成活率。

5. 封土覆膜 待水下渗后，用行间土壤修补平种植穴并覆黑地膜，保湿并免耕除草。

（三）定植后的管理

1. 温度管理 定植后可立即升温，气温以 20～25 ℃为宜。待萌发新梢长至＞20 cm 时方可将气温增至 25～30 ℃，如气温升温过高、过快，会导致苗木地上部与地下部生长不均衡，进而发生生理干旱致使苗木突然死亡。

2. 肥水管理 当萌发新梢长至大于 20 cm 时，开始土壤施肥和叶面喷肥。土壤施肥遵循少量多次的原则，一般 10～15 d 结合灌溉施 1 次肥，前期（7 月上旬以前）以氮肥为主、磷钾钙镁肥等为辅的葡萄同步全营养配方肥的幼树 1 号肥（中国农业科学院果树研究所研制），后期以磷钾钙镁肥等为主、氮肥为辅的葡萄同步全营养配方肥的幼树 2 号肥（中国农业科学院果树研究所研制）；叶面喷肥每 7～10 d 喷施 1 次，以含氨基酸水溶肥料效果较好。

3. 整形修剪 为了获得健壮的主干并尽快成形，要及时抹除萌蘖及过密芽等，根据整形要求，每株只保留 1～2 个健壮新梢。待新梢长至大于 20 cm 时，用尼龙绳或临时性支柱引缚，以免被风吹折并促使新梢快速健壮生长。同时还要加强病虫害防治。

第十六章

设施葡萄的整形修剪

第一节　概　　述

葡萄是藤本植物。在人工栽培条件下，为了便于管理、获得更高的产量和更好的品质，都要设架，设架是某种相应的树形攀附于架上，并通过修剪调控生长与结果的关系，调控叶幕合理均匀地分布，以保证葡萄拥有良好的生长环境，实现葡萄的丰产、稳产、优质、安全。

一、基本概念

为便于叙述葡萄整形修剪有关内容，首先应清楚一些基本概念。

（一）树形

葡萄树形（Vine shape）是指多年生骨干枝蔓的排列形式。也就是说一株葡萄究竟是什么树形，要看其主干、主蔓、侧蔓的空间分布而定。

伴随着树形的概念，枝蔓也有一些特殊的叫法。

1. 龙干　又称龙蔓，为龙行植株或单干形植株所特有。植株由地面或基部分出一个或数个粗大的茎干，可呈水平、倾斜或直立状态，其上隔一定距离均匀分布结果部位。因此，龙干实质上就是一个着生结果枝组的多年生蔓，欧美葡萄学家称之为 Cordon。

2. 龙爪枝　又称为多年生短基枝（图 16－1）。在主蔓、侧蔓或龙干上隔一定距离均匀分布的较粗而短的多年生蔓，它们是由结果母枝经过连年短梢修剪后形成的，或由替换枝组经过更新后保留的基部多年生部分组成。多年生短基枝在龙干上常呈兽爪状排列，故俗称为“龙爪枝”，它们是构成结果枝组的基础。

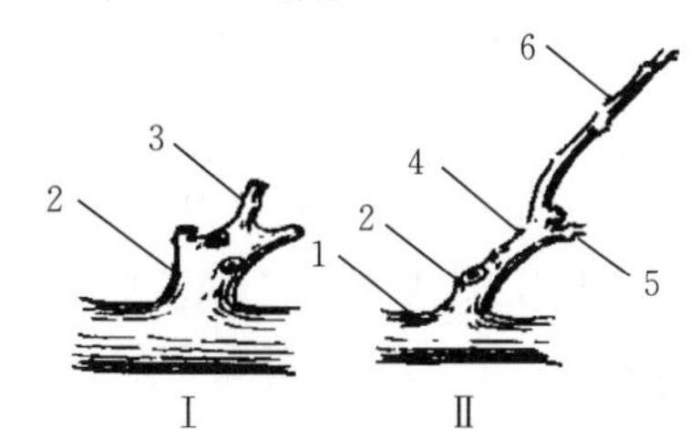

图 16－1　多年生短基枝（龙爪枝）

Ⅰ. 短梢修剪　Ⅱ. 长短梢混合修剪

1. 主蔓或龙干　2. 多年生短基枝（龙爪枝）　3. 短梢结果母枝　4. 二年生基枝　5. 预备枝　6. 结果母枝

（二）整形

把树的枝干造就成一定形状的过程，称之为整形（Training），主要借助不同修剪方法来实现。因此，广义的修剪包括整形；而狭义的修剪与整形相并列，两者合称整形修剪。

（三）修剪

去除葡萄活的枝蔓、新梢、叶片及其他器官等措施都称为修剪（Pruning）。通常去除干枯死枝，不算是修剪，因为这种剪枝并不影响树体的生理活动。把去除未成熟的果穗和花序，称之为疏花疏果（Thinning）。拉枝、缚枝、弯枝等因具有修剪的某些生理作用，也被划为修剪的范畴。把某些具有修剪作用的化学药剂处理措施如施用烯效唑等，特称为化学修剪。

（四）架式

用于支撑葡萄枝蔓生长的支架形式，简称架式（Support form）。架式类型很多，不同的架式要求不同的树形与之相适应，而同一种架式在不同地区可能采用的树形也不一样。

（五）叶幕形

叶幕是指葡萄树体叶片群体的总称。根据层次的不同，分为个体水平上的叶幕和群体水平上的叶幕。个体水平上的叶幕是1株树整个叶片群体的总称；群体水平叶幕则指整个人工群（如1行、1个篱壁面、整片果园等）所有个体叶幕的总和。而叶幕形（Canopy shape）是叶幕形状的简称。

由以上概念可以看出，葡萄的架式、树形、叶幕形与修剪之间，既有区别，又有紧密联系。一方面，一定的架式，要求一定的树形；一定的树形决定一定的叶幕形；而一定的树形则要求一定的修剪方法来实现。另一方面，一定的叶幕形必须适应一定的生态和生产技术水平的要求。由此可见，此四者是紧密联系和相互制约的。当然，上述四者之间并不是单一的对应关系，如一种架式可以适合多种树形，而一种树形又可能具有多种叶幕形与之相适应。

二、整形修剪的作用

（一）调节葡萄与环境的关系

整形修剪的重要任务之一是充分合理地利用空间和光能，调节葡萄与温度、土壤、水分等环境因素之间的关系，使葡萄适应环境，更有利于葡萄的生长发育。

根据环境条件和葡萄的生物学特性，合理地选择树形和修剪，有利于葡萄与环境的统一。在土壤瘠薄、缺少水源的山地和旱地，宜用小树形并适当重剪控制花量，使之有利旱地栽培；在寒冷地区，采用便于下架的树形如带“鸭脖弯”的斜干水平龙干形便于冬季下架越冬防寒；冬季易受冻旱危害的地方，秋季摘心充实枝条和冬前剪去未成熟部分枝梢减少蒸腾，是防冻旱的有效方法之一；在春季易遭晚霜危害的地方，适当高定干和多留花芽，能在某种程度上减轻晚霜对产量的影响。

在调节葡萄与环境的关系时，最重要的是改善光照条件、增加光合面积和光合时间。整形和修剪可调节葡萄个体和群体结构，改善光照条件，使树冠内部有适宜光照。增加光合面积，主要是提高有效的叶面积指数。幼树阶段，由于树冠覆盖率低和叶面积指数小，

不利于充分利用光能，因此采用轻剪，加强夏剪，扩大树冠，提高覆盖率和叶面积指数，充分利用光能，是幼树阶段整形修剪的主要任务之一。成年树则应维持适宜的叶面积指数。葡萄产量和果实品质在一定限度内与叶面积指数呈正比例关系。一般认为葡萄适宜的叶面积指数为2.5～3.5。光合时间是指每天和一年中光合时间的长短，通过合理的整形和修剪，使树体各部分叶片在一天中有较长时间处于适宜的光照条件下。葡萄一年中春季形成的叶片的光合作用时间比夏、秋季的光合作用时间要长，所以修剪和其他栽培措施均应有利于促进春季叶面积的增长。

研究葡萄与环境之间的关系，除应重视宏观调控外，也应重视整形修剪等措施对叶际、果际间的光照、温度和湿度等微生态环境的影响。

（二）调整葡萄营养生长与生殖生长的关系

保持合理的营养生长与生殖生长是葡萄获得较高产量和果实品质的基础。虽然枝蔓和叶片等营养器官为葡萄果实提供营养，但是如果枝蔓长势过强，枝蔓和果实之间的养分竞争使果实得不到充足的养分补充，轻者降低果实品质，重者会引起落花落果，严重影响产量。因此，生产中要使营养枝和结果枝的比例合理，使树体生长中庸，保持中庸的树相、梢相，而整形修剪是最有效的措施之一。一般而言，夏季修剪就是通过对结果枝和营养枝及副梢的疏除或摘心，达到促进葡萄花芽分化、开花坐果和提高果实品质的目的；冬季修剪则是在夏季修剪控制树势和培养树形的基础上，剪除大量地上部分（70%～90%），彻底改变根冠比，将养分集中在根系和成熟枝条内，促进翌年枝条的正常萌发和开花坐果。

（三）实现适度丰产和优质

随着科技发展、社会进步以及消费者认知程度的不断提高，生产上对果实品质的要求也在不断提升，“控产提质”成为多数葡萄种植区的主流。从树上管理角度，就是遵循“控制产量、保证品质”的原则，通过冬剪控制留枝量和留芽量，夏剪控制留梢量和留果量，协调产量和品质之间的关系，达到“适度丰产”和优质的目的。

（四）调节生理活动

修剪有多方面的调节作用，但最根本的是调节葡萄的生理活动，使葡萄内在的营养、水分、酶和植物激素等的变化有利于葡萄的生长和结果。

许多试验表明，修剪能明显改变树体内的水分、养分状况。短截提高初生新梢全氮含量、降低全碳水化合物含量；而疏剪初生新梢全氮含量高于不修剪的新梢，低于短截修剪的新梢，但提高了全碳水化合物含量。生长季摘心可使新梢内的糖、淀粉和氮素等含量增加。环剥或环割使新梢内的氮素含量和含水量降低、总碳水化合物含量增加，因此环剥或环割有利于促进花芽分化。

此外，修剪还能调节葡萄的代谢作用和内源激素平衡等生理活动。

三、整形修剪的原则

（一）处理好削弱与加强的关系

任何时期的修剪都将削弱树体总的负载能力，但却能增加修剪部位局部枝条的生长势，从而有利于枝梢的更新。合理的修剪，要尽量做到少削弱树体的总体生长，又能增强枝梢的生长势。

（二）调节好果实负载量

结果会降低翌年枝梢生长量和产量，因此应当将每年产量调整到一个合理的水平。

（三）处理好枝条留量

植株的生产能力与枝条数量呈正相关。重剪树的枝条长势强，但枝条数目少，总叶面积低于轻剪树，因而生产能力降低。另外，枝条长势与枝条数量和结果量均成反比，一株树上所留枝条数目越少，结果越少，则每个枝条长势越强。实践中，幼树整形中，留枝数目较少，使其生长旺盛，以迅速形成骨干枝。

（四）正确认识枝条长势

枝条长势由弱变强时，其芽眼花芽分化增加；若长势超过正常水平，则其花芽形成又减少。枝梢的长势受多种因素控制，而修剪调节是重要的措施之一。

（五）利用好枝蔓极性

虽然葡萄为藤本植物，但其顶端优势和垂直优势仍很明显，表现为直立枝生长旺盛，剪口芽对基部芽的萌发有抑制作用，由此往往造成架上部或顶部枝叶生长良好，而架下部或基部的枝条生长细弱，容易光秃。葡萄栽培中，要充分利用这种极性现象。如幼树以整形为主，要利用直立枝和长枝加速成形；而在成龄树修剪中，要注意植株各部分的平衡，防止某一部分生长过旺。

（六）以树定产

一个植株在一定条件下，只能负载一定量的果实，若超过植株负载量就会引起果实延迟成熟。同一株树上粗壮枝蔓比细弱的枝蔓生产力高，应轻剪多留果，或适当多留母枝数。

（七）因地制宜，灵活修剪

在不同地理生态条件和栽培模式下，葡萄枝条的生长状况和要求的树形及叶幕形会有所不同，因此要采用不同的修剪方法，应根据具体情况灵活处理，切勿死搬硬套。

四、整形修剪的发展趋势

（一）提倡“高光效、省力化”树形和叶幕形及简化修剪，注重机械化整形修剪

葡萄不仅是我国的优势产业之一，也是劳动密集型产业。近年来，随着工业化及城镇化的快速发展，大量农业劳动力向二、三产业转移，葡萄生产人工成本大幅度增加，直接影响到葡萄产业的经济效益。因此，生产上对葡萄机械化生产技术的需求越来越迫切，葡萄生产管理的机械化已成为实现葡萄产业现代化的必然要求。国内外实践表明，农艺、农机有机融合是实现葡萄机械化生产的内在要求和必然选择。“高光效、省力化”的树形和叶幕形是葡萄生产机械化的前提和基础，中国农业科学院果树研究所等科研单位经多年研究提出了适于葡萄机械化生产的“高光效、省力化”树形和叶幕形，例如适于下架越冬防寒的斜干水平龙干形配合水平叶幕和适于非下架越冬防寒的直干倾斜龙干树形、“一”字形与H形等配合V形叶幕或水平叶幕的“高光效、省力化”树形和叶幕形。同时，为了配合“高光效、省力化”树形和叶幕形，中国农业科学院果树研究所等科研单位经多年研究提出了一次成梢和两次成梢等主梢管理和留一叶、绝后摘心等副梢管理与喷施烯效唑化学修剪等省力化、简化修剪技术，而且研发出整形修剪配套机械设备——仿形式剪梢机。

（二）重视叶幕微气候调控在修剪中的作用

大量研究证明，不同的叶幕形会造成叶幕较大的光能截获率、光谱光质、叶幕温度、叶幕湿度等微环境差异，继而影响葡萄果实的产量和品质。因此，用叶幕微气候调控理论来指导葡萄的整形修剪，是国际葡萄界自20世纪70年代以来得到迅速发展的研究领域。良好的树形和叶幕形通过改善冠层的通风透光条件，达到改善叶幕微环境，提高葡萄叶片的群体光合效率，促进树体营养积累的效果，进而达到提高葡萄果实产量和提升果实品质的目的。

（三）注重全年修剪，重视夏剪作用

注重全年修剪，冬季修剪必须和夏季修剪密切配合，相互增益，才能发挥良好的效果。特别是幼树，夏季修剪已成为综合配套修剪技术的重要组成部分，其作用不是冬季修剪所能代替的。夏剪能克服冬剪的某些消极作用，冬剪局部刺激作用较强，通过抹芽、摘心、扭梢、环剥或环割等夏剪方法，可缓和其刺激作用。夏剪是在果树生命旺盛活动期间进行，能在冬剪基础上迅速增加分枝和加速整形。尤其是在促进花芽形成和提高坐果率等方面的作用比冬剪更明显。夏剪及时合理，还可使冬剪简化，并显著减轻冬剪的工作量。因此，建议加强夏剪，夏剪能解决的问题，绝不拖到冬剪解决。

第二节　设施葡萄的架式

设立支架可使葡萄植株保持一定的树形，枝叶能够在空间合理分布，以获得充足的光照和良好的通风条件，并便于在园内进行一系列的田间管理。

一、架式的类型及特点

（一）篱架

篱架是一种利于早期丰产和机械化操作的架式，因植株整体像是一个篱笆造型而得名，一般的篱架叶幕形为“1”字形、V形和高宽垂等。

1. 单篱架　沿葡萄行向一般每隔4.0～6.0 m栽一根立柱，并在立柱间拉3～5道铅丝。一般架高1.5～2.0 m，根据品种和不同地区的气候、环境、地形以及土壤特点来调节架面高度和铅丝密度。一般来说，在气候条件好、土壤肥沃的地区或是长势较旺的葡萄品种，架面可以适当加高；而对于降水较少、土壤瘠薄的地区，长势较弱的葡萄品种，则可以降低架面。铅丝密度因栽培模式不同有很大差异，一般采用3～4道铅丝。第一道铅丝一般在40～50 cm处，现在很多地区的第一道铅丝可能拉在更高的位置，这样可以有效调节架面的微气候环境，对葡萄架面的下部通风有很大好处，可以很好地减少葡萄旺盛生长期病害的发生。出于对简易修剪、节省人工的考虑，将两道铅丝绑在立柱同一位置，然后将葡萄的枝蔓挤在铅丝形成的通道中，使叶幕呈正规的“1”字形，有效减少绑缚用工(图16-2)。单篱架的优点是通风透光良好，作业方便，利于机械化操作，同时也利于防寒地区的埋土越冬工作，而且易于控制树形，利于早期丰产；其缺点是行距宽、影响有效架面与果实负载量。在北方地区，行距偏窄易引起冬季冻害；同时，结果部位偏低，易发生各种病害；新梢在架面上大多直立生长，易徒长，增加夏剪用工量。

2. T形架　一般架高1.5～2.0 m，在单篱架顶端1.5～2.0 m处加一横干，横杆长

0.8～1.0 m，使得架的横剖面为一个英文字母 T。该种架式适合生长势强的品种，一般将葡萄留一个 1.3～1.8 m 的主干，在立柱铅丝上固定水平龙干（主蔓），将结果枝上生出的新梢引缚在上面横杆的铅丝上，然后任其自然下垂生长，形成两条下垂的叶幕。T 形架的高度、横杆宽度因品种和生长势的不同有所变化。该架式有利于缓和新梢长势，减少夏剪用工量，其叶幕是 T 形架平面的叶幕与两边下垂的立面叶幕相结合的混合叶幕类型（图 16－3）。

3. Y 形架 这种架式和 T 形架有些相似之处，一般架高 1.5～2.0 m，在距离地面 0.5～1.0 m处拉第一条铅丝，在第一道铅丝上方 0.5 m 和 1.0 m 处的立柱上再固定 1 个或 2 个横杆，下面的横杆长约 0.75 m，上面的横杆长约 1.5 m，并分别在横杆两头固定两条铅丝，然后将葡萄主蔓绑在第一道铅丝上，主蔓的延长头顺着一个方向沿铅丝绑缚，萌发的新梢引缚到第二道和第三道铅丝上。这种架式利于机械化操作（图 16－4）。

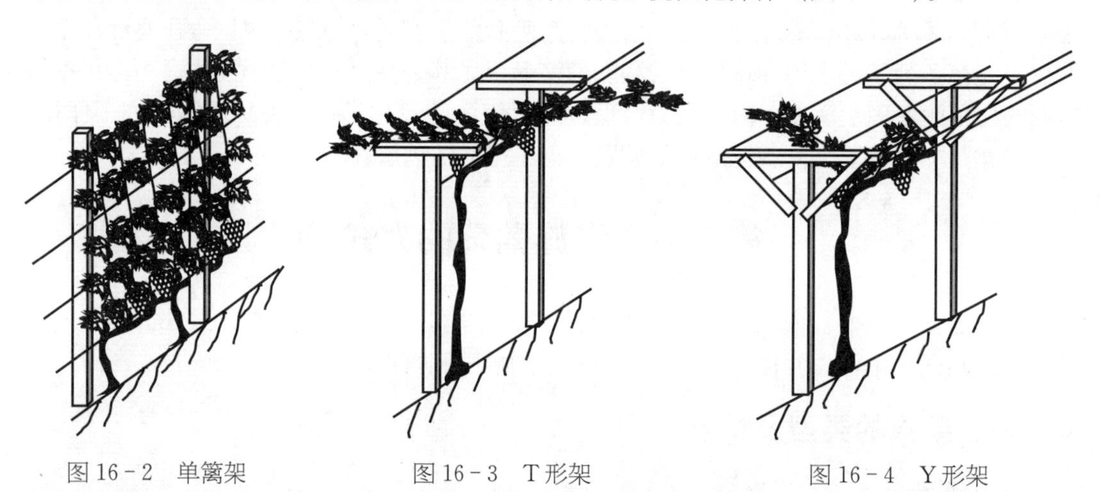

图 16－2 单篱架　　图 16－3 T 形架　　图 16－4 Y 形架

4. 倾斜式 Y 形架 针对日光温室即冬暖式塑料大棚栽培设施的光照和空间特点设计而成，是 Y 形架的变形，具有光能和空间利用率高、有效减轻或避免葡萄主蔓顶端优势使芽萌发整齐的优点。架面北（靠近日光温室后墙）高南（靠近日光温室前底角）低，一般架高由北面的 2.0 m 向南逐渐过渡到 1.0 m。在距离地面 1.0（北边，靠近日光温室后墙）～0.2 m（南边，靠近日光温室前底角）处拉第一条铅丝，在立柱上再固定 1 个或 2 个横杆，下面的横杆长约 0.75 m，上面的横杆长约 1.5 m，并分别在横杆两头固定两条铅丝，然后将葡萄主蔓绑在第一道铅丝上，主蔓延长头顺着一个方向、沿铅丝由高到低倾斜绑缚，萌发的新梢引缚到第二道和第三道铅丝上（图 16－5）。

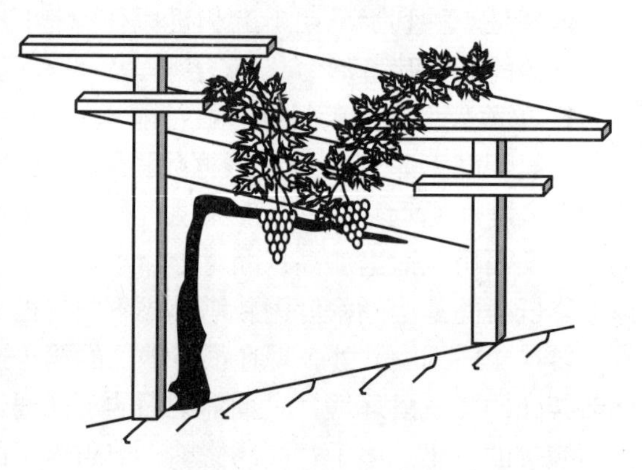

图 16－5 倾斜式 Y 形架

（二）棚架

这种架式由于其植株的栽培空间大，充分突出了葡萄占天不占地的优势，对那些缺

土、缺水、缺肥地区发展葡萄产业更有意义。

1. 双层倾斜式棚架　该架式由中国农业科学院果树研究所研发提出并经多年生产验证，适合日光温室南部空间低、北部空间高的条件，可充分利用日光温室空间。一般架面长6～8 m，架后部高1.0 m左右，架前部高2.0～2.5 m。架面分为上下两层，层间距15～30 cm，便于新梢绑缚并具一定的防风效果，防止由于受力不当和大风导致保留新梢掉落。上层架面纵横牵引铁丝固定新梢，由骨架铁丝和定梢钢丝组成，便于新梢绑缚并使其摆布均匀。下层架面由安装在上层架面上的15～30 cm长的挂钩形成，用于固定葡萄龙干（主蔓），方便葡萄龙干（主蔓）上下架；上架时，葡萄主蔓直接挂到挂钩上；下架时，葡萄主蔓直接从挂钩上摘下。植株通常采用倾斜龙干树形。但这种架式相对篱架树形成形慢，结果部位容易前移，造成后部空虚，不易控制。

2. 双层水平棚架　该架式由中国农业科学院果树研究所研发提出并经多年生产验证，架高通常为1.8～2.2 m，立柱间距通常为4.0 m左右，棚面与地面平行。架面分为上下两层，层间距15～30 cm，便于新梢绑缚并具一定的防风效果，防止由于受力不当和大风导致保留新梢掉落。上层架面纵横牵引铁丝固定新梢，由骨架铁丝和定梢钢丝组成，便于新梢绑缚并使其摆布均匀。下层架面由安装在上层架面上的15～30 cm长的挂钩形成，用于固定葡萄龙干（主蔓），方便葡萄龙干（主蔓）上下架；上架时，葡萄主蔓直接挂到挂钩上；下架时，葡萄主蔓直接从挂钩上摘下。植株通常采用水平龙干树形。这种架式相对篱架树形成形慢，但由于架面较高，病害较轻（图16-6）。

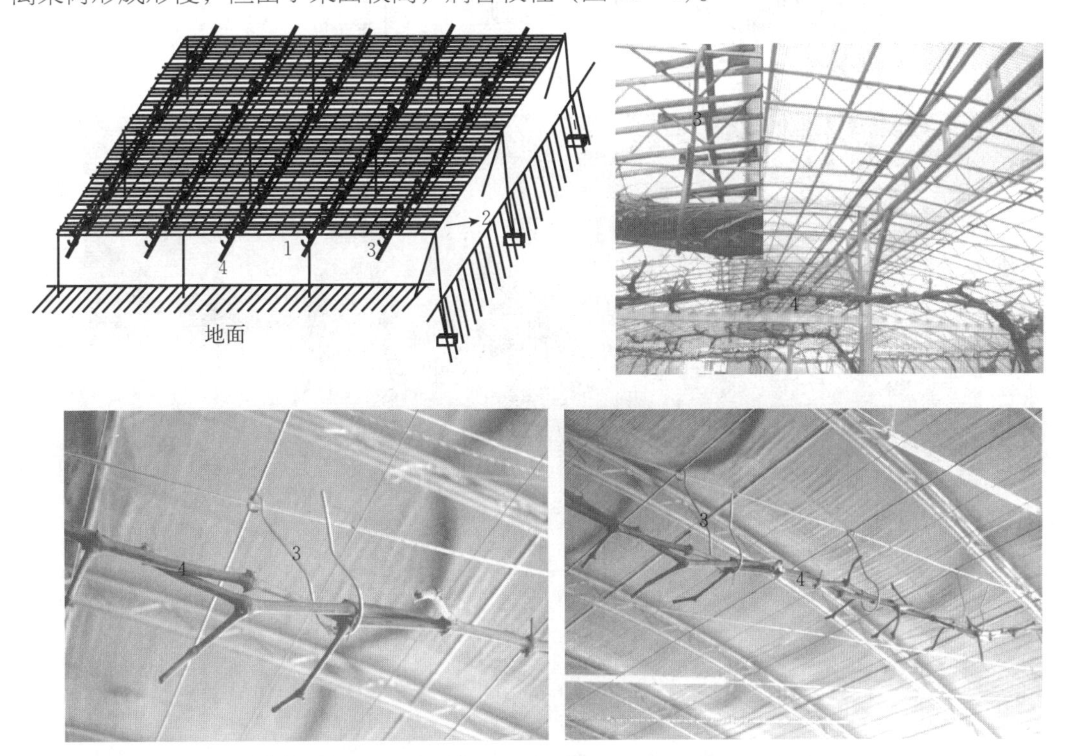

图16-6　双层棚架示意图与实景图（铁丝形成上层架面、固定新梢，挂钩形成下层架面、固定主蔓）
1. 架面骨架铁丝　2. 定梢钢丝　3. 挂钩　4. 主蔓

采用研发的双层棚架，具有葡萄上下架和定梢及新梢绑缚简便快速、主梢剪截标准化、新梢摆布均匀的特点，充分发挥出龙干形配合水平叶幕的优势，为葡萄的标准化、数字化和省力化生产提供了硬件支撑。

篱架和棚架等架式一般情况下单独使用，特殊情况下也可混合使用，如单篱架和双层棚架混合使用（图 16－7），可有效提高栽培设施的空间利用率。

适宜架式的选择与设施葡萄的栽培类型紧密相关，不同的设施葡萄栽培类型需选择不同的架式与之相适应。在设施葡萄冬促早栽培中的首推架式是倾斜式 Y 形架，其次是倾斜式棚架；春促早栽培中的首推架式是双层平棚架，其次是 Y 形架和 T 形架；单栋避雨棚中的首推架式是 Y 形架和 T 形架，连栋避雨棚中的首推架式是双层平棚架；延迟栽培中的首推架式是双层平棚架或倾斜式棚架，其次是倾斜式 Y 形架、Y 形架和 T 形架。

图 16－7　单篱架与双层平棚架混用，提高空间利用率

二、葡萄架的架设

（一）架材的选择

架材包括支柱、铁丝和锚石等。

1. 支柱　支柱（或架柱）材料可用角铁、木柱、铝合金角柱、水泥柱或石柱等，支柱可就地取材，不拘一格。

① 木柱以硬木质树种为好，如柞树、槐树、榆树、桑树等。而速生树种，如杨树、柳树等做支柱，使用寿命较短。为延长木柱的使用寿命，埋入土中的部分应进行防腐处理。首先将树皮去掉，然后对木柱的下半段长 60～80 cm 部分可用下述任一种方法处理：A. 将木柱浸入 5%硫酸铜溶液的池子内，4～5 d 后取出，风干；B. 将木柱浸入煤焦油中约 24 h，或在煮沸的焦油中浸半小时即可；C. 将木柱浸入含 5%五氯苯酚的柴油溶液中 24 h。一般用油剂处理的木柱，需要较长时间（1 个月以上）干燥后方能使用。除上述处理方法外，也有用沥青涂抹或用火熏焦木头表层等方法，都有一定防腐效果。

② 钢筋水泥柱坚固耐久，应用比较普遍，一般宽 10～15 cm、厚 8～12 cm，长度根据要求而定。

2. 铁丝　铁丝需要镀锌的铅丝或钢丝，钢丝不易生锈，但拉线较费劲，需要专用工具。根据架式的高矮和种类，选用不同直径的铅丝，一般篱架用 11～14 号铅丝，棚架用 8～12 号铅丝。

（二）篱架的架设方法

1. 边柱的设置和固定　一行篱架的长度为 50～100 m。每行篱架两边的边柱要埋入土中 60～80 cm，甚至更深；边柱可略向外倾斜并用地锚固定，在边柱靠道边的一侧 1 m 处，挖深 60～70 cm 的坑，埋入重约 10 kg 的石块，石块上绕 8 号（Φ4.064 mm）～10 号（Φ3.251 mm）的铅丝，铅丝引出地面并牢牢捆在边柱的上部和中部。边柱也可从行的内侧用撑柱（直径 8～10 cm）固定。有的葡萄园在制作水泥柱的时候在边柱内侧做一突起，以便撑柱固定。有园区小道隔断的葡萄行，其相邻的两根边柱较高时，可以将它们的顶端用粗铅丝拉紧固定，让葡萄爬在其上形成长廊。由于边柱的埋设呈倾斜状态，加上拉有固定地锚的铅丝，使葡萄行两头的利用不够经济实用。为此，也可将葡萄行两端的第二根支柱设为实际受力的倾斜边柱，而将两端的第一根边柱直立埋设（入土 50～60 cm），与中柱相似。这样一来，葡萄行两端第一根支柱的受力不大，只需负荷两端第一和第二支柱之间的几株葡萄即可。

2. 中柱的设置和固定　行内的中柱相距 4～6 m，埋入土中深约 50 cm。一行内的中柱和边柱应为统一高度，并处于行内的中心线上。带有横杆的篱架（T 形架和 Y 形架等），要注意保持横杆牢固稳定。离地高度和两侧距离要平衡一致。

3. 铅丝的引设　篱架上拉铅丝时，下层铅丝宜粗些，可用 10 号（Φ3.251 mm）铅丝；上层铅丝可细些，可用 12 号（Φ2.642 mm）铅丝。在某些高、宽、垂整形的葡萄园内，支架下部第一道铅丝离地面较高，承载龙干或枝蔓的负荷较大，这时需用较粗的铅丝。在设架和整形初期可先拉下部的 1～2 道铅丝，以后随着枝蔓增多再最后完成。拉铅丝时，先将其一端的边柱固定，然后用紧线器从另一端拉紧。先拉紧上层铅丝，然后再拉紧下层铅丝。

（三）棚架的架设方法

棚架的架设比篱架复杂，设置单个的分散棚架比较灵活和容易调整，而设置连片的棚架就必须严格要求，从选材到设架的各个环节都要按照一定的标准高质量完成。

1. 角柱和边柱的设置固定　葡萄棚架架面高 1.8～2.2 m（以普通身高的人能直立操作为准），呈四方形的平棚架，每块园地的四角各设一根角柱，园地四周设边柱，边柱之间相距约 4 m。在地上按 45°角斜入 60 cm 的坑，距边柱基部外 1.5～2.0 m 处挖深约 1 m 的坑穴，将重 15～20 kg 的地锚埋入土中，地锚预先用 8～10 号或细钢丝绑紧，用以固定边柱。角柱的设置：以较大的倾斜度埋入土中，一般为 60°，深 60～80 cm。由于角柱从两个方向受到的拉力更大，可用 3～4 股铅丝或钢丝绑紧打地锚（重约 20 kg），从两侧加以固定，角柱的顶端定位于相互垂直的两行边柱顶端连线的交点。

2. 拉设周线和干线，组成铅丝网格　将葡萄园四周的边柱连同角柱的顶端，用双股的 8～10 号或是钢丝相互联系，拉紧并固定，形成牢固的周线；相对的边柱之间，包括东西向和南北向的边柱之间，用 8 号铅丝拉紧，形成干线；在架柱之间 8 号铅丝形成的方格上空，再用 12～15 号铅丝拉设支线，纵横固定成宽 30～60 cm 的小方格，形成铅丝网格。

3. 中柱的设立　在拉设好干线、初步形成铅丝网格后，在干线的交叉点下将中柱直立埋入土中，底下垫一砖块，深约 20～30 cm。中柱的顶端预留有约 5 cm 长的钢筋或设有十字形浅沟，交叉的干线正好嵌入其中，再以铅丝固定，注意保持中柱与地面的高度并处于垂直状态。

第三节　设施葡萄的高光效省力化树形和叶幕形

目前，在设施葡萄生产中，树形普遍采用多主蔓扇形和直立龙干形，叶幕形普遍采用直立叶幕形（即篱壁形叶幕）（图 16-8），存在如下诸多问题严重影响了设施葡萄的健康可持续发展：通风透光性差，光能利用率低；顶端优势强，易造成上强下弱；结果部位不集中，成熟期不一致；不利于机械化操作，管理费工费力；新梢长势旺，管理频繁，工作量大。

图 16-8　传统树形和叶幕形（直立龙干形配合直立叶幕）

中国农业科学院果树研究所等科研单位针对设施葡萄产业存在的上述问题，以高光效和省工省力为基本目标，开展系统研究，经多年科研攻关创新性提出设施葡萄的“高光效、省力化”树形和叶幕形，具有光能利用率高、光合作用佳、新梢生长均衡、果实成熟早且一致、品质优、管理省工、便于机械化生产的特点，同时有效解决了葡萄栽培管理过程中的农机、农艺融合问题。

一、倾斜龙干树形配合 V/V+1 形叶幕

（一）栽培模式

适合日光温室中的冬/秋促早栽培模式。

（二）架式与行向

适合倾斜式 Y 形架，倾斜式 Y 形架面由 8 号铁线和细尼龙线构成，用于固定新梢形成 V 形叶幕；倾斜式 Y 形架中心铁线安装由 8 号铁线制作的长 10～15 cm 的挂钩，用于固定龙干（主蔓），具有龙干（主蔓）上下架容易、新梢绑缚标准省工的特点。行向以南北行向为宜。因为南北行向比东西行向受光均匀。东西行向定植行的北面全天受不到直射光照射，而南面则全天受到太阳直射光的照射，所以东西行向定植行的南面果穗成熟早、品质好，而北面果穗成熟晚，品质差，甚至有叶片黄化的现象。

（三）栽植密度

株距 1.0～2.0 m，行距 2.0～2.5 m；单穴双株定植。

（四）树体骨架结构

主干直立，高度 0.2～1.5 m，根据日光温室空间确定；龙干（主蔓）北高南低，从基部到顶部由高到低顺行向倾斜延伸，减轻顶部枝芽顶端优势、增强基部枝芽顶端优势，使芽萌发整齐，便于操作；结果枝组在龙干（主蔓）上均匀分布，枝组间距因品种而异，可短梢修剪的品种同侧枝组间距 10～20 cm，需中短梢混合修剪的品种同侧枝组间距 30～40 cm，需长短梢混合修剪的品种同侧枝组间距 60～100 cm（图 16－10）。

（五）叶幕结构

经中国农业科学院果树研究所浆果类果树栽培与生理科研团队多年研究发现，在冬春季为主要生长季节的设施栽培模式中，直立叶幕、V 形叶幕和水平叶幕 3 种叶幕形从光能利用率、叶片质量、果实品质和果实成熟期等方面综合考虑，以 V 形叶幕效果最佳、水平叶幕次之，直立叶幕效果最差（表 16－1 至表 16－7，图 16－9）。

1. V 形叶幕　新梢与龙干（主蔓）垂直，在龙干（主蔓）两侧倾斜绑缚呈 V 形叶幕，新梢间距 15 cm、长度 120 cm 以上；新梢留量每 667 m^2 3 500 条左右，每新梢 20～30 片叶片（较 16－11）。

2. V+1 形叶幕　每结果枝组留 1 条更新梢，更新梢数量与结果枝组数量相同，更新梢间距与结果枝组间距相同，更新梢直立绑缚呈“1”字形。非更新梢和结果梢与主蔓（龙干）垂直，在主蔓（龙干）两侧倾斜绑缚呈 V 形叶幕，新梢间距 15 cm、长度 120 cm 以上，非更新梢留量每 667 m^2 3 500 条左右，每新梢 20～30 片叶片。该叶幕形有效解决了设施内新梢花芽分化不良的晚熟品种（果实成熟期在 6 月中旬以后）果实发育与更新修剪的矛盾，实现连年丰产（图 16－12）。

表 16-1　设施冬促早栽培京蜜不同叶幕的总孔隙度、开度、叶面积指数及光能截获率

(引自史祥宾等，2015)

叶幕形	总孔隙度（%）	开度（%）	叶面积指数	光能截获率（%）
直立叶幕	54.02±4.80a	58.12±5.10a	1.77±0.13b	58.31±6.00b
V形叶幕	20.24±0.80b	21.89±3.30b	3.13±0.11a	84.83±1.30a
水平叶幕	16.61±4.94b	17.16±4.98b	2.98±0.11a	83.58±4.65a

注：同列不同小写字母表示处理间差异显著（$P<0.05$）。

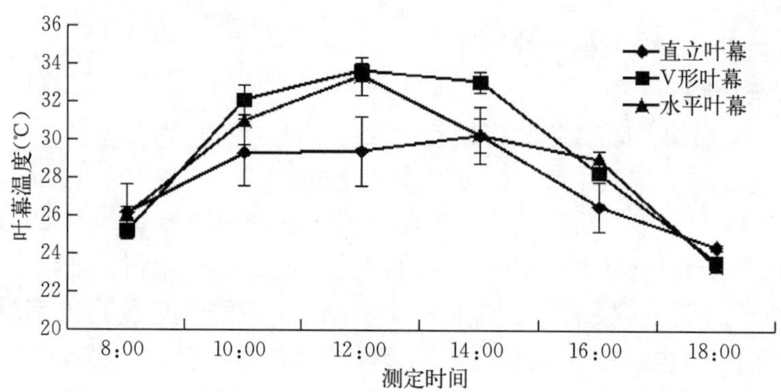

图 16-9　设施冬促早栽培京蜜不同叶幕形叶幕温度的日变化

(引自史祥宾等，2015)

表 16-2　不同叶幕形对设施冬促早栽培京蜜葡萄叶片厚度和比重的影响

(引自史祥宾等，2015)

叶幕形	叶片厚度 (mm)	栅栏组织厚度 (mm)	海绵组织厚度 (mm)	鲜比叶重 (g/cm^2)	干比叶重 (g/cm^2)	叶片含水量 (%)
直立叶幕	167.50±6.89a	58.33±6.83b	81.67±6.83a	19.74±0.92a	4.91±0.23b	75.16±0.37a
V形叶幕	172.50±7.58a	70.00±6.32a	73.33±6.83a	18.51±0.87a	5.15±0.15ab	72.16±0.65b
水平叶幕	165.00±12.25a	63.33±8.162ab	73.33±8.16a	19.13±0.58a	5.44±0.21a	71.55±0.15b

表 16-3　不同叶幕形对设施冬促早栽培京蜜葡萄叶片叶绿素含量的影响

(引自史祥宾等，2015)　　单位：mg/gFW

叶幕形	叶绿素 a 含量	叶绿素 b 含量	类胡萝卜素含量	叶绿素总含量
直立叶幕	1.76±0.07b	0.59±0.03b	0.32±0.02b	2.35±0.10
V形叶幕	2.21±0.03a	0.72±0.01a	0.38±0.01a	2.93±0.04a
水平叶幕	1.88±0.09b	0.63±0.07b	0.33±0.01b	2.52±0.10b

表 16-4　不同叶幕形对设施冬促早栽培京蜜葡萄果实品质的影响

(引自史祥宾等，2015)

叶幕形	横径 (mm)	纵径 (mm)	单粒重 (g)	可溶性固形物含量（%）	总糖含量（%）	可滴定酸含量（%）	糖酸比	维生素C含量 (mg/100 g)
直立叶幕	19.96±1.16a	21.04±1.22a	4.79±0.13a	14.68±0.05c	10.60±0.98b	0.66±0.04a	19.21bB	5.18±0.64b
V形叶幕	19.29±0.99a	21.56±1.04a	4.84±0.10a	16.72±0.17a	12.88±0.24a	0.56±0.01b	29.86aA	8.89±0.56a
水平叶幕	19.25±0.87a	21.32±0.79a	4.95±0.07a	15.46±0.14b	12.28±0.26a	0.49±0.00c	29.51aA	8.89±0.00a

表 16－5　不同叶幕形对设施冬促早栽培京蜜葡萄果实挥发性香气成分的影响（GC－MS 分析）

（引自史祥宾等，2015）

化合物种类	直立叶幕		V 形叶幕		水平叶幕	
	化合物数量	占总量比例（%）	化合物数量	占总量比例（%）	化合物数量	占总量比例（%）
醇	4	25.68aA	7	20.88bB	4	26.10aA
醛	2	7.19bB	4	10.19aA	3	10.74aA
酮	1	5.39cC	3	14.64bB	3	33.86aA
酸	1	1.46aA	1	1.76aA	—	—
酯	3	26.92aA	3	20.09bB	3	26.71aA
萜烯	6	33.36aA	7	30.78aA	2	1.84bB
苯的衍生物	—	—	1	0.65	—	—
其他	—	—	3	1.01aA	1	0.75 aA
总计	17	100.00	29	100.00	16	100.00

表 16－6　不同叶幕形对设施冬促早栽培京蜜葡萄果实特征香气组分的影响

（引自史祥宾等，2015）

化合物名称	化合物浓度（μg/kg）		
	直立叶幕	V 形叶幕	水平叶幕
乙醇	34.74b	32.88b	40.13a
叶醇	2.05b	2.90a	3.62a
反式-2-己烯-1-醇	16.55a	9.28b	14.66a
正己醛	8.12b	12.42a	5.41c
2-己烯醛	7.28b	13.88a	9.36b
仲辛酮	11.55c	30.57b	73.63a
丙氨酸氨基乙酯	8.68b	15.48a	14.88a
乙酸己酯	5.34a	4.28a	2.01b
甲酸己酯	43.65a	22.88b	44.53a
芳樟醇	55.48a	51.65a	3.01b
橙花醇	1.46b	1.94a	1.23b

表 16－7　不同叶幕形对设施冬促早栽培京蜜葡萄非共有果实香气成分的影响

（引自史祥宾等，2015）

化合物种类	化合物名称	化合物浓度（μg/kg）			香气特征
		直立叶幕	V 形叶幕	水平叶幕	
醇	顺-2-己烯-1-醇	—	0.48	—	青草味
	香茅醇	—	0.57	—	甜玫瑰香味
	[S-（R*，R*）]-α′-4-二甲基-α′-（4-甲基-3-戊烯基）-3-环己烯-1-甲醇	1.66b	3.55a	—	未知
	正庚醇	—	2.08a	1.62a	芳香

（续）

化合物种类	化合物名称	化合物浓度（μg/kg）			香气特征
		直立叶幕	V形叶幕	水平叶幕	
醛	乙醛	—	—	5.41	绿叶清香和果香
	壬醛	—	1.19	—	绿叶清香和果香
	癸醛	—	2.26	—	绿叶清香和果香
酮	甲基庚烯酮	—	1.95a	1.95a	苹果香味
	香叶基丙酮	—	3.75a	2.29b	苹果香味
酸	2-已烯-1-醇，乙酸	3.12		—	青草味
	3-已烯-1-醇，乙酸	—	4.35	—	青草味
萜烯	月桂烯	2.61a	1.87a	—	香脂气味
	双戊烯	5.03a	3.62b	—	香脂气味
	苯并环丁烯	5.51a	7.11a	—	香脂气味
	α-法呢烯	1.38a	1.05a	—	香脂气味
	联苯烯	—	9.03	—	香脂气味
苯的衍生物	乙基苯	—	1.62	—	芳香
其他	1，2-环氧丙烷	—	—	1.73	刺激气味
	1，4-二氢-1，4-甲桥萘	—	1.14	—	香樟气味
	愈创木酚	—	0.54	—	烟熏味、药房味
	2-正戊基呋喃	—	0.82	—	果香

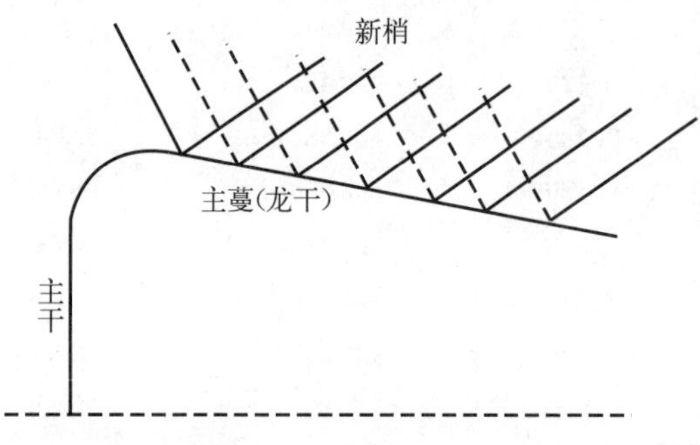

图16-10　倾斜龙干形示意图及实景图（倾斜V形架面，北高南低）

图16-11　V形叶幕（新梢间距15 cm，每667 m^2 留量3 500条左右）

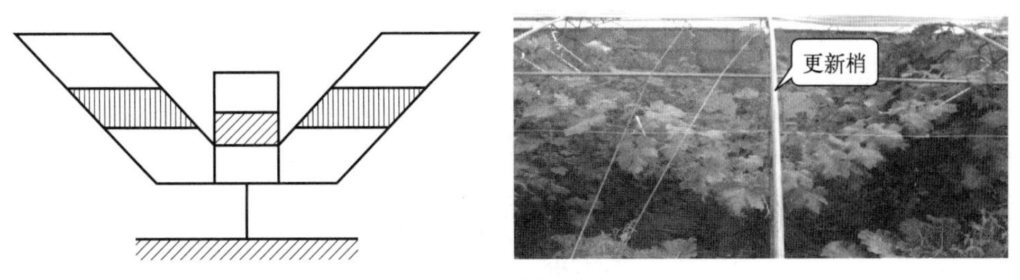

图 16-12　V+1 形叶幕示意图及实景图

（六）整形过程

1. 第一年　定植当年萌芽后每株选留 1 个生长健壮的新梢做主干和主蔓，将新梢直立引缚到架面上，当长至能与相邻植株重叠长度时摘心，顶端 1 个副梢留 5～6 片叶反复摘心。当主干上的副梢长至 3～4 片叶时留 1 叶绝后摘心，主蔓（龙干）上的副梢留 5～6 片叶摘心以加快成形，主蔓副梢上萌发的副梢除顶端副梢留 2～3 叶反复摘心外，其余副梢均留 1 叶绝后摘心。冬剪时，主蔓于两植株重叠处剪截，主蔓上的副梢留 1 个饱满芽短截，而对于主干上的副梢全部剪除（图 16-13）。

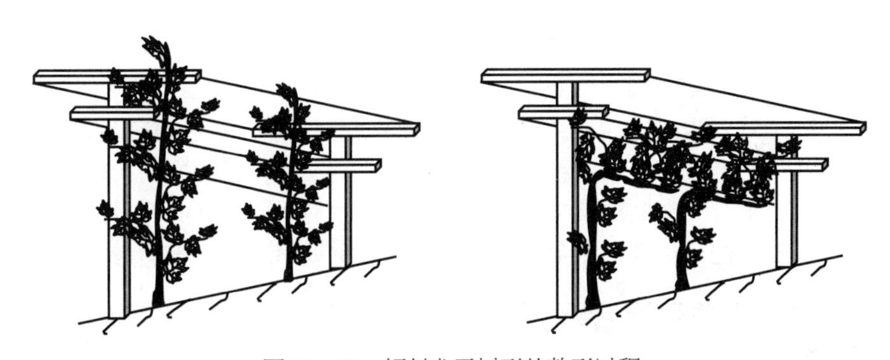
图 16-13　倾斜龙干树形的整形过程

2. 第二年

① 果实采收期在 6 月 10 日之前的不耐弱光的葡萄品种如夏黑和矢富罗莎：栽培设施升温，植株萌芽后，将主干上萌发的新梢全部抹除，而主蔓上的新梢按照同侧间距 15 cm 的标准绑缚呈 V 形叶幕，将多余新梢抹除，所留新梢采取两次成梢技术（坐果率低的欧美杂种，第一次于花前 7 d 左右在正常叶片大小 1/3 叶片处剪截，第二次待新梢长至 1.5 m左右时在正常叶片大小 1/3 叶片处剪截）或一次成梢技术（坐果率高的欧亚种，待新梢长至 1.5 m 左右时在正常叶片大小 1/3 叶片处剪截），新梢上萌发副梢除顶端副梢留 2～3 叶反复摘心外其余副梢均留 1 叶绝后摘心。待果实采收后，进行更新修剪，将所有新梢留 1 饱满芽短截逼发冬芽副梢以实现连年丰产，对于萌发的冬芽副梢一般长至 0.8～1.0 m 时摘心，其上萌发的所有夏芽副梢除顶端副梢留 2～3 叶反复摘心外其余副梢均留 1 叶绝后摘心。冬剪时，对保留结果母枝根据品种成花特性进行短截，将多余疏除。

② 果实采收期在 6 月 10 日之后的不耐弱光的葡萄品种如阳光玫瑰和红地球等：栽培设施升温，植株萌芽后，将主干上萌发的新梢全部抹除；主蔓上的非更新新梢按照同侧间

距15 cm的标准倾斜绑缚呈V形叶幕，每一植株主蔓基部位置留一健壮新梢直立绑缚呈1形叶幕，作为更新梢备用，以实现连年丰产；将多余新梢抹除。非更新新梢采取两次成梢技术（坐果率低的欧美杂种，第一次于花前7 d左右在正常叶片大小1/3叶片处剪截，第二次待新梢长至1.5 m左右时在正常叶片大小1/3叶片处剪截）或一次成梢技术（坐果率高的欧亚种，待新梢长至1.5 m左右时在正常叶片大小1/3叶片处剪截），直立绑缚呈1形叶幕的新梢留6～8片叶摘心，培养为更新预备梢。新梢上萌发副梢除顶端副梢留2～3叶反复摘心外其余副梢均留1叶绝后摘心。于5月10日前将培养的更新预备梢留4～6个饱满芽进行短截（短截时剪口芽已经成熟变褐的葡萄品种需对剪口芽用石灰氮或葡萄专用破眠剂——破眠剂1号或单氰胺涂抹以促进其萌发），逼迫顶端冬芽萌发新梢，培养为翌年的结果母枝；对于萌发的冬芽新梢一般长至能与相邻植株重叠长度时摘心，其上萌发的所有夏芽副梢除顶端副梢留2～3叶反复摘心外其余副梢均留1叶绝后摘心。其余倾斜绑缚呈V形叶幕的结果梢在浆果采收后从基部疏除。冬剪时，对保留结果母枝沿V型架第一道铁丝弯曲绑缚于相邻植株重叠处短截。

③ 耐弱光的葡萄品种如华葡紫峰和红标无核等：栽培设施升温，植株萌芽后，将主干上萌发的新梢全部抹除，而主蔓上的新梢按照同侧间距15 cm的标准绑缚呈V形叶幕，将多余新梢抹除，所留新梢采取两次成梢技术（坐果率低的欧美杂种，第一次于花前7 d左右在正常叶片大小1/3叶片处剪截，第二次待新梢长至1.5 m左右时在正常叶片大小1/3叶片处剪截）或一次成梢技术（坐果率高的欧亚种，待新梢长至1.5 m左右时在正常叶片大小1/3叶片处剪截），新梢上萌发副梢除顶端副梢留2～3叶反复摘心外其余副梢均留1叶绝后摘心。待果实采收后，对于新梢顶端再次萌发的补偿性生长新梢留3片叶及时剪截，此后顶端副梢留1叶反复摘心，其余副梢留1叶绝后摘心。冬剪时，对保留结果母枝根据品种成花特性进行短截，多余疏除。以后每年重复第二年的管理方法。

二、水平龙干树形配合水平/V形叶幕

（一）栽培模式

适合春促早、延迟和避雨栽培模式。

（二）架式与行向

适合双层棚架和T形或Y形篱架，上述架式具有主蔓上架容易、新梢上架绑缚不易掰掉的优点。双层棚架架面由上下两层构成，其中上层架面由8号铁线和细钢丝构成，用于固定新梢形成水平叶幕；下层架面由8号铁线制作的长20～30 cm的挂钩构成，用于固定主蔓。Y形篱架的V形架面由8号铁线和细尼龙线构成，用于固定新梢形成V形叶幕；V形架中心铁线安装由8号铁线制作的长10～15 cm的挂钩，用于固定主蔓。T形篱架的水平架面由8号铁线和细尼龙线构成，用于固定新梢形成水平叶幕；T形架中心铁线安装由8号铁线制作的长20～30 cm的挂钩，用于固定主蔓。行向水平叶幕南北或东西均可、V形叶幕必须为南北方向。

（三）栽植密度

1. 冬季需下架防寒栽培模式 宜采取斜干水平龙干形（图16-14），株行距以2.5×4.0 m（单沟单行定植）～8.0 m（单沟双行定植）或（2.0～4.0）m×（2.5～3.0）m

(部分根域限制建园) 为宜，单穴双株定植。

2. 冬季不需下架防寒栽培模式　可采取“一”字形和 H 形水平龙干树形，其中“一”字形水平龙干树形株行距 (4.0～8.0) m×(2.0～2.5) m (龙干顺行向延伸) 或 (2.0～2.5) m×(4.0～8.0) m (主蔓垂直行向延伸)，单穴双株定植，如考虑机械化作业建议采取株行距 (2.0～2.5) m×(4.0～8.0) m 的定植模式定植；H 形水平龙干树形株行距 (4.0～8.0) m×(4.0～5.0) m (龙干顺行向延伸)。

(四) 树体骨架结构

1. 冬季需下架防寒设施栽培模式　主干基部具“鸭脖弯”结构，利于冬季下架越冬防寒和春季上架绑缚，防止主干折断；主干垂直高度 1.8 m (配合水平叶幕) 或 1.0 m 左右 (配合 V 形叶幕)；(主蔓) 沿与行向垂直方向水平延伸；龙干与主干呈 120°夹角，便于龙干越冬防寒时上下架；结果枝组在龙干上均匀分布，枝组间距因品种而异，可短梢修剪的品种同侧枝组间距 10～20 cm，需中短梢混合修剪的品种同侧枝组间距 30～40 cm，需长短梢混合修剪的品种同侧枝组间距 60～100 cm (图 16-14)。“鸭脖弯”结构的具体参数：主干基部长 10～15 cm 部分垂直地面；于距地面 10～15 cm 处呈 90°沿水平面弯曲，此段长 20～30 cm；于水平弯曲 20～30 cm 长度处呈 90°沿垂直面弯曲并倾斜上架，倾斜程度以与垂线呈 30°为宜。

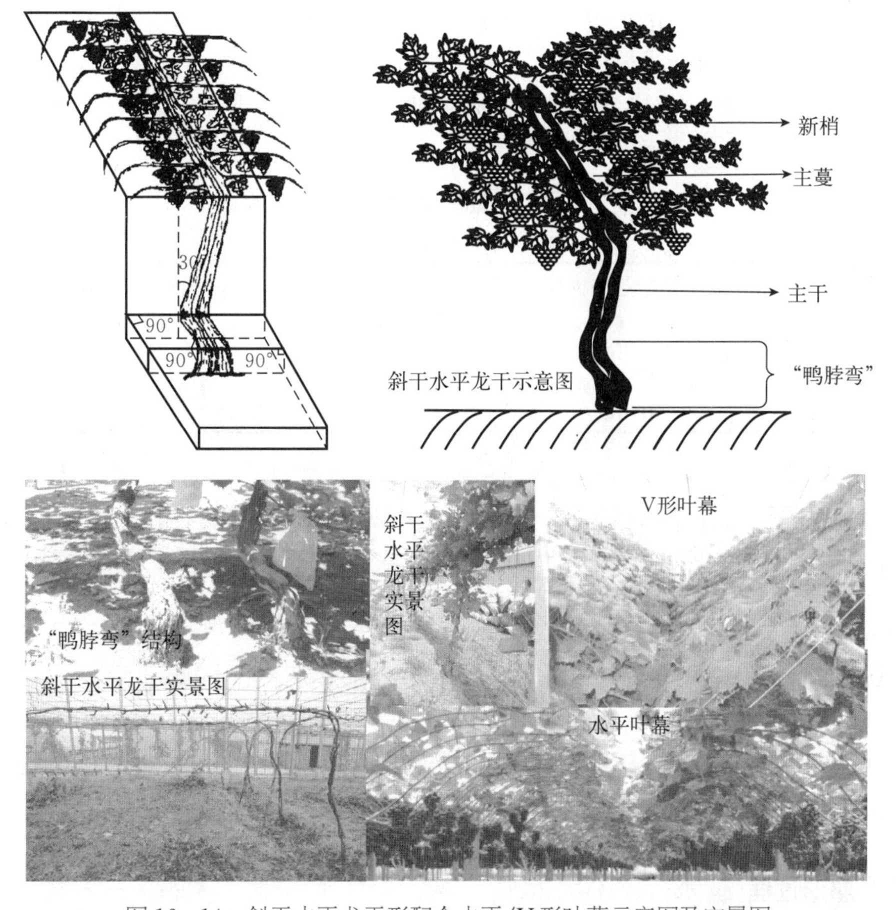

图 16-14　斜干水平龙干形配合水平/V 形叶幕示意图及实景图

2. 冬季不需下架防寒设施栽培模式 主干直立，垂直高度1.8 m（配合水平叶幕）或1.0 m左右（配合V形叶幕）；龙干（主蔓）顺行向或垂直行向水平延伸；结果枝组在主蔓上均匀分布，枝组间距因品种而异，可短梢修剪的品种同侧枝组间距10～20 cm，需中短梢混合修剪的品种同侧枝组间距30～40 cm，需长短梢混合修剪的品种同侧枝组间距60～100 cm（图16－15）。

图16－15 “一”字形水平龙干树形配合水平/V形叶幕结构示意图及实景图

（五）叶幕结构

经中国农业科学院果树研究所浆果类果树栽培与生理科研团队多年研究发现，在夏秋季为主要生长季节的设施栽培模式中，V形叶幕和水平叶幕两种叶幕形，从光能利用率、果实产量、果实品质和果实成熟期等方面综合考虑，以水平叶幕效果最佳、V形叶幕次之（表16－8）。

表16－8 不同叶幕形对巨峰葡萄果实品质的影响

（引自史祥宾等，2018）

叶幕形	单粒重（g）	可溶性固形物含量（%）	可滴定酸含量（%）	糖酸比	维生素C含量（mg/100 g）	花青素（ng/g）
水平叶幕	10.83	18.57	0.40	46.01	6.50	2 661.04
V形叶幕	10.25	18.13	0.46	39.85	6.30	2 382.68

1. 水平叶幕 新梢与龙干（主蔓）垂直，在龙干（主蔓）两侧水平绑缚呈水平叶幕，生长后期新梢下垂；新梢间距10～20 cm（西北光照强烈地区新梢间距以12 cm左右为宜、东北和华北等光照良好地区新梢间距以15 cm左右为宜、南方光照较差地区新梢间距以20 cm左右为宜）；新梢长度1.2 m以上；新梢负载量每667 m^2 3 500条左右，每新梢20～30片叶片。

2. V形叶幕 适合简易避雨栽培模式。新梢与龙干（主蔓）垂直，在龙干（主蔓）两侧倾斜绑缚呈V形叶幕，新梢间距10～20 cm（西北光照强烈地区新梢间距以12 cm左右适宜、东北和华北等光照良好地区新梢间距以15 cm左右适宜、南方光照较差地区新梢间距以20 cm左右适宜）；长度1.2 m以上；新梢留量每667 m^2 3 500条左右，每新梢20～30片叶片。

（六）整形过程

1. 斜干水平龙干形 适合春促早、延迟和避雨栽培模式中冬季需下架防寒的情况。

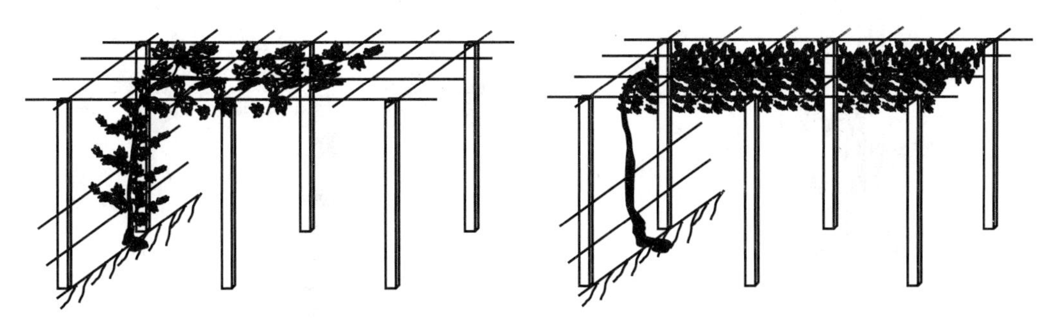

图 16-16　斜干水平龙干树形的整形过程

① 定植当年：萌芽后每株选留 1 个生长健壮的新梢做主蔓，将其引缚到架面上，于 8 月上旬第一次摘心，顶端 1 个副梢留 5～6 片叶反复摘心，其余副梢留 1 叶绝后摘心。冬剪时，主蔓剪截到成熟节位，一般剪口粗度 0.8 cm 以上。

② 第二年：萌芽前，将主干垂直行向向前（与地面近平行）和沿行向倾斜（与垂线夹角为 30°左右）绑缚形成"鸭脖弯"结构。萌芽后，每条主蔓选一个健壮新梢做延长梢继续培养为主蔓，沿与行向垂直方向水平延伸，当其爬满架后或 8 月上旬摘心，控制其延伸生长，对于长势强旺的品种如夏黑、巨峰和意大利等可利用夏芽副梢培养为结果母枝，加快成形，一般留 6 叶摘心；其余新梢水平绑缚结果，其上副梢留 1 叶绝后摘心。冬剪时，主蔓延长枝剪截到成熟节位，一般剪口粗度 0.8 cm 以上；对于利用副梢培养结果母枝的品种，主蔓上的副梢留 1 饱满芽剪截；主干上 1.0 m 以下结果母枝全部疏除，1.0 m 以上结果母枝按同侧 10～30 cm 间距剪留，对保留结果母枝根据品种成花特性进行短截，多余疏除。

③第三年：春萌芽前，将主干按"鸭脖弯"结构上架绑缚；萌芽后，抹除多余新梢，使新梢同侧间距保持在 15～30 cm 为宜，所留新梢采取两次或一次成梢技术。如主蔓未爬满架，仍继续选健壮新梢做延长梢，当其爬满架后摘心，控制其延伸生长，整形修剪同第二年。冬剪时，主干上所有结果母枝或枝组均疏除，作为通风带；主蔓根据品种成花特性同侧每隔 10～30 cm 选留一个枝组或结果母枝，根据品种成花特性进行短截。若采取双枝更新，则按照中、长短梢混合修剪手法进行，即上部枝梢进行中、长梢修剪作为结果母枝，基部枝梢进行短梢修剪作为更新枝；若采取单枝更新，则结果母枝一般剪留 1～2 个芽。以后各年主要进行枝组的培养和更新。

2. "一"字形（或 T 形）　适合春促早、延迟和避雨栽培模式中冬季不需下架防寒的情况（图 16-17）。

① 定植当年。萌芽后每株选留 1 个生长健壮的新梢引缚到架面上，待新梢长至超过主干高度 10 cm 时于主干高度处摘心；待顶端副梢萌发后，选留 2 个健壮副梢培养为主蔓，待选留副梢长至 50 cm 时将其沿行向/垂直行向弯曲让其水平延伸生长，因地制宜于 8 月上旬至 10 月上旬或长至相邻植株重叠处进行摘心，随后顶端副梢留 5～6 片叶反复摘心，其余副梢留 1 叶绝后摘心。对于长势强旺的品种如夏黑、巨峰和意大利等可利用夏芽副梢培养为结果母枝，加快成形，一般留 6 叶摘心。冬剪时，主蔓剪截到成熟节位，一般

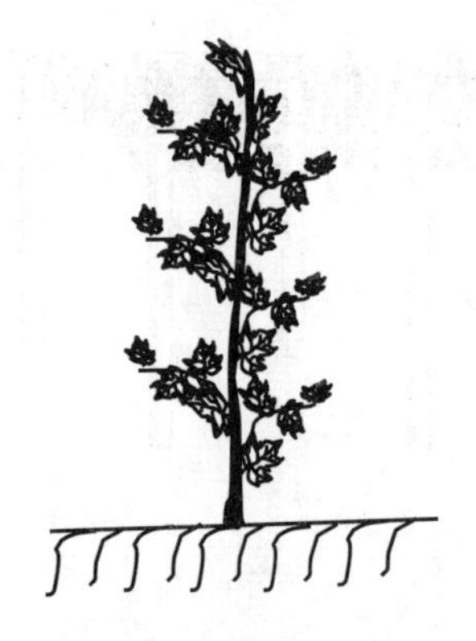
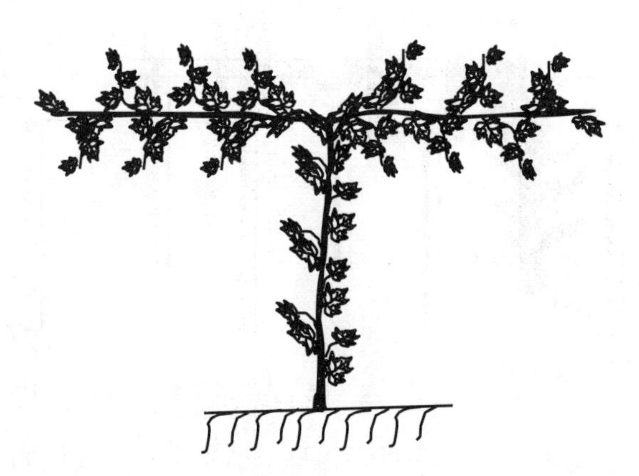

图 16－17 “一”字形（或 T 形）的整形过程

剪口粗度 0.8 cm 以上。

② 第二年。萌芽后，每条主蔓选一个健壮新梢做延长梢继续培养为主蔓，当其爬满架后或因地制宜于 8 月上旬至 10 月上旬摘心，控制其延伸生长；为加快成形，萌发副梢均留 6 叶摘心培养为结果母枝。其余新梢水平绑缚结果，其上副梢留 1 叶绝后摘心。冬剪时，主蔓延长枝剪截到成熟节位，一般剪口粗度 0.8 cm 以上；对于利用副梢培养结果母枝的品种，主蔓上的副梢留 1 饱满芽剪截；主干上所有结果母枝或枝组均疏除，作为通风带；主蔓根据品种成花特性同侧每隔 10～30 cm 选留一个枝组或结果母枝，根据品种成花特性进行短截。

③ 第三年。萌芽后，主干上所有新梢均抹除，同时抹除主蔓上的多余新梢，使主蔓上新梢同侧间距保持在 15～30 cm 为宜，所留新梢采取两次或一次成梢技术。如主蔓未爬满架，仍继续选健壮新梢做延长梢，当其爬满架后摘心，控制其延伸生长，整形修剪同第二年。冬剪同第二年，若采取双枝更新，则按照中、长、短梢混合修剪手法进行，即上部枝梢进行中、长梢修剪作为结果母枝，基部枝梢进行短梢修剪作为更新枝；若采取单枝更新，则结果母枝一般剪留 1～2 个芽。以后各年主要进行枝组的培养和更新。

3. H 形 适合春促早、延迟和避雨栽培模式中冬季不需下架防寒的情况（图 16－18，图 16－19）。

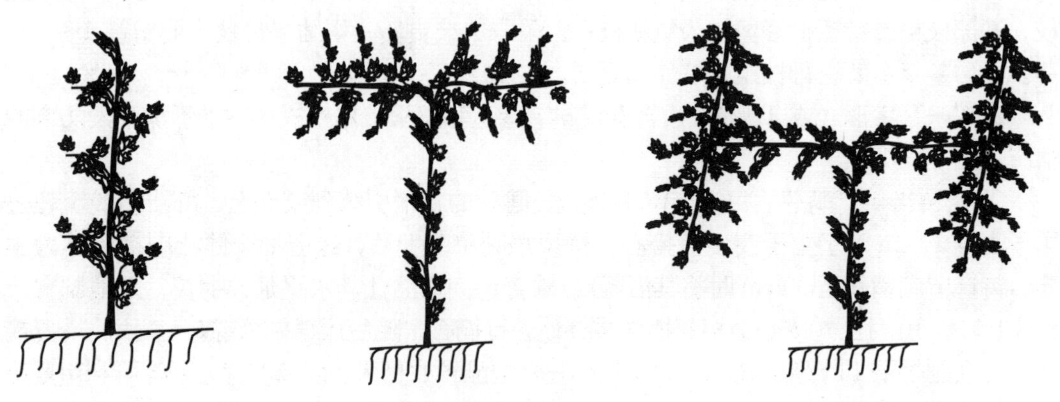

图 16－18 H 形的整形过程

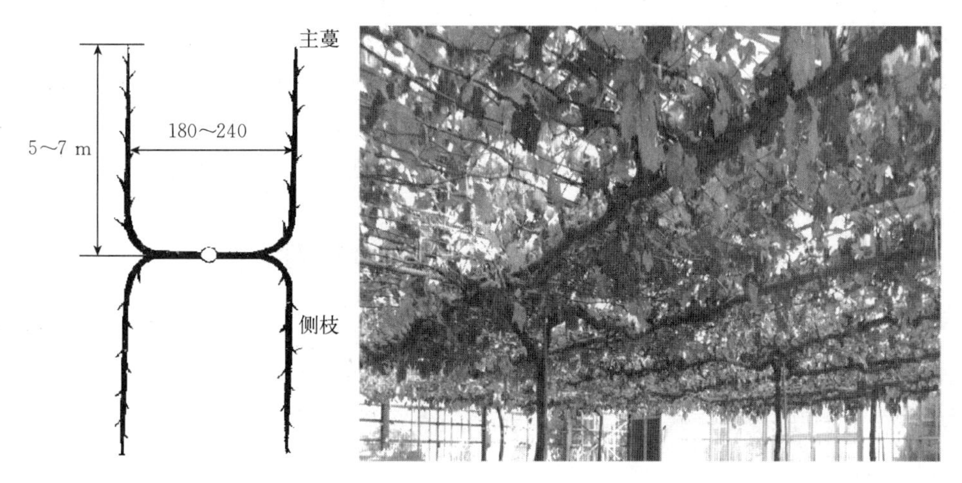

图 16－19　H 形水平龙干树形配合水平叶幕结构示意图及实景图

（1）定植当年　萌芽后每株选留 1 个生长健壮的新梢引缚到架面上，待新梢长至超过直立主干高度 10 cm 时于直立主干高度处摘心；待顶端副梢萌发后，选留 2 个健壮副梢培养为水平主干，待选留副梢长至 50 cm 时将其水平弯曲，待其长至 1.0～1.2 m 时将其摘心，逼发副梢培养为主蔓，待顶端副梢萌发后，选留 2 个健壮副梢培养为主蔓；对于培养为主蔓的新梢因地制宜于 8 月上旬至 10 月上旬或长至相邻植株重叠处进行摘心，随后顶端副梢留 5～6 片叶反复摘心，其余副梢留 1 叶绝后摘心。对于长势强旺的品种如夏黑、巨峰和意大利等可利用夏芽副梢培养为结果母枝，加快成形，一般留 6 叶摘心。冬剪时，主蔓剪截到成熟节位，一般剪口粗度 0.8 cm 以上。

（2）第二年　萌芽后，每条主蔓选一个健壮新梢做延长梢继续培养为主蔓，当其爬满架后或因地制宜于 8 月上旬至 10 月上旬摘心，控制其延伸生长；为加快成形，萌发副梢均留 6 叶摘心培养为结果母枝。其余新梢水平绑缚结果，其上副梢留 1 叶绝后摘心。冬剪时，主蔓延长枝剪截到成熟节位，一般剪口粗度 0.8 cm 以上；对于利用副梢培养结果母枝的品种，主蔓上的副梢留 1 饱满芽剪截；主干上所有结果母枝或枝组均疏除，作为通风带；主蔓根据品种成花特性同侧每隔 10～30 cm 选留一个枝组或结果母枝，根据品种成花特性进行短截。

（3）第三年　萌芽后，主干上所有新梢均抹除，同时抹除主蔓上的多余新梢，使主蔓上新梢同侧间距保持在 15～30 cm 为宜，所留新梢采取两次或一次成梢技术。如主蔓未爬满架，仍继续选健壮新梢做延长梢，当其爬满架后摘心，控制其延伸生长，整形修剪同第二年。冬剪同第二年，若采取双枝更新，则按照中、长、短梢混合修剪手法进行，即上部枝梢进行中、长梢修剪作为结果母枝，基部枝梢进行短梢修剪作为更新枝；若采取单枝更新，则结果母枝一般剪留 1～2 个芽。以后各年主要进行枝组的培养和更新。

高光效、省力化树形和叶幕形的选择与设施葡萄的栽培类型紧密相关，不同的设施葡萄栽培类型需选择不同的高光效、省力化树形和叶幕形与之相适应。在设施葡萄冬促早和秋促早栽培中的首选是倾斜龙干树形配合 V 形叶幕，其次是高干倾斜/水平龙干树形配合水平叶幕（便于观光采摘）；春促早栽培中的首选是高干水平龙干树形配合水平叶幕，其次是低干水平龙干树形配合 V 形叶幕；单栋避雨棚中的首选是低干水平龙干树形配合 V 形叶幕或水平叶幕（高宽垂架式即 T 形架），连栋避雨棚中的避雨栽培首选是高干水平龙干树形配合水平叶幕，其次是低干水平龙干树形配合 V 形叶幕；延迟栽培中的首选是高干水平龙干树形配合水平叶幕，其次是低干水平龙干树形配合 V 形叶幕。

第四节　设施葡萄的简化修剪

与普通露地栽培葡萄一样，一般情况下，设施栽培葡萄的修剪分为冬季休眠期修剪和夏季生长季修剪。特殊情况下，如对于不耐弱光的葡萄品种例如夏黑，当采取设施冬促早栽培模式时，为克服隔年结果、实现连年丰产，除冬季修剪和夏季修剪外，还需进行越夏更新修剪。

一、冬季修剪

（一）修剪时期

从落叶后到第二年开始生长之前，任何时候修剪都不会显著影响植株体内碳水化合物合成，也不会影响植株的生长和结果。对于需下架越冬防寒的设施栽培模式，冬季修剪在落叶后越冬防寒前必须抓紧时间及早进行为宜，上架升温后可进行复剪。对于不需下架越冬防寒的设施栽培模式，冬季修剪于落叶后至伤流前 1 个月进行，时间一般在自然落叶 1 个月后至翌年 1 月间，此时树体进入深休眠期。在萌芽后容易发生霜冻的地区，最好在结果枝顶芽萌发新梢生长至 3～5 cm 时再进行修剪，这样剪留芽萌芽期可以推迟 7～10 d，有效避开霜冻危害。

（二）基本修剪方法

1. 短截　是指将一年生枝剪去一段留下一段的剪枝方法，是葡萄冬季修剪的最主要手法。

① 短截的作用：A. 减少结果母枝上过多的芽眼，对剩下的芽眼有促进生长的作用；B. 把优质芽眼留在合适部位，从而萌发出优良的结果枝或更新发育枝；C. 根据整形和结果需要，可以调整新梢密度和结果部位。

② 根据剪留长度的不同，短截分为极短梢修剪（留 1 芽或仅留隐芽）、短梢修剪（留 2～3 芽）、中梢修剪（留 4～6 芽）、长梢修剪（留 7～11 芽）和极长梢修剪（留 12 芽以上）等修剪方式。其中长梢修剪（Cane-pruning）具有如下优点：A. 能使一些基芽结实力差的葡萄植株获得丰产；B. 对于一些果穗小的品种容易实现高产；C. 可使结果部位分布面较广；D. 结合疏花疏果，长梢修剪可以使一些易形成小青粒、果穗松散的品种获得优质高产。同时也有如下缺点：A. 对那些短梢修剪即可获得丰产的品种，若采用长梢修剪易造成结果过多；B. 结果部位容易发生外移；C. 母枝选留要求严格，因为每一长梢将担负很多产量，稍有不慎，可能造成较大的损失。短梢修剪（Spur-pruning）与长梢修剪在某些地方的表现正好相反。

③ 某一果园究竟采用什么短截方式，需要根据花序着生的部位确定，这与品种特性、

立地生态条件及设施栽培模式、树龄、整形方式、枝条发育状况、生产管理水平及芽的饱满程度息息相关。一般情况下，对花序着生部位 1～3 节的树体采取极短梢、短梢或中短梢修剪，如避雨栽培和春促早栽培的巨峰等；花序着生部位 4～6 节的树体采取中短梢混合修剪，如延迟栽培、避雨栽培或春促早栽培的红地球等；花序着生部位不确定的树体，采取长短梢混合修剪比较保险。欧美杂交种对剪口粗度要求不严格，欧亚种葡萄剪口粗度则以 0.8～1.2 cm 为好，如红地球、无核白鸡心等。耐弱光的品种如华葡紫峰、87－1 和京蜜等，在冬促早栽培条件下，如未采取越夏更新修剪措施，冬剪时根据品种成花特性不同，采取中、短梢和长、短梢混合修剪方可实现丰产；在春促早栽培条件下，冬剪一般采取短梢修剪即可实现连年丰产。较耐弱光的品种如无核白鸡心、金手指、藤稔等，在冬促早栽培条件下，如未采取越夏更新修剪措施，冬剪时采取长、短梢混合修剪方可实现丰产；在春促早栽培条件下，冬剪时根据品种成花特性不同采取短梢修剪或中、短梢混合修剪即可实现连年丰产。不耐弱光的品种如夏黑、早黑宝、巨玫瑰和巨峰等在冬促早栽培条件下，必须采取更新修剪等连年丰产技术措施方可实现连年丰产，冬剪时一般采取中、短梢混合修剪方即可实现丰产；在春促早栽培条件下，冬剪时一般采取中梢或长梢修剪即可实现丰产。

2. 疏剪　把整个枝蔓（包括一年和多年生枝蔓）从基部剪除的修剪方法称为疏剪。其具有以下作用：疏去过密枝，改善光照和营养物质的分配；疏去老弱枝，留下新壮枝，以保持生长优势；疏去过强的徒长枝，留下中庸健壮枝，以均衡树势；疏除病虫枝，防止病虫害的危害和蔓延。

3. 缩剪　把二年生以上的枝蔓剪去一段留一段的剪枝方法称为缩剪。其主要作用有：更新转势，剪去前一段老枝，留下后面新枝，使其处于优势部位；防止结果部位的扩大和外移；具有疏除密枝，改善光照作用；如缩剪大枝尚有均衡树势的作用。

以上三种修剪方法，以短截法应用最多（图 16－20）。

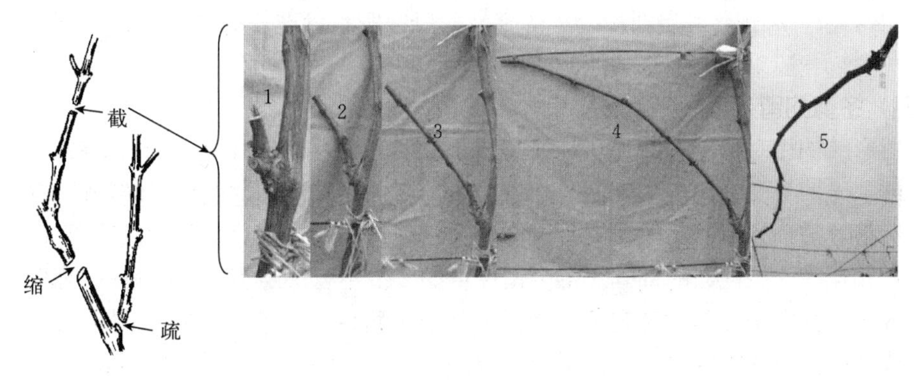

图 16－20　葡萄修剪的三种方法

1. 极短梢修剪　2. 短梢修剪　3. 中梢修剪　4. 长梢修剪　5. 极长梢修剪

（三）枝蔓更新

1. 结果母枝的更新　结果母枝更新的目的在于避免结果部位逐年上升外移和造成下部光秃，修剪手法有以下两种：

① 双枝更新：结果母枝按所需要长度剪截，将其下面邻近的成熟新梢留 2 芽短剪，作为预备枝。预备枝在翌年冬季修剪时，上一枝留作新的结果母枝，下一枝再行极短截，使其形成新的预备枝；原结果母枝于当年冬剪时被回缩掉，以后逐年采用这种方法依次进行。双枝更新要注意预备枝和结果母枝的选留，结果母枝一定要选留那些发育健壮充实的枝条，而预备枝应处于结果母枝下部，以免结果部位外移。

② 单枝更新：冬季修剪时不留预备枝，只留结果母枝。次年萌芽后，选择下部良好的新梢培养为结果母枝，冬季修剪时仅剪留枝条的下部。单枝更新的母枝剪留不能过长，一般应采取短梢修剪，不使结果部位外移（图 16－21）。

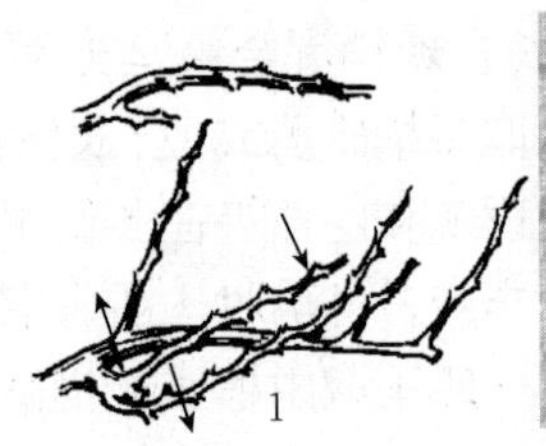

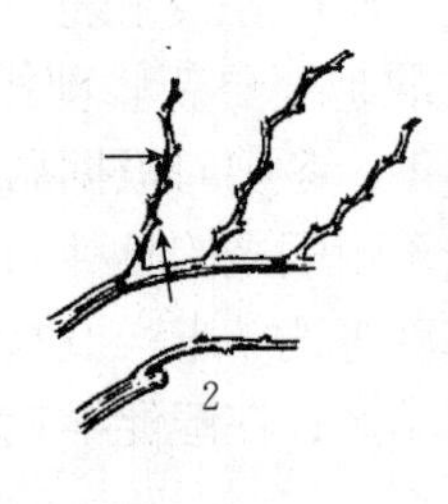

图 16－21　结果母枝的更新

1. 双枝更新（基部更新枝短梢修剪，上部结果母枝中梢或长梢修剪）　2. 单枝更新

2. 多年生枝蔓的更新　经过多年修剪，多年生枝蔓上的“疙瘩”“伤疤”增多，影响输导组织的畅通；另外，对于过分轻剪的葡萄园，下部出现光秃，结果部位外移，造成新梢细弱，果穗果粒变小，产量及品质下降，遇到这种情况就需对一些大的主蔓或侧枝进行更新。

① 大更新。凡是从基部除去主蔓，进行更新的称为大更新。在大更新以前，必须积极培养从地表发出的萌蘖或从主蔓基部发出的新枝，使其成为新蔓，当新蔓足以代替老蔓时，即可将老蔓除去。

② 小更新。对侧蔓的更新称为小更新。一般在肥水管理差的情况下，侧蔓 4～5 年需要更新一次，一般采用回缩修剪的方法。

（四）冬剪的留芽量

在树形结构相对稳定的情况下，每年冬季修剪的主要剪截对象是一年生枝。修剪的主要工作就是疏掉一部分枝条和短截一部分枝条。单株或单位土地面积（667 m^2）在冬剪后保留的芽眼数被称为单株芽眼负载量或亩芽眼负载量。适宜的芽眼负载量是保证来年适量的新梢数和花序、果穗数的基础。冬剪留芽量的多少主要决定因素是产量的控制标准。我国不少葡萄园在冬季修剪时对应留芽量通常是处于盲目的状态。多数情况是留芽量偏大，这是造成高产低质的主要原因。以温带半湿润区为例，要保证良好的葡萄品质，每667 m^2 产量应控制在 1.5 t 以下。巨峰品种冬季留芽量，一般每 667 m^2 留 6 000 芽，即每 4 个芽保留 1 kg 果；红地球等不易形成花芽的品种，每 667 m^2 留芽量要增加 30%。南方亚热带湿润区，年日照时数少，每 667 m^2 产量应控制在 1 t 或以下，但葡萄形成花芽也相对差些，通常每 5～7 个芽保留 1 kg 果。因此，冬剪留芽量不仅需要看产量指标，还要看地域生态环境、品种及管理水平。

（五）冬剪的步骤及注意事项

1. 修剪步骤 葡萄冬剪步骤可用四字诀概况：一“看”、二“疏”、三“截”、四“查”。

① 看：即修剪前的调查分析。要看品种、树形、架式和树势，看与邻株之间的关系，以便初步确定植株的负载能力，大体确定修剪量的标准。

② 疏：指疏去病虫枝、细弱枝、枯枝、过密枝、需局部更新的衰弱主侧蔓以及无利用价值的萌蘖枝。

③ 截：根据修剪量标准，确定适当的母枝留量，对一年生枝进行短截。

④ 查：经修剪后，检查一下是否有漏剪、错剪，因而叫作复查补剪。

总之，“看”是前提，做到心中有数，防止无目的的动手就剪。“疏”是纲领，应依据“看”的结果疏出个轮廓。“截”是加工，决定每个枝条的留芽量。“查”是查错补漏，是结尾。

2. 修剪注意事项

① 剪截一年生枝时，剪口宜高出枝条节部 3～4 cm，剪口向芽的对面倾斜，以保证剪口芽正常萌发和生长。在节间较短的情况下，剪口可放至上部芽眼上。

② 疏枝时剪锯口不要剪得太靠近母枝，以免伤口向里干枯而影响母枝养分的输导。

③ 去除老蔓时，锯口应削平，以利愈合。不同年份的修剪伤口，尽量留在主蔓的同一侧，避免造成伤口。

二、夏剪

夏季修剪，是指萌芽后至落叶前的整个生长期内所进行的修剪，修剪的任务是调节树体养分分配，确定合理的新梢负载量与果穗负载量，使养分能充足供应果实；调控新梢生长，维持合理的叶幕结构，保证植株通风透光；平衡营养生长与生殖生长，既能促进开花坐果，提高果实的质量和产量，又能培育充实健壮、花芽分化良好的枝蔓；使植株便于田间管理与病虫害防治。

（一）抹芽、定梢和新梢绑缚

在芽已萌动但尚未展叶时，对萌芽进行选择去留即为抹芽（图 16 - 22）。当新梢长至已能辨别出有无花序时，对新梢进行选择去留称为定梢（图 16 - 22）。抹芽和定梢是葡萄夏季修剪的第一项工作，根据葡萄种类，品种萌芽，抽枝能力，长势强弱，叶片大小等进行。春季萌芽后，新梢长至 3～4 cm 时，每 3～5 d 分期、分批抹去多余的双芽、三生芽、弱芽和面地芽等；当芽眼生长至 10 cm 时，基本已显现花序时或 5 叶 1 心期后陆续抹除多余的枝，如过密枝、细弱枝、面地枝和外围无花枝等；当新梢长至 40 cm 左右时，根据树形和叶幕形，保留结果母枝上由主芽萌发的带有花序的健壮新梢，而将副芽萌生的新梢除去，在植株主干附近或结果枝组基部保留一定比例的营养枝，以培养翌年结果母枝，同时保证当年葡萄负载量所需的光合面积。中国农业科学院果树研究所浆果类果树栽培与生理科研团队经多年科研攻关研究发现，在鲜食葡萄生产中，叶面积指数西北光照强烈地区以 3.5 左右（新梢间距 12 cm 左右）最为适宜、东北和华北等光照良好地区以 3.0 左右（新梢间距 15 cm 左右）最为适宜、南方光照较差地区以 2.0 左右（新梢间距 20 cm 左右）最为适宜，此时叶幕的光能截获率及光能利用率高，净光合速率最高，果实产量和品质最佳

（表 16-9 至表 16-14）。在土壤贫瘠条件下或生长势弱的品种，每 667 m^2 留梢量 3 500～5 000 条为宜；生长势强旺、叶片较大的品种或在土壤肥沃、肥水充足的条件下，每个新梢需要较大的生长空间和较多的主梢和副梢叶片生长，每 667 m^2 留梢量 2 500～3 500 条为宜。定梢结束后及时对于新梢利用绑梢器或尼龙线夹压或缠绕固定的方法进行绑蔓，使得葡萄架面枝梢分布均匀，通风透光良好，叶果比适当。

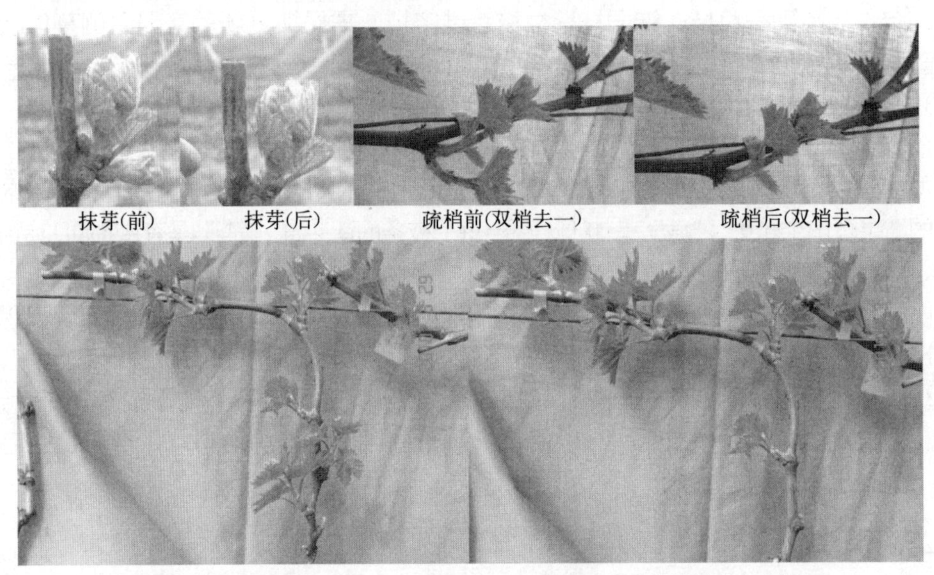

图 16-22 抹芽和疏梢

表 16-9 不同新梢间距处理冠层的总孔隙度、开度、叶面积指数及光能截获率

（引自史祥宾等，2018）

新梢间距（cm）	总孔隙度（%）	开度（%）	叶面积指数	光能截获率（%）
10	6.13±0.80c	6.65±0.71c	4.07±0.53a	96.48±2.45a
15	21.13±1.12b	22.74±2.53b	3.05±0.21b	82.98±3.41b
20	31.61±3.94a	33.57±2.75a	2.19±0.28c	63.37±3.96c

注：同列不同字母表示差异显著达 $P<0.05$ 水平。下同。

表 16-10 不同新梢间距对设施冬促早栽培京蜜葡萄果实品质的影响

（引自史祥宾等，2018）

新梢间距（cm）	单粒重（g）	果糖（g/kg）	葡萄糖（g/kg）	蔗糖（g/kg）	总糖（g/kg）	可滴定酸含量（%）	维生素 C 含量（mg/100 g）
10	4.28±0.08b	78.30±0.66c	58.40±1.13c	7.23±0.25c	143.93±0.76c	0.52±0.01a	1.90±0.05b
15	4.62±0.12a	84.30±3.18a	66.60±3.18a	9.07±0.25a	159.97±0.29a	0.45±0.00b	2.32±0.09a
20	4.78±0.08a	81.00±0.28b	60.90±1.65b	7.70±0.30b	149.60±1.65b	0.47±0.03b	2.16±0.10a

表 16-11　不同新梢间距对设施冬促早栽培京蜜葡萄果实色泽的影响

（引自史祥宾等，2018）

新梢间距（cm）	L*	a*	b*	C*
10	44.89±0.96b	−7.09±0.47b	21.86±0.82a	22.98±0.58a
15	47.18±1.15a	−6.17±0.84a	22.66±0.66a	23.48±0.90a
20	46.73±0.75a	−6.55±0.87ab	22.43±0.80a	23.37±1.17a

注：L*为亮度变量，值越大表示所测样品表面越亮，a*表示红色或绿色值，正值时为红色，负值时偏绿色，绝对值越大颜色越深；b*表示黄色或蓝色值，正值时为黄色，负值时偏蓝色；C*为色饱和度或着色强度，$C^{*2}=a^{*2}+b^{*2}$。色泽饱和度表示颜色的彩度，其值越大，颜色越纯。

表 16-12　不同新梢间距对设施冬促早栽培京蜜葡萄果实挥发性香气物质的影响

（引自史祥宾等，2018）

化合物种类	10（cm）		15（cm）		20（cm）	
	化合物数量	占总量比例（%）	化合物数量	占总量比例（%）	化合物数量	占总量比例（%）
醇	5	18.28a	6	2.09b	5	18.14a
醛	7	53.11a	8	47.14b	6	44.35b
酮	1	0.96a	1	0.51b	2	0.53b
酯	1	0.47a	1	0.29a	1	0.55a
萜烯	5	23.56c	5	47.82a	7	32.48b
苯的衍生物	2	2.73a	2	1.96a	2	2.44a
其他	3	0.88a	2	0.20c	3	1.52a
总计	24	100.00	25	100.00	26	100.00

表 16-13　不同新梢间距对设施冬促早栽培京蜜葡萄共有的果实香气成分的 GC-MS 分析

（引自史祥宾等，2018）

化合物种类	化合物名称	化合物浓度（μg/kg）			香气特征
		10 cm	15 cm	20 cm	
醇	乙醇	3.42a	4.36a	3.35a	特殊气味
	2-乙基-环丁醇	29.07b	0.25c	60.43a	青草味
	正己醇	1.12b	1.96a	2.88a	芳香味
	反式-2-己烯-1-醇	0.37b	0.81a	1.05a	青草味
	6-甲基-5-庚烯-2-醇	0.32b	0.94b	2.47a	青草味
醛	正己醛	21.94c	71.22a	58.82b	绿叶清香和果香
	2-己烯醛	75.05b	117.03a	108.48a	绿叶清香和果香
	壬醛	1.00a	1.20a	1.35a	绿叶清香和果香
	癸醛	0.61b	0.60b	1.39a	绿叶清香和果香
	反式-柠檬醛	0.29b	0.71a	1.17a	绿叶清香和果香
酮	仲辛酮 2-Octanone	1.81a	2.06a	1.67a	苹果香味
酯	酞酸二乙酯 Diethyl Phthalate	0.88b	1.17b	2.13a	果香
萜烯	芳樟醇	30.86c	134.38a	60.59b	玫瑰芳香
	香茅醇	0.32b	1.46a	1.23a	甜玫瑰香
	橙花醇	2.97b	11.42a	12.27a	清香和果香
	香叶醇	7.50b	43.84a	41.39a	清香和果香

（续）

化合物种类	化合物名称	化合物浓度（μg/kg）			香气特征
		10 cm	15 cm	20 cm	
苯的衍生物	联苯烯	2.56c	3.44b	5.61a	香脂气味
	二苯并呋喃	4.44b	7.04a	8.94a	果香
	4-甲基二苯并呋喃	0.70a	0.92a	0.49b	果香
其他	2-甲基萘	0.43b	0.47b	1.03a	特殊气味
	1-甲基萘	0.45b	0.32b	4.39a	特殊气味

表 16-14　不同新梢间距对设施冬促早栽培京蜜葡萄非共有的果实香气成分的 GC-MS 分析

（引自史祥宾等，2018）

化合物种类	化合物名称	化合物浓度（μg/kg）			香气特征
		10 cm	15 cm	20 cm	
醇	2-乙基己醇	—	0.20	—	青草味
醛	3-己烯醛	—	0.55a	0.38a	绿叶清香和果香
	正辛醛	0.39a	0.36a	—	绿叶清香和果香
	反式-2-壬醛	0.36	—	—	绿叶清香和果香
	异戊醛	—	0.12	—	绿叶清香和果香
酮	甲基庚烯酮	—	—	0.37	苹果香味
萜烯	环庚三烯	—	—	4.11	香脂气味
	3-乙基-1-戊烯	—	—	0.47	香脂气味
其他	二甲醚	0.76a	—	0.47a	特殊气味

中国农业科学院果树研究所浆果类果树栽培与生理科研团队为提高定梢和新梢绑缚效果及效率，提出了定梢绳定梢及新梢绑缚技术（图 16-23），具体操作如下：首先将定梢绳（一般为抗老化尼龙绳或细钢丝）按照新梢适宜间距绑缚固定到铁线上，其中固定主蔓铁线位置定梢绳为死扣，固定新梢铁线位置定梢绳为活扣，便于新梢冬剪；然后于新梢显现花序时根据定梢绳定梢，每一定梢绳留一新梢，多余新梢疏除；待新梢长至 50 cm 左右时将所留新梢缠绕固定到定梢绳上，使新梢在架面上分布均匀。

定梢绳定梢及新梢绑缚　　绑梢器

图 16-23　定梢和新梢绑缚

（二）主副梢模式化修剪

1. 主梢摘心

① 坐果率低，需促进坐果的品种。中国农业科学院果树研究所浆果类果树栽培与生理科研团队研究表明：对于坐果率低、需促进坐果的品种如夏黑无核和巨峰等巨峰系品种，两次成梢和三次成梢技术相比，主梢采取两次成梢技术效果最佳（表 16-15）。主梢

二次成梢修剪的巨峰葡萄果实的单粒质量、可溶性固形物含量、可溶性糖含量和维生素 C 含量显著高于主梢三次成梢修剪和对照（传统修剪），可滴定酸含量显著低于主梢三次成梢修剪和对照（表 16－16）。不同的主梢成梢修剪方式和对照之间香气物质组成和含量差异较大，其中主梢二次成梢修剪香气物质的含量和种类显著高于主梢三次成梢修剪和对照。巨峰葡萄的特征香气物质——酯类物质尤其是起关键作用的乙酸乙酯的含量，主梢二次成梢修剪显著高于主梢三次成梢修剪和对照。同时，主梢三次成梢修剪处理检测出特有的具有樟脑气味的 2－甲基萘（表 16－17 至表 16－21），对照中检测出了特有的橡胶气味的苯并噻唑。主梢两次成梢技术的具体操作如下：在开花前 7～10 d 沿第一道铁丝（新梢长 60～70 cm 时）对主梢进行第一次统一剪截，待坐果后主梢长至 1.2～1.5 m 时，沿第二道铁线对主梢进行第二次统一剪截。

② 坐果率高，需适度落果的品种。中国农业科学院果树研究所浆果类果树栽培与生理科研团队研究表明：对于坐果率高，需适度落果的品种如红地球和 87－1 等欧亚种品种，与一次成梢、两次成梢和三次成梢技术相比，主梢采取一次成梢技术效果最佳。具体操作如下：在坐果后待主梢长至 1.2～1.5 m 时，沿第二道铁丝对主梢进行统一剪截。

③ 需拉长花序。待展 8 片叶左右时，于花序以上留 2 片叶对主梢进行摘心，可有效促进花序的伸长生长，达到拉长花序的效果。

表 16－15 不同主梢修剪方式对巨峰葡萄果实品质的影响

（引自郑晓翠等，2018）

处理	可溶性固形物含量（%）	单粒重（g）	可溶性糖含量（%）	可滴定酸含量（%）	维生素 C 含量（mg/100 g）
主梢二次成梢修剪	18.2a	12.04a	16.49a	0.63b	1.64a
主梢三次成梢修剪	17.6b	11.64b	14.91b	0.65b	1.51b
对照（传统修剪）	16.3c	11.19c	14.64c	0.78a	1.52b

注：表中同一行数据中字母不同表示差异达 5%显著水平。对照（传统修剪）的具体操作如下：花前 7～15 d 于花序前留 3 叶进行第一次摘心，此后待新梢长至 70 cm 左右时进行第二次摘心，随后待顶端副梢展叶 2～3 叶时反复摘心，新梢长度一直保留 70 cm 左右。两次成梢修剪的具体操作如下：花前 7～15 d 于花序前留 3 叶进行第一次摘心，待顶端副梢长至新梢总长 1.2～1.5 m 时进行第二次摘心，随后待顶端副梢展叶 2～3 叶时反复摘心，新梢长度一直保留 1.2～1.5 m；三次成梢修剪的具体操作如下：花前 7～15 d 于花序前留 3 叶进行第一次摘心，待顶端副梢展叶 7～8 叶时留 6～7 叶进行第二次摘心，随后待再次萌发顶端副梢长至新梢总长 1.2～1.5 m 时进行第三次摘心，此后待顶端副梢展叶 2～3 叶时反复摘心，新梢长度一直保留 1.2～1.5 m。下同。

表 16－16 不同主梢修剪方式对巨峰葡萄果实中香气成分的影响

（引自郑晓翠等，2018）

化合物种类	主梢二次成梢修剪		主梢三次成梢修剪		对照（传统修剪）	
	化合物数量	化合物含量（μg/L）	化合物数量	化合物含量（μg/L）	化合物数量	化合物含量（μg/L）
醛	7	2 180.12	7	2 113.48	3	1 131.4
醇	8	967.05	6	689.07	4	96.09
酯	13	673.13	11	443.03	8	420.19
醚	2	484.23	2	360.51	0	0

（续）

化合物种类	主梢二次成梢修剪		主梢三次成梢修剪		对照（传统修剪）	
	化合物数量	化合物含量（μg/L）	化合物数量	化合物含量（μg/L）	化合物数量	化合物含量（μg/L）
萜烯	3	27.69	3	21.76	0	0
酮	3	14.43	2	9.82	0	0
芳香族	2	13.24	4	23.29	1	11.58
其他	2	18.66	0	0	2	68.46
总计	40	4 379.45	35	3 660.96	18	1 727.72

表 16-17　不同主梢修剪方式对巨峰葡萄果实主要醛酮类香气成分的影响

（引自郑晓翠等，2018）

化合物名称	化合物含量 μg/L			
	主梢二次成梢修剪	主梢三次成梢修剪	对照（传统修剪）	气味
乙醛	1 352.45±35.2a	1 314.14±35.1b	1 111.19±31.2c	刺激性气味
3-己烯醛	768.94±56.0a	735.68±23.1b	—	芳香味
2-甲基戊烯醛	4.81±0.14b	20.29±2.30a	—	特殊气味
庚醛	3.01±0.01a	3.02±0.10a	—	果香
2-己烯醛	29.84±4.04a	29.11±2.14a	—	果香味
壬醛	15.05±1.12a	5.96±0.77b	4.22±0.41c	甜橙味
三梨酸醛	6.02±0.90a	5.28±0.29b	—	未知
4-联苯单甲醛	—	—	15.99±2.00a	刺激性气味
6-甲基-5-庚烯-2-酮	5.41±0.22a	3.53±0.36b	—	未知
2-甲基乙基甲酮	7.22±0.96a	6.29±0.78b	—	未知
香叶基丙酮	1.80±0.09	—	—	玫瑰香气味

表 16-18　不同主梢修剪方式对巨峰葡萄果实酯类香气成分的影响

（引自郑晓翠等，2018）

化合物名称	化合物含量 μg/L			
	主梢二次成梢修剪	主梢三次成梢修剪	对照（传统修剪）	气味
乙酸乙酯	246.92±0.92a	132.86±0.21c	158.26±3.00b	果香味
丁酸乙酯	218.73±2.00a	171.28±2.20b	147.93±3.48c	果香味
2-甲基丁酸乙酯	36.25±0.70a	32.38±0.48b	—	果香味
戊酸乙酯	11.44±0.44a	10.35±1.27a	—	芳香味
己酸乙酯	—	—	50.32±1.50	果香味
2-丁烯酸乙酯	67.09±0.03a	54.49±1.32b	39.3±3.59c	芳香味
3-乙烯酸乙酯	9.03±0.65a	6.35±0.23b	6.69±0.41b	芳香味
2-乙烯酸乙酯	9.03±0.30a	8.99±0.57a	—	芳香味
辛酸乙酯	15.65±2.14a	13.94±0.99b	10.04±0.66c	芳香味
癸酸乙酯	2.40±0.68a	—	—	果香味
苯乙酸乙酯	3.61±0.45a	2.89±0.32b	—	芳香味

（续）

化合物名称	化合物含量 μg/L			
	主梢二次成梢修剪	主梢三次成梢修剪	对照（传统修剪）	气味
2，4-癸二烯酸乙酯	3.61±0.59a	2.58±0.73b	1.44±0.15c	芳香味
庚酸乙酯	6.62±0.11a	6.92±0.80a	6.21±0.16a	焦煳香味
3-甲基戊酸乙酯	42.75±3.47	—	—	果香味

表 16-19　不同主梢修剪方式对巨峰葡萄果实醇类香气成分的影响

（引自郑晓翠等，2018）

化合物名称	化合物含量 μg/L			
	主梢二次成梢修剪	主梢三次成梢修剪	对照（传统修剪）	气味
2-乙基环丁醇	700.02±12.32a	653.85±18.96b	—	未知
2-乙烯-1-醇	10.23±1.12a	7.11±1.23b	—	未知
1-辛烯-3-醇	1.2±0.09a	1.14±0.06a	—	特殊气味
乙基己醇	16.25±1.00a	2.39±0.12b	—	甜味
苯乙醇	6.02±0.32a	5.22±0.23b	2.35±0.07c	玫瑰花香
1-正己醇	—	19.36±2.59a	12.85±1.08b	芳香味
乙酰基乙醇	26.49±5.3	—	—	芳香味
癸酰基乙醇	206.54±16.9	—	—	芳香味
辛酸乙醇	1.20±0.08	—	—	芳香味
2-辛醇	—	—	79.65±2.82	芳香味略带刺激
乙醇	—	—	1.24±0.07	酒精味

表 16-20　不同主梢修剪方式对巨峰葡萄果实萜烯类醚类香气成分的影响

（引自郑晓翠等，2018）

化合物名称	化合物含量 μg/L			
	主梢二次成梢修剪	主梢三次成梢修剪	对照（传统修剪）	气味
松萜	—	2.59±0.48a	—	芳香味
右旋柠檬烯	14.45±1.32c	11.99±2.37a	—	芳香味
环轮烯	8.43±1.20b	7.18±1.00a	—	芳香味
香叶烯	4.81±1.03	—	—	芳香味
二甲醚	480.02±35.61a	358.26±32.28b	—	芳香味
4-辛烯酸乙醚	4.21±0.21a	2.25±0.29b	—	未知

表 16-21　不同主梢修剪方式对巨峰葡萄果实芳香族类其他类香气成分的影响

（引自郑晓翠等，2018）

化合物名称	化合物含量 μg/L			
	主梢二次成梢修剪	主梢三次成梢修剪	对照（传统修剪）	气味
乙苯	3.01±0.39a	3.79±0.37a	—	未知
2-甲基萘	—	2.47±0.22	—	樟脑气味
1，8-二甲基萘	10.23±0.69a	3.59±0.26b	—	樟脑气味
乙酸	9.63±0.96	—	—	酸味

（续）

化合物名称	化合物含量 μg/L			
	主梢二次成梢修剪	主梢三次成梢修剪	对照（传统修剪）	气味
甲氧基苯基肟	9.03±0.87	—	—	未知
苯并噻唑	—	—	52.14±4.11	橡胶气味
二亚苯基	—	—	16.32±0.84	未知

2. 副梢管理 浆果类果树栽培与生理科研团队研究表明：无论是巨峰等欧美杂种还是红地球等欧亚种，与副梢全去除、留1叶绝后摘心、留2叶绝后摘心和副梢不摘心4个处理相比，副梢留1叶绝后摘心品质最佳（图16－24）。副梢留1叶绝后摘心处理果实的单粒质量、可溶性固形物含量、可溶性糖含量和维生素C含量显著高于副梢全去除、副梢留两叶绝后摘心和副梢不摘心3种副梢摘心方式，可滴定酸含量显著低于副梢全去除、副梢留两叶绝后摘心、副梢不摘心3种副梢摘心方式。副梢不同摘心方式之间香气物质组成和含量差异较大，其中巨峰葡萄的特征香气物质——酯类物质的含量，副梢留1叶绝后摘心处理果实显著高于副梢全去除、副梢留2叶绝后摘心、副梢不摘心3种副梢摘心方式，同时副梢留1叶绝后摘心处理未检测出呈令人不愉快风味的香气物质。副梢留一叶绝后摘心的具体操作：主梢摘心后，留顶端副梢继续生长，其余副梢待副梢生长至展3～4片叶时于副梢第一节节位上方1 cm处剪截，待第一节节位二次副梢和冬芽萌动时将其抹除，最终副梢仅保留1片叶（表16－22至表16－24）。

主梢摘心(模式化修剪)

副梢摘心(留1叶绝后摘心)

图16－24 主副梢摘心

表16－22 不同副梢摘心处理对巨峰葡萄果实品质的影响

（引自郑晓翠等，2017）

测量项目	化合物含量（μg/L）			
	副梢全部去除	副梢留一叶绝后摘心	副梢留两叶绝后摘心	副梢不摘心
单粒重（g）	7.24±0.26b	7.39±0.12a	6.21±0.05c	5.92±0.16 d
可溶性固形物含量（%）	18.0±1.00c	19.1±0.40a	18.3±0.06b	18.3±0.06b
可溶性糖含量（%）	16.34±0.76 d	17.02±0.07a	16.54±0.41c	16.7±0.07b
可滴定酸含量（%）	0.57±0.002c	0.59±0.001b	0.6±0.003b	0.63±0.07a
维生素C含量（mg/100 g）	1.78±0.006c	2.35±0.03a	2.25±0.012b	2.25±006b

注：表中同一行数据中字母不同表示差异达5%显著水平。下同。

表 16-23　不同副梢摘心处理对巨峰葡萄果实香气成分的影响

(引自郑晓翠等，2017)

化合物类别	化合物名称	化合物含量（μg/L）			
		副梢全部去除	副梢留一叶绝后摘心	副梢留两叶绝后摘心	副梢不摘心
酯类	乙酸甲酯	0.15±0.01c	—	3.19±0.02b	3.56±0.02a
	乙酸乙酯	96.75±1.00 d	246.92±0.92a	110.86±0.15c	119.45±3.00b
	乙酸丙酯	4.87±0.07a	—	—	2.22±0.02b
	丁酸乙酯	66.37±3.07 d	218.73±2.00a	166.28±3.20b	102.96±2.96c
	2-甲基丁酸乙酯	11.62±0.61 d	36.25±0.70a	30.38±0.38b	18.27±0.81c
	戊酸乙酯	3.75±0.65b	11.44±0.44a	10.66±1.50a	5.34±0.34b
	2-丁烯酸乙酯	31.87±1.23 d	67.09±0.03a	56.49±1.20b	36.1±3.54c
	3-乙烯酸乙酯	1.87±0.18c	9.03±0.65a	6.92±0.21b	6.68±0.11b
	2-乙烯酸乙酯	2.25±0.09c	9.03±0.30a	9.06±0.62a	5.34±0.32b
	辛酸乙酯	7.50±1.03 d	15.65±2.14a	12.25±0.96b	9.80±0.88c
	3-羟基丁酸乙酯	1.50±0.31b	—	2.13±0.02a	—
	2-辛烯酸乙酯	0.75±0.04	—	—	—
	癸酸乙酯	1.50±0.23b	2.40±0.68a	—	—
	苯乙酸乙酯	1.12±0.25 d	3.61±0.45a	2.66±0.66b	2.22±0.78c
	2，4-奎二烯酸乙酯	—	3.61±0.59a	2.66±0.68b	1.33±0.12c
	庚酸乙酯	4.12±0.85b	6.62±0.11a	6.92±0.80a	6.68±0.14a
	甲基丙烯酸丁酯	—	—	1.06±0.01	—
	4-戊烯酸乙酯	—	—	1.06±0.15	—
	3-甲基戊酸乙酯	—	42.75±3.47	—	—
醇类	丁酮醇	345.75±9.65	—	—	—
	2-乙基环丁醇	604.5±20.10c	700.02±12.32a	659.82±19.34b	491.19±16.33 d
	2-乙烯-1-醇	3.37±0.02c	10.23±1.12a	6.92±1.11b	6.68±0.96b
	1-辛烯-3-醇	2.25±0.12a	1.2±0.09b	1.06±0.04b	—
	乙基己醇	0.75±0.08c	16.25±1.00a	1.59±0.09b	—
	丁二醇	7.5±0.75	—	—	—
	苯乙醇	2.62±0.09c	6.02±0.32a	4.79±0.20b	2.22±0.08c
	1-正己醇	9.00±1.23c	—	18.12±2.22a	13.81±1.10b
	乙酰基乙醇	—	26.49±5.3	—	—
	癸酰基乙醇	—	206.54±16.9	—	—
	辛酸乙醇	—	1.20±0.08	—	—
萜烯	松萜	2.25±0.24a	—	2.66±0.33a	1.33±0.31b
	右旋柠檬烯	15.75±2.01b	14.45±1.32c	21.85±2.96a	15.60±1.63b
	环轮烯	6.00±0.69c	8.43±1.20b	10.12±2.00a	4.45±0.32 d
	香叶烯	—	4.81±1.03	—	—

（续）

化合物类别	化合物名称	化合物含量（μg/L）			
		副梢全部去除	副梢留一叶绝后摘心	副梢留两叶绝后摘心	副梢不摘心
醛类	乙醛	777.00±15.0 d	1 352.45±35.2a	1 287.14±29.1b	1 107.19±29.3c
	3-己烯醛	774.69±46.3a	768.94±56.0b	723.66±78.1c	690.1±38.3 d
	2-甲基戊烯醛	18.37±2.01c	4.81±0.14 d	28.24±3.60a	24.06±2.14b
	庚醛	1.50±0.02 d	3.01±0.01a	2.13±0.13c	2.67±0.12b
	2-己烯醛	24.75±0.75a	29.84±4.04a	29.41±2.11a	—
	叶乙醛	1 233.37±58.3	—	—	—
	壬醛	1.87±0.09c	15.05±1.12a	4.79±0.68b	4.45±0.39b
	三梨酸醛	3.00±0.33c	6.02±0.90a	4.26±0.21b	4.01±0.28b
酮类	4-羟基-2-丁酮	—	—	450.36±36.32a	278.13±21.01b
	6-甲基-5-庚烯-2-酮	—	5.41±0.22a	2.13±0.16b	—
	2-甲基乙基甲酮	4.87±0.32c	7.22±0.96a	6.39±0.69b	6.24±0.78b
	香叶基丙酮	—	1.80±0.09	—	—
醚类	二甲醚	253.12±22.4c	480.02±35.61a	367.22±33.20b	214.84±26.8c
	4-辛烯酸乙醚	1.12±0.10c	4.21±0.21a	2.13±0.23b	1.78±0.24b
芳香族	乙苯	3.00±0.01a	3.01±0.39a	3.73±0.53a	—
	2-甲基萘	—	—	2.13±0.19	—
	1，8-二甲基萘	3.37±0.10b	10.23±0.69a	3.19±0.19b	3.12±0.12b
	二苯并呋喃	3.75±0.22	—	—	—
	2-乙呋喃	9.37±0.69c	—	12.25±0.85a	11.58±0.96b
其他	乙酸	—	9.63±0.96	—	—
	甲氧基苯基肟	—	9.03±0.87	—	—
总计		4 352.10±89.3a	4 379.45±96.5a	4 078.67±79.6b	3 203.40±88.5c

注：表中同一行数据中不同字母表示差异达5%显著水平。“—”表示未检测到。

表 16-24 不同香气成分的气味特征

（引自郑晓翠等，2017）

化合物名称	气味特征	参考文献
2-辛烯酸乙酯	果香味	温可睿，2012
丁二醇	芳香味	王海波，2010
叶乙醛	刺激性气味	于立志，2015
丁酮醇	芳香味	于立志，2015
二苯并呋喃	芳香味	周建梅，2013
3-甲基戊酸乙酯	果香味	温可睿，2012
乙酰基乙醇	芳香味	于立志，2015
癸酰基乙醇	芳香味	于立志，2015

（续）

化合物名称	气味特征	参考文献
辛酸乙醇	芳香味	于立志，2015
香叶烯	芳香味	于立志，2015
香叶基丙酮	微玫瑰香味	于立志，2015
乙酸	酸味	于立志，2015
甲氧基苯基肟	未知	—
甲基丙烯酸丁酯	果香味	温可睿，2012
4-戊烯酸乙酯	果香味	温可睿，2012
2-甲基萘	樟脑气味	姜文广，2011

3. 主副梢免修剪管理　新梢处于水平或下垂生长状态时，新梢顶端优势受到抑制，本着简化修剪，省工栽培的目的，提出如下免夏剪的方法供参考，即主梢和副梢不进行摘心处理。较适应该法的品种、架式及栽培区：棚架、T形架和Y形架栽植的品种、对夏剪反应不敏感（不摘心也不会引起严重落后落果、大小果）的品种和新疆产区（气候干热）栽植的品种，上述情况务必通过肥水调控、限根栽培或烯效唑化控等技术措施，使树相达到中庸状态方可采取免夏剪的方法（表16-25，表16-26）。

表16-25　不同浓度烯效唑处理对夏黑葡萄新梢生长量和副梢萌发的影响

（引自王宝亮等，2018）

处理	5月30日新梢长度（cm）	6月30日新梢长度（cm）	处理后新梢生长量（cm）	节间平均长度（cm）	副梢萌发率（%）
50 mg/kg	70.2	180.4	110.2	9.39	48.6
100 mg/kg	68.7	179.6	110.9	9.36	50.2
200 mg/kg	71.7	165.3	93.6	9.07	34.7
500 mg/kg	70.8	162.1	91.3	8.20	35.1
对照	69.4	247.5	178.1	10.57	53.8

表16-26　不同浓度烯效唑处理对夏黑葡萄果实品质的影响

（引自王宝亮等，2018）

处理	平均穗重（g）	平均粒重（g）	平均果粒横径（cm）	平均果粒纵径（cm）	带皮硬度（kg/cm^2）	可溶性固形物含量（%）	可滴定酸含量（%）	维生素C含量（mg/100 g）
50 mg/kg	417.5	5.78	21.11	22.00	2.37	16.8	1.96	4.84
100 mg/kg	365.0	5.91	21.15	22.02	2.35	21.0	2.44	3.73
200 mg/kg	385.7	5.78	20.90	21.92	2.28	19.3	2.02	4.56
500 mg/kg	343.3	5.30	20.78	21.52	2.61	16.1	2.16	3.82
对照	287.5	7.25	21.77	22.98	2.49	21.7	1.89	3.81

（三）环剥或环割

环剥或环割的作用是在短期内阻止上部叶片合成的碳水化合物向下输送，使养分在环剥、环割口以上的部分贮藏（图 16－25）。环剥、环割有多种生理效应，如花前 1 周进行能提高坐果率，花后幼果迅速膨大期进行增大果粒、软熟着色期进行提早浆果成熟期等。环剥或环割以部位不同可分为主干、结果枝、结果母枝环剥或环割。环剥宽度一般 3～5 mm，不伤木质部；环割一般连续 4～6 道，深达木质部。

环剥

环割

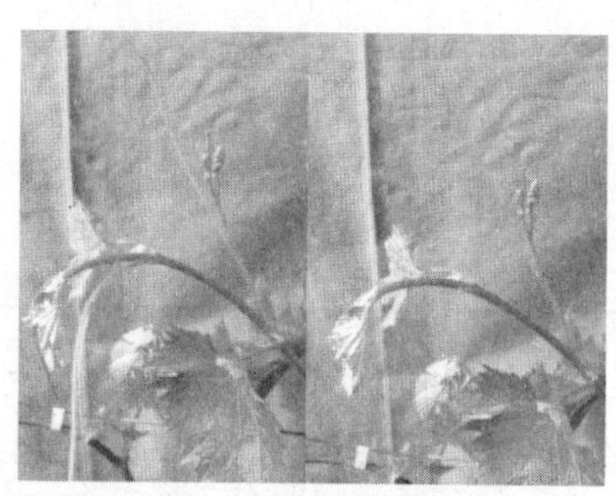
除卷须(左除卷须前、右除卷须后)

图 16－25　环剥、环割和除卷须

（四）除卷须和摘老叶

卷须是葡萄借以附着攀缘的器官，在生产栽培条件下卷须对葡萄生长发育作用不大，反而会消耗营养，缠绕给枝蔓管理带来不便，应该及时剪除。葡萄叶片生长由缓慢到快速再到缓慢的过程，呈 S 形曲线。葡萄成熟前为促进上色，可将果穗附近的 2～3 片老叶摘除，以利光照，但不宜过早，以采收前 10～15 d 为宜。长势弱的树体不宜摘叶。

（五）扭梢

对新梢基部进行扭梢可显著抑制新梢旺长，于开花前进行扭梢可显著提高葡萄坐果率，于幼果发育期进行扭梢可促进果实成熟和改善果实品质及促进花芽分化（图 16－26）。

摘老叶　　扭梢

图 16－26　摘老叶和扭梢

（六）夏剪中的“控—放—控”

1. “控”　从萌芽到开花坐果，以控制新梢的营养生长为主的夏季修剪作业，包括抹

芽、疏枝、花前摘心，都是围绕控制营养生长，调控树势均衡，使营养向花序发育、坐果上集中。此阶段叶色应为黄绿色。

2. “放”　从坐果到果实转色前，适量放任副梢生长，形成“老”（主梢叶）、“中”（1次副梢叶）、“青”（2次副梢叶）三结合的合理的叶龄光合营养“团队结构”。此阶段叶色应为绿色。

3. “控”　从转色到果实成熟。此阶段应集中营养于果实成熟和枝条成熟。在夏季修剪上应摘除所有嫩梢、嫩叶，摘除无光合能力的老叶。此阶段叶色应为深绿色并要求新梢基本停止生长。

第五节　设施葡萄的更新修剪

在设施葡萄生产中，连年丰产不是通过任何单一技术措施能达到的，必须运用各种技术措施包括品种选择、环境调控、栽培管理、化学调控物质等的应用，并将它们综合协调，才能实现连年丰产的目的。在设施葡萄冬促早栽培生产中，对于设施内新梢不能形成良好花芽的不耐弱光葡萄品种需采取恰当的更新修剪这一核心技术措施方能实现连年丰产。主要采取如下更新修剪方法。

一、更新修剪的基本方法

（一）短截更新（根本措施）

短截更新又分为完全重短截更新和选择性短截更新两种方法，是通过更新修剪实现连年丰产的根本措施。

1. 完全重短截更新　对于果实收获期在6月10日之前不耐弱光的葡萄品种如夏黑等采取完全重短截的方法。于浆果采收后，将原新梢留1～2个饱满芽进行重短截，逼迫其基部冬芽萌发新梢，培养为翌年的结果母枝。完全重短截更新修剪时，若剪口芽未变褐，则不需使用破眠剂；若剪口芽已经成熟变褐，则需对所留的饱满芽用石灰氮或葡萄专用破眠剂——破眠剂1号（中国农业科学院果树研究所研制）或单氰胺等破眠剂涂抹以促进其萌发。

2. 选择性重短截更新　该方法系中国农业科学院果树研究所浆果类果树栽培与生理科研团队首创，有效解决了果实收获期在6月10日之后且棚内梢不能形成良好花芽的葡萄品种的连年丰产问题。采用此法更新需配合相应树形和叶幕形，并以倾斜龙干形配合“V+1”形叶幕为宜，非更新梢倾斜绑缚呈V形叶幕，更新预备梢采取直立绑缚呈“1”形叶幕。如果采取其他树形和叶幕形，更新修剪后所萌发更新梢处于劣势位置，生长细弱，不易成花。在覆膜期间新梢管理时，首先将直立绑缚呈“1”形叶幕的新梢留6～8片叶摘心，培养为更新预备梢。短截更新时（一般于5月10日前进行短截更新），将培养的更新预备梢留4～6个饱满芽进行短截，逼迫顶端冬芽萌发新梢，培养为翌年的结果母枝；对于短截时剪口芽已经成熟变褐的葡萄品种需对剪口芽用石灰氮或葡萄专用破眠剂——破眠剂1号（中国农业科学院果树研究所研制）或单氰胺等破眠剂涂抹以促进其萌发；其余倾斜绑缚呈V形叶幕的结果梢在浆果采收后从基部疏除（图16-27）。

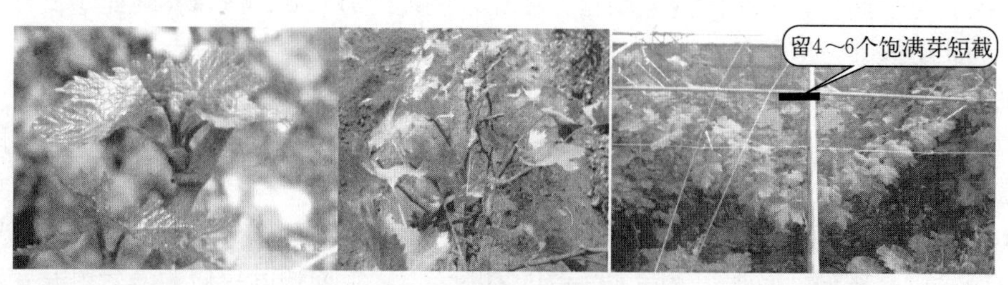

完全重短截更新修剪(左图更新修剪时剪口芽未变褐不需涂抹破眠剂，右图更新修剪时剪口芽变褐需涂抹破眠剂促芽萌发)　　选择性短截更新修剪

图 16 - 27　更新修剪——短截更新

3. 注意事项　短截时间越早，短截部位越低，冬芽萌发越快，萌发新梢生长越迅速，花芽分化越好，一般情况下完全重短截更新修剪时间最晚不迟于 6 月 10 日，选择性短截更新修剪时间最晚不迟于 5 月 10 日。短截更新修剪时间的确定原则是棚膜揭除时更新修剪冬芽萌发新梢长度不能超过 20 cm 并且保证冬芽副梢能够正常成熟。短截更新修剪所形成新梢的结果能力与母枝粗度关系密切，一般短截剪口直径在 0.8～1.0 cm 以上的新梢冬芽所萌发的新梢结果能力强。

（二）平茬更新

浆果采收后，保留老枝叶 1 周左右，使葡萄根系积累一定的营养，然后从距地面 10～ 30 cm处平茬，促使葡萄母蔓上的隐芽萌发，然后选留一健壮新梢培养为翌年的结果母枝。该更新方法适合高密度定植采取地面枝组形单蔓整枝的设施葡萄园，平茬更新时间最晚不晚于 6 月初，越早越好。过晚，更新枝生长时间短，不充实，花芽分化不良，花芽不饱满，严重影响翌年产量。因此，对于果实收获期过晚的葡萄品种不能采取该方法进行更新修剪。利用该法进行更新修剪对植株影响较大，树体衰弱快（图 16 - 28）。

平茬更新　　超长梢更新

图 16 - 28　更新修剪——平茬更新和超长梢更新

（三）超长梢修剪（补救措施）

在设施葡萄冬促早栽培中，对于不耐弱光的葡萄品种错过时间未来得及进行更新修剪的，只有冬剪时采取超长梢修剪的方法方能实现连年丰产。揭除棚膜后，根据树形要求在预备培养为翌年结果母枝的新梢顶端选择夏芽/冬芽萌发的 1～2 个健壮副梢于露天条件下延长生长，将其培养为翌年的结果母枝，待其长至 10 片叶左右时留 8～10 片叶摘心。晚秋落叶后，将培养好的结果母枝扣棚期间生长的下半部分压倒盘蔓，而对于其揭除棚膜后生长的上半部分采取长梢/超长梢修剪。待萌芽后，再选择结果母枝棚内生长的下半部分，

靠近主蔓处萌发的新梢培养为预备梢继续进行更新管理，管理方法同去年，待落叶冬剪时将培养的结果母枝前面已经结过果的枝组部分进行回缩修剪，回缩至培养的结果母枝处，防止种植若干年后棚内布满枝蔓，影响正常的管理，以后每年重复上述管理进行更新管理。该更新修剪方法不受果实成熟期的限制，但管理较烦琐。

二、更新修剪的配套措施（彩图 16－1）

（一）对于完全重短截更新或平茬更新的植株

采取平茬或完全重短截更新需及时结合进行开沟断根处理，开沟的同时将切断的葡萄根系拣出扔掉，防止根系腐烂产生有毒物质导致重茬现象（冬芽萌发新梢黄化和植株早衰）。开沟断根位置离主干 30 cm 左右，开沟深度 30～40 cm，开沟后及时增施有机肥和以氮肥为主的葡萄全营养配方肥——幼树 1 号肥（中国农业科学院果树研究所研制），以调节地上地下平衡，补充树体营养。待新梢长至 20 cm 左右时开始叶面喷肥，一般每 7～10 d 喷施 1 次 600～800 倍的含氨基酸的氨基酸 1 号叶面肥（中国农业科学院果树研究所研制）；待新梢长至 80 cm 左右时施用 1 次以磷、钾肥为主的葡萄全营养配方肥——幼树 2 号肥（中国农业科学院果树研究所研制），叶面肥改为含氨基酸硼的氨基酸 2 号叶面肥（中国农业科学院果树研究所研制）和含氨基酸钾的氨基酸 5 号叶面肥（中国农业科学院果树研究所研制），每 10 d 左右交替喷施 1 次 600～800 倍液。

（二）对于超长梢修剪更新或选择性短截更新的植株

一般于新梢长至 20 cm 左右时开始强化叶面喷肥，配方以含氨基酸的氨基酸 1 号叶面肥、含氨基酸硼的氨基酸 2 号叶面肥、含氨基酸钙的氨基酸 4 号叶面肥和含氨基酸钾的氨基酸 5 号叶面肥（中国农业科学院果树研究所研制）为宜；待果实采收后及时施用一次充分腐熟的牛羊粪等农家肥或商品有机肥作为基肥并混加葡萄全营养配方肥——结果树 5 号肥（中国农业科学院果树研究所研制），以促进新梢的花芽分化和发育。

（三）叶片保护

叶片好坏直接影响到翌年结果母枝的质量，因此叶片保护工作对于培育优良结果母枝而言至关重要，主要通过强化叶面喷肥提高叶片质量和对病虫害的抵御能力。其次棚膜揭除的方法对于叶片保护而言同样非常重要。对于非耐弱光品种，更新修剪后待萌发新梢长至 20 cm 之前需及时揭除棚膜，不能太晚，否则会对叶片造成光氧化直至伤害；对于耐弱光品种，果实采收后不需揭除棚膜，只需加大放风口防止设施内温度过高即可，否则如果揭除棚膜将造成叶片严重的光伤害，进而影响花芽的进一步分化。

第十七章 设施葡萄的土肥水管理

第一节 设施葡萄的土壤管理

土壤是葡萄生长和结果的基础，与葡萄生长发育有着密切的关系。土壤状况在很大程度上决定了葡萄的植株寿命、果实产量、果实质量与风味。不同的土壤类型和土壤耕作方式都对葡萄的生长发育和果实品质形成产生重要影响。要实现葡萄的稳产、优质和高效，土壤管理是基础。

一、葡萄对土壤的适应性

土壤是葡萄栽培的基础，葡萄生长发育需要从土壤中吸收水分和养分，以保证其正常的生理活动。良好的葡萄园土壤应具有下列特征：具有深厚熟化的耕层，养分含量较丰富；容重较低，土壤中的大孔隙（非毛管孔隙）比例较高，土壤的水、气关系比较协调；供肥保肥能力较强；土壤的生物活性较强；土壤障碍因素少——无次生盐渍化危害，不受干旱和洪涝胁迫。

葡萄可以生长在各种各样的土壤上，如沙荒、河滩、盐碱地和山石坡地等，但是不同的土壤条件对葡萄的生长和结果有不同的影响。同样的葡萄品种，在同样的气候之下，因为土壤的关系可以表现出完全不同的风味。葡萄对土壤的适应性很强，除含盐量较高的盐土外，在各种土壤上都可正常生长，在半风化的含沙砾较多的粗骨土上也可正常生长，并可获得较高的产量。虽然葡萄的适应性较强，但不同品种对土壤酸碱度的适应能力有明显的差异；一般欧洲种在石灰性的土壤上生长较好，根系发达，果实含糖量高、风味好，在酸性土壤上长势较差；而美洲种和欧美杂交种则较适应酸性土壤，在石灰性土壤上的长势就略差。此外，山坡地由于通风透光，往往较平原地区的葡萄高产、品质也好。

（一）成土母岩及心土

在石灰岩生成的土壤或心土富含石灰质的土壤上，葡萄根系发育强大，糖分积累和芳香物质较多，土壤的钙质对葡萄果实的品质有良好的影响。但土层较薄且其下常有成片的砾石层，容易造成漏水漏肥（彩图 17－1）。

（二）土层厚度和机械组成

土层厚度，即从表土至成土母岩之间的厚度越大，则葡萄根系吸收养分的体积越大，土壤积累水分的能力越强。葡萄园的土层厚度一般以 80～100 cm 为宜。土壤的机

械组成，影响土壤的结构和水、气、热状况。沙质土壤的通透性强，夏季辐射强，土壤温差大，葡萄的含糖量高，风味好，但土壤有机质缺乏，保水保肥力差；黏重土壤的通透性差，易板结，葡萄根系浅，生长弱，结果差，有时产量虽高但质量差，一般应避免在重黏土上种植葡萄。在砾石土壤上可以种植优质的葡萄，经过改良后，葡萄生长很好（彩图 17－2）。

（三）地下水位

在湿润的土壤上葡萄生长和结果良好。地下水位高低对土壤湿度有显著影响，地下水位保持在 1.5～2 m 比较适宜。地下水位高、离地面很近的土壤，不适合种植葡萄；若要种植葡萄，必须采取高垄/台田的栽培模式，例如南方稻田改种葡萄。

（四）土壤结构及土壤通气状况

土壤结构及土壤通气状况与土壤含水量密切相关，而土壤通气性好坏直接影响着根系的活动和吸收。沙壤土和粗沙土通气状况良好，土壤中含氧量较高，根系发育正常；黏土则通气状况不良，土壤含氧量低，影响根系的呼吸和吸收，地上枝蔓生长也不好。在不良的土壤上，好气微生物的活动受到影响，树体容易出现缺素症状，严重时还可能导致早期落叶甚至整株死亡。一般情况下，土壤含氧量在 12%以上时，根系才能进行正常活动并形成新根。因此，对结构不良、质地黏重、通气状况不良、地下水位过高或地表容易积水的土壤，在建园前都必须进行改良，如气候条件允许，最好再结合高垄或台田栽培。

（五）土壤化学成分

土壤化学成分对葡萄植株营养有很大意义。由植物残体分解形成的土壤有机物质可促进形成良好的土壤结构，并是植物氮素供应的主要来源，由于化学成分的不同，土壤具有不同的酸碱度。土壤有机质和养分的分解矿化都与土壤酸碱性密切相关。葡萄对 pH 5.1～8.5 的土壤都能适应，但生长势不同。一般在 pH 6～6.5 的微酸性环境中，葡萄的生长结果较好。在酸性过大（pH 接近 4）的土壤中，生长显著不良，在比较强的碱性土壤（pH 8.3～8.7）上，开始出现黄叶病。因此，酸度过大或过小的土壤需要改良后才能种植葡萄。土壤中的矿物质主要是氮、磷、钾、钙、镁、铁、硼、锌和锰等，均是葡萄的重要营养元素，这些元素以无机盐的形态存在于土壤溶液中时才能为根系吸收利用。此外，在土壤溶液中还存在一些对植物有害的盐分，包括碳酸钠、硫酸钠、氯化钠及氯化镁等，这些盐分积累的多少决定土壤盐碱化的程度。土壤总盐分在 1.4～2.9 g/kg 的范围内均能正常生长，但盐分超过 3.2～4.0 g/kg 以上时，葡萄表现受害症状。

二、土壤的改良

针对土壤的不良性状和障碍因素采取相应的物理或化学措施，改善土壤理化性状，提高土壤肥力，增加作物产量，以及改善人类生存的土壤环境的过程称为土壤改良。我国大部分葡萄产区遵循“上山下滩、不与粮食争地”的原则建园，因此土壤瘠薄、漏肥漏水严重、有机质含量低、土壤盐碱或酸化、养分供应能力低等是我国葡萄稳产优质栽培的主要障碍，持续不断地改良和培肥土壤是我国葡萄园稳产优质栽培的前提和基础。土壤改良工作一般根据各地的自然条件和经济条件，因地制宜地制定切实可行的规划，逐步实施，以达到有效改善土壤生产性状和环境条件的目的。

（一）土壤改良过程

1. 保土阶段 采取工程或生物措施，使土壤流失量控制在容许流失量范围内。如果土壤流失量得不到控制，土壤改良亦无法进行。对于耕作土壤，首先要进行农田基本建设，实现田、林、路、渠、沟的合理规划。

2. 改土阶段 其目的是增加土壤有机质和养分含量，改良土壤性状，提高土壤肥力。改土措施主要是种植豆科绿肥或多施农家肥。当土壤过沙或过黏时，可采用沙黏互掺的办法。

（二）土壤改良技术途径

土壤的水、肥、气、热等肥力因素的发挥受土壤物理性状、化学性质以及生物学性质的共同影响，从而在土壤改良过程中可以选择物理、化学以及生物学的方法对土壤进行综合改良。

1. 物理改良 采取相应的农业、水利、生物等措施，改善土壤性状，提高土壤肥力的过程称为土壤物理改良。具体措施有：适时耕作，增施有机肥，改良贫瘠土壤；客土、漫沙、漫淤等，改良过沙过黏土壤；平整土地；设立灌、排渠系，排水洗盐、种稻洗盐等，改良盐碱土；果园生草，减轻土壤酸化和盐渍化；植树种草，营造防护林，设立沙障、固定流沙，改良风沙土等。

2. 化学改良 用化学改良剂改变土壤酸性或碱性的技术措施称为土壤化学改良。常用化学改良剂有石灰、石膏、磷石膏、氯化钙、硫酸亚铁和腐殖酸钙等，视土壤的性质而择用。如对碱化土壤需施用石膏、磷石膏等以钙离子交换出土壤胶体表面的钠离子，降低土壤的 pH。对酸性土壤，则需施用石灰性物质。化学改良必须结合水利、农业等措施，才能取得更好的效果（表 17－1）。

表 17－1　酸性土壤施用石灰数量（g/m^2）（仅供参考）

（贺普超，葡萄学，1999）

土壤类型	酸度（pH）				
	<4	4.0～4.5	4.6～5.0	5.1～5.5	5.5～6.0
沙壤土、泥炭沼泽土	550～700	350～400	200～300	100～150	—
轻壤土	650～800	450～550	300～400	200～250	100～150
中壤土	800～900	550～650	400～500	300～350	150～250
重壤土	950～1 050	650～750	500～600	400～450	250～300

葡萄为多年生树种，因而，贫瘠土壤区最值得推崇的土壤改良方法是建园时的合理规划，包括开挖 80～100 cm 深、80～100 cm 宽的定植沟，将秸秆、家畜粪肥、绿肥、过磷酸钙等大量填入沟内，引导根系深扎，为稳产创造良好的基础条件。葡萄生长发育过程中，每年坚持在树干两侧开挖深 40 cm 左右的施肥沟，或通过施肥机将有机肥均匀地施入土壤，能够促进新根的大量发生，增强葡萄根系吸收功能，为高产创造条件。

（三）土壤酸碱失衡的危害、成因与防治

土壤的酸碱性是土壤重要的化学性质，也是土壤肥力的重要指标。在设施葡萄栽培过程中，所施用的肥料能否顺利地被吸收和利用，进而转化成生产的动力，与土壤酸碱性有

着密不可分的关系。通常把土壤的酸碱性用土壤pH描述，葡萄对pH 5.1～8.5的土壤都能适应，而葡萄所必需的营养元素其最佳的吸收利用率也基本在这个范围内；在酸性过大（pH接近4）和碱性过强（pH 8.3～8.7）的土壤中，葡萄生长显著不良。由此可见，保持土壤适宜的酸碱度，可以激发葡萄的生产潜力。我国土壤的pH大多在4.5～8.5范围内，在地理上有“南酸北碱”的规律性，长江以南的土壤多为酸性或强酸性土壤，长江以北地区多为中性或碱性土壤。其实，即使在同一省份的不同地区，土壤的酸碱度也不一样。这与降水、蒸发量、施肥习惯等有着密切的关系。

① 土壤pH对营养元素吸收利用的影响。我国的设施葡萄栽培面积很广，从南到北、从东到西均有设施葡萄的栽培。土壤pH对土壤中大、中、微量元素的有效性影响很大（彩图17-3）。例如，土壤中氮素在pH 6.0～8.0范围内有效性最大，磷素在pH 6.5～7.5有效性最高，而钾、钙、镁、硫等在pH 6.0～8.0时有效性最大，铁、锰、铜、锌、硼等微量元素一般在酸性条件下有效性最高。当土壤过酸或过碱时，虽然某些矿质元素的有效性会提高，但更多的矿质元素会流失或有效性开始降低。比如铁元素，其在pH 5.5以下的中酸性或强酸性土壤中的有效性很高，但这样的pH却不利于氮、磷、钾、钙、镁、硫等大中量元素有效性的提高。如在中性或弱碱性土壤中，铁的吸收利用率会随着生理酸性肥料以及腐殖酸肥料的使用其有效性会增加。而在酸性土壤中，增施生理碱性肥料，如碳酸钙、磷酸氢钙等，既能够提升土壤pH，又能够补充在酸性土壤中易流失的磷、钙等元素。

② 土壤pH对土壤微生物的影响。土壤pH的不同，除了对矿质元素的有效性有明显影响外，对土壤微生物也有较大影响，特别是对土壤中的微生物活动影响很大。一般来说，土壤细菌和放线菌适宜于中性和微碱性土壤环境，在此条件下，其活动旺盛，有机质矿化快、固氮作用强。而真菌可以在pH较大范围内活动，特别是在中酸或强酸性土壤中真菌占优势。揭示了在不合理施肥导致土壤酸化的条件下，特别是在大量使用生理酸性肥料而导致的酸化严重的土壤中，土传病害越来越严重的原因。土传病害主要以致病真菌为主。因此，对于酸化的土壤，除了要进行消毒灭菌以外，还应及时纠正土壤pH，让其恢复到中性范围内。

1. 土壤酸化的危害　当我们在设施葡萄生产过程中发现葡萄植株的生长状况越来越差，产量和品质开始严重下降，各种病害频繁发生，植株的抗性严重下降，此时就应该考虑是否是土壤酸化造成的。因为土壤酸化以后会对设施葡萄以及土壤造成多方面的影响。

① 抑制设施葡萄根系发育。土壤酸化可加重土壤板结，使根系生长与吸收功能降低，植株长势弱，产量和品质降低。

② 葡萄植株长势减弱，抗病能力降低，易被病害侵染。

③ 中、微量元素吸收利用率低。土壤酸化不仅会造成氮素的大量流失，而且导致根系生长弱及某些养分自身吸收利用率低，其结果导致化肥用量越来越大，而植株长势却越来越差。

④ 使微生物种群比例失调。酸性土壤中易滋生致病真菌，使得分解有机质及其蛋白质的主要微生物类群芽孢杆菌、放线菌等有益微生物数量降低，这就会导致土传病害的日益严重。

⑤ 在酸性条件下，铝、锰的溶解度增大，对葡萄植株产生毒害作用。土壤中的氢离子增多，对葡萄吸收其他阳离子产生拮抗作用。

2. 土壤酸化的成因 简单来说，土壤 pH 低于 6.0 说明土壤趋于酸化，pH 越小说明土壤酸化越严重。设施土壤酸化较为明显的地区主要集中在南方红黄壤、部分沿海地区、种植多年的设施地块以及大量使用生理酸性肥料的地块。

① 设施葡萄产量高、对养分的吸收量大，植株生长过程中从土壤中吸收走了过多的碱基元素，如钙、镁、钾等，导致了土壤中的钾和中微量元素过度消耗，使土壤向酸化方向发展。

② 大量生理酸性肥料的施用，如硫酸钾和硫酸铵等，加之设施内土壤受雨水淋溶极少，随着栽培年限的增加，耕层土壤酸根离子积累越来越严重，导致了土壤的酸化。

③ 化学肥料用量很大，优质有机肥用量极少，连年种植以后导致土壤有机质含量下降，从而造成了土壤的缓冲能力下降。在缓冲能力低的土壤中稍微施用一些生理酸性肥料，就会引起土壤 pH 的下降，进而表现酸化情况。

④ 施肥比例失调。高浓度的氮、磷、钾肥料投入过多，而钙、镁和铁、锌等元素投入相对不足，造成土壤养分失调，土壤胶粒中的钙、镁等元素很容易被氢离子置换。

另外，土壤中动植物呼吸作用形成的碳酸，动植物残体经过微生物分解形成的有机酸等都可以引起土壤酸化，但这一过程非常缓慢。由此可见，设施葡萄土壤的酸化问题主要是因为肥料使用不合理造成的。

3. 土壤酸化的预防 预防土壤酸碱化，及时测土很重要。在设施葡萄栽培中，由于化学肥料的用量相对较多，并且肥料种类也很多，不同类型的肥料会对土壤的酸碱度形成一定的影响。比如使用硫酸铵、硫酸钾等生理酸性肥料，会降低土壤的 pH；使用石灰、碳酸钙等生理碱性肥料，会提高土壤的 pH。因此，设施葡萄栽培中，要时刻注意土壤酸碱度的变化。目前，检测土壤酸碱度的方法有很多，例如使用简易而快速的酸碱度速测仪，比较廉价的酸碱度试纸等。当然还有许多精密的土壤酸碱度检测设备，不过成本比较高。近些年来，随着土壤检测在设施栽培上的普及，越来越多的果农了解土壤酸碱度是通过土壤检测获得的。只要不是出现严重的偏施某种肥料的情况，土壤的酸碱度变化不会很大。而土壤酸碱度变化大不仅与化学肥料有关，更与土壤的理化性状和缓冲能力有很大关系。因此通过土壤检测，不仅能准确反映出土壤酸碱度情况，更能够通过了解土壤其他信息，判断导致土壤酸碱度变化的因素，从而在对酸碱度变化的预防和调节上做到有的放矢。

4. 土壤酸化的防治

（1）增施有机肥，提高土壤缓冲能力　葡萄栽培时，我们要求土壤的酸碱度适宜，不能出现较大的变化，而稳定土壤酸碱度时土壤缓冲能力显得至关重要。良好土壤有丰富的团粒结构，土壤的缓冲能力极佳，无论是对于酸碱度的平衡还是温度、水、气以及养分的平衡都有良好的作用。而团粒结构少的土壤，如板结、盐渍化的土壤，其缓冲能力很差，稍微用些生理酸性或碱性肥料，土壤的酸碱度就会出现变化。提高土壤良好的缓冲能力，其根本是创造更多的团粒结构，而团粒结构的形成不能缺少有机质和有益菌。

（2）地域不同，方法不同　对于南方天然的酸性土壤，要坚持使用化学碱性肥料或生

理碱性肥料。例如生石灰改良法。生石灰施入土壤中可中和酸性，提高土壤 pH，直接改良土壤的酸化状况，并且能为葡萄补充大量的钙。撒完石灰以后，使用旋耕机细致翻地，使石灰和土壤充分混合。当然，也可以使用硅钙镁肥、钙镁磷肥及磷酸氢钙（俗称白肥）来改良酸性土壤。需要注意的是，磷酸氢钙是一种生理碱性肥料，用于南方酸性土壤效果好，而它易与过磷酸钙混淆。过磷酸钙可改良碱性土壤，而磷酸氢钙用于碱性土壤会将土壤 pH 提得更高。对于北方设施葡萄栽培中出现酸化的土壤，其改良方法与上述类似。但需要注意的是，一方面可通过停止使用生理酸性肥料来使土壤酸碱度恢复；另一方面可使用土壤调理剂来进行调节。

(3) 行内（树盘）种植黑麦草等绿肥　据中国农业科学院果树研究所葡萄课题组 2018—2019 年在云南元谋酸性土壤葡萄园的研究表明，行内（树盘）种植黑麦草一年后，将土壤 pH 由 5.0 调节至 6.0，显著减轻了土壤的酸化问题。总的来说，在改良酸性土壤时，不仅要使用碱性肥料或生理碱性肥料进行快速调节，更重要的是须增加有机肥与菌肥的用量及种植绿肥，促成更多的团粒结构，从而避免酸性土壤改良效果的减弱。

（四）土壤盐渍化的原因与防治

土壤盐渍化是指易溶性盐分在土壤表层积累的现象或过程，也称盐碱化。

土壤盐渍化轻度表现是：土壤发青，即在土壤表层出现绿油油的一层绿苔，也就是“青霜”。土壤盐渍化中度表现是：土壤呈砖红色，即在地面湿度大的时候，土壤表层会看到一块块红色的胶状物，等到土壤干了之后，就会出现一片片类似红砖面儿一样的东西，即“红霜”，这个时候就会造成葡萄叶片萎蔫等负面影响，影响产量。土壤盐渍化重度表现是：土壤发白，即地面在干燥的情况下会出现薄薄的一层“白霜”，此时盐渍化已特别严重，设施葡萄根系会特别少，后期植株连片萎蔫、生长受阻，出现严重早衰，根系的水分倒流，根系皮层会发红（彩图 17－4）。

1. 土壤盐渍化的成因

① 设施土壤因不受降雨影响，土壤中的盐分不能随雨水流失或淋溶到土壤深层中去，而残留在土壤表层，使表层土壤呈现盐渍化。

② 灌水频繁和化肥不合理施用使土壤团粒结构遭到破坏，土壤形成板结层，通透性变差，盐分不能渗透到土壤深层，水分蒸发后使土壤表层盐分积累下来。

③ 施用未腐熟的农家肥。由于设施内的温度高，农家肥迅速挥发分解后，大量的氨被挥发掉，使一些硫化物、硫酸盐、有机盐和无机盐残留于耕层土壤内，造成设施土壤板结、盐渍化。

2. 土壤盐渍化的防治

① 土壤深翻。把富含盐类的表土翻到下层，把相对含盐量较少的下层土壤翻到上层，可大大减轻盐渍化危害。对于黏重土壤结合整地，适量掺沙，改善土壤结构，增强土壤的通透性。

② 增施优质腐熟的有机肥料或种植绿肥。最好是施用纤维素多（即碳氮比高）的有机肥（例如秸秆堆肥），可大大增强土壤肥力，这样既利于葡萄根系的伸展，增强根系吸收养分和水分的能力，又可提高设施土壤的有机质含量。

③ 基肥深施，追肥少量多次。用化肥作基肥时要深施，作追肥时“少量多次”，不可一次施肥过多，避免造成土壤溶液的浓度升高。

三、土壤的管理

土壤管理的目的是为葡萄生长发育创造良好的土壤水、肥、气、热环境，满足葡萄对温度、空气、水分和养分的需要，从而促进稳产、优质，同时还要做到以最少的投入获得最佳的效益。

土壤管理系统又称土壤耕作制度，主要有以下几种方式：清耕法、生草法、覆盖法、免耕法和清耕覆盖法等。目前运用最多的是清耕法、生草法和覆盖法。在具体生产中，应该根据不同地区的土壤特点、气候条件、劳动力情况和经济实力等各种因素因地制宜地灵活运用不同的土壤管理方法，以保证在土壤可持续利用的基础上最大限度地取得好的经济效益。

（一）清耕法（图 17-1）

清耕法指在植株附近树盘内结合中耕除草、基施或追施化肥、秋翻秋耕等进行的人工或机械耕作方式，常年保持土壤疏松无杂草的一种果园土壤管理方法，深度一般为 10～15 cm。

1. 优点　全园清耕有很多优点，如可提高早春地温，促进发芽；清耕能保持土壤疏松，改善土壤通透性，加快土壤有机物的腐熟和分解，有利于葡萄根系的生长和对肥水的吸收；清耕还能控制果园杂草，减少病虫害的寄生源，降低果树虫害密度和病害发生率，同时减少或避免杂草与果树争夺肥水。

2. 缺点　全园清耕也有一些缺陷，由于清耕把表层 20 cm 土壤内的大量起吸收作用的葡萄根系的毛根破坏，养分吸收受限制，影响花芽的形成和果实的糖度及色泽；清耕还会促使树体的徒长，导致晚结果、少结果、降低产量；清耕使地面裸露，加速地表水土流失；此外，清耕比较费工，增加了管理成本。

尽管有一些不足的方面，清耕法至今仍是我国采用最广泛的果园土壤管理方法。

（二）深翻（图 17-2）

1. 优缺点　深翻结合施肥不仅可促进土壤团粒结构的形成，提高土壤含水量，增加和加强土壤微生物含量与活动，从而可提高土壤肥力；而且深翻还会切断部分老根，促进萌发生活力更强的新根，增加根系密度，增强其吸收土壤养分的能力。此外，深翻植株的枝条生长健壮，叶面同化作用加强，有利于花芽的形成和产量的提高。

2. 具体操作　不耐弱光葡萄品种如夏黑等的设施冬促早栽培的深翻主要结合更新修剪进行，其他设施栽培模式如耐弱光葡萄品种的冬促早栽培、春促早栽培、秋促早栽培、延迟栽培和避雨栽培等主要在采果后结合施基肥进行。此时地上部生长缓慢，养分开始积累，深翻后正值根系秋季生长高峰，伤口容易愈合，并可生长出新根。深翻必须结合灌水，可使土壤与根系迅速密接，利于根系生长。深翻的范围最好限定在主干两侧距主干 30～50 cm 处，因为根据中国农业科学院果树研究所研究表明，从果树产量和品质综合考虑，根域宽度以 80～100 cm（行距的 1/5～1/4）为最佳，同时显著提高肥料和水分的利用效率。深翻的深度以比葡萄根系集中分布层稍深为宜，因地而宜，一般为 45～80 cm。

图 17－1　土壤清耕

图 17－2　土壤深翻

（三）生草法（图 17－3）

葡萄园生草法是指在葡萄园行间或行内或全园长期种植多年生植物的一种土壤管理办法，分为人工种草和自然生草两种方式，适于在年降水量较多（年降水量＞600 mm）或有灌水条件的地区。

树盘清耕，行间生草(人工生草)　全园(行内＋行间)生草(自然生草)　全园生草(人工生黑麦草)

图 17－3　果园生草

1. 优缺点　葡萄园生草减少土壤冲刷，增加土壤有机质；改善土壤理化性状，有效减轻土壤酸化（表 17－2）、盐渍化及盐碱；使土壤保持良好团粒结构，防止土壤忽干忽湿，保墒，保肥；促进葡萄根系下扎（图 17－4），有效解决滴灌造成的葡萄根系上浮问题；促进根系吸收矿质营养，显著提高根系内养分含量（表 17－3 和图 17－5）；改善果实品质（表 17－4 至表 17－7）；改善葡萄园生态环境，为病虫害生物防治和生产绿色果品创造条件；减少葡萄园管理用工，便于机械化作业，生草果园可以保证机械作业随时进行，即使在雨后或刚灌溉的土地上，机械也能进行作业，如喷洒农药、生长季修剪、采收等，这样可以保证作业准时，不误季节；经济利用土地，提高果园综合效益。与行间生草相比，行内生草与葡萄根系的互作更为直接，因此效果更为显著。为解决滴灌造成的葡萄根系上浮和土壤酸化问题，探明葡萄园行内生草对葡萄根系生长和土壤营养状况的影响，以清耕为对照，中国农业科学院果树研究所葡萄课题组在中国农业科学院果树研究所的葡萄核心技术试验示范园（辽宁省兴城市）内，行内种植黑麦草和紫花苜蓿，研究行内生草对葡萄不同根层根系长度和表面积、土壤有机质及矿质元素含量的影响。结果表明，黑麦草和紫花苜蓿均较清耕显著提高不同时期和不同土层的根系长度和根系表面积（$P<0.05$），且其增幅为黑麦草＞紫花苜蓿＞清耕。黑麦草具有减轻葡萄园土壤酸化的效果，其土壤

pH 6.22～7.04，高于清耕的 pH 6.14～6.39。黑麦草在坐果期、转色期和收获期的土壤有机质含量较清耕分别显著提高了 24.71%、48.07%和 44.44%（$P<0.05$），而紫花苜蓿较对照分别提高了 7.87%、29.88%和 34.07%。黑麦草在坐果期、转色期和收获期时土壤中碱解氮含量较清耕分别显著提高了 40.40%、51.46%、22.15%（$P<0.05$），而紫花苜蓿较清耕分别提高了 29.88%、28.03%、5.42%。黑麦草和紫花苜蓿较清耕均显著提高了各个时期的土壤有效磷含量（$P<0.05$），钾元素含量明显升高，黑麦草处理的土壤全钾、全磷和有效磷含量最高，其次是紫花苜蓿，清耕最低。综上，行内种植黑麦草对增加葡萄根系长度和根系表面积、提高土壤有机质含量、减轻土壤酸化、增加必需营养元素含量等方面效果优于紫花苜蓿和清耕。当然，生草果园也存在和覆草管理相似的缺点，如果园不易清扫、增加病虫源等问题，针对这些缺点，应相应加强管理。

表 17-2　行内生草对葡萄园土壤 pH 的影响

（引自王小龙等，2019）

土壤深度	处理	坐果期 pH	转色期 pH	收获期 pH
第一层	清耕	6.21±0.00c	6.31±0.02b	6.39±0.00b
	黑麦草	6.35±0.02b	6.40±0.02a	7.04±0.05a
	紫花苜蓿	6.43±0.06a	6.28±0.02b	6.97±0.02a
第二层	清耕	6.14±0.02b	6.30±0.04b	6.20±0.00b
	黑麦草	6.22±0.00a	6.46±0.06a	6.28±0.04a
	紫花苜蓿	6.17±0.05ab	5.86±0.04c	5.91±0.00c
第三层	清耕	6.22±0.01c	6.21±0.02b	6.23±0.02c
	黑麦草	6.39±0.02a	6.33±0.06a	6.33±0.01a
	紫花苜蓿	6.36±0.01b	5.72±0.03c	6.29±0.00b

注：与对照相比，行内生草显著提高不同时期和不同根层的根系长和根系表面积（$P<0.05$），且使根系向深处发展，效果为黑麦草>紫花苜蓿>清耕。

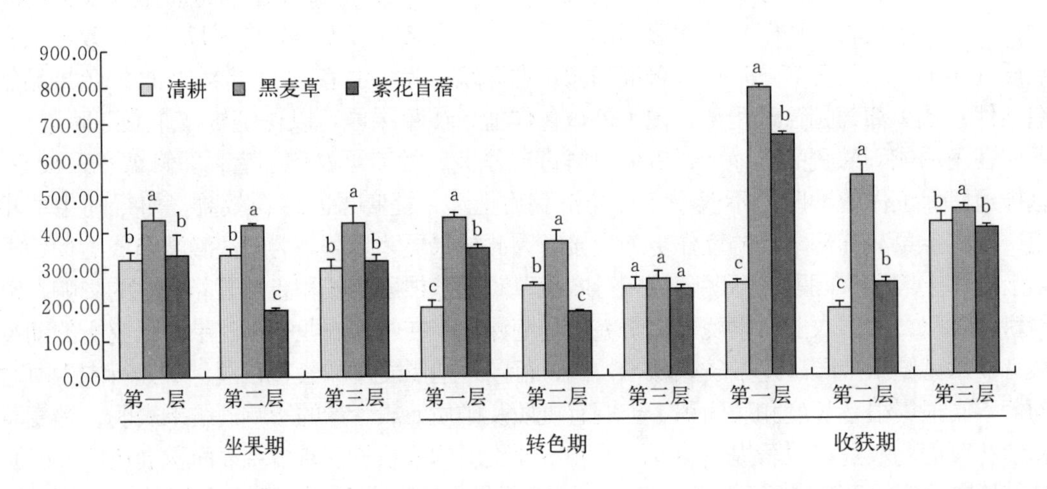

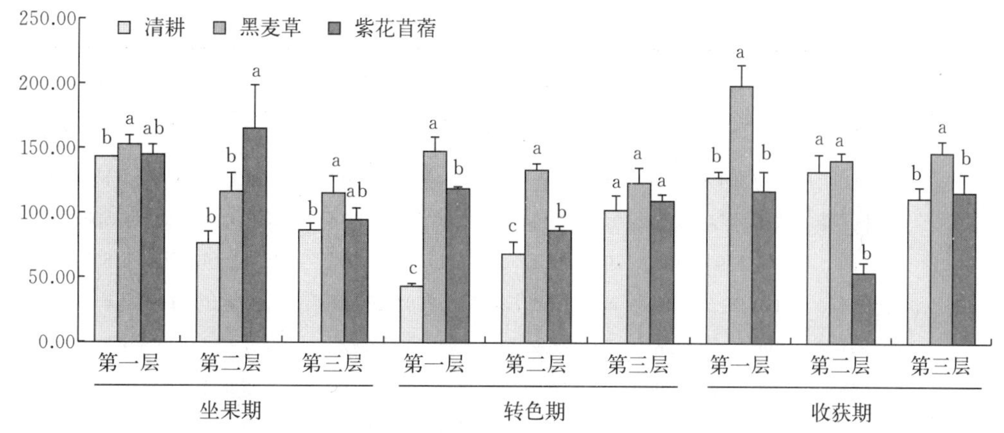

图 17-4　行内生草对葡萄根系长度和表面积的影响

（引自王小龙等，2019）

注：与对照相比，行内生草显著提高不同时期和不同根层的根系长和根系表面积（$P<0.05$），且使根系向深处发展，效果为黑麦草＞紫花苜蓿＞清耕。

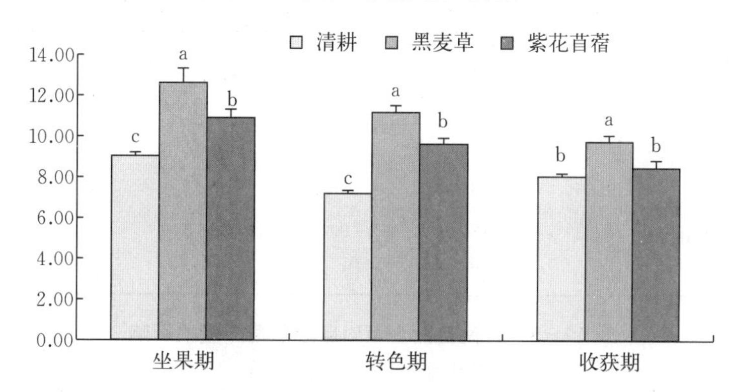

图 17-5　行内生草对葡萄根系内氮元素含量（g/kg）的影响

（引自王小龙等，2019）

注：与对照相比，行内生草显著提高不同时期葡萄根系的氮元素含量，效果为黑麦草＞紫花苜蓿＞清耕。

表 17-3　行内生草对葡萄根系内矿质元素含量（g/kg）的影响

（引自王小龙等，2019）

关键生育期	处理	P（g/kg）	K（g/kg）	Ca（g/kg）	Mg（g/kg）	Fe（mg/kg）
坐果期	清耕	4.08±0.00c	7.21±0.08a	25.55±0.11b	3.21±0.00c	364.35±20.85c
	黑麦草	4.32±0.08b	5.82±0.12c	25.68±0.98b	3.90±0.00b	395.65±26.05ab
	紫花苜蓿	5.19±0.03a	6.91±0.12b	32.29±0.20a	4.39±0.05a	427.55±8.15a
转色期	清耕	4.95±0.27b	5.62±0.39c	20.54±1.00b	2.85±0.10b	714.75±1.45b
	黑麦草	5.06±0.16b	7.20±0.17b	21.61±1.17ab	3.00±0.22b	1 221.45±26.65a
	紫花苜蓿	6.89±0.22a	9.95±0.45a	22.98±0.06a	3.43±0.04a	458.40±74.70c
收获期	清耕	6.90±0.12a	5.68±0.01c	19.39±1.12a	3.12±0.04b	885.40±28.90c
	黑麦草	6.74±0.05b	8.14±0.27a	16.22±0.44b	2.30±0.02c	952.10±19.60b
	紫花苜蓿	4.93±0.00c	6.87±0.03b	17.52±0.67b	3.45±0.15a	1 025.80±40.90a

（续）

关键生育期	处理	Mn（mg/kg）	Zn（mg/kg）	Cu（mg/kg）	B（mg/kg）	Mo（mg/kg）
坐果期	清耕	480.80±3.40a	123.78±1.19a	47.77±0.58a	25.57±1.24a	3.66±0.04c
	黑麦草	335.55±7.65b	110.57±13.92ab	32.53±0.48b	23.54±0.38a	4.42±0.44b
	紫花苜蓿	220.49±5.51c	106.04±2.26b	27.47±0.70c	23.60±1.29a	5.33±0.30a
转色期	清耕	71.68±1.61c	102.29±11.85a	45.42±0.87b	26.71±1.52b	6.04±0.24a
	黑麦草	110.48±1.83a	86.21±3.35b	37.62±2.56c	29.50±0.31a	4.19±0.19c
	紫花苜蓿	89.26±1.58b	72.72±0.40b	49.30±0.39a	22.73±0.84c	5.56±0.27b
收获期	清耕	127.07±0.55a	85.64±7.49a	57.35±0.73b	24.22±1.23a	3.09±0.09c
	黑麦草	123.78±1.17b	87.11±3.13a	44.25±1.23c	24.45±0.67a	3.98±0.12b
	紫花苜蓿	63.51±0.31c	80.32±2.21a	59.88±1.11a	26.48±2.02a	4.62±0.02a

表 17-4　行内生草对巨峰葡萄果实品质的影响

（引自冀晓昊等，2018）

行内处理	单穗重（g）	单粒重（g）	可溶性固形物含量（%）	可滴定酸含量（%）	糖酸比	每 100 g 维生素 C 含量（mg）	花青素（ng/g）
黑麦草	577.97	11.57	18.40	0.46	39.87	6.36	2 290.04
紫花苜蓿	572.14	10.86	18.00	0.42	43.01	6.18	2 071.86
自然生草	560.28	13.22	17.90	0.42	42.72	5.19	2 182.25
行内清耕	464.96	12.00	17.10	0.40	42.27	5.34	970.56

表 17-5　行间自然生草对巨峰葡萄产量的影响

（引自史祥宾、王海波等，2016）

指标	单粒重（g）			产量（kg/hm²）		
处理＼日期	9 月 6 日	9 月 11 日	9 月 16 日	9 月 6 日	9 月 11 日	9 月 16 日
行间自然生草	10.02a	10.12a	10.65a	23 386.50a	24 131.55a	25 203.45a
行间清耕	9.42a	9.68a	10.10a	23 158.20a	23 564.40a	24 218.40a

注：清耕管理的葡萄园土壤有酸化的趋势，pH 分布范围是 6.14～6.39；黑麦草处理的 pH 分布范围是 6.22～7.04；而紫花苜蓿处理值较黑麦草偏低。

表 17-6　行间自然生草对巨峰葡萄果实品质的影响

（引自史祥宾等，2016）

处理	可溶性固形物含量（%）		可滴定酸含量（%）		糖酸比		每 100 g 维生素 C 含量（mg）		花青素含量（μg/g）	
	9 月 11 日	9 月 16 日	9 月 11 日	9 月 16 日	9 月 11 日	9 月 16 日	9 月 11 日	9 月 16 日	9 月 11 日	9 月 16 日
行间生草	17.03a	17.93a	0.55b	0.40b	30.97a	44.83a	3.71a	3.71a	2.35a	2.46a
行间清耕	16.60b	17.37b	0.64a	0.55a	26.04b	31.58b	2.29b	2.57b	1.75b	2.40a

表 17-7 行间生草对巨峰葡萄枝条贮藏营养的影响

(引自史祥宾等，2016)

处理	2014 年 10 月 26 日				2015 年 10 月 26 日			
	可溶性糖含量(mg/g)	淀粉含量(mg/g)	游离氨基酸含量(mg/g)	可溶性蛋白含量(mg/g)	可溶性糖含量(mg/g)	淀粉含量(mg/g)	游离氨基酸含量(mg/g)	可溶性蛋白含量(mg/g)
行间生草	58.74a	62.84a	3.36a	2.98a	56.29a	58.76a	3.28a	2.87a
行间清耕	46.17b	50.67b	3.39a	2.33b	49.36b	52.22b	3.13a	2.39b

2. 具体操作 人工种草多用豆科或禾本科等矮秆、适应性强的草种如毛叶苕子、三叶草、鸭茅草、黑麦草、百脉根和苜蓿等；自然生草利用田间自有草种即可。待草长至30～40 cm 时利用碎草机留 5 cm 茬粉碎，如气候过于干旱，则于草高 20～30 cm 留5 cm茬粉碎，如降雨过多则待草高 50 cm 左右时留 5 cm 茬粉碎。为保证草生长良好，每 2 年保证草结籽 1 次。粉碎的草可覆盖在树盘或行间，使其自然分解腐烂或结合畜牧养殖过腹还田，增加土壤肥力。人工种草一般在秋季或春季深翻后播种草种，其中秋季播种最佳，可有效解决生草初期滋生杂草的问题。

(四) 覆盖法 (彩图 17-5)

覆盖栽培是一种较为先进的土壤管理方法，利于保持土壤水分和增加土壤有机质。

1. 优缺点 果园覆盖法具有以下几个优点：保持土壤水分，防止水土流失；增加土壤有机质；改善土壤表层环境，促进树体生长；提高果实品质（表 17-8)；浆果生长期内采用果园覆盖措施可使水分供应均衡，防止因土壤水分剧烈变化而引起裂果；减轻浆果日烧病。覆盖栽培也有一些缺点，如葡萄树盘上覆草后不易灌水。另外，由于覆草后果园的杂物包括残枝落叶、病烂果等不易清理，为病虫提供了躲避场所，增加了病虫来源，因此，在病虫防治时，要对树上树下细致喷药，以防加剧病虫危害。

表 17-8 树盘覆盖不同材料对巨峰葡萄果实品质的影响

(引自史祥宾等，2020)

处理	单穗重(g)	单粒重(g)	可溶性固形物含量(%)	可滴定酸含量(%)	糖酸比	每 100 g 维生素 C 含量(mg)	花青素(ng/g)
不覆盖	445.78	12.00	17.10	0.40	42.27	5.34	970.56
无纺布	534.29	11.90	17.07	0.45	37.72	6.83	1 703.90
黑地膜	579.83	11.96	17.73	0.40	44.44	7.28	1 935.50
白地膜	524.00	12.63	17.23	0.38	45.29	4.79	3 769.26
园艺地布	595.25	12.84	18.07	0.40	44.94	5.67	2 461.47

2. 具体操作 葡萄园常用的覆盖材料为地膜或麦秸、麦糠、玉米秸、稻草等。一般于春夏覆盖黑色地膜或园艺地布，夏秋覆盖麦秸、麦糠、玉米秸、稻草或杂草等，覆盖材料越碎越细越好。覆草多少根据土质和草量情况而定，一般每 667 m^2 平均覆干草 1 500 kg 以上，厚度 15～20 cm，上面压少量土，每年结合秋施基肥深翻。

（五）土壤管理技术的选择

1. 树盘管理

① 利用避雨棚和塑料大棚作为栽培设施的模式，主要包括春促早栽培模式、秋延迟栽培模式和避雨栽培模式等。树盘采取生草制度，以秋季播种黑麦草最佳。

② 利用日光温室作为栽培设施的模式，主要包括冬促早栽培模式、秋促早栽培模式、冬延迟栽培模式等。葡萄萌芽后至落叶，树盘覆盖黑地膜，以降低栽培设施内的空气湿度。

2. 行间管理

① 利用避雨棚和塑料大棚作为栽培设施的模式，主要包括春促早栽培模式、秋延迟栽培模式和避雨栽培模式等。埋土防寒地区：葡萄园行间采取自然生草制度，一般情况下待草长至30～40 cm时利用果园碎草机留5 cm茬粉碎，如气候过于干旱，则于草高20 cm左右留5 cm茬粉碎，如降雨过多则待草高50 cm左右时留5 cm茬粉碎。为保证草生长良好，每2年保证草结籽1次。非埋土防寒地区：葡萄园行间采用人工生草制度，人工种草草种多用豆科或禾本科等矮秆、适应性强的草种如毛叶苕子、三叶草、鸭茅草、黑麦草、百脉根和苜蓿等。一般情况下待草长至30～40 cm时利用果园碎草机留5 cm茬粉碎，如气候过于干旱，则于草高20 cm左右留5 cm茬粉碎，如降雨过多则待草高50 cm左右时留5 cm茬粉碎。粉碎的草可覆盖在树盘或行间，使其自然分解腐烂或结合畜牧养殖过腹还田，增加土壤肥力。人工种草一般在秋季或春季深翻后播种草种，其中秋季播种最佳，可有效解决生草初期滋生杂草的问题。

② 利用日光温室作为栽培设施的模式，主要包括冬促早栽培模式、秋促早栽培模式、冬延迟栽培模式等。葡萄萌芽后至落叶，与树盘覆盖相结合，行间也覆盖黑地膜，形成全园黑地膜覆盖，以降低栽培设施内的空气湿度。

土壤是设施葡萄优质高产最重要的一个物质基础，一旦土壤结构、土壤耕作层遭到破坏，土壤恶化了，种植葡萄就成了无本之木、无源之水，不仅葡萄难以获得高产，还会降低栽培设施的使用寿命。在具体生产中，应该根据设施栽培模式与不同地区的土壤特点、气候条件、劳动力情况和经济实力等各种因素因地制宜灵活运用不同的土壤管理和改良方法，以在保证土壤可持续利用基础上最大限度取得好的经济效益。土壤管理与改良是一个系统工程，不能局限于一点，要从土壤的物理、化学、生物三方面性状入手，明确使用目的，有针对性地进行土壤管理与改良。同时注意可持续性，不能片面追求速效性，需要通过整体管理与改良、逐渐积累，使土壤达到最佳状态，实现设施葡萄高产优质、丰产丰收的目的。

第二节　设施葡萄的施肥管理

施肥是葡萄综合管理中的重要环节，但必须与其他管理措施密切配合。肥料作用的充分发挥与土壤和水分有关，因为只有良好的土壤结构和理化性状，才能够促进微生物的活动，加速养分分解，促进根系吸收。肥料的分解，养分的吸收、运转、合成和利用，又必须在水的参与下进行。所以，施肥必须结合灌水，肥效才能充分发挥。

一、肥料的种类和性质

（一）有机肥料

广义的有机肥，俗称农家肥，包括各种动物、植物残体或代谢物，如人畜粪便、秸秆、果园绿肥、动物残体、屠宰场废弃物等。常见农家肥的水分、有机质及矿质元素含量见表 17-9。狭义的有机肥料是指主要来源于植物和（或）动物，经过发酵腐熟的含碳有机物料，其功能是改善土壤肥力、提供植物营养、提高作物品质。合格有机肥的外观颜色为褐色或灰褐色，粒状或粉状，均匀，无恶臭，无机械杂质，其技术指标见表 17-10 和表 17-11。

表 17-9　常用农家肥（商品有机肥常用原料）**的水分、有机质及矿质营养元素含量**

	猪粪	牛粪	马粪	羊粪	鸡粪	鸭粪	鹅粪
水分（%）	72.0	77.5	71.3	64.6	52.3	51.1	61.7
有机质（%）	25.0	20.3	25.4	31.8	25.5	26.2	23.4
氮（N）（%）	0.45	0.34	0.58	0.83	1.63	1.10	0.55
磷（P_2O_5）（%）	0.19	0.16	0.28	0.23	1.54	1.40	1.50
钾（K_2O）（%）	0.60	0.40	0.53	0.68	0.85	0.62	0.95
钙（CaO）（%）	0.68	0.31	0.21	0.33	1.35	2.90	0.73
镁（MgO）（%）	0.08	0.11	0.14	0.28	0.26	0.24	0.20
硫（SO_2）（%）	0.08	0.06	0.01	0.15	0.16	0.15	0.12
氯（Cl）（%）	0.068	0.069	0.061	0.089	0.13	0.084	0.05
铜（Cu，mg/kg）	6.97	5.7	9.77	14.2	14.4	15.7	14.2
锌（Zn，mg/kg）	20.1	22.6	52.8	51.7	65.9	62.3	48.4
铁（Fe，mg/kg）	700	942.7	1 622	2 581	3 540	4 518	3 343
锰（Mn，mg/kg）	72.8	139.3	132	268.4	164	373.96	173
硼（B，mg/kg）	1.43	3.17	3.0	10.3	5.41	12.99	10.6

表 17-10　有机肥料的技术指标（NY 525—2012）

项　目	指　标
有机质的质量分数（以烘干基计），%	≥45
总养分（氮+五氧化二磷+氧化钾）的质量分数（以烘干基计），%	≥5.0
水分（鲜样）的质量分数，%	≤30
酸碱度（pH）	5.5～8.5
总砷（As）（以烘干基计，mg/kg）	≤15
总汞（Hg）（以烘干基计，mg/kg）	≤2
总铅（Pb）（以烘干基计，mg/kg）	≤50
总镉（Cd）（以烘干基计，mg/kg）	≤3
总铬（Cr）（以烘干基计，mg/kg）	≤150

表 17-11　蛔虫卵死亡率和粪大肠菌群数指标（NY884—2012）

项　目	指　标
粪大肠菌群数（个/g）	≤100
蛔虫卵死亡率（%）	≥95

（二）微生物肥料

微生物肥料又称细菌肥料、生物肥料。复合微生物肥料是指特定微生物（如根瘤菌、解磷菌、解钾菌等）与营养物质（有机肥或无机肥）复合而成，能提供、保持或改善植物营养，提高农产品产量或改善农产品品质的活体微生物制品。微生物肥料具有增加土壤肥力、促进植物对营养元素的吸收，分泌多种生理活性物质刺激调节植物生长，对有害生物起到生物防治作用，产生抗病和抗逆作用、间接促进植物生长的功能。

按作用机理将微生物肥料分为固氮菌类肥料（根瘤菌肥料、自生固氮菌肥、固氮蓝藻等）、解磷菌类肥料、解钾菌类肥料（硅酸盐细菌）、抗生菌肥料、PGPR 菌肥、堆肥菌剂和发酵菌剂、复合微生物肥料等。

使用的微生物菌种应安全、有效。生产者应提供菌种的分类鉴定报告，包括属及种的学名、形态、生理生化特性及鉴定依据等完整资料，以及菌种安全性评价资料。从外观上看为均匀的液体或固体，悬浮性液体产品应无大量沉淀，沉淀轻摇后分散均匀；粉状产品应松散；粒状产品应无明显机械杂质、大小均匀。技术指标见表 17-12 和表 17-13。

表 17-12　生物有机肥产品技术指标要求（NY 884—2012）

项　目	剂　型	
	液　体	固　体
有效活菌数（cfu）[a]，亿/g（mL）	≥0.5	≥0.2
总养分（$N+P_2O_5+K_2O$）[b]，%	6.0～20.0	8.0～25.0
有机质（以烘干基计），%	—	≥20
杂菌率，%	≤15.0	≤30.0
水分，%	—	≤30.0
pH	5.5～8.5	5.5～8.5
有效期[c]，月	≥3	≥6

a 含两种以上有效菌的复合微生物肥料，每一种有效菌的数量不得少于 0.01 亿/g（mL）。

b 总养分应为规定范围内的某一确定值，其测定值与标明值正负偏差的绝对值不应大于 2.0%；各单一养分值应不少于总养分含量的 15.0%。

c 此项仅在监督部门或仲裁双方认为有必要时才检测。

表 17－13　生物有机肥产品无害化指标要求（NY 884—2012）

项　目	指　标
粪大肠菌群数，个/g	≤100
蛔虫卵死亡率，%	≥95
总砷（As）（以烘干基计，mg/kg）	≤15
总汞（Hg）（以烘干基计，mg/kg）	≤2
总铅（Pb）（以烘干基计，mg/kg）	≤50
总镉（Cd）（以烘干基计，mg/kg）	≤3
总铬（Cr）（以烘干基计，mg/kg）	≤150

（三）生物有机肥

生物有机肥是指特定功能微生物与主要以动植物残体（如畜禽粪便、农作物秸秆等）为来源，并经无害化处理、腐熟有机物料复合而成的一类兼具微生物肥料和有机肥效应的肥料。

使用的微生物菌种应安全、有效，有明确来源和种名。粉剂产品应松散、无恶臭味；颗粒产品应无明显机械杂质、大小均匀、无腐败味。技术指标见表 17－14 和表 17－15。

表 17－14　生物有机肥产品技术指标要求（NY 884—2012）

项　目	指　标
有效活菌数（cfu），亿/g	≥0.2
有机质的质量分数（以烘干基计），%	≥40
水分（鲜样）的质量分数，%	≤30
酸碱度（pH）	5.5～8.5
粪大肠菌群数，个/g	≤100
蛔虫卵死亡率，%	≥95
有效期，月	≥6

表 17－15　有机肥料中重金属的限量指标（NY 884—2012）

单位：mg/kg

项　目	指　标
总砷（As）（以烘干基计）	≤15
总汞（Hg）（以烘干基计）	≤2
总铅（Pb）（以烘干基计）	≤50
总镉（Cd）（以烘干基计）	≤3
总铬（Cr）（以烘干基计）	≤150

（四）无机肥料

无机肥料为矿质肥料，也叫化学肥料，主要成分为无机盐形式的肥料。所含的氮、磷、钾等营养元素都以无机化合物（尿素是有机物，但它是无机肥料）的形式存在，大多数要经过化学工业生产。常见的有氮肥、磷肥、钾肥、钙肥、镁肥、微量元素肥和复混肥料等，例如硫酸铵、硝酸铵、氮化钾、磷酸铵、草木灰、钙镁磷肥、硝酸钙、硫酸镁、微量元素肥料等，也包括液氨和氨水。具有如下特点：成分较单纯、养分含量高，大多易溶于水、发生肥效快，故又称“速效性肥料”，施用和运输方便。外观为粒状、条状或片状产品，无机械杂质。一般不含有机质，无改土培肥的作用。化学肥料种类较多，性质和施用方法差异较大。

1. 氮肥

（1）氮肥的种类和性质　氮肥可分为铵态氮肥、硝态氮肥和酰胺态氮肥三大类，其中铵态氮肥主要有氨水、碳酸铵、硫酸铵和氯化铵等，硝态氮肥主要有硝酸铵、硝酸钠和硝酸钙等，酰胺态氮肥主要有尿素和石灰氮等。

（2）氮肥在土壤中的转化　氮肥的种类不同，在土壤中的转化特点不同。

① 铵态氮肥。硫酸铵、碳酸铵和氯化铵中 NH_4^+ 的转化相同，除被植物吸收外，一部分被土壤胶体吸附，另一部分通过硝化作用转化为 NO_3^-；硫酸铵和氯化铵中阴离子的转化相似，只是生成物不同，酸性土壤中硫酸铵、氯化铵分别生成硫酸和盐酸，增加土壤酸度；石灰性土壤中则分别生成硫酸钙和氯化钙，使土壤孔隙堵塞或造成钙的流失，使土壤板结、结构破坏；碳酸铵中的碳酸氢根离子则除了作为植物的碳素营养之外，大部分可分解为 CO_2 和 H_2O，因此，碳酸铵在土壤中无任何残留，对土壤无不良影响。

② 硝态氮肥。如硝酸铵施入土壤后，NH_4^+ 和 NO_3^- 均可被植物吸收，对土壤无不良影响。NH_4^+ 除被植物吸收外，还可被胶体吸附，NO_3^- 则易随水淋失，在还原条件下还会发生反硝化作用而脱氮。

③ 酰胺态氮肥。如尿素施入土壤后，首先以分子的形式存在，在土壤中有较大的流动性，且植物根系不能直接大量吸收，以后尿素分子在微生物分泌的脲酶作用下，转化为碳酸铵，碳酸铵可进一步水解为碳酸氢铵和氢氧化铵。因此，尿素施在土壤的表层，会有氨的挥发损失，特别在石灰性土壤和碱性土壤上损失更为严重。尿素的转化速度主要取决于脲酶活性，而脲酶活性受土壤温度的影响最大，通常 10 ℃时尿素转化需 7～10 d，20 ℃时需 4～5 d，30 ℃时只需 2 d。因为尿素在土壤中需要转化为铵态氮以后，才能大量被植物吸收利用，故尿素作追肥时，要比其他铵态氮肥早几天施用，具体早几天为宜，应视温度状况而定。

（3）氮肥的合理分配和施用　研究氮肥合理施用的基本目的在于减少氮肥损失，提高氮肥利用率，充分发挥肥料的最大增产效益。由于氮肥在土壤中有氨的挥发、硝态氮的淋失和硝态氮的反硝化作用三条非生产性损失途径，氮肥的利用率是不高的。据统计，我国氮肥利用率在水田为 35%～60%，旱田为 45%～47%，平均为 50%，约有一半损失掉了，既浪费了资源，又污染了环境，所以合理施用氮肥，提高其利用率，是生产上亟待解决的一个问题。

① 氮肥的合理分配。氮肥的合理分配应根据土壤条件、作物的氮素营养特点和肥料

本身的特性来进行。a. 土壤条件：土壤条件是进行肥料区划和分配的必要前提，也是确定氮肥品种及其施用技术的依据。首选必须将氮肥重点分配在中、低等肥力的地区，碱性土壤可选用酸性或生理酸性肥料，如硫酸铵等；酸性土壤应选用碱性或生理碱性肥料，如硝酸钠、硝酸钙等。盐碱土不宜分配氯化铵，尿素适于一切土壤。铵态氮肥宜分配在雨量偏多的地区，硝态氮肥宜施在雨量偏少的旱地。质地黏重的土壤氮肥可一次多施，沙质土壤宜少量多次。b. 根据葡萄需氮特性合理分配和施用氮肥。c. 肥料特性：肥料本身的特性也和氮肥的合理分配密切相关，铵态氮肥表施易挥发，宜做基肥深施覆土。硝态氮肥移动性强，不宜做基肥。氯化铵不宜施在盐碱土和低洼地。干旱地区宜分配硝态氮肥，多雨地区或多雨的季节宜分配铵态氮肥。

② 氮肥的有效施用。a. 氮肥深施：氮肥深施不仅能减少氮素的挥发、淋失和反硝化损失，还可以减少杂草对氮素的消耗，从而提高氮肥的利用率。据测定，与表面撒施相比，利用率可提高20%～30%，且延长肥料的作用时间。b. 氮肥与有机肥及磷、钾、钙、镁肥等配合施用：作物的高产、稳产，需要多种养分的均衡供应，单施氮肥，特别是在缺磷少钾、钙、镁等的地块上，很难获得满意的效果。氮肥与其他肥料特别是磷、钾、钙、镁肥等的有效配合对提高氮肥利用率和增产作用均很显著。氮肥与有机肥配合施用，可取长补短，缓急相济，互相促进，既能及时满足作物营养关键时期对氮素的需要，同时有机肥还具有改土培肥的作用，做到用地养地相结合。c. 氮肥增效剂的应用：氮肥增效剂又名硝化抑制剂，其作用在于抑制土壤中亚硝化细菌活动，从而抑制土壤中铵态氮的硝化作用，使施入土壤中的铵态氮肥能较长时间地以铵根离子的形式被胶体吸附，防止硝态氮的淋失和反硝化作用，减少氮素非生产性损失。目前，国内的硝化抑制剂效果较好的有2-氯-6（三氯甲基）吡啶，代号CP；2-氨基-4-氯-6-甲基嘧啶，代号AM；硫脲，代号TU；脒基硫脲，代号ASU等。氮肥增效剂对人的皮肤有刺激作用，使用时避免与皮肤接触，并防止吸入口腔。

2. 磷肥

（1）磷肥的种类和性质　根据溶解度的大小和作物吸收的难易，通常将磷肥划分为水溶性磷肥、弱酸溶性磷肥和难溶性磷肥三大类。凡能溶于水（指其中含磷成分）的磷肥，称为水溶性磷肥，如过磷酸钙、重过磷酸钙；凡能溶于2%柠檬酸或中性柠檬酸铵或微碱性柠檬酸铵的磷肥，称为弱酸溶性磷肥或枸溶性磷肥。如钙镁磷肥、钢渣磷肥、偏磷酸钙等；既不溶于水，也不溶于弱酸而只能溶于强酸的磷肥，称为难溶性磷肥，如磷矿粉、骨粉等。

（2）磷肥在土壤中的转化

① 过磷酸钙在土壤中的转化。过磷酸钙施入土壤后，最主要的反应是异成分溶解。即在施肥以后，水分向施肥点汇集，使磷酸一钙溶解和水解，形成一种磷酸一钙、磷酸和含水磷酸二钙的饱和溶液，这时施肥点周围土壤溶液中磷的浓度可高达10～20 mg/kg，使磷酸不断向外扩散。在施肥点，其微域土壤范围内饱和溶液的pH可达1.0～1.5。在向外扩散的过程中能把土壤中的铁、铝、钙、镁等溶解出来，与磷酸根离子作用，形成不同溶解度的磷酸盐。在石灰性土壤中，磷与钙作用，生成磷酸二钙和磷酸八钙，最后大部分形成稳定的羟基磷灰石。在酸性土壤中，磷酸一钙通常与铁、铝作用形成磷酸铁、铝沉

淀，而后进一步水解为盐基性磷酸铁铝。在弱酸性土壤中，磷酸一钙易被黏土矿物吸附固定。在中性土壤中，过磷酸钙主要是转化为 $CaHPO_4 \cdot 2H_2O$ 及溶解的 $Ca(H_2PO_4)_2$，是对作物供磷的最佳状态。$CaHPO_4 \cdot 2H_2O$ 是弱酸溶性的，残留在施肥点位置，故过磷酸钙在土壤中移动性很小，水平范围 0.5 cm，纵深不过 5 cm，其当年利用率也很低，通常为 10%～25%。

② 钙镁磷肥在土壤中的转化。钙镁磷肥可在作物根系及微生物分泌的酸的作用下溶解，供作物吸收利用。

③ 磷矿粉在土壤中的转化。磷矿粉施入土壤后，在化学、生物化学和生物因素的作用下逐渐分解，改变原有状态而转化为新的磷化合物。影响这种转化的因素主要是土壤 pH、Ca^{2+} 浓度和 $H_2PO_4^-$ 的浓度，很明显，在酸性条件下有利于磷矿粉的这种转化，因此磷矿粉以施在酸性土壤肥效较高。

(3) 磷肥的合理分配和有效施用　磷肥是所有化学肥料中利用率最低的，当季作物一般只能利用 10%～25%。其原因主要是磷在土壤中易被固定。同时它在土壤中的移动性又很小，而根与土壤接触的体积一般仅占耕层体积的 4%～10%，因此，尽量减少磷的固定，防止磷的退化，增加磷与根系的接触面积，提高磷肥利用率，是合理施用磷肥、充分发挥单位磷肥最大效益的关键。

(4) 根据土壤条件合理分配和施用磷肥　在土壤条件中，土壤的供磷水平、土壤 N/P_2O_5、有机质含量、土壤熟化程度以及土壤酸碱度等因素与磷肥的合理分配和施用关系最为密切。

① 土壤供磷水平及 N/P_2O_5。土壤全磷含量与磷肥肥效相关性不大，而速效磷含量与磷肥肥效却有很大的相关性。一般认为有效磷（P_2O_5）在 10～20 mg/kg（Olsen 法）范围为中等含量，施磷肥增产；有效磷＞25 mg/kg，施磷肥无效；有效磷＜10 mg/kg 时，施磷肥增产显著。磷肥肥效还与 N/P_2O_5 密切相关，在供磷水平较低、N/P_2O_5 大的土壤上，施用磷肥增产显著；在供磷水平较高、N/P_2O_5 小的土壤上，施用磷肥效果较小；在氮、磷供应水平都很高的土壤上，施用磷肥增产不稳定；而在氮、磷供应水平均低的土壤上，只有提高施氮水平，才有利于发挥磷肥的肥效。

② 土壤有机质含量与磷肥肥效。一般来说，在土壤有机质含量＞2.5%的土壤上，施用磷肥增产不显著，在有机质含量＜2.5%的土壤上才有显著的增产效果。这是因为土壤有机质含量与有效磷含量呈正相关，因此磷肥最好施在有机质含量低的土壤上。

③ 土壤酸碱度与磷肥肥效。土壤酸碱度对不同品种磷肥的作用不同，通常弱酸溶性磷肥和难溶性磷肥应分配在酸性土壤上，而水溶性磷肥则应分配在中性及石灰性土壤上。在没有具体评价土壤供磷水平数量指标之前，也可以根据土壤的熟化程度对具体田块分配磷肥。一般应优先分配在瘠薄的瘦田、旱田、新垦地和新平整的土地，以及有机肥不足、酸性土壤或施氮肥量较高的土壤上，因为这些田块通常缺磷，施磷肥效果显著，经济效益高。

④ 根据葡萄需磷特性合理分配和施用磷肥。

⑤ 根据肥料性质合理分配和施用。水溶性磷肥适于大多数土壤，但以中性和石灰性土壤更为适宜。一般可做基肥、追肥集中施用。弱酸溶性磷肥和难溶性磷肥最好分配在酸

性土壤上，做基肥施用。同时弱酸溶性磷肥和难溶性磷肥的粉碎细度也与其肥效密切相关，磷矿粉细度以90%通过100目筛孔，即最大粒径为0.149 mm为宜。钙镁磷肥的粒径在40～100目范围内，其枸溶性磷的含量随粒径变细而增加，超过100目时其枸溶率变化不大，不同土壤对钙镁磷肥的溶解能力不同，不同种类的作物利用枸溶性磷的能力不同，所以对细度要求也不同。在种植旱作物的酸性土壤上施用，不宜小于40目，在中性缺磷土壤上，不应小于60目，在缺磷的石灰性土壤上，以100目左右为宜。

⑥ 磷肥深施、集中施用。针对磷肥在土壤中移动性小且易被固定的特点，在施用磷肥时，必须减少其与土壤的接触面积，增加与作物根群的接触机会，以提高磷肥的利用率。磷肥的集中施用，是一种最经济有效的施用方法，因集中施用在作物根群附近，既减少与土壤的接触面积而减少固定，同时还提高施肥点与根系土壤之间磷的浓度梯度，有利于磷的扩散，便于根系吸收。

⑦ 氮、磷肥配合施用。氮和磷配合施用，能显著地提高作物产量和磷肥的利用率。在一般不缺钾的情况下，作物对氮和磷的需求有一定的比例，例如葡萄氮磷比例约为2∶1。而我国大多数土壤都缺氮素，所以单施磷肥，不会获得较高的肥效，只有当氮和磷营养保持一定的平衡关系时，作物才能高产。

⑧ 与有机肥料配合施用。首先，有机肥料中的粗腐殖质能保护水溶性磷，减少其与铁、铝、钙的接触而减少固定；其次，有机肥料在分解过程中产生多种有机酸，如柠檬酸、苹果酸、草酸、酒石酸等。这些有机酸与铁、铝、钙形成络合物，防止了铁、铝、钙对磷的固定，同时这些有机酸也有利于弱酸溶性磷肥和难溶性磷肥的溶解；第三，上述有机酸还可络合原土壤中磷酸铁、磷酸铝、磷酸钙中的铁、铝、钙，提高土壤中有效磷的含量。

⑨ 磷肥的后效。磷肥的当年利用率为10%～25%，大部分的磷都残留在土壤中，因此其后效很长。据研究，磷肥的年累加表现利用率连续5～10年，可达50%左右，所以在磷肥不足时，连续施用几年以后，可以隔2～3年再施用，利用以前所施磷肥的后效，就可以满足作物对磷肥的需求。总之，磷肥合理施用，既要考虑到土壤条件、磷肥品种特性、作物的营养特性、施肥方法，还要考虑到与氮肥的合理配比及磷肥后效。当土壤中钾和微量元素不足时，还要充分考虑到这些元素，使其不成为最小限制因子，这样，才能提高磷肥的肥效。

3. 钾肥

（1）钾肥的种类和性质　生产上常用的钾肥有硫酸钾、氯化钾和草木灰等。植物残体燃烧后剩余的灰，称为草木灰。长期以来，我国广大农村大多以秸秆、落叶、枯枝等为燃料，所以草木灰在农业生产中是一项重要肥源。草木灰的成分极为复杂，含有植物体内的各种灰分元素，其中含钾、钙较多，磷次之，所以通常将它看作钾肥，实际上，它起着多种元素的营养作用。草木灰中钾的主要存在形态是碳酸钾，其次是硫酸钾，氯化钾最少。草木灰中的钾大约有90%可溶于水，有效性高，是速效性钾肥。由于草木灰中含有K_2CO_3，所以它的水溶液呈碱性，它是一种碱性肥料。草木灰因燃烧温度不同，其颜色和钾的有效性也有差异，燃烧温度过高，钾与硅酸形成溶解度较低的K_2SiO_3，灰白色，肥效较差。低温燃烧的草木灰，一般呈黑灰色，肥效较高。

(2) 钾肥在土壤中的转化　硫酸钾和氯化钾施入土壤后，钾呈离子状态，一部分被植物吸收利用，另一部分则被胶体吸附。在中性和石灰性土壤中代换出 Ca^{2+}，分别生成 $CaSO_4$ 和 $CaCl_2$。$CaSO_4$ 属微溶性物质，随水向下淋失一段距离后沉积下来，能堵塞孔隙，造成土壤板结。$CaCl_2$ 则为水溶性，易随水淋失，造成 Ca^{2+} 的损失，同样使土壤板结。在干旱和半干旱地区，则会增加土壤水溶性盐的含量。因此，在中性和石灰性土壤上长期施用硫酸钾和氯化钾，应配合施用有机肥。在酸性土壤中，两者都代换出 H^+，生成 H_2SO_4 和 HCl，使酸性土壤的酸度增加，应配合施用石灰和有机肥料。

(3) 钾肥的合理分配和有效施用　钾肥肥效的高低取决于土壤性质、肥料配合、气候条件等，因此要经济合理地分配和施用钾肥，就必须了解影响钾肥肥效的有关条件。

① 土壤条件与钾肥的有效施用。土壤钾素供应水平、土壤的机械组成和土壤通气性是影响钾肥肥效的主要土壤条件。土壤钾素供应水平：土壤速效钾水平是决定钾肥肥效的一个重要因素，速效钾的指标数值因各地土壤、气候和作物等条件的不同而略有差异。辽宁省通过多点试验，把速效钾（K）90 mg/kg（折合 K_2O 108 mg/kg）作为土壤钾素丰缺的临界值。速效钾含量小于 90 mg/kg，施钾肥效果显著；速效钾含量在 91～150 mg/kg 时，施钾肥效果不稳定，视作物种类、土壤缓效钾含量、与其他肥料配合情况而定；速效钾含量大于 150 mg/kg 时，施钾肥无效。需要指出的是，对于速效钾同样较低，而缓效钾数量很不相同的土壤，单从速效钾来判断钾的供应水平是不够的，必须同时考虑缓效钾的贮量，方能较准确地估计钾的供应水平。土壤的机械组成：土壤的机械组成与含钾量有关。一般机械组成越细，含钾量越高，反之则越低。土壤质地不同，也影响土壤的供钾能力，所以有人提出不同土壤质地的缺钾临界指标：沙土—沙壤土为 K_2O 70 mg/kg，沙壤土—壤土为 85 mg/kg，黏土为 100 mg/kg。因此，质地较粗的沙质土壤上施用钾肥的效果比黏土高，钾肥最好优先分配在缺钾的沙质土壤上。土壤通气性：土壤通气性主要是通过影响植物根系呼吸作用而影响钾的吸收，以至于土壤本身不缺钾，但作物却表现出缺钾的症状，所以在生产实践中，就要对作物的缺钾情况进行具体分析，针对存在的问题，采取相应的措施，才能提高作物对钾的吸收。

② 根据葡萄需钾特性合理分配和施用钾肥。

③ 肥料性质与钾肥的有效施用。肥料的种类和性质不同，其施用方法也存在差异。硫酸钾：用作基肥、追肥和根外追肥均可。硫酸钾适用于各种土壤和作物，特别是施用在喜钾而对氯敏感的作物上效果更佳。氯化钾在氯敏感作物上施用一定要注意，不能过量；其次，在排水不良的低洼地和盐碱地上也不宜施用氯化钾。草木灰：适合于作基肥和追肥，作基肥时，可沟施或穴施，深度约 10 cm，施后覆土。作追肥时，可叶面撒施，既能供给养分，也能在一定程度上减轻或防止病虫害的发生和危害。由于草木灰颜色深且含一定的碳素，吸热增温快，质地轻松，因此既供给养分，又有利于提高地温。草木灰也可用做根外追肥，可在葡萄上喷施浓度 2%～3%的草木灰水浸液。草木灰是一种碱性肥料，因此不能与铵态氮肥、腐熟的有机肥料混合施用，也不能倒在猪圈、厕所中贮存，以免造成氨的挥发损失。草木灰在各种土壤上对多种作物均有良好的反应，特别是酸性土壤上增产效果十分明显。

④ 钾肥与氮、磷肥配合施用。作物对氮磷钾肥的需要有一定的比例，因而钾肥肥效

与氮、磷供应水平有关。当土壤中氮和磷含量较低时，单施钾肥效果往往不明显，随着氮和磷用量的增加，施用钾肥才能获得增产，而氮磷钾的交互效应（作用）也能使氮磷促进作物对钾的吸收，提高钾肥的利用率。

⑤ 钾肥的施用技术。钾肥应深施、集中施，钾在土壤中易于被黏土矿物特别是 2∶1 型黏土矿物所固定，将钾肥深施可减少因表层土壤干湿交替频繁所引起的这种晶格固定，提高钾肥的利用率。钾也是一种在土壤中移动性小的元素，因此，将钾肥集中施用可减少钾与土壤的接触面积而减少固定，提高钾的扩散速率，有利于作物对钾的吸收。沙质土壤上，钾肥不宜一次施用量过大，应分次施用，即应遵循少量多次的原则，以防钾的淋失。黏土上则可一次做基肥施用或每次的施用量大些。

4. 钙肥　具有钙标明量的肥料。施入土壤能供给植物钙，并有调节土壤酸度的作用。钙肥主要有石灰（主要包括生石灰、熟石灰和石灰石粉）、石膏及大多数磷肥（如钙镁磷肥、过磷酸钙等）和部分氮肥（如硝酸钙、石灰氮等）。钙肥效果与土壤类型有关。在缺钙土壤施用石灰，除可使植物和土壤获得钙的补充外，还可降低土壤 pH，从而减轻或消除酸性土壤中大量铁、铝、锰等离子对土壤性质和植物生理的危害。石灰还能促进有机质的分解。石灰施用量因土壤性质（主要是酸度）和作物种类而异。多用作基肥，常与绿肥作物同时耕翻入土。但施用过多会降低硼、锌等微量营养元素的有效性和造成土壤板结。

5. 镁肥　镁肥分水溶性镁肥和微溶性镁肥。前者包括硫酸镁、氯化镁、钾镁肥；后者主要有磷酸镁铵、钙镁磷肥、白云石和菱镁矿。不同类型土壤的含镁量不同，因而施用镁肥的效果各异。通常，酸性土壤、沼泽土和沙质土壤含镁量较低，施用镁肥效果较明显。在中国，华南地区由于高温多雨，岩石风化作用和淋溶作用强烈，土壤中含镁基原生矿物分解殆尽，除石灰性冲积土、紫色页岩母质发育的土壤以及长期施用石灰的水稻土外，土壤含镁量都较低，如砖红壤的含镁量仅为 0.2%。华中地区的土壤含镁量略高，可达 0.40%。西北和华北地区则因土壤中含有大量的碳酸镁，供应镁的能力较强。

6. 微量元素肥料　微量元素肥料是指含有 B、Mn、Mo、Zn、Cu、Fe 等微量元素的化学肥料。近年来，农业生产上，微量元素的缺乏日趋严重，许多作物都出现了微量元素的缺乏症。施用微量元素肥料，已经获得了明显的增产效果和经济效益，全国各地的农业部门都相继将微肥的施用纳入了议事日程。

（1）硼肥

① 硼肥的主要种类和性质。目前，生产上常用的硼肥种类有硼砂、硼酸、含硼过磷酸钙、硼镁肥等，其中最常用的是硼酸和硼砂。

② 硼肥的施用。a. 土壤条件与硼肥施用：土壤水溶性硼含量高低与硼肥肥效关系密切，是决定是否施硼的重要依据，据中国农业科学院油料作物研究所、上海农业科学院、浙江农业科学院等单位的研究，土壤水溶性硼含量低于 0.3 mg/kg 时为严重缺硼，低于 0.5 mg/kg 时为缺硼，施硼肥都有显著的增产效果，硼肥应优先分配于水溶性硼含量低的土壤上。土壤硼含量也与硼肥的施用方法有关，当土壤严重缺硼时以基肥为好，轻度缺硼的土壤通常采用根外追肥的方法。b. 硼肥的施用技术：硼肥可用作基肥和追肥。做基肥时可与氮磷肥配合使用，也可单独施用。一般每 667 m^2 施用 0.25～0.5 kg 硼酸或硼砂，一定要施得均匀，防止浓度过高而中毒。追肥通常采用根外追肥的方法，喷施浓度为

0.1%～0.2%硼砂或硼酸溶液，用量每 667 m^2 为 50～75 kg。

(2) 锌肥

① 锌肥的主要种类和性质。目前生产上常用的锌肥为硫酸锌、氯化锌、碳酸锌、螯合态锌、氧化锌等。

② 锌肥的施用。a. 土壤条件与锌肥施用：土壤有效锌含量与锌肥肥效关系密切，据河南省土壤肥料站试验，土壤有效锌含量小于 0.5 mg/kg 时，有显著的增产效果。当土壤有效锌含量在 0.5～1.0 mg/kg 之间时，在石灰性土壤和高产田施用锌肥仍有增产效果，并能改善作物的品质。b. 锌肥的施用技术：锌肥可用做基肥和追肥。通常将难溶性锌肥用作基肥，作基肥时每 667 m^2 施用 1～2 kg 硫酸锌，可与生理酸性肥料混合施用。轻度缺锌地块隔 1～2 年再行施用，中度缺锌地块隔年或于次年减量施用。做追肥时常用作根外追肥，葡萄一般喷施 0.1%～0.3%的硫酸锌溶液。c. 锌肥肥效与磷肥的关系：在有效磷含量高的土壤中，往往会产生诱发性缺锌，比如某些水稻土中锌的缺乏就是由于有效磷含量高造成的。其原因一是 P－Zn 拮抗，二是提高了植物体内的 P_2O_5/Zn 的比例，为了保持正常的 P_2O_5/Zn 比，使得作物需要吸收更多的锌，在施用磷肥时，必须要注意锌肥营养的供应情况，防止因磷多造成诱发性缺锌。

(3) 锰肥

① 锰肥的主要种类和性质。生产上常用的锰肥是硫酸锰、氯化锰等。

② 锰肥的施用。a. 土壤条件与锰肥施用：一般将活性锰含量作为诊断土壤供锰能力的主要指标，土壤中活性锰含量小于 50 mg/kg 为极低水平，含量在 50～100 mg/kg 为低，含量在 100～200 mg/kg 为中等，含量在 200～300 mg/kg 为丰富，含量大于 300 mg/kg 为很丰富。在缺锰的土壤上施用锰肥，一般作物都有很好的增产效果。b. 锰肥的施用技术：生产上最常用的锰肥是硫酸锰，一般用作根外追肥，难溶性锰肥一般用作基肥。葡萄根外追肥喷施浓度一般为 0.1%～0.3%。

(4) 铁肥　生产上最常用的铁肥是硫酸亚铁，目前多采用根外追肥方法施用。葡萄喷施浓度一般为 0.1%～0.3%。也可以把硫酸亚铁与有机肥按 1∶(10～20) 的比例混合后施到果树下，每株 50 kg，肥效可长达一年，可使 70%缺铁症复绿。高压注射法也是果树的一种有效的施铁方法，即将 0.3%～0.5%的硫酸亚铁溶液直接注射到树干木质部内，再随液流运输到需要的部位。

(5) 钼肥

① 钼肥的主要种类和性质。生产上常用的钼肥有钼酸铵、钼酸钠、三氧化钼、钼渣、含钼玻璃肥料等。

② 钼肥的施用。a. 土壤条件与钼肥施用：钼肥的施用效果，与土壤中钼的含量、形态及分布区域有关，中国科学院南京土壤研究所刘净等将我国土壤中钼含量及肥效分为三区，即钼肥显著区、钼肥有效区和钼肥可能有效区。b. 钼肥的施用技术：钼肥多用作根外追肥。葡萄一般喷施 0.1%左右的钼酸铵溶液，每次每 667 m^2 喷施 50 g，喷施 1～2 次即可。

(6) 铜肥

① 铜肥的主要种类和性质。生产上常见铜肥有硫酸铜、炼铜矿渣、螯合态铜和氧化铜。

② 铜肥的施用。a. 土壤条件与铜肥施用：我国土壤铜含量比较丰富，一般都在1 mg/kg以上。在华中丘陵区发育在红沙岩上的红壤中、江苏徐淮地区的沙质黄潮土中、西北地区的风沙土及黄绵土中有效铜含量较低，施用铜肥有较好的效果。b. 铜肥的施用方法：铜肥可用做基肥和追肥。做基肥每667 m^2 用量为1～1.5 kg硫酸铜，由于铜肥的有效期长，为防止铜的毒害作用，以每3～5年施用一次为宜。追肥通常以根外追肥为主，硫酸铜喷施浓度为0.1%～0.3%，并加配硫酸铜用量的10%～20%的熟石灰，以防药害。硫酸铜拌种用量为每千克种子0.3～0.6 g，浸种浓度为0.01%～0.05%的硫酸铜溶液。

（7）施用微量元素肥料的注意事项

① 注意施用量及浓度。作物对微量元素的需要量很少，而且从适量到过量的范围很窄，因此要防止微肥用量过大。土壤施用时还必须施得均匀，浓度要保证适宜，否则会引起植物中毒，污染土壤与环境，甚至进入食物链，有碍人畜健康。

② 注意改善土壤环境条件。微量元素的缺乏，往往不是因为土壤中微量元素含量低，而是其有效性低，通过调节土壤条件，如土壤酸碱度、氧化还原性、土壤质地、有机质含量、土壤含水量等，可以有效地改善土壤的微量元素营养条件。

③ 注意与大量元素肥料配合施用。微量元素和氮磷钾钙镁等营养元素都是同等重要不可代替的，只有在满足了植物对大量元素需要的前提下，施用微量元素肥料才能充分发挥肥效，才能表现出明显的增产效果。

（五）复混肥料

复混肥料包括复混肥料、复合肥料、掺混肥料和有机-无机复混肥料，其中复混肥料是指氮磷钾三种养分中，至少含有两种养分的由化学和（或）掺混方法制成的肥料；复合肥料是指氮、磷、钾三种养分中，至少含有两种养分的仅由化学方法制成的肥料，是复混肥料的一种；掺混肥料是指氮、磷、钾三种养分中，至少含有两种养分的由干混方法制成的颗粒状肥料，也称BB肥；有机-无机复混肥料是指含有一定量有机质的复混肥料，即以人及畜禽粪便、动植物残体、农产品加工下脚料等有机物料经过发酵，进行无害化处理后，添加无机肥料制成的肥料。复混肥料和有机-无机复混肥料的技术指标分别见表17-16和表17-17。肥料中的大量元素（主要养分）是对元素氮、磷、钾的通称，中量元素（次要养分）是对元素钙、镁、硫等的通称，微量元素（微量养分）是植物生长所必需的，但相对来说是少量的元素，例如硼、锰、锌、铁、铜、钼或钴等。注意肥料中大、中、微量元素的划分和根据葡萄植株对营养元素需求的划分不同，从葡萄植株对营养元素需求的角度来看，氮、钾和钙是大量元素，磷和镁是中量元素。

表17-16　复混肥料的技术指标（GB 15063—2009）

（本标准适用于复混肥料、复合肥料、掺混肥料、有机-无机复混肥料等复混肥料）

项　目		指　标		
		高浓度	中浓度	低浓度
总养分（$N+P_2O_5+K_2O$）的质量分数[a]（%）	≥	40.0	30.0	25.0
水溶性磷占有效磷百分率[b]（%）	≥	60	50	40
水分（H_2O）的质量分数[c]（%）	≤	2.0	2.5	5.0

（续）

项 目			指 标		
			高浓度	中浓度	低浓度
粒度（1.00～4.75 mm 或 3.35～5.60 mm）[d]（%）		≥	90	90	80
氯离子的质量分数 e/%	未标“含氯”的产品	≤		3.0	
	标识“含氯（低氯）”的产品	≤		15.0	
	标识“含氯（中氯）”的产品	≤		30.0	

a 产品的单一养分含量不应小于4.0%，且单一养分测定值与标明值负偏差的绝对值不应大于1.5%。

b 以钙镁磷肥等枸溶性磷肥为基础磷肥并在包装容器上注明为“枸溶性磷”时，“水溶性磷占有效磷百分率”项目不做检验和判定。若为氮、钾二元肥料，“水溶性磷占有效磷百分率”项目不做检验和判定。

c 水分为出厂检验项目。

d 特殊形状或更大颗粒（粉状除外）产品的粒度可由供需双方协议确定。

e 氯离子的质量分数大于30.0%的产品，应在包装袋上标明“含氯（高氯）”，标识“含氯（高氯）”的产品氯离子的质量分数可不做检验和判定。

表 17-17　有机-无机复混肥料的技术指标（GB 18877—2009）

（本标准不适用于添加腐殖质的有机-无机复混肥料）

项 目		指 标	
		Ⅰ型	Ⅱ型
总养分（$N+P_2O_5+K_2O$）的质量分数[a]（%）	≥	15.0	25.0
水分（H_2O）的质量分数[b]（%）	≤	12.0	12.0
有机质的质量分数（%）	≥	20.0	15.0
粒度（1.00～4.75 mm 或 3.35～5.60 mm）[c]（%）	≥	70	
酸碱度（pH）		5.5～8.0	
蛔虫卵死亡率（%）	≥	95	
粪大肠菌群数（个/g）	≤	100	
氯离子的质量分数[d]（%）	≤	3.0	
砷及其化合物的质量分数（以 As 计）（%）	≤	0.0050	
镉及其化合物的质量分数（以 Cd 计）（%）	≤	0.0010	
铅及其化合物的质量分数（以 Pb 计）（%）	≤	0.0150	
铬及其化合物的质量分数（以 Cr 计）（%）	≤	0.050	
汞及其化合物的质量分数（以 Hg 计）（%）	≤	0.0005	

a 标明的单一养分含量不应小于3.0%，且单一养分测定值与标明值负偏差的绝对值不应大于1.5%。

b 水分以出厂检验数据为准。

c 指出厂检验数据，当用户对粒度有特殊要求时，可由供需双方协议确定。

d 如产品氯离子含量大于3.0%，并在包装容器上标明“含氯”，该项目可不做要求。

（六）水溶肥料

水溶肥料是指能够完全溶解于水的含氮、磷、钾、钙、镁、微量元素、氨基酸、腐殖

酸、海藻酸等的复合型肥料，是将工业级的磷酸二铵、尿素、氯化钾等比较易溶于水的肥料，按一定配比进行科学配比，并添加硼、铁、锌、铜、钼和螯合态微量元素，经过新的生产工艺组合而成的一种可以完全溶于水的化肥。与传统的造粒复合肥等品种相比，水溶性肥料具有明显的优势：是一种速效性肥料，水溶性好、无残渣，可以完全溶解于水中，能被作物的根系和叶面直接吸收利用；采用水肥同施，以水带肥，实现了水肥一体化，它的有效吸收率高出普通化肥 1 倍多；而且肥效快，可解决高产作物快速生长期的营养需求；施肥作业几乎可以不用人工，大大节约了人力成本。因其具有提高肥效、省肥、省工、增产等特点，被誉为 21 世纪中国化肥产业发展的新方向。

1. 传统水溶肥料（营养元素）

（1）大量元素水溶肥（技术指标见表 17－18）　以大量元素氮、磷、钾为主要成分的，添加适量中量元素或微量元素的液体或固体水溶肥料。该类水溶肥料含氮、磷、钾三元素中的一种或两种以上。其中，氮肥一般采用酰胺态氮、铵态氮、硝态氮或者氨基酸等有机氮源。产品原料一般选择使用尿素、硝酸铵、硝酸钾、硫酸铵、氯化铵、氨基酸等；磷源主要选用正磷酸盐、偏磷酸盐、多聚磷酸盐等，生产上一般选用磷酸二氢钾、磷酸氢二钾、磷酸铵（磷酸一铵、磷酸二铵）以及一些偏磷酸盐与多聚磷酸盐等；钾肥一般选用硝酸钾、磷酸二氢钾、硫酸钾等作为水溶肥产品原料。大量元素水溶肥料按添加中量、微量营养元素类型分为中量元素型和微量元素型。

（2）中量元素水溶肥（技术指标见表 17－19）　以中量元素钙、镁等为主要成分的固体或液体水溶肥。其中，钙肥主要采用水溶性无机钙盐及螯合钙，产品原料可选用氯化钙、硝酸钙、硝酸铵钙、乙酸钙以及与 EDTA、柠檬酸、氨基酸、糖醇等有机物螯合的钙；镁肥主要采用水溶性无机镁盐，一般选择氯化镁和硫酸镁；水溶性硅肥主要采用硅酸钠（主要指偏硅酸钠和五水偏硅酸钠）作为硅源，由于其呈碱性，且易于钙、镁、锌、铁等离子发生反应，形成絮状沉淀。因此，在水溶肥中一般单独使用。

（3）微量元素水溶肥（技术指标见表 17－20）　由铜、铁、锰、锌、硼、钼微量元素按所需比例制成的或单一微量元素制成的液体或固体水溶肥料。我国农化市场中一般有单质元素型与复合元素型两种。一般选用易溶性无机盐类及螯合类微量元素等作为原材料。

表 17－18　大量元素水溶肥料技术指标（NY 1107—2010）

中量元素型固体产品	
项　目	指　标
大量元素含量[a]（%）	≥50.0
中量元素含量[b]（%）	≥1.0
水不溶物含量[c]（%）	≤5.0
pH（1∶250 稀释）	3.0～9.0
水分（H_2O），%	≤3.0

a 大量元素含量指总 N、P_2O_5、K_2O 含量之和。产品应至少包含两种大量元素。单一元素含量不低于 4.0%。

b 中量元素含量指钙、镁元素含量之和。产品应至少包含一种中量元素。含量不低于 0.1%的单一中量元素均应计入中量元素含量中。

（续）

中量元素型液体产品	
项　目	指　标
大量元素含量[a]（g/L）	≥500
中量元素含量[b]（g/L）	≥10
水不溶物含量[c]（g/L）	≤50
pH（1∶250稀释）	3.0～9.0

a 大量元素含量指总 N、P_2O_5、K_2O 含量之和。产品应至少包含两种大量元素。单一元素含量不低于 40 g/ L。

b 中量元素含量指钙、镁元素含量之和。产品应至少包含一种中量元素。含量不低于 1 g/ L 的单一中量元素均应计入中量元素含量中。

微量元素型固体产品	
项　目	指　标
大量元素含量[a]（%）	≥50.0
微量元素含量[b]（%）	0.2～3.0
水不溶物含量[c]（%）	≤5.0
pH（1∶250稀释）	3.0～9.0
水分（H_2O），%	≤3.0

a 大量元素含量指总 N、P_2O_5、K_2O 含量之和。产品应至少包含两种大量元素。单一元素含量不低于 4.0%。

b 微量元素含量指铜、铁、锰、锌、硼、钼元素含量之和。产品应至少包含一种微量元素。含量不低于 0.05%的单一微量元素均应计入微量元素含量中。钼元素含量不高于 0.5%。

微量元素型液体产品	
大量元素含量[a]（g/L）	≥500
微量元素含量[b]（g/L）	2～30
水不溶物含量[c]（g/L）	≤50
pH（1∶250稀释）	3.0～9.0

a 大量元素含量指总 N、P_2O_5、K_2O 含量之和。产品应至少包含两种大量元素。单一元素含量不低于 40 g/L。

b 微量元素含量指铜、铁、锰、锌、硼、钼元素含量之和。产品应至少包含一种微量元素。含量不低于 0.5 g/L 的单一微量元素均应计入微量元素含量中。钼元素含量不高于 5 g/L。

备注：当中量元素含量和微量元素含量均复合要求时，产品类型归为微量元素型。

水溶肥料中汞、砷、镉、铅、铬限量要求*	单位：mg/kg
砷（As）（以元素计）	≤10
汞（Hg）（以元素计）	≤5
铅（Pb）（以元素计）	≤50
镉（Cd）（以元素计）	≤10
铬（Cr）（以元素计）	≤50

* 来自于标准 NY 1110—2010。

表 17-19 中量元素水溶肥料技术指标（NY 2266—2012）

固体产品	
项 目	指 标
中量元素含量[a]（%）	≥10.0
水不溶物含量（%）	≤5.0
pH（1∶250 稀释）	3.0～9.0
水分（H_2O）（%）	≤3.0
a 中量元素含量指钙、镁元素含量之和。产品应至少包含一种中量元素。含量不低于 1.0%的钙或镁元素均应计入中量元素含量中。硫含量不计入中量元素含量，仅在标识中标注。	
液体产品	
项 目	指 标
中量元素含量[a]（g/L）	≥100
水不溶物含量（g/L）	≤50
pH（1∶250 稀释）	3.0～9.0
a 中量元素含量指钙、镁元素含量之和。产品应至少包含一种中量元素。含量不低于 10 g/ L 的钙或镁元素均应计入中量元素含量中。硫含量不计入中量元素含量，仅在标识中标注。	
备注：当中量元素水溶肥料中添加微量元素成分，微量元素含量应不低于 0.1%或 1 g/L，且不高于中量元素的 10%。微量元素含量指铜、铁、锰、锌、硼、钼元素含量之和。含量不低于 0.05%或 0.5 g/L 的单一微量元素均应计入微量元素含量中。	
水溶肥料中汞、砷、镉、铅、铬限量要求*	单位：mg/kg
砷（As）（以元素计）	≤10
汞（Hg）（以元素计）	≤5
铅（Pb）（以元素计）	≤50
镉（Cd）（以元素计）	≤10
铬（Cr）（以元素计）	≤50

表 17-20 微量元素水溶肥料技术指标（NY 1428—2010）

［本标准不适用于已有强制性国家或行业标准的肥料（如硫酸铜、硫酸锌）和螯合态肥料（如 EDDHA-Fe）］

固体产品	
项 目	指 标
微量元素含量[a]（%）	≥10.0
水不溶物含量（%）	≤5.0
pH（1∶250 稀释）	3.0～10.0
水分（H_2O）（%）	≤6.0
a 微量元素含量指铜、铁、锰、锌、硼、钼元素含量之和。产品应至少包含一种微量元素。含量不低于 0.05%的单一微量元素均应计入微量元素含量中。钼元素含量不高于 1.0%（单质含钼微量元素产品除外）。	

* 来自于标准 NY 1110—2010。

（续）

液体产品	
项　目	指　标
微量元素含量[a]（g/L）	≥100
水不溶物含量（g/L）	≤50
pH（1∶250稀释）	3.0～10.0
a 微量元素含量指铜、铁、锰、锌、硼、钼元素含量之和。产品应至少包含一种微量元素。含量不低于0.5 g/L的单一微量元素均应计入微量元素含量中。钼元素含量不高于10 g/L（单质含钼微量元素产品除外）。	
水溶肥料中汞、砷、镉、铅、铬限量要求*	单位：mg/kg
砷（As）（以元素计）	≤10
汞（Hg）（以元素计）	≤5
铅（Pb）（以元素计）	≤50
镉（Cd）（以元素计）	≤10
铬（Cr）（以元素计）	≤50

2. 功能水溶肥料　主要分为植物生长调节剂型水溶肥和含功能物质的体型水溶肥两大类，其中植物生长调节剂型水溶肥中除了含有植物必需的矿质营养元素外，还加入了调节植物生长的物质如赤霉素、三十烷醇、复硝酚钠、DA-6、萘乙酸（钠）、脱落酸（S-诱抗素）、6-BA等，具有调控作物生长发育的作用；含功能物质/载体型水溶肥中除了含有植物必需的矿质营养元素外，还含有从自然物质（如海藻、秸秆、动物毛发、草炭、风化煤等）中提取、发酵或代谢的产物如氨基酸、腐殖酸、核酸、海藻酸、糖醇、海胆素等物质，具有刺激作物生长、促进作物代谢、提高作物自身抗逆性等功能。含功能物质/载体型水溶肥又分为载体型功能水溶肥料、药肥型功能水溶肥料、稀土型功能水溶肥料、木醋液、海胆素等。

（1）载体型

① 氨基酸（可为作物提供有机碳，因此属于有机碳肥的一种。含氨基酸水溶肥料技术指标见表17-21）。利用植物（大豆、饼粕以及豆制品和粉丝的下脚料等）、动物残体、鱼类、毛发等经过生物和化学工艺转化后富含游离氨基酸的能够促进作物生长和土壤生态平衡的固体和液体肥料品种称为氨基酸肥料。a. 氨基酸生产工艺及其优缺点：一般通过化学水解、酶解和生物发酵三种工艺获得。Ⅰ. 化学水解：主要是用强酸或强碱来水解蛋白质进一步加工成含氨基酸水溶性肥料。它主要用于水解动物源的蛋白质。其中酸解主要使用硫酸或盐酸在高温（＞121 ℃）和一定压力（220.6 kPa）下强烈破坏蛋白质；碱解相对简单，是在把蛋白质加热后，加入碱，如氢氧化钙、氢氧化钠或氢氧化钾，并保持温度至设定点。化学水解会打破蛋白质的所有肽键，导致蛋白质高度分解，所以，所得到的游离氨基酸多，同时也破坏了几种氨基酸如色氨酸在酸解条件下会全部被破坏，半胱氨酸、苏氨酸也会部分损失，天门冬氨酸和谷氨酸可能转化为酸式，在化学水解过程中，一些不耐热的化合物如维生素也会被破坏。另外，在水解过程中有个特殊的过程，即一些游离氨基酸会从L型转为D型。由于活体生物蛋白仅为L型，在植物代谢中不能直接利用D型

* 来自标准 NY 1110—2010。

氨基酸参与代谢，这会使蛋白质水解物的有效性降低，甚至对植物有毒，同时，酸解、碱解的水解过程会增加蛋白质水解物的盐度。Ⅱ. 酶解：酶解通常是适合于生产植物源的蛋白质水解物，蛋白酶主要来自动物（如胃蛋白酶）和植物（木瓜蛋白酶、无花果蛋白酶）或微生物，这种水解过程较化学水解过程较为温和，且不需要高温（<60 ℃），蛋白酶通常作用于精准的肽键，如胃蛋白酶只切苯基丙氨酸或亮氨酸处的键，木瓜蛋白酶仅切精氨酸和苯基丙氨酸相邻的键，胰蛋白酶切精氨酸、赖氨基、酪氨酸、苯基丙氨酸、亮氨酸的键。因此，来自酶解的蛋白质水解物是氨基酸和不同长度肽的混合物，盐分较低，成分相对稳定。蛋白质水解物中，蛋白质/肽和游离氨基酸分布很宽，其含量分别为1%～85%和2%～18%，动物源蛋白质的氨基酸总量高于植物源蛋白质。以胶原蛋白为原料的通常含有较多的氨基糖和脯氨酸，豆科植物蛋白源的氨基酸主要是天门冬氨酸和谷氨酸。同时，以鱼为蛋白源的也主要是天门冬氨酸和谷氨酸。奶酪源蛋白质含有较多的谷氨酸和脯氨酸，在胶原蛋白中还含有两种非标准的氨基酸，即羟基谷氨酸和羟基脯氨酸，它在植物源蛋白中含量很少。蛋白质水解物能干扰植物内激素的平衡，因而能影响植物发育，主要是由于影响肽类、植物激素合成前体物如色氨酸的形成。施用植物源的蛋白质水解物能诱导类生长素、类赤霉素的生成，从而影响植物的表现，改善营养状况、提高品质，还能抵抗植物对热、盐、碱、营养等胁迫。蛋白质水解物的效果取决于作物种类、环境条件、作物生长时期、施用次数、施用方式和叶片的穿透性能。Ⅲ. 生物发酵：常用复合菌群在一定条件下对物料进行4～6周的发酵，发酵液经提炼后，加工成含氨基酸水溶性肥料。b. 18种氨基酸在植物体内的作用：氨基酸为植物提供氮源、碳源和能量。参与作物生长发育过程中各种酶的形成和提高其活性，调节植物生长发育；提高作物抗逆（旱、涝、酸、碱、毒）和抗病能力；促进作物光合作用。18种氨基酸中的每一种氨基酸功能不尽相同。其中甘氨酸（GLY），增加农作物对磷、钾元素的吸收，提高植物抗逆性，对植物的生长特别是光合作用具有独特的促进作用，增加植物叶绿素含量，提高酶的活性，促进二氧化碳的渗透，提高作物品质，增加维生素C和糖的含量；亮氨酸（LEU），植物生长促进剂，对农作物的光合作用有着奇特的调节作用；蛋氨酸（MET），防止根菌的侵害，杀死许多寄生病菌；酪氨酸（TYR），在植物中调控根尖生长和根细胞的维持；组氨酸（HIS），暂无报道；苏氨酸（THR），有效提高植物的免疫机能；丙氨酸（ALA），具有抵抗和消灭农作物病菌的作用；异亮氨酸（ILE），暂无报道；色氨酸（TRY），具有抵抗和消灭农作物病菌的作用，色氨酸经脱羧、脱氨、氧化生成内源生长素吲哚乙酸；胱氨酸（CYS），具有抵抗和消灭农作物病菌的作用；赖氨酸（LYB），对农作物的光合作用有着奇特的调节作用；天冬氨酸（ASP），降低植物体内硝酸盐的含量；缬氨酸（VAL），暂无报道；苯丙氨酸（PHE），参与植物的抗病反应；脯氨酸（PRO），在植物干旱胁迫下，能引起渗透压下降，在植物发育中起重要作用，与植物的发育阶段、器官类型有关；丝氨酸（SER），参与植物衰老和木质素的合成、发芽、细胞组织分化、细胞程序性死亡、信号传导、蛋白质降解与加工、抑制植物生长；谷氨酸（GLU）在光呼吸氮代谢中具有重要作用，降低植物体内硝酸盐的含量，对农作物的光合作用有着奇特的调节作用；精氨酸（ARG），具有贮藏氮元素营养的功能，生成PA和NO等前体物质，参与植物的生长发育、提高植物抗逆性。

表 17-21 含氨基酸水溶肥料技术指标（NY 1428—2010）

（含氨基酸水溶肥料是指以游离氨基酸为主体，按适合植物生长所需比例，添加适量钙镁中量元素或铜、铁、锰、锌、硼、钼微量元素而制成的液体或固体水溶肥料）

中量元素型固体产品	
项　目	指　标
游离氨基酸含量（%）	≥10.0
中量元素含量[a]（%）	≥3.0
水不溶物含量（%）	≤5.0
pH（1∶250 稀释）	3.0～9.0
水分（H_2O），%	≤4.0

a 中量元素含量指钙、镁元素含量之和。产品应至少包含一种中量元素。含量不低于 0.1%的单一中量元素均应计入中量元素含量中。

中量元素型液体产品	
项　目	指　标
游离氨基酸含量（g/L）	≥100
中量元素含量[a]（g/L）	≥30
水不溶物含量（g/L）	≤50
pH（1∶250 稀释）	3.0～9.0

a 中量元素含量指钙、镁元素含量之和。产品应至少包含一种中量元素。含量不低于 1 g/ L 的单一中量元素均应计入中量元素含量中。

微量元素型固体产品	
项　目	指　标
游离氨基酸含量（%）	≥10.0
微量元素含量[a]（%）	≥2.0
水不溶物含量（%）	≤5.0
pH（1∶250 稀释）	3.0～9.0
水分（H_2O）（%）	≤4.0

a 微量元素含量指铜、铁、锰、锌、硼、钼元素含量之和。产品应至少包含一种微量元素。含量不低于 0.05%的单一微量元素均应计入微量元素含量中。钼元素含量不高于 0.5%。

微量元素型液体产品	
项目	指标
游离氨基酸含量（g/L）	≥100
微量元素含量[a]（g/L）	≥20
水不溶物含量（g/L）	≤50
pH（1∶250 稀释）	3.0～9.0

a 微量元素含量指铜、铁、锰、锌、硼、钼元素含量之和。产品应至少包含一种微量元素。含量不低于 0.5 g/L 的单一微量元素均应计入微量元素含量中。钼元素含量不高于 5 g/L。

备注：当中量元素含量和微量元素含量均符合要求时，产品类型归为微量元素型。

（续）

水溶肥料中汞、砷、镉、铅、铬限量要求*	单位：mg/kg
砷（As）（以元素计）	≤10
汞（Hg）（以元素计）	≤5
铅（Pb）（以元素计）	≤50
镉（Cd）（以元素计）	≤10
铬（Cr）（以元素计）	≤50

② 海藻酸。主要原料是鲜活海藻，一般是大型经济藻类。如海囊藻、昆布等。利用物理方法处理的海藻提取物具有较高的植物活性，含有丰富的维生素、海藻多糖和多种植物生长调节剂，如生长素、赤霉素、类细胞分裂素、多酚化合物及抗生素物质等，可刺激作物体内活性因子的产生和调节内源激素的平衡。

③ 糖醇类。天然糖醇是光合作用的初产物，可从植株韧皮部提取获得，其在植株韧皮汁液中含量远高于氨基酸的含量。糖醇可作为硼、钙等营养元素的载体，携带矿质养分在植物韧皮部中快速运输。糖醇有很好的润湿和渗透作用，可以作为叶面肥料喷施。经糖醇螯合后的营养元素可被作物快速吸收利用，效果优于柠檬酸、氨基酸等螯合肥料。

④ 腐殖酸（可为作物提供有机碳，因此和氨基酸一样，也属于有机碳肥的一种。含腐殖酸水溶肥料见表 17－22）：具有络（螯）合、吸附、渗透、黏结、交换、稀释、缓释、稳定、表面活性等理化学特性，对作物具有增强呼吸代谢、提高抗旱性能（降低叶片气孔张开度，减少水分蒸腾，减少土壤水分消耗；表面活性大，使作物细胞渗透压和膨胀压增大）、改善果实品质（增强糖化酶和磷化酶的活性）、提高肥料利用率（抑制硝化酶活性，硝化抑制率≥30％；抑制脲酶活性，抑制率达 8.8％～29.5％）的作用。a. 腐殖酸的种类：腐殖酸包括矿物源腐殖酸和生化腐殖酸。b. 腐殖酸的生产工艺：Ⅰ. 矿物源腐殖酸指由动植物残体经过微生物分解、转化以及地球化学作用等系列过程形成的，从泥炭、褐煤或风化煤提取而得的，含苯核、羧基和酚羟基等无定形高分子化合物的混合物。用苯或苯—醇溶剂抽提，得到可溶的沥青和不溶的残渣，残渣再用 0.5％氢氧化钠溶液处理，即得到可溶的腐殖酸碱液，再用 5％盐酸溶液和丙酮处理，可分离出黄腐酸、棕腐酸和黑腐酸。其中黄腐酸溶于酸和水而呈黄色溶液部分，棕腐酸溶于碱和乙醇而不溶于水呈棕色溶液，黑腐酸仅溶于碱，不溶于酸、水、乙醇呈黑色。Ⅱ. 生化腐殖酸是以农业固废发酵后产生的类腐殖酸物质，含有多种酶和氨基酸、微量元素、维生素、糖类及核苷酸等，多种组分共同作用。

（2）药肥型　在水溶肥中，除了营养元素，还会加入一定数量不同种类的农药和除草剂等，使其具有防治病虫害和除草功能，通常可分为除草专用肥、除虫专用肥、杀菌专用肥等。注意：作物对营养调节的需求与病虫害的发生不一定同步，因此在开发和使用药肥时，应根据作物的生长发育特点，综合考虑不同作物的耐药性以及病虫害的发生规律、习性、气候条件等因素，制作作物专用型，并特别注意施用方法，尽量避免药害。

（3）木醋液　木醋（酢）液水溶肥是以木炭或竹炭生产过程中产生的木醋液或竹醋液

---

* 来自标准 NY 1110—2010。

为原料，添加营养元素而成的水溶肥料。木醋液中含有 K、Ca、Mg、Zn、Ge、Mn 和 Fe 等矿物质，此外还含有维生素 B_1 和维生素 B_2 以及近 300 种天然有机化合物。

(4) 海胆素　海胆素水溶肥富含多种无机盐、卤化物如氟、溴、碘、生物多糖、酚类、多胺类、多种天然维生素类及多烯类有机酸，能够被植物直接吸收利用，参与植物代谢，为其开花、结果提供能量支持。其活性功效是甲壳素的 10 倍，海藻素的 20 倍。

(5) 稀土型　农用稀土元素通常是指其中的镧、铈、钕和镨等，最常用氯化稀土 $RECl_3 \cdot 6H_2O$ 和硝酸稀土 $RE(NO_3) \cdot 6H_2O$。农用稀土元素具有影响植物形态建成，促进根系吸收和光合作用及物质转运，提高作物抗逆性的作用。

表 17-22　含腐殖酸水溶肥料技术指标（NY 1106—2010）

（含腐殖酸水溶肥料是指以适合植物生长所需比例的矿物源腐殖酸，添加适量氮磷钾大量元素或铜、铁、锰、锌、硼、钼微量元素而制成的液体或固体水溶肥料）

大量元素型固体产品	
项　目	指　标
腐殖酸含量（%）	≥3.0
大量元素含量[a]（%）	≥20.0
水不溶物含量（%）	≤5.0
pH（1∶250 稀释）	4.0～10.0
水分（H_2O）（%）	≤5.0

a 大量元素含量指总 N、P_2O_5、K_2O 含量之和。产品应至少包含两种大量元素。单一大量元素含量不低于 2.0%。

大量元素型液体产品	
项　目	指　标
腐殖酸含量（g/L）	≥30
大量元素含量[a]（g/L）	≥200
水不溶物含量（g/L）	≤50
pH（1∶250 稀释）	4.0～10.0

a 大量元素含量指总 N、P_2O_5、K_2O 含量之和。产品应至少包含两种大量元素。单一大量元素含量不低于 20 g/L。

微量元素型固体产品	
项　目	指　标
腐殖酸含量（%）	≥3.0
微量元素含量[a]（%）	≥6.0
水不溶物含量（%）	≤5.0
pH（1∶250 稀释）	4.0～10.0
水分（H_2O）（%）	≤5.0

a 微量元素含量指铜、铁、锰、锌、硼、钼元素含量之和。产品应至少包含一种微量元素。含量不低于 0.05%的单一微量元素均应计入微量元素含量中。钼元素含量不高于 0.5%。

（续）

水溶肥料中汞、砷、镉、铅、铬限量要求*	单位：mg/kg
砷（As）（以元素计）	≤10
汞（Hg）（以元素计）	≤5
铅（Pb）（以元素计）	≤50
镉（Cd）（以元素计）	≤10
铬（Cr）（以元素计）	≤50

（七）螯合型肥料

全世界缺乏中微量元素土壤面积达 25 亿 hm^2，中国中低产田占总耕地面积的 70%以上，其中大部分中微量元素缺乏。当前，中国耕地中钙、镁、硫、硼、铁、锌、锰、铜、钼在缺素临界值以下的耕地比例分别占到 64%、53%、40%、84%、31%、41%、48%、25%和 59%。同时由于氮磷钾三要素肥料的大量使用，土壤中中微量元素缺乏日趋严重。中外学者研究发现：许多中微量元素不足是导致作物抗病力下降，引发病虫害的主要原因之一。通过增施中微肥，满足了农作物对各营养元素的需求，使得农作物能够正常地生长发育，从而获得理想的产量、品质和效益；同时，通过增施中微肥有效提高了肥料的利用率，减轻或避免了肥料浪费，减少了因肥料流失产生的环境污染，减少了作物因缺素引起的疾病和农药用量。

我国使用的中微量元素多数为简单无机盐，利用率受到一定限制。无机活性中微量元素一旦进入肥料和施入土壤，大部分将失去活性，能被植物吸收的很少，所以即使平衡施肥、平衡配肥，也不等于被农作物平衡吸收。利用螯合剂将钙、镁、硼、铁、锌、锰、铜、钼、硒等中微量元素生成螯合型肥料，有效地提高了中微量元素的稳定性，提高了肥料的利用率，解决了平衡配肥与农作物平衡吸收的矛盾。

1. 定义

（1）螯合物　是由中心离子和多齿配体结合而成的具有环状结构的配合物（又称络合物）。螯合物是配合物的一种，在螯合物的结构中，一定有一个或多个多齿配体提供多对电子与中心体形成配位键。螯合物通常比一般配合物（又称络合物）要稳定，其结构中经常具有的五元环结构或六元环结构更增强了稳定性。

（2）螯合剂（又称配体）　能与金属离子起螯合作用的有机分子化合物。

（3）螯合肥　通过生产工艺用螯合剂与植物必需的中微量营养元素（如钙、镁、硫、铜、锌、钼等）螯合制成的肥料。

2. 优缺点

① 螯合肥中的螯合剂在植物的细胞中能有选择地捕捉某些金属离子，又能在必要时适量释放出这种金属离子。由于螯合剂具有对金属离子的“擒”（吞或捕捉）“纵”（吐或释放）的能力，让作物吸收营养更容易，更加充分合理。所以，它在植物体内承担着指挥部的作用，平衡根、茎、叶、花、果实之间的营养供给，使植物茁壮生长。

② 相比于传统型无机微量元素肥料，螯合肥养分全面均衡，在土壤中不易被固定，易溶于水，又不离解，能很好地被植物根系吸收利用，也可与其他固态或液态肥料混合施

* 来自标准 NY 1110—2010。

用而不发生拮抗化学反应，不降低任何肥料的肥效，预防作物因元素缺失发生生理性病害。综上，螯合剂在肥料生产上的应用是农业生产上的又一次革命。

3. 常用螯合剂 主要有EDTA、腐殖酸、氨基酸、酒石酸、柠檬酸、水杨酸、多磷酸盐等。其中氨基酸本身可以直接被植物吸收，刺激植物生长，在无须光合作用情况下被植物直接利用；作为螯合物使用时，又可保护金属离子不与其他物质发生副反应，在保护金属离子达到植物所需部位后本身也被农作物吸收利用，所以氨基酸中微量元素螯合物是一种性能优良、价格低廉、螯合常数适中的有机螯合中微肥。因此，氨基酸是一种优良的螯合剂。

4. 生产工艺注意事项

① 合理控制螯合比（=中心离子摩尔量/螯合剂摩尔量），其中双螯合剂具有容限效应，能提高稳定性、降低螯合比。

② 抗絮凝。较高活性的腐殖酸，既是原液的胶体保护剂和分散剂，又是稀释液的有效抗絮凝剂。

③ 流动性和稳定性。

a. 常用增稠剂：黏土类（膨润土、硅镁土、斑脱土等）、黄原胶、阿拉伯树胶、改性纤维素、改性淀粉、聚乙烯吡咯烷酮等。

b. 常用分散剂和润湿剂：硅系表面活性剂、十二烷基硫酸钠、藻酸、烷基磷酸酯等，其中烷基多糖普、聚甘油醋和纤维素醚等助剂添加后的液肥胶体稳定性是很理想的。

④ 大分子阴离子型表面活性剂。

a. 聚烯烃系列。马来酸与各类环戊二烯的聚合物钠盐、聚环烯磺酸盐、聚二烯磺酸盐、聚苯乙烯磺酸盐（PSS），用量一般为0.5%左右。

b. 聚丙烯酸酯系列。丙烯酸与苯乙烯聚合物钠盐、丙烯酸与丙烯酰胺共聚物钠盐和聚丙烯磺酸盐等。

5. 性能比较 有机螯合中微肥比无机化合中微肥好，有机螯合中微肥中氨基酸螯合中微肥性能更好，具体见表17-23和表17-24。

表17-23 无机中微肥与有机螯合中微肥性能比较

性能	无机中微肥	有机螯合中微肥
水溶性	好，易溶于水	好，易溶于水
有效性	差，易失效	好，不易失效，稳定性好
当季利用率	低，仅为5%～15%	高，是无机盐的5～10倍
农作物增产效果	不明显，增产1%～5%	明显，增产5%～50%
农产品品质提高	不明显，与无机肥相似	很明显，与有机肥相似
与其他肥料的混合性	不可与含磷肥相混	可与任何肥料混合使用
在土壤中的稳定性	不稳定，受土壤种类及pH的影响	稳定，不受土壤种类及pH的影响
对农作物的抗逆性	不明显	提高抗逆性，减少病害
投入产出比	低，1∶(3～5)	高，1∶(5～50)

表 17－24　EDTA、黄腐酸、氨基酸三种螯合中微肥性能比较

性能	EDTA 螯合	黄腐酸螯合	氨基酸螯合
螯合物稳定性	太稳定	较稳定	适中（介于前两者之间）
生产成本	高	高	低
刺激植物生长的功能	没有	有	有
对土壤肥力的影响	污染土壤	提高土壤肥力	提高土壤肥力
农作物的吸收方式	间接吸收	间接吸收	直接吸收
对农作物产量的影响	提高 3%～5%	提高 5%～10%	提高 5%～50%
对农产品品质的影响	不明显	明显	很明显
补充微量元素的速度	太慢	快	很快
投入与产出比	1∶(4～6)	1∶(5～10)	1∶(10～50)

（八）自制堆肥

堆肥就是把家畜粪便、植物和食物垃圾等有机物，加上泥土和矿物质混合堆积，调整水分和空气流量，让好氧性菌繁殖增多并产生热来分解有机物的过程。

1. 堆肥的制作

（1）地点选择　堆制地块不能积水，肥堆要和土地接触，这非常重要。

（2）堆制　首先，在地面上铺一层约 15 cm 厚的落叶、枯草、果皮、菜叶或庄稼残梗等。然后，在上面再铺一层约 5 cm 厚的畜禽粪便、棉籽或豆子等含氮量高的材料。再在上面撒一层薄薄的腐殖土、草木灰，草木灰也可用石灰石粉代替，这就堆好了第一层。接着开始堆第二层，方法和第一层一样。这样一层层地堆上去，堆到大约 1.5 m 高为止。最后，在上面盖上一层厚厚的草或者土，以减少水分蒸发。肥堆的理想高度为 1.5 m，宽度为 1.5～3.0 m，长度则不限。注意堆制的时候不要把材料踏实，要保持疏松透气。另外，堆的时候最好插几根粗木棍在肥堆中，堆完后拔出做气洞，这样会更透气些。肥堆堆好后，给肥堆浇水，要浇透，但不要变成稀烂。以后还要经常适当浇水，使肥堆保持湿润。这在炎热干燥的天气里尤其重要。

（3）翻拌　3 周后，把肥堆翻一翻，将里面的材料翻到外面，把外面的材料翻到里面；再过 5 周，再把肥堆翻一翻；再过 4 周，所有的材料应该都被充分腐烂分解了。这时，堆肥就做好了。合起来，前后总共需要 2～3 个月的时间。

2. 堆肥堆制的改进方法　堆肥有许多改进的做法，经过长期实践证明，具有良好的效果。

（1）蚯蚓法　当肥堆温度下降后，可以放入几百只蚯蚓。它们会帮助腐化分解肥料，并且加上自己的排泄物，使堆肥的肥效更好。它们还能帮助消灭残留的野草籽和病菌，并且在肥堆里很快地繁殖出更多的蚯蚓。

（2）无氧法　先把地面的泥土掘松，按通常的做法堆制，浇透水，然后用一大张黑色塑料膜严密地罩起来，用土把塑料膜边脚封住。不用再浇水，也不用翻搅，3 个月后，堆肥就做好了。

（3）秸秆堆肥法　对于耕种大面积土地的农民，这是一种很好的办法。庄稼收获后，把粪肥、干草、石灰石、磷灰石粉等肥料直接撒在田里，然后和庄稼残梗一起翻耕到土里，让它们在地里腐烂分解。

3. 发酵堆肥完成指标

（1）感官指标　颜色呈褐色或灰褐色；结构呈粒状或粉状，无大块结构；温度：堆肥温度降低至常温；无臭味及氨味。

（2）检测指标　水分含量≤30.0%、pH 5.5～8.5、有机质含量≥20.0%。

4. 堆肥堆制的注意事项

（1）水分　水分是微生物活动的必要条件，过干或过湿均会影响微生物活动。一般堆肥保持60%左右的水分，用手捏紧刚能出水的量较为合适。由于堆制过程中，堆肥温度上升，会消耗水分，因此，在适当时候要添加水分是必要的。当然对于南方沤肥或沼气肥而言，则水分不是主要条件。

（2）空气　在好气性堆制条件下，空气的不断加入是产生高温无害化的重要保证。当然，过快地通气又会导致发酵过猛、浪费资源。调节空气的方法，主要以调节堆肥原料的精料和粗料比例，即可增大空隙度；有的可设置地下避气沟或地面、堆肥中都设若干通气管以达到通气目的。农村堆肥用秸秆，秸秆即可作通气管。大中型堆肥工厂则可采用塑料、金属通气管。

（3）温度　堆内温度的升降，是反映堆肥各种微生物群落活动的标志。大部分好气性微生物在30～40 ℃适宜。但高温纤维素分解细菌和有些放线菌在65 ℃时，分解有机质能力最强，它们能在短时期内迅速分解纤维素。超过65 ℃后，其活动受到抑制。在50 ℃以下，生长着大量中温性纤维分解菌。因此，在冬季或气温较低的北方制造堆肥，接种少量含有丰富高温纤维素分解菌的骡、马粪及其浸出液，是可以加速堆肥腐熟的。若温度过高，须采用翻堆或加水等办法降温。

（4）碳氮比　当含碳有机物被微生物分解利用时，必须同时消耗掉一部分氮素，以构成微生物的细胞成分。一般而言，微生物需要的碳氮比以（20～25）∶1最为合适。对于像秸秆之类的有机物，碳氮比应在（60～100）∶1，因此，必须加入含氮丰富的人畜粪尿或一些氮素化肥，调节碳氮比为（20～25）∶1时，堆肥堆制能很快完成。

（5）酸碱度　调节好堆肥的酸碱度，是堆肥技术的重要因素之一。因为pH过高或过低均能抑制各种有益微生物的活动。一般pH 6～8较好。调节酸碱度的方法，是加入极少量的石灰、草木灰等，均加入2%～3%重量比的量就合适了。

（九）肥料的发展趋势

未来肥料的发展趋势呈现如下特点：从单纯营养型向功能型和免疫增强型发展，从常规营养释放形态向缓、控释形态发展，从无机肥料向有机生化替代型肥料发展。未来理想的复合肥料必须具备如下特点：一是大量元素，配比科学、增效处理；二是氮肥形态，速缓结合；三是中量元素，有效、满足需求；四是微量营养元素，形态螯合、高效。

二、葡萄专用肥

（一）葡萄专用肥研发方案

目前，我国葡萄营养与施肥应用基础与应用技术研究薄弱，施肥管理以经验为主，施

肥技术落后，肥料利用率低，致使果园土壤酸化、盐渍化和板结逐年加重，树体营养失调，生理病害普遍发生，严重影响了我国葡萄产业的健康可持续发展。因此，开展葡萄配方肥研究，根据葡萄的生长发育阶段按需施肥，提高肥料利用效率，解决树体营养失调问题，对于促进我国葡萄产业的健康可持续发展具有重要的理论价值和实践意义。为此，中国农业科学院果树研究所进行了多年科研攻关，研究发现针对葡萄等果树而言，氮、钾和钙需求量大，属于大量元素；磷和镁等元素的需求量中等，属于中量元素。基于此，中国农业科学院果树研究所提出了一种确定果树配方肥配方的方法即 5416 配方肥研究方案（获发明专利，专利号 201710052213.2），为葡萄配方肥研究奠定了理论基础。

1. 确定葡萄配方肥配方的方法　基于葡萄矿质营养年吸收运转规律的全年“5416”（五因素、四水平、16 个处理）正交施肥实验。

① 首先，明确葡萄矿质营养的年吸收运转规律，绘制葡萄矿质营养年吸收运转规律图。选择生长健壮且处于盛果期的葡萄为试材，于萌芽期、始花期、末花期、转色/软化期、果实采收期和落叶休眠期等 6 个关键时期刨树并将其解剖为根系、主干、主枝/蔓、新梢/枝条、叶片、叶柄、花或果实等部位，测定分析植株各部位的氮、磷、钾、钙和镁等需求量大的元素的含量，计算出葡萄萌芽至始花、始花至末花（开花阶段）、末花至果实转色/软化（幼果发育阶段）、果实转色/软化至果实成熟采收（果实成熟阶段）、果实采收至植株落叶休眠（果实采后阶段）等关键生长发育阶段植株对氮、磷、钾、钙和镁等元素的需求量，绘制出葡萄矿质营养年吸收运转规律图；同时计算出生产单位产量（100 kg）果实对应的氮、磷、钾、钙和镁等元素的需求量。为消除年际间差异，试验至少需要 3 年以上。

② 其次，开展全年“5416”正交施肥试验（表 17－25）。即氮、磷、钾、钙和镁五因素，高（1.5 倍）、中（1.0 倍）、低（0.5 倍）施肥量及 0 对照四水平，16 个处理优化的不完全实施的正交试验。本设计中氮、磷、钾、钙和镁等元素的施肥量为全年施肥量，基于①中得到的生产单位产量（100 kg）果实对应的氮、磷、钾、钙和镁等元素的需求量根据目标产量计算得出，同时需要根据当地土壤的实际氮、磷、钾、钙、镁等元素含量和肥料利用率进行调整。试验实施过程中，不同生育阶段氮、磷、钾、钙、镁等元素的施用量基于葡萄矿质营养年吸收运转规律计算得出。葡萄成熟时测定果实产量和品质，以固定产量生产优质果品为目标进行统计分析，首先得出氮、磷、钾、钙、镁等元素全年的最优施肥配比和施肥量，然后基于葡萄矿质营养年吸收运转规律计算得出不同生育阶段的氮、磷、钾、钙、镁等元素的最优施肥配比和施肥量。为消除年际间差异，试验至少需要 3 年以上。

表 17－25　“5416”试验处理表（五因素、四水平、16 个处理）

处理号	因子的编码值				
	N	P_2O_5	K_2O	CaO	MgO
1	1	1	1	1	1
2	1	2	2	2	2
3	1	3	3	3	3

（续）

处理号	因子的编码值				
	N	P_2O_5	K_2O	CaO	MgO
4	1	4	4	4	4
5	2	1	2	3	4
6	2	2	1	4	3
7	2	3	4	1	2
8	2	4	3	2	1
9	3	1	3	4	2
10	3	2	4	3	1
11	3	3	1	2	4
12	3	4	2	1	3
13	4	1	4	2	3
14	4	2	3	1	4
15	4	3	2	4	1
16	4	4	1	3	2

2. 应用案例 以贝达嫁接的巨峰葡萄为例。

（1）明确巨峰葡萄矿质营养年吸收运转规律（试验进行 3 年） 选择生长健壮且处于盛果期的贝达嫁接的巨峰葡萄为试材，于萌芽期、始花期、末花期、转色/软化期、果实采收期和落叶休眠期等 6 个关键时期刨树并将其解剖为根系、主干、主枝/蔓、新梢/枝条、叶片、叶柄、花或果实等部位，测定分析植株各部位的氮、磷、钾、钙和镁等需求量大的元素的含量，计算出果树萌芽至始花、始花至末花（开花阶段）、末花至果实转色/软化（幼果发育阶段）、果实转色/软化至果实成熟采收（果实成熟阶段）、果实采收至植株落叶休眠（果实采后阶段）等关键生长发育阶段植株对氮、磷、钾、钙和镁等元素的需求量，绘制出果树矿质营养年吸收运转规律图，结果如下：

① 氮。萌芽至始花植株吸收量占全年吸收量的 14%，始花至末花植株吸收量占全年吸收量的 14%，末花至果实转色/软化植株吸收量占全年吸收量的 38%，果实转色/软化至成熟采收植株吸收量占全年吸收量的 0，果实采收至落叶休眠植株吸收量占全年吸收量的 34%。

② 磷。萌芽至始花植株吸收量占全年吸收量的 16%，始花至末花植株吸收量占全年吸收量的 16%，末花至果实转色/软化植株吸收量占全年吸收量的 40%，果实转色/软化至成熟采收植株吸收量占全年吸收量的 0，果实采收至落叶休眠植株吸收量占全年吸收量的 28%。

③ 钾。萌芽至始花植株吸收量占全年吸收量的 15%，始花至末花植株吸收量占全年吸收量的 11%，末花至果实转色/软化植株吸收量占全年吸收量的 50%，果实转色/软化至成熟采收植株吸收量占全年吸收量的 9%，果实采收至落叶休眠植株吸收量占全年吸收量的 15%。

④ 钙。萌芽至始花植株吸收量占全年吸收量的 10%，始花至末花植株吸收量占全年吸收量的 14%，末花至果实转色/软化植株吸收量占全年吸收量的 46%，果实转色/软化至成熟采收植株吸收量占全年吸收量的 8%，果实采收至落叶休眠植株吸收量占全年吸收量的 22%。

⑤ 镁。萌芽至始花植株吸收量占全年吸收量的 10%，始花至末花植株吸收量占全年吸收量的 12%，末花至果实转色/软化植株吸收量占全年吸收量的 43%，果实转色/软化至成熟采收植株吸收量占全年吸收量的 13%，果实采收至落叶休眠植株吸收量占全年吸收量的 22%。

（2）同时计算出生产单位产量（100 kg）葡萄果实对应的氮、磷、钾、钙和镁等元素的需求量　每生产 100 kg 果实，葡萄树约需从土壤中吸收 1.0 kg N、0.5 kg P_2O_5、1.2 kg K_2O、1.0 kg CaO、0.5 kg MgO，各矿质元素的吸收利用率按氮 30%、磷 40%、钾 50%、钙 40%、镁 40%计算，土壤提供各元素的量按 30%氮、40%磷、50%钾、40%钙、40%镁计算，则每生产 100 kg 果实，施肥量为 N 2.33 kg、P_2O_5 0.75 kg、K_2O 1.2 kg、CaO 1.5 kg、MgO 0.75 kg。

（3）开展全年“5416”正交施肥试验（见表 17－26，试验进行 3 年）　以（2）计算出的施肥量和生产 100 kg 果实，施肥量 N 2.33 kg、P_2O_5 0.75 kg、K_2O 1.2 kg、CaO 1.5 kg、MgO 0.75 kg 为中等施肥水平，对应“5416”试验处理表中的 3 水平；高施肥水平为中等施肥水平的 1.5 倍，对应“5416”试验处理表中的 4 水平，施肥量分别为 N 3.50 kg、P_2O_5 1.13 kg、K_2O 1.8 kg、CaO 2.25 kg、MgO 1.13 kg；低施肥水平为中等施肥水平的 0.5 倍，对应“5416”试验处理表中的 2 水平，施肥量分别为 N 1.17 kg、P_2O_5 0.38 kg、K_2O 0.6 kg、CaO 0.75 kg、MgO 0.38 kg；0（对照）施肥水平为不施肥，对应“5416”试验处理表中的 1 水平。具体施肥处理见表 17－26，表中氮、磷、钾、钙和镁等元素的施用量为全年施用量，试验实施过程中，萌芽至始花、始花至末花、末花至果实转色/软化、果实转色/软化至果实成熟采收、果实采收至植株落叶休眠等不同生育阶段氮、磷、钾、钙、镁等元素的施用量基于（1）巨峰葡萄矿质营养年吸收运转规律计算得出。果实成熟时测定果实产量和品质，以固定产量生产优质果品为目标进行统计分析，首先得出氮、磷、钾、钙和镁等元素全年的最优施肥配方和施肥量，然后基于（1）巨峰葡萄矿质营养年吸收运转规律计算得出氮、磷、钾、钙和镁等元素不同生育阶段的最优施肥配比和施肥量。

表 17－26　贝达嫁接巨峰葡萄“5416”试验处理表（辽宁兴城）

处理号	每生产 100 kg 果实不同矿质营养的全年施用量（kg）				
	N	P_2O_5	K_2O	CaO	MgO
1	0	0	0	0	0
2	0	0.38	0.6	0.75	0.38
3	0	0.75	1.2	1.5	0.75
4	0	1.13	1.8	2.25	1.13
5	1.17	0	0.6	1.5	1.13

（续）

处理号	每生产 100 kg 果实不同矿质营养的全年施用量（kg）				
	N	P_2O_5	K_2O	CaO	MgO
6	1.17	0.38	0	2.25	0.75
7	1.17	0.75	1.8	0	0.38
8	1.17	1.13	1.2	0.75	0
9	2.33	0	1.2	2.25	0.38
10	2.33	0.38	1.8	1.5	0
11	2.33	0.75	0	0.75	1.13
12	2.33	1.13	0.6	0	0.75
13	3.50	0	1.8	0.75	0.75
14	3.50	0.38	1.2	0	1.13
15	3.50	0.75	0.6	2.25	0
16	3.50	1.13	0	1.5	0.38

（二）葡萄专用肥

中国农业科学院果树研究所浆果类果树栽培与生理科研团队在对葡萄矿质营养需求和吸收运转规律、葡萄园土壤养分释放特性、有机肥养分释放特性、单施化肥条件下矿质营养元素的吸收利用效率和有机肥配施条件下矿质营养元素的吸收利用效率等葡萄营养与施肥应用基础研究的基础上，采取基于葡萄矿质营养年吸收运转规律的全年“5416”正交施肥实验，以固定产量生产优质果品为目标，制定出测土配方施肥的土壤有效养分含量标准和植株组织分析营养诊断辅助标准，研发出葡萄同步全营养配方肥、葡萄无土栽培营养液和含氨基酸功能水溶性肥料。

1. 葡萄同步全营养配方肥 本产品为普通水溶性肥料，基于设施葡萄矿质营养需求吸收运转规律、葡萄园土壤养分释放特性、有机肥养分释放特性、矿质营养元素的吸收利用效率等研发而成，为葡萄按需施肥、精准施肥的实施提供了产品基础，主要用于土施，分为幼树阶段和结果阶段不同的配方肥。其中幼树阶段配方肥分为幼树 1 号（生长前期，促长整形）和幼树 2 号（生长后期，控旺促花）配方肥，结果阶段配方肥分为结果树 1 号（为萌芽至始花阶段提供营养，促进萌芽整齐和新梢健壮生长）、结果树 2 号肥（为始花至末花阶段提供营养，促进坐果）、结果树 3 号肥（为末花至果实转色/软化的幼果发育阶段提供营养，促进幼果发育）、结果树 4 号肥（为果实转色/软化至果实成熟采收的果实成熟阶段提供营养，促进果实成熟）、结果树 5 号肥（为果实采收至植株落叶休眠阶段提供营养，提高树体贮藏营养水平）。

2. 葡萄无土栽培营养液 本产品为普通水溶性肥料，基于无土栽培葡萄矿质营养需求吸收运转规律和矿质营养元素的吸收利用效率等研发而成，用于葡萄无土栽培，是保证葡萄无土栽培成功的核心，分为幼树阶段和结果阶段不同的配方肥。其中幼树阶段配方肥分为幼树 1 号配方肥（生长前期，促长整形）和幼树 2 号（生长后期，控旺促花）配方肥，结果阶段配方肥分为结果树 1 号肥（为萌芽至始花阶段提供营养，促进萌芽整齐和新

梢健壮生长）、结果树 2 号肥（为始花至末花阶段提供营养，促进坐果）、结果树 3 号肥（为末花至果实转色/软化的幼果发育阶段提供营养，促进幼果发育）、结果树 4 号肥（为果实转色/软化至果实成熟采收的果实成熟阶段提供营养，促进果实成熟）、结果树 5 号肥（为果实采收至植株落叶休眠阶段提供营养，提高树体贮藏营养水平）。

3. 含氨基酸功能水溶性肥料 本产品为功能性水溶性肥料，基于葡萄叶片和果实发育机理研发而成，主要用于叶面喷施，获得 2 项国家发明专利（ZL2010 1 0199145.0 和 ZL201310608398.2）并批量生产【安丘鑫海生物肥料有限公司，生产批号：农肥（2014）准字 3578 号】，在第十六届中国国际高新技术成果交易会（深圳）上获得优秀产品奖。经多年多点的示范推广，结果表明：自盛花期开始喷施含氨基酸功能水溶性肥料系列叶面肥，可显著改善葡萄的叶片质量，表现为叶片增厚，比叶重增加，栅栏组织和海绵组织增厚，栅海比增大；叶绿素 a、叶绿素 b 和总叶绿素含量增加；同时提高叶片净光合速率，延缓叶片衰老；改善葡萄的果实品质，果粒大小、单粒重及可溶性固形物含量、维生素 C 含量和 SOD 酶活性明显增加，使果粒表面光洁度明显提高，并显著提高果实成熟的一致性；显著提高葡萄枝条的成熟度，改善葡萄植株的越冬性；同时显著提高叶片的抗病性。在葡萄的不同生长发育阶段需喷施配方不同的氨基酸叶面肥，具体操作如下：展 3～4 片叶开始至花前 10 d 每 7～10 d 喷施 1 次 800～1 000 倍的含氨基酸的氨基酸 1 号叶面肥，以提高叶片质量；花前 10 d 和 2～3 d 各喷施 1 次 600～800 倍的含氨基酸硼的氨基酸 2 号叶面肥，以提高坐果率；坐果至果实转色前每 7～10 d 喷施 1 次 600～800 倍的含氨基酸钙的氨基酸 4 号叶面肥，以提高果实硬度；果实转色后至果实采收前，每 5～10 d 喷施 1 次 600～800 倍的含氨基酸钾的氨基酸 5 号叶面肥。

三、配方施肥

目前，葡萄生产一方面整体供过于求，另一方面高品质葡萄供应量有限，不能满足消费者的需求。因此，葡萄生产必须由数量效益型彻底转变为质量效益型，所以，配方施肥必须以品质为中心、围绕如何提高果实品质进行。

（一）平衡施肥法

平衡施肥法是根据作物计划产量需肥量与土壤供肥量之差估算施肥量的方法，又称目标产量法或计划产量法，计算公式如下：

$$目标产量施肥量=(目标产量需养分量-土壤供养分量)/(肥料养分含量\%\times肥料养分利用率\%)$$

1. 目标产量 目标产量是实际生产中预计达到的作物产量，是确定施肥量最基本的依据。设施葡萄目标产量的确定，必须以能够生产优质果品为前提，目标产量不能定得过高或过低。若目标产量定得过高，势必影响果品质量，严重影响设施葡萄的经济效益；若目标产量定得过低，土地的生产潜力得不到充分发挥，造成葡萄生产低水平运作。根据中国农业科学院果树研究所的研究和调研发现：光照良好、昼夜温差大的北方设施葡萄产区如辽宁等地，目标产量设定在每 667 m^2 1 500～2 000 kg 为宜；光照差、昼夜温差小的南方设施葡萄产区如上海和浙江等地，目标产量设定在每 667 m^2 750～1 000 kg 为宜；两者的中间过渡地带产区如山东等地，目标产量设定在每 667 m^2 1 000～1 500 kg 为宜。

2. 目标产量需养分量 目标产量需养分量＝（目标产量/100）×形成100 kg经济产量所需养分量。形成100 kg经济产量所需养分量受品种、气候、砧木、灌溉、栽培模式等影响。一般情况下，每生产100 kg果实，葡萄树全年约需要从土壤中吸收0.6～1.0 kg的氮（N）、0.3～0.5 kg的磷（P_2O_5）、0.6～1.2 kg的钾（K_2O）、0.6～1.2 kg的钙（CaO）和0.06～0.18 kg的镁（MgO）。

3. 土壤供养分量 在代表性地块上进行施肥和不施肥的田间小区试验，其中不施肥区葡萄的年养分吸收量就是该类型土壤的年供养分量，土壤供养分量受土壤肥力、灌溉、气候条件、品种和栽培模式等影响。土壤供养分量可以通过公式法和树体解剖法求得，其中公式法简单、树体解剖法更为准确。

① 公式法：土壤供养分量＝代表性地块不施肥区葡萄的养分吸收量＝(实际产量/100)×形成100 kg经济产量所需养分量。

② 树体解剖法：年初伤流前选取12株生长健壮一致且具有代表性的葡萄植株供解剖。选好葡萄植株后，首先立即将其中6株葡萄植株解剖并测定各部位养分含量计算植株总养分量；然后于果实成熟期采收剩余6株葡萄的果实测定其养分含量计算果实总养分量，于落叶期将所有叶片收集同时将剩余6株葡萄植株全部解剖并测定各部位养分含量计算植株总养分量，则（落叶期测定的6株葡萄植株的总养分量＋果实成熟期测定的6株葡萄果实的总养分量）－伤流前6株葡萄植株的总养分量＝6株葡萄植株的年养分吸收量，根据栽培密度换算出每667 m^2 葡萄植株的年养分吸收量即为该类型土壤每667 m^2 的供养分量。各地应按土壤类型，分品种和栽培模式进行多点试验，取得当地的可靠数据后，方可估算土壤供肥量。

4. 肥料养分含量 化肥和商品有机肥的养分含量一般按出厂包装袋上标明的含量或测定值，农家肥的养分含量一般按测定值或按经验概算。表17－27为常用农家肥的有机质及矿质营养元素含量。

表17－27 常用农家肥的有机质及矿质营养元素含量

农家肥种类	粗有机物	全氮(%)	全磷(%)	全钾(%)	钙(%)	镁(%)	铜(mg/kg)	锌(mg/kg)	铁(mg/kg)	锰(mg/kg)	硼(mg/kg)	钼(mg/kg)
人粪	71.86	6.38	1.32	1.60	1.95	1.05	69.68	340.5	2 752	298.0	4.26	3.48
猪粪	63.72	2.09	0.90	1.12	1.8	0.74	37.64	137.2	6 053	425.5	9.20	1.0
牛粪	66.22	1.67	0.43	0.95	1.84	0.47	26.87	100.3	4 052	648.1	13.16	1.22
羊粪	64.24	2.01	0.50	1.32	2.89	0.71	41.93	105.8	5 412	549.2	22.33	1.32
鸡粪	49.48	2.34	0.93	1.61	2.82	0.75	52.42	159.6	8 121	366.3	13.34	1.76
鸭粪	43.49	1.66	0.89	1.37	5.49	0.62	32.52	140.8	9 497	681.3	15.63	0.98
草木灰			1.02	9.21	8.41	1.46	58.90	297.8	8 093	2 601	26.13	1.43
水稻秆灰			0.78	8.20	7.27	1.16	10.07	128.6	4 515	1 497	13	1.16
油菜秆灰			0.47	4.6	3.24	0.18	20.5	99.8	4 477	426		
玉米秆灰			0.90	7.29	10.51	2.28	59.83	209.2	8 790	631.7	1.73	
柴灰			1.03	6.31	2.42	0.49	95.99	263.8	5 279	1 578	36.82	1.01
油菜籽饼	86	5.9	1.08	1.29	0.94	0.52	8.86	91.5	635	85.5	16.8	0.77

5. 肥料养分利用率 通过试验、计算获得，肥料养分年利用率%=（施肥区葡萄植株的年养分吸收量一不施肥区葡萄植株的年养分吸收量）/所施肥料中该养分总量×100%。肥料当季利用率参考值见表17-28。肥料利用率受土壤肥力、施肥量、灌溉、施肥方式、土壤条件等影响，其变化规律如下：土壤肥力越高，肥料利用率越低；施肥量越大，肥料利用率越低；灌溉条件越差，肥料利用率越低；追肥的肥料利用率高于基肥；深施的肥料利用率高于表施；有机无机配合的肥料利用率高于单施；腐熟有机肥的肥料利用率高于半腐熟和不腐熟有机肥；黏土的肥料利用率高于沙土的肥料利用率。化学肥料利用率低，是一个全球性问题，在我国尤其突出。一般的施肥方法条件下氮肥的利用率为30%～40%，磷肥的利用率更低，一般为10%～25%，钾肥为40%上下。

表17-28 常用肥料当季利用率参考值

肥料品种	肥料利用率（%）	肥料品种	肥料利用率（%）
碳酸氢铵	30～35	过磷酸钙	25
钙镁磷肥	20	尿素	45～50
磷酸氢二铵	P30，N50	硝酸铵	50～55
硫酸钾	50	硫酸铵	55～60

有机肥：20%～30%；复合肥NPK略高于同类单质肥或相当；人粪尿N：50%～60%。

我国幅员辽阔，各地施肥的具体条件差异很大，目标产量需养分量、土壤供养分量、肥料养分利用率等参数也不尽相同，因此对施肥量的估算要因地制宜。

（二）养分丰缺指标法

首先要做大量的田间试验，在目标产量（一般在每667 m^2 750～2 000 kg之间）一定的条件下，找出土壤有效养分含量与葡萄果实品质（主要包括果粒大小、果实色泽与光洁度、果实硬度、果实可溶性固形物含量、果实香气等指标，用归一化将上述指标按照一定权重合为一个参数，可定名为品质指数）之间的相关性，然后按土壤有效养分含量划分为若干个等级，提出每个等级的施肥建议。土壤养分等级的划分依据相对品质。若以施肥区（施用氮、磷、钾、钙、镁和中微量元素等全营养肥料）所能达到的最高品质指数为100，不施肥区品质指数占施肥区品质指数的百分率为相对品质。据试验，相对品质>90%为高肥力，70%～90%为中肥力，50%～70%为低肥力，<50%为极低肥力。以相对品质为标准，对照土壤有效养分含量确定土壤有效养分的丰缺指标，同时再进行单因素不同水平试验或五因素四水平“5416”多因素不同水平试验，计算出最佳施肥量（图17-6）。

（三）参考当地管理水平高的葡萄园的施肥量

对当地不同品种、树龄、土壤、栽培方式和管理水平的葡萄园，进行施肥量与产量、品质和经济效益的调查，在此基础上提出施肥计划。这一方法简便易行，具有一定的现实意义。

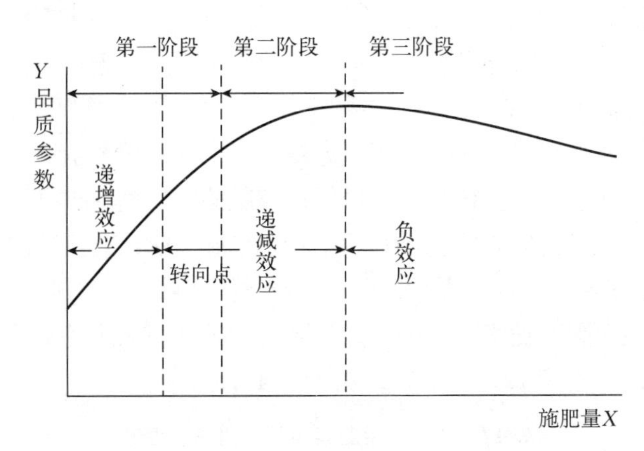

图 17-6　肥料效应的三个阶段

四、施肥原则

目前，我国在肥料施用方面还存在许多问题，重化肥，轻有机肥；重氮肥，轻磷、钾，忽视钙、镁肥和微肥；重产量，轻质量；施用方法陈旧落后。由此带来许多不良的后果：一是土壤肥力下降，影响农业的可持续发展；二是肥料利用率低，浪费严重，污染环境和地下水；三是成本高，效益低，果业收入增加缓慢甚至停滞不前；四是高产低质，直接影响到果品的销售。面对果业可持续发展的新形势，引导广大果农更新观念，扭转"三重三轻"等倾向，调整肥料结构，实施测、配、产、供、施一体化，已成为当前肥料工作的重点。

（一）有机肥、无机肥和生物肥料相结合

增施有机肥料和生物肥料可以增加土壤有机质含量，改善土壤物理、化学和生物性状，提高土壤保水保肥能力，增强土壤微生物的活性，提高化肥利用率。

（二）大量、中量、微量元素配合

各种营养元素的配合是配方施肥的重要内容，强调氮、磷、钾、钙、镁肥的相互配合，并补充必要的中、微量元素，才能获得高质、高产、稳产。

（三）用地与养地相结合，投入与产出相平衡

要使作物—土壤—肥料形成物质和能量的良性循环，避免土壤肥力下降。

（四）按照葡萄的需肥特性和需肥规律施肥

除氮、磷、钾肥外，重视钙肥和镁肥的施用；重视幼果发育期钾肥的施用；重视微肥的施用；葡萄是氯敏感作物，注意含氯化肥的使用，切忌过量。

（五）依据葡萄需肥时期施肥

同一肥料因施用时期不同而效果不一样，葡萄需肥时期与物候期有关。养分首先满足生命活动最旺盛的器官，即生长中心也就是养分的分配中心。随着生长中心的转移，分配中心也随之转移，若错过这个时期施肥，一般补救作用不大。葡萄主要的生长中心有新梢生长、开花、坐果、幼果膨大、花芽分化、果实成熟等时期。有时有的生长中心有重叠现象，如幼果膨大期与花芽分化期就出现养分分配和供需的矛盾。因此，必须视土壤肥力状

况给以适量的追肥，才能减缓生长中心竞争营养的矛盾，使树体平衡地生长发育。

（六）依据肥料性质施肥

易流失挥发的速效性或施后易被土壤固定的肥料，如碳酸氢铵、过磷酸钙等宜在葡萄需肥稍前施入；迟效性肥料如有机肥，因腐烂分解后才能被葡萄吸收利用，故应提前施入。

五、施肥技术

（一）基肥的施用

基肥又称底肥，以有机肥料为主，同时加入适量的化肥，是较长时期供给葡萄多种养分的基础肥料，施入土壤后才逐渐分解，能不断供给葡萄吸收的大量元素和微量元素。基肥施用的时期根据栽培模式确定，不耐弱光葡萄品种（如夏黑等）的冬促早栽培，结合更新修剪施入基肥；耐弱光葡萄品种的冬促早栽培、春促早栽培、秋促早栽培、延迟栽培和避雨栽培采果后施入基肥。基肥以有机肥（以生物有机肥最佳，其次是羊粪，最后是猪粪等农家肥）为主，加入适量配方肥如中国农业科学院果树研究所研发的葡萄同步全营养配方肥结果树5号等。基肥施用量根据当地土壤情况、树龄、结果多少等情况而定，一般果肥重量比为1∶2。施基肥多采用沟施或穴施。一般每1～2年1次，最好每年1次。具体操作：利用施肥机械或人工将有机肥和化肥混合施入25～45 cm深的土壤中，为避免根系上浮，0～25 cm表层土壤不能混入肥料。同时冬季需下架防寒的栽培模式，为避免根系水平延伸过长造成冬季防寒取土时根系侧冻问题的发生，施肥沟的位置距离主干30～50 cm，不能距离主干过远。

（二）追肥的施用

追肥又叫补肥，在生长期施用，以化肥为主，是当年壮树、优质，又给来年生长结果打下基础的肥料。追肥的次数和时期与气候、土质、树龄等有关。一般高温多雨或沙质土，肥料易流失，追肥次数可多一些；幼树追肥次数宜少，随树龄增长，结果量增多，长势减缓时，追肥次数要逐渐增多，以调节生长和结果的矛盾。

1. 土壤追肥

（1）萌芽前追肥　此期施用葡萄同步全营养配方肥的结果树1号肥。此次追肥主要补充基肥不足，以促进发芽整齐、新梢和花序发育。埋土防寒区在出土上架整畦后、不埋土防寒区在萌芽前半月进行追肥，追肥后立即灌水。追肥时注意不要碰伤枝蔓，以免引起过多伤流，浪费树体贮藏营养。对于上年已经施入足量基肥的园片本次追肥不需进行。

（2）花前追肥　此期施用葡萄同步全营养配方肥的结果树2号肥。萌芽、开花、坐果需要消耗大量营养物质。但在早春，根系吸收能力差，主要消耗贮藏养分。若树体营养水平较低，此时营养供应不足，会导致大量落花落果，影响营养生长，对树体不利，故生产上应注意这次施肥。对落花落果严重的品种如巨峰系品种花前一般不宜施入氮肥。若树势旺，基肥施入数量充足时，花前追肥可推迟至花后。

（3）花后追肥　花后幼果和新梢均迅速生长，需要大量营养，施肥可促进新梢正常生长，扩大叶面积，提高光合效能，利于碳水化合物和蛋白质的形成，减少生理落果。花前和花后肥相互补充，如花前已经追肥，花后不必追肥。

(4) 幼果生长期追肥　此次追肥施用葡萄同步全营养配方肥的结果树3号肥。幼果生长期是葡萄需肥的临界期。及时追肥不仅能促进幼果迅速发育，而且对当年花芽分化、枝叶和根系生长有良好的促进作用，对提高葡萄产量和品质亦有重要作用。此次追肥宜氮磷钾钙镁配合施用，尤其要重视磷钾及钙镁肥的施用。对于长势过旺的树体或品种此次追肥注意控制氮肥的施用。

(5) 果实生长后期即果实着色前追肥　此次追肥施用葡萄同步全营养配方肥的结果树4号肥。这次追肥主要解决果实发育和花芽分化的矛盾，而且显著促进果实糖分积累和枝条正常老熟。对于晚熟品种此次追肥可与基肥结合进行。

(6) 果实采收后　此次追肥施用葡萄同步全营养配方肥的结果树5号肥。此次追肥一般结合基肥施用。

(7) 更新修剪后　在设施葡萄冬促早栽培中，对于果实收获期在6月10日之前不耐弱光的葡萄品种如夏黑等，果实采收后必须采取平茬或完全重短截更新修剪并及时开沟断根施肥处理，方能实现连年丰产。开沟断根位置离主干30 cm左右，开沟深度30～40 cm，开沟后及时增施有机肥和以氮肥为主的葡萄全营养配方肥——幼树1号肥（中国农业科学院果树研究所研制），以调节地上地下平衡，补充树体营养，促进新梢生长和树冠成形。待新梢长至80 cm左右时施用1次以磷、钾肥为主的葡萄全营养配方肥——幼树2号肥（中国农业科学院果树研究所研制），以控长促花，促进枝条成熟和花芽分化。

2. 根外追肥　根外追肥又称叶面喷肥，是将肥料溶于水中，稀释到一定浓度后直接喷于植株上，通过叶片、嫩梢和幼果等吸收进入体内。主要优点是：经济、省工、肥效快、可迅速克服缺素症状。对于提高果实产量和改进品质有显著效果。但是根外追肥不能代替土壤施肥，两者各有特点，只有以土壤施肥为主，根外追肥为辅，相互补充，才能发挥施肥的最大效益。根外追肥要注意天气变化。夏天炎热，温度过高，宜在上午10时前和下午4时后进行，以免喷施后水分蒸发过快，影响叶面吸收和发生肥害；雨前也不宜喷施，以免使肥料流失。

第三节　设施葡萄的水分管理

葡萄的耐旱性较强，从理论上讲，年降水量达到500～550 mm的地区，自然降雨即可以满足葡萄植株生长和结果的需要。但我国大部分葡萄生长区降水量分布不均匀，冬季和生长前期干旱少雨，因此，灌溉仍是我国大部分葡萄栽培区的一项十分重要的工作，根据具体情况，适时灌水对葡萄的正常生长十分必要。在我国华中、华北、华东以及东北大部分地区，7～9月常遇阴雨或暴雨天气。在这些地区，葡萄园及时引水排涝又是一项重要的工作内容。

一、灌溉

（一）设施葡萄的需水特性

葡萄植株需水有明显的阶段特异性，从萌芽至开花对水分需求量逐渐增加，开花后至开始成熟前是需水最多的时期，幼果第一次迅速膨大期对水分胁迫最为敏感，进入成熟期

后，对水分需求变少、变缓。

（二）设施葡萄的适宜灌溉时期

1. 催芽水　当葡萄上架至萌芽前 10 d 左右，结合追肥灌 1 次水，又叫催芽水，促进植株萌芽整齐，有利新梢早期迅速生长。

2. 促花水　葡萄从萌芽至开花需 44 d 左右，一般灌 1～2 次水，又叫催穗水，促进新梢、叶片迅速生长和花序的进一步分化与增大。花前最后一次灌水，不应迟于始花前 1 周。这次水要灌透，使土壤水分能保持到坐果稳定后。个别葡萄园忽视花前灌水，一旦出现较长时间的高温干旱天气，即会导致葡萄花期前后出现严重的落蕾落果，尤其是中庸或弱树势的植株较重。开花期切忌灌水，以防加剧落花落果。但对易产生大小果且坐果过多的品种，花期灌水可起疏果的作用。

3. 膨果水　坐果后至浆果种子发育末期的幼果发育期，结合施肥进行灌水，此期应有充足的水分供应。随果实负载量的不断增加，新梢的营养生长明显缓弱。此期应加强肥水，增强副梢叶量，防止新梢过早停长。灌水次数视降水情况酌定。种子发育后期要加强灌水，防止高温干旱引起表层根系伤害和早期落叶。沙土区葡萄根群分布极浅，枝叶嫩弱，遇干旱极易引起落叶。试验结果表明，先期水分丰富、后期干燥区落叶最甚，同时影响其他养分的吸收，尤其是磷的吸收，其次是钾、钙、镁的吸收。土壤保持 70%田间持水量，果个及品质最优；过湿区（70%～80%）则影响糖度的增加。

4. 转色成熟水　果实转色至成熟期，在干旱年份，适量灌水对保证产量和品质有好处。但在葡萄浆果成熟前应严格控制灌水，对于鲜食葡萄应于采前 15～20 d 停止灌水。这一阶段如遇降雨，应及时排水。

5. 采后水　采果后，结合施基肥灌水一次，促进营养物质的吸收，有利于根系的愈合及发生新根；遇秋旱时应灌水。

6. 封冻水　在葡萄埋土前，应灌一次透水，以利于葡萄安全越冬。

以上各灌溉时期，应根据当时的天气状况和土壤湿度决定是否灌水和灌水量的大小。强调浇匀、浇足，不得跑水或局部积水。

（三）设施葡萄的适宜灌水量及灌溉的植物学标准（彩图 17-6）

葡萄的适宜灌水量应在一次灌水中使葡萄根系集中分布范围内的土壤湿度达到最有利于生长发育的程度，一般以湿润 80～100 cm 宽（主干为中心）、0～40 cm 深的土层即可，过深不仅会浪费水资源，而且影响地温的回升。多次只浸润表层的浅灌，既不能满足根系对水分的需要，又容易引起土壤板结和温度降低，因此要一次灌透。

1. 萌芽前后至开花期　葡萄上架后，应及时灌水，此期正是葡萄开始生长和花序原基继续分化的时期，及时灌水可促进发芽率整齐和新梢健壮生长。此期葡萄根系集中分布范围内的土壤湿度应保持在田间最大持水量的 65%～75%，保持新梢梢尖呈弯曲生长状态。

2. 坐果期　此期为葡萄的需水临界期。如水分不足，叶片和幼果争夺水分，常使幼果脱落，严重时导致根毛死亡，地上部生长明显减弱，产量显著下降。此期葡萄根系集中分布范围内的土壤湿度应保持在田间最大持水量的 60%～70%，此期适度干旱可使授粉受精不良的小青粒自动脱落，减少人工疏粒用工量。

3. 果实迅速膨大期 此期既是果实迅速膨大期又是花芽大量分化期，及时灌水对果树发育和花芽分化有重要意义。此期葡萄根系集中分布范围内的土壤湿度应保持在田间最大持水量的65%～75%，此期保持新梢梢尖呈直立生长状态为宜。

4. 浆果转色至成熟期 此期葡萄根系集中分布范围内的土壤湿度应保持在田间最大持水量的55%～65%，此期维持基部叶片颜色略微变浅为宜，待果穗尖部果粒比上部果粒软时需要及时灌水，最迟穗尖果梗表面出现轻微坏死斑即开始灌溉，切忌穗尖出现不可逆的干旱伤害。

5. 采果后和休眠期 采果后结合深耕施肥适当灌水，有利于根系吸收和恢复树势，并增强后期光合作用，此期葡萄根系集中分布范围内的土壤湿度应保持在田间最大持水量的55%～65%。冬季土壤冻结前，必须灌一次透水，冬灌不仅能保证植株安全越冬，同时对下年生长结果也十分有利。

6. 更新修剪后 在设施葡萄冬促早栽培中，对于果实收获期在6月10日之前不耐弱光的葡萄品种如夏黑等，果实采收后必须采取平茬或完全重短截更新修剪并及时开沟断根施肥处理，方能实现连年丰产。更新修剪、断根施肥后，灌1次透水；萌芽至新梢长80 cm时，及时灌水促进新梢健壮生长，此期土壤相对湿度保持在65%～75%，新梢梢尖呈弯曲状生长为宜；新梢长至80 cm以后，适度控水，抑制新梢营养生长促进花芽分化，此期土壤相对湿度保持在65%左右，新梢梢尖呈直立状态生长为宜。冬季土壤冻结前，必须灌一次透水。

（四）灌溉方法与技术

在葡萄生产中主要有漫灌、沟灌、滴灌、微喷灌、根系分区交替灌溉等灌溉方法与技术。

1. 漫灌 即对全园进行大水漫灌，这是一种主要用于盐碱地葡萄园为减少耕层土壤中盐分时进行的一种特殊灌溉方法。

2. 沟灌 沟灌是目前生产中采用最多的一种灌溉方式，即顺行向做灌水沟，通过管道或渠道将水引入浇灌。沟灌时的水沟宽度一般为0.6～1.0 m。与漫灌相比，可节水30%左右。

3. 滴灌 滴灌是通过特制滴头点滴的方式，将水缓慢的送到作物根部的灌水方式。滴灌的应用从根本上改变了灌溉的概念，从原来的“浇地”变为“浇树、浇根”。滴灌可明显减少逐渐蒸发损失，避免地面径流和深层渗漏，可节水、保墒、防止土壤盐渍化，而且不受地形影响，适应性广。

（1）滴灌系统的类型

① 固定式滴灌系统。这是最常见的。在这种系统中，毛管和滴头在整个灌水期内是不动的。所以，对于滴灌密植作物毛管和滴头的用量很大，系统的设备投资较高。

② 移动式滴灌系统。塑料管固定在一些支架上，通过某些设备移动管道支架。另一种是类似时针式喷灌机，绕中心旋转的支管长200 m，由五个塔架支承。以上属于机械移动式系统。人工移动式滴灌系统是支管和毛管由人工进行昼夜移动的一种滴灌系统，其投资最少，但不省工。

（2）滴灌系统的组成 滴灌系统主要由首部枢纽、管路和滴头三部分组成。

① 首部枢纽。包括水泵（及动力机）、施肥设备、过滤设备、测量与控制设备等。其作用是抽水、施肥、过滤，以一定的压力将一定数量的水送入干管。其中过滤器的选择是滴灌系统的关键。如果过滤器选择不当，造成的后果可能是滴头的堵塞，或者过滤器易被堵塞，导致系统流量不能满足灌溉，增加过滤器的清洗次数，给灌溉带来诸多不便。因此过滤器的选择一定要根据水源的水质情况和滴头对水质处理的要求，选择适宜的过滤器，必要时采用不同类型的过滤器组合进行多级过滤。

② 管路。包括干管、支管、毛管以及必要的调节设备（如压力表、闸阀、流量调节器等）。其作用是将加压水均匀地输送到滴头。干支管的布置取决于地形、水源、作物分布和毛管的布置，其布置应达到管理方便、工程费用小的要求。一般当水源离灌溉区较近且灌溉面积较小时，可以只设支管，不设置干管，相邻两级管道应尽量互相垂直以使管道长度最短而控制面积最大。在丘陵山地，干管多沿山脊布置或者沿等高线布置，支管则垂直于等高线，向两边的毛管配水。在平地，干支管应尽量双向控制，两侧布置下级管道，可节省管材。同一灌溉区滴灌系统的布置可以有很多种选择的方案，应在全面掌握灌溉区作物、地形等资料的基础上通过综合分析确定，选择出适合于当地生产条件，而工程投资少、管理方便的方案。

③ 滴头。其作用是使水流经过微小的孔道，形成能量损失，减小其压力，使它以点滴的方式滴入土壤中。滴头通常放在土壤表面，亦可以浅埋保护。滴头和毛管的布置形式取决于作物种类、种植方式、土壤类型、滴头流量和滴头类型，还须同时考虑施工和管理的方便。果树和经济林等乔灌木树种的种植株间距变化较大，毛管的布置方式要根据树木大小、种植规则程度及滴头流量等因素确定。当果树的冠幅和栽植行距较大时，可以考虑毛管和滴头绕树布置，这种布置形式的优点在于，湿润面积近于圆形，其湿润范围可根据树体的大小调整，也利于果树各方向根系的生长。

④ 压力补偿式滴头。a. 优点：借助水流压力使弹性硅胶片改变出水口断面，调节流量，使出水稳定；滴头间距根据作物株距可任意调整；灌水均匀度高，具有自动清洗功能；压力补偿性强，特别适用于起伏地形，系统压力不均衡和毛管较长的情况；抗农用化学制品和肥料的腐蚀和紫外线，使用寿命长。b. 规格参数：一般滴头流量 2～6 L/h，压力补偿范围一般在 0.1～0.3 MPa。

（3）滴灌的优点

① 节水。提高水的利用率。传统的地面灌溉需水量极大，而真正被作物吸收利用的量却不足总供水量的 50%，这对缺水的我国大部分地区无疑是资源的巨大浪费，而滴灌的水分利用率却高达 90%左右，可节约大量水分。

② 减小果园空气湿度，减少病虫发生。采用滴灌后，果园的地面蒸发大大降低，果园内的空气湿度与地面灌溉园相比会显著下降，减轻了病虫害的发生和蔓延。

③ 提高劳动生产率。在滴灌系统中有施肥装置，可将肥料随灌溉水直接送入葡萄植株根部，减少了施肥用工，并且肥效提高，节约肥料。

④ 降低生产成本。由于减少果园灌溉用工，实现了果园灌溉的自动化，从而使生产成本下降。

⑤ 适应性强。滴灌不用平整土地，灌水速度可快可慢，不会产生地面径流或深层渗

漏，适用于任何地形和土壤类型。如果滴灌与覆盖栽培相结合，效果更佳。

4. 微喷灌 为了克服滴灌设施造价高、滴灌带容易堵塞的问题，同时又要达到节水的目的，我国独创了微喷灌的灌溉形式，它兼有喷灌不易堵塞和滴灌耗水少的优点，克服了两者的一些缺点。微喷灌即将滴灌带换为微喷带即可，而且对水的干净程度要求较低，不易堵塞微喷口。微喷带即在灌溉水带上均匀打微孔即成微喷带。但微喷带能够均匀灌溉的长度不如滴灌带长。微喷灌会增加空气湿度，在萌芽和新梢生长初期可起到减轻或避免晚霜冻危害的作用；在新梢生长初期之后空气湿度过大容易产生病害，所以微喷灌必须结合地膜覆盖或安装微喷带时孔口向下。

5. 小管出流灌溉 小管出流是指在支管上打孔安装稳流器以后，在稳流器另一端安装一截毛管，直达作物根部的一种微灌方式。这种微灌由于出流孔径较滴灌出流孔大得多，基本避免了堵塞问题，工作压力很低，只有 40.53～101.33 kPa，流量为 80～250 L/h。这种方法投资较低、操作方便。

(1) 小管出流灌溉系统组成

① 动力机械。从水源提取水进入主管网。

② 首部系统。包括控制系统、施肥系统和过滤系统。

③ 主管网。输水主管，一般由 PE 管材和 PE 管件组成。

④ 灌水器。由稳流器及毛管组成。

(2) 小管出流灌溉系统的特点

① 节能、堵塞问题小、水质净化处理简单。小管灌水器的流道直径比滴灌灌水器的流道或孔口的直径大得多，而且采用大流量出流，解决了滴灌系统灌水器易于堵塞的难题。因此，一般只要在系统首部安装 60～80 目的筛网式过滤器就足够了（滴灌系统过滤器的过滤介质则需要 120～200 目）。如果利用水质良好的井水灌溉或水质较好水池灌溉，也可以不安装过滤器。同时，由于过滤器的网眼大、水头损失小，既减少能量消耗，又可延长冲洗周期。

② 施肥方便。果树施肥时，可将化肥液注入管道内随灌溉水进入作物根区土壤中，也可把肥料均匀地撒于渗沟内溶解，随水进入土壤。特别是施有机肥时，可将各种有机肥埋入渗水沟下的土壤中，在适宜的水、热、气条件下熟化，充分发挥肥效。

③ 省水。小管出流灌溉是一种局部灌溉技术，只湿润渗水沟两侧作物根系活动层的部分土壤，水的利用率高，而且是管网输配水，没有输渗漏损失，可比地面灌溉节约用水60%以上。

④ 适应性强，操作简单，管理方便。对各种地形、土壤等均可适用。

(3) 稳流器特点与参数

① 采用稳流器装置，出流稳定，均匀度达到 90%以上，平地铺设长度 100 m 以上；抗堵塞能力强，可深埋地下，不影响地面工作。根据作物需要，可根据实际情况安装。

② 稳流器的参数。流量 10～70 L/h，工作压力 0.1～0.3 MPa。

6. 喷灌 喷灌是把由水泵加压或自然落差形成的有压水通过压力管道送到田间，再经喷头喷射到空中，形成细小水滴，均匀地洒落在农田，达到灌溉的目的。一般说来，其明显的优点是灌水均匀，少占耕地，节省人力，对地形的适应性强。主要缺点是受风影响

大，设备投资高。喷灌系统的形式很多，其优缺点也就有很大差别。在我国用得较多的有以下几种：固定管道式喷灌、半移动式管道喷灌、中心支轴式喷灌机、滚移式喷灌机、大型平移喷灌机、纹盘式喷灌机、中小型喷灌机组。喷灌对地形、土壤等条件适应性强。但在多风的情况下，会出现喷洒不均匀、蒸发损失增大的问题。在设施葡萄生产中，喷灌具有减轻或避免霜冻危害或高温危害的作用，但容易增加空气湿度导致病害加重，因此，在应用此技术时要根据实际情况确定。

7. 渗灌　渗灌是继喷灌和滴灌之后的又一节水灌溉技术，是一种地下微灌形式。在低压条件下，通过埋于作物根系活动层的灌水器（如微孔渗灌管），根据作物的需水特性定时定量地向土壤中渗水供给作物。适用于上层土壤具有良好毛细管特性，而下层土壤透水性弱的地区，但不适用于土壤盐碱化的地区。地下灌溉最早是由中国发明的，有暗管灌溉和潜水灌溉两种。前者灌溉水借设在地下管道的接缝或管壁孔隙流出渗入土壤；后者通过抬高地下水位，使地下水由毛管作用上升到作物根系层。渗灌系统全部采用管道输水，灌溉水是通过渗灌管直接供给作物根部，地表及作物叶面均保持干燥，蒸发减至最小，计划湿润层土壤含水率均低于饱和含水率，因此，渗灌技术水的利用率是目前所有灌溉技术中最高的。渗灌系统首部的设计和安装方法与滴灌系统基本相同，所不同的是：尾部地埋渗灌管。渗水量的主要制约因素是土壤质地和渗灌管的入口压力，所以渗灌系统运行时的主要控制条件是流量，而滴灌系统完全是通过调节压力而控制流量的。淤堵是渗灌所面临的一大难题，包括泥沙堵塞和生物堵塞。另外，它的管道埋设于地下，水肥可能流入作物根系达不到的土壤层，造成水肥的浪费。所以，目前渗灌的大面积推广应用受到一定限制。

（1）渗灌的优点　灌水后土壤仍保持疏松状态，不破坏土壤结构，不产生土壤表面板结，为作物提供良好的土壤水分状况；地表土壤湿度低，可减少地面蒸发；管道埋入地下，可减少占地，便于交通和田间作业，可同时进行灌水和农事活动；灌水量省，灌水效率高；能减少杂草生长和植物病虫害；渗灌系统流量小、压力低，故可减小动力消耗，节约能源。

（2）渗灌的缺点　表层土壤湿度较差，不利于作物种子发芽和幼苗生长，也不利于浅根作物生长；投资高，施工复杂，且管理维修困难；一旦管道堵塞或破坏，难以检查和修理；易产生深层渗漏，特别对透水性较强的轻质土壤，更容易产生渗漏损失。此外，在某些地下水位高又有渍涝威胁的地区，还有排灌两用的地下灌溉系统。灌溉时，通过沟渠和田间暗管，抬高地下水位，利用土壤毛细管作用进行浸润灌溉。多雨时通过暗管和沟渠将田间多余水分排走，并降低田间地下水位。这种系统的暗管埋设深度、间距和管孔透水强度均较大。这种设施在美国东南滨海平原地区已有十余年的运行历史，我国江苏省及上海市近年来也在试用。

8. 根系分区交替灌溉　根系分区交替灌溉是在植物某些生育期或全部生育期交替时对部分根区进行正常灌溉，其余根区则受到人为的水分胁迫的灌溉方式，刺激根系吸收补偿功能，调节气孔保持最适开度，达到以不牺牲光合产物积累、减少奢侈蒸腾而节水高产优质的目的。中国农业科学院果树研究所浆果类果树栽培与生理科研团队试验结果表明：根系分区交替灌溉可以有效控制营养生长，修剪量下降，显著降低用工量；同时显著改善果实品质。该灌溉方法与覆盖栽培、滴灌或微喷灌相结合效果更佳。

从降低设施葡萄促早栽培空气湿度和提高水分利用效率考虑，我们建议采用地膜覆盖、膜下灌溉的方法。

二、排水

葡萄在雨量大的地区，如土壤水分过多，会引起枝蔓徒长，延迟果实成熟，降低果实品质，严重的会造成根系缺氧，抑制呼吸，引起植株死亡。因此，在果园设计时应安排好果园排水系统。排水沟应与道路建设、防风林设计等相结合，一般在主干路的一侧，与园外的总排水干渠相连接，在小区的作业道一侧设有排水支渠。如果条件允许，排水沟以暗沟为好，可方便田间作业，但在雨季应及时打开排水口，及时排水。

第四节　设施葡萄的水肥一体化

一、概念

水肥一体化技术是将灌溉与施肥融为一体的农业新技术，水肥一体化并非简单的“灌溉＋施肥”，而是按土壤养分含量、葡萄品种的需水需肥规律和特点，不同生长期的需水需肥规律情况，通过可控管道系统供水、供肥，使水肥相融后，通过管道和滴头均匀定时定量浸润葡萄根系生长区域，使根系集中分布区域土壤始终保持疏松和适宜的含水量，把水分、养分定时定量，按比例直接提供给葡萄树。故水肥一体化有一句较为贴切的语言表达，那就是“灌溉与施肥于作物根区而非土壤”。

二、水肥一体化的优点

（一）水肥均衡，提高水肥利用率，增加产量，改善果实品质

传统的灌溉、施肥方式，葡萄饿几天再撑几天，不能均匀地“吃喝”。而采用水肥一体化的肥水管理方法，可以根据葡萄需水需肥规律随时供给，直接把作物所需要的肥料随水均匀地输送到植株的根部，作物“细酌慢饮”，保证作物“吃得舒服，喝得痛快”，大幅度地提高了肥料和水分的利用率，同时杜绝了缺素问题的发生，因而在生产上可达到增加葡萄产量和改善葡萄果实品质的目标。此外，水肥一体化可使葡萄园的水分均衡、按需供给，不至于过干过涝，有效解决葡萄裂果的问题。

（二）有效避免土壤理化性状变劣的问题

传统大水漫灌，对葡萄园土壤造成冲刷、压实和侵蚀，若不及时中耕松土，会导致严重板结、通气性下降、土壤结构会遭到一定程度破坏。要恢复被破坏的土壤结构，需要一个漫长的过程。采用水肥一体化技术，采用微量灌溉，水分缓慢均匀地渗入土壤，对土壤结构能起到保护作用，并形成适宜的土壤水、肥、热环境。

（三）省工省时，有效降低综合用工成本

传统的灌溉和施肥费工费时，需要开沟、施肥、覆土和灌水等操作；而水肥一体化不需开沟和覆土等操作，有效减少了用工成本。

（四）控温调湿，减轻病害

传统沟灌或大水漫灌，一方面会造成土壤板结、通透性差、地温降低，影响葡萄根系生长发育甚至发生沤根现象；另一方面会造成土壤病菌随水传播、增加空气湿度，加重病害的发生，而采用水肥一体化技术则可有效避免上述问题。

三、采用水肥一体化技术的技术要领

（一）必须有适合灌溉的清洁水源

若遇干旱造成水源不便，可以自建储水池。

（二）必须建立一套管道灌溉施肥系统

根据地形、田块、单元、土壤质地、作物种植方式、水源特点等基本情况，设计管道系统的埋设深度、长度、灌区面积等。水肥一体化的灌水方式可采用普通管道灌溉、喷灌、微喷灌、泵加压滴灌、重力滴灌、渗灌、小管出流灌溉等，忌用大水漫灌，这容易造成肥料损失，同时也降低水分利用率。

（三）肥料的纯度和可溶性好

可选液态或固态肥料，如氨水、尿素、硫酸铵、硝酸铵、磷酸一铵、磷酸二铵、氯化钾、硫酸钾、硝酸钾、硝酸钙、硫酸镁等肥料；固态以粉状或小块状为首选，要求水溶性强，含杂质少，一般不应该用颗粒状复合肥；如果用沼液或腐殖酸液肥，必须经过过滤，以免堵塞管道。

（四）灌溉施肥操作

1. 肥料的溶解与混匀　施用液态肥料时不需要搅动或混合，一般固态肥料需要与水混合搅拌成液肥，必要时分离，避免出现沉淀等问题。

2. 施肥量控制　施肥时要掌握剂量，注入肥液的适宜浓度大约为灌溉流量的0.1%。例如灌溉流量为每667 m^2 50 m^3，注入肥液大约为每667 m^2 50 L；过量施用可能会使作物致死以及环境污染。

3. 灌溉施肥的程序　第一阶段，选用不含肥的水湿润；第二阶段，施用肥料溶液灌溉；第三阶段，用不含肥的水清洗灌溉系统。

第十八章  设施葡萄的无土栽培

无土栽培（soilless culture）是近代发展起来的一种作物栽培新技术，作物不是栽培在土壤中，而是栽培在溶解有矿物质的水溶液中；或栽培在某种基质（珍珠岩、蛭石、草炭、椰糠等）中，以营养液灌溉提供作物养分需求的栽培方法。由于不使用天然土壤，而用营养液浇灌来栽培作物，故被称为无土栽培。

由于无土栽培可人工创造良好的根际环境以取代土壤环境，有效防止土壤连作病害及土壤盐分积累造成的生理障碍，而且可实现非耕地（如戈壁、沙漠、盐碱地等）的高效利用和满足阳台、楼顶等都市农业的需求；同时，根据作物不同生育阶段对各矿质养分需求的不同更换营养液配方，使营养供给充分满足作物对矿质营养、水分、气体等环境条件的需要，栽培用的基本材料又可以循环利用，因此具有节水、省肥、环保、高效、优质等特点。

19 世纪中叶，德国科学家李比希建立了矿质营养理论的雏形，奠定了现代无土栽培技术的理论基础。Sachs 和 Knop 在 1860 年前后成功地在营养液中种植植物，建立了沿用至今的用矿质营养液培养植物的方法，并逐步演变成现代的无土栽培技术。1929 年，美国的 Gericke 进行了大规模的无土栽培研究，用营养液种出了高达 7.5 m 的番茄，单株收果实 14 kg。20 世纪 40 年代，无土栽培作为一种新的栽培方法，陆续用于农业生产。不少国家都先后建立起了无土栽培基地，有的还建起了温室。在第二次世界大战期间，英国空军在伊拉克沙漠、美国在太平洋的威克岛曾先后用无土栽培的方法生产蔬菜，供应战时的需要。后来，不同国家开始应用无土栽培技术，均获得较大的发展。1955 年，在荷兰举行的第 14 届国际园艺会议期间，一些无土栽培研究者发起成立了国际无土栽培组织（简称 IWOSC），1980 年改称为无土栽培学会（简称 ISOSC）。

我国无土栽培的研究和生产应用始于 20 世纪 70 年代，主要是水稻无土育秧，蔬菜作物无土育苗。1980 年全国成立了蔬菜工厂化育苗协作组，除研究无土育苗外，还进行了保护地无土栽培技术研究。

2010 年，中国农业科学院果树研究所在国内首先开展了葡萄无土栽培技术的研究，于 2016 年获得成功。经过多年科研攻关，在对葡萄矿质营养年吸收运转需求规律研究的基础上，研发出配套无土栽培设备，筛选出设施无土栽培适宜品种（87－1 和京蜜最佳，其次是夏黑和金手指）和砧木（以华葡 1 号效果最佳），研制出无土栽培营养液，制定出葡萄无土栽培技术规程，使中国在葡萄无土栽培方面居于国际领先地位（彩图 18－1

至彩图 18－3)。

第一节　设施葡萄无土栽培的类型

一、无基质栽培

栽培作物没有固定根系的基质，根系直接与营养液接触，又分为水培和雾培两种。由于葡萄植株巨大，无基质栽培在设施葡萄无土栽培中极少应用。

（一）水培

水培是指不借助基质固定根系，使植物根系直接与营养液接触的栽培方法。主要包括深液流栽培、营养液膜栽培和浮板毛管栽培。

1. 深液流栽培　营养液层较深，根系伸展在较深的液层中，每株占有的液量较多，因此营养液浓度、溶解氧、酸碱度、温度以及水分存量都不易发生急剧变动，为根系提供了一个较稳定的生长环境。

2. 营养液膜栽培　是一种将植物种植在浅层流动的营养液中的水培方法。该技术因液层浅，作物根系一部分浸在浅层流动的营养液中，另一部分则暴露于种植槽内的湿气中，可较好地解决根系需氧问题，但由于液量少，易受环境温度影响，要求精细管理。

3. 浮板毛管栽培　采用栽培床内设浮板湿毡，解决水气矛盾；采用较长的水平栽培床贮存大量的营养液，有效地克服了营养液膜栽培的缺点，作物根际环境条件稳定，液温变化小，不怕因临时停电而影响营养液的供给。

（二）雾培

雾培又称气培或气雾培，是利用过滤处理后的营养液在压力作用下通过雾化喷雾装置，将营养液雾化为细小液滴，直接喷射到植物根系以提供植物生长所需的水分和养分的一种无土栽培技术。气雾培是所有无土栽培技术中根系的水气矛盾解决得最好的一种形式，能使作物产量成倍增长，也易于自动化控制和进行立体栽培，提高温室空间的利用率。但它对装置的要求极高，大大限制了它的推广利用。

二、基质栽培

基质培养的特点是栽培作物的根系有基质固定。它是将作物的根系固定在基质中，通过滴灌或细流灌溉的方法，供给作物营养液。基质栽培具有水、肥、气三者协调，设备投资较低，生产性能优良而稳定的优点；缺点是栽培基质体积较大，填充、消毒及重复利用时的残根处理费时费工，困难较大。基质栽培是设施葡萄无土栽培的主要类型。

（一）基质的作用

1. 固定作用　支持和固定作物是基质的最基本作用，使作物保持直立而不倾倒，同时有利于植物根系的附着和发生，为植物根系提供良好的生长环境。

2. 保持水分和空气　基质有较强的保持水分和吸附足量空气的能力，以满足作物生长发育的需要。

3. 缓冲作用　基质有为根系提供稳定环境的能力，可以减轻或化解外来物质或根系分泌物等有害物质的危害。

（二）基质的种类

1. 按基质来源 分为天然基质和人工合成基质。其中天然基质主要有沙、石砾、河沙等，成本低，在我国广泛使用；人工合成基质主要有岩棉、泡沫塑料和多孔陶粒等，一般成本要高于天然基质。

2. 按基质成分组成 分为无机基质与有机基质。其中无机基质以无机物组成，不易被微生物分解，使用年限较长，但有些无机基质大量积累易造成环境污染，主要有沙、石砾、岩棉、珍珠岩和蛭石等；有机基质以有机残体组成，易被微生物分解，不易对环境造成污染，主要有树皮、蔗渣、椰糠和稻渣等。

3. 按基质性质 分为惰性基质和活性基质两类，其中惰性基质本身无养分供应或不具有阳离子代换量，主要有沙、石砾和岩棉等；活性基质具阳离子代换量，本身能供给植物养分，主要有泥炭和蛭石等。

4. 按使用时组分不同分类 分为单一基质和复合基质。以一种基质作为生长介质的，如沙培、砾培、岩棉培等，都属于单一基质；复合基质是由两种或两种以上的基质按一定比例混合制成的基质，复合基质可以克服单一基质过轻、过重或通气不良等缺点。

（三）理想基质的要求

评价基质性能优劣的理化指标主要有容重、孔隙度、大小孔隙比、粒径大小、pH、电导率（EC）、阳离子交换量（CEC）、C/N 比、化学组成及稳定性、缓冲能力等，理想的基质应具备如下条件：具有一定弹性，既能固定作物又不妨碍根系伸展；结构稳定，不易变形变质，便于重复使用时消毒处理；本身不携带病虫草害；本身是一种良好的土壤改良剂，不会污染土壤；绝热性能好；日常管理方便；不受地区性资源限制，便于工厂化批量化生产；经济性好，成本低。

（四）常用基质

1. 岩棉 是60%辉绿石、20%石灰石和20%焦炭的混合物在1 600 ℃下熔融，然后高速离心成的0.005 mm 的硬质纤维，具有良好的水气比例，一般为2：1左右，持水力和通气性均较好，总孔隙度可达96%左右，是一种性能优越的无土栽培基质。岩棉经高温制成而无菌，且属惰性，不易被分解，不含有机物。岩棉容重小，搬运方便，但由于加工成本高，价格较贵，难以全面推广应用。加之岩棉不易分解、腐烂，大量积聚的废岩棉会造成环境污染，因而岩棉的再利用是值得进一步研究的课题。

2. 泥炭 又称草炭、草煤、泥煤，由植物在水淹、缺氧、低温、泥沙掺入等条件下未能充分分解而堆积形成，是煤化程度最浅的煤，由未完全分解的植物残体、矿物质和腐殖质等组成。具有吸水量大、养分保存和缓冲能力强、通气性差、强酸性等特点，根据形成条件、植物种类及分解程度分为高位泥炭、中位泥炭和低位泥炭三大类，是无土栽培常用的基质。泥炭不太适宜直接用于无土栽培用基质，多与一些通气性能良好的栽培基质混合或分层使用，常与珍珠岩、蛭石、沙等配合使用。泥炭和蛭石特别适宜于无土栽培经验不足的使用者，其稳定的环境条件会使栽培者获得很好的使用效果。

3. 蛭石 蛭石是很好的无土栽培基质，由云母类无机物加热至800～1 000 ℃形成的一种片状、多孔、海绵状物质，容重很小，运输方便，含较多的钙、镁、钾、铁，可被作物吸收利用。具有吸水性强、保水保肥能力强、透气性良好等特点。但在运输、种植过程

中不能受重压且不宜长期使用，否则孔隙度减少，排水、透气能力降低。一般使用1～2次后，可以作为肥料施用到大田中。

4. 珍珠岩 是由灰色火山岩（铝硅酸盐）颗粒在1 000 ℃下膨胀而成。珍珠岩具有透气性好、含水量适中、化学性质稳定、质轻等特点，可以单独用作无土栽培基质，也可以和泥炭、蛭石等混合使用。浇水过猛、淋水较多时易漂浮，不利于固定根系。

5. 炉渣 煤燃烧后的残渣，几乎有锅炉的地方均可见到，取材方便，成本低、来源广、透气性好，用作无土栽培基质是合适的。炉渣含有一定的营养物质，含有多种微量元素，呈偏酸性。

6. 沙 是最早和最常用的无土栽培基质，尤以河沙为好，取材方便，成本低，但运输成本高。沙作无土栽培基质的特点：含水量衡定，透气性好，很少传染病虫害，能提供一定量钾肥，生产上使用粒径在0.5～3 mm的沙子作基质可取得较好的栽培效果，如果沙的厚度在30 cm以上，1 mm以下粒径沙的比重应尽量少，以避免影响根系的通气性。缺点是不保水不保肥。沙的pH一般近中性，受地下水pH的影响亦可偏酸或偏碱性。

7. 砾石 直径较大，持水力很差，但其通气性很好，适宜放在栽培基质的最底层，以便于作物根系通气和过剩营养液的排出。一般砾石不单独使用，多放在底层，并进行纱网隔离；上层放较细的其他基质。

8. 椰糠与锯末 椰糠理化性状适宜，我国海南等地资源丰富，是理想的合成有机栽培基质材料。锯末是一种便宜的无土栽培基质，具有轻便、吸水透气等特点。但在北方干燥地区，由于锯末的通透性过强，根系容易风干，造成植株死亡，因此最好掺入一些泥炭配成混合基质。以阔叶树锯末为好，注意有些树种的化学成分有害。

9. 陶粒 在约800 ℃下烧制而成，赤色或粉红色。陶粒内部结构松，孔隙多，类似蜂窝状，质地轻，具有保水透气性能良好、保肥能力适中、化学性质稳定、安全卫生等特点，是一种良好的无土栽培基质。

10. 复合基质 两种或几种基质按一定比例混合而成，应用效果较好的基质配方主要有：

（1）无机复合基质 陶粒∶珍珠岩＝2∶1，蛭石∶珍珠岩＝1∶1，炉渣∶沙＝1∶1。

（2）有机无机复合基质 草炭∶蛭石＝1∶1，草炭∶珍珠岩＝1∶1，草炭∶炉渣＝1∶1，椰糠∶珍珠岩＝1∶1，草炭∶锯末＝1∶1，草炭∶蛭石∶锯末＝1∶1∶1，草炭∶蛭石∶珍珠岩＝1～2∶1∶1，草炭∶沙∶珍珠岩＝1∶1∶1。

此外，树皮、甘蔗渣、稻壳、秸秆和生物炭等均可用作无土栽培基质。值得注意的是，不同粒径、不同厚度的同一种基质的理化性状会有明显差异，作物根系环境也会不同，栽培管理上应根据基质的实际特性进行相应的管理，机械照搬某项技术可能导致作物生长不良。不同基质按不同的比例混合后会产生差异很大的混合基质，生产上应根据当地资源合理搭配混合基质，以获得最佳的栽培效果。没有差的基质，只有不配套的管理技术。任何一种基质只要充分认识到它的理化特性，并采用合理的配套管理技术，特别是养分和水分管理技术，均会取得满意的结果。

第二节　设施葡萄无土栽培的常用设备

一、简易槽式无土栽培装置

（一）制作安装

1. 营养液配制系统的制作安装　按图 18－1 所示将吸水管 1（13）及阀门（14）、吸水管 2（15）及阀门（16）、三通 2（19）、自吸泵（17）和进水管（18）安装到一起即可，所用管材均为外径 40 mm、壁厚 3.7 mm 的 PPR 或 PE 热熔管。

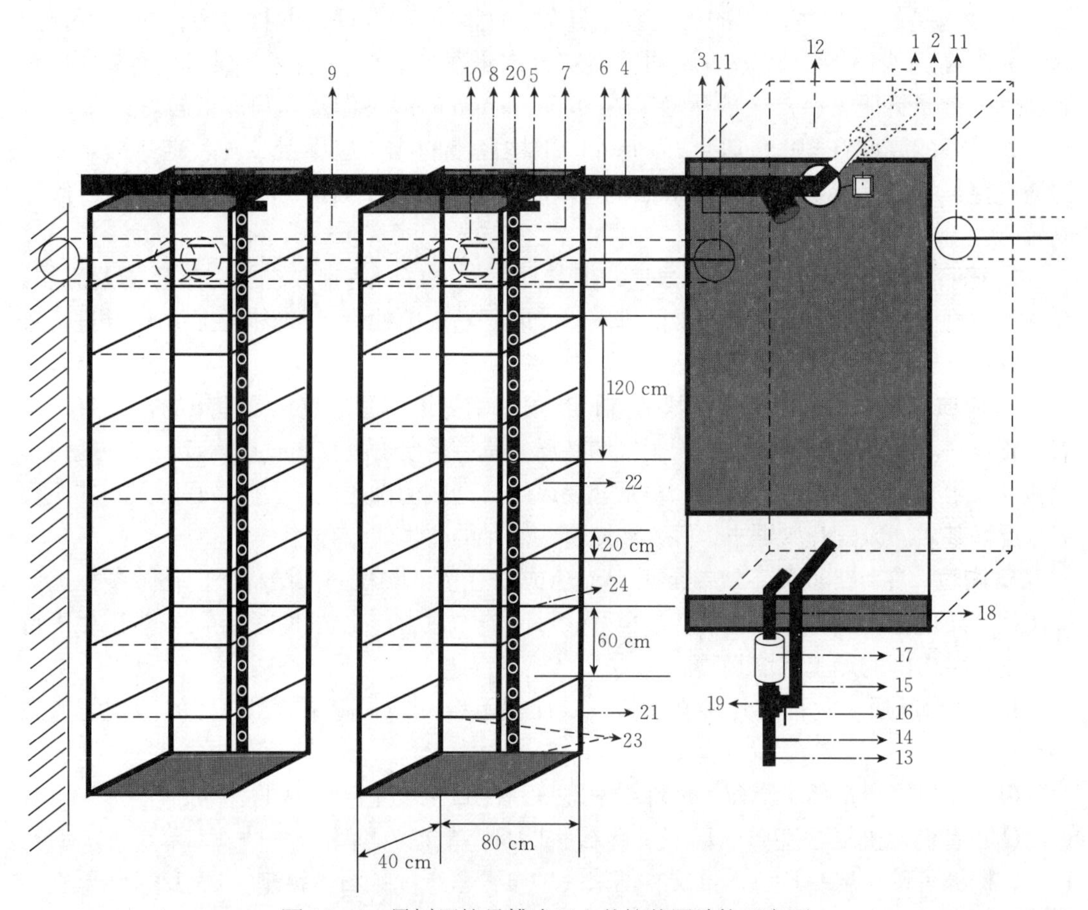

图 18－1　果树用简易槽式无土栽培装置结构示意图

1. 潜水泵　2. 时控开关　3. 营养液过滤器　4. 营养液供给管　5. 营养液供给阀门　6. 营养液滴灌管　7. 滴灌管出水孔　8. 栽培槽　9. 营养液回流管　10. 营养液回流口　11. 营养液回流管口　12. 贮液池　13. 吸水管 1　14. 吸水管 1 阀门　15. 吸水管 2　16. 吸水管 2 阀门　17. 自吸泵　18. 进水管　19. 三通 2　20. 三通 1　21. 横撑 1　22. 竖撑　23. 横撑 2　24 钢管卡

2. 营养液供给与回流系统的制作安装

一是营养液供给系统的制作安装。按图 18－1 所示将时控开关（2）、潜水泵（1）、营养液过滤器（3）、营养液供给管（5）、三通 1（20）、营养液供给阀门（4）和营养液滴灌管（6）等安装到一起即可，潜水泵放入长宽深 4 m×1.5 m×2 m 的贮液池（12）内，贮

液池（12）必须做好防水处理防止营养液渗漏，并且在潜水泵的正下方需开挖直径30 cm、深20 cm的沉淀坑，用于沉淀杂质；其中营养液供给管所用管材为外径40 mm、壁厚3.7 mm的PPR或PE热熔管；营养液滴灌管用外径25 mm、壁厚2.8 mm的PPR或PE热熔管自制或选用商品滴灌管，自制时在热熔管上每隔20 cm用手钻打孔径为1 mm的出水孔即可。二是营养液回流系统的制作安装。营养液回流管（9）用外径160 mm、壁厚4.0 mm的PVC排水管自制即可，首先在PVC排水管上顺排水管方向用无齿锯切开宽80 mm、长200 mm的营养液回流口（10），营养液回流口（10）位于栽培槽（8）前端的正中间位置，营养液回流口（10）的间距根据栽培槽的间距确定；然后将开好营养液回流口的PVC排水管暨营养液回流管（9）埋入地下，埋设深度以营养液回流口下缘高出地面10 mm为宜，营养液回流管的一端封闭，一端于贮液池（12）内开口，以便营养液回流入贮液池（12）内。

3. 栽培系统的安装

一是栽培槽的制作安装。首先将80 mm×200 mm×6.0 mm的部分方钢管切割成80 cm和40 cm备用，如图18－1所示将备好的方钢管焊接到一起即成栽培槽（8），栽培槽宽80 cm、深40 cm，长度根据栽培需要确定；然后将制作好的栽培槽（8）按照适宜间距放置，栽培槽（8）前端放置到营养液回流管（9）的上方，使营养液回流口（10）正好位于栽培槽（8）前端的正中间位置；栽培槽放置时其前端比后端低20～30 cm，方便营养液回流。二是防水系统的制作安装。首先，将一层园艺地布铺到栽培槽（8）内，防止EVA塑料薄膜被栽培基质撑破；同时将两层EVA塑料薄膜铺到园艺地布上，防止营养液渗漏；其次，将园艺地布和EVA塑料薄膜用塑料卡子固定，防止移动或滑落；再次，在营养液回流口（10）的正上方位置将园艺地布和EVA塑料薄膜剪出宽40 mm、长160 mm的开口，开口四周用钢卡将园艺地布和EVA塑料薄膜固定到营养液回流管的回流口，防止营养液渗漏；随后，在开口位置铺设两层宽120 mm、长200 mm的300目的钢丝网，防止栽培基质流失；最后，将钢管卡（24）按照120 cm的间距卡到栽培槽的上方，防止栽培槽被栽培基质挤压变形（图18－2）。

图18－2　果树用简易槽式无土栽培装置实物图

4. 注意事项 所有管材均用黑色塑料或园艺地布包裹、而且栽培槽定植作物后均用厚的黑色地膜包裹，一方面减轻管材、园艺地布及 EVA 塑料薄膜的老化，另一方面防止营养液滋生绿藻堵塞营养液滴灌管。

（二）工作过程

1. 营养液的配制 首先将氮、磷、钾、钙、镁、铁、锰、锌、硼、铜、钼、氯等水溶肥料根据说明按比例和先后顺序投入贮液池（12）内，同时开启自吸泵（17）向贮液池（12）内加水；最后，待水加到需要量后，通过吸水管 1 阀门（14）和吸水管 2 阀门（16）的开闭，利用自吸泵（17）将配制的营养液混匀（图 18－1）。

2. 营养液的供给与回流 根据作物需要通过时控开关设定营养液供应的起始时间和工作时间，潜水泵开启后营养液依次通过营养液过滤器（3）、营养液供给管（4）和营养液滴灌管（6）到达作物根部，在自身重力作用下多余营养液由栽培槽通过营养液回流口（10）进入营养液回流管（9），最终通过营养液回流管口（11）流回贮液池（12）内，完成营养液的供给与回流（图 18－1）。

二、盆式无土栽培装置

（一）制作安装

1. 营养液配制系统的制作安装 按图 18－3 所示将吸水管 1（1）及吸水管 1 阀门（2）、吸水管 2（3）及吸水管 2 阀门（4）、三通 1（5）、自吸泵（6）和出水管（7）安装到一起即可，所用管材均为 PPR 或 PE 热熔管。其中吸水管 1（1）与水井或自来水管相连；吸水管 2（3）和出水管（7）放入贮液池的两头，在自吸泵（6）作用下，使营养液在贮液池内循环混匀。

2. 营养液供给与回流系统的制作安装

一是营养液供给系统的制作安装：按图 18－3 所示将时控开关（8）、潜水泵（9）、营养液过滤器（10）、营养液供给管（11）、三通 2（12）、营养液供给阀门（13）和营养液滴灌管（14）等安装到一起即可，潜水泵（9）放入贮液池（15）内，贮液池（15）需做防水处理，并且在潜水泵（9）的正下方开挖沉淀坑，用于沉淀杂质；其中营养液供给管（11）所用管材为 PPR 或 PE 热熔管；营养液滴灌管（14）可用 PPR 或 PE 热熔管自制或选用商品滴灌管。二是营养液回流系统的制作安装：营养液回流主管（16）和营养液回流支管（17）用变径三通（18）连接。营养液回流主管（16）的一端封闭，一端于贮液池（15）内开口，以便营养液回流入贮液池（15）内。营养液回流支管（17）的一端封闭，一端通过变径三通（18）与营养液回流主管（16）联通，以便营养液回流入营养液回流主管（16）。营养液回流支管（17）的间距根据定植果树的行距而定，一般为 1.0～3.0 m；在营养液回流支管（17）上打孔安装营养液回流毛管（19），营养液回流毛管（19）的间距根据盆式栽植容器（20）的间距而定，盆式栽植容器（20）的间距根据定植果树的株距而定，一般为 0.5～1.0 m。

3. 栽培系统的安装 将营养液回流毛管（19）安装到盆式栽植容器（20）的底部与盆式栽植容器（20）成为一个整体，然后将其安装到营养液回流支管（17）上。安装完毕后，首先在盆式栽植容器（20）的底部铺设钢丝网和纱网，然后装填 1/4 的石子，以便营养液顺利回流，最后装填 3/4 的珍珠岩备用。

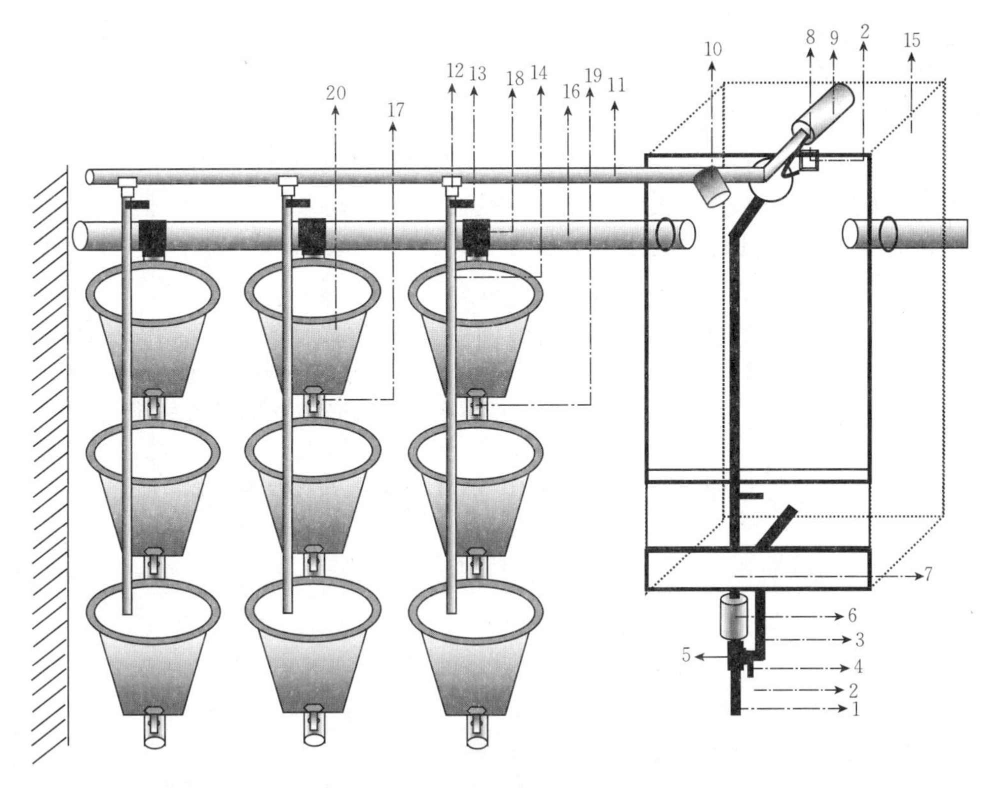

图 18-3　果树用盆式无土栽培装置结构示意图

1. 吸水管 1　2. 吸水管 1 阀门　3. 吸水管 2　4. 吸水管 2 阀门　5. 三通 1　6. 自吸泵　7. 出水管　8. 时控开关　9. 潜水泵　10. 营养液过滤器　11. 营养液供给管　12. 三通 2　13. 营养液供给阀门　14. 营养液滴灌管　15. 贮液池　16. 营养液回流主管　17. 营养液回流支管　18. 变径三通　19. 营养液回流毛管　20. 盆式栽植容器

4. 注意事项　所有管材和栽培容器均用黑色塑料或园艺地布包裹，一方面减轻管材老化，另一方面防止营养液滋生绿藻堵塞营养液滴灌管（图 18-4）。

图 18-4　果树用盆式无土栽培装置

（二）工作过程

1. 营养液的配制 首先将氮、磷、钾、钙、镁、铁、锰、锌、硼、铜、钼、氯等水溶肥料根据说明按比例和先后顺序投入贮液池（15）内，同时开启自吸泵（6）向贮液池（15）内加水；最后，待水加到需要量后，通过吸水管 1 阀门（2）和吸水管 2 阀门（4）的开闭，利用自吸泵（6）将配制的营养液混匀。

2. 营养液的供给与回流 根据果树需要通过时控开关设定营养液供应的起始时间和工作时间，潜水泵开启后营养液依次通过营养液过滤器（10）、营养液供给管（11）和营养液滴灌管（14）到达果树根部，在自身重力作用下多余营养液由盆式栽植容器（20）通过营养液回流毛管（19）进入营养液回流支管（17），然后进入营养液回流主管（16），最终通过营养液回流主管（16）流回贮液池（15）内，完成营养液的供给与回流。

第三节 设施葡萄无土栽培的营养液

无土栽培的核心是用营养液代替土壤提供植物生长所需的矿物营养元素和水分，因此在无土栽培技术中，能否为植物提供一种比例协调、浓度适宜的营养液，是栽培成功的关键。营养液作为无土栽培中植物根系营养的唯一来源，其中应包含作物生长必需的所有矿物营养元素，即氮（N）、磷（P）、钾（K）、钙（Ca）、镁（Mg）、硫（S）等大中量元素和铁（Fe）、锰（Mn）、硼（B）、锌（Zn）、铜（Cu）、钼（Mo）等微量元素。不同的作物和品种，同一作物不同的生育阶段，对各种营养元素的实际需要有很大的差异。所以，在选配营养液时要先了解不同品种、各个生育阶段对各类必需元素的需要量，并以此为依据来确定营养液的组成成分和比例。配制营养液要根据当地水源和水质情况合理配制，所有化合物应溶于水且能长时间保持较高的有效性。

一、经典营养液

（一）霍格兰氏（Hoagland's）水培营养液

霍格兰氏水培营养液是 1933 年 Hoagland 与他的研究伙伴经过大量的对比试验后发表的，这是最原始但到现在依然还在沿用的一种经典配方（表 18－1，表 18－2）。

表 18－1 霍格兰氏水培营养液配方

成分	浓度	成分	浓度	成分	浓度
四水硝酸钙	945 mg/L	硝酸钾	607 mg/L	磷酸铵	115 mg/L
七水硫酸镁	493 mg/L	铁盐溶液	2.5 mL/L	微量元素	5 mL/L

表 18－2 霍格兰氏水培营养液微量元素配方

成分	浓度	成分	浓度	成分	浓度
碘化钾	0.83 mL/L	硼酸	6.2 mL/L	硫酸锰	22.3 mL/L
硫酸锌	8.6 mL/L	钼酸钠	0.25 mL/L	硫酸铜	0.025 mL/L
氯化钴	0.025 mL/L				

（二）斯泰纳（Steiner）营养液

斯泰纳营养液通过营养元素之间的化学平衡性来最终确定配方中各种营养元素的比例和浓度，在国际上使用较多，适合于一般作物的无土栽培（表 18－3）。

表 18－3　斯泰纳水培营养液配方

成分	浓度	成分	浓度	成分	浓度
四水硝酸钙	738 mg/L	硝酸钾	303 mg/L	磷酸二氢铵	136 mg/L
七水硫酸镁	261 mg/L	乙二胺四乙酸二钠铁	10 mg/L	四水硫酸锰	2.50 mg/L
硼酸	2.50 mg/L	七水硫酸锌	0.50 mg/L	五水硫酸铜	0.08 mg/L
钼酸铵	0.12 mg/L				

（三）日本园试通用营养液

日本园试通用营养液由日本兴津园艺试验场开发提出，适用于多种蔬菜作物，故称之为通用配方（表 18－4）。

表 18－4　日本园试通用营养液配方

成分	浓度	成分	浓度	成分	浓度
四水硝酸钙	945 mg/L	硝酸钾	809 mg/L	磷酸二氢铵	153 mg/L
七水硫酸镁	493 mg/L	七水硫酸亚铁	13.21 mg/L	四水硫酸锰	2.13 mg/L
硼酸	2.86 mg/L	二水乙二胺四乙酸二钠	17.68 mg/L	五水硫酸铜	0.08 mg/L
二水钼酸钠	0.02 mg/L	或三水乙二胺四乙酸铁钠	20 mg/L		
		七水硫酸锌	0.22 mg/L		

（四）日本山崎营养液

日本山崎营养液配方为 1966—1976 年间山崎肯哉在测定各种蔬菜作物的营养元素吸收浓度的基础上配成适合多种不同作物的营养液配方（表 18－5 至表 18－8）。

表 18－5　日本山崎水培营养液配方（草莓）

成分	浓度	成分	浓度	成分	浓度
四水硝酸钙	236 mg/L	硝酸钾	303 mg/L	磷酸二氢铵	57 mg/L
七水硫酸镁	123 mg/L	七水硫酸亚铁	37.2 mg/L	四水硫酸锰	2.13 mg/L
硼酸	2.86 mg/L	二水乙二胺四乙酸二钠	27.8 mg/L	五水硫酸铜	0.08 mg/L
二水钼酸钠	0.02 mg/L	或三水乙二胺四乙酸铁钠	20～40 mg/L		
		七水硫酸锌	0.22 mg/L		

表 18-6　日本山崎水培营养液配方（黄瓜）

成分	浓度	成分	浓度	成分	浓度
四水硝酸钙	826 mg/L	硝酸钾	607 mg/L	磷酸二氢铵	115 mg/L
七水硫酸镁	483 mg/L	七水硫酸亚铁	37.2 mg/L	四水硫酸锰	2.13 mg/L
硼酸	2.86 mg/L	二水乙二胺四乙酸二钠	27.8 mg/L	五水硫酸铜	0.08 mg/L
二水钼酸钠	0.02 mg/L	或三水乙二胺四乙酸铁钠	20～40 mg/L		
		七水硫酸锌	0.22 mg/L		

表 18-7　日本山崎水培营养液配方（番茄）

成分	浓度	成分	浓度	成分	浓度
四水硝酸钙	354 mg/L	硝酸钾	404 mg/L	磷酸二氢铵	77 mg/L
七水硫酸镁	246 mg/L	七水硫酸亚铁	37.2 mg/L	四水硫酸锰	2.13 mg/L
硼酸	2.86 mg/L	二水乙二胺四乙酸二钠	27.8 mg/L	五水硫酸铜	0.08 mg/L
二水钼酸钠	0.02 mg/L	或三水乙二胺四乙酸铁钠	20～40 mg/L		
		七水硫酸锌	0.22 mg/L		

表 18-8　日本山崎水培营养液配方（甜瓜）

成分	浓度	成分	浓度	成分	浓度
四水硝酸钙	826 mg/L	硝酸钾	607 mg/L	磷酸二氢铵	153 mg/L
七水硫酸镁	370 mg/L	七水硫酸亚铁	37.2 mg/L	四水硫酸锰	2.13 mg/L
硼酸	2.86 mg/L	二水乙二胺四乙酸二钠	27.8 mg/L	五水硫酸铜	0.08 mg/L
二水钼酸钠	0.02 mg/L	或三水乙二胺四乙酸铁钠	20～40 mg/L		
		七水硫酸锌	0.22 mg/L		

二、设施葡萄无土栽培专用营养液

现在人们在这些经典配方的基础上，利用更先进更科学的技术手段，优化出许多更适合不同植物生长的营养液配方，并大规模应用于生产，取得了更好的经济效益。例如，中国农业科学院果树研究所在对葡萄矿质营养年吸收运转需求规律研究的基础上，综合考虑化合物的水溶性和有效性，尤其是解决了二价铁离子的氧化问题，研制出设施葡萄无土栽培营养液，并经多年验证，取得了良好效果并在辽宁、新疆、山东、北京等地进行了示范推广。

（一）营养液的配制

无土栽培营养液分为幼树和结果树两种，幼树包括 1 号和 2 号两种配方，结果树包括

1～5号五种配方，每种配方均分为A、B、C 3个组分。营养液配制方法，A、B、C均需单独溶解，充分溶解后混匀，切记不能直接混合溶解，否则会出现沉淀，影响肥效。具体配置方法如下：先将A溶解后加入贮液池或桶内，将A与水充分混匀；然后将B溶解稀释后加入贮液池或桶内，将B与A溶液充分混匀；最后将C溶解加入贮液池或桶内，将C与A、B溶液混匀备用。不同品种的浓度需求不同，每份营养液87－1和京蜜需用水150 L溶解，夏黑和金手指用水75 L溶解。在配制营养液时，首先用HNO_3或NaOH将水的pH调至6.5～7.0。

（二）营养液的使用

1. 幼树槽式无土栽培

（1）育壮期（辽宁兴城萌芽到7月底） 定植后开始，前期育壮，用幼树1号营养液：萌芽前及初期30 d更换一次营养液，新梢开始生长每20 d更换一次营养液，一般更换5次营养液。萌芽前3～5 d循环一次营养液，萌芽后1～3 d循环一次营养液。

（2）促花期（辽宁兴城8月初到落叶） 促花期开始用幼树2号营养液，每20 d更换一次营养液，一般更换4次营养液，每3～5 d循环一次营养液；落叶期开始营养液不再更换，每5～7 d循环一次营养液，切忌设施内营养液温度低于0 ℃结冰。

2. 结果树槽式无土栽培

（1）一年一收栽培模式

① 萌芽前至花前。结果树1号营养液一般更换2次，萌芽前及萌芽初期每3 d循环一次营养液，新梢开始生长至花前每3～5 d循环一次营养液。

② 花期。结果树2号营养液一般配制1次，每3～5 d循环一次营养液。

③ 幼果发育期。结果树3号营养液一般更换3次，每1～3 d循环一次营养液。

④ 果实转色至成熟采收。结果树4号营养液一般配制1次，如此期超过20 d需再更换一次结果树4号营养液，一般每3～5 d循环一次营养液，但对于易裂果品种如京蜜需1～2 d循环一次营养液，采收前5 d停止循环营养液。

⑤ 果实采收后至落叶。结果树5号营养液一般更换4次，每5～7 d循环一次。

（2）一年两收栽培模式 前期（升温至果实采收结束）同一年一收栽培模式的使用；后期二次果生产：果实采收后1周留6个饱满冬芽修剪（剪口芽叶片和所有节位副梢去除，剪口芽涂抹4倍中国农业科学院果树研究所研发的破眠剂1号），开始二次果生产。

① 萌芽前至花前。结果树1号营养液一般配制1次，萌芽前及萌芽初期每3 d循环一次营养液，新梢开始生长至花前每3～5 d循环一次营养液。

② 花期。结果树2号营养液一般配制1次，每3～5 d循环一次营养液。

③ 幼果发育期。结果树3号营养液一般更换3次，每1～3 d循环一次营养液。

④ 果实转色至成熟采收。结果树4号营养液一般配制1次，如此期超过20 d需再更换一次结果树4号营养液，每3～5 d循环一次营养液，但对于易裂果品种如京蜜需1～2 d循环一次营养液，采收前5 d停止循环营养液。

⑤ 果实采收后至落叶。结果树5号营养液一般更换1～2次，每5～7 d循环一次。

3. 盆栽无土栽培 营养液配制与上述幼树和结果树营养液使用相同，只是营养液循环次数改为每天 1～3 次。

4. 注意事项 温度高水分蒸腾快时酌情缩短营养液循环间隔时间，在营养液使用期内若发现水分损失过快，需适当添加水分，防止营养液浓度过高出现肥害。上述循环间隔时间是以珍珠岩为栽培基质，如果栽培基质更换为其他基质需根据实际情况调整。

第十九章

设施葡萄的花果管理

第一节　花穗整形

一、花穗整形的作用

（一）控制果穗大小，利于果穗标准化

一般一个葡萄花穗有 1 000～1 500 个小花，正常生产一个葡萄花穗仅需 50～100 个小花结果，通过花穗整形，可以控制果穗大小，符合标准化栽培的要求。例如日本商品果穗要求每穗 450～500 g，我国商品果穗要求每穗 450～750 g。

（二）提高坐果率，增大果粒

通过花穗整形有利于花期营养集中，提高保留花朵的坐果率，有利于增大果实。

（三）调节花期一致性

通过花穗整形可使开花期相对一致，对于采用无核化或膨大处理的果穗，有利于掌握处理时间，提高无核率。

（四）调节果穗的形状

通过花穗整形，可按人为要求调节果穗形状，整成不同形状的果穗，如利用副穗，把主穗疏除大部分，形成情侣果穗。

（五）减少疏果工作量

葡萄花穗整形，疏除小穗，操作比较容易，一般疏花穗后疏果量较少或不需要疏果。

二、花穗整形的操作（彩图 19－1 至彩图 19－4）

（一）无核栽培模式花穗整形

1. 花穗整形的时期　开花前 1 周到花初开为最适宜时期。

2. 花穗整形的方法

① 巨峰系如巨峰、藤稔、夏黑、先锋、巨玫瑰、醉金香等品种。在我国南方地区一般留穗尖 3～3.5 cm，8～10 段小穗，50～55 个花蕾，每穗 400～500 g；在我国北方地区一般留穗尖 4.5～6.5 cm，12～18 段小穗，60～100 个花蕾，每穗 500～700 g。

② 二倍体品种如魏可和 87－1 等品种。在我国南方地区一般留穗尖 4～5 cm，在我国北方地区一般留穗尖 6.5～8.5 cm。

③ 幼树和坐果不稳定的树体。适当轻剪穗尖（去除 5 个花蕾左右）。

④ 穗尖畸形。如穗尖出现分枝、扁平等情况时，需将穗尖畸形部分剪除。

（二）有核栽培模式花穗整形

巨峰、白罗莎里奥、美人指等品种间有核栽培的花穗管理差异较大。4 倍体巨峰系品种总体结实性较差，不进行花穗整理容易出现果穗不整齐现象。2 倍体品种坐果率高，但容易出现穗大、粒小、含糖量低、成熟度不一致等现象。

1. 巨峰系品种

（1）花穗整形的时期　一般小穗分离，小穗间可以放入手指，大概开花前 1～2 周到花初开。过早，不易区分保留部分；过迟，影响坐果。栽培面积较大的情况，先去除副穗和上部部分小穗，到时保留所需的花穗。

（2）花穗整形的方法　副穗及以下 8～10 小穗去除，保留 15～20 小穗，去穗尖；花穗很大（花芽分化良好）时保留下部 15～20 小穗，不去穗尖。开花前 5.0～6.5 cm 为宜，果实成熟时果穗成圆球形（或圆筒形）400～750 g。

2. 二倍体品种

（1）花穗整形的时期　花穗上部小穗和副穗花蕾开花时开始到花盛开时结束，对于坐果率高的品种可于花后整穗。

（2）花穗整形的方法　为了增大果实用 GA_3 处理的，可利用花穗下部 16～18 段小穗（开花时 6～7 cm），穗尖基本不去除（或去除几个花蕾至 5 mm）；常规栽培（不用 GA_3），花穗留先端 18～20 段小穗，8～10 cm 左右，穗尖去除 1 cm。

第二节　果穗管理

一、疏穗

（一）疏穗的基本原则

根据树的负担能力和目标产量决定。树体的负担能力与树龄、树势、地力、施肥量等有关；如果树体的负担能力较强，可以适当地多留一些果穗；而对于弱树、幼树、老树等负担能力较弱的树体，应少留果穗。树体的目标产量则与品种特性和当地的综合生产水平有关，如果品种的丰产性能好，当地的栽培技术水平也较高，则可以适当地多留果穗；反之，则应少留果穗。

（二）疏穗的时期

一般情况下疏穗越早越好，可以减少养分的浪费以便更集中养分供应果粒的生长。但是每一果穗的着生部位、新梢的生长情况、树势、环境条件等都对除穗的时期有所影响。对于生长势较强的树种来说，花前的除穗可以适当轻一些，花后的除穗程度可以适当重一些。对于生长势较弱的品种花前的除穗可以适当重一些。

（三）合理负载量的确定

从果实品质和产量综合考虑，产量控制在每 667 m^2 750～2 000 kg 为宜（光照良好地区产量以每 667 m^2 1 500～2 000 kg 为宜，光照一般地区产量以每 667 m^2 1 000～1 500 kg 为宜，光照较差地区产量以每 667 m^2 750～1 000 kg 为宜），如产量过高，必将影响果实品质。葡萄单位面积的产量＝单位面积的果穗数×果穗重，而果穗重＝果粒数×果粒重。因

此，可以根据目标（计划）产量和品种特性确定单位面积的留果穗数。品种的特性决定了该品种的粒重，可以依据市场上对果穗要求的大小和所定的目标产量准确地确定单位面积的留果穗数。中国农业科学院果树研究所研究表明：在单穗重 500 g 左右、新梢长度大于 1.2 m 的条件下，综合考虑果实品质和产量，梢果比以（1～1.5）∶1 为宜（即负载 500 g 果实，需对应 20～30 片以上功能叶为宜），除去着粒过稀/密的果穗，选留着粒适中的果穗。

二、疏粒

疏粒是将每一穗的果粒调整到一定要求的一项作业，其目的在于促使果粒大小均匀、整齐、美观，果穗松紧适中，防止落粒，便于贮运，以提高其商品价值。

（一）疏粒的基本原则

果粒大小除了受到本身品种特性的影响外，还受到开花前后子房细胞分裂和在果实生长过程中细胞膨大的影响。要使每一品种的果粒大小特性得到充分发挥，必须确保每一果粒中的营养供应充足，也就是说果穗周围的叶片数要充分。另外，果粒与果粒之间要留有适当的发展空间，这就要求栽培者必须根据品种特性进行适当的疏粒。每一穗的果穗重、果粒数以及平均果粒重都有一定的要求。巨峰葡萄如果每果粒重要求在 12 g 左右，而每一穗果实重 300～350 g，则每一穗的果粒数要求在 25～30 粒。

（二）疏粒的时期

对大多数品种在结实稳定后越早进行疏粒越好，增大果粒的效果也越明显。但对于树势过强且落花落果严重的品种，疏粒时期可适当推后；对有种子果实来说，由于种子的存在对果粒大小影响较大，最好等落花后能区分出果粒是否含有种子时再进行为宜，比如巨峰、藤稔要求在盛花后 15～25 d 完成这一项作业。

（三）疏粒的操作

不同的品种疏粒的方法有所不同，主要分为除去小穗梗和除去果粒两种方法，对于过密的果穗要适当除去部分支梗，以保证果粒增长的适当空间，对于每一支梗中所选留的果粒数也不可过多，通常果穗上部可适当多一些，下部适当少一些，虽然每一个品种都有其适宜的疏粒方法，但只要掌握了留支梗的数目和疏粒后的穗轴长短，一般不会出现太大问题（图 19－1）。

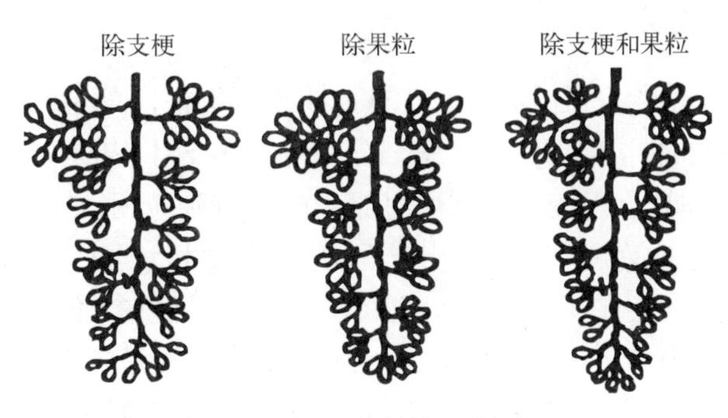

图 19－1　疏果粒示意图

(四) 疏粒的标准

一般平均粒重在 6 g 以下的品种，每果穗留 80～120 个果粒；平均粒重在 6～7 g 的品种，每果穗留 60～80 个果粒；平均粒重在 8～10 g 的品种，每果穗留 50～60 个果粒；平均粒重在 11 g 以上的品种，每果穗留 35～50 个果粒。总之，疏粒后，单穗重保持在450～600 g 为宜（图 19－2）。

图 19－2　果粒疏除前后（左疏粒前，右疏粒后）

第三节　合理使用植物生长调节剂

植物激素是指广泛存在于高等植物中的、以极其微量的浓度（剂量）调节植物生长发育过程的一些小分子化合物，目前普遍认可的植物激素有五大类，即生长素（auxin）、赤霉素（gibberellin）、细胞分裂素（cytokinin）、乙烯（ethylene）和脱落酸（abscisic acid）。植物激素在植物体内含量少作用大，人们希望利用其来调控植物的生长过程，但其含量极低，难以提取出来应用于生产。

植物生长调节剂则是人类开发的、与植物内源激素有相似或相同结构和相似功能的产物。它们有的是化学合成的，有的是利用微生物发酵提取的。

葡萄是我国应用植物生长调节剂最早的农作物，早在 1964 年我国新疆的无核白就已开始用赤霉素增大果粒。葡萄上应用的植物生长调节剂主要有赤霉素类、细胞分裂素类、乙烯、脱落酸及生长素类。其中生长素类主要应用于扦插育苗，以 IBA 为主，20～100 μL/L 浸或蘸插穗下端，促进生根。乙烯利是释放乙烯的主要产品，用于促进落叶和促进果皮上色，但易引起落粒。ABA 在植物体内含量极低，近年来由于发现了合成 ABA 的高产菌株，微生物发酵实现了工业化生产，S－ABA 的应用得到扩展，在调控葡萄生长、促进叶片光合产物向果实内的转运、促进着色等方面有积极作用，受到广泛重视，但生产应用远不够广泛。目前生产上应用最广泛的植物生长调节剂依然是赤霉素类和细胞分裂素类。

一、赤霉素（GA_3、九二〇）

赤霉素是一类二萜类化合物，已知的至少有 38 种，葡萄应用的主要是赤霉酸（GA_3）。1957 年美国加利福尼亚大学戴维斯分校的 Robert J. Weaver 等发现了 GA 促进无核白葡萄果粒膨大的作用，迅速在加利福尼亚州产区得到应用，到 1962 年 GA 处理果穗促进无核白果实膨大已成为加利福尼亚州产区的常规技术大规模应用。1958 年，日本山梨县果树试验场岸光夫先生在用赤霉素处理促进玫瑰露果粒膨大的实验中，发现了其诱导无核的效果，成为全球葡萄产业界的一次重大发现。赤霉酸是应用最早、最广泛的一种赤霉素，在欧美、日本和我国等广泛应用，以后又推出了赤霉素 GA_{4+7}，已作为梨树果实的膨大剂先后在日本和我国使用。赤霉酸在葡萄的应用有以下几个方面：拉长果穗；诱导无

核；保果；促进果粒膨大。

（一）赤霉素的施用

1. 国内的研究进展　国内关于赤霉酸的应用有不少研究。

（1）穗轴拉长　浓度一般5～7 mg/L，在展叶5～7片时浸渍花穗即可。

（2）诱导无核　一般用12.5～25 mg/L，大多数品种在初花期到盛花后3 d内处理有效。无核处理时添加MS（链霉素）200 mg/L可提前或推后到花前至花后1周左右，处理适宜时间扩大、无核率更高。

（3）保果　一般在落花时进行，一般用12.5～25 mg/L水溶液浸渍或喷布果穗，此期处理容易导致无核，若单单保果，可单用或添加CPPU 3～5 mg/L保果效果更好。

（4）促进果粒膨大　一般在盛花后10～14 d期间进行，浓度一般用25～50 mg/L，浸渍或喷布果穗即可，此时添加5～10 mg/L CPPU膨大效果更好。

2. 国际的研究进展　在国际上，日本关于赤霉素的应用技术研究更细致，在此简介，供参考（表19－1）。需要声明的是，日本的处理技术仅供参考，应用时一定要先行小面积试验，取得经验后再大面积使用。表19－1是依据日本协和发酵生物株式会社的资料整理的日本葡萄各种品种的赤霉酸应用方法。

表19－1　适宜赤霉酸处理的葡萄品种、方法和范围

（2011年2月2日更新，登录号：日本农林水产省登录，第6007号）

作物名	使用目的	使用浓度	使用时期	使用次数	使用方法	含GA_3农药总使用次数
美洲种二倍体品种无核栽培（希姆劳德除外）	诱导无核，膨大果粒	第一次：GA_3 100 mg/L；第二次：$GA_3$75～100 mg/L	第一次：盛花前14 d前后；第二次：盛花后10 d前后	2次，但因降雨等需再行处理时总计不得超过4次	第一次：花穗浸渍；第二次：果穗浸渍或果穗喷布	2次，但因降雨等需再行处理时总计不得超过4次
希姆劳德（西姆劳特）	膨大果粒	GA_3 100 mg/L	坐果后	1次，但因降雨等需再行处理时总计不得超过2次	果穗浸渍	1次，但因降雨等需再行处理时总计不得超过2次
玫瑰露无核栽培	诱导无核，膨大果粒	第一次：GA_3 100 mg/L；第二次：$GA_3$75～100 mg/L	第一次：盛花前14 d左右；第二次：盛花后10 d左右	2次，但因降雨等再行处理时总计不得超过4次	第一次：花穗浸渍；第二次：果穗浸渍或果穗喷布	2次，但因降雨等需再行处理时总计不得超过4次
二倍体美洲种葡萄有核栽培（康拜尔早生除外）	膨大果粒	$GA_3$50 mg/L	盛花后10～15 d	1次，但因降雨等需再行处理时总计不超过2次	果穗浸渍	1次，但因降雨等需再行处理时总计不得超过2次

（续）

作物名	使用目的	使用浓度	使用时期	使用次数	使用方法	含 GA_3 农药总使用次数
康拜尔早生（有核栽培）	拉长果穗	GA_3 3～5 mg/L	盛花前约20～30 d（展叶3～5片）	1次	花穗喷布	2次以内，但因降雨等需再行处理时总计不超过3次
二倍体欧亚种葡萄无核栽培	诱导无核，膨大果粒	第一次：GA_3 25 mg/L；第二次：GA_3 25 mg/L	第一次：盛花至盛花后3 d；第二次：盛花后10～15 d	2次，但因降雨等需再行处理时总计不超过4次	第一次：花穗浸渍；第二次：果穗浸渍	2次，但因降雨等需再行处理时总计不超过4次
阳光玫瑰（无核栽培）	诱导无核，膨大果粒	GA_3 25 mg/L＋CPPU10 mg/L	盛花后3～5 d（落花期）	1次，但因降雨等需再行处理时总计不超过2次	花穗浸渍	2次，但因降雨等需再行处理时总计不超过4次
二倍体欧亚种葡萄有核栽培	膨大果粒	GA_3 25 mg/L	盛花后10～20 d	1次，但因降雨等需再行处理时总计不超过2次	果穗浸渍	1次，但因降雨等需再行处理时总计不超过2次
三倍体品种（金玫瑰露、无核蜜除外）	保果，膨大果粒	第一次：GA_3 25～50 mg/L；第二次：GA_3 25～50 mg/L	第一次：盛花至盛花3 d后；第二次：盛花后10～15 d	2次，但因降雨等需再行处理时总计不超过4次	第一次：花穗浸渍；第二次：果穗浸渍	2次，但因降雨等需再行处理时总计不超过4次
金玫瑰露	保果，膨大果粒	第一次：GA_3 50 mg/L；第二次：GA_3 50～100 mg/L	第一次：盛花至盛花后3 d；第二次：盛花后10～15 d	2次	第一次：花穗浸渍；第二次：果穗浸渍或喷布	2次
无核蜜	保果，膨大果粒	GA_3 100 mg/L	盛花后3～6 d	1次，但因降雨等需再行处理时总计不超过2次	花穗或果穗浸渍	1次，但因降雨等需再行处理时总计不超过2次

（续）

作物名	使用目的	使用浓度	使用时期	使用次数	使用方法	含 GA_3 农药总使用次数
巨峰系四倍体品种无核栽培（阳光胭脂除外）	诱导无核，膨大果粒	第一次：GA_3 12.5～25 mg/L；第二次：GA_3 25 mg/L	第一次：盛花至盛花后 3 d；第二次：盛花后 10～15 d	2 次，但因降雨等需再行处理时总计不超过 4 次	第一次：花穗浸渍；第二次：果穗浸渍	3 次以内，但因降雨等需再行处理时总计不超过 5 次
		GA_3 25 mg/L＋CPPU 10 mg/L	盛花后 3～5 d（落花期）	1 次，但因降雨等需再行处理时总计不超过 2 次	花穗浸渍	
	诱导无核	GA_3 12.5～25 mg/L	盛花至盛花后 3 d	1 次，但因降雨等需再行处理时总计不超过 2 次	花穗浸渍（盛花后 10～15 d，使用 CPPU 促进果粒膨大）	
	拉长果穗	GA_3 3～5 mg/L	展叶 3～5 片时	1 次	花穗喷布	
阳光胭脂无核栽培	无核诱导，膨大果粒	第一次：GA_3 12.5～25 mg/L；第二次：GA_3 25 mg/L	第一次：盛花至盛花后 3 d；第二次：盛花后 10～15 d	2 次，但因降雨等需再行处理时总计不超过 4 次	第一次：花穗浸渍；第二次：果穗浸渍	3 次，但因降雨等需再行处理时总计不超过 5 次
		GA_3 25 mg/L＋CPPU 10 mg/L	盛花后 3～5 d（落花期）	1 次，但因降雨等需再行处理时总计不超过 2 次	花穗浸渍	
	诱导无核	GA_3 12.5～25 mg/L	盛花至盛花后 3 d	1 次，但因降雨等需再行处理时总计不超过 2 次	花穗浸渍（盛花后 10～15 d，使用 CPPU 促进果粒膨大）	
	果穗拉长	GA_3 3～5 mg/L	展叶 3～5 片时	1 次	花穗喷布	
	减少果粒密度，促进果粒膨大	第一次：GA_3 25 mg/L＋CPPU 3 mg/L；第二次：GA_3 25 mg/L	第一次：盛花前 14～20 d；第二次：盛花后 10～15 d	2 次，但因降雨等需再行处理时总计不超过 4 次	第一次：花穗浸渍；第二次：果穗浸渍	

（续）

<table>
<tr><th>作物名</th><th>使用目的</th><th>使用浓度</th><th>使用时期</th><th>使用次数</th><th>使用方法</th><th>含 GA_3 农药总使用次数</th></tr>
<tr><td>巨峰、浪漫宝石有核栽培</td><td>膨大果粒</td><td>GA_3 25 mg/L</td><td>盛花后10～20 d</td><td>1 次，但因降雨等需再行处理时总计不超过 2 次</td><td>果穗浸渍</td><td rowspan="2">1 次，但因降雨等需再行处理时总计不超过 2 次</td></tr>
<tr><td>高尾</td><td>膨大果粒</td><td>GA_3 50 ～ 100 mg/L</td><td>盛花至盛花后 7 d</td><td>1 次，但因降雨等需再行处理时总计不超过 2 次</td><td>花穗浸渍；果穗浸渍</td></tr>
<tr><td>东雫</td><td>膨大果粒</td><td>第一次：GA_3 25～50 mg/L；第二次：GA_3 50 mg/L</td><td>第一次：盛花期；第二次：盛花后 4～13 d</td><td>2 次，但因降雨等需再行处理时总计不超过 4 次</td><td>果穗浸渍</td><td>2 次，但因降雨等需再行处理时总计不超过 4 次</td></tr>
<tr><td>福雫</td><td>膨大果粒</td><td>GA_3 50 ～ 100 mg/L</td><td>盛花至盛花后 7 d</td><td>1 次，但因降雨等需再行处理时总计不超过 2 次</td><td>花穗浸渍；果穗浸渍</td><td>1 次，但因降雨等需再行处理时总计不超过 2 次</td></tr>
</table>

（二）赤霉素施用的注意事项

① 不同的葡萄品种对 GA_3 的敏感性不同，使用前要仔细核对品种的适用浓度、剂量和物候期，并咨询有关专家和机构。

② 对 GA_3 处理表中没有的葡萄品种可参照相近品种类型（欧亚种、美洲种、欧美杂交种）进行处理，但要咨询有关专家或专业机构使用。

③ 树势过弱及母枝成熟不好的树，GA_3 使用效果差，避免使用。树势稍强的树效果好，但树势过于强旺时，反而效果变差，要加强管理，维持健壮中庸偏强的树势。

④ 花穗开花早晚不同，应分批分次进行，特别是第一次诱导无核处理时，时期（物候期）更要严格掌握。时期的掌握主要根据历年有效积温累积判断，也可参照其他物候指标判断，例如盛花前 14 d 左右的物候指标：展叶 12～13 片，花穗的歧穗与穗轴成 90°角，花穗顶端的花蕾稍微分开，此时花冠长度应在 2.0～2.2 mm，花冠的中心部有微小的空洞。

⑤ 使用 GA_3 处理保果的同时会促进果粒膨大，着果过密，会诱发裂果、果粒硬化、落粒，为此，需在处理前整穗，坐果后疏粒。

⑥ 使用的 GA_3 浓度搞错会发生落花或过度着粒、有核果混入等，要严守使用浓度。赤霉素的重复处理或高浓度处理是穗轴硬化弯曲及果粒膨大不足的主要原因，要注意防止；浓度不足时又会使无核率降低并导致成熟后果粒的脱落。

⑦ 诱导无核结实的处理，要注意药液匀布花蕾的全体。

⑧ 促进果粒膨大处理要避免过度施药，防止诱发药害，浸渍药液后要轻轻晃动葡萄枝梢及棚架上的铁丝，晃落多余的药液。

⑨ 对美洲种葡萄品种诱导无核结实和促进果粒膨大时，第二次须用 GA_3 100 mg/L 浸渍处理。若第二次用喷布处理时，浓度为 GA_3 75～100 mg/L，但喷布处理的膨大效果略差，要在健壮的树上进行，注意药液的均匀喷布。

⑩ GA_3 和 SM（链霉素）混用，可提高无核化率，但须严守 SM 的使用注意事项。

⑪ 诱导玫瑰露等无核结实时要在花前 14 d 前后处理，容易引起落花落果，需添加 CPPU 混用。

⑫ 巨峰系四倍体葡萄果穗拉长时，必须只喷花穗，并喷至润湿全体花穗为度，此时，大量的药液濡湿枝叶，翌年新梢发育不良，忌用动力喷雾机等喷施叶梢的大型喷药机械。

⑬ 巨峰和浪漫宝石的有核栽培中，以促进果粒膨大为目的时，过早处理会产生无核果粒，要在确认坐果后再处理。

⑭ 药液要当天配当天用，并于避光阴凉处存放；不能与波尔多液等碱性溶液混合使用，也不能在无核处理前 7 d 至处理后 2 d 使用波尔多液等碱性农药。

⑮ 气温超过 30 ℃或低于 10 ℃，不利于药液吸收。提高空气湿度利于药液吸收，因此最好在晴天的早晚进行喷布，而避开中午。

⑯ 为了预防灰霉病等的危害，应将粘在柱头上的干枯花冠用软毛刷刷掉后再进行无核处理。

二、氯吡脲（CPPU、吡效隆、KT-30）

细胞分裂素类化合物很多，目前在葡萄生产上应用最多的是氯吡脲（CPPU，吡效隆，KT-30）。氯吡脲是东京大学药学部的首藤教授等发明、协和发酵生物株式会社开发的植物生长调节剂，具有强力的细胞分裂素活性，1980 年取得专利，并取了“KT-30”的试验品名，开始在日本范围试验，1988 年 3 月用 0.10%浓度的酒精液剂申请登录，1989 年 3 月登录成功，开始在葡萄、猕猴桃、厚皮甜瓜、西瓜和南瓜上应用，由于活性高，微量应用就能发挥作用，在作物器官和组织中的残留量极低，对生物毒性低，对环境影响小。

（一）氯吡脲的施用

CPPU 在葡萄上主要用于保果和促进果粒膨大，一般保果的浓度为 3～5 mg/L 水溶液，在盛花期至落花期浸渍或喷布花、果穗。促进果粒膨大一般在盛花后 10～14 d 使用，用 5～10 mg/L 水溶液浸渍或喷布果穗即可。日本作为 CPPU 的发明国，关于 CPPU 的使用技术有详细的研究，根据日本协和发酵株式会社公布的资料将各类品种上 CPPU 的使用方法辑录于表 19-2，供参考。

表 19－2　不同葡萄品种使用 CPPU 的方法

（2011 年 2 月 2 日更新，登录号：日本农林水产省登录，第 17247 号）

品种	使用目的	使用浓度	使用时期	使用次数	使用方法	含 CPPU 农药的总使用次数
二倍体美洲种品种无核栽培	保果	2～5 mg/L	盛花期前约 14 d	1 次，但受降雨影响补施时，控制在 2 次以内	加在 GA_3 溶液中浸渍花穗（第二次 GA_3 处理按常规方法）	2 次以内，但受降雨等影响，补施时需控制在合计 4 次以内
	膨大果粒	5～10 mg/L	盛花后约 10 d		加在 GA_3 溶液中浸渍果穗（第一次 GA_3 处理按常规方法）	
玫瑰露无核栽培（露地栽培）	膨大果粒	3～5 mg/L	盛花后约 10 d			
	膨大果粒	3～10 mg/L	盛花后约 10 d		加在 GA_3 溶液中喷布果穗（第一次 GA_3 处理按常规方法）	
	扩大赤霉素处理适宜期	1～5 mg/L	盛花前 14～18 d		加在 GA_3 溶液中浸渍花穗（第二次 GA_3 处理按常规方法）	
	保果	2～5 mg/L	始花期至盛花期		花穗浸渍	
		5 mg/L			花穗喷施	
玫瑰露无核栽培（设施栽培）	膨大果粒	3～5 mg/L	盛花后 10 d 左右		加在 GA_3 溶液中浸渍果穗（第一次 GA_3 处理按常规方法）	
		3～10 mg/L			加在 GA_3 溶液中喷布果穗（第一次 GA_3 处理按常规方法）	
	扩大赤霉素处理适宜时期	1～5 mg/L	花前 14～18 d		加在 GA_3 溶液中浸渍花穗（第二次 GA_3 处理按常规方法）	
	保果	5～10 mg/L	初花至盛花		花穗浸渍	
二倍体欧洲系品种无核栽培（除阳光玫瑰外）	保果	2～5 mg/L	开花初期至盛花前或盛花期至盛花后 3 d		初花至盛花处理时浸渍花穗（GA_3 第一次处理和第二次处理照常规进行） 盛花至盛花后 3 d 处理时，加在 GA_3 溶液中浸渍花穗，GA_3 的第二次处理按常规方法	
	膨大果粒	5～10 mg/L	盛花后 10～15 d		加在 GA_3 溶液中浸渍果穗（第一次 GA_3 处理按常规方法）	
	促进花穗发育	1～2 mg/L	展 6～8 片叶时		喷施花穗	
阳光玫瑰无核栽培	保果	2～5 mg/L	初花至盛花或盛花至盛花后 3 d		初花至盛花浸渍花穗，GA_3 第一、二次处理按常规方法 盛花至盛花后 3 d 处理时，加在 GA_3 溶液中浸渍花穗，GA_3 第二次处理按常规方法	
	膨大果粒	5～10 mg/L	盛花后 10～15 d		加在 GA_3 溶液中浸渍果穗（第一次 GA_3 处理按常规方法）	

（续）

<table>
<tr><th>品种</th><th>使用目的</th><th>使用浓度</th><th>使用时期</th><th>使用次数</th><th>使用方法</th><th>含 CPPU 农药的总使用次数</th></tr>
<tr><td rowspan="2">阳光玫瑰无核栽培</td><td>诱导无核化，膨大果粒</td><td>10 mg/L</td><td>盛花后 3～5 d（落花期）</td><td rowspan="9">1 次，但受降雨影响补施时，控制在 2 次以内</td><td>加在 GA_3 溶液中浸渍花穗</td><td rowspan="9">2 次以内，受降雨等影响，补施时需控制在合计 4 次以内</td></tr>
<tr><td>促进花穗发育</td><td>1～2 mg/L</td><td>展叶 6～8 片时</td><td>喷施花穗</td></tr>
<tr><td rowspan="2">三倍体品种无核栽培</td><td>保果</td><td>2～5 mg/L</td><td>初花至盛花或盛花至盛花后 3 d</td><td>初花至盛花浸渍花穗，GA_3 第一、二次处理照常
盛花至盛花后 3 d 处理时，加在 GA_3 液中浸渍花穗，GA_3 第二次处理照常</td></tr>
<tr><td>膨大果粒</td><td>5～10 mg/L</td><td>盛花后 10～15 d</td><td>加在 GA_3 溶液中浸渍果穗（第一次 GA_3 处理按常规方法）</td></tr>
<tr><td rowspan="4">巨峰系四倍体品种无核栽培（除阳光胭脂外）</td><td>保果</td><td>2～5 mg/L</td><td>初花至盛花或盛花至盛花后 3 d</td><td>初花至盛花浸渍花穗，GA_3 第一、二次处理照常规
盛花至盛花后 3 d 处理时，加在 GA_3 液中浸渍花穗，GA_3 第二次处理照常规</td></tr>
<tr><td>膨大果粒</td><td>5～10 mg/L</td><td>盛花后 10～15 d</td><td>加在 GA_3 溶液中或 CPPU 液单独浸渍果穗（盛花至盛花后 3 d 的 GA_3 诱导无核处理照常规）</td></tr>
<tr><td>诱导无核化，膨大果粒</td><td>10 mg/L</td><td>盛花后 3～5 d（落花期）</td><td>加在 GA_3 液中浸渍花穗</td></tr>
<tr><td>促进花穗发育</td><td>1～2 mg/L</td><td>展叶 6～8 片时</td><td>喷施花穗</td></tr>
<tr><td>阳光胭脂无核栽培</td><td>保果</td><td>2～5 mg/L</td><td>初花至盛花或盛花至盛花后 3 d</td><td>初花至盛花浸渍花穗，GA_3 第一、二次处理照常
盛花至盛花后 3 d 处理时，加在 GA_3 液中浸渍花穗，GA_3 第二次处理照常</td></tr>
</table>

（续）

<table>
<tr><th>品种</th><th>使用目的</th><th>使用浓度</th><th>使用时期</th><th>使用次数</th><th>使用方法</th><th>含 CPPU 农药的总使用次数</th></tr>
<tr><td rowspan="4">阳光胭脂无核栽培</td><td>膨大果粒</td><td>5～10 mg/L</td><td>盛花后 10～15 d</td><td rowspan="11">1 次，但受降雨等影响，补施时总次数不应超过 2 次</td><td>加在 GA_3 溶液中或 CPPU 液单独浸渍果穗（盛花至盛花后3 d的 GA_3 诱导无核处理按常规方法）</td><td rowspan="4">2 次以内，受降雨等影响，补施时需控制在合计 4 次以内</td></tr>
<tr><td>无核化，膨大果粒</td><td>10 mg/L</td><td>盛花后 3～5 d（落花期）</td><td>加入 GA_3 液中浸渍花穗</td></tr>
<tr><td>降低着粒密度，膨大果粒</td><td>3 mg/L</td><td>盛花前 14～20 d</td><td>加入 GA_3 液浸渍花穗（GA_3 第二次处理按常规方法）</td></tr>
<tr><td>促进花穗发育</td><td>1～2 mg/L</td><td>展叶 6～8 片时</td><td>花穗喷施</td></tr>
<tr><td>二倍体美洲系品种（有核栽培）</td><td>膨大果粒</td><td>5～10 mg/L</td><td>盛花后 15～20 d</td><td>浸渍果穗</td><td>1 次，但受降雨等影响，补施时总次数不应超过 2 次</td></tr>
<tr><td>二倍体欧洲系品种有核栽培（除亚历山大）</td><td>促进花穗发育</td><td>1～2 mg/L</td><td>展叶 6～8 片时</td><td>花穗喷施</td><td>2 次以内，但受降雨等影响，补施时总次数不应超过 4 次</td></tr>
<tr><td>巨峰系四倍体品种（有核栽培）</td><td>膨大果粒</td><td>5～10 mg/L</td><td>盛花后 15～20 d</td><td>浸渍果穗</td><td>1 次，但受降雨等影响，补施时总次数不应超过 2 次</td></tr>
<tr><td rowspan="2">亚历山大（有核栽培）</td><td>保果</td><td>2～5 mg/L</td><td>盛花期</td><td>浸渍花穗</td><td rowspan="2">2 次以内，但受降雨等影响，补施时总次数不应超过 4 次</td></tr>
<tr><td>促进花穗发育</td><td>1～2 mg/L</td><td>展叶 6～8 片时</td><td>喷施花穗</td></tr>
<tr><td>东雫</td><td rowspan="2">膨大果粒</td><td>5 mg/L</td><td>盛花后 4～13 d</td><td>加在 GA_3 溶液中浸渍果穗（第一次 GA_3 处理按常规方法）</td><td rowspan="2">1 次，但受降雨等影响，补施时总次数不应超过 2 次</td></tr>
<tr><td>高尾</td><td>5～10 mg/L</td><td>盛花至盛花后 7 d</td><td>加在 GA_3 溶液中浸渍花穗或果穗</td></tr>
</table>

（二）氯吡脲施用的注意事项

① 当日配制，当天使用，过期效果会降低。

② 降雨会降低使用效果，雨天禁用，持续异常高温、多雨、干燥等气候条件禁用。

③ 注意品种特性：不同品种对 CPPU 的敏感性不同，应依据表 19－2 正确使用；尚未列入表 19－2 的品种，可参照品种类型（欧亚种、美洲种、欧美杂交种）使用，初次使用时请咨询有关机构或小规模试验后使用。

④ 使用 CPPU 后会诱发着粒过多，导致裂果、上色迟缓、果粒着色不良、糖分积累不足、果梗硬化、脱粒等副作用，使用时要进行开花前的疏穗、坐果后的疏粒及负载量的调整等。

⑤ 使用时期和使用浓度出错，有可能导致有核果粒增加，果面果点木栓化，上色迟缓，色调暗等现象，要严格遵守使用时期、使用浓度。

⑥ 避开降雨、异常干燥（干热风）时使用。

⑦ 处理后的天气骤变（降雨、异常干燥等）影响 CPPU 的吸收，在含 CPPU 农药的总使用次数的控制范围内，可再行补充处理，处理时应咨询有关部门或专家进行。

⑧ 树势强健的可以取得稳定的效果，应维持较强的树势，树势弱的，效果差，应避免使用。

⑨ 避免和 GA_3 以外的药剂混用，与 GA_3 混用时也要留意 GA_3 使用注意事项，并注意正确混配。

注意激素或植物生长调节剂的使用受环境影响很大，因此各地在使用前应首先试验，试验成功后方可大面积推广应用。在使用激素或植物生长调节剂时还要切忌滥用或过量使用（图 19－3 至图 19－5）。

图 19－3 巨峰花期遇连续阴雨天，赤霉素处理保果效果（左处理，右对照）

图 19－4 植物生长调节剂处理器具

图 19－5 植物生长调节剂使用过量造成穗轴木质化

第四节 果实套袋

套袋能显著改善果实的外观品质，疏粒完成后即可套袋。

一、果袋的选择（彩图 19-5 至彩图 19-8）

（一）葡萄专用果袋的研发

经国家葡萄产业技术体系栽培研究室多年科研攻关，研究表明：与白色纸袋相比，蓝色纸袋具有促进钙吸收、促进果实成熟的作用，绿色和黑色纸袋具有推迟果实成熟的作用，无纺布果袋及纸塑结合袋能有效促进果实的着色，红色网袋具有增大果粒、促进果实着色、增加可溶性固形物含量的作用。颜色艳丽果袋尤其是绿色果袋防鸟效果好于白色果袋，伞袋可显著减轻果实日烧现象的发生。

（二）葡萄果袋的选择

葡萄专用袋的纸张应具有较大的强度，耐风吹雨淋、不易破碎，具较好的透气性和透光性，可避免袋内温、湿度过高。不要使用未经国家注册的纸袋。纸袋规格，巨峰系品种及中穗品种一般选用 22 cm×33 cm 和 25 cm×35 cm 规格的果袋，而红地球等大穗品种一般选用 28 cm×36 cm 规格的果袋。此外，还需根据品种选择果袋，如巨峰、红地球等红色或紫色品种一般选择白色果袋，如促进果实成熟及钙元素的吸收，可选用蓝色或紫色果袋；而意大利、醉金香等绿色或黄色品种一般选择红色、橙色或黄色、绿色等果袋；根据不同地区的生态条件选择果袋，如在昼夜温差过大地区和土壤黏重地区，红地球等存在着色过深问题，可采取选择红色、橙色或黄色、绿色等果袋解决；如在气温过高容易发生日烧的地区可选用绿色果袋或打伞栽培。

二、套袋操作

（一）套袋时间

套袋时间过早不仅无法区分大小粒，不利于疏粒工作的进行，还往往导致套袋后果穗容易出现大小粒问题；而且由于幼果果粒没有形成很好的角质层，高温时容易灼伤，加重气灼或日烧现象的发生；同时由于果袋内湿度大，果粒蒸腾速率大大降低，严重影响了果实对钙元素的吸收，降低了果品的耐贮性。套袋时间过晚，果粒已开始进入着色期，糖分开始积累，极易被病菌侵染。一般在葡萄开花后 20～30 d 即生理落果后果实玉米粒大小时进行；如为了促进果粒对钙元素的吸收，提高果实耐贮运性，可将套袋时间推迟到种子发育期进行，但注意加强病害防治。同时要避开雨后高温天气或阴雨连绵后突然放晴的天气进行套袋，一般要经过 2～3 d，待果实稍微适应高温环境后再套袋。另外，套袋时间最好在上午 10 时前、下午 4 时后，避开中午高温时间，阴天可全天套袋。

（二）套袋方法

在套袋之前，果园应全面喷布一遍杀菌剂，重点喷布果穗，蘸穗效果更佳，待药液晾干后再行套袋。先将袋口端 6～7 cm 浸入水中，使其湿润柔软，便于收缩袋口。套袋时，

先用手将纸袋撑开，使纸袋鼓起，然后由下往上将整个果穗全部套入袋中央处。再将袋口收缩到果梗的一侧（禁止在果梗上绑扎纸袋）。穗梗上，用一侧的封口丝扎紧。一定在镀锌钢丝以上要留有 1.0～1.5 cm 的纸袋，套袋时严禁用手揉搓果穗。

（三）摘袋操作

葡萄套袋后可以不摘袋，带袋采收，如摘袋，则摘袋时间应根据品种、果穗着色情况以及果袋种类而定，可通过分批摘袋的方式来达到分期采收的目的。对于无色品种及果实容易着色的品种如巨峰等可以在采收前不摘袋，在采收时摘袋，但这样成熟期有所延迟，如巨峰品种成熟期延迟 10 d 左右。红色品种如红地球一般在果实采收前 15 d 左右进行摘袋，果实着色至成熟期昼夜温差较大的地区，可适当延迟摘袋时间或不摘袋，防止果实着色过度，达紫红或紫黑色，降低商品价值；在昼夜温差较小的地区，可适当提前进行摘袋，防止摘袋过晚果实着色不良。摘袋时首先将袋底打开，经过 5～7 d 锻炼，再将袋全部摘除。去袋时间宜在晴天的上午 10 时以前或下午 4 时以后进行，阴天可全天进行。

葡萄摘袋后一般不必再喷药，但注意防止金龟子等害虫危害和鸟害，并密切观察果实着色进展情况，在果实着色前，剪除果穗附近的部分已经老化的叶片和架面上过密枝蔓，可以改善架面的通风透光条件，减少病虫危害，促进浆果着色。注意摘叶不要与摘袋同时进行，也不要一次完成，应当分期分批进行，防止发生日灼。

三、配套措施

（一）套袋栽培的配套肥水管理

套袋栽培后，由于果袋内空气湿度总是大于外界环境，套袋葡萄果粒蒸腾速率降低，导致矿质元素尤其是钙素从根系运输到果穗的量明显减少，严重时会引起某些缺钙生理病害，降低耐贮运性。因此，与无袋栽培相比，套袋栽培应加强叶面喷肥管理，一般套袋前每 7～10 d 喷施 1 次含氨基酸钙的氨基酸 4 号叶面肥（中国农业科学院果树研究所研制），共喷施 3～4 次；套袋后每隔 10～15 d 交替喷施 1 次含氨基酸钾的氨基酸 5 号叶面肥（中国农业科学院果树研究所研制）和含氨基酸钙的氨基酸 4 号叶面肥，以促进果实发育和减轻裂果现象的发生，增加果实的耐贮性。

（二）套袋栽培的配套病虫害防治

与无袋栽培相比，套袋后可以不再喷布针对果实病虫害的药剂，重点是防治好叶片病虫害如黑痘病、炭疽病和霜霉病等。同时对易入袋危害的害虫如康氏粉蚧等要密切观察，严重时可以解袋喷药。

第五节　功能性果品生产

一、有益元素的保健功能

（一）硒元素的保健功能

硒是人体生命之源，素有“生命元素”之美称。硒元素具有抗氧化、增强免疫系统功能、促进人类发育成长等多种生物学功能。它能杀灭各种超级微生物，刺激免疫球蛋白及抗体产生，增强机体对疾病的抵抗能力，中止危险病毒的蔓延；它能帮助甲状腺激素的活动，减缓血凝结，减少血液凝块，维持心脏正常运转，使心律不齐恢复正常；它能增强肝脏活性，加速排毒，预防心血管疾病，改善心理和精神失常特别是低血糖；它能预防传染病，减少由自身免疫疾病引发的炎症，如类风湿性关节炎和红斑狼疮等；硒还参与肝功能与肌肉代谢，能增强创伤组织的再生能力，促进创伤的愈合；硒能保护视力，预防白内障发生，能够抑制眼晶体的过氧化损伤；它具有抗氧化、防衰老的独特功能。硒与锌、铜及维生素 E、维生素 C、维生素 A 和胡萝卜素协同作用，抗氧化效力要高几百至几千倍，在肌体抗氧化体系中起着特殊而重要的作用。缺硒可导致人体出现 40 多种疾病的发生。1979 年 1 月国际生物化学学术讨论会上，美国生物学家指出"已有足够数据说明硒能降低癌症发病率"；据国家医疗部门调查，我国有 8 个省份 24 个地区严重缺硒，该类地区癌症发病率呈最高值。我国几大著名的长寿地区都处在富硒带上，同时华中科技大学对百岁老人的血样调查发现：90～100 岁老人的血样硒含量超出 35 岁青壮年人的血样硒含量，可见硒能使人长寿。

硒对人体的重要生理功能越来越为各国科学家所重视，各国根据本国自身的情况都制定了硒营养的推荐摄入量。美国推荐成年男女硒的每日摄入量（RDI）分别为 70μg/d 和 55μg/d，而英国则为 75μg/d 和 60μg/d。中国营养学会推荐的成年人摄入量为 50～200μg/d。人体中硒主要从日常饮食中获得，因此，食物中硒的含量直接影响了人们日常硒的摄入量。食物中硒的含量受地理条件影响很大，土壤含硒量的不同造成各地食品中硒含量的极大差异。土壤含硒量在 0.6 mg/kg 以下，就属于贫硒土壤，我国除湖北恩施、陕西紫阳等地区外，全国 72%的国土都属贫硒或缺硒土壤，其中包括华北地区的北京、天津、河北等省、直辖市，华东地区的江苏、浙江、上海等省、直辖市。这些区域的食物硒含量均不能满足人体需要，长期摄入严重缺硒食品，必然会造成硒缺乏疾病。中国营养学会对我国 13 个省、自治区、直辖市做过一项调查表明，成人日平均硒摄入量为 26～32μg，离中国营养学会推荐的最低限度 50μg 相距甚远。一般植物性食品含硒量比较低。因此，开发经济、方便、适合长期食用的富硒食品已经势在必行。

（二）锌元素的保健功能

锌是动植物和人类正常生长发育的必需营养元素，它与 80 多种酶的生物活性有关。大量研究证明锌在人体生长发育过程中具有极其重要的生理功能及营养作用，从生殖细胞到生长发育，从思维中心的大脑到人体的第一道防线皮肤，都有锌的功勋，因此有人把锌誉为"生命的火花"。锌不仅是人体必需营养元素，而且是人类最易缺乏的微量营养物质之一。锌缺乏对健康的影响是多方面的，人类的许多疾病如侏儒症、糖尿病、高血压、生殖器和第二性症发育不全、男性不育等都与缺锌有关，缺锌还会使伤口愈合缓慢、引起皮肤病和视力障碍。锌缺乏在儿童中表现得尤为突出，生长发育迟缓、身材矮小、智力低下是锌缺乏患者的突出表现，此外还有严重的贫血、生殖腺功能不足、皮肤粗糙干燥、嗜睡和食土癖等症状。通常在锌缺乏的儿童中，边缘性或亚临床锌缺乏居多，有相当一部分儿童长期处于一种轻度的、潜在不易被察觉的锌营养元素缺乏状态，使其成为"亚健康儿童"。即使他们无明显的临床症状，但机体免疫力与抗病能力下降，身体发育及学习能力、记忆能力落后于健康儿童。

锌在一般成年人体内总含量为 2～3 g，人体各组织器官中几乎都含有锌，人体对锌的

正常需求量：成年人 2.2 mg/d，孕妇 3 mg/d，乳母 5 mg/d 以上。人体内由饮食摄取的锌，其利用率约为 10%，因此，一般膳食中锌的供应量应保持在每人每天 20 mg 左右，儿童则每天不应少于 28 mg，健康人每天需从食物中摄取 15 mg 的锌。从目前看，世界范围内普遍存在着饮食中锌摄入量不足，包括美国、加拿大、挪威等一些发达国家也是如此。在我国 19 个省、自治区、直辖市进行的调查表明，60%学龄前儿童锌的日摄入量为 3～6 mg。以往解决营养不良问题的主要策略是：药剂补充、强化食品以及饮食多样化。药剂补充对迅速提高营养缺乏个体的营养状况是很有用的，但花费较大，人们对其可接受性差。一般植物性食品含锌量比较低，因此，开发经济、方便、适合长期食用的富锌食品已经势在必行。

二、功能性果品的生产技术规程

中国农业科学院果树研究所在多年研究攻关的基础上，根据葡萄等果树对硒和锌等有益元素的吸收运转规律，研发出氨基酸硒和氨基酸锌等富硒和富锌果树叶面肥并已获得国家发明专利（ZL2010 1 0199145.0 和 ZL201310608398.2）且获得了生产批号【农肥（2014）准字 3578 号，安丘鑫海生物肥料有限公司生产，在第十六届中国国际高新技术成果交易会上被评为优秀产品奖】（图 19－6 至图 19－8），同时建立了富硒和富锌功能性果品的生产配套技术，其中“富硒果品生产技术研究与示范”获得 2016 年华耐园艺科技奖、“富硒功能性保健果品及其加工品生产技术研究与示范”获得 2016 年葫芦岛市科学技术奖励一等奖。目前，富硒和富锌等功能性果品生产关键技术已经开始推广，富硒和富锌等功能性果品生产进入批量阶段。

图 19－6　2016 年华耐园艺科技奖获奖证书

图 19－7　叶面肥正式登记证

图 19－8　优秀产品奖证书

（一）富硒葡萄生产技术规程

花前 10 d 和 2～3 d 各喷施 1 次含氨基酸硼的氨基酸 2 号叶面肥，以提高坐果率。

① 套袋栽培模式：从盛花至果实套袋前每 10 d 左右喷施 1 次 600～800 倍含氨基酸硒叶面肥，共喷施 4 次；果实套袋后至摘袋前每 10 d 左右喷施 1 次 600～800 倍含氨基酸硒

叶面肥，若摘袋采收，共喷施2～3次，若带袋采收共喷施4次；果实摘袋后至果实采收前10 d，每5～7 d喷施1次600～800倍含氨基酸硒叶面肥，共喷施1～2次。

② 无袋栽培模式：从盛花至果实采收前10 d，每10 d左右喷施1次600～800倍含氨基酸硒叶面肥，共喷施6～8次。

（二）富锌葡萄生产技术规程

花前10 d和2～3 d各喷施1次含氨基酸硼的氨基酸2号叶面肥，以提高坐果率。

①套袋栽培模式：从盛花至果实套袋前每10 d左右喷施1次600～800倍含氨基酸锌叶面肥，共喷施4次；果实套袋后至摘袋前每10 d左右喷施1次600～800倍含氨基酸锌叶面肥，若摘袋采收共喷施2～3次，若带袋采收共喷施4次；果实摘袋后至果实采收前10 d，每5～7 d喷施1次600～800倍含氨基酸锌叶面肥，共喷施1～2次。

②无袋栽培模式：从盛花至果实采收前10 d，每10 d左右喷施1次600～800倍含氨基酸锌叶面肥，共喷施6～8次。

三、功能性果品生产技术的应用效果

（一）技术效果（彩图19－9和彩图19－10）

采用功能性保健果品生产技术，不仅显著提高果实硒元素和锌元素含量；而且喷施氨基酸硒叶面肥可显著改善叶片质量（表现为叶片增厚，比叶重增加，栅栏组织和海绵组织增厚，栅海比增大；叶绿素a、叶绿素b和总叶绿素含量增加），抑制光呼吸，提高叶片净光合速率，延缓叶片衰老；促进花芽分化；使果实成熟期显著提前；显著改善果实品质，单粒重及可溶性固形物含量、维生素C含量和SOD酶活性明显增加，香味变浓，果粒表面光洁度明显提高，并显著提高果实成熟的一致性；改善果实的耐贮运性，果实硬度和果柄拉力明显提高；同时提高葡萄植株的耐高温、耐低温、抗干旱等抗性和抗病性，促进枝条成熟，改善葡萄植株的越冬性。

以富硒葡萄为例：由农业农村部果品及苗木质量监督检验测试中心（兴城）测定表明，中国农业科学院果树研究所葡萄核心技术试验示范园和示范基地按照该生产技术规程生产的富硒葡萄果实硒元素含量分别为：威代尔（露地栽培）每千克鲜重0.048 mg、藤稔（设施栽培）每千克鲜重0.032 mg、红地球（露地栽培）每千克鲜重0.020 mg、巨峰（露地栽培）每千克鲜重0.028 mg、玫瑰香（露地栽培）每千克鲜重0.024 mg。农业农村部果品及苗木质量监督检验测试中心（郑州）测定表明，山东省鲜食葡萄研究所按照该生产技术规程生产的富硒葡萄果实硒元素含量分别为：金手指（设施栽培）每千克鲜重0.045 mg、摩尔多瓦（设施栽培）每千克鲜重0.021 mg和巨峰（设施栽培）每千克鲜重0.030 mg，完全符合由中国食品工业协会花卉食品专业委员会发布的中国食品行业标准《天然富硒食品硒含量分类标准》（HB001/T—2013）规定的富硒水果含量范围每千克鲜重0.01～0.48 mg，对照仅为每千克鲜重0.000 6～0.000 9 mg。

（二）经济效益

在鲜食葡萄实际生产中，喷施氨基酸硒叶面肥每667 m^2成本增加约200元，喷施氨基酸硒肥后每年减少4次杀菌剂的使用，每667 m^2可减少农药投入至少300元。同时由于硒元素的保健功能，富硒葡萄售价远高于普通葡萄，例如露地栽培富硒玫瑰香和富硒

8611 销售价格分别比普通玫瑰香和普通 8611 高 3 元/kg 和 2 元/kg。又如山西运城盐湖区会荣水果种植专业合作社采用中国农业科学院果树研究所研发的功能性果品富硒葡萄生产技术生产的富硒葡萄售价高达 19～38 元/kg，每 667m^2 收入 8 万元以上。经核算，喷施氨基酸硒叶面肥鲜食葡萄每 667 m^2 至少增值 8 000 元以上。

第二十章 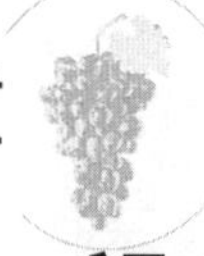

设施葡萄的环境调控

第一节 设施葡萄的环境调控标准

一、光照

葡萄是喜光植物，对光的反应很敏感，光照充足时，枝叶生长健壮，树体的生理活动增强，营养状况改善，果实产量和品质提高，色香味增进。光照不足时，枝条变细，节间增长，表现徒长，叶片变黄、变薄，光合效率低，果实着色差，或不着色，品质变劣（彩图 20-1）。中国农业科学院果树研究所研究表明：光照强度弱，光照时间短，光照分布不均匀，蓝、紫和紫外等短波光线比例低，是设施葡萄光环境的典型特点，必须采取措施改善设施内的光照条件。

二、温度

栽培设施为其中的葡萄生长创造了先于露地生长的温度条件，设施内温度调节的适宜与否，严重影响栽培的其他环节。

（一）气温调控

1. 休眠解除期 休眠解除期的温度调控适宜与否和休眠解除日期的早晚密切相关，如温度调控适宜则休眠解除日期提前，如温度调控欠妥当则休眠解除日期延后。调控标准：尽量使温度控制在 0～9 ℃之间。从扣棚降温开始到休眠解除所需日期因品种差异很大，一般为 25～60 d。

2. 催芽期 催芽期升温快慢与葡萄花序发育和开花坐果等密切相关，升温过快，导致气温和地温不能协调一致，严重影响葡萄花序发育及开花坐果。调控标准：缓慢升温，使气温和地温协调一致。第一周白天 15～20 ℃，夜间 5～10 ℃；第二周白天 15～20 ℃，夜间 7～10 ℃；第三周至萌芽白天 20～25 ℃，夜间 10～15 ℃。从升温至萌芽一般控制在 25～30 d。特例：如设施葡萄的需冷量没有满足（破眠剂处理没有满足品种需冷量的 2/3）就开始升温，为避免由于需冷量不足造成萌芽不整齐问题的发生，则需将温度调高，增加有效热量累积，一般情况下白天气温控制在 30～35 ℃，待 60%～80%冬芽萌发再将温度调至正常，即白天气温控制在 20～25 ℃，夜间 10～15 ℃。

3. 新梢生长期 日平均温度与葡萄开花早晚及花器发育、花粉萌发和授粉受精及坐果等密切相关。调控标准：白天 20～25 ℃；夜间 10～15 ℃，不低于 10 ℃。从萌芽到开

花一般需 40～60 d。

4. 花期　低于 14 ℃时影响开花，引起授粉受精不良，子房大量脱落；35 ℃以上的持续高温会产生严重日烧。此期温度管理的重点是：避免夜间低温，其次还要注意避免白天高温的发生。调控标准：白天 22～26 ℃；夜间 15～20 ℃，不低于 14 ℃。花期一般维持 7～15 d。花期欧亚种设施葡萄耐高温能力强于欧美杂交种设施葡萄。

5. 浆果发育期　温度不宜低于 20 ℃，积温因素对浆果发育速率影响最为显著，如果热量累积缓慢，浆果糖分累积及成熟过程变慢，果实采收期推迟。调控标准：白天 25～28 ℃；夜间 20～22 ℃，不宜低于 20 ℃。

6. 着色成熟期　适宜温度为 28～32 ℃，低于 14 ℃时果实不能正常成熟；昼夜温差对养分积累有很大的影响，温差大时，浆果含糖量高，品质好。温差大于 10 ℃以上时，浆果含糖量显著提高。此期调控标准：白天 28～32 ℃、夜间 14～16 ℃，不低于 14 ℃；昼夜温差 10 ℃以上。

（二）地温调控

设施内的地温调控技术主要是指提高地温技术，使地温和气温协调一致。葡萄设施栽培，尤其是早熟促成栽培中，设施内地温上升慢，气温上升快，地温—气温不协调，造成发芽迟缓，花期延长，花序发育不良，严重影响葡萄坐果率和果粒的第一次膨大生长。另外，地温变幅大，会严重影响根系的活动和功能发挥。

三、湿度

空气湿度也是影响葡萄生育的重要因素之一。相对湿度过高，会使葡萄的蒸腾作用受到抑制，并且不利于根系对矿质营养的吸收和体内养分的输送。持续的高湿度环境易使葡萄徒长，影响开花结实，并且易发多种病害；同时使棚膜上凝结大量水滴，造成光照强度下降。而相对湿度持续过低不仅影响葡萄的授粉受精，而且影响葡萄的产量和品质。设施栽培由于避开了自然雨水，为人工调控土壤及空气湿度创造了方便条件。

（一）催芽期

土壤水分和空气湿度不足，不仅延迟葡萄萌芽，还会导致花器发育不良，小型花和畸形花增多；而土壤水分充足和空气湿度适宜，则葡萄萌芽整齐一致，小型花和畸形花减少，花粉生活力提高。调控标准：空气相对湿度要求 90%以上，土壤相对湿度要求70%～80%。

（二）新梢生长期

土壤水分和空气湿度不足，严重影响葡萄新梢正常生长，同时影响花序发育；而土壤水分充足和空气湿度过高，则葡萄新梢生长过旺，并且容易诱发多种病害。调控标准：空气相对湿度要求 60%左右，土壤相对湿度要求 70%左右为宜。

（三）花期

土壤和空气湿度过高或过低均不利于开花坐果。土壤湿度过高，新梢生长过旺，往往会造成营养生长与生殖生长的养分竞争，不利于花芽分化和开花坐果，导致坐果率下降；同时树体郁闭，容易导致病害蔓延。土壤湿度过低，新梢生长缓慢或停长，光合速率下降，严重影响授粉受精和坐果。空气湿度过高，导致花药开裂慢、花粉散不出去、花粉破裂和病害蔓延。空气湿度过低，柱头易干燥，有效授粉寿命缩短，进而影响授粉受精和坐果。调控标准：空气相对湿度要求50%左右，土壤相对湿度要求65%左右为宜。

（四）浆果发育期

浆果的生长发育与水分关系也十分密切。在浆果快速生长期，充足的水分供应，可促进果实的细胞分裂和膨大，有利于产量的提高。调控标准：空气相对湿度要求60%～70%，土壤相对湿度要求70%左右为宜。

（五）着色成熟期

过量的水分供应往往会导致浆果的晚熟、糖分积累缓慢、含酸量高、着色不良，造成果实品质下降。因此，在浆果成熟期适当控制水分的供应，可促进浆果的成熟和品质的提高，但控水过度也可使糖度下降并影响果粒增大，而且控水越重，浆果越小，最终导致减产。调控标准：空气相对湿度要求50%～60%，土壤相对湿度要求55%～65%为宜。

四、二氧化碳

设施条件下，由于保温需要，常使葡萄处于密闭环境，通风换气受到限制，造成设施内CO_2浓度过低，影响光合作用。研究表明，当设施内CO_2浓度达室外浓度（340μg/g）的3倍时，光合速率提高2倍以上，而且在弱光条件下效果明显。而天气晴朗时，从上午9时开始，设施内CO_2浓度明显低于设施外，使葡萄处于CO_2饥饿状态，因此，CO_2施肥技术对于葡萄设施栽培而言非常重要。

第二节　设施葡萄的环境调控技术

一、光照

（一）从设施本身考虑，提高透光率

建造方位适宜、采光结构合理的设施，同时尽量减少遮光骨架材料并采用透光性能好、透光率衰减速度慢的透明覆盖材料（醋酸乙烯-乙烯共聚棚膜EVA和PO棚膜综合性能最佳）并经常清扫（图20－1）。

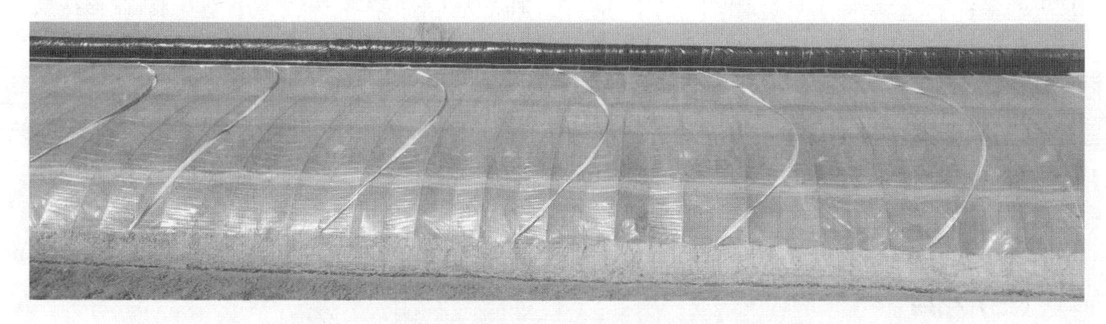

图20－1　帆布条随风飘动，具有经常清扫棚膜的作用

（二）从环境调控角度考虑，延长光照时间，增加光照强度，改善光质（彩图20－2）

正确揭盖草苫和保温被等保温覆盖材料并使用卷帘机等机械设备以尽量延长光照时间；挂铺反光膜或将墙体涂为白色（冬季寒冷的东北、西北等地区考虑到保温要求墙体需

涂黑）以增加散射光；人工补光以增加光照强度并改善光质（中国农业科学院果树研究所研究表明：在设施葡萄促早栽培中，蓝光显著促进果实成熟并提高果实含糖量，紫外光显著增大果粒并使香气更加浓郁，红蓝光对改善果实品质效果不明显）；覆盖转光棚膜改善光质等措施可有效改善设施内的光照条件。

（三）从栽培技术角度考虑，改善光照

植株定植时采用采光效果良好的行向；合理密植，并采用高光效树形和叶幕形；采用高效肥水利用技术，提高叶片质量，增强叶片光合效能；合理恰当的修剪可显著改善植株光照条件，提高植株光合效能。

二、温度

栽培设施为其中的葡萄生长创造了先于露地生长的温度条件，设施内温度调节的适宜与否，严重影响栽培的其他环节（彩图 20－3）。

（一）气温调控

1. 保温技术 优化棚室结构，强化棚室保温设计（日光温室方位南偏西 5°～10°；墙体采用异质复合墙体。内墙采用蓄热载热能力强的建材如石头和红砖等，并可采取穹形结构或蜂窝墙体增加内墙面积以增加蓄热面积，同时将内墙涂为黑色以增加墙体的吸热能力；中间层采用保温能力强的建材如泡沫塑料板；外墙为砖墙或采用土墙等）；选用保温性能良好的保温覆盖材料并正确揭盖、多层覆盖；挖防寒沟；人工加温。

2. 降温技术 通风降温，注意通风降温顺序为先放顶风，再放底风，最后打开北墙通风窗/孔进行降温；喷水降温，注意喷水降温必须结合通风降温，防止空气湿度过大；遮阴降温，这种降温方法只能在催芽期使用。

（二）地温调控

设施内的地温调控技术主要是指提高地温技术。

1. 起垄栽培结合地膜覆盖 该措施切实有效。

2. 建造地下火炕或地热管和地热线 该项措施对于提高地温最为有效，但成本过高，目前我国很少应用。

3. 合理控温 在人工集中预冷过程中合理控温，防止地温低于 0 ℃。

4. 生物增温器 利用生物反应堆的秸秆发酵释放热量提高地温。

5. 挖防寒沟 防止温室内土壤热量传导到温室外。

6. 建于半地下 将温室建造为半地下式。

三、湿度

（一）降低空气湿度

1. 通风换气 是经济有效的降湿措施，尤其是室外湿度较低的情况下，通风换气可以有效排除室内的水气，使室内空气湿度显著降低。

2. 全园覆盖地膜 土壤表面覆盖地膜可显著减少土壤表面的水分蒸发，有效降低室内空气湿度（彩图 20－4）。

3. 改革灌溉制度 改传统漫灌为膜下滴/微灌或膜下灌溉，可有效减少土壤表面的水

分蒸发。

4. 升温降湿 冬季结合采暖需要进行室内加温，可有效降低室内相对湿度。

5. 防止塑料薄膜等透明覆盖材料结露 为避免结露，应采用无滴消雾膜或在透明覆盖材料内侧定期喷涂防滴剂，同时在构造上，需保证透明覆盖材料内侧的凝结水能够有序流到前底角处。

6. 行间覆盖秸秆 秸秆可以在设施内湿度高时吸收空气中的水分，保持设施内湿度相对稳定，减少病害发生。

（二）增加空气湿度

喷水增湿。

（三）土壤湿度调控

主要采用控制浇水的次数和每次灌水量来解决。

四、二氧化碳

（一）二氧化碳施肥（彩图 20－5）

1. 增施有机肥 在我国目前条件下，补充 CO_2 比较现实的方法是土壤中增施有机肥，而且增施有机肥同时还可改良土壤、培肥地力。

2. 施用固体 CO_2 气肥 由于对土壤和使用方法要求较严格，所以该法目前应用较少。

3. 燃烧法 燃烧煤、焦炭、液化气或天然气等产生 CO_2，该法使用不当容易造成 CO 中毒。

4. 干冰或液态 CO_2 该法使用简便，便于控制，费用也较低，适合附近有 CO_2 副产品供应的地区使用。

5. 合理通风换气 在通风降温的同时，使设施内外 CO_2 浓度达到平衡。

6. 化学反应法 利用化学反应法产生 CO_2，操作简单，价格较低，适合广大农村的情况，易于推广。目前应用的方法有：盐酸-石灰石法、硝酸-石灰石法和碳酸铵-硫酸法，其中碳酸铵-硫酸法成本低、易掌握，在产生 CO_2 的同时，还能将不宜在设施中直接施用的碳酸铵，转化为比较稳定的可直接用作追肥的硫酸铵，是现在应用较广的一种方法，但使用硫酸等具有一定危险性。

7. 二氧化碳生物发生器法 利用生物菌剂促进秸秆发酵释放二氧化碳气体，提高设施内的二氧化碳浓度。该方法简单有效，不仅释放二氧化碳气体，而且增加土壤有机质含量，并且提高地温。具体操作如下：在行间开挖宽 30～50 cm、深 30～50 cm、长度与树行长度相同的沟槽，然后将玉米秸、麦秸或杂草等填入，同时喷洒促进秸秆发酵的生物菌剂，最后秸秆上面填埋 10 cm 厚的园土，园土填埋时注意两头及中间每隔 2～3 m 留置一个宽 20 cm 左右的通气孔为生物菌剂提供氧气通道，促进秸秆发酵发热，园土填埋完后，从两头通气孔浇透水。

（二）二氧化碳施肥注意事项

于叶幕形成后开始进行 CO_2 施肥，一直到棚膜揭除后为止。一般在天气晴朗、温度适宜的天气条件下，于上午日出 1～2 h 后开始施用，每天至少保证连续施用 2～4 h 以上，全天施用或单独上午施用，并应在通风换气之前 30 min 停止施用较为经济；阴雨天不能

施用。施用浓度以 700～1 000 μL/L 以上为宜。

五、有毒（害）气体

（一）氨气（NH_3）

1. 来源

（1）施入未经腐熟的有机肥　未腐熟有机肥是葡萄栽培设施内氨气的主要来源，主要包括鲜鸡禽粪、鲜猪粪、鲜马粪和未发酵的饼肥等；这些未经腐熟的有机肥经高温发酵后产生大量氨气，由于栽培设施相对密闭，氨气逐渐积累。

（2）施肥不当　大量施入碳酸氢铵化肥，也会产生氨气。

2. 毒害浓度和症状

（1）毒害浓度　当浓度达 5～10 mg/L 时氨气就会对葡萄产生毒害作用。

（2）毒害症状　氨气首先危害葡萄的幼嫩组织如花、幼果和幼叶等。氨气从气孔侵入，受毒害的组织先变褐色，后变白色，严重时枯死萎蔫。

3. 氨气积累的判断　检测设施内是否有氨气积累可采用 pH 试纸法。具体操作：在日出之前（放风前）把塑料棚膜等透明覆盖材料上的水珠滴加在 pH 试纸上，呈碱性反应就说明有氨气积累。

4. 减轻或避免氨气积累的方法　设施内施用充分腐熟的有机肥，禁用未腐熟的有机肥；禁用碳酸氢铵化肥；在温度允许的情况下，开启风口通风。

（二）一氧化碳（CO）

1. 来源　加温燃料的未充分燃烧。我国葡萄设施栽培中加温温室所占比例很小，但在冬季严寒的北方地区进行的超早期促早栽培，常常需要加温以保持较高的温度；另外利用塑料大棚进行的春促早栽培，如遇到突然寒流降温天气，也需要人工加温以防冻害。

2. 防止危害　主要是指防止一氧化碳对生产者的危害。

（三）二氧化氮（NO_2）

1. 来源　主要来源是氮素肥料的不合理施用。土壤中连续大量施入氮肥，使亚硝酸向硝酸的转化过程受阻，而铵向亚硝酸的转化却正常进行，从而导致土壤中亚硝酸的积累，挥发后造成 NO_2 的危害。

2. 毒害症状　NO_2 主要从叶片的气孔随气体交换而侵入叶肉组织，首先使气孔附近细胞受害，然后毒害叶片的海绵组织和栅栏组织，进而使叶绿体结构破坏，最终导致叶片呈褐色，出现灰白斑。一般葡萄的毒害浓度为 2～3 mg/L，浓度过高时葡萄叶片的叶脉也会变白，甚至全株死亡。

3. 防止危害的方法　一是合理追施氮肥，不要连续大量的施用氮素化肥。二是及时通风换气。三是若确定亚硝酸气体存在并发生危害时，设施内土壤施入适量石灰可明显减轻 NO_2 气体的危害。

第三节　设施环境的监测与智能调控

目前在设施果树生产中，设施内温湿度和光照等环境因子主要采取人工措施进行调

控，不仅费用高而且调控的随意性强，常常出现由于调控不及时造成坐果及果实发育不良和日烧等问题的发生，严重影响了设施果树产业的集约化和规模化及标准化发展。为此，中国农业科学院果树研究所开展了设施果树环境监测与智能管控系统与设备的研发（图 20-2），以促进设施果树的集约化、规模化和标准化发展。

设施环境的监测与智能调控系统通过温湿度和光照等环境因子传感器对设施内环境因子进行监测，并根据设定的环境因子关键值对设施环境进行调控，实现设施果树生产环境因子调控的智能化管理，本系统可通过网络实现不同品种和生育期环境因子关键值的远程设置及控制；同时，本系统还可通过网络实现不同品种和生育期水分和养分关键值的远程设置及控制，实现水肥管理的一体化、精准化和远程化；此外，本系统还能配合视频采集系统实现设施果树生产管理全过程的远程监督及查看。

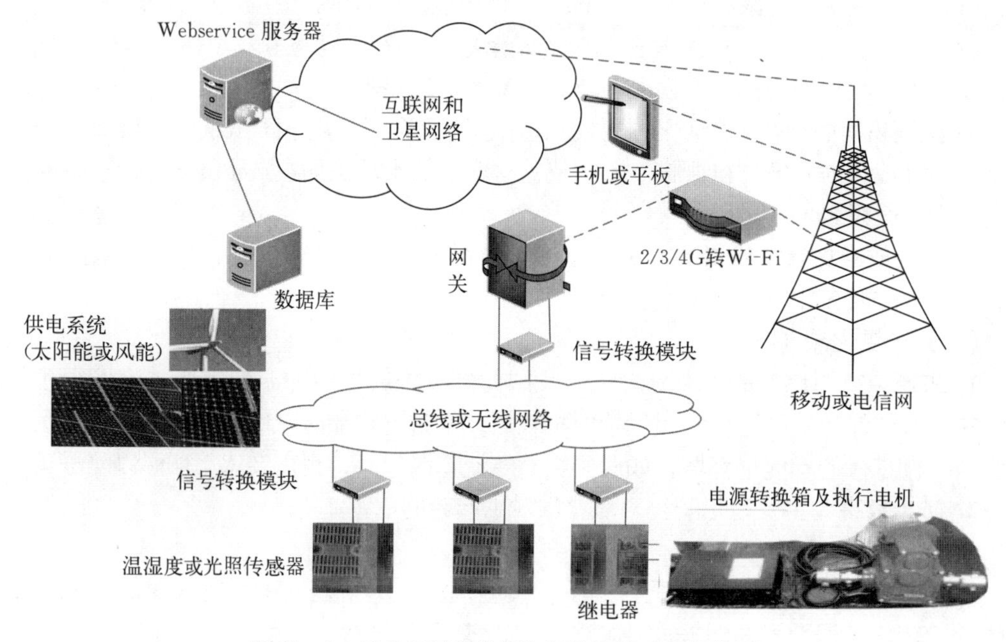

图 20-2　设施环境的监测与智能调控系统架构图

第二十一章 设施葡萄的产期调控

在促早栽培中，设施葡萄的产期主要受需冷量（影响休眠解除早晚）、需热量（影响开花早晚）和果实发育期的长短（影响果实成熟早晚）等因素共同调节。在避雨栽培和延迟栽培中，设施葡萄的产期主要受开花的早晚和果实发育期的长短等因素调节。需冷量和需热量包含着葡萄萌芽展叶对温度不同要求的两个重要时期——休眠期和催芽期。葡萄进入深休眠后，只有休眠解除即满足品种的需冷量（如使用破眠剂则有效低温累积满足品种需冷量的 2/3 即可）才能升温，否则过早升温会引起不萌芽，或萌芽延迟且不整齐，而且新梢生长不一致，花序退化，浆果产量和品质下降等问题。需冷量满足后，一定的热量累积（需热量）是葡萄萌芽展叶必不可少的。展叶后的温度决定葡萄果实生长发育各物候期的长短及通过某一物候期的速度，以积温因素对果实发育变化速率影响最为显著。在冷凉的气候条件下，热量累积缓慢，浆果糖分累积及成熟过程变慢，一般品种的采收期比其正常采收期将推迟。相反，在热的年份采收期将提早。

综上，设施葡萄的产期调控主要通过休眠调控和果实成熟调控实现。

第一节　设施葡萄的休眠调控

休眠是植物生长发育过程中的一种暂停现象，是一种有益的生物学特性，是植物经过长期演化而获得的一种对环境及季节性变化的生物学适应性。休眠是一种相对现象，而非绝对的停止一切生命活动，它是植物发育过程中的一个周期性时期，是以生长活动暂时停止为表观的一系列积极发育过程。其实，葡萄进入休眠后，树体的生理生化活动并未停止，有些过程甚至被激活。植物的这种生物学适应性不仅对物种的生存繁衍具有特殊的生物学和生态学意义，而且对设施农业生产而言，又是一项重大的挑战。

一、促进休眠解除

（一）设施葡萄常用品种的需冷量

中国农业科学院果树研究所葡萄课题组于 2009—2012 年连续三年利用 0～7.2 ℃模型、≤7.2 ℃模型和犹他模型等三种需冷量估算模型对 22 个设施葡萄常用品种的需冷量进行了测定，结果见表 21 - 1，供参考。

表 21-1 不同需冷量估算模型估算的不同品种群品种的需冷量（2013）

品种及品种群	0～7.2℃模型（h）	≤7.2℃模型（h）	犹他模型（CU）	品种及品种群	0～7.2℃模型（h）	≤7.2℃模型（h）	犹他模型（CU）
87-1	573	573	917	布朗无核	573	573	917
红香妃	573	573	917	莎巴珍珠	573	573	917
京秀	645	645	985	香妃	645	645	985
8612	717	717	1 046	奥古斯特	717	717	1 046
奥迪亚无核	717	717	1 046	藤稔	756	958	859
红地球	762	762	1 036	矢富萝莎	781	1 030	877
火焰无核	781	1 030	877	红旗特早玫瑰	804	1 102	926
巨玫瑰	804	1 102	926	巨峰	844	1 246	953
红双味	857	861	1 090	夏黑无核	857	861	1 090
凤凰 51	971	1 005	1 090	优无核	971	1 005	1 090
火星无核	971	1 005	1 090	无核早红	971	1 005	1 090

（二）促进休眠解除的物理措施

1. 三段式温度管理人工集中预冷技术（彩图 21-1） 利用夜间自然低温进行集中降温的预冷技术是目前生产上最常用的人工破眠措施，即当深秋初冬日平均气温稳定通过7～10 ℃时，进行扣棚并覆盖草苫或保温被。在传统人工集中预冷的基础上，中国农业科学院果树研究所葡萄课题组创新性提出三段式温度管理人工集中预冷技术，使休眠解除效率显著提高，休眠解除时间显著提前，具体操作如下：

（1）人工集中预冷前期（从覆盖草苫或保温被始到最低气温低于 0 ℃止） 夜间揭开草苫或保温被并开启通风口，让冷空气进入，白天盖上草苫或保温被并关闭通风口，保持棚室内的低温。

（2）人工集中预冷中期（从最低气温低于 0 ℃始至白天大多数时间低于 0 ℃止） 昼夜覆盖草苫或保温被，防止夜间温度过低。

（3）人工集中预冷后期（从白天大多数时间低于 0 ℃始至开始升温止） 夜晚覆盖草苫或保温被，白天适当开启草苫或保温被，让设施内气温略有回升，升至 7～10 ℃后覆盖草苫或保温被。

三段式温度管理人工集中预冷的调控标准：使设施内绝大部分时间气温维持在 0～9 ℃之间，一方面使温室内温度保持在利于解除休眠的温度范围内，另一方面避免地温过低，以利于升温时气温与地温协调一致。

2. 带叶休眠技术（彩图 21-2） 中国农业科学院果树研究所葡萄课题组多年研究结果表明：在人工集中预冷过程中，与传统去叶休眠相比，采取带叶休眠的葡萄植株提前解除休眠，而且葡萄花芽质量显著改善。因此，在人工集中预冷过程中，一定要采取带叶休眠的措施，不应采取人工摘叶或化学去叶的方法，即在叶片未受霜冻伤害时扣棚，开始进行带叶休眠三段式温度管理人工集中预冷处理。

（三）促进休眠解除的化学措施

1. 常用破眠剂

（1）石灰氮（$CaCN_2$）　在使用时，一般是调成糊状进行涂芽或者经过清水浸泡后取高浓度的上清液进行喷施。石灰氮水溶液的配制：将粉末状药剂置于非铁容器中，加入4～10倍的温水（40℃左右），充分搅拌后静置4～6 h，然后取上清液备用。为提高石灰氮溶液的稳定性及其破眠效果，减少药害的发生，适当调整溶液的pH是一种简单可行的方法。在pH为8时，药剂表现出稳定的破眠效果，而且贮存时间也可以相应延长，调整石灰氮的pH可用无机酸（如硫酸、盐酸和硝酸等）或有机酸（如醋酸等）。石灰氮打破葡萄休眠的有效浓度因处理时期和品种而异，一般情况下是1份石灰氮对4～10份水。

（2）单氰胺（H_2CN_2）　一般认为单氰胺对葡萄的破眠效果比石灰氮更好。目前在葡萄生产中，主要采用经特殊工艺处理后含有50%有效成分（H_2CN_2）的稳定单氰胺水溶液，在室温下贮藏有效期很短，如在1.5～5℃条件下冷藏，有效期至少可以保持一年以上。单氰胺打破葡萄休眠的有效浓度因处理时期和品种而异，一般情况下是0.5%～3.0%。配制H_2CN_2水溶液时需要加入非离子型表面活性剂（一般按0.2%～0.4%的比例）。一般情况下，H_2CN_2不与其他农用药剂混用。

2. 专用破眠剂　在葡萄休眠解除机制研究的基础上，中国农业科学院果树研究所葡萄课题组研制出破眠综合效果优于石灰氮和单氰胺的葡萄专用破眠剂——破眠剂1号并申请国家发明专利，破眠剂1号处理后葡萄的萌芽时间介于石灰氮和单氰胺处理之间，但萌发新梢健壮程度均优于石灰氮和单氰胺处理（彩图21-3）。

3. 施用时期　温带地区葡萄的冬促早栽培或春促早栽培使休眠提前解除，促芽提前萌发，需有效低温累积达到葡萄需冷量的2/3～3/4时使用1次。亚热带和热带地区葡萄的避雨栽培，为使芽正常整齐萌发，需于萌芽前20～30 d使用1次。施用时期过早，需要破眠剂浓度大而且效果不好；施用时期过晚，容易出现药害。

4. 施用效果　破眠剂解除葡萄芽内休眠使芽萌发后，新梢的延长生长取决于处理时植株所处的生理阶段，处理时期不能过早，过早葡萄芽萌发后新梢延长生长受限。

5. 施用时天气情况与空气和土壤湿度　破眠剂处理选择晴好天气进行，气温以10～20℃最佳，低于5℃时取消处理。

6. 施用时空气和土壤湿度　从破眠剂使用到萌芽期间的相对空气湿度保持在80%以上最佳，不能低于60%，否则严重影响使用效果。破眠剂使用后需要立即浇一遍透水。

7. 施用方法　直接喷施休眠枝条（务必喷施均匀周到）或直接涂抹休眠芽；如用刀片或锯条将休眠芽上方枝条刻伤后再使用破眠剂破眠效果将更佳（彩图21-3）。

8. 安全事项与贮藏保存　破眠剂均具有一定毒性，因此在处理或贮藏时应注意安全防护，要避免药液同皮肤直接接触，由于其具有较强的醇溶性，因此操作人员应注意在使用前后1 d内不可饮酒。破眠剂放在儿童触摸不到的地方；于避光干燥处保存，不能与酸或碱放在一起。

（四）科学升温

1. 冬促早栽培　据各品种需冷量确定升温时间，待需冷量满足后方可升温。葡萄的自然休眠期较长，一般自然休眠结束多在12月初至翌年1月中下旬。如果过早升温，葡萄需冷量得不到满足，造成发芽迟缓且不整齐、卷须多，新梢生长不一致，花序退化，浆果产量降低，品质变劣。

2. 春促早栽培 春促早栽培升温时间主要根据设施保温能力确定，一般情况下扣棚升温时间为在当地露地栽培葡萄萌芽时间的基础上提前 2 个月左右的时间。

二、促进休眠逆转

促进休眠逆转及避开休眠是秋促早栽培模式的关键技术措施之一，该技术措施是否运用得当直接关系到秋促早栽培的成败。

（一）促进休眠逆转的物理措施——新梢短截

在冬芽花芽分化完成后至生理休眠发育到深休眠状态前进行新梢短截，辽宁兴城一般于 7 月下旬至 9 月上旬进行。一般留 4～6 节（如保留第一次果则留 6～8 节）短截，同时将剪口芽的主梢和副梢叶片剪除，剪口芽饱满、呈黄白色为宜，变褐的芽不易萌发，新鲜带红的芽虽易萌发，但不易出现结果枝。一般新梢剪口粗度大于 0.8 cm 时更有利于诱发大穗花序，利用葡萄低节位花芽分化早的特点，对长势中庸的发育枝，应降低修剪节位使其剪口粗度达到要求。

（二）促进休眠逆转的化学措施——破眠剂使用

如剪口芽呈黄白色，则剪口芽不需涂抹破眠剂进行催芽处理冬芽即可整齐萌发；如剪口芽已经变褐，则剪口芽需涂抹破眠剂如石灰氮、破眠剂 1 号（中国农业科学院果树研究所葡萄课题组研制的葡萄专用破眠剂）或单氰胺等进行催芽处理以逼迫冬芽整齐萌发，在傍晚空气湿度较高时处理最佳，处理后 24 h 不下雨效果更好，处理时土壤最好能保持潮湿状态，如果土壤干燥需立即进行灌溉。空气干燥（＜80%）时以单氰胺效果最佳，空气湿润（＞80%）时以破眠剂 1 号效果最佳。

（三）配套措施——环境调控

1. 人工补光 在温带地区的设施葡萄秋促早栽培期间，由于受短日环境影响，葡萄新梢停长过早，新梢叶面积生长不足导致相当部分的叶面积未能达到正常生理标准，并且叶片早衰，光合作用效果差，妨碍果实继续膨大，严重影响果实的产量和品质，所以必须进行人工补光。具体做法是：于日照时数＜13.5 h 时开始启动红橙植物生长灯（中国农业科学院果树研究所葡萄课题组研发）进行补光，使日光照时数达到 13.5 h 以上即可有效克服短日环境对葡萄生长发育造成的不良影响。一般在 1 000 m^2 设施内设置 100～150 个植物生长灯为宜，植物生长灯位于树体上方 0.5～1 m 处，夜间设施内光照强度在 20 lx 以上即可达到长日照标准。每天于天黑前 0.5 h 或保温被等外保温材料覆盖前开启植物生长灯开始人工补光，至晚上 12:00 时结束人工补光。

2. 温度控制 12～18 ℃是诱导葡萄进入休眠的最适温度范围，如果设施内最低气温高于 18 ℃，则秋促早栽培葡萄保持正常生长发育而不进入休眠。具体的温度调控标准是：从夜间最低气温低于 18 ℃时（辽宁兴城一般 9 月上中旬），开始将栽培设施覆盖塑料薄膜，使设施内夜间气温提高到 18 ℃以上；到幼果膨大期的 10 月期间，设施内夜间气温则要连续保持在 20 ℃左右；即使是在初冬的 11 月，夜间设施内气温亦应维持在 15 ℃以上，这样一方面可以避免秋促早栽培葡萄被诱导进入休眠，另一方面还可以延缓叶片衰老和落

叶；果实收获时，为保证果实成熟，其设施内夜间气温至少应保持在 10 ℃上下。采收结束后，其设施内夜间气温保持在 3 ℃左右以便加快叶落过程。

三、避开有效低温需求

对于葡萄冬芽的萌发而言，需冷量并不是必需的，而需热量是必需的，当需冷量不足时，显著增加需热量的需求，根据葡萄冬芽萌发的这一特性，通过提高催芽期温度迅速有效地增加热量累积可有效避开萌芽对有效低温的需求，进而实现超早期升温和葡萄的早期上市，一般可于 3 月中旬左右上市。

（一）高密度建园

通过高密度建园可有效避免日光温室内整园葡萄催芽期萌芽不整齐的问题。一般每 667 m^2 2 500 株左右（株距 0.3 m 左右，行距 1.8 m 左右），每株树作为一个结果枝组培养，每株留 2～3 个新梢，每 667 m^2 留新梢 3 500～4 000 个为宜。

（二）催芽期高温处理

一般于 9 月中下旬至 10 月中下旬冬剪后开始扣棚高温处理，温度白天 40～45 ℃，不超过 45 ℃不需开启通风口放风降温，待 50%～80%冬芽萌发后气温方可恢复常规管理，即白天 20～ 25 ℃。

（三）注意事项

采取此项技术措施，树体衰老较快，一般盛果期仅有 2～3 年的时间。

四、延长环境休眠

延长环境休眠是延迟栽培的重要技术措施之一，环境休眠延长效果的好坏直接影响延迟栽培果实的上市时间。

在春季气温回升时，采取白天覆盖保温被、添加冰块或启动冷风机等人工措施，维持设施内的低温（气温保持在 10 ℃以下）环境，延长环境休眠，使葡萄继续处于休眠状态，进而达到推迟葡萄萌芽、开花和浆果成熟的目的。

第二节　设施葡萄的果实成熟调控

一、温度调控

热量是植物生存的必要条件，葡萄是喜温植物，对热量要求高。温度是决定果树物候期进程的重要因素，温度高低不仅与开花早晚密切相关，而且与果实生长发育密切相关。

在一定范围内，果实的生长和成熟与温度成正相关，低温抑制果实生长，延缓果实成熟；温度越高，果实生长越快，果实成熟也越早，但超出某一范围，高温则会使果实发育期延长，延缓果实成熟。浆果生长期不宜低于 20 ℃，适宜温度为 25～28 ℃，此期积温对浆果发育速率影响最为显著，在冷凉的气候条件下，热量累积缓慢，所以浆果糖分累积及成熟过程变慢，一般品种的采收期比其正常采收期将推迟。浆果成熟期不宜低于 16～17 ℃，最适宜的温度为 28～32 ℃，低于 14 ℃时果实不能正常成熟。

在果树栽培实践中，早春灌水或园地覆草可降低土壤温度延缓根系生长，从而使果树开花延迟 5～8 d；同样早春园地喷水或枝干涂白可降低树体温度和芽温，从而延缓果树开花；将盆栽果树置于冷凉处或将树体覆盖遮阴，延缓温度升高，也能达到延迟开花的目的；温室定植果树早春覆盖草帘或保温被遮阴，并且添加冰块或开启制冷设备降温可显著延缓果树花期，花期延缓时间与温室保持低温时间长短有关。植株冷藏延迟栽培技术在我国已在草莓、桃树、葡萄等果树上应用，其原理是将成花良好的植株进行冷库冷藏，按计划出库定植，从而自由地调整收获期，实现鲜果的周年供应。

于秋季早霜来临之前覆盖棚膜进行葡萄的挂树活体贮藏也可显著延缓葡萄果实的收获期，一般可延缓 50～90 d 的时间。

二、光照调控

光照与果实的生长发育和成熟密切相关，改变光照强度和光质可显著影响果实的生长发育和成熟。

遮光降低光照强度可抑制葡萄果实发育，延迟成熟。Rojas 和 Morrison 对四年生葡萄植株进行遮阴处理，研究表明对叶片进行遮阴可显著抑制浆果生长，延迟成熟，但同时也影响葡萄果实品质如降低总糖和酒石酸的含量，提高果汁的 pH。

日本岛根县以赤芩和莫尔登两种葡萄品种为试材利用覆盖反射紫外线塑料薄膜改变光质的方法延迟葡萄收获期获得了成功，并申请了专利。具体做法是：从发芽期开始覆盖反射紫外线的塑料薄膜，大约收获前 2 个月改用普通塑料薄膜。在覆盖反射紫外线塑料薄膜期间，新梢生长发育旺盛，始终保持叶色浓绿，果实着色和成熟延迟，更换普通塑料薄膜后果实迅速着色，因此可以通过改变更换塑料薄膜日期，调节葡萄成熟时间，延长葡萄收获期。日本试验用红色不织布进行柿子抑制栽培，可促进果实膨大，延迟采收，且有推迟落叶的趋势，还可有效保持叶片的绿色，维持光合作用。中国农业科学院果树研究所的王海波等通过人工补光技术措施实现了对果实成熟的有效调控，研究表明，人工补充蓝光和紫外线可促进葡萄果实发育和着色，提早成熟；而人工补充红光推迟果实成熟。

三、利用自然气候资源

充分利用自然气候资源，并采取相应的栽培技术措施调控果实成熟上市时间，是创建资源高效利用型果树生产模式的要求，可有效节约能源、降低成本，从而获得良好收益。比如西南干热河谷地区和广西南宁地区等地光照充足，日照时间长，冬季温暖，可利用其特殊的气候条件通过采取二次结果技术使葡萄夏秋季开花结果，冬季成熟，或一年两熟，一季提早，一季延后。目前两地区利用二次结果技术进行葡萄的秋促早栽培已经获得了成功，并在生产上大面积推广应用。还可利用高海拔高纬度地区冬季时间长，生长季热量累积慢，葡萄春季萌芽开花晚，生长季果实生长发育减缓的自然条件推迟果实成熟上市时间，目前在辽宁沈阳地区和甘肃兰州地区已获得了极大成功。

四、植物生长调节剂

葡萄属非呼吸跃变型果实，在其“转熟”前有 ABA 的上升，而乙烯在此前水平极低。外用乙烯利反而有延迟成熟的作用。因此，ABA 是葡萄成熟的主导因子。

Singh 和 Weaver 在 Tokay 葡萄坐果后 6 周［果实慢速生长期（第Ⅱ生长期）］施用一种生长素类物质 BTOA（Benzothiazole－2－oxyacetic acid）50 mg/L，使浆果延迟 15 d 成熟。Hale 对西拉葡萄的试验也得到相同结果。Davies 等在葡萄上施用 BTOA 可推迟成熟启动与 ABA 上升 2 周，并且影响成熟基因的表达。

Intrieri 等研究表明在盛花后 10 d 施用细胞分裂素类物质 CPPU 使 Moscatual 葡萄浆果成熟延迟。喷施适宜浓度的 ABA 可有效促进设施葡萄的果实成熟，一般可使葡萄果实成熟期提前 10 d 左右。

中国农业科学院果树研究所葡萄课题组研制的葡萄成熟延缓剂可使果实成熟期推迟 30～50 d。

五、嫁接冷藏接穗

通过嫁接冷藏接穗调控果树成熟上市时间也是一种行之有效的方法，其关键技术和注意事项如下：

（一）接穗剪取

研究表明红地球以 0.8～1.2 cm 粗度的结果母枝成花最好，且其上花芽以 3～6 节花芽质量最好，因此，在接穗剪取时最好剪取粗度为 0.8～1.2 cm 结果母枝的 2～7 节枝段。

（二）接穗冷藏

由于接穗冷藏时间较长，最长可达 10 个月的时间，因此为保证接穗冷藏良好，接穗最好先用石蜡全部蜡封然后再进行冷库冷藏。

（三）接穗嫁接

嫁接时期以新梢基部老化变褐后按照葡萄计划上市时间和葡萄果实发育期确定嫁接时期；嫁接部位以新梢老化部位的 4～6 节段之间。

六、其他措施

适当过载、水分及氮肥偏多等都会延迟果实成熟期。Kingston 和 Epenhuijsen 研究指出葡萄最佳叶果比通常每克果实叶面积 7～15 cm^2，负载量过大会抑制浆果生长和延迟成熟。氮偏多、营养生长过旺会导致果实成熟期推迟。

Reighard 研究指出用晚花品种作中间砧可延迟早花品种的开花和成熟。

利用果实活体挂树贮藏技术可有效推迟果实的上市期间，在有足够绿叶的情况下，红地球、黄意大利、克瑞森无核和秋黑等品种果实成熟后，能够挂树活体贮藏而保证品质良好，一般可使果实采收时间推迟 50～90 d。利用果实套袋技术也可有效调控果实成熟时期。坐果后，将果穗套绿色或黑色果袋，可显著推迟果实成熟。

果实成熟是受基因调控的，通过基因工程也可达到延迟成熟的目的，在番茄上已成功培育出转基因植株，使果实成熟期大大延迟。

第二十二章 设施葡萄的叶片抗衰老

延迟栽培和秋促早栽培，是我国设施葡萄栽培的新形式。目前在葡萄设施延迟栽培和秋促早栽培生产中，随着时间的推移，由于日照时间逐渐缩短、气温逐渐降低等原因，生产上普遍存在生育后期葡萄叶片早衰的现象。叶片衰老问题的存在严重影响了果实的产量和品质，已经成为设施葡萄延迟栽培和秋促早栽培可持续发展的重要制约因素之一。经过多年科研攻关，中国农业科学院果树研究所葡萄课题组成功研发出设施葡萄叶片抗衰老关键技术和产品，有效延缓了延迟栽培和秋促早栽培设施葡萄的叶片衰老。中国农业科学院果树研究所葡萄课题组研发的叶片抗衰老技术的应用效果，试验品种为秋黑，2014 年 5 月初萌芽，一直到 2015 年 3 月初，叶片仍然保持绿色（彩图 22－1）。

第一节 环境调控

一、人工补光

在温带地区，由于受短日光周期环境的影响，秋促早栽培模式的设施葡萄新梢停长过早，新梢叶面积生长不足导致相当部分的叶面积未能达到正常生理标准，并且叶片早衰，光合作用效果差，妨碍果实继续膨大，严重影响果实的产量和品质；同样由于短日光周期环境的影响，延迟栽培模式的设施葡萄也存在叶片衰老的现象，严重影响了成熟果实的挂树贮藏和品质维持。因此，必须进行人工补光克服短日光周期环境导致的叶片衰老问题。于日照时数＜13.5 h 时开始启动红色植物生长灯（中国农业科学院果树研究所葡萄课题组研发，彩图 22－2）进行人工补光，使日光照时数达到 13.5 h 以上即可有效克服短日光周期环境对设施葡萄生长发育造成的不良影响。一般在 1 000 m^2 设施内设置 100～150 个植物生长灯为宜，植物生长灯位于树体上方 0.5～1 m 处，夜间设施内光照强度在 20 lx 以上即可达到长日照标准。每天于天黑前 0.5 h 或保温被等外保温材料覆盖前开启植物生长灯开始人工补光，至晚上 12 时结束人工补光。

二、温度调控

12～18 ℃是诱导葡萄进入休眠的最适温度范围，如果设施内最低气温高于 18 ℃，则秋促早栽培设施葡萄保持正常生长发育而不进入休眠并且克服叶片早衰，推迟延迟栽培设施葡萄叶片的落叶，有效保持叶片绿色，维持光合作用。当夜间最低气温低于 18 ℃时

（辽宁兴城一般 9 月上中旬），开始将栽培设施覆盖塑料薄膜进行保温增温，使设施内夜间气温提高到 18 ℃以上；到幼果膨大期，设施内夜间气温则要持续保持在 20 ℃左右；即使是在初冬，夜间设施内气温亦应维持在 15 ℃以上，这样可以有效延缓设施葡萄的叶片衰老和落叶；果实收获时，为保证果实成熟，其设施内夜间气温至少应保持在 10 ℃上下。采收结束后，其设施内夜间气温保持在 3 ℃左右以便加快叶落过程。

第二节　农艺措施

一、喷施植物生长调节剂

内源激素在调控叶片衰老中的作用已得到公认（Woo et al.，2001）。脱落酸（ABA）和乙烯（ETH）在诱导叶片衰老时扮演重要的角色，而生长素（IAA）、细胞分裂素（CTK）和赤霉素（GA）则可在一定程度上延缓叶片的衰老（Guiboileau et al.，2010）。Lara 等（2004）通过试验证实，外源性施用细胞分裂素或内源性 CTK 的浓度增加，均可延缓衰老。6-BA（6-苄基腺嘌呤，$C_{12}H_{11}N_5$）是一种较为活跃的细胞分裂素。Harvey 等（1974）和 Zavaleta 等（2007）通过试验证明，苄基腺嘌呤（BA）能维持叶绿体结构的稳定，提高抗氧化酶和光合酶的活性，表现出良好的延缓衰老的作用。黄森等（2006）和谭瑶等（2007）对设施延迟栽培的葡萄外源施用 GA_3，发现其能够有效地延缓叶绿素和蛋白质的降解，使葡萄叶片更好地进行光合作用。油菜素内酯（BR）又称作芸薹素内酯，作为一种天然的植物激素，普遍存在于植物的种子、花粉、茎、叶等器官中。翁晓燕等（1995）对水稻叶片喷施 0.01 mg/L 的 epiBR，有效地延缓了水稻剑叶的衰老。Drolet 等（1986）和赵福庚（1999）研究发现，适宜浓度的多胺能够有效延缓叶绿素和蛋白质的降解，进而延缓叶片衰老。

二、肥水管理

适当增施氮、镁、镍、钙和硒等肥料，可显著提高叶片的叶绿素含量、蛋白质含量和核酸含量，提高活性氧清除酶的活性，有效延缓叶片衰老（Jones et al.，1967；Poovaiah et al.，1973；肖凯等，1998；潘伟彬等，2000；Germ et al.，2005）。

适当加大水分供应也可延缓叶片衰老。

三、叶面肥喷施

中国农业科学院果树研究所葡萄课题组在叶片衰老机理研究的基础上，成功研发出抗衰老的叶面肥，可显著延缓设施葡萄的叶片衰老。与对照相比，喷施该叶面肥后，设施葡萄叶片的黄化脱落时间推迟 1～2 个月。

四、充分利用副梢叶

逼迫冬芽萌发副梢，利用冬芽副梢叶，可有效延长设施葡萄叶片群体的寿命。辽宁兴城一般于 8 月中旬对新梢留 8～10 节进行短截，逼迫剪口冬芽萌发副梢。

五、其他措施

合理整形修剪、合理负载、培养健壮根系和树体以及良好的病虫害防控等农艺措施对于延长葡萄叶片的寿命、延缓葡萄叶片的衰老同样非常重要。

第二十三章 灾害防御与抗灾减灾

第一节　抗旱栽培

我国是一个水资源短缺的国家，人均水资源占有量不足世界人均水平的1/4。我国北方葡萄主产区属于大陆性季风气，不但冬春严寒干旱，夏季高温干旱或秋旱也时常发生；特别是西北干旱地区，年降水量只有100～200 mm，而蒸发量则是其20倍以上，仅凭降水无法满足作物正常发育的需要。

葡萄是肉质根系，从植物学上看是比较耐旱的果树树种。不同葡萄种类，以欧洲葡萄、沙地葡萄、冬葡萄、霜葡萄比较抗旱；同一欧亚种葡萄，起源于干旱地区的品种如地中海地区的佳利酿、歌海娜、神索等，比起源于北方湿润地区的赤霞珠、美乐、西拉等品种抗旱。

干旱对葡萄新梢生长影响最大，其次是坐果。新梢旺长期严重干旱3周，赤霞珠的新梢生长速率减为一半，节间缩短，近转色期开始干旱则使新梢提前停长。葡萄果实在膨大期对水分胁迫最为敏感，其次是开花期。干旱胁迫下葡萄在生理代谢、结构发育和形态建造等层次上均可表现为系统适应性，因此抗旱栽培应该包括生物抗旱、工程抗旱及农艺抗旱3个方面。

一、生物抗旱

葡萄抗旱栽培的生物抗旱措施就是选用抗旱砧木。生产实践和前人试验已证明，砧木的抗旱性普遍强于栽培品种。

（一）抗旱砧木的抗旱特征

1. 粗根多　深而发达的肉质根是抗旱砧木适应干旱的特征之一，比较抗旱的沙地葡萄和冬葡萄根系以粗根为主、肉质、皮层厚，其杂交后代如140Ru、1103P等粗根比例较高；而河岸葡萄的根细瘦，皮层附着紧实，其与冬葡萄的杂交砧木如SO4、161－49C等根系也较细瘦。

2. 根系分布深　根构型或根系的分布类型也直接影响到抗旱性。沙地葡萄和冬葡萄根系的分枝角度小，分别为20°和25°～35°，其杂交砧木的根系在土层中的构型呈现橄榄形分布，即表层少，中层多；而河岸葡萄的分根角度大，为75°～80°，水平斜向延伸明显，因此其后代砧木的根系在土层中呈漏斗形分布，即根系多集中分布在表层，越往下越少，与栽培品种的根系类似。

3. 根冠比大 在干旱胁迫下，光合产物优先分配给根系，使根冠比（R/S）加大。葡萄在地上部品种常规修剪的条件下，R/S 的变动主要受砧木的影响，不同砧木之间根系量差别非常大。干旱条件下建立合理的根冠比对于水分利用效率和产量提高具有重要的作用。

（二）常用抗旱砧木

不同基因型来源的砧木抗旱性有很大区别。目前生产上最常使用的砧木，以沙地葡萄和冬葡萄杂交育成的砧木如 110R、140Ru、1103P 抗旱性为强，河岸葡萄和冬葡萄杂交育成的砧木如 SO4、5BB 次之，而河岸葡萄或与沙地葡萄杂交育成的砧木如 3309C、101-14M，光荣河岸等抗旱能力较弱。因此，在降水量少的地中海周边地区如西班牙、葡萄牙、阿尔及利亚、以色列等葡萄建园主要使用抗旱性强的砧木 140Ru、110R 及 1103P 等，而在降水量足够的地区如德国、法国及意大利北部等则多使用生长势中旺的砧木如 SO4、5C、5BB、3309C 等。在灌溉的条件下用 140Ru 或 1103P 作砧木树势很旺，往往可获得相当高的产量但影响了果实品质。

二、农艺抗旱

（一）土壤改良

干旱条件下葡萄会出现根系加深的适应性反应，根的深扎（以根长或根量表示）被认为是抗旱的一个重要特征，而限制根系分布深度的因素之一是土壤容重或紧实度、土层厚度和土层湿度，因此在干旱半干旱地区强调种植前进行深翻改土，打破粘板层，多施有机底肥；黏土层掺放秸秆、沙石；瘠薄土层则客土培肥，集中栽培等。生产上发现即使是没有粘板层的土壤，如果不翻耕改良，葡萄的根系也比较难以深入下扎。

（二）果园生草

果园生草在欧美日等发达国家已被广泛应用，我国目前仍以清耕制为主。传统清耕锄草的主要缺点是果园行间地面裸露，造成果园尤其是坡地果园土壤侵蚀，导致水土流失，且不利于形成优良的果园小气候。特别是近年随着劳动力的短缺以及人工成本上升，很多地方以除草剂除草为主，葡萄发生除草剂药害的事件频频发生，对产量和果品安全都有影响。

1. 生草对抗旱的作用

（1）生草改善土壤物理性状　在葡萄园播种多年生黑麦草、紫花苜蓿、白三叶草可降低土壤容重，提高孔隙度，且随着生草年限的增加，土壤物理性状改善越显著，土壤的入渗性能和持水能力得到较大幅度的提高。

（2）生草改善小气候　葡萄园生草可使地面最高温度降低 5.7～7.3 ℃，地面温度日较差降低 6.7～7.6 ℃。草的生长降低了地表的风速，从而减少了土壤的蒸发量；生草区的空气相对湿度一般高于清耕区；在雨季清耕果园土壤泥泞，人工和机械无法进地打药或采摘，而生草的果园则有优势。

（3）生草对土壤水分的影响　担心生草和葡萄等作物竞争水分是推广生草的障碍因素之一。在半干旱地区，生草可降低葡萄园表层主要是 0～40 cm 土层的水分含量，葡萄上

层根系生长受到抑制，会诱导根系向深层发展，利用深层的水分和养分，从而发展了抗旱性。生草对 40～80 cm 土层均具有调蓄作用。降水量大的地区水分竞争不明显，对生长量的影响也不明显。在降雨较多的季节，生草可以较快地排出土壤中较多的水分，促进葡萄根系的生长和养分的吸收。但生草处理的土壤饱和贮水量、吸持贮水量及滞留贮水量都比清耕略高。

2. 草种选择　筛选适宜的草种是生草制的重点和难点，不同地区结果也不相同，一般建议选择根系浅的草类，如白三叶、鸭茅、黑麦草和红三叶。在陕西杨凌对葡萄园行间生草研究表明，种植白三叶（*Trifolium repens* L.）对 0～60 cm 土层含水量影响较大，而紫花苜蓿（*Medicago sativa* L.）影响较小。然而，越来越多的研究者倾向于自然生草，因为与人工生草相比自然生草具有更丰富的植物群落，在生长发育时期上和降水基本一致；而且自然生草不用播种，节省开支，只要定期刈割管理，特别是在未结籽前进行刈割，不耐刈割的草种逐渐被淘汰，耐刈割的草种逐渐固定形成相对一致的草皮，对树体生长发育的不良影响较小。

3. 适宜生草的条件　一般认为，在降水比较丰沛（年降水量达到 600 mm 以上）或有灌溉条件的地区比较适宜生草；在干旱又无灌溉条件的地区不适宜生草。

（三）土壤覆盖

1. 覆盖的作用　利用果园生草剪草直接覆盖或利用作物秸秆、植物加工下脚料（如茶叶末、锯末、酒渣、蘑菇棒、烟末沼气渣）等进行全园覆盖或行内覆盖。覆盖一方面减少了杂草生长和除草作业，另一方面也能保湿，减少地表蒸发，降低夏季的地表温度，减少氮素化肥的挥发；同时控制了地表径流造成的水土肥料流失；由于植物秸秆含有大量的有机质和矿质元素（特别是钾），长期覆盖翻耕能不同程度的增加土壤有机质及矿质元素的含量；有些有机物料如养殖蘑菇的菌棒或烟草加工的下脚料或茶叶加工末对土壤病虫害还有一定抑制作用。

2. 覆盖技术

（1）备料　麦秸、玉米秸、稻草等铡短，其他草一般可以直接覆盖。按每 667 m^2 用量 2 000 kg 左右备料。

（2）整地　视果园土壤状况而定，若严重板结应翻松，如果干旱应先灌水，瘠薄果园需要在待覆盖的地面撒施一定量尿素，以免草料腐熟时与树体争氮。

（3）覆盖　秸秆的覆盖厚度一般在 15～20 cm，每 667 m^2 用量 2 000 kg 左右。摊匀后的草要尽量压实，为防止风刮，要在草上撒土，近树处露出根颈。其他沉实的物料可覆 3 cm 左右。

（4）管理　夏季覆草，秋末施基肥时翻埋，防止根系上浮和果树抽条。覆草后要严防火灾。覆草最适用于山地丘陵果园，平地覆草应防止内涝，涝洼地不适宜覆草。

3. 地膜覆盖　地膜覆盖是调节土壤湿度和温度，调节树体生长节律的一个重要技术措施，已经在一年生经济作物和保护地栽培上普遍应用。除了白色地膜，还有黑色和其他颜色，其中黑色地膜控制杂草生长方面效果较好。不同生态条件应用地膜的时间和目标不同。在干旱地区生长季节覆盖地膜后可有效减少地面蒸发和水分消耗，保持膜下土壤湿润和相对稳定，有利于树体生长发育。但在春霜冻频繁的地区，需要霜冻期过后覆膜，以免早覆膜后树体生长较快而受冻；覆膜后根系上浮，因此在冬季寒冷而又不下架的地区也不适宜覆膜。在多雨的南方，起垄覆黑地膜，可使过量的降水流到排水沟内排走，可减少植株对水分的吸收，控制旺长并减少杂草和管理作业。覆膜方法简单，关键是行内地面要平整或一致，覆盖宽度根据树体大小和行距定，覆盖后用土压实、封严。

（四）穴贮肥水

穴贮肥水（图 23－1）技术是山东农业大学束怀瑞教授为沂蒙山区土层瘠薄、砾质、无灌溉条件的苹果园发明的抗旱施肥技术，适宜于干旱的山区丘陵或沙地、黄土塬地，特别适宜于大棚架，或非适宜土地进行客土集中栽培，即占天不占地的葡萄园。具体方法是根据树体或种植区的大小，在树的周围挖 4 个深 50～70 cm，直径 40～50 cm 的坑穴，其内竖填上用玉米或高粱等秸秆做成的草把，玉米秸秆需要拍裂，最好在沼液或液体肥料中浸泡，穴内可填充有机肥、枯枝杂草等各种有机物料，撒上复合肥，覆土，浇透水，使穴的中间保持最低，覆盖薄膜，并在薄膜的中间用手指抠一个洞，便于雨水流入穴内。当需要浇水施肥时掀开薄膜施入，即形成多个固定的营养供应点，局部改良树体的水肥气热，使根系集中到穴周边，优化植株的生存空间，有利于丰产、稳产。

图 23－1　穴贮肥水

（五）交替灌溉（又称调亏灌溉或部分根区干旱技术）（彩图 23－1）

交替灌溉是一种主动控制植物部分根区交替湿润和干燥，既能满足植物水分需求又能控制其蒸腾耗水的节水调控新思路，是常规节水灌溉技术的新突破。1996 年澳大利亚学者 Dry 等人在葡萄上试验发现，使部分根区干旱，旱区根系将通过分泌化学信号 ABA 诱导叶片气孔部分关闭，而得到充分水分供应的根系则使整株植物保持良好的水分供应状态。部分根区干旱处理的葡萄植株叶面积减少，深层根系分布比例增加，葡萄产量和果实大小并不受影响，而水分利用率大幅度提高，据此他提出了“部分根区干旱（PRD）理论”，很快引起了重视并在果树及农作物上得到推广利用。简单地说，在葡萄上如果进行畦灌，可隔行灌溉，仅使一半的根系获得水分；该技术可减少行间土壤湿润面积，减少土面蒸发损失，也减少了灌溉水的深层渗漏。对于优化葡萄的水分利用效率，节约用水，提高葡萄的产量和品质无疑具有十分重要的理论和现实意义。

（六）施用保水剂（彩图 23－2）

近年来保水剂作为一种化学抗旱节水材料在农业生产中已得到广泛应用。保水剂是利用强吸水性树脂做成的一种超高吸水能力的高分子聚合物，可吸收自身重量数百倍的水

分，吸水后可缓慢释放供植物吸收利用，且具有反复吸水功能，从而增强土壤的持水性，减少水的深层渗漏和土壤养分流失，特别是对土壤中的 NO^{-3}-N 有一定的保持能力。田间试验结果表明，对于成年果树第一次使用保水剂，建议选用颗粒大的保水剂型号，每 667 m^2 用量 5 kg 随基肥施入沟内。保水剂寿命 4～6 年，其吸放水肥的效果会逐年下降，因此每年施化肥时还需要混施入 1～2 kg。然而也有试验结果表明，保水剂的持水力会因为磷钾等肥料的施入而有明显降低，建议保水剂单独使用。

（七）喷施抗蒸腾剂

抗蒸腾剂是指喷施于叶面后能够降低植物的蒸腾速率，减少水分散失的一类化学物质。通常把抗蒸腾剂分为三类，一类是代谢型抗蒸腾剂也叫气孔关闭剂，如一些植物生长调节剂、除草剂、杀菌剂等。第二类是成膜型抗蒸腾剂，由各种能形成薄膜的物质组成，如硅酮类、聚乙烯、聚氯乙烯、蔗糖酯和石蜡乳剂，这些物质能在植物表面形成一层薄膜，封闭气孔口，阻止水分透过，从而降低蒸腾。第三类是反射型抗蒸腾剂，这类物质中研究最多的是高岭土。

1. 脱落酸（ABA） 目前已证实 ABA 不仅能促进果实与叶的成熟与脱落，而且具有增强作物抗逆性的功能，四川国光农化股份有限公司和四川龙蟒福生科技有限公司具有原药生产能力。多种试验表明，前期喷布 ABA 可促进侧根生长，提高植株的抗旱能力；阿根廷在赤霞珠葡萄发芽后 15 d 开始喷施，每周喷施 1 次，多次喷布 ABA（90%）250 mg/L 加 0.1% v/v Triton X-100 展着剂，产量提高了 1.5～2 倍，节间长度和叶面积只有轻微的减少，其他性能没有明显变化；美国加利福尼亚的试验证明，在赤霞珠葡萄转色期后浸蘸果实 300～600 mg/L 20%（w/v）ABA 可显著提高花青素的含量，改善着色。

2. 黄腐酸 黄腐酸（FA）是一种既溶于酸性溶液，又溶于碱性溶液的腐植酸，是一种天然生物活性有机物质，并含有 Fe、Mn、B、Ca 等营养元素。在红地球葡萄上喷布黄腐酸 1 000 倍液或黄腐酸 1 000 倍液＋含氨基酸钙的氨基酸 5 号叶面肥（中国农业科学院果树研究所研制）500 倍液 3～4 次，可明显降低红地球葡萄白腐病的发病率、改善生长发育状况、提高果实品质。黄腐酸对农药有缓释增效、减小分解速率、提高农药稳定性、降低农药毒性等作用。土壤施用还有改良土壤和增加土壤有机质的作用。

3. 羧甲基纤维素 越冬后如果发现枝条有轻度失水现象，葡萄园应尽快喷施抗旱剂，全园喷布羧甲基纤维素 400 倍液（抗旱剂）1～2 次，两次之间间隔 10～15 d，可减轻旱情对葡萄的进一步影响。

除上述的生物抗旱和农艺抗旱等抗旱措施外，还有建设集雨窖、安装节水灌溉设备、修建水库或方塘等工程抗旱措施。

第二节 抗寒栽培

葡萄上发生的低温冻害类型主要是休眠期低于零度的冻害和生长期低于零度的霜害。随着全球气候变暖，极端温度事件频繁发生，低温冻害发生频率也越来越高。由于低温冻害往往波及范围大，对生产造成的损失也比较大，严重年份可造成巨幅减产甚至绝收，因此抗寒栽培成为我国葡萄生产的一个关键问题。

一、冻害与抗冻栽培

（一）葡萄冻害的成因

休眠季节当低温达到葡萄器官能忍受的临近点之后，细胞内开始结冰，细胞膜破裂，外观上经常可以看到芽组织或枝干皮层甚至木质部变褐，或呈水渍状；在显微镜下观测，当葡萄枝干从 0 ℃ 降到－20 ℃，含水丰富的组织形成的冰晶可使体积膨胀 8%～9%，冰晶将拉伸应力传导给树干组织，从而导致皮层以及韧皮部的细胞壁和筛管破裂，即产生裂纹。冰晶形成的数量与组织液含量和浓度有关，如果葡萄枝条能及时停长保持较低的水分，而且含有足量的淀粉和糖以及蛋白质等贮藏营养，冰晶形成的数量和概率就会大为减少。

实际上冬季树木在冷缩热胀的物理原理下都会经历外部皮层和内部芯材遇冷收缩不同步而产生裂隙的现象，裂隙的弥合能力或冰晶是否形成是决定能否开裂的关键。葡萄木质疏松，在大气干旱的条件下，裂纹往往随着强劲的春风越来越明显，最终树体脱水形成生理干旱，导致枝蔓开裂干枯死亡（彩图 23－3）。

（二）葡萄的抗寒性

1. 种性差别　不同种类葡萄的抗寒性有很大差别，东亚种山葡萄最抗寒，枝条芽眼可抗－40 ℃低温，其次是河岸葡萄，可抗－30 ℃左右，大部分欧洲种葡萄的芽眼在－15 ℃时就有可能发生冻害，欧美杂交种稍强，大部分种间杂种能抗－20 ℃以上低温；而起源于温暖地区的葡萄种类如圆叶葡萄、华东葡萄、刺葡萄等则不抗寒。美洲种或偏向于美洲种的欧美杂交种如康克、康拜尔、白香蕉、红富士等品种的抗寒性强于偏欧亚种的杂交种，夏黑无核的抗寒性明显优于红宝石无核和早红无核。在欧亚种栽培品种中，起源于北方寒冷地区的品种如雷司令、霞多丽、黑比诺等比起源于温暖地区的品种如西拉、赤霞珠等抗寒；早熟及中熟品种比晚熟品种抗寒。

2. 器官差别　同一植株不同器官抗寒性有很大区别，以枝条比较抗寒，其次是芽眼，根系特别是细根最不抗寒，欧洲葡萄的根系在土壤温度－5 ℃就会发生严重冻害，山葡萄的根系可抗零下十几度的低温。

（三）抗冻栽培的技术措施

1. 选用抗寒嫁接苗　目前推广的抗根瘤蚜砧木抗寒性都优于欧亚种栽培品种自根系。不同类型砧木的根系的半致死温度在－10～－7.3 ℃之间，能适应的土壤低温约在－5 ℃以上。不同类型砧木的抗寒性一方面与其遗传有关，如河岸葡萄抗寒性较强；也与其根系类型有关，如同一砧木粗根的抗寒性比细根高很多；同时也与砧木根系在土壤中的空间分布有关，田间试验发现，沙地葡萄与冬葡萄的杂交砧木，由于粗根为主，而且扎根深土层，故而在同样温度下反而比浅层根系的河岸葡萄杂交砧木抗寒。因此，冬季寒冷地区建议选择深根性的砧木，如 110R、140Ru、1103P，尽量避开根系主要分布在表层的砧木。在冬季气温变化剧烈，容易发生裂干的地区，建议用砧木高接苗建园，即以砧木形成主干。气象学家研究发现，晴天果园地贴地气层内的温度以 1.5 m 处为最高，0.1 m 处为最低，其次是 0.5 m，目前大部分嫁接苗根颈贴地表，此高度正处在温度最低、低温持续时

间最长的气层内，不利于果树的避冻御寒。因此砧木的高度建议最好超过 0.5 m，新西兰高接部位在 0.7 m。

2. 覆盖防寒　我国处于大陆性季风气候区，北方漫长的冬季寒冷而干旱，在最低温度高于或临近－15 ℃的地区栽培的欧美杂交种葡萄冬季大部分都不进行埋土防寒，栽培的欧亚种葡萄过去大多数进行埋土防寒，随着暖冬和劳动力短缺现在越来越少埋土；在最冷月低温常年低于－15 ℃的严寒地区，大部分栽培品种都需要下架埋土防寒（彩图 23－4）。

（1）防寒时间　埋土防寒时间应在气温下降到 0 ℃以后、土壤尚未封冻前进行。埋土过早植株未得到充分抗寒锻炼，会降低植株的抗寒能力；埋土过晚根系在埋土时就有可能受冻，而且取土困难，不易盖严植株，起不到防寒作用。

（2）撤土时间及方法　在埋藏处的温度达 10 ℃前完成出土，或在树液开始流动后至芽眼膨大以前撤除防寒土。出土过早根系未开始活动，枝芽易被风抽干；过晚则芽眼在土中萌发，出土上架时很容易被碰掉。

一般出土时间是：华北地区葡萄的出土时间在 3 月末至 4 月上旬。一般情况下防寒物一次撤完，但较寒冷的地方，可根据气温条件分次撤出防寒土。出土后枝蔓要及时上架。

3. 抗寒种植方式

（1）宽行种植　在埋土防寒地区建议种植行距最好 3.0 m 以上（东北和西北等冬季寒冷产区行距最好 4.0～8.0 m），以便于机械在行间取土而不伤及根系。品种自根系和分根角度小的砧木根系往往水平延伸根系到行间的 80 cm 左右，因此埋土区取土部位距离种植部位至少 100 cm 以外，取土越多距离根系就要越远，避免靠近根系取土造成根系主要分布区土层变薄或通风散气。

（2）深沟浅埋　在寒冷地区提倡深沟浅埋种植法，沟的深度和宽度与需要取土的体量有关，以方便取土掩埋或便于覆盖为准，同时还要兼顾生长季节的操作便利性。挖宽 80～100 cm、深 70～100 cm 的定植沟，开沟时按每 667 m^2 施 5～8 m^3 有机肥与表土混合放在定植沟一侧，心土放在另一侧，将混合土填入定植沟中，再填入部分心土使定植沟深度保留 20～25 cm，灌水，沉实后可定植。

（3）简约树形　埋土防寒区选择树型需要方便下架和出土上架，因此提倡简约树形，如具鸭脖弯的斜干单层单臂水平龙干形，同时尽量减少对枝蔓的扭伤，以免导致开裂的枝干失水或诱发根癌病、白腐病等。此外，建议二次修剪，即冬季长剪，待春季出土后再定剪。

（4）调控水分　秋后需要控制灌水，及时排水，促进枝条成熟，为了提高产量在果实成熟时大量灌溉的方法是不明智的。枝条越冬时含水量越高越容易遭受冻害。埋土防寒前视土壤墒情灌封冻水，封冻水在干旱地区葡萄园是不可或缺的，但要注意等表土干后再进行埋土防寒，防止土壤过湿造成芽眼霉烂。春季葡萄从树液开始流动到发芽一般需 1 个月左右，出土前后根系已恢复活动。为了防止抽条，需要密切关注土壤水分和大气干旱情况，及时进行土壤灌溉。在不埋土地区，一般化冻后就陆续开始灌溉，一方面增加土壤和大气湿度，另一方面降低气温，推迟萌芽，预防春霜冻。有条件的地方建议配套地上软管微喷灌，增加枝蔓微环境的湿度，防止抽干，同时预防春霜冻的效果更好。

4. 种植抗寒品种 在冬季严寒的地区，可选择抗寒的种间杂种。山葡萄、河岸葡萄及美洲葡萄是抗寒性很强的种，其杂交后代抗寒性大多数比较强。需要注意的是山葡萄萌芽所需要的温度低，比欧亚种葡萄萌芽早 20 d 以上，在容易发生春霜冻的地区不适宜引种纯种山葡萄品种，可以试种山欧杂交种如华葡 1 号等。国外育成的抗寒种间杂种很多，摩尔多瓦 Moldova 在我国已经广泛栽培。目前在寒区栽培较多的如法国育成的种间杂种威代尔（Vidal）、香百川（Chambourcin）、香赛罗（Chancellor），美国育成河岸葡萄杂交品种 Frontenac，可抗−35 ℃低温。德国在抗寒葡萄育种方面更趋向于培育欧亚种亲缘关系的品种，如育成的酿酒葡萄品种紫大夫（Dornfelder）、解百纳米特（Cabernet Mitos）等，其原产的欧亚种品种雷司令是欧亚种中最抗寒的品种，其次是意大利雷司令（即贵人香）、霞多丽、黑比诺等原产于北方的品种。

5. 枝干涂白 对于埋土防寒临界区的葡萄，枝干涂白是抗冻栽培的重要技术措施（彩图 23 - 5）。

（四）葡萄冻害发生后的补救措施

1. 防止冻害加剧的措施 发现冻害后不要急着修剪或刨树，保持土壤适宜的墒情，等待其自然萌发和恢复，亦不必加大地面灌溉，以免降低地温推迟发芽。仅仅是裂干而无芽体枝条冻伤褐变的葡萄园，规模小的鲜食葡萄园可以对树干进行黑色薄膜包裹（鲜食葡萄园也可以在冬季来临前就进行包裹），防止失水并促其愈合；规模大的葡萄园可以实施喷灌，像软管带喷、移动喷灌，以增加树体周围的湿度，防止进一步抽干；也可以结合病虫害防治喷布石硫合剂、柴油乳剂等，以及具有成膜作用物质，如喷施两次 200 倍的羧甲基纤维素、5～10 倍的石蜡乳液，以及高岭土等，都对防止进一步抽干有一定作用。

2. 不同冻害程度区别对待 一是萌芽后，对于地上部死亡、萌生根蘖的葡萄园，关键是采取控制树势、控制主梢徒长的技术措施，包括保留大量副梢以分散水肥供应势，前期不施氮肥，适当控水，叶面喷氨基酸系列叶面肥（以中国农业科学院果树研究所研制的氨基酸 1 号叶面肥效果佳）或甲壳素类促进叶片厚实，也可以喷布生长延缓剂如 ABA 或烯效唑；中后期增加叶面喷肥（以中国农业科学院果树研究所研制的氨基酸 2 号和 5 号叶面肥效果佳），除氮、磷、钾外，增加硅、钙、镁等中微量元素。进行病虫害防治时注意选择同时具有生长调节剂作用的药物，如三唑酮、烯唑醇、丙环唑等三唑类，不仅是高效广谱内吸杀菌剂，而且对植株生长有一定的调节作用，可延缓植物地上部生长，增加叶厚，提高光合作用，增加抗逆性，但有果的植株膨大之前不宜喷施，以免抑制果实膨大造成裂果。二是对于地上部结果母枝受一定冻害，主干及枝蔓基部的副芽、隐芽还可以萌发的葡萄园，以及枝蔓受轻微冻害，芽体发育不良，萌芽迟缓的葡萄园，需要加大水肥管理，除了结合灌水追施尿素和磷酸二铵，还需要增加叶面喷肥，如喷施 0.2%～0.5%尿素与 0.2%～0.5%磷酸二氢钾或喷氨基酸肥（中国农业科学院果树研究所研制的效果佳）等促进枝叶生长。三是对于冻害后产量较低的鲜食葡萄园，采用二次结果弥补产量。于一茬果坐果期或稍后，诱发未木质化的第 6～8 节冬芽结二次果。受冻园需要加强病虫害综合防治，特别是要防控好霜霉病，防止早期落叶导致枝条成熟不良而再次影响越冬性，造成恶性循环。

二、霜冻与防霜栽培

（一）霜冻的类型

霜冻是指发生在冬春和秋冬之交，由于冷空气的入侵或辐射冷却，使植物表面以及近地面空气层的温度骤降到 0 ℃以下，导致植株受害或者死亡的一种短时间低温灾害。发生霜冻时如果大气中的水汽含量较高，通常会见到作物表面有白色凝结物出现，这类霜冻称之为“白霜”，当大气中水汽含量较低时，无白霜存在，但作物仍然受到冻害的现象称之为“暗霜”或“黑霜”。根据霜冻的成因又可将其分为平流型霜冻和辐射型霜冻、混合型霜冻。平流型霜冻是由于出现强烈平流天气引起剧烈降温导致的霜冻，一般影响到地形突出的山丘顶以及迎风坡上；辐射型霜冻发生于在晴朗无风的夜间，地面和植物表面强烈辐射降温导致霜冻害，地势低洼的地块发生重；混合型霜冻则是由冷平流和强烈辐射冷却双重因素形成的霜冻。霜冻发生于葡萄生长季节。发生在秋冬的称早霜冻或秋霜冻，秋季葡萄叶片尚未形成离层正常脱落时，温度突然下降到 0℃以下，常把叶片冻僵在树上，单纯早霜对葡萄的影响不是很大，影响较大的是 11 月初突如其来的剧烈而持续的降温特别是伴随降雪，对埋土防寒地区的树体下架埋土造成了障碍，此时树体抗寒性较差，往往影响越冬性。晚霜冻俗称春霜冻或倒春寒，一般发生于晴好的天气，由于强冷空气入侵引起迅速降温，往往 24 h 降温超过 10 ℃并降至 0℃以下，葡萄新梢及花穗发生冻害，对全年的生长和结实影响较大（彩图 23 - 6）。

（二）防霜栽培

1. 品种及栽培生境的选择　在频繁发生晚霜冻的地区，品种选择时避免选择发芽早的葡萄种类，如山葡萄的各种类型，而需要选择发芽晚的葡萄品种；虽然大部分鲜食品种遭受霜冻后副梢及隐芽还会有相当的产量，但还是需要注意选择容易抽生二次果的品种，如巨峰、夏黑无核、华葡黑峰、华葡紫峰、华葡玫瑰、华葡翠玉、巨玫瑰、摩尔多瓦、玫瑰香等，以便遭受霜冻后有比较可观的产量补偿。在容易发生春霜冻的地区需要格外重视防风林的设置，同时要避免把葡萄种植在谷底或低洼地等冷空气容易沉积的环境。

2. 预测预报　准确预测预报霜冻是防止霜冻的先决条件，一方面是根据当地常年发生霜冻的时间，如胶东半岛为 4 月中下旬，届时密切关注天气预报和天气变化；另外，大的葡萄园最好自己安装小型气象监测系统进行实时监控，因为发生霜冻时田间温度往往低于天气预报的温度。

3. 防霜措施（彩图 23 - 7 至彩图 23 - 11）

（1）灌溉　在霜冻频发区，推迟萌芽期是预防霜冻的方法之一，除了延迟修剪可推迟萌芽以外，春季化冻后频繁灌溉，降低地温，也可推迟萌芽 3～5 天；萌芽后，在霜冻发生临界期保持地面湿润可明显减轻霜冻的为害，因此在剧烈降温的时候进行灌溉，特别是在霜冻发生的夜晚进行不间断的喷灌可明显减轻霜冻。

（2）熏烟　熏烟是果农常用的防霜方法。生烟方法是利用作物秸秆、杂草、落叶枝条以及牛羊粪等能产生大量烟雾的易燃物料，每 667 m^2 至少 5～10 堆，或间距 12～15 m，均匀分布，堆底直径 1.5 m 以上，高 1.5 m，堆垛时各部位斜插几根粗木棍，垛完后抽出作为透气孔，垛表面可覆一层湿锯末等以利于长久发烟，待温度降低到接近 0℃时，将火种从洞孔点燃内部物料生烟。生烟质量高的可提高果园温度 2 ℃，因此熏烟对－2 ℃以上的轻微霜冻有一定效果，如低于－2 ℃预防效果则不明显。对于小面积的葡萄园甚至可以点明火进行增温。近些年来，采用硝铵、锯末、柴油混合制成的烟雾剂代替烟堆熏烟，使用方便，烟量大，防霜效果较好。

（3）覆盖　小规模的葡萄园在霜冻来临的夜晚用无纺布、塑料布等进行全园搭盖是抵御霜冻的有效方法；在非埋土防寒区，如果冬季采用了无纺布等覆盖物进行防寒，可保留覆盖物在园内，当预测有霜冻的天气后搭盖到第二道铁丝上，直至霜冻解除后再撤。

（4）风机搅拌　辐射霜冻是在空气静止情况下发生的，利用大型吹风机增强空气流通，将冷气吹散，可以起到防霜效果。日本试验表明，吹风后的升温值为 1～2 ℃。美国、加拿大等葡萄园开始大面积使用可移动式高空气流交换机抵御霜冻。

（5）防治冰核细菌　水从液态向固态转变需要一种称为冰核的物质来催化。国外发现了能使植物体内的水在－5～－2 ℃结冰的一类细菌，被称为冰核细菌。近年国内外大量研究证明，冰核细菌可在－3～－2 ℃诱发植物细胞水结冰而发生霜冻，而无冰核细菌存在的植物一般可耐－7～－6 ℃ 的低温而不发生或轻微发生霜冻。因此，防御植物霜冻的另外一条途径就是利用化学药剂杀死或清除植物上的冰核菌。美国用一种羧酸酯化丙烯酸聚合物喷洒叶面形成保护膜，将叶片上的冰核细菌包围起来抑制其繁殖，对抵御果蔬霜冻效果明显；日本研制出的辛基苯偶酰二甲基铵（OBDA），能有效地使细菌冰核失活，用于茶树防霜；此外用链霉素和铜水合剂防除玉米苗期上的冰核细菌，用代森锰锌、福美双喷布茶叶也能有效清除冰核细菌，降低霜冻危害。因此，葡萄园预防春霜冻可以考虑杀菌剂的配套应用。

（6）提高植株抗性的其他方法　目前市面上有各种防冻剂销售，在获得预报 12 h 内将出现使果树冻害的低温天气时，对葡萄幼龄器官喷布防冻剂 1～2 次能够起到良好的保护作用；喷布氨基酸钙（中国农业科学院果树研究所研制的效果佳）和绿丰源（多肽）等有机态液体肥料，能够提高细胞液浓度，从而提高结冰点。此外，人们发现一些与抗逆性相关的植物生长调节剂也表现出很好的抗寒效果，如喷布 ABA 能提高耐结冰能力。

4. 霜冻后的管理　如果霜冻发生的时期早，仅伤害了结果母枝上部已经萌发的芽，中下部还有冬芽未萌发，可直接剪掉已经萌发受冻的部分，促使下部冬芽萌发，对当年产量影响不大。受害较轻的葡萄园不急于修剪，等树体有所恢复后将确定死亡的梢尖连同幼叶剪除，促使剪口下冬芽或夏芽萌发。受害中等的葡萄园，保留未死亡的所有新梢包括副梢，剪除死亡的部分，促使剪口下冬芽或夏芽尽快萌发。上部萌发后的副梢保留延长生长，中下部副梢保留 2～3 片叶摘心。受害严重的葡萄园，将新梢从基部全部剪除，促使剪口下结果母枝的副芽或隐芽萌发。采取促进生长的栽培管理措施，包括松土或覆膜提高地温，叶片喷布氨基酸（中国农业科学院果树研究所研制的效果佳）叶面肥，加强病虫害防治等。

第三节　涝渍和高温

一、涝害与预防

（一）葡萄的抗涝性

涝渍不仅是南方葡萄栽培的制约因素，突如其来的台风大暴雨往往也在北方地区造成

短时间涝害。轻度涝渍造成葡萄叶片生理性缺水萎蔫、卷曲；中等涝渍造成下部叶片脱落，冬芽萌发，重度涝渍则能造成根系窒息，全株死亡（彩图 23－12）。葡萄总体上是抗涝性较强的树种。我国南方众多野生种如刺葡萄、毛葡萄、华东葡萄等对湿涝均有较强的抗性，有些种如刺葡萄、毛葡萄在南方已经进行商业性规模栽培。葡萄砧木中来自河岸葡萄亲缘关系的砧木比沙地葡萄的更抗涝，因此南方比较多用 SO4、5BB、101－14 及 3309C 等作为砧木。实践中发现浸泡在水中 4 d 对所有砧木基本不构成明显伤害；栽培品种的抗涝性中等。

（二）涝害的预防

1. 排水设施　建园时不但要选择不易积涝的地形，也要有配套完善的排水设施和网络；不但要注意本葡萄园的排水系统，也要考虑大环境的洪水出路。

2. 涝后管理　淹水后土壤板结滞水，需要及时松土，增加土壤通透性，散发水分。较长时间淹水后葡萄根系处于厌氧呼吸状态，大量细根死亡，根系的吸收机能受到影响，应该相应减少枝叶量，清除部分新梢，达到地上和地下新的平衡。修剪的同时进行清园，清除感病的病枝叶、病果，遏制病源传播。及时进行病虫害防治，重点是防治霜霉病和果实病害，配合喷药进行根外追肥，以喷施中国农业科学院果树研究所研发的系列果树专用叶面肥效果最佳。保肥力差的园片适量追施氮磷钾复合肥（以中国农业科学院果树研究所研发的葡萄同步全营养配方肥效果佳），以恢复树势，增加贮藏营养，增强越冬性。

二、高温伤害及预防

（一）高温伤害的类型及发生原因

葡萄作为森林内蔓生匍匐性生长的浆果植物，其最适生长温度为 25～30 ℃，超过 30 ℃光合作用下降，35～40 ℃的高温往往能导致植株水分生理异常，叶片特别是果实发生不同程度的日灼或日烧，严重影响生长发育。

1. 落花落果　花期高温往往发生于南方和西北干旱地区如新疆等地。花期也是新梢快速生长期，持续的高温后容易促进新梢的营养生长，如果叠加过多氮肥和水分，容易出现新梢徒长，和花穗竞争营足，引起落花。

2. 气灼病（彩图 23－13）　气灼病也叫缩果病，多发生于幼果膨大硬核期，发生的气象条件为连续阴雨土壤饱和，或漫灌后土壤湿度大，果粒上有水珠，而后骤然闷热升温，几小时内就会出现症状，表现为失水凹陷、初为浅黄褐色小斑点，后迅速扩大，似开水烫状大斑，病斑表皮以下有些像海绵组织。最后逐渐形成干疤，从而导致整个果粒干枯。气灼病是生理性水分失调症，根本原因是根系水分吸收和地上部新梢、果实水分蒸散不平衡，根系弱，吸收能力差，地上新梢生长旺盛，果实竞争能力差导致。果品薄的品种如红地球、龙眼、白牛奶等品种，气灼病发生比较严重；疏果晚（套袋前才疏果）以及套袋也容易发生气灼病。

3. 日烧病（彩图 23－14）　高温干旱的盛夏由于强光照射特别是强紫外线照射，容易造成叶片和果实的灼伤，通常称为日烧病，叶片边缘表现大范围火烧状黄褐色斑，果实上也呈现火烧状洼陷褐斑；红地球、美人指、巨峰、温克等品种较重。产量过高、管理粗放的果园发生日烧重。一切使果实易受到直接照射的管理技术措施容易发生日烧。如东西行向比南北行向容易发生日烧；篱架比棚架容易发生日烧；果穗周边有副梢和叶片遮挡的不容易日烧，套优质白色果袋的不容易发生日烧。

（二）高温伤害的预防或减轻

1. 种植技术调整 光照强、容易发生高温伤害的葡萄园，南北行种植，新梢平缚或下垂的架式；疏粒应及早进行，太晚容易在高温天气增加果穗水分的蒸散，诱发果实日灼；采用避雨栽培模式，或果穗用报纸打伞，或套透气性好的优质果袋。增加果穗周边的叶片数，采取轻简化副梢管理方式。

2. 平衡树势，控氮增钙 增施有机肥，改良土壤结构，保持土壤良好的通透能力，严格控制前期氮化肥使用量，控制树势，养根壮树，避免新梢徒长。喷布氨基酸钙提高果实钙含量，增加保水抗高温能力，提高叶片光合功能，减轻高温的伤害。

3. 科学灌溉 适时灌水，尤其是套袋前后要保持土壤适宜的水分含量。盛夏要注意灌溉时间，避免高温时段浇水，可在下午5～6时至早晨浇水。生草或覆草等有利于降低小环境温度，保持土壤水分，减少气灼或日烧。

第二十四章 设施葡萄的周年管理历

第一节 冬促早栽培的周年管理历

一般情况下，冬促早栽培的栽培设施采用日光温室，栽培模式采用起垄栽培，高光效省力化树形叶幕形采取倾斜龙干树形配合V形叶幕。

一、休眠解除期

10月中旬（辽宁兴城）在葡萄叶片受霜冻伤害前，喷施1次1∶0.7∶100倍波尔多液等并浇封冻水，然后扣棚并覆盖保温被等外保温材料开始进行三段式温度管理人工集中预冷处理，使设施内温度尽量维持在0～9℃之间，同时在此期间采取带叶休眠技术，保留叶片让其自然脱落。待叶片脱落后按照品种特性和整形要求及时进行冬剪，冬剪以短梢和中梢或短梢和长梢混合修剪为宜。冬剪后及时清理田间落叶和枝条并剥除老树皮。

二、催芽期

待设施葡萄的需冷量满足2/3～3/4（一般因品种而异，需25～60 d）时，白天揭开保温被等外保温材料开始升温并浇透水；同时经常喷水使空气湿度维持在90%以上，促使葡萄芽整齐萌发；喷水的同时可配施设施葡萄专用叶面肥——氨基酸1号肥。升温2～3 d后，及时用破眠剂涂抹或喷施休眠芽或枝条（综合效果，以中国农业科学院果树研究所研发的破眠剂1号效果最佳）。此期温湿度调控非常重要，需缓慢升温，使气温和地温升温协调一致；同时保持较高的土壤和空气湿度。温度调控：第一周昼/夜气温为15～20℃/5～10℃；第二周为15～20℃/7～10℃；第三周至萌芽为20～25℃/10～15℃。从升温至萌芽一般控制在25～35 d为宜。湿度调控：空气相对湿度要求90%以上，土壤相对湿度要求70%～80%。特例：如在设施促早栽培中，解除休眠的有效低温累积量没有满足该品种需冷量的2/3就开始升温，除增加破眠剂施用浓度外，还需将气温调高，增加有效热量累积，减轻或避免由于需冷量不足造成的萌芽不整齐问题的发生，一般情况下白天气温控制在30～35℃，甚至高达40℃，待60%～80%冬芽萌发后，再将气温调至正常，即气温昼/夜为20～25℃/10～15℃。

待冬芽处于绒球期时，及时喷施3～5波美度的石硫合剂铲除残留病虫，切忌喷到塑料薄膜上，否则，加速塑料薄膜的老化。

待冬芽萌芽后，全园及时覆盖黑色地膜以降低空气湿度，减少或避免病害的发生；然后再浇 1 次透水，最好采取膜下滴灌或微灌方式进行灌溉并采取根系分区交替灌溉的灌溉方式，下同；结合浇水，追施一次葡萄同步全营养配方肥——结果树 1 号肥（中国农业科学院果树研究所研制），最好采用水肥一体化技术，如树体营养良好可不施。同时，及时抹除主干上的萌蘖和结果母枝上的过密芽。

三、新梢生长期

从萌芽到开花一般需 40～60 d。待 2～3 叶期，注意红蜘蛛、白蜘蛛、毛毡病、绿盲蝽和白粉病、黑痘病、炭疽病、霜霉病等病虫害的防治。待 3～4 叶期，开始叶面喷施设施葡萄专用叶面肥——氨基酸 1 号叶面肥，提高叶片质量，每隔 7～10 d 喷施 1 次，连喷 2～3次为宜。待 5～7 叶期，可用 5～7 mg/L 的赤霉素浸渍花穗以拉长穗轴或待 8～10 叶期，及时对欧亚种葡萄的新梢于花序以上留 2 片叶进行摘心，促进花穗穗轴的拉长。待 6～8叶期，按照新梢同侧间距 15～20 cm 的标准及时定梢并绑缚；同时开始 CO_2 施肥，直至果实采收为止（如采用 CO_2 生物发生器法进行 CO_2 施肥，则应于 9 月结合施用基肥进行操作）；并开启植物生长灯（蓝色和紫外）进行人工补光。

待花序分离期，及时疏除多余花序，每 1～1.5 个新梢保留 1 个花序；同时，注意灰霉病、黑痘病、炭疽病、霜霉病和穗轴褐枯病等病害的防治。

待花前 7～14 d 时，开始叶面喷施设施葡萄专用叶面肥——氨基酸 2 号和 3 号叶面肥，每隔 7 d 喷施 1 次，连喷 2 次。待花前 7～10 d 时，及时对欧美杂种葡萄的新梢于功能叶 1/3 大小叶片处进行摘心，欧亚种葡萄不需摘心；副梢留 1 叶绝后摘心，同时对于生长势强的新梢于基部 2～3 节处扭梢，以提高坐果率。此时，浇 1 次透水，结合浇水追施 1 次葡萄同步全营养配方肥——结果树 2 号肥。

待花前 7 d 至个别小花开放时，及时对花穗进行留穗尖整形处理。待花前 2～4 d 时，注意防治灰霉病、黑痘病、炭疽病、霜霉病和穗轴褐枯病等病害。

待地温达到 20 ℃左右时，可于北墙或地面挂铺反光膜。

温度、湿度调控标准：昼/夜气温为 20～25 ℃/10～15 ℃，夜间气温不低于 10 ℃；空气相对湿度要求 60%左右，土壤相对湿度要求 70%～80%为宜。

四、花期

花期一般维持 7～15 d。一般情况下此期不进行灌溉，但对于坐果率过高的欧亚种葡萄如红地球等，可采取花期浇水和坐果后延迟摘心相结合的方法降低坐果率。此外，如果土壤过于干旱，可浇 1 次小水。此期温度管理的重点是避免夜间低温和白天高温的发生，调控标准：白天 22～26 ℃；夜间 15～20 ℃，不低于 14 ℃；空气相对湿度要求 50%左右，土壤相对湿度要求 65%～70%为宜。

待花满开前 2～3 d 至花满开后 2～3 d，对于需要进行无核膨大处理的设施葡萄，及时用 12.5～25 mg/L 的赤霉素（着色香和玫瑰香 75～100 mg/L）+3～5 mg/L 的 CPPU 浸蘸或喷布果穗处理第一次；处理后 10～15 d，用 25～50 mg/L 的赤霉素（着色香和玫瑰香 100～25 mg/L）+5～10 mg/L 的 CPPU 浸蘸或喷布果穗处理第二次。若单纯进行保

果处理，于花满开前 2～3 d 至花满开后 2～3 d，单用 3～5 mg/L 的 CPPU 浸蘸或喷布果穗即可。

落花后，注意防治黑痘病、炭疽病和白腐病等病害。如设施内空气湿度过大，也要注意防治霜霉病和灰霉病，巨峰系品种要注意链格孢菌对果实表皮细胞的伤害；如果空气干燥，需要注意防治白粉病、红蜘蛛、白蜘蛛和毛毡病。

五、浆果发育期

待新梢长至 1.2 m 以上时，于 1.2～1.5 m 处对主梢进行摘心，副梢留 1 叶绝后摘心，保证每一新梢有 20～30 片光合作用良好的功能叶，摘心后再次萌发的顶端副梢留 1 叶反复摘心。

待落花后，开始每隔 7～10 d 叶面喷施 1 次设施葡萄专用叶面肥——氨基酸 4 号叶面肥，直至浆果开始着色/软化时结束，一般连续喷施 4 次即可；如要生产富硒功能性保健果品，将设施葡萄专用叶面肥——氨基酸 4 号叶面肥更换为设施葡萄专用叶面肥——氨基酸 6 号叶面肥。

待坐果后，根据土壤和植株生长发育情况确定是否灌溉和灌溉的间隔时间，一般情况下，每 7～10 d 灌溉 1 次，连续灌溉 3～5 次；结合灌溉，追施 3～5 次葡萄同步全营养配方肥——结果树 3 号肥。

待花后 2～4 周开始疏粒，疏掉果穗中的畸形果、小果、病虫果以及比较密挤的果粒。一般平均粒重在 6 g 以下的品种，每果穗留 80～120 个果粒；平均粒重在 6～7 g 的品种，每果穗留 60～80 个果粒；平均粒重 8～10 g 的品种，每果穗留 50～60 个果粒；平均粒重 11 g 以上的品种，每果穗留 35～50 个果粒。通常，疏粒后，单穗重保持 450～600 g 为宜。

温湿度调控标准：气温白天 25～28 ℃；夜间 20～22 ℃，不宜低于 20 ℃；空气相对湿度要求 60%～70%，土壤相对湿度要求 70%～80%为宜。

注意防治霜霉病、炭疽病、黑痘病、白腐病和斑衣蜡蝉、叶蝉、红蜘蛛、白蜘蛛等病虫害。

六、转色成熟期

浆果开始着色前，在结果母枝或结果枝基部进行环割以促进浆果着色，可使葡萄提前 3～5 d 成熟，并显著改善果实品质；同时，开始追施 1～3 次葡萄同步全营养配方肥——结果树 4 号肥（中国农业科学院果树研究所研制）并浇水，每隔 10～15 d 叶面喷施 1 次设施葡萄专用叶面肥——氨基酸 5 号叶面肥（如生产富硒功能性保健果品，更换为氨基酸 6 号叶面肥），一般喷施 2～3 次。

采收前 10 d 左右，将果穗附近 2～3 节老叶摘除，以改善架面通风透光条件。

温湿度调控标准：气温白天 28～32 ℃；夜间 14～16 ℃，不低于 14 ℃；昼夜温差 10 ℃以上。空气相对湿度要求 50%～60%，土壤相对湿度要求 55%～65%为宜，在葡萄浆果成熟前应严格控制灌水，应于采前 10～15 d 停止灌水。

如设施内空气湿度过大，注意防治霜霉病和灰霉病；如果空气干燥，需要注意防治白粉病、红蜘蛛、白蜘蛛和毛毡病。

七、果实采收至落叶期

（一）耐弱光品种

果实采收后，棚膜不能揭除，否则将对叶片造成严重的光氧化进而导致早期落叶；及时通风，控制气温尽量不超过 35 ℃；及时剪梢，控制新梢的补偿性旺长；根据土壤和植株生长发育情况确定是否灌溉和灌溉的间隔时间，一般情况下，每 20 d 左右灌溉 1 次；结合灌溉，追施 1～2 次葡萄同步全营养配方肥——结果树 5 号肥。9 月上中旬（辽宁兴城），秋施基肥。首先在株间开宽 30～40 cm、深 40～50 cm、长与栽培垄宽度相同的施肥沟，然后将土与优质腐熟有机肥（每 667 m^2 施肥 2～4 t）或每 667 m^2 施商品生物有机肥1～2 t 和适量葡萄同步全营养配方肥——结果树 5 号肥混匀回填，并浇透水。此期注意防治霜霉病、白粉病和红蜘蛛、白蜘蛛等病虫害。10 月中下旬进入休眠解除期。

（二）不耐弱光品种

对于棚内梢不能形成良好花芽的不耐弱光的品种，果实采收 1 周后，必须及时进行更新修剪，方能保障设施葡萄冬促早栽培的连年丰产。

1. 对于果实成熟期在 6 月初之前的品种采取完全重短截更新修剪 浆果采收后，保留老枝叶 1 周左右，使葡萄根系积累一定营养，然后将所有新梢留 1～2 个饱满芽重短截，逼迫冬芽萌发，重新培养结果母枝。完全重短截时，枝条和芽已经成熟变褐的品种如矢富萝莎等，需对所留的饱满芽用破眠剂涂抹以促进其萌发（综合效果，以中国农业科学院果树研究所研制的破眠剂 1 号效果最佳）。此期，如空气过于干燥（空气相对湿度低于 60%），需经常喷水使空气相对湿度维持在 90%以上，促芽整齐萌发。完全重短截的同时，需结合进行断根处理，然后增施优质腐熟有机肥（每 667 m^2 施 2～4 t）或商品生物有机肥（每 667 m^2 施 1～2 t）和葡萄同步全营养配方肥——幼树 1 号肥等，以调节地上地下平衡，补充树体营养，防止冬芽萌发新梢黄化和植株老化。重短截和断根施肥结束后至萌芽前，空气温度控制在 30～35 ℃为宜；待萌芽后，将温度恢复正常，气温尽量不超过 30 ℃。随后进入当年的育壮促花管理，待新梢长至 20 cm 左右时，及时揭除棚膜，并结合灌溉追施葡萄同步全营养配方肥——幼树 1 号肥，一般每 10 d 左右 1 次，土壤相对湿度保持在 70%～80%为宜；同时开始叶面喷肥，一般每 7～10 d 喷施 1 次设施葡萄专用叶面肥——氨基酸 1 号叶面肥。待新梢长至 80 cm 左右时，结合灌溉追施葡萄同步全营养配方肥——幼树 2 号肥，一般 20 d 左右 1 次，土壤相对湿度保持在 60%～70%为宜；叶面肥改为设施葡萄专用叶面肥——氨基酸 2 号和 5 号叶面肥混合喷施，每 10 d 左右喷施 1 次，直至人工集中预冷开始时结束。如新梢生长过旺，可喷施 50～200 mg/L（浓度因品种而异）的烯效唑抑制新梢旺长，促进花芽分化，每 7～10 d 1 次，连续喷施 2～3 次即可。此期注意防治霜霉病、白粉病和红蜘蛛、白蜘蛛等病虫害。10 月中下旬（辽宁兴城）进入休眠解除期。

2. 对于果实成熟期在 6 月初之后的品种采取选择性短截更新修剪 在覆膜期间新梢管理时，首先根据树形要求选留部分新梢留 7～8 叶摘心，培养为更新预备梢。4 月中下旬（辽宁兴城）将培养的更新预备梢留 4～5 个饱满芽短截，逼迫剪口冬芽萌发新梢，培

养为翌年的结果母枝；而对于重短截时更新预备梢的枝条和芽已经成熟变褐的品种需对所留的饱满芽用破眠剂涂抹以促其及时整齐萌发；其余新梢在浆果采收后对于过密者疏除，剩余新梢落叶后再疏除或回缩。采用此法更新需配合相应树形和叶幕形，树形以倾斜龙干形和倾斜古约特形为宜；叶幕形以“V＋1”形叶幕为宜，非更新梢倾斜绑缚呈V形叶幕，更新预备梢采取直立绑缚呈“1”形叶幕。如果采取其他树形和叶幕形，更新修剪后所萌发更新梢处于劣势位置，生长细弱，不易成花。果实采收后，棚膜不能揭除，至更新短截萌发新梢长至80 cm之前，结合灌溉追施葡萄同步全营养配方肥——幼树1号肥，一般每10 d左右1次；同时开始叶面喷肥，一般每7～10 d喷施1次设施葡萄专用叶面肥——氨基酸1号叶面肥。待新梢长至80 cm左右时，结合灌溉追施葡萄同步全营养配方肥——幼树2号肥，一般20 d左右1次；叶面肥改为设施葡萄专用叶面肥——氨基酸2号和5号叶面肥混合喷施，每10 d左右喷施1次，直至人工集中预冷开始时结束。此期注意防治霜霉病、白粉病和红蜘蛛、白蜘蛛等病虫害。10月中下旬（辽宁兴城）进入休眠解除期。

第二节　春促早栽培的周年管理历

一般情况下，春促早栽培的栽培设施采用塑料大棚，栽培模式采用起垄栽培或深沟栽培或平畦栽培或容器栽培，高光效省力化树形叶幕形采取斜干水平龙干形、“一”字形或H形树形配合水平叶幕。

一、休眠期

10月中旬（辽宁兴城）在葡萄叶片受霜冻伤害前，喷施1次1∶0.7∶100倍波尔多液等。待叶片被霜打或脱落后按照品种特性和整形要求及时进行冬剪。冬剪后清理田间落叶和枝条并浇封冻水，及时进行越冬防寒管理。

二、催芽期

一般于当地露地栽培萌芽前2个月（如塑料大棚加盖保温被可提前3个月，如塑料大棚采取三层膜覆盖可提前2.5个月）开始升温并浇透水；同时经常喷水使空气湿度维持在90%以上，促使葡萄芽整齐萌发；及时剥除老树皮，降低病虫基数。升温2～3 d后，及时用破眠剂涂抹或喷施休眠芽或枝条（综合效果，以中国农业科学院果树研究所研发的破眠剂1号效果最佳）。破眠剂处理、温湿度管理、绒球期管理和冬芽萌芽后树体及田间管理与冬促早栽培相同，见本章第一节。

三、新梢生长期

本期树体及田间管理与冬促早栽培相同，见本章第一节。

四、花期

本期树体及田间管理与冬促早栽培相同，见本章第一节。

五、浆果发育期

本期新梢管理、肥水管理、疏花疏果管理、温湿度管理和病虫害防控等技术措施与冬促早栽培相同，见本章第一节。

一般待花后3～5周即生理落果后果实玉米粒大小时进行套袋，为促进果实对钙的吸收，套袋时间可推迟到种子发育期进行。注意套袋要避开雨后高温天气或阴雨连绵后突然放晴的天气进行套袋，另外，套袋时间最好在上午10时前和下午4时后，阴天可全天套袋。套袋之前，全园喷杀菌和杀虫剂，重点喷果穗，浸蘸果穗效果更佳，待药液晾干再套袋。

本期肥水管理、疏花疏果管理、温湿度管理和病虫害防控等与冬促早栽培相同，见本章第一节。

六、转色成熟期

本期环割和摘老叶等整形修剪管理、肥水管理、温湿度管理和病虫害等管理与冬促早栽培相同，见本章第一节。绿或黄色及易着色品种可不摘袋，带袋采收，但成熟期推迟；对于不易着色的红色或紫色品种一般在果实采收前15 d左右摘袋；昼夜温差较大地区，可延迟摘袋或不摘袋，防止果实着色过度；昼夜温差较小地区，可提前摘袋，防止果实着色不良。

七、果实采收至落叶期

果实采收后，棚膜不能揭除，否则将对叶片造成严重的光氧化进而导致早期落叶；注意及时通风，控制气温尽量不超过35 ℃；及时剪梢，控制新梢的补偿性旺长；根据土壤和植株生长发育情况确定是否灌溉和灌溉的间隔时间，一般情况下，每20 d左右灌溉1次；结合灌溉，追施1～2次葡萄同步全营养配方肥——结果树5号肥。9月上中旬（辽宁兴城），秋施基肥。首先在株间或行间距主干30 cm外，开宽30～40 cm、深40～50 cm、长与栽培垄宽度相同的施肥沟，然后将土与优质腐熟有机肥（每667 m^2施2～4 t）或商品生物有机肥（每667 m^2施1～2 t）和适量葡萄同步全营养配方肥——结果树5号肥混匀回填，并浇透水。此期注意防治霜霉病、白粉病和红蜘蛛、白蜘蛛等病虫害。10月中下旬（辽宁兴城）进入休眠解除期。

第三节　秋促早栽培的周年管理历

一般情况下，秋促早栽培的栽培设施采用塑料大棚或日光温室。如采用塑料大棚，栽培模式为起垄栽培或深沟栽培或平畦栽培或容器栽培，高光效省力化树形叶幕形为斜干水平龙干形、“一”字形或H形树形配合水平叶幕。如采用日光温室，栽培模式为起垄栽培，高光效省力化树形叶幕形为倾斜龙干树形配合V形叶幕。

一、休眠逆转（催芽）期

促进休眠逆转暨避开休眠是秋促早栽培模式的关键技术措施之一，主要包括新梢短截

和破眠剂的使用。该技术措施是否运用得当直接关系到秋促早栽培的成败。在冬芽花芽分化完成后至生理休眠发育到深休眠状态前（昼长 13～14.5 h）进行新梢短截，辽宁兴城一般于 7 月下旬至 9 月上旬进行。一般留 3～6 节（如保留第一次果则留 6～8 节）短截，同时将剪口芽的主梢和副梢叶片或将植株上的全部叶片剪除，剪口芽饱满、黄白色为宜，变褐的芽不易萌发，新鲜带红的芽虽易萌发，但不易出现结果枝。一般新梢剪口粗度大于 0.8 cm 时更有利于诱发大穗花序，利用葡萄低节位花芽分化早的特点，对长势中庸的发育枝，应降低修剪节位使其剪口粗度达到要求。如剪口芽呈黄白色，则剪口芽不需涂抹或喷施生理休眠逆转剂进行催芽处理冬芽即可整齐萌发；如剪口芽已经变褐，则剪口芽需涂抹或喷施生理休眠逆转剂（中国农业科学院果树研究所葡萄课题组研制），在傍晚空气湿度较高时处理最佳，处理后 24 h 不下雨效果更好，处理时土壤最好能保持潮湿状态，如果土壤干燥需立即进行灌溉，使土壤相对湿度保持在 70%～80%。如空气干燥（空气相对湿度＜60%），需要经常喷水使空气湿度保持在 90%以上，促冬芽及时整齐萌发。

此期，一般情况下白天气温控制在 30～35 ℃，待 60%～80%冬芽萌发后，再将气温调至正常，即气温昼/夜为 20～25 ℃/15 ℃以上。从新梢短截至萌芽一般控制在 15～20 d 为宜。

待冬芽萌芽后，全园及时覆盖黑色地膜以降低空气湿度，减少或避免病害的发生；然后再浇 1 次透水，最好采取膜下滴灌或微灌方式进行灌溉并采取根系分区交替灌溉的灌溉方式；结合浇水，追施一次葡萄同步全营养配方肥——结果树 1 号肥，最好采用水肥一体化技术，如树体营养良好可不施。同时，及时抹除主干上的萌蘖和结果母枝上的过密芽。

二、新梢生长期

从萌芽到开花一般需 30～40 d。待 3～4 叶期，开始叶面喷施设施葡萄专用叶面肥——氨基酸 1 号叶面肥，提高叶片质量，每隔 7～10 d 喷施 1 次，连喷 2～3 次为宜。待 5～7 叶期，可用 5～7 mg/L 的赤霉素浸渍花穗以拉长穗轴或待 8～10 叶期，及时对欧亚种葡萄的新梢于花序以上留 2 片叶进行摘心，促进花穗穗轴的拉长。待 6～8 叶期，按照新梢同侧间距 15～20 cm 的标准及时定梢并绑缚；同时开始施用 CO_2，直至果实采收为止。

为克服短日环境对葡萄生长发育的影响，于日照时数＜13.5 h 时，开始启动蓝色、紫外或红色植物生长灯（中国农业科学院果树研究所葡萄课题组研发）进行补光，使日光照时数达到 13.5 h 以上。一般在 1 000 m^2 设施内设置 100～150 个植物生长灯为宜，植物生长灯位于树体上方 0.5～1 m 处，夜间设施内光照强度在 20 lx 以上即可达到长日照标准。每天于天黑前 0.5 h 或保温被等外保温材料覆盖前开启植物生长灯开始人工补光，至晚上 12 时结束人工补光。

待花序分离期，及时疏除多余花序，每 1～1.5 个新梢保留 1 个花序；同时，注意灰霉病、黑痘病、炭疽病、霜霉病和穗轴褐枯病等病害的防治。

待花前 7～14 d 时，开始叶面喷施设施葡萄专用叶面肥——氨基酸 2 号和叶面肥 3 号，每隔 7 d 喷施 1 次，连喷 2 次。待花前 7～10 d 时，及时对欧美杂种葡萄的新梢于功能叶 1/3 大小叶片处进行摘心，欧亚种葡萄不需摘心；副梢留 1 叶绝后摘心，同时对于生长势强的新梢于基部 2～3 节处扭梢，以提高坐果率。此时，浇 1 次透水，结合浇水追施

1 次葡萄同步全营养配方肥——结果树 2 号肥。

待花前 7 d 至个别小花开放时，及时对花穗进行留穗尖整形处理。待花前 2～4 d 时，注意防治灰霉病、黑痘病、炭疽病、霜霉病和穗轴褐枯病等病害。

12～18 ℃是诱导葡萄进入休眠的最适温度范围，如果设施内最低气温高于 18 ℃，则秋促早栽培葡萄保持正常生长发育而不进入休眠。具体的温度调控标准是：从夜间最低气温低于 18 ℃时（辽宁兴城一般 9 月上中旬），开始将栽培设施覆盖塑料薄膜，必要时，采取人工加温措施，使设施内夜间气温提高到 18 ℃以上。空气相对湿度要求 60%左右，土壤相对湿度要求 70%～80%为宜。

三、花期

本期新梢管理、肥水管理、温湿度调控。病虫害防控等技术措施与冬促早栽培相同，见本章第一节。

四、浆果发育期

本期新梢管理、肥水管理、疏花疏果、温湿度管理、病虫害防控等技术措施与冬促早栽培相同，见本章第一节。

待果实种子发育期，如让果实成熟期进一步推迟，果穗可喷施果实成熟延缓剂（中国农业科学院果树研究所研制），可使果实成熟期推迟 30～60 d。

此期，可于地面铺设反光膜，改善设施内光照条件。

五、转色成熟期

本期管理技术措施与冬促早栽培相同，见本章第一节。

六、果实采后至休眠期

果实采收后，设施内白天气温保持在 10～15 ℃，夜间气温保持在 3 ℃左右，以便加快叶落过程。果实采收 1 周后，施用基肥。首先在株间或行间距主干 30 cm 外，开宽 30～40 cm、深 40～50 cm、长与栽培垄宽度相同的施肥沟，然后将土与优质腐熟有机肥（每 667 m^2 施用 2～4 t）或商品生物有机肥（每 667 m^2 施用 1～2 t）和适量葡萄同步全营养配方肥——结果树 5 号肥混匀回填，并浇透水。落叶前，喷施 1 次 1∶0.7∶100 倍波尔多液等并浇封冻水；然后昼夜覆盖保温被等外保温材料，进入休眠解除期。落叶后，按照品种特性和整形要求及时进行冬剪，冬剪以短梢修剪为宜，冬剪后及时清理田间落叶和枝条并浇越冬水（封冻水），及时越冬防寒管理。

七、育壮促花期

待萌芽（辽宁兴城 5 月中旬左右）后，全园及时覆盖黑色地膜以抑制杂草生长；及时抹除主干上的萌蘖和枝组上的过密芽。

待新梢长至 20 cm 左右时，结合灌溉追施葡萄同步全营养配方肥——幼树 1 号肥，一般每 10 d 左右 1 次，土壤相对湿度保持在 70%～80%为宜；同时开始叶面喷肥，一般每

7～10 d 喷施 1 次设施葡萄专用叶面肥——氨基酸 1 号叶面肥。

待 6～8 叶期，按照新梢同侧间距 15～20 cm 的标准及时定梢并绑缚。

待新梢长至 80 cm 左右时，留 60～70 cm 进行第一次摘心，副梢留一叶绝后摘心，促进冬芽花芽分化；此后，顶端副梢留 2～3 叶反复摘心。此期，结合灌溉追施葡萄同步全营养配方肥——幼树 2 号肥，一般 20 d 左右 1 次，土壤相对湿度保持在 60%～70%为宜；叶面肥改为设施葡萄专用叶面肥——氨基酸 2 号和 5 号叶面肥混合喷施，每 10 d 左右喷施 1 次。如新梢生长过旺，可喷施 50～200 mg/L（浓度因品种而异）的烯效唑抑制新梢旺长，促进花芽分化，每 7～10 d 1 次，连续喷施 2～3 次即可。此期，注意红蜘蛛、白蜘蛛、毛毡病、绿盲蝽和白粉病、黑痘病、炭疽病、霜霉病、灰霉病等病虫害的防治。

随后，进入下一个生长发育循环。

第四节　延迟栽培的周年管理历

一般情况下，延迟栽培的栽培设施采用塑料大棚或日光温室，栽培模式采用起垄栽培或深沟栽培或平畦栽培或容器栽培，高光效省力化树形叶幕形采取斜干水平龙干形、“一”字形或 H 形树形配合水平叶幕或倾斜龙干树形配合 V 形叶幕。

一、休眠期

延长环境休眠是延迟栽培的重要技术措施之一，环境休眠延长效果的好坏直接影响延迟栽培果实的上市时间。

待日光温室室内气温达到 7～10 ℃时，采取揭盖保温被（夜晚揭开保温被打开通风口让冷空气进入，白天出太阳前关闭通风口覆盖保温被），辅助添加冰块或启动冷风机等人工措施，维持设施内的低温（气温保持在 10 ℃以下）环境，延长环境休眠，使葡萄继续处于休眠状态，进而推迟葡萄萌芽、开花和浆果成熟。

待冬芽处于绒球期时，及时喷施 3～5 波美度的石硫合剂铲除残留病虫，切忌喷到塑料薄膜上，否则，加速塑料薄膜的老化。

二、萌芽期

待冬芽萌芽时，卷起保温被、揭开棚膜转入露地栽培管理模式。有倒春寒时，覆盖棚膜和保温被防止倒春寒危害；下雨时，覆盖棚膜避雨减轻灰霉病和霜霉病等病害。全园覆盖黑色地膜，前期防止杂草生长；后期降低空气湿度，减少或避免病害的发生。浇 1 次透水，最好采取膜下滴灌或微灌方式进行灌溉并采取根系分区交替灌溉的灌溉方式；结合浇水，追施 1 次葡萄同步全营养配方肥——结果树 1 号肥，最好采用水肥一体化技术；如树体营养良好可不施。及时抹除主干上的萌蘖和结果母枝上的过密芽。

三、新梢生长期

本期整形修剪、花果管理、肥水管理等树体管理措施及病虫害防控与冬促早栽培相同，见本章第一节。

四、花期

本期花果和肥水管理技术措施及病虫害防控与冬促早栽培相同，见本章第一节。

五、浆果发育期

本期新梢管理、肥水管理、疏花疏果、温湿度管理、病虫害防控等技术措施与促早栽培相同，见本章第一节；果实套袋管理同春促早栽培，见本章第二节；果实成熟延缓剂的施用与秋促早栽培相同，见本章第三节。

8月中旬（辽宁兴城）新梢留8～10节短截，同时将剪口芽的主梢和副梢叶片剪除，逼发剪口冬芽萌发新梢，延长植株叶片群体寿命。如剪口芽呈黄白色或新鲜带红，则剪口芽不需涂抹破眠剂进行催芽处理；如剪口芽已经变褐，则剪口芽需涂抹破眠剂如石灰氮、破眠剂1号（中国农业科学院果树研究所葡萄课题组研制的葡萄专用破眠剂）或单氰胺等进行催芽处理以逼迫冬芽整齐萌发，在傍晚空气湿度较高时处理最佳，处理后24 h不下雨效果更好，处理时土壤最好能保持潮湿状态。

六、转色成熟期

浆果开始着色时，追施1～3次葡萄同步全营养配方肥——结果树4号肥并浇水，土壤相对湿度保持在70%～80%为宜；每隔10～15 d叶面喷施1次具有延缓叶片衰老功能的设施葡萄专用叶面肥，直至采收前10 d结束。

于日照时数<13.5 h时开始启动红色植物生长灯（中国农业科学院果树研究所葡萄课题组研发）进行人工补光，使日光照时数达到13.5 h以上，可有效延长叶片寿命，延缓叶片衰老。一般在1 000 m^2设施内设置100～150个植物生长灯为宜，植物生长灯位于树体上方0.5～1 m处，夜间设施内光照强度在20 lx以上即可达到长日照标准。每天于天黑前0.5 h或保温被等外保温材料覆盖前开启植物生长灯开始人工补光，至晚上12时结束人工补光。

当设施内夜间最低气温低于18 ℃时（辽宁兴城一般9月上中旬），开始将栽培设施覆盖塑料薄膜进行保温增温，使设施内夜间气温提高到18 ℃以上；即使是在初冬，夜间设施内气温亦应维持在15 ℃以上，这样可以有效延缓设施葡萄的叶片衰老和落叶。

绿色或黄色及易着色品种可不摘袋，带袋采收，但成熟期推迟；对于不易着色的红色或紫色品种一般在果实采收前15 d左右摘袋；昼夜温差较大地区，可延迟摘袋或不摘袋，防止果实着色过度；昼夜温差较小地区，可提前摘袋，防止果实着色不良。

采收前10 d左右，将果穗附近2～3节老叶摘除，以改善架面通风透光条件。

温湿度调控标准：气温白天28～32 ℃；夜间最好不低于18 ℃，最低不低于15 ℃；昼夜温差10 ℃以上。空气相对湿度要求50%～60%，土壤相对湿度要求65%～75%为宜，在葡萄浆果采收前10～15 d停止灌水。

如设施内空气湿度过大，注意防治霜霉病和灰霉病；如果空气干燥，需要注意防治白粉病、红蜘蛛、白蜘蛛和毛毡病。

七、果实采收至落叶期

本期管理与秋促早栽培相同，见本章第三节。

第五节 避雨栽培的周年管理历

一、萌芽期

待绒球期时，及时喷施 3～5 波美度的石硫合剂铲除残留病虫。

待萌芽后，覆盖或更换避雨膜，在本年度第一场雨前完成。根据土壤情况，确定是否灌溉、灌溉量和灌溉的间隔时间，最好采取膜下滴灌或微灌方式进行灌溉并采取根系分区交替灌溉的灌溉方式；结合浇水，追施 1 次葡萄同步全营养配方肥——结果树 1 号肥，最好采用水肥一体化技术，如树体营养良好可不施。同时，及时抹除主干上的萌蘖和结果母枝上的过密芽。

二、新梢生长期

本期整形修剪、花果管理、肥水管理等树体管理技术措施及病虫害防控与冬促早栽培相同，见本章第一节。生草葡萄园，待草长至 40 cm 以上时，开始用割草机或碎草机留 5～10 cm 根茬刈割粉碎，一般一年刈割 3～6 次。

三、花期

本期整形修剪、花果管理、肥水管理等树体管理技术措施及病虫害防控与冬促早栽培管理相同，见本章第一节。

四、浆果发育期

本期新梢管理、肥水管理、果实套袋管理、温湿度管理和病虫害防控等技术措施与春促早栽培相同，见本章第二节。

五、转色成熟期

浆果开始着色前，在结果母枝或结果枝基部进行环割以促进浆果着色，可使葡萄提前 3～5 d 成熟，并显著改善果实品质；同时，开始追施 1～3 次葡萄同步全营养配方肥——结果树 4 号肥并浇水，土壤相对湿度要求 55%～65%为宜，在葡萄浆果成熟前应严格控制灌水，应于采前 10～15 d 停止灌水。每隔 10～15 d 叶面喷施 1 次设施葡萄专用叶面肥——氨基酸 5 号叶面肥（生产富硒功能性保健果品，更换为氨基酸 6 号叶面肥），一般喷施 2～3 次。

绿色或黄色及易着色品种可不摘袋，带袋采收，但成熟期推迟；对于不易着色的红色或紫色品种一般在果实采收前 15 d 左右摘袋；昼夜温差较大地区，可延迟摘袋或不摘袋，防止果实着色过度；昼夜温差较小地区，可提前摘袋，防止果实着色不良。

采收前 10 d 左右，将果穗附近 2～3 节老叶摘除，以改善架面通风透光条件。

计划生草葡萄园，可于8月中下旬至9月中下旬播种草种。

如设施内空气湿度过大，注意防治霜霉病和灰霉病；如果空气干燥，需要注意防治白粉病、红蜘蛛、白蜘蛛和毛毡病。

六、果实采收至落叶期

果实采收后，避雨膜不能揭除，否则将对叶片造成严重的光氧化进而导致早期落叶；根据土壤和植株生长发育情况确定是否灌溉和灌溉的间隔时间，一般情况下，每20 d左右灌溉1次，土壤相对湿度要求55%～65%为宜；结合灌溉，追施1～2次葡萄同步全营养配方肥——结果树5号肥。9月底至10月初（湖南），秋施基肥。首先在株间或行间距主干30 cm外，开宽30～40 cm、深40～50 cm、长与栽培垄宽度相同的施肥沟，然后将土与优质腐熟有机肥（每667 m^2 施2～4 t）或商品生物有机肥（每667 m^2 施1～2 t）和适量葡萄同步全营养配方肥——结果树5号肥混匀回填，并浇透水。此期注意防治霜霉病、白粉病和红蜘蛛、白蜘蛛等病虫害。落叶后土壤结冰前，及时浇越冬水（封冻水）并进行越冬防寒管理。

七、设施葡萄专用肥类型及研发单位

本章中提到设施葡萄专用肥见表24-1，具体应用见产品使用说明或咨询生产单位。

表24-1　设施葡萄专用肥类型及研发单位

肥料类型	肥料型号	研发单位
专用叶面肥	氨基酸1～6号叶面肥、延缓叶片衰老叶面肥	中国农业科学院果树研究所
（设施）葡萄同步全营养配方肥	幼树1号肥和2号肥；结果树1～5号肥	

主要参考文献

从深，2013. 葡萄芽自然休眠诱导和解除期间呼吸代谢研究［D］. 北京：中国农业科学院.

房经贵，刘崇怀，2014. 葡萄分子生物学［M］. 北京：科学出版社.

高东升，2001. 设施果树自然休眠生物学研究［D］. 泰安：山东农业大学.

国家葡萄产业技术体系，2016. 中国现代农业产业可持续发展战略研究：葡萄分册［M］. 北京：中国农业出版社.

韩晓，2018. 不同葡萄砧穗组合设施栽培适宜性的评价［D］. 北京：中国农业科学院.

贺普超，1999. 葡萄学［M］. 北京：中国农业出版社.

胡繁荣，2008. 设施园艺［M］. 上海：上海交通大学出版社.

孔庆山，2004. 中国葡萄志［M］. 北京：中国农业科学技术出版社.

刘崇怀，沈育杰，陈俊，2006. 葡萄种质资源描述规范和数据标准［M］. 北京：中国农业出版社.

刘凤之，王海波，2011. 设施葡萄促早栽培实用技术手册［M］. 北京：中国农业出版社.

刘凤之，段长青，2013. 葡萄生产配套技术手册［M］. 北京：中国农业出版社.

穆维松，冯建英，2010. 中国葡萄产业经济研究［M］. 北京：中国农业大学出版社.

倪建军，2009. 葡萄产期调控技术研究［D］. 长沙：湖南农业大学.

潘瑞炽，2004. 植物生理学［M］. 第四版. 北京：高等教育出版社.

庞国成，2019. 葡萄在设施栽培中的肥水需求特性与高效利用技术研究［D］. 北京：中国农业科学院.

沈德绪，1986. 果树育种［M］. 上海：上海科学技术出版社.

史祥宾，刘凤之，王孝娣，等，2017. 设施葡萄无土栽培研究初报［J］. 中国果树（5）：41-44.

史祥宾，王孝娣，王宝亮，等，2019. ‘巨峰’葡萄不同生育期植株矿质元素需求规律［J］. 中国农业科学（52）2686-2694.

王海波，2006. 桃芽自然休眠诱导与短时间高温破眠机制研究［D］. 乌鲁木齐：新疆农业大学.

王海波，刘凤之，2017. 图解设施葡萄早熟栽培技术. 北京：中国农业出版社.

王海波，刘凤之，史祥宾，等，2017. 一种利用双层平棚架栽植斜干水平龙干形葡萄的方法：ZL201510291308.0［P］. 05-24.

王海波，刘凤之，2018. 鲜食葡萄标准化高效生产技术大全［M］. 北京：中国农业出版社.

王海波，刘凤之，2019. 画说果树修剪与嫁接［M］. 北京：中国农业科学技术出版社.

王海波，刘凤之，2019. 葡萄速丰安全高效生产关键技术［M］. 郑州：中原农民出版社.

王海波，刘凤之，史祥宾，等，2019. 一种利用倾斜或水平龙干树形配合V形叶幕设施葡萄的栽植方法：ZL201610299845.4.［P］. 10-08.

王帅，2015. 设施葡萄延迟栽培叶片衰老生理及抗衰老技术研究［D］. 北京：中国农业科学院.

郗荣庭，1997. 果树栽培学总论［M］. 第三版. 北京：中国农业出版社.

谢计蒙，2012. 设施葡萄促早栽培适宜品种的评价与筛选［D］. 北京：中国农业科学院.

翟衡，2015. 中国果树科学与实践：葡萄［M］. 西安：陕西科学技术出版社.

张克坤，2016. 设施葡萄果实品质发育及调控技术研究［D］. 北京：中国农业科学院 .
张乃明，2006. 设施农业理论与实践［M］. 北京：化学工业出版社 .
张真和，1995. 高效节能日光温室园艺［M］. 北京：中国农业出版社 .
赵君全，2014. 设施葡萄花芽分化规律及其影响因子研究［D］. 北京：中国农业科学院 .
周健民，2013. 土壤学大辞典［M］. 北京：科学出版社 .
周长吉，2003. 现代温室工程［M］. 北京：化学工业出版社 .
邹志荣，2002. 园艺设施学［M］. 北京：中国农业出版社 .
Kramer P J，Kozlowski T T. 1985. 木本植物生理学［M］. 汪振儒，等译 . 北京：中国林业出版社：231 - 236.
……略

由于篇幅限制，仅列出主要参考文献。

图书在版编目（CIP）数据

中国设施葡萄栽培理论与实践 / 王海波等著．—北京：中国农业出版社，2020.10
ISBN 978-7-109-27221-7

Ⅰ.①中…　Ⅱ.①王…　Ⅲ.①葡萄栽培—设施农业　Ⅳ.①S628

中国版本图书馆 CIP 数据核字（2020）第 157959 号

中国农业出版社出版
地址：北京市朝阳区麦子店街 18 号楼
邮编：100125
责任编辑：黄　宇　丁瑞华　齐向丽　舒　薇　吴丽婷
版式设计：王　晨　　责任校对：周丽芳
印刷：北京通州皇家印刷厂
版次：2020 年 10 月第 1 版
印次：2020 年 10 月北京第 1 次印刷
发行：新华书店北京发行所
开本：787mm×1092mm　1/16
印张：29.75　　插页：14
字数：685 千字
定价：360.00 元

彩图1-1　冬促早栽培（栽培设施为日光温室）

彩图1-2　春促早栽培（栽培设施为塑料大棚）

彩图1-3　秋促早栽培（栽培设施为日光温室或塑料大棚、避雨棚）

彩图1-4　延迟栽培（栽培设施为日光温室或塑料大棚、避雨棚）

彩图1-5　避雨栽培（栽培设施为简易避雨棚或连栋避雨棚）

彩图5-1　葡萄缺氮或氮过量症状

1 ~ 3.缺氮症状（第1 ~ 3张图片依次为缺氮初期、中期和后期） 4、5.氮过量症状（水罐子病）

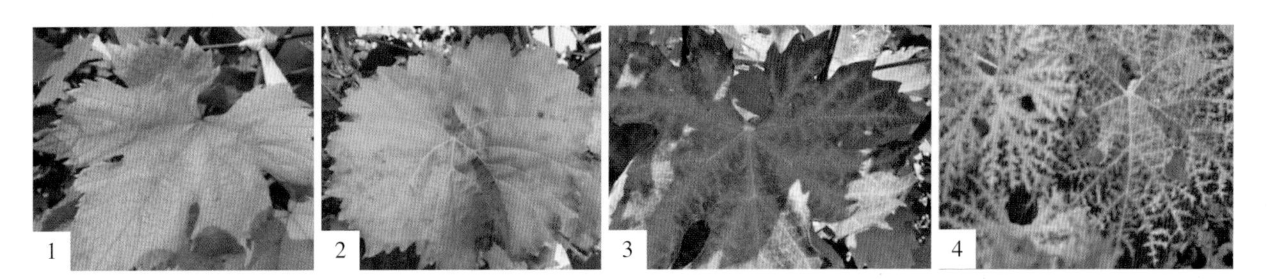

彩图5-2　葡萄缺磷症状

1 ~ 3.红色或紫色品种缺磷（依次为缺磷的初期、中期、后期） 4.黄色或绿色品种缺磷症状

彩图5-3　葡萄缺钾症状

彩图5-4　葡萄缺钙症状

彩图5-5　葡萄缺镁症状

1.缺镁初期　2～3.缺镁中后期

彩图5-6　葡萄缺硼症状

彩图5-7　葡萄缺锌症状

彩图5-8　葡萄缺铁症状

1.缺铁初期　2 ～ 3.缺铁中期　4.缺铁后期

彩图5-9　葡萄缺锰症状

彩图5-10　葡萄氯中毒症状

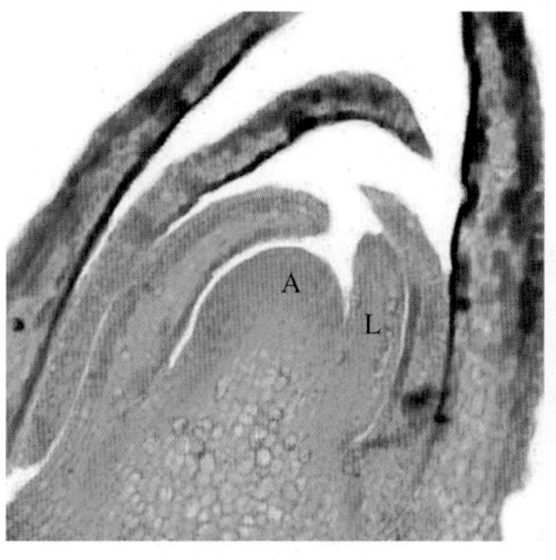

雏梢生长点未分化期

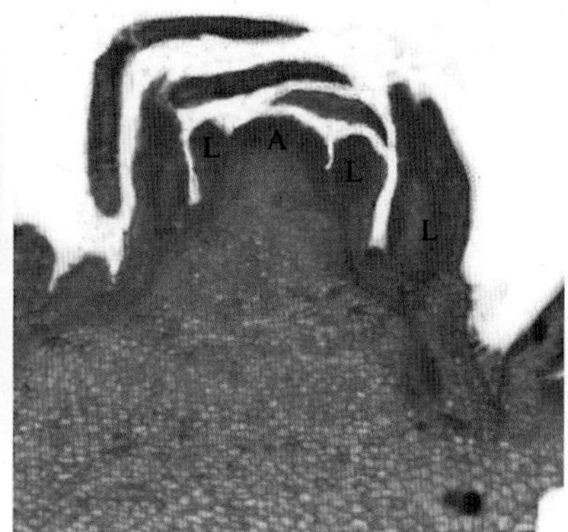

雏梢生长点半球/平顶期

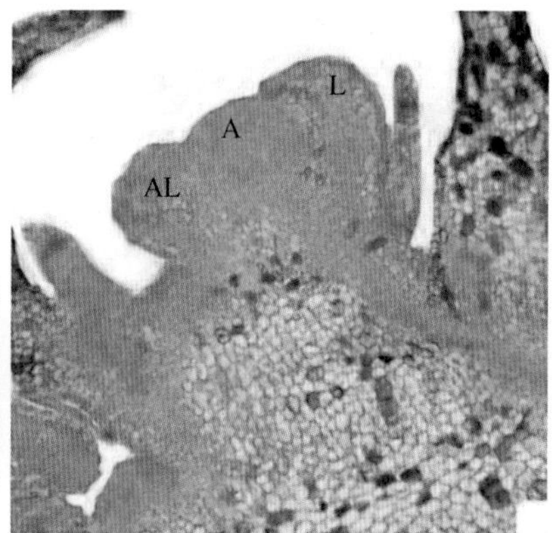

雏梢生长点顶分期

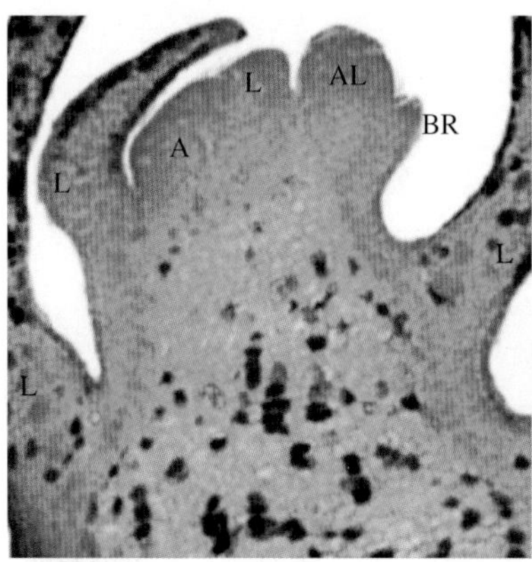

带有苞片的始原始体出现期

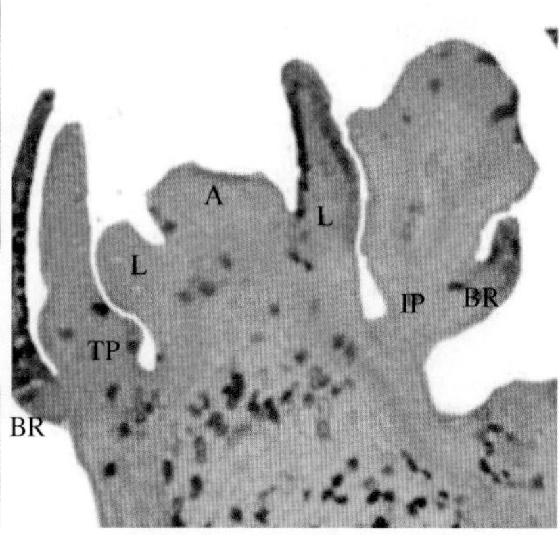

花序主轴及小穗原基发育期

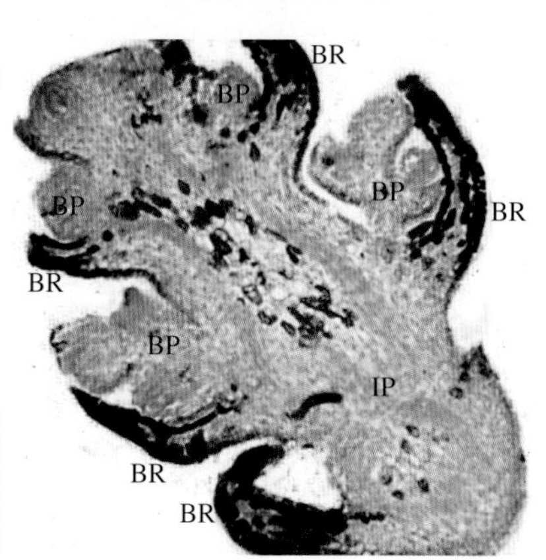

花序第二穗轴发育期

彩图7-1 葡萄的花芽分化进程解剖图

A. 生长点 AL. 始原始体 L. 叶原基 IP. 花序原基 TP. 卷须原基 BR. 苞片 BP. 分枝原基（图版说明 100×）

（中国农业科学院果树研究所赵君全，王海波等，辽宁兴城，2014）

钢骨架日光温室

钢与竹木混合骨架日光温室

菱镁土骨架日光温室

玻璃纤维骨架日光温室

竹木骨架日光温室

阴阳棚结构日光温室

彩图13-1 各种类型的日光温室

彩图 13-2 “两弧一切线”曲直形采光屋面

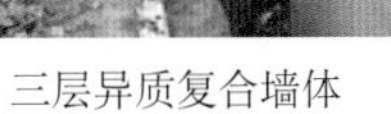

三层异质复合墙体

两层异质复合结构墙体

单层结构墙体

穹形墙体

蜂窝墙体

黑色墙体

彩图 13-3 日光温室的墙体

彩图 13-4 日光温室的后坡

草苫

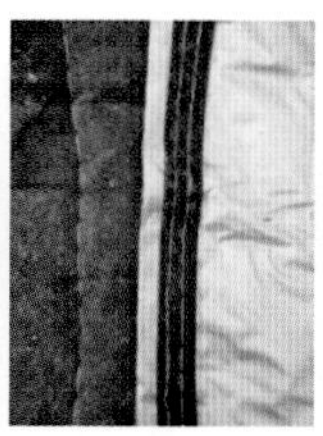

泡沫保温被

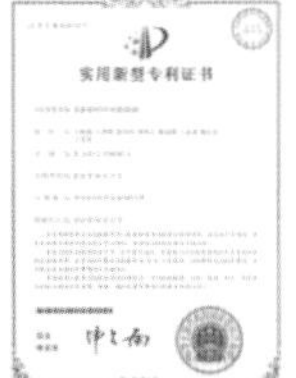

实用新型专利证书

中国农业科学院果树研究所研发的新型保温被

彩图13-5　日光温室的前屋面保温覆盖

彩图13-6　前屋面保温覆盖材料卷放的配套设备——卷帘机

进出口与缓冲间

蓄水池

彩图13-7　缓冲间和蓄水池

防寒沟

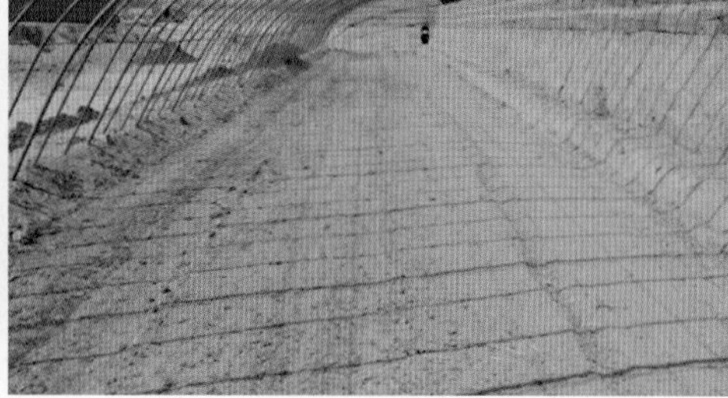

半地下式温室

彩图13-8　防寒沟和半地下式温室

实用新型专利证书

顶部通风口卷膜装置　　底部通风口卷膜装置（右伸缩式，右折叠式）　　后墙圆形通风口

图 13-9　中国农业科学院果树研究所研发的温室卷膜通风装置与后墙通风口

山坡地建造温室　　盐碱地建造温室　　戈壁地建造温室

彩图 13-10　栽培设施建造的场地选择

改良型塑料大棚　　钢筋焊接结构塑料大棚　　竹木骨架塑料大棚　　混合骨架塑料大棚

镀锌钢管骨架塑料大棚　　涂塑钢管骨架塑料大棚　　钢筋混凝土骨架塑料大棚

彩图 13-11　各种类型的塑料大棚

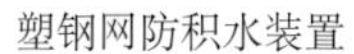

塑钢网防积水装置　　放风膜卷放装置

彩图 13-12　塑料大棚顶风放风装置实景图

彩图14-1　巨峰

彩图14-2　京亚

彩图14-3　醉金香

彩图14-4　巨玫瑰

彩图14-5　藤稔

彩图14-6　夏黑

彩图14-7　阳光玫瑰

彩图14-8　华葡黑峰

彩图14-9　华葡玫瑰（左一次果，右二次果）

彩图14-10　金手指

彩图14-11　月光无核

彩图14-12　京蜜

彩图14-13　华葡紫峰

彩图14-14　香妃

彩图14-15　矢富罗莎

彩图14-16　87-1

彩图14-17　维多利亚

彩图14-18　绯红

彩图14-19　玫瑰香

彩图14-20　早黑宝

彩图14-21　美人指

彩图14-22　泽香

彩图14-23　火焰无核

彩图14-24　无核白鸡心

彩图14-25　红地球

彩图14-26　克瑞森无核

彩图14-27　魏可

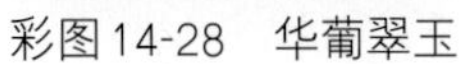

彩图14-28　华葡翠玉

彩图14-29　意大利

彩图14-30　秋黑

彩图14-31　秋红

彩图14-32　SO4

彩图14-33　5BB

彩图14-34　420A

彩图14-35　5C

彩图14-36　3309C

彩图14-37　101-14MG

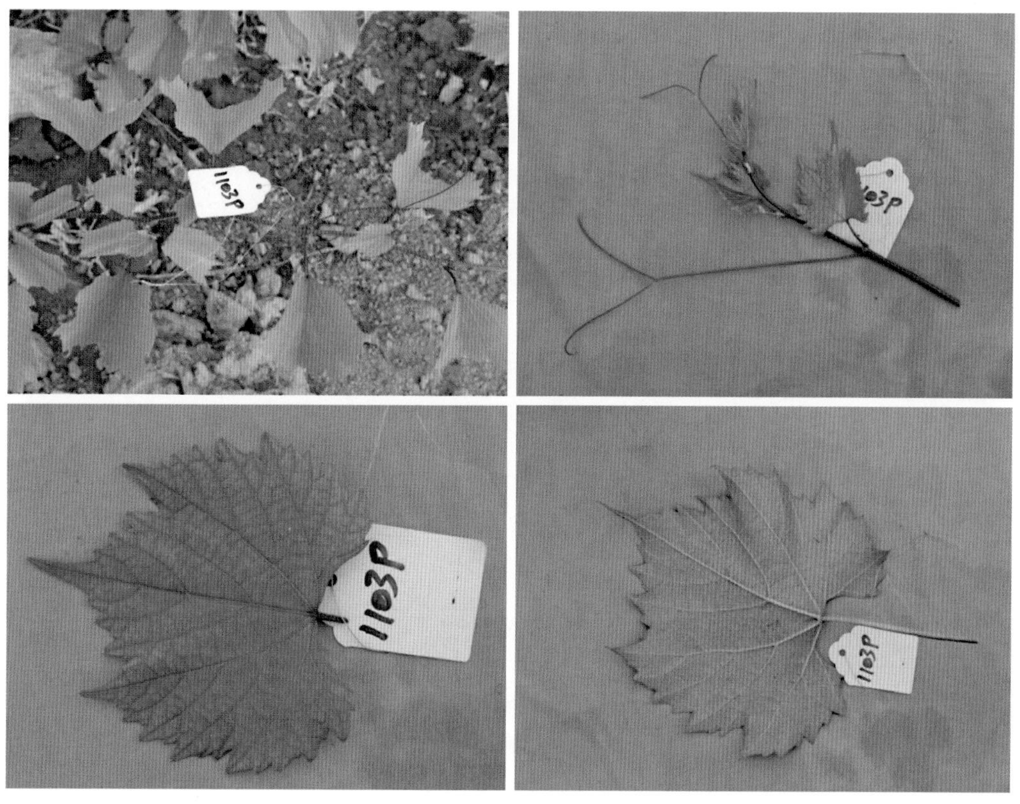

彩图14-38　1103P

彩图14-39　110R

彩图14-40　140Ru

彩图14-41　225Ru

彩图14-42　贝达

彩图14-43　华葡1号

宽行深沟栽培　　高垄栽培　　容器栽培

彩图15-1　设施葡萄的栽培模式

开沟断根施肥（开沟位置离主干30cm左右，深度30~40cm）叶片光氧化

彩图16-1　更新修剪的配套措施

图 17-1　石灰岩生成土壤

沙壤土　　黏重土壤　　砾石土壤

彩图 17-2　葡萄园代表性土壤类型

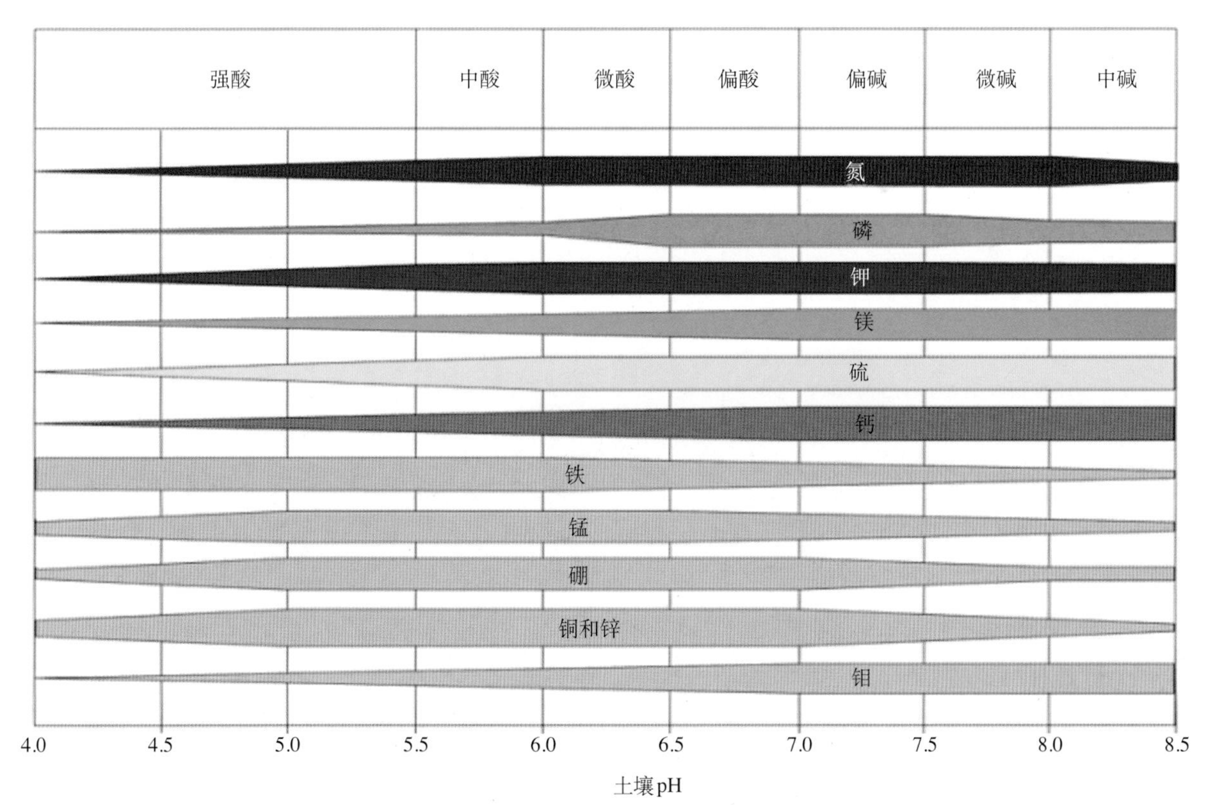

彩图 17-3　土壤pH对营养元素吸收利用的影响

彩图17-4　土壤盐渍化症状（自左到右依次为轻度、中度、重度盐渍化）

树盘覆盖（左黑地膜，右园艺地布）

连续20年生草结合覆草后，土壤有机质高达20%以上

彩图17-5　土壤覆盖

梢尖弯曲，水分供应充足；梢尖直立，水分胁迫适度；梢尖停长干枯，水分胁迫过度

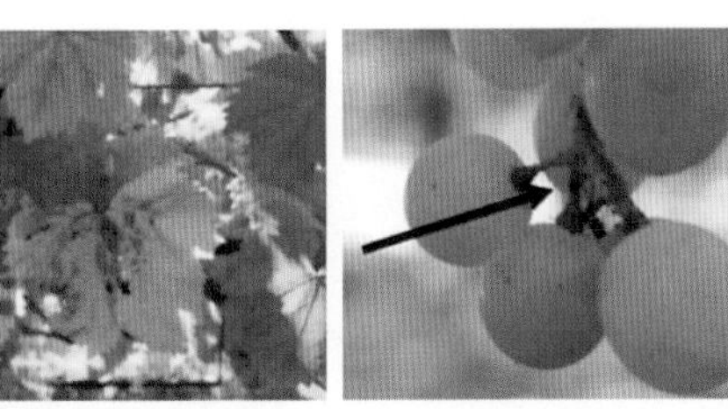

基部老叶绿色变淡，黄化老叶出现轻微坏死斑

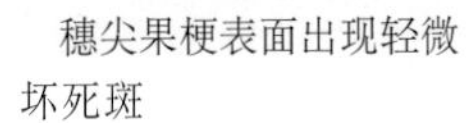

穗尖果梗表面出现轻微坏死斑

水分胁迫过度，穗尖果梗干枯坏死

彩图17-6　灌溉的植物学标准

彩图18-1　葡萄无土栽培生长状

（新疆生产建设兵团第八师，细沙基质，2016年5月中旬定植，9月16日 拍摄）

彩图18-2　葡萄无土栽培应用实例
（中国农业科学院果树研究所葡萄核心技术试验示范园，辽宁兴城）

彩图18-3　葡萄无土栽培结果状
（中国农业科学院果树研究所砬山试验示范基地，辽宁兴城）

彩图19-1　花穗的留穗尖圆锥形整形

花穗穗尖分枝（左剪除穗尖前，右分枝穗尖剪除后）

花穗穗尖扁平（左为剪除穗尖前，右为扁平穗尖剪除后）

彩图19-2　穗尖畸形花穗的整形

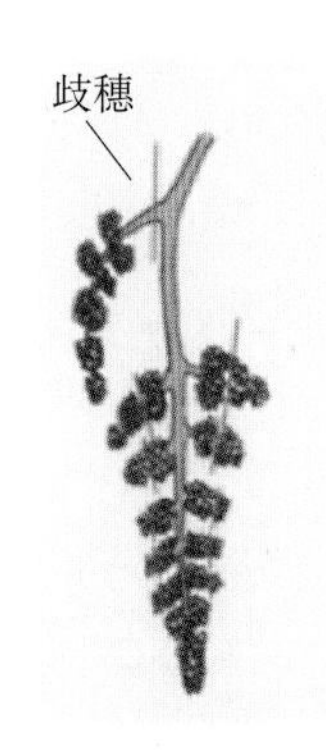

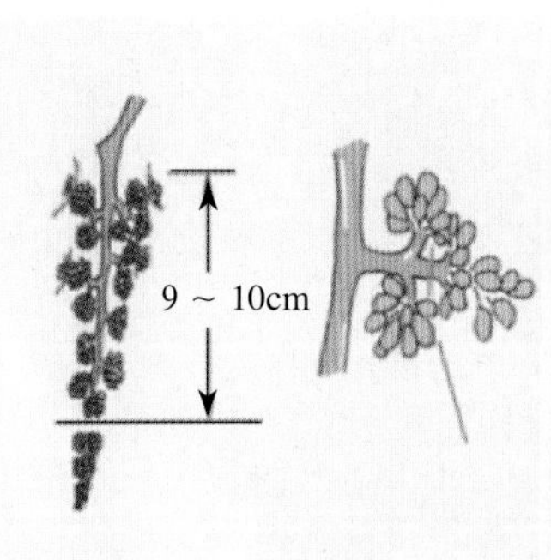

彩图19-3　花穗留中间圆柱形整形

彩图19-4　花穗未整形（对照）

彩图19-5　着色品种套白袋

彩图19-6　打伞栽培

彩图19-7　绿黄色品种套黄袋

彩图19-8　中国农业科学院果树研究所研发的葡萄专用果袋

彩图19-9　富硒果品生产技术的应用效果

彩图19-10　对照

（未使用富硒果品生产技术）

彩图20-1　光照不足，叶片翻卷，严重黄化脱落

铺反光膜

卷帘机卷放保温被

墙体涂白

安装植物生长灯

彩图20-2　改善光照的技术措施

人工加温（左边煤炉，中间热风炉，右边火道）

高温日烧

边行地温过低，植株生长异常

彩图20-3　温度调控技术

彩图20-4　全园覆盖地膜，膜下灌溉

燃烧法

化学反应法

固体CO_2气肥

彩图20-5　二氧化碳施肥

三段式温度管理人工集中预冷前期（白天覆盖保温材料，晚上揭开保温材料）

三段式温度管理人工集中预冷中期（白天、晚上均覆盖保温材料）

三段式温度管理人工集中预冷后期（白天短时间揭开保温材料，晚上覆盖保温材料）

彩图21-1　三段式温度管理人工集中预冷技术

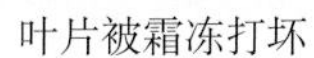

叶片被霜冻打坏

带叶休眠（叶片被霜冻打坏之前扣棚进行集中预冷，叶片自然脱落后冬剪）

彩图21-2　带叶休眠技术

葡萄破眠剂的施用

葡萄专用破眠剂——破眠剂1号

左石灰氮，右破眠剂1号（品种巨峰）

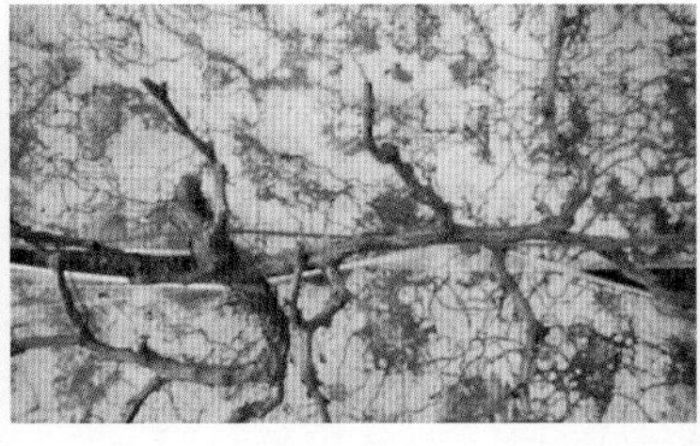

上石灰氮，下破眠剂1号（品种维多利亚）

左石灰氮，右破眠剂1号（品种夏黑）

葡萄专用破眠剂——破眠剂1号的施用效果

彩图21-3　葡萄破眠剂及施用效果

彩图22-1　中国农业科学院果树研究所葡萄课题组研发的叶片抗衰老技术（人工补光+温度调控+抗衰老叶面肥喷施+副梢叶利用）应用效果

彩图22-2　利用红色植物生长灯进行补光，不仅有效避免新梢停长过早，而且可有效延缓叶片衰老

彩图23-1　根系分区交替灌溉示意图及实景图

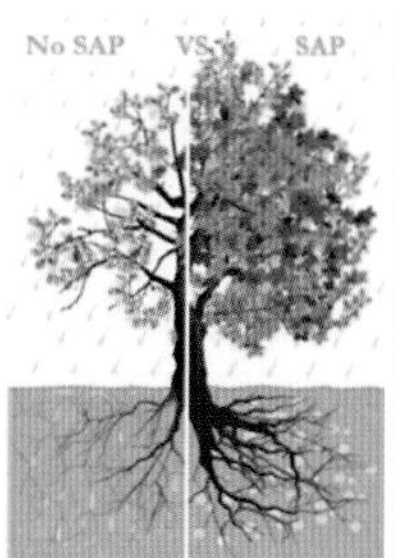

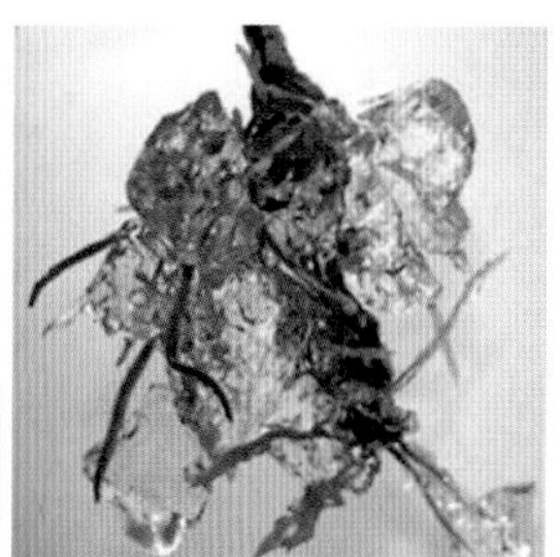

彩图23-2　保水剂及其应用

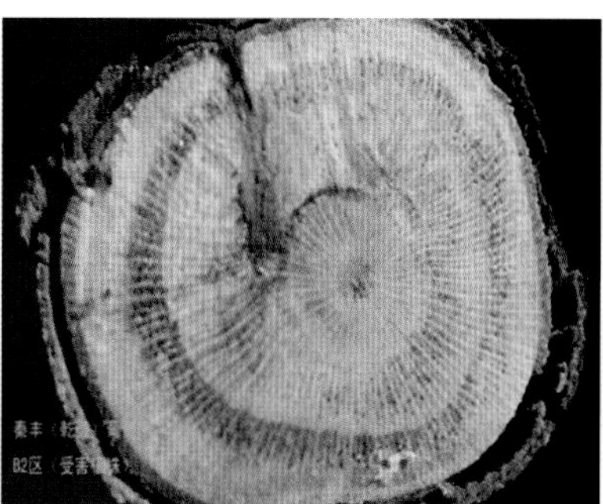

彩图23-3　葡萄枝干冻害

彩图23-4　葡萄埋土越冬防寒

彩图23-5　枝干涂白

彩图23-6　春季晚霜和秋季早霜危害

1 ~ 3.春季晚霜　4.秋季早霜

彩图23-7　熏烟

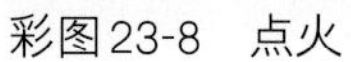

彩图23-8　点火

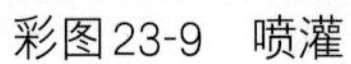

彩图23-9　喷灌

彩图23-10　覆盖

彩图23-11　风机搅拌

彩图23-12　涝害

彩图23-13　气灼

彩图23-14　日烧